중·고교 연결수학

중학교 수학의 기초가 없어도 어려운 고등학교 수학을
쉽게 공부할 수 있는 유일한 수학 교재

공통수학 1 상

중간고사 대비

강진웅 문수나
유해균 함우식
편저

고차원능률학습연구소

왜! 수학 때문에 고민하십니까?
중·고교 연결수학

각 단원마다 중·고교 연결과정을 선수학습하고
고등학교 과정을 쉽고 재미있게 공부합니다.

이 책의 구성과 특징

01
최초로
중학교 연결과정
선수학습

02
최초로
수학 일타강사의
현장 강의 수록

03
탐구학습을 통해
문제를 보는 방법과
푸는 방법 제시

04
최초로
각 단원마다 복습
확인문제로 점검

05
최초로 각 단원
끝에 반복학습
기록란 배치

중·고교 연결수학

중학교 수학의 기초가 없어도 어려운 고등학교 수학을
쉽게 공부할 수 있는 유일한 수학 교재

공통수학 1 상

중간고사 대비

중고교 연결수학을 펴내면서

■ 왜 수학 때문에 고민하십니까?

학생1 : 중학교 때 열심히 공부하지 않은 것을 많이 후회했는데 중고교 연결수학으로 공부하면서 중학교 수학의 기초부터 다져가며 공부할 수 있어 정말 너무 좋아요. 고등학교에 입학하기 전에 열심히 공부하여 원하는 대학에 꼭 합격할 거예요!

학생2 : 중학교 수학과는 달리 고등학교 수학은 어렵고 분량도 많아 미리 공부했지만 머릿속에 남아있는 것이 아무것도 없어 고민했는데 중고교 연결수학을 만나면서 수학이 재미있어졌어요! 이 책에는 여러 가지 특별한 장점이 많아요. 특히 일타강사의 명쾌하고 요약된 강의는 머릿속에 온전히 남아있어 문제를 풀 때 큰 도움이 되고 있어요. 이제부터 정말 열심히 공부하여 소위 말하는 SKY 대학에 진학할 거예요!

위와 같은 사례는 직접 학생들을 상담하면서 수학 때문에 고민하는 많은 학생들에게 들었던 내용입니다.

■ 수학에 대한 고민 완전 해결

고등학교 수학은 학생들이 많이 어려워하고 나름대로 열심히 공부해 보지만 실제로 학교 내신성적이 잘 오르지 않아 고민하는 학생이 의외로 많습니다. 따라서 고차원수학에서는 이런 학생들의 고민을 해결하고자 최초로 중고교 과정을 연결하는 수학 교재를 개발하였습니다.

본 교재는 어느 출판사에서도 시도해 본 적이 없는 여러 가지 좋은 교육 노하우가 담겨있고 이미 현장 강의에서 큰 호응을 얻고 있으니 고등학교 수학을 공부하면서 어려움을 겪고 있는 학생들에게 큰 도움이 될 수 있다고 확신합니다. 이 책으로 공부한 학생들이 수학의 어려움을 딛고 일어나 수학에 자신감을 갖고 열심히 공부할 수 있기를 바랍니다.

고차원능률학습연구소

중고교 연결수학의 구성과 특징

고차원수학에서는 어려운 수학을 학생들이 쉽고 재미있게 공부할 수 있도록 연구 개발하여 다음과 같이 다른 교재와 차별화된 내용으로 편찬하였습니다.

1 최초로 중고교 연결과정 선수학습

이 책에서는 각 단원마다 중고교 연결과정을 선수학습 함으로써 중학교 수학의 기초가 없어도 고등학교 수학을 쉽게 공부할 수 있도록 하였습니다.

2 최초로 수학 일타강사의 현장 강의 수록

이 책에서는 수학 일타강사의 현장 강의 내용을 그대로 수록하여 복잡한 수학의 개념과 원리를 한눈에 알아보고 머릿속에 오래 기억될 수 있도록 하였습니다.

3 최초로 탐구학습을 통해 문제를 보는 방법과 푸는 방법 제시

이 책에서는 일타강사의 강의가 문제에 어떻게 적용되는가를 보여주고 탐구학습을 통해 문제를 보는 방법과 푸는 방법을 연마할 수 있도록 하였습니다.

4 최초로 각 단원마다 복습 확인 문제로 점검

이 책에서는 각 단원마다 복습 확인 문제 A, B 단계를 두어 앞에서 배운 내용을 복습하고 점검할 수 있도록 하였습니다.

5 최초로 각 단원 끝에 반복학습기록란 배치

이 책에서는 각 단원 끝에 반복학습기록란을 배치하여 학생 스스로 반복 학습한 횟수를 기록하고 선생님이 체크하므로써 반복 학습할 때마다 수학 실력이 향상되는 것을 직접 느낄 수 있도록 하였습니다.

이 책의 학습방법

1 개념학습 방법

개념은 대부분 복잡하고 긴 문장으로 이루어져 있기 때문에 잘 이해하려면 중요한 것에 밑줄을 그어 가면서 정독해야 한다.

2 강의학습 방법

강의는 복잡한 개념을 간단하게 요약해 놓은 것으로 언제든지 머리 속에서 꺼내 활용할 수 있도록 이해하고 암기해 두어야 한다.

3 예시학습 방법

예시는 요약된 강의 내용이 문제에 어떻게 적용되는지를 보여주는 것으로 반드시 강의를 활용하여 문제를 풀도록 해야 한다.

4 탐구학습 방법

탐구는 어려운 문제를 한눈에 알아보고 쉽게 푸는 방법을 제시해 주는 것으로 탐구를 통해 문제를 볼 줄 아는 안목을 길러야 한다.

5 풀이학습 방법

풀이는 가장 쉽고 간결하게 풀어놓았으니 풀이를 읽으면서 이해하거나 연습장에 쓰면서 따라 풀어보도록 한다.

6 유제학습 방법

1, 2단계로 구성하여 유제 1단계 문제는 예제와 비슷한 난이도로 출제하였고 유제 2단계는 난이도를 높여 한번 더 생각하며 풀 수 있도록 하였으니 학생 스스로 풀어보고 안 풀리는 문제는 선생님께 질문하여 해결하도록 한다.

어려운 수학 문제를 잘 풀 수 있는 방법은 잘 모르는 문제와 씨름하지 말고 자신이 잘 알고 있는 개념과 문제를 여러 번 반복 학습하는 것이다. 그렇게 하면 수학 실력이 향상되어 어려운 문제도 쉽게 풀 수 있는 능력이 생긴다는 것을 명심해야 한다.

이 책의 내용을 한 눈에

I 다항식

P A R T

01

I.
다항식

다항식의 연산

- ◈ 중·고교 연결과정 선수학습
- **1** 다항식의 정의
- **2** 다항식의 사칙연산
- **3** 곱셈공식
- **4** 곱셈공식의 변형
- ◈ 반복학습 기록란
- ◈ 연습문제 (A)(B)

> **명언**
>
> 공식을 분석해 보면 문제가 보이고 문제를 분석해 보면 풀이가 보인다.
>
> - 고 차 원 -

1 연립방정식의 해법

→ 미지수의 개수를 한 개로 줄이고 일차방정식을 풀어 미지수의 값을 구한다.

[1] 가감법

: 어떤 방정식에 적당한 상수를 곱하여 다른 방정식에 더하거나 뺀다.

[2] 대입법

: 어느 한 문자에 대한 식으로 정리하여 다른 식에 대입한다.

> **강의** **연립 1차 방정식은 수학 공부의 기초이다!**
>
> → 미지수 2개 → 2식 필요
>
> ① 가감법 → 계수를 같게 하여 더하거나 뺀다.
>
> ② 대입법 → 한 문자에 대하여 정리한 후 대입한다.

기|본|예|제 01

$\begin{cases} 3x+2y=-1 & \cdots ① \\ x-y=3 & \cdots ② \end{cases}$ 의 해를 가감법을 이용하여 구하시오.

탐구 가감법은 계수를 같게 하여 더하거나 뺀다.

풀이 ① + ② × 2 ;

$$
\begin{array}{r}
3x+2y=-1 \\
+\ \underline{2x-2y=6} \\
5x\quad\ \ =5 \qquad \therefore\ x=1
\end{array}
$$

$x=1$을 ②에 대입하여 y를 구하면

$$1-y=3 \qquad \therefore\ y=-2$$

정답 $x=1,\ y=-2$

유제 01-1 $\begin{cases} x-2y=7 \\ 2x+y=-1 \end{cases}$ 의 해를 가감법을 이용하여 구하시오.

유제 01-2 $\begin{cases} 3x+2y=1 \\ 2x-3y=-8 \end{cases}$ 의 해를 가감법을 이용하여 구하시오.

기 | 본 | 예 | 제 02

$\begin{cases} y = x + 2 & \cdots\; ① \\ 2x - y = -1 & \cdots\; ② \end{cases}$ 의 해를 대입법을 이용하여 구하시오.

탐구 대입법은 한 문자에 대하여 정리한 후 대입한다.

풀이 ① → ② ; $2x - (x + 2) = -1$

$$2x - x - 2 = -1$$

$$\therefore\; x = 1$$

$x = 1$을 ①에 대입하여 y를 구하면 $y = 3$

정답 $x = 1,\; y = 3$

유제 02-1 $\begin{cases} x = 7 - 2y \\ 2x - 3y = 0 \end{cases}$ 의 해를 대입법을 이용하여 구하시오.

유제 02-2 $\begin{cases} x - y = 2 \\ 2x + 3y = -1 \end{cases}$ 의 해를 대입법을 이용하여 구하시오.

유제 02-3 $\begin{cases} x = 2 - 3y \\ x = y + 4 \end{cases}$ 의 해를 대입법을 이용하여 구하시오.

유제 02-4 $\begin{cases} 2y = 2x - 4 \\ 5x - 2y = -8 \end{cases}$ 의 해를 대입법을 이용하여 구하시오.

2 곱셈공식

(1) $m(x+y+z)=mx+my+mz$

(2) $(x+y)^2=x^2+2xy+y^2$

(3) $(x-y)^2=x^2-2xy+y^2$

(4) $(x+y)(x-y)=x^2-y^2$

(5) $(x+a)(x+b)=x^2+(a+b)x+ab$

강의 **곱셈공식(I)은 대포만 잘 쏘면 된다!**

→ 곱셈공식의 기본은 분배법칙을 이용하여 전개하는 것!

→ $m(x+y+z)=mx+my+mz$

기 | 본 | 예 | 제 03

$2(x+y-z)$를 전개하시오.

탐구 분배법칙을 이용하여 전개한다.

풀이 (준식)$=2\times x+2\times y+2\times(-z)$

$=2x+2y-2z$

정답 $2x+2y-2z$

유제 03-1 $-3(x-3y+1)$을 전개하시오.

유제 03-2 $-2a(3a-4b+5c)$를 전개하시오.

강의 곱셈공식(Ⅱ)은 완전제곱꼴을 전개하는 것이다!

→ $(머리 \pm 꼬리)^2 = (머리)^2 \pm 2(머리)(꼬리) + (꼬리)^2$

→ $(a \pm b)^2 = a^2 \pm 2ab + b^2 = a^2 + b^2 \pm 2ab$

주의 $\sqrt{}$ 가 있을 때는 다음 공식을 이용하면 편리하다.

→ $(a \pm b)^2 = a^2 + b^2 \pm 2ab$

→ $(\sqrt{a} \pm \sqrt{b})^2 = a + b \pm 2\sqrt{a}\sqrt{b}$

기│본│예│제 04

다음을 전개하시오.

(1) $(x+3)^2$ 　　　　　　　　　(2) $(x-5)^2$

탐구 $(머리 \pm 꼬리)^2 = (머리)^2 \pm 2(머리)(꼬리) + (꼬리)^2$

풀이

(1) (준식) $= x^2 + 2 \times x \times 3 + 3^2$

$\quad\quad\quad = x^2 + 6x + 9$

(2) (준식) $= x^2 - 2 \times x \times 5 + 5^2$

$\quad\quad\quad = x^2 - 10x + 25$

정답 (1) $x^2 + 6x + 9$ 　　　(2) $x^2 - 10x + 25$

유제 04-1 $(\sqrt{a} + \sqrt{b})^2$을 전개하시오.

유제 04-2 $(a-b)(b-a)$를 전개하시오.

유제 04-3 $(y-4)^2 - (y+2)^2$을 계산하시오.

강의 곱셈공식(Ⅲ)은 합과 차의 곱을 전개하는 것이다!

→ 합과 차의 곱 $=($부호가 같은 것$)^2-($부호가 다른 것$)^2$

→ $(x+y)(x-y)=x^2-y^2$

기|본|예|제 05

다음 식을 전개하시오.

(1) $(\sqrt{a}+\sqrt{b})(\sqrt{a}-\sqrt{b})$　　　　(2) $(x+2)(2-x)$

(3) $(x+\sqrt{3})(x-\sqrt{3})$　　　　(4) $(-y+4)(y+4)$

탐구　합과 차의 곱 $=($부호가 같은 것$)^2-($부호가 다른 것$)^2$

풀이

(1) (준식)$=(\sqrt{a})^2-(\sqrt{b})^2=a-b$

(2) (준식)$=2^2-x^2=4-x^2$

(3) (준식)$=x^2-(\sqrt{3})^2=x^2-3$

(4) (준식)$=4^2-y^2=16-y^2$

정답　(1) $a-b$　　(2) $4-x^2$　　(3) x^2-3　　(4) $16-y^2$

유제 05-1 다음 식을 전개하시오.

(1) $(2a-3)(2a+3)$　　　　(2) $(b-2)(2+b)$

유제 05-2 $(-x+1)(x+1)+(-3x-2)(-3x+2)$ 를 계산하시오.

강의 곱셈공식(Ⅳ)은 일차식과 일차식의 곱을 전개하는 것이다!
→ (1차식)(1차식)=2차 3항꼴
→ $(x+a)(x+b)=x^2+$합$x+$곱

기 | 본 | 예 | 제 06

다음 식을 전개하시오.
(1) $(x-1)(x+2)$
(2) $(x+3)(x-1)$
(3) $(x-5)(x-1)$
(4) $(x+2)(x+4)$

탐구 $(x+a)(x+b)=x^2+$합$x+$곱

풀이
(1) (준식)$=x^2+(-1+2)x+(-1)\times 2$
$=x^2+x-2$

(2) (준식)$=x^2+(3-1)x+3\times(-1)$
$=x^2+2x-3$

(3) (준식)$=x^2+(-5-1)x+(-5)\times(-1)$
$=x^2-6x+5$

(4) (준식)$=x^2+(2+4)x+2\times 4$
$=x^2+6x+8$

정답 (1) x^2+x-2 (2) x^2+2x-3 (3) x^2-6x+5 (4) x^2+6x+8

유제 06-1 다음 식을 전개하시오.
(1) $(y-3)(y-5)$
(2) $(y+5)(y+2)$
(3) $(y-10)(y+4)$
(4) $(y+7)(y-6)$

유제 06-2 $(a+2)(a-3)-(a-1)(a-2)$를 전개하시오.

다항식의 정의

1 다항식의 정의

[1] 단항식과 다항식

(1) 단항식

➜ 몇 개의 문자나 숫자가 곱셈기호 '×'로만 연결된 식을 **단항식**이라 한다.

➜ $3,\ x,\ -2ax,\ 5x^2y,\ -3axyz^2$

(2) 다항식

➜ 단항식과 몇 개의 단항식들이 덧셈기호 '+'로 연결된 식을 통틀어 **다항식**이라 한다.

➜ $x+3,\ 5x^2y-2ax$

> **체크** 단항식도 일종의 다항식이다.

[2] 다항식의 차수와 계수와 상수항

(1) 단항식에서는 곱해진 특정한 문자의 개수를 그 단항식의 **차수**라 하고, 특정한 문자 이외의 부분을 모두 **계수**라 한다.

(2) 다항식에서는 최고차항의 차수를 그 **다항식의 차수**라 하고, 특정한 문자를 포함하지 않는 모든 항을 **상수항**이라 한다.

[3] 동류항

➜ 다항식에서 특정한 문자와 차수가 같은 항을 **동류항**이라 한다.

➜ $5x^2y$와 $-2x^2y$와 $\sqrt{3}\,x^2y$

강의 식의 체계를 보면 무리식과 분수식은 다항식이 아니다!

➜ 실수식 ┌ 유리식 ┌ 정수식 ┌ 단항식 = 1항식
　　　　 │　　　 │　　　　└ 다항식 = 1항식, 2항식, 3항식…
　　　　 │　　　 └ 분수식
　　　　 └ 무리식

> **주의** 단항식도 다항식에 포함된다.

다음 중 다항식인 것을 모두 고르시오.

① $x - \dfrac{1}{3}$　　　② $x - \dfrac{1}{x}$　　　③ $\sqrt{3}\,x$　　　④ $\sqrt{3x}$　　　⑤ $\dfrac{x}{3} - x^2$

탐구　다항식 → 단항식 또는 몇 개의 단항식의 합

풀이　① $x - \dfrac{1}{3}$: 다항식 (○)

　　　② $x - \dfrac{1}{x}$: 다항식 (×)

　　　③ $\sqrt{3}\,x$: 다항식 (○)

　　　④ $\sqrt{3x}$: 다항식 (×)

　　　⑤ $\dfrac{x}{3} - x^2$: 다항식 (○)

　　　따라서 다항식인 것은 ①, ③, ⑤이다.

정답　①, ③, ⑤

유제 01-1　다음 식 중 단항식이 아닌 것을 모두 고르시오.

① $2x - 1$　　　② $-\sqrt{3}$　　　③ $2\sqrt{x}$

④ $-2xyz$　　　⑤ $\dfrac{3}{x}$

유제 01-2　다음 식 중 다항식인 것을 모두 고르시오.

① $-\sqrt{3}\,y^2$　　　② $-\sqrt{x}$　　　③ $-2xy - \dfrac{1}{z}$

④ $x - \dfrac{1}{2y}$　　　⑤ $xy - \sqrt{5}$

유제 01-3　다음 식 중 단항식인 것을 고르시오.

① $x + 3$　　　② $5x - 2y$　　　③ 1

④ $\dfrac{3}{2x}$　　　⑤ $-2y + \dfrac{1}{4}$

 다항식의 차수와 계수는 특정 문자를 기준으로 파악해야 한다!

① 차수 : 특정한 문자의 곱해진 개수

② 계수 : 특정문자 이외의 부분 → 계수×특정문자

③ 상수항 : 0차항의 계수 → x^2-2x-3 : 상수항 -3

④ 동류항 : 특정문자 同, 차수 同 → $-3x^2y$와 $5yx^2$

주의 $-3x^2y$의 차수와 계수

① x에 대하여 : 2차 → 계수 $-3y$

② y에 대하여 : 1차 → 계수 $-3x^2$

③ x, y에 대하여 : 3차 → 계수 -3

同(같을 동)

기|본|예|제 02

다음 x, y, z에 대한 다항식 중에서 $-3x^3y^2z$의 동류항이 아닌 것을 모두 고르시오.

① $\dfrac{1}{2}y^2zx^3$　　　　② $\sqrt{5}\,zx^3y$　　　　③ $-3xy^2z^3$

④ $-\dfrac{\sqrt{3}\,x^3zy^2}{2}$　　　　⑤ $4zx^3y^2$

탐구　동류항 → 계수무시 → 문자 同 and 차수 同

풀이　보기의 식을 x, y, z의 순으로 정리하면

① $\dfrac{1}{2}x^3y^2z$ (○)　　② $\sqrt{5}\,x^3yz$ (×)　　③ $-3xy^2z^3$ (×)

④ $-\dfrac{\sqrt{3}}{2}x^3y^2z$ (○)　⑤ $4x^3y^2z$ (○)

따라서 $-3x^3y^2z$와 동류항이 아닌 것은 ②, ③이다.

정답　②, ③

유제 02-1　다음 x, y, z에 대한 다항식 중에서 xy^2의 동류항을 모두 고르시오.

① $-3xy^2z$　　　　② $5x^2zy$　　　　③ $\sqrt{2}\,y^2x$

④ $-\sqrt{3}\,yx^2$　　　　⑤ $\sqrt{5}\,xy^2$

유제 02-2　다음 x, y, z에 대한 다항식 중에서 xy^2z^3과 동류항인 것을 찾아 그들의 합을 구하시오.

$$5z^3xy^2 \qquad 2z^2xy^3 \qquad -4xy^3z^2 \qquad -xz^3y^2 \qquad -3y^2z^3x$$

2 다항식의 정리

[1] 내림차순

→ 한 문자에 대하여 차수가 높은 항에서 낮은 항의 차례로 배열하는 것을 **내림차순**이라 한다.

[2] 오름차순

→ 한 문자에 대하여 차수가 낮은 항에서 높은 항의 차례로 배열하는 것을 **오름차순**이라 한다.

체크 특별한 식의 정리방법

① 윤환식 배열법

→ 3문자일 때, 윤환식으로 배열한다.

ⅰ) $ab,\ bc,\ ca$

ⅱ) $a-b,\ b-c,\ c-a$

ⅲ) $a(b-c),\ b(c-a),\ c(a-b)$

② 사전식 배열법

→ 4문자 이상일 때, 사전식으로 배열한다.

ⅰ) $ab,\ ac,\ ad,\ bc,\ bd,\ cd$

ⅱ) $a-b,\ a-c,\ a-d,\ b-c,\ b-d,\ c-d$

강의 다항식의 정리는 일반적으로 내림차순, 오름차순으로 정리한다!

① 내림차순 배열 : 높은 차수 → 낮은 차수

② 오름차순 배열 : 낮은 차수 → 높은 차수

주의 특별한 식의 정리 방법

① 윤환식 배열 → 3문자일 때

$$\to a+b,\ b+c,\ c+a$$
$$\to -ab,\ -bc,\ -ca$$
$$\to a(b-c),\ b(c-a),\ c(a-b)$$

② 사전식 배열 → 4문자 이상일 때

$$\to a-b,\ a-c,\ a-d,\ b-c,\ b-d,\ c-d$$
$$\to ab,\ ac,\ ad,\ bc,\ bd,\ cd$$

$x^2yz + xyz + yz - xy^2 - xz^2$을 x에 대하여 다음 방법으로 정리하시오.

(1) 내림차순   (2) 오름차순

탐구 내림차순은 x에 대한 차수가 높은 항부터 쓰고, 오름차순은 x에 대한 차수가 낮은 항부터 쓴다.

풀이 (1) 내림차순은 차수가 높은 항부터 쓰는 것이므로 x에 대한 이차항, 일차항, 상수항의 차례로 배열하면

$$x^2yz + xyz - xy^2 - xz^2 + yz = yzx^2 + (yz - y^2 - z^2)x + yz$$

(2) 오름차순은 내림차순의 반대로 정리하면 된다.

$$\therefore \ yz + (yz - y^2 - z^2)x + yzx^2$$

정답 (1) $yzx^2 + (yz - y^2 - z^2)x + yz$ (2) $yz + (yz - y^2 - z^2)x + yzx^2$

유제 03-1 $(x - 3y)^2$을 전개하여 y에 대하여 내림차순으로 정리하시오.

유제 03-2 다음 식을 z에 대하여 내림차순과 오름차순으로 정리하시오.
$$4xy^2 - 3x^3z^2 + 2xz - yz^2 - x^2y + 5x^3y - y^2z + 3x^2z$$

기|본|예|제 04

다음 식이 세 문자로 구성되이 윤환식으로 배열된다는 사실을 알고, $a^3 + b^3 + c^3 - 3abc$를 인수분해하시오.

탐구 ① 3차식이므로 (1차식)(2차식)으로 인수분해될 것이다. (예견①)

② 세 문자로 구성되어 윤환식으로 배열될 것이다. (예견②)

풀이 준식은 3차식이고 세 문자로 구성되어 있으므로

(1차식) ; $(a+b+c)$, (2차식) ; $(a^2 + b^2 + c^2 - ab - bc - ca)$

$$\therefore \ a^3 + b^3 + c^3 - 3abc = (a+b+c)(a^2 + b^2 + c^2 - ab - bc - ca)$$

정답 $(a+b+c)(a^2 + b^2 + c^2 - ab - bc - ca)$

유제 04-1 다음 식이 윤환식임을 알고 연립방정식을 푸시오.
$$x + y = 3 \ \cdots \ ① \quad y + z = 4 \ \cdots \ ② \quad z + x = 5 \ \cdots \ ③$$

유제 04-2 다음 식이 윤환식임을 알고 연립방정식을 푸시오.
$$xy = 2 \ \cdots \ ① \quad yz = 10 \ \cdots \ ② \quad zx = 5 \ \cdots \ ③$$

1 다항식의 덧셈과 뺄셈

→ 다항식의 덧셈도 하나의 다항식이고, 다항식의 뺄셈도 하나의 다항식이다.
→ 다항식의 덧셈과 뺄셈의 기본은 동류항을 간략히 하는 것이다.

[1] 다항식의 덧셈에 대한 기본법칙

- 다항식 A, B, C에 대하여
  (1) $A+B=B+A$ (교환법칙)　　　　(2) $(A+B)+C=A+(B+C)$ (결합법칙)

[2] 다항식의 덧셈에 대한 실수배

- A, B는 다항식이고 k는 실수일 때
  (1) $k(A+B)=kA+kB$　　　　(2) $kA+kB=k(A+B)$

체크 괄호 벗기는 법

(1) 괄호 앞에 $-$가 있을 때는 괄호 안의 부호를 바꾼다.

(2) 괄호가 겹쳐 있을 때는 안쪽부터 차례로 벗긴다.

강의 다항식의 덧셈과 뺄셈은 동류항을 간략히 하는 것이다!

→ 연산법칙을 이용하여 동류항을 간략히 하는 것

① 교환법칙 $A+B=B+A$ (순서 변화)

② 결합법칙 $(A+B)+C=A+(B+C)$ (순서 불변)

기 | 본 | 예 | 제 05

세 다항식 $A=x^2+xy-3y^2$, $B=x^2-y^2$, $C=-2xy+4y^2$에 대하여 $2A-3B+C$를 계산하시오.

탐구 복잡한 계산은 세로 계산법을 사용하면 편리하다.

풀이

$$
\begin{array}{r}
2A = 2x^2+2xy-6y^2 \\
-3B = -3x^2+3y^2 \\
+\underline{C = -2xy+4y^2} \\
2A-3B+C = -x^2+y^2
\end{array}
$$

정답 $-x^2+y^2$

 세 다항식 $A=y^3+2xy^2-3x^3$, $B=y^3-x^2y+2x^3$, $C=2x^3-x^2y-4xy^2$에 대하여 $3(A-B)+2(B-C)$를 계산하시오.

 세 다항식 $A=x^2+xy-3y^2$, $B=x^2-y^2$, $C=-2xy+5y^2$에 대하여 $2A-(B+X)=B-C$를 만족하는 다항식 X를 구하시오.

기 | 본 | 예 | 제 06

두 다항식 A, B에 대하여 다음이 성립할 때, $2A-B$를 구하시오.

$$2A+B=6x^4-2x^3+x+1$$
$$A+B=2x^4+3x^3-x^2-2x+1$$

탐구 가감법을 이용하여 A, B를 구한다.

풀이
$$\begin{cases} 2A+B=6x^4-2x^3+x+1 & \cdots ① \\ A+B=2x^4+3x^3-x^2-2x+1 & \cdots ② \end{cases}$$

$①-②$; $A=4x^4-5x^3+x^2+3x \qquad \cdots ③$

$②-③$; $B=-2x^4+8x^3-2x^2-5x+1$

$$\begin{aligned} 2A-B &=2(4x^4-5x^3+x^2+3x)-(-2x^4+8x^3-2x^2-5x+1) \\ &=8x^4-10x^3+2x^2+6x+2x^4-8x^3+2x^2+5x-1 \\ &=10x^4-18x^3+4x^2+11x-1 \end{aligned}$$

정답 $10x^4-18x^3+4x^2+11x-1$

 두 다항식 A, B에 대하여 다음이 성립할 때, $2A-3B$를 구하시오.

$$A+B=6x^4-3x^2+1$$
$$A-B=4x^4+5x^2-3$$

 두 다항식 A, B에 대하여 다음이 성립할 때, 두 다항식 A와 B를 각각 구하시오.

$$2A+B=9x^4-2x^3+x^2-3x+2$$
$$A+2B=6x^4+8x^3+2x^2+1$$

→ 다항식의 곱셈의 결과는 하나의 다항식이다.

[1] 다항식의 곱셈에 대한 지수법칙

→ 다항식의 곱셈에서는 다음 지수법칙이 이용된다.

• m, n이 양의 정수일 때

(1) $a^m \times a^n = a^{m+n}$

(2) $(a^m)^n = a^{mn}$

(3) $(ab)^m = a^m b^m$

[2] 다항식의 곱셈에 대한 기본법칙

→ 다항식의 곱셈의 기본은 분배법칙을 이용하는 것이다.

• 다항식 A, B, C에 대하여

(1) $AB = BA$ (교환법칙)

(2) $(AB)C = A(BC)$ (결합법칙)

(3) $A(B+C) = AB + AC$, $(A+B)C = AC + BC$ (분배법칙)

강의 **곱셈에 대한 지수법칙은 매우 중요하므로 꼭 암기해 두어야 한다!**

① $A^m \times A^n = A^{m+n}$

② $(A^m)^n = (A^n)^m = A^{mn}$

③ $(AB)^m = A^m B^m$

기 | 본 | 예 | 제 **07**

$\dfrac{1}{4}xy^2 \times \left(\dfrac{2}{3}x^2y^2\right)^2 \times (-3xy)^3$을 간단히 하시오.

탐구 ① $a^m a^n = a^{m+n}$ ② $(a^m)^n = a^{mn}$ ③ $(ab)^m = a^m b^m$

풀이 $(준식) = \dfrac{1}{4}xy^2 \times \dfrac{4}{9}x^4y^4 \times (-27x^3y^3)$

$= \dfrac{1}{4} \times \dfrac{4}{9} \times (-27) \times xy^2 \times x^4y^4 \times x^3y^3$

$= -3x^{1+4+3}y^{2+4+3} = -3x^8y^9$

정답 $-3x^8y^9$

 다음 식을 간단히 하시오.

(1) $\{(-x^3)^5\}^4 \times (-x^2)^6 \times (-x)^9$

(2) $\left(\dfrac{1}{2}xy^2\right)^3 \times (xy^3)^2 \times \left(-\dfrac{2}{3}y^2\right)^3$

 $\left(\dfrac{4}{3}a^2bx\right) \times \left(-\dfrac{2}{3}aby\right)^2 \times \left(\dfrac{3}{4}bxy\right)^3$ 을 간단히 하시오.

강의 다항식의 곱셈은 대포만 잘 쏘면 된다!

→ 대포법칙을 이용 → 동류항 정리 → 답

$$(a+b)(c+d) = ac + ad + bc + bd$$

기 | 본 | 예 | 제 08

$(2x-y)(x^2-xy+y^2)$을 전개하시오.

탐구 대포법칙을 이용하여 전개한 후 동류항을 간략히 한다.

풀이
$$(2x-y)(x^2-xy+y^2) = 2x^3 - 2x^2y + 2xy^2 - x^2y + xy^2 - y^3$$
$$= 2x^3 - 3x^2y + 3xy^2 - y^3$$

정답 $2x^3 - 3x^2y + 3xy^2 - y^3$

 $(1-2a+2a^2)(4a-2)$를 전개하시오.

 $ab=2$일 때, $\left(2a+\dfrac{1}{b}\right)\left(3b+\dfrac{4}{a}\right)$의 값을 구하시오.

기│본│예│제 09

$(3x^3 - x^2 + x - 1)(4x^4 - 3x^3 + 2x^2 + 2x - 3)$의 전개식에서 x^3, x^4의 계수를 각각 a, b라 할 때, $a+b$의 값을 구하시오.

탐구   높은 차수 항에서 낮은 차수 항의 순서로 곱하여 더한다.
① 3차항$=(3$차항$)\times($상수항$)+(2$차항$)\times(1$차항$)+(1$차항$)\times(2$차항$)+($상수항$)\times(3$차항$)$
② 4차항$=(4$차항$)\times($상수항$)+(3$차항$)\times(1$차항$)+(2$차항$)\times(2$차항$)$
$+(1$차항$)\times(3$차항$)+($상수항$)\times(4$차항$)$

풀이   곱하여 삼차항이 되는 동류항들을 간단히 하면
$$3x^3 \times (-3) + (-x^2) \times 2x + x \times 2x^2 + (-1) \times (-3x^3)$$
$$= -9x^3 - 2x^3 + 2x^3 + 3x^3 = -6x^3$$
$$\therefore\ a = -6$$
곱하여 사차항이 되는 동류항들을 간단히 하면
$$3x^3 \times 2x + (-x^2) \times 2x^2 + x \times (-3x^3) + (-1) \times 4x^4$$
$$= 6x^4 - 2x^4 - 3x^4 - 4x^4 = -3x^4$$
$$\therefore\ b = -3$$
따라서 $a+b$의 값을 구하면
$$a+b = (-6) + (-3) = -9$$

정답 -9

유제 09-1 $(x^3 - 3x^2 + 5x + 7)(2x^2 - 3x - 1)$의 전개식에서 x^2, x^4의 계수를 각각 a, b라 할 때, $2a-b$의 값을 구하시오.

유제 09-2 $(2x+1)(2x^2 - kx + 3k)$의 전개식에서 모든 항의 계수들의 총합이 -24일 때, 상수 k의 값을 구하시오.

➡ 다항식의 나눗셈의 결과는 다항식일 수도 있고 아닐 수도 있다.

[1] 다항식의 나눗셈에 대한 지수법칙

➡ 다항식의 나눗셈에서는 다음 지수법칙이 이용된다.

• m, n이 양의 정수이고 $a \neq 0$일 때

$$(1)\ a^m \div a^n = \frac{a^m}{a^n} = \begin{cases} a^{m-n} & (m > n\ 일\ 때) \\ 1 & (m = n\ 일\ 때) \\ \dfrac{1}{a^{n-m}} & (m < n\ 일\ 때) \end{cases}$$

$$(2)\ \left(\frac{b}{a}\right)^n = \frac{b^n}{a^n}$$

> **체크** **확장된 지수법칙**
>
> ➡ m이 양의 정수이고 $a \neq 0$일 때
>
> ① $a^{-m} = \dfrac{1}{a^m}$ ② $a^0 = 1$

[2] 다항식의 나눗셈 계산법

(1) 직접계산법

① 내림차순으로 정리하고 계수가 0인 항은 비워두고 계산한다.

② 나누는 식이 단항식일 때 사용하면 편리하다.

(2) 계수분리법

① 내림차순으로 정리하고 계수만 분리하여 계산한다.

② 나누는 식이 2차 이상의 다항식일 때, 사용하면 편리하다.

(3) 조립제법

① 내림차순으로 정리하고 나누어지는 식의 계수만 분리하여 우측에 놓고 나누는 1차식을 0으로 하는 x의 값을 좌측에 놓아 계산한다.

② 나누는 식이 1차의 다항식일 때 사용하면 편리하다.

> **체크** **다항식의 나눗셈**
>
> ➡ 나누는 식의 형식에 따라서 나누는 방법을 결정한다.
>
> ① 단항식 → 직접계산법 이용
>
> ② 다항식 → 계수분리법 이용
>
> ③ 일차식 → 조립제법 이용

① $A^m \div A^n = A^{m-n} = \dfrac{A^m}{A^n}$ ② $A^{-m} = \dfrac{1}{A^m}$, $A^0 = 1$ (단, $A \neq 0$)

③ $\left(\dfrac{B}{A}\right)^m = \dfrac{B^m}{A^m}$ (단, 분모 $A \neq 0$)

주의 양지수는 분자가 되고 음지수는 분모가 되므로 분수식으로 고쳐 계산하면 편리하다.

기 | 본 | 예 | 제 10

다음 중에서 옳지 않은 것을 모두 고르시오. (단, $a \neq 0$)

① $a^5 \div a^3 = a^2$ ② $a^5 \div a^5 = 1$ ③ $a^3 \div a^5 = a^2$

④ $\dfrac{a^5}{a^3} = a^2$ ⑤ $\dfrac{a^3}{a^5} = a^2$

탐구 다음 지수법칙을 이용하면 편리하다. (단, $a \neq 0$)

① $a^{-m} = \dfrac{1}{a^m}$ (음지수) ② $a^0 = 1$ (영지수)

풀이 지수법칙을 이용하면

① $a^5 \div a^3 = a^{5-3} = a^2$ (◯) ② $a^5 \div a^5 = a^{5-5} = a^0 = 1$ (◯)

③ $a^3 \div a^5 = a^{3-5} = a^{-2} = \dfrac{1}{a^2}$ (×) ④ $\dfrac{a^5}{a^3} = a^{5-3} = a^2$ (◯)

⑤ $\dfrac{a^3}{a^5} = a^{3-5} = a^{-2} = \dfrac{1}{a^2}$ (×)

따라서 옳지 않은 것을 모두 고르면 ③, ⑤이다.

정답 ③, ⑤

유제 10-1 다음 지수법칙 중에서 옳지 않은 것을 모두 고르시오.

(단, $a \neq 0$이고 m, n은 양의 정수)

① $a^0 = 1$ ② $a^{-m} = \dfrac{1}{a^m}$ ③ $\dfrac{a^m}{a^n} = a^{m-n}$ ④ $\dfrac{a^m}{a^n} = a^{n-m}$ ⑤ $\dfrac{a^m}{a^m} = 0$

유제 10-2 다음 중에서 옳지 않은 것을 모두 고르시오. (단, $x \neq 0$, $y \neq 0$)

① $\left(\dfrac{x}{y}\right)^2 = \dfrac{x^2}{y^2}$ ② $\left(\dfrac{x}{y}\right)^{-2} = \dfrac{y^2}{x^2}$ ③ $\left(\dfrac{x}{y}\right)^0 = 0$

④ $\left(\dfrac{x}{y}\right)^{-1} = \dfrac{y}{x}$ ⑤ $\left(-\dfrac{x}{y}\right)^{-2} = \dfrac{x^2}{y^2}$

다음 식을 계산하시오.

(1) $\left(\dfrac{1}{2}ab\right)^2 \times \left(-\dfrac{1}{3}a^2b\right)^3 \div \left(\dfrac{1}{2}ab^2\right)$ (2) $\{(a^2)^3\}^2 \div (-a)^3 \times (-a^2)^2$

탐구 m, n이 양의 정수일 때, (단, $a \neq 0$)

① $a^m \times a^n = a^{m+n}$ ② $a^m \div a^n = a^{m-n}$ ③ $(a^m)^n = a^{mn}$

④ $(ab)^n = a^n b^n$ ⑤ $\left(\dfrac{a}{b}\right)^n = \dfrac{a^n}{b^n}$ (단, $b \neq 0$)

풀이 (1) 지수법칙을 이용하여 간단히 하면

$$(준식) = \dfrac{1}{4}a^2b^2 \times \left(-\dfrac{1}{27}a^6b^3\right) \div \left(\dfrac{1}{2}ab^2\right) = \dfrac{1}{4} \times \left(-\dfrac{1}{27}\right) \times 2 \times a^2b^2 \times a^6b^3 \div (ab^2)$$

$$= -\dfrac{1}{54}a^{2+6-1}b^{2+3-2} = -\dfrac{1}{54}a^7b^3$$

(2) 지수법칙을 이용하여 간단히 하면

$$(준식) = (a^6)^2 \div (-a^3) \times a^4 = a^{12} \div (-a^3) \times a^4 = -a^{12-3+4} = -a^{13}$$

정답 (1) $-\dfrac{1}{54}a^7b^3$ (2) $-a^{13}$

유제 11-1 $(3x^3y^2z)^2 \times 4x^2y^3z \div (-2xy^3z^2) \div (xyz)$ 를 간단히 하시오.

유제 11-2 $\left(\dfrac{1}{2}a^2bx\right) \times \left(-\dfrac{2}{3}aby\right)^2 \div \left(\dfrac{4}{3}bxy\right)^2$ 을 간단히 하시오.

$2^{x+1} = A$일 때, 2^{3x-2}를 A의 식으로 나타내시오.

탐구 뼈다귀 2^x에 주목하라!

풀이 $2^{x+1} = A$ $2^x \times 2 = A$ $\therefore 2^x = \dfrac{A}{2}$

$$2^{3x-2} = (2^x)^3 \times 2^{-2} = \left(\dfrac{A}{2}\right)^3 \times \dfrac{1}{4} = \dfrac{A^3}{32}$$

정답 $\dfrac{A^3}{32}$

유제 12-1 $3^{x-1}=A$일 때, 9^{x+1}을 A의 식으로 나타내시오.

유제 12-2 $4^{x-1}=4A^2$일 때, 2^{x-2}을 A의 식으로 나타내시오.

강의   **다항식의 나눗셈 계산법은 나누는 식에 따라 달라진다!**

→ (나누어지는 식)÷(나누는 식)에서 나누는 식에 따라 방법을 결정한다.

→ 나누는 식
- 단항식 → 직접계산법 이용
- 다항식 → 계수분리법 이용
- 일차식 → 조립제법 이용

기 | 본 | 예 | 제 **13**

다음 다항식의 나눗셈에서 몫과 나머지를 구하시오.

$$(4x^5 - 2x^4 - 6x^2 - 3x + 5) \div 2x^2$$

탐구   나누는 식이 단항식 → 직접계산법 이용!

풀이   나누는 식 $2x^2$이 단항식이므로 직접나눗셈을 하면

$$
\begin{array}{r}
2x^3 - x^2 + 0x - 3 \\[2pt]
2x^2 \,\overline{)\, 4x^5 - 2x^4 + 0x^3 - 6x^2 - 3x + 5} \\[2pt]
\underline{4x^5 - 2x^4 + 0x^3 - 6x^2} \\[2pt]
-3x + 5
\end{array}
$$

다항식의 나눗셈에서 몫은 $2x^3 - x^2 - 3$이고 나머지는 $-3x + 5$이다.

정답   몫 : $2x^3 - x^2 - 3$, 나머지 : $-3x + 5$

유제 13-1 $(3x^4 - 6x^3 + 6x^2 - 2x) \div 3x^2$에서 몫과 나머지를 구하시오.

유제 13-2 $(x^5 - 2x^4 + 4x^3 - 3x^2 + x - 1) \div 2x^3$에서 몫과 나머지를 구하시오.

다음 다항식의 나눗셈을 하여 몫과 나머지를 구하시오.
$$(6x^4 - 4x^2 + 3x - 2) \div (x^2 - 2x + 2)$$

탐구 나누는 식이 2차 이상의 다항식 → 계수분리법 이용!

풀이 나누는 식 $x^2 - 2x + 2$가 2차의 다항식이므로 계수를 분리하여 나눗셈을 하면

$$
\begin{array}{r}
6 \quad\ 12 \quad\ \ 8 \\
1\ -2\ \ 2\,\overline{)\,6 \quad\ 0 \quad -4 \quad\ \ 3 \quad -2} \\
\underline{6 \quad -12 \quad 12} \\
12 \quad -16 \quad\ \ 3 \\
\underline{12 \quad -24 \quad 24} \\
8 \quad -21 \quad -2 \\
\underline{8 \quad -16 \quad\ 16} \\
-5 \quad -18
\end{array}
$$

다항식의 나눗셈에서 몫은 $6x^2 + 12x + 8$이고 나머지는 $-5x - 18$이다.

정답 몫 : $6x^2 + 12x + 8$, 나머지 : $-5x - 18$

유제 14-1 $(2x^4 + x^3 - 5x^2 - 5x - 9) \div (x^2 - 2)$를 계산하여 몫과 나머지를 구하시오.

유제 14-2 다항식 $x^4 - 2x^3 + 2x^2 - 6x - 3$을 다항식 A로 나누었을 때의 몫이 $x^2 - 2x - 1$이고 나머지가 0일 때, 다항식 A를 구하시오.

다항식 $x^3 - 4x^2 + x - 5$를 $x - 2$로 나누었을 때의 몫과 나머지를 구하시오.

탐구 나누는 식이 1차의 다항식 → 조립제법 이용!

풀이 (나누는 식)$=0$의 해를 구하면
$$x - 2 = 0 \quad \therefore\ x = 2$$
나누는 식이 1차의 다항식이므로 조립제법을 이용하면

$$
\begin{array}{r|rrrr}
2 & 1 & -4 & 1 & -5 \\
  &   & 2 & -4 & -6 \\
\hline
  & 1 & -2 & -3 & -11 \ \to R
\end{array}
$$

다항식의 나눗셈에서 몫은 $x^2 - 2x - 3$이고 나머지는 -11이다.

정답 몫 : $x^2 - 2x - 3$, 나머지 : -11

유제 **15-1** $(3x^3 - 2x^2 - 5) \div (x-1)$의 몫과 나머지를 구하시오.

유제 **15-2** $(x^4 - x^3 - 3x^2 - x + 3) \div (x+2)$의 몫과 나머지를 조립제법을 이용하여 구하는 과정이다. 상수 $a,\ b,\ c,\ d$에 대하여 $a+b+c+d$의 값을 구하시오.

$$
\begin{array}{r|rrrrr}
a & 1 & -1 & -3 & -1 & 3 \\
  &   & -2 & c & -6 & 14 \\
\hline
  & 1 & b & 3 & d & \,17 \\
\end{array}
$$

기|본|예|제 **16**

$(2x^3 - 7x^2 + 9) \div (2x - 3)$의 몫과 나머지를 구하시오.

탐구 $f(x)$를 $ax+b$로 나눌 때 → 몫은 $f(x)$를 $x + \dfrac{b}{a}$로 나누었을 때의 몫의 $\dfrac{1}{a}$배

→ 나머지는 그대로

풀이   (나누는 식)$=0$의 해를 구하면

$$2x - 3 = 0 \qquad \therefore\ x = \frac{3}{2}$$

나누는 식이 1차의 다항식이므로 조립제법을 이용하면

$$
\begin{array}{r|rrrr}
\frac{3}{2} & 2 & -7 & 0 & 9 \\
            &   & 3 & -6 & -9 \\
\hline
            & 2 & -4 & -6 & \,0 \;\to\; R \\
\end{array}
$$

몫을 나누는 식의 1차항의 계수로 나누어 구하면

$$\frac{1}{2}(2x^2 - 4x - 6) = x^2 - 2x - 3$$

다항식의 나눗셈에서 몫은 $x^2 - 2x - 3$이고, 나머지는 0이다.

정답   몫 : $x^2 - 2x - 3$, 나머지 : 0

유제 **16-1** $(2x^3 - x^2 - 2x + 3) \div (2x - 1)$의 몫과 나머지를 구하시오.

유제 **16-2** $(3x^4 + x^3 - 5x^2 + 5x + 1) \div (3x - 2)$의 몫과 나머지를 구하시오.

03 곱셈공식

1 | 곱셈공식(I)

→ 완전제곱꼴의 곱셈공식이다.

(1) $(x \pm y)^2 = x^2 + y^2 \pm 2xy$

(2) $(x + y + z)^2 = x^2 + y^2 + z^2 + 2xy + 2yz + 2zx$

강의 곱셈공식(I)은 완전제곱식을 전개하는 공식이다!

→ 완전제곱꼴의 곱셈공식!

① $(a+b)^2 = a^2 + b^2 + 2ab$

② $(a+b+c)^2 = a^2 + b^2 + c^2 + 2ab + 2bc + 2ca$

기 | 본 | 예 | 제 17

다음을 전개하시오.

(1) $(2x + 3y)^2$

(2) $(3x - 2y)^2$

탐구 $(a \pm b)^2 = a^2 \pm 2ab + b^2$

풀이

(1) (준식) $= (2x)^2 + 2 \times 2x \times 3y + (3y)^2$

$\qquad = 4x^2 + 12xy + 9y^2$

(2) (준식) $= (3x)^2 - 2 \times 3x \times 2y + (2y)^2$

$\qquad = 9x^2 - 12xy + 4y^2$

정답 (1) $4x^2 + 12xy + 9y^2$ (2) $9x^2 - 12xy + 4y^2$

유제 17-1 다음을 전개하시오.

(1) $(4a - b)^2$

(2) $(2a + 5b)^2$

유제 17-2 $(x - 2y)^2 - (2x - y)^2$을 계산하시오.

다음을 전개하시오.

(1) $(a-b-c)^2$

(2) $(x+y-z)^2$

탐구

① $\{a+(-b)+(-c)\}^2$으로 놓고 전개한다.

② $\{x+y+(-z)\}^2$으로 놓고 전개한다.

풀이

(1) (준식) $= \{a+(-b)+(-c)\}^2$

$= a^2+(-b)^2+(-c)^2+2\times a\times(-b)+2\times(-b)\times(-c)+2\times(-c)\times a$

$= a^2+b^2+c^2-2ab+2bc-2ca$

(2) (준식) $= \{x+y+(-z)\}^2$

$= x^2+y^2+(-z)^2+2\times x\times y+2\times y\times(-z)+2\times(-z)\times x$

$= x^2+y^2+z^2+2xy-2yz-2zx$

정답

(1) $a^2+b^2+c^2-2ab+2bc-2ca$

(2) $x^2+y^2+z^2+2xy-2yz-2zx$

유제 18-1 다음을 전개하시오.

(1) $(\sqrt{a}+\sqrt{b}+\sqrt{c})^2$

(2) $(\sqrt{a}-\sqrt{b}+\sqrt{c})^2$

유제 18-2 다음을 전개하시오.

(1) $(x+2y+3z)^2$

(2) $(x-2y+3z)^2$

유제 18-3 $(2x-4y-1)^2$을 전개하시오.

→ 합과 차의 곱은 부호가 같은 것의 제곱과 부호가 다른 것의 제곱의 차로 전개된다.

(1) $(x+y)(x-y) = x^2 - y^2$

(2) $(x+y)(y-x) = y^2 - x^2$

강의 **곱셈공식(Ⅱ)는 합과 차의 곱을 전개하는 것이다!**

→ 합과 차의 곱 $=$ (부호가 같은 것)$^2 -$ (부호가 다른 것)^2

→ ① $(x+y)(y-x) = y^2 - x^2$ ② $(x+y)(x-y) = x^2 - y^2$

주의 $(x-y)(y-x) = -(x-y)^2 = -x^2 + 2xy - y^2$

기 | 본 | 예 | 제 19

다음 식을 전개하시오.

(1) $(2x-3y)(2x+3y)$ (2) $\left(\dfrac{1}{2}x+y\right)\left(-\dfrac{1}{2}x+y\right)$

탐구   합과 차의 곱 $=$ (부호가 같은 것)$^2 -$ (부호가 다른 것)^2

풀이   (1) (준식) $= (2x)^2 - (3y)^2 = 4x^2 - 9y^2$

       (2) (준식) $= y^2 - \left(\dfrac{1}{2}x\right)^2 = y^2 - \dfrac{1}{4}x^2$

정답   (1) $4x^2 - 9y^2$ (2) $y^2 - \dfrac{1}{4}x^2$

유제 19-1   다음 식을 전개하시오.

(1) $(4a-3b)(4a+3b)$ (2) $\left(-\dfrac{1}{3}a+\dfrac{1}{4}b\right)\left(-\dfrac{1}{3}a-\dfrac{1}{4}b\right)$

유제 19-2 $(2x+y)(2x-y) - (x-2y)(-x-2y)$를 계산하시오.

→ 곱셈의 결과는 2차 3항끌이다.

→ $(ax+b)(cx+d) = acx^2 + (ad+bc)x + bd$

강의 곱셈공식(Ⅲ)은 1차식과 1차식의 곱을 전개하는 공식이다!

→ (1차식)(1차식)=2차 3항꼴

→ (머리+꼬리)(머리+꼬리)=(머리×머리)x^2+(밖쪽곱+안쪽곱)xy+(꼬리×꼬리)y^2

① $(x+a)(x+b) = x^2 + (a+b)x + ab$

② $(ax+by)(cx+dy) = acx^2 + (ad+bc)xy + bdy^2$

기│본│예│제 20

$(x-y)(x+y)(x^2+y^2)(x^4+y^4)(x^8+y^8)$을 전개하시오.

탐구 $(a+b)(a-b) = a^2 - b^2$을 반복 이용한다.

풀이 앞에서부터 2개씩 짝을 지어 전개해나가면

$$
\begin{aligned}
(준식) &= \{(x-y)(x+y)\}(x^2+y^2)(x^4+y^4)(x^8+y^8) \\
&= \{(x^2-y^2)(x^2+y^2)\}(x^4+y^4)(x^8+y^8) \\
&= \{(x^4-y^4)(x^4+y^4)\}(x^8+y^8) \\
&= (x^8-y^8)(x^8+y^8) \\
&= x^{16} - y^{16}
\end{aligned}
$$

정답 $x^{16} - y^{16}$

유제 20-1 $(x-1)(x+1)(x^2+1)(x^4+1)(x^8+1)(x^{16}+1)$을 전개하시오.

유제 20-2 $2(3+1)(3^2+1)(3^4+1) = 3^8 + \square$ 에서 $\square$ 안에 들어갈 수를 구하시오.

$(a+b)(a-b)=a^2-b^2$임을 이용하여 다음을 계산하시오.

(1) 49×51 (2) 1.7×2.3

탐구   수를 $(a+b)(a-b)$의 꼴로 변형하여 공식을 이용한다.

풀이   (1) $49 \times 51 = (50-1)(50+1) = 50^2 - 1^2 = 2500 - 1 = 2499$

       (2) $1.7 \times 2.3 = (2-0.3)(2+0.3) = 2^2 - 0.3^2 = 4 - 0.09 = 3.91$

정답   (1) 2499 (2) 3.91

유제 21-1 $(a+b)(a-b)=a^2-b^2$ 임을 이용하여 다음을 계산하시오.

(1) 34×26 (2) 10.5×9.5

유제 21-2 $(a+b)(a-b)=a^2-b^2$ 임을 이용하여 다음을 계산하시오.

$$\frac{2024 \times 2026 + 1}{2025}$$

다음 식을 전개하시오.

(1) $(x-3y)(x+2y)$ (2) $(2x+3y)(4x-5y)$

탐구 $(ax+by)(cx+dy) = (머리 \times 머리)x^2 + (ad+bc)xy + (꼬리 \times 꼬리)y^2$

풀이   (1) $(준식) = x^2 + (-3+2)xy + (-3) \times 2y^2 = x^2 - xy - 6y^2$

       (2) $(준식) = 2 \times 4x^2 + \{2 \times (-5) + 3 \times 4\}xy + 3 \times (-5)y^2 = 8x^2 + 2xy - 15y^2$

정답   (1) $x^2 - xy - 6y^2$ (2) $8x^2 + 2xy - 15y^2$

유제 22-1   다음 식을 전개하시오.

(1) $(x+7y)(x-3y)$ (2) $(6x+5y)(4x-3y)$

유제 22-2 $(5a+4b)(3a+2b) - (a+5b)(3a-2b)$를 계산하시오.

→ 완전세제곱꼴의 곱셈공식이다.

(1) $(x+y)^3 = x^3 + 3x^2y + 3xy^2 + y^3$

(2) $(x-y)^3 = x^3 - 3x^2y + 3xy^2 - y^3$

강의 곱셈공식(Ⅳ)는 완전세제곱식을 전개하는 공식이다!

→ 완전세제곱꼴＝3차 4항꼴

① $(x+y)^3 = x^3 + 3x^2y + 3xy^2 + y^3$; 3차 4항꼴

② $(x-y)^3 = x^3 - 3x^2y + 3xy^2 - y^3$; 3차 4항꼴 : $-y$에 유의!

기│본│예│제 23

다음 식을 전개하시오.

(1) $(2x+3y)^3$　　　　　　　　　　(2) $(3x-2y)^3$

탐구　① $(x+y)^3 = x^3 + 3x^2y + 3xy^2 + y^3$

② $(x-y)^3 = x^3 - 3x^2y + 3xy^2 - y^3$ (y가 홀수 차일 때만 $-$를 붙인다.)

풀이　(1) (준식)$= (2x)^3 + 3 \times (2x)^2 \times 3y + 3 \times 2x \times (3y)^2 + (3y)^3$

$\qquad\qquad = 8x^3 + 36x^2y + 54xy^2 + 27y^3$

(2) (준식)$= (3x)^3 - 3 \times (3x)^2 \times 2y + 3 \times 3x \times (2y)^2 - (2y)^3$

$\qquad\qquad = 27x^3 - 54x^2y + 36xy^2 - 8y^3$

정답　(1) $8x^3 + 36x^2y + 54xy^2 + 27y^3$　(2) $27x^3 - 54x^2y + 36xy^2 - 8y^3$

유제 23-1　다음 식을 전개하시오.

(1) $(2x+3)^3$　　　　　　　　　(2) $(x-2y)^3$

유제 23-2　$(a+b)^3 - (a-b)^3$을 계산하시오.

➜ 곱셈의 결과는 3차 4항꼴이다.

(1) $(x+a)(x+b)(x+c) = x^3 + (a+b+c)x^2 + (ab+bc+ca)x + abc$

(2) $(x-a)(x-b)(x-c) = x^3 - (a+b+c)x^2 + (ab+bc+ca)x - abc$

강의 곱셈공식(V)는 괄호 셋이고, 머리 同인 식을 전개하는 공식이다!

➜ $(x+a)(x+b)(x+c)$ → 괄호 3개, 머리 同

① $(x+a)(x+b)(x+c) = x^3 + (a+b+c)x^2 + (ab+bc+ca)x + abc$

② $(x-a)(x-b)(x-c) = x^3 - (a+b+c)x^2 + (ab+bc+ca)x - abc$; 부호 주의!

同(같을 동)

기|본|예|제 24

다음 식을 전개하시오.

(1) $(x+1)(x+2)(x+3)$ (2) $(x-1)(x-2)(x-3)$

탐구 괄호 셋, 머리同 $(x+a)(x+b)(x+c) = x^3 + (a+b+c)x^2 + (ab+bc+ca)x + abc$

풀이 (1) (준식)$= x^3 + (1+2+3)x^2 + (1\times2+2\times3+3\times1)x + 1\times2\times3$

$\qquad = x^3 + 6x^2 + 11x + 6$

(2) (준식)$= x^3 - (1+2+3)x^2 + (1\times2+2\times3+3\times1)x - 1\times2\times3$

$\qquad = x^3 - 6x^2 + 11x - 6$

정답 (1) $x^3 + 6x^2 + 11x + 6$ (2) $x^3 - 6x^2 + 11x - 6$

유제 24-1 다음 식을 전개하시오.

(1) $(x+1)(x-2)(x+3)$ (2) $(x-1)(x+2)(x-3)$

유제 24-2 $x+y+z=3$, $xy+yz+zx=2$, $xyz=1$일 때, $(x+y)(y+z)(z+x)$의 값을 구하시오.

→ (1차식)×(2차식)은 3차의 다항식으로 전개된다.

(1) $(x+y)(x^2-xy+y^2)=x^3+y^3$

(2) $(x-y)(x^2+xy+y^2)=x^3-y^3$

(3) $(x+y+z)(x^2+y^2+z^2-xy-yz-zx)=x^3+y^3+z^3-3xyz$

강의 곱셈공식(Ⅵ)은 1차식과 2차식의 곱을 전개하는 공식이다!

→ (1차식)(2차식)=(3차식) → 부호 주의!

① $(a+b)(a^2-ab+b^2)=a^3+b^3$

② $(a-b)(a^2+ab+b^2)=a^3-b^3$

③ $(a+b+c)(a^2+b^2+c^2-ab-bc-ca)=a^3+b^3+c^3-3abc$

기│본│예│제 25

다음 식을 전개하시오.

(1) $(x-1)(x+1)(x^2+x+1)(x^2-x+1)$

(2) $(x+y-3)(x^2+y^2+9-xy+3y+3x)$

탐구 ① 곱셈공식을 이용할 수 있도록 짝을 지어 전개한다.

ⅰ) $(x+y)(x^2-xy+y^2)=x^3+y^3$

ⅱ) $(x-y)(x^2+xy+y^2)=x^3-y^3$

② 다음 곱셈공식에 $z=-3$을 대입한 것이다.

$(x+y+z)(x^2+y^2+z^2-xy-yz-zx)=x^3+y^3+z^3-3xyz$

풀이 (1) 공식을 이용할 수 있도록 짝을 지어 전개하면

$$(준식)=\{(x-1)(x^2+x+1)\}\{(x+1)(x^2-x+1)\}$$
$$=(x^3-1)(x^3+1)=x^6-1$$

(2) $(x+y+z)(x^2+y^2+z^2-xy-yz-zx)=x^3+y^3+z^3-3xyz$에서 $z=-3$이므로 주어진 식을 전개하면

$$(준식)=x^3+y^3+(-3)^3-3xy\times(-3)$$
$$=x^3+y^3-27+9xy$$
$$=x^3+y^3+9xy-27$$

✔정답 (1) x^6-1 (2) $x^3+y^3+9xy-27$

　다음 식을 전개하시오.

(1) $(2a+3b)(4a^2-6ab+9b^2)$

(2) $(x+y-2)(x^2+y^2+4-xy+2y+2x)$

　다음 식을 전개하시오.

(1) $(x-2)(x+2)(x^2+2x+4)(x^2-2x+4)$

(2) $(x+2y+3z)(x^2+4y^2+9z^2-2xy-6yz-3zx)$

강의　**곱셈공식(Ⅵ)의 활용 문제는 짝을 잘 찾아 곱한 후 전개한다!**

① $x^2+x+1=0$　　$(x-1)(x^2+x+1)=0$

　$x^3-1=0$　　$\therefore x^3=1$

② $x^2-x+1=0$　　$(x+1)(x^2-x+1)=0$

　$x^3+1=0$　　$\therefore x^3=-1$

기|본|예|제 26

$x^2+x+1=0$일 때, $x^{101}+x^{100}$의 값을 구하시오.

탐구　$x^2+x+1=0 \rightarrow (x-1)(x^2+x+1)=0 \rightarrow x^3-1=0 \rightarrow x^3=1$ 이용

풀이　조건식의 양변에 $x-1$을 곱하여 정리하면

　　$(x-1)(x^2+x+1)=0$　$x^3-1=0$　$\therefore x^3=1$

　(준식)$=(x^3)^{33}x^2+(x^3)^{33}x=x^2+x=-1$

정답　-1

　$x^2-x+1=0$일 때, $x^{101}-x^{100}$의 값을 구하시오.

　$x^2+x+1=0$일 때, $x^{1001}+x^{997}-1$의 값을 구하시오.

→ (2차식)(2차식)은 4차의 다항식으로 전개된다.

(1) $(x^2+ax+a^2)(x^2-ax+a^2)=x^4+a^2x^2+a^4$

(2) $(x^2+xy+y^2)(x^2-xy+y^2)=x^4+x^2y^2+y^4$

강의　곱셈공식(Ⅶ)은 중앙항의 부호가 다른 2차식의 곱을 전개하는 공식이다!

→ (중앙항의 부호가 다른 2차식의 곱)=(제곱)+(제곱)+(제곱)

→ $(x^2+xy+y^2)(x^2-xy+y^2)=(x^2)^2+(xy)^2+(y^2)^2$
$$=x^4+x^2y^2+y^4$$

기|본|예|제 27

다음 식을 전개하시오.

(1) $(x^2+x+1)(x^2-x+1)$　　　　(2) $(x^2+3x+9)(x^2-3x+9)$

탐구　(중앙항의 부호가 다른 2차식의 곱)=(제곱)+(제곱)+(제곱)

풀이　(1) (준식)$=(x^2)^2+x^2+1^2=x^4+x^2+1$

　　　　(2) (준식)$=(x^2)^2+(3x)^2+9^2=x^4+9x^2+81$

정답　(1) x^4+x^2+1　　　　(2) x^4+9x^2+81

유제 27-1　다음 식을 전개하시오.

(1) $(x^2+2x+4)(x^2-2x+4)$

(2) $(4x^2+6xy+9y^2)(4x^2-6xy+9y^2)$

유제 27-2　다음 식을 전개하시오.

(1) $(4a^2+2a+1)(4a^2-2a+1)$

(2) $(9a^2+12ab+16b^2)(9a^2-12ab+16b^2)$

(1) 동일부분을 X로 치환하여 전개한 후 다시 환원한다.
(2) 동일부분을 한 묶음으로 보고 전개한다.

강의 **동일부분은 치환하고 공통부분은 추출하는 것이다!**
① 동일부분 → 치환 이용
② 공통부분 → 추출 이용

기|본|예|제 **28**

다음 식을 전개하시오.

(1) $(x^2-x-3)(x^2-x+1)$ 　　　　　(2) $(x-1)(x+1)(x+2)(x+4)$

탐구　① 동일부분 → 치환 이용　　② 두 개씩 짝지어 전개한 후 동일부분 치환

풀이　(1) $x^2-x=X$로 치환하면
$$(준식)=(X-3)(X+1)=X^2-2X-3$$
$X=x^2-x$로 환원하면
$$(x^2-x)^2-2(x^2-x)-3=x^4-2x^3+x^2-2x^2+2x-3$$
$$=x^4-2x^3-x^2+2x-3$$

(2) 치환할 것을 고려하여 두 개씩 짝지어 전개하면
$$(준식)=\{(x-1)(x+4)\}\{(x+1)(x+2)\}=(x^2+3x-4)(x^2+3x+2)$$
$x^2+3x=X$로 치환하면
$$(X-4)(X+2)=X^2-2X-8$$
$X=x^2+3x$로 환원하면
$$(x^2+3x)^2-2(x^2+3x)-8=x^4+6x^3+9x^2-2x^2-6x-8$$
$$=x^4+6x^3+7x^2-6x-8$$

정답　(1) $x^4-2x^3-x^2+2x-3$　　(2) $x^4+6x^3+7x^2-6x-8$

유제 28-1　$(x-2)(x+2)(x-1)(x-5)$를 전개하시오.

유제 28-2　$(x-y+z)(x+y-z)$를 전개하시오.

1 변형공식(Ⅰ)

➜ 곱셈공식을 사용하기 좋게 변형한 공식이다.

(1) $x^2+y^2=(x+y)^2-2xy$

(2) $x^2+y^2=(x-y)^2+2xy$

(3) $x^2+y^2+z^2=(x+y+z)^2-2(xy+yz+zx)$

강의 변형공식(Ⅰ)은 완전제곱식으로 변형하는 공식이다!

➜ 곱셈공식 → 변형공식

① $(a+b)^2=a^2+b^2+2ab$ → $a^2+b^2=(a+b)^2-2ab$

② $(a-b)^2=a^2+b^2-2ab$ → $a^2+b^2=(a-b)^2+2ab$

③ $(a+b+c)^2=a^2+b^2+c^2+2(ab+bc+ca)$

    → $a^2+b^2+c^2=(a+b+c)^2-2(ab+bc+ca)$

기|본|예|제 29

$x+y=3$, $xy=2$일 때, x^2+y^2의 값을 구하시오.

탐구 변형공식 $x^2+y^2=(x+y)^2-2xy$를 이용한다.

풀이
$$x^2+y^2=(x+y)^2-2xy$$
$$=3^2-2\times2=5$$

정답 5

유제 29-1 $x-y=1$, $xy=2$일 때, x^2+y^2의 값을 구하시오.

유제 29-2 $x+y=3$, $x^2+y^2=5$일 때, xy의 값을 구하시오.

$(x+y)^2 = 5$, $xy = 1$일 때, $x^4 + y^4$의 값을 구하시오.

탐구 $(x^2)^2 + (y^2)^2 = (x^2 + y^2)^2 - 2x^2y^2$을 이용한다.

풀이 $x^2 + y^2 = (x+y)^2 - 2xy = 5 - 2 \times 1 = 3$

$x^4 + y^4 = (x^2)^2 + (y^2)^2 = (x^2 + y^2)^2 - 2x^2y^2 = (x^2 + y^2)^2 - 2(xy)^2 = 3^2 - 2 \times 1 = 7$

정답 7

유제 30-1 $a+b = 2$, $ab = -3$일 때, $\dfrac{b}{a} + \dfrac{a}{b}$의 값을 구하시오.

유제 30-2 $x - y = 1$, $x^2 + y^2 = 13$일 때, 다음 식의 값을 구하시오.

(1) $x^4 + y^4$ 　　　　　　(2) $\dfrac{y}{x} + \dfrac{x}{y}$

$a+b+c = 6$, $ab+bc+ca = 5$일 때, $a^2+b^2+c^2$의 값을 구하시오.

탐구 변형공식 $a^2 + b^2 + c^2 = (a+b+c)^2 - 2(ab+bc+ca)$를 이용한다.

풀이 $a^2 + b^2 + c^2 = (a+b+c)^2 - 2(ab+bc+ca) = 6^2 - 2 \times 5 = 26$

정답 26

유제 31-1 $a+b+c = 5$, $a^2+b^2+c^2 = 7$, $abc = 3$일 때, $\dfrac{1}{a} + \dfrac{1}{b} + \dfrac{1}{c}$의 값을 구하시오.

유제 31-2 오른쪽 그림과 같은 직육면체의 모든 모서리의 길이의 합은 40이고 대각선의 길이가 $\sqrt{24}$일 때, 이 직육면체의 겉넓이를 구하시오.

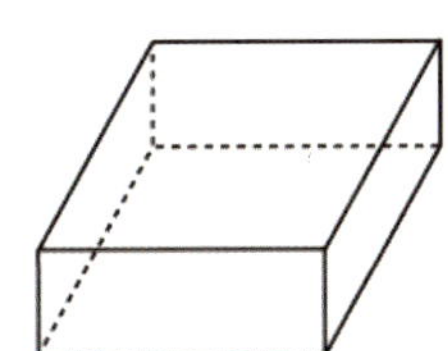

→ 차를 알고 합을 구하거나 합을 알고 차를 구할 때 이용한다.

(1) $(x+y)^2 = (x-y)^2 + 4xy$

(2) $(x-y)^2 = (x+y)^2 - 4xy$

강의 **변형공식(Ⅱ)은 차를 알고 합을 구할 때, 합을 알고 차를 구할 때 쓰는 공식이다!**

→ 차를 알고 합을 구할 때 or 합을 알고 차를 구할 때

① $(a+b)^2 = (a-b)^2 + 4ab$

② $(a-b)^2 = (a+b)^2 - 4ab$

기|본|예|제 **32**

$x+y=3$, $xy=2$일 때, $x-y$의 값을 구하시오.

탐구 차를 구하므로 $(x-y)^2 = (x+y)^2 - 4xy$ 이용!

풀이 $(x-y)^2 = (x+y)^2 - 4xy$

$$= 3^2 - 4 \times 2 = 1$$

$$\therefore\ x-y = \pm 1$$

정답 ± 1

유제 32-1 $x-y=\sqrt{17}$, $xy=2$일 때, $x+y$의 값을 구하시오.

유제 32-2 $x-y=1$, $x^2+y^2=5$일 때, 다음을 구하시오. (단, x, y는 양수)

(1) xy (2) $x+y$ (3) $\dfrac{y}{x} + \dfrac{x}{y}$

→ 변형공식 또는 인수분해를 이용한다.

(1) $x^3+y^3=(x+y)^3-3xy(x+y)=(x+y)(x^2-xy+y^2)$

(2) $x^3-y^3=(x-y)^3+3xy(x-y)=(x-y)(x^2+xy+y^2)$

강의 변형공식(Ⅲ)은 완전세곱식으로 변형하는 공식이다!

→ 세제곱의 합 or 차 → 변형공식 or 인수분해 이용

① $a^3+b^3=(a+b)^3-3ab(a+b)=(a+b)(a^2-ab+b^2)$

② $a^3-b^3=(a-b)^3+3ab(a-b)=(a-b)(a^2+ab+b^2)$

기│본│예│제 **33**

$a+b=1$, $ab=-2$일 때, 다음을 구하시오.

(1) a^2+b^2 (2) $a-b$ (3) a^3+b^3

탐구 세제곱의 합 → 변형공식 이용! ; $a^3+b^3=(a+b)^3-3ab(a+b)$

풀이

(1) $a^2+b^2=(a+b)^2-2ab$

$\qquad = 1^2-2\times(-2)=5$

(2) $(a-b)^2=(a+b)^2-4ab$

$\qquad = 1^2-4\times(-2)=9$

$\qquad \therefore a-b=\pm3$

(3) $a^3+b^3=(a+b)^3-3ab(a+b)$

$\qquad = 1^3-3\times(-2)\times1=7$

정답   (1) 5   (2) ±3 (3) 7

유제 33-1 $a-b=2$, $a^2+b^2=8$일 때, 다음을 구하시오.

(1) ab (2) $a+b$ (3) a^3-b^3

유제 33-2 $x+y=3$, $x^3+y^3=9$일 때, 다음을 구하시오.

(1) xy (2) $x-y$ (3) x^2+y^2

→ 준식에 2를 곱하고 변형한 후 2로 나눈 공식이다.

(1) $x^2 + y^2 + z^2 - xy - yz - zx = \dfrac{1}{2}\{(x-y)^2 + (y-z)^2 + (z-x)^2\}$

(2) $x^2 + y^2 + z^2 + xy + yz + zx = \dfrac{1}{2}\{(x+y)^2 + (y+z)^2 + (z+x)^2\}$

강의 변형공식(Ⅳ)는 $\dfrac{1}{2} \times 2\,(준식)$을 이용하여 세 개의 완전제곱식으로 변형하는 공식이다!

→ $(준식) = \dfrac{1}{2} \times 2\,(준식) \;\to\; \dfrac{1}{2}\,(완전제곱식)$

① $a^2 + b^2 + c^2 + ab + bc + ca = \dfrac{1}{2}(2a^2 + 2b^2 + 2c^2 + 2ab + 2bc + 2ca)$

$$= \dfrac{1}{2}\{(a^2 + 2ab + b^2) + (b^2 + 2bc + c^2) + (c^2 + 2ca + a^2)\}$$

$$= \dfrac{1}{2}\{(a+b)^2 + (b+c)^2 + (c+a)^2\}$$

② $a^2 + b^2 + c^2 - ab - bc - ca = \dfrac{1}{2}\{(a-b)^2 + (b-c)^2 + (c-a)^2\}$

기|본|예|제 34

$a^2 + b^2 + c^2 - ab - bc - ca$의 변형 공식을 유도하시오.

탐구 $(준식) = \dfrac{1}{2} \times 2\,(준식)$을 이용하여 완전제곱꼴로 변형한다.

풀이 $(준식) = \dfrac{1}{2} \times 2(a^2 + b^2 + c^2 - ab - bc - ca) = \dfrac{1}{2}(2a^2 + 2b^2 + 2c^2 - 2ab - 2bc - 2ca)$

$$= \dfrac{1}{2}\{(a^2 - 2ab + b^2) + (b^2 - 2bc + c^2) + (c^2 - 2ca + a^2)\}$$

$$= \dfrac{1}{2}\{(a-b)^2 + (b-c)^2 + (c-a)^2\}$$

정답   풀이참조

유제 34-1 $x^2 + y^2 + z^2 + xy + yz + zx = \dfrac{1}{2}\{(x+y)^2 + (y+z)^2 + (z+x)^2\}$을 유도하시오.

유제 34-2   삼각형의 세 변의 길이가 a, b, c일 때, $a^2 + b^2 + 4c^2 - ab - 2bc - 2ca = 0$을 만족하는 삼각형이 어떤 삼각형인지 말하시오.

→ 역수 관계인 변형공식에서는 곱 $x \times \dfrac{1}{x} = 1$이 된다.

(1) $x^2 + \dfrac{1}{x^2} = \left(x - \dfrac{1}{x}\right)^2 + 2,\ x^2 + \dfrac{1}{x^2} = \left(x + \dfrac{1}{x}\right)^2 - 2$

(2) $\left(x - \dfrac{1}{x}\right)^2 = \left(x + \dfrac{1}{x}\right)^2 - 4,\ \left(x + \dfrac{1}{x}\right)^2 = \left(x - \dfrac{1}{x}\right)^2 + 4$

(3) $x^3 - \dfrac{1}{x^3} = \left(x - \dfrac{1}{x}\right)^3 + 3\left(x - \dfrac{1}{x}\right),\ x^3 + \dfrac{1}{x^3} = \left(x + \dfrac{1}{x}\right)^3 - 3\left(x + \dfrac{1}{x}\right)$

강의 변형공식($\mathbf{V}$)는 역수 관계일 때, $x \times \dfrac{1}{x} = 1$을 이용하는 변형공식이다!

→ 역수 관계 변형공식 : $x \times \dfrac{1}{x} = 1$

① $a^2 + b^2 = (a+b)^2 - 2ab \ \rightarrow\ x^2 + \dfrac{1}{x^2} = \left(x + \dfrac{1}{x}\right)^2 - 2$

② $(a-b)^2 = (a+b)^2 - 4ab \ \rightarrow\ \left(x - \dfrac{1}{x}\right)^2 = \left(x + \dfrac{1}{x}\right)^2 - 4$

③ $a^3 - b^3 = (a-b)^3 + 3ab(a-b) \ \rightarrow\ x^3 - \dfrac{1}{x^3} = \left(x - \dfrac{1}{x}\right)^3 + 3\left(x - \dfrac{1}{x}\right)$

주의 역수 관계

   ① $x \times \dfrac{1}{x} = 1$ ② $\dfrac{b}{a} \times \dfrac{a}{b} = 1$ ③ $a^x \times a^{-x} = 1$

기|본|예|제 **35**

$x - \dfrac{1}{x} = -1$일 때, $x^4 + \dfrac{1}{x^4}$의 값을 구하시오.

탐구   ① $x^2 + \dfrac{1}{x^2} = \left(x - \dfrac{1}{x}\right)^2 + 2$ ② $x^4 + \dfrac{1}{x^4} = (x^2)^2 + \left(\dfrac{1}{x^2}\right)^2 = \left(x^2 + \dfrac{1}{x^2}\right)^2 - 2$

풀이 $x^2 + \dfrac{1}{x^2} = \left(x - \dfrac{1}{x}\right)^2 + 2 = (-1)^2 + 2 = 3$

      $x^4 + \dfrac{1}{x^4} = (x^2)^2 + \left(\dfrac{1}{x^2}\right)^2 = \left(x^2 + \dfrac{1}{x^2}\right)^2 - 2 = 3^2 - 2 = 7$

정답   7

유제 35-1

$x - \dfrac{1}{x} = 3$일 때, 다음 식의 값을 구하시오.

(1) $x + \dfrac{1}{x}$ (2) $x^3 + \dfrac{1}{x^3}$

유제 35-2

$x + \dfrac{1}{x} = 3$일 때, $x^5 + \dfrac{1}{x^5}$의 값을 구하시오.

기 | 본 | 예 | 제 **36**

$x - \dfrac{1}{x} = 2$일 때, $3x^3 - 2x^2 - \dfrac{2}{x^2} - \dfrac{3}{x^3}$의 값을 구하시오.

탐구   역수 관계식 문제는 변형공식을 이용하여 계산한다.

풀이

$$(\text{준식}) = 3\left(x^3 - \dfrac{1}{x^3}\right) - 2\left(x^2 + \dfrac{1}{x^2}\right)$$

$$= 3\left\{\left(x - \dfrac{1}{x}\right)^3 + 3\left(x - \dfrac{1}{x}\right)\right\} - 2\left\{\left(x - \dfrac{1}{x}\right)^2 + 2\right\}$$

$$= 3(8 + 6) - 2(4 + 2) = 30$$

정답   30

유제 36-1

$x + \dfrac{1}{x} = 2$일 때, 다음 식의 값을 구하시오.

$$x^3 + 2x^2 - 3x + 1 - \dfrac{3}{x} + \dfrac{2}{x^2} + \dfrac{1}{x^3}$$

유제 36-2

$x + \dfrac{1}{x} = 4$일 때, 다음 식의 값을 구하시오. (단, $x > 1$)

$$2x^3 - x^2 + x - \dfrac{1}{x} - \dfrac{1}{x^2} - \dfrac{2}{x^3}$$

→ 문자를 서로 바꾸어도 식이 변하지 않는 식을 **대칭식**이라 한다.
모든 대칭식은 기본대칭식으로 표시된다.

[1] 2문자의 기본대칭식

→ $x+y$, xy

[2] 3문자의 기본대칭식

→ $x+y+z$, $xy+yz+zx$, xyz

강의 대칭식 문제는 대칭식임을 파악하고 기본 대칭식으로 나타내어야 한다!

→ 출제 : 문자 호환 → 식 불변 → 대칭식

→ 해법 : 기본대칭식 표시 → 값 대입 → 답

① 2문자 → $x+y$, xy

② 3문자 → $x+y+z$, $xy+yz+zx$, xyz

주의 특별한 대칭식의 변형

1단계 : $x+y$, xy → x^2+y^2, x^3+y^3

2단계 : ① $x^5+y^5 = (x^2+y^2)(x^3+y^3) - x^2y^3 - x^3y^2$

② $x^6+y^6 = (x^3+y^3)^2 - 2x^3y^3$

기 | 본 | 예 | 제 37

$x+y=3$, $xy=2$일 때, x^6+y^6의 값을 구하시오.

탐구 $x^6+y^6 = (x^3+y^3)^2 - 2x^3y^3$을 이용한다.

풀이 $x^3+y^3 = (x+y)^3 - 3xy(x+y) = 3^3 - 3\times3\times2 = 9$

$x^6+y^6 = (x^3+y^3)^2 - 2(xy)^3$

$\qquad = 9^2 - 2\times2^3 = 81 - 16 = 65$

정답 65

유제 37-1 $x+y=3$, $x^2+y^2=5$일 때, x^4+y^4의 값을 구하시오.

유제 37-2 $\dfrac{1}{x}+\dfrac{1}{y}=2$, $x+y=2$일 때, x^5+y^5의 값을 구하시오.

가장 좋은 학습방법은 학교에서나 학원에서나 선생님의 강의를 열심히 듣고 여러 번 반복학습하는 것입니다.
지금부터 당장 선생님의 강의를 열심히 듣고 반복! 반복하십시오. 그러면 곧 모든 과목에 자신이 생길 것입니다.

회수	시작이 반!			끝을 봐야!			확인
제1회	년	월	일 부터	년	월	일 까지	
제2회	년	월	일 부터	년	월	일 까지	
제3회	년	월	일 부터	년	월	일 까지	
제4회	년	월	일 부터	년	월	일 까지	
제5회	년	월	일 부터	년	월	일 까지	
제6회	년	월	일 부터	년	월	일 까지	
제7회	년	월	일 부터	년	월	일 까지	
제8회	년	월	일 부터	년	월	일 까지	
제9회	년	월	일 부터	년	월	일 까지	
제10회	년	월	일 부터	년	월	일 까지	

연습 문제

▶ 연습문제 A는 앞에서 배운 기초 단계의 문제이므로 선생님의 도움 없이 스스로 풀어 자신의 실력을 점검해 보도록 하자.

01 $(a-b)(b-a)$를 전개하시오.

02 다음 식을 전개하시오.
(1) $(\sqrt{a}+\sqrt{b})(\sqrt{a}-\sqrt{b})$
(2) $(x+2)(2-x)$
(3) $(x+\sqrt{3})(x-\sqrt{3})$
(4) $(-y+4)(y+4)$

03 다음 x, y, z에 대한 다항식 중에서 xy^2의 동류항을 모두 고르시오.
① $-3xy^2z$　　② $5x^2zy$　　③ $\sqrt{2}\,y^2x$　　④ $-\sqrt{3}\,yx^2$　　⑤ $\sqrt{5}\,xy^2$

04 $(x-3y)^2$을 전개하여 y에 대하여 내림차순으로 정리하시오.

05 세 다항식 $A=y^3+2xy^2-3x^3$, $B=y^3-x^2y+2x^3$, $C=2x^3-x^2y-4xy^2$에 대하여 $3(A-B)+2(B-C)$를 계산하시오.

06 두 다항식 A, B에 대하여 다음이 성립할 때, $2A-3B$를 구하시오.

$$A+B=6x^4-3x^2+1$$
$$A-B=4x^4+5x^2-3$$

07 다음 식을 간단히 하시오.

(1) $\{(-x^3)^5\}^4 \times (-x^2)^6 \times (-x)^9$

(2) $\left(\dfrac{1}{2}xy^2\right)^3 \times (xy^3)^2 \times \left(-\dfrac{2}{3}y^2\right)^3$

08 $ab=2$일 때, $\left(2a+\dfrac{1}{b}\right)\left(3b+\dfrac{4}{a}\right)$의 값을 구하시오.

09 $(x^3-3x^2+5x+7)(2x^2-3x-1)$의 전개식에서 x^2, x^4의 계수를 각각 a, b라 할 때, $2a-b$의 값을 구하시오.

10 다음 지수법칙 중에서 옳지 않은 것을 모두 고르시오. (단, $a \neq 0$이고 m, n은 양의 정수)

① $a^0=1$

② $a^{-m}=\dfrac{1}{a^m}$

③ $\dfrac{a^m}{a^n}=a^{m-n}$

④ $\dfrac{a^m}{a^n}=a^{n-m}$

⑤ $\dfrac{a^m}{a^m}=0$

11 $(3x^3y^2z)^2 \times 4x^2y^3z \div (-2xy^3z^2) \div (xyz)$를 간단히 하시오.

12 $2^{x+1}=A$일 때, 2^{3x-2}를 A의 식으로 나타내시오.

13 $(3x^4-6x^3+6x^2-2x)\div 3x^2$에서 몫과 나머지를 구하시오.

14 $(2x^4+x^3-5x^2-5x-9)\div(x^2-2)$를 계산하여 몫과 나머지를 구하시오.

15 $(3x^3-2x^2-5)\div(x-1)$의 몫과 나머지를 구하시오.

16 다음을 전개하시오.
(1) $(\sqrt{a}+\sqrt{b}+\sqrt{c})^2$　　　　　　(2) $(\sqrt{a}-\sqrt{b}+\sqrt{c})^2$

17 $(x-1)(x+1)(x^2+1)(x^4+1)(x^8+1)(x^{16}+1)$을 전개하시오.

18 다음 식을 전개하시오.

(1) $(2x+3)^3$

(2) $(x-2y)^3$

19 다음 식을 전개하시오.

(1) $(x+1)(x-2)(x+3)$

(2) $(x-1)(x+2)(x-3)$

20 다음 식을 전개하시오.

(1) $(2a+3b)(4a^2-6ab+9b^2)$

(2) $(x+y-2)(x^2+y^2+4-xy+2y+2x)$

21 $x^2-x+1=0$일 때, $x^{101}-x^{100}$의 값을 구하시오.

22 다음 식을 전개하시오.

(1) $(x^2+2x+4)(x^2-2x+4)$

(2) $(4x^2+6xy+9y^2)(4x^2-6xy+9y^2)$

23 $(x-y+z)(x+y-z)$를 전개하시오.

24 $x-y=1$, $xy=2$일 때, x^2+y^2의 값을 구하시오.

25 $a+b+c=6$, $ab+bc+ca=5$일 때, $a^2+b^2+c^2$의 값을 구하시오.

26 $x+y=3$, $xy=2$일 때, $x-y$의 값을 구하시오.

27 $a+b=1$, $ab=-2$일 때, 다음을 구하시오.

(1) a^2+b^2 (2) $a-b$ (3) a^3+b^3

28 $x-\dfrac{1}{x}=2$일 때, $3x^3-2x^2-\dfrac{2}{x^2}-\dfrac{3}{x^3}$의 값을 구하시오.

29 $x+y=3$, $x^2+y^2=5$일 때, x^4+y^4의 값을 구하시오.

▶ 연습문제 B는 앞에서 배운 문제 중 응용단계의 문제이므로 연습장에 스스로 풀어보고 잘 풀리지 않으면 처음부터 다시 공부한 후 자신이 있을 때 다시 풀어 보도록 하자.

01 $(a+2)(a-3)-(a-1)(a-2)$를 전개하시오.

02 다음 x, y, z에 대한 다항식 중에서 xy^2z^3과 동류항인 것을 찾아 그들의 합을 구하시오.

$$5z^3xy^2 \qquad 2z^2xy^3 \qquad -4xy^3z^2 \qquad -xz^3y^2 \qquad -3y^2z^3x$$

03 다음 식을 z에 대하여 내림차순과 오름차순으로 정리하시오.
$$4xy^2-3x^3z^2+2xz-yz^2-x^2y+5x^3y-y^2z+3x^2z$$

04 세 다항식 $A=x^2+xy-3y^2$, $B=x^2-y^2$, $C=-2xy+5y^2$에 대하여 $2A-(B+X)=B-C$를 만족하는 다항식 X를 구하시오.

05 두 다항식 A, B에 대하여 다음이 성립할 때, 두 다항식 A와 B를 각각 구하시오.
$$2A+B=9x^4-2x^3+x^2-3x+2$$
$$A+2B=6x^4+8x^3+2x^2+1$$

06 $\left(\dfrac{4}{3}a^2bx\right)\times\left(-\dfrac{2}{3}aby\right)^2\times\left(\dfrac{3}{4}bxy\right)^3$ 을 간단히 하시오.

07 $(2x+1)(2x^2-kx+3k)$의 전개식에서 모든 항의 계수들의 총합이 -24일 때, 상수 k의 값을 구하시오.

08 다음 중에서 옳지 않은 것을 모두 고르시오. (단, $x\neq 0$, $y\neq 0$)

① $\left(\dfrac{x}{y}\right)^2=\dfrac{x^2}{y^2}$ ② $\left(\dfrac{x}{y}\right)^{-2}=\dfrac{y^2}{x^2}$ ③ $\left(\dfrac{x}{y}\right)^0=0$

④ $\left(\dfrac{x}{y}\right)^{-1}=\dfrac{y}{x}$ ⑤ $\left(-\dfrac{x}{y}\right)^{-2}=\dfrac{x^2}{y^2}$

09 $\left(\dfrac{1}{2}a^2bx\right)\times\left(-\dfrac{2}{3}aby\right)^2\div\left(\dfrac{3}{4bxy}\right)^2$ 을 간단히 하시오.

10 $4^{x-1}=4A^2$일 때, 2^{x-2}을 A의 식으로 나타내시오.

11 다항식 $x^4 - 2x^3 + 2x^2 - 6x - 3$를 다항식 A로 나누었을 때의 몫이 $x^2 - 2x - 1$이고 나머지가 0일 때, 다항식 A를 구하시오.

12 $(x^4 - x^3 - 3x^2 - x + 3) \div (x + 2)$의 몫과 나머지를 조립제법을 이용하여 구하는 과정이다. 상수 a, b, c, d에 대하여 $a + b + c + d$의 값을 구하시오.

$$
\begin{array}{c|rrrr|r}
a & 1 & -1 & -3 & -1 & 3 \\
  &   & -2 & c & -6 & 14 \\
\hline
  & 1 & b & 3 & d & 17 \\
\end{array}
$$

13 $(2x^3 - 7x^2 + 9) \div (2x - 3)$의 몫과 나머지를 구하시오.

14 다음을 전개하시오.

(1) $(x + 2y + 3z)^2$ (2) $(x - 2y + 3z)^2$

15 $2(3 + 1)(3^2 + 1)(3^4 + 1) = 3^8 + \square$ 에서 $\square$ 안에 들어갈 수를 구하시오.

16 다항식 $(a + b)^3 - (a - b)^3$을 간단히 하시오.

17 $x+y+z=3$, $xy+yz+zx=2$, $xyz=1$일 때, $(x+y)(y+z)(z+x)$의 값을 구하시오.

18 다음 식을 전개하시오.

(1) $(x-2)(x+2)(x^2+2x+4)(x^2-2x+4)$

(2) $(x+2y+3z)(x^2+4y^2+9z^2-2xy-6yz-3zx)$

19 $x^2+x+1=0$일 때, $x^{1001}+x^{997}-1$의 값을 구하시오.

20 $(x-2)(x+2)(x-1)(x-5)$를 전개하시오.

21 $x+y=3$, $x^2+y^2=5$일 때, xy의 값을 구하시오.

22 오른쪽 그림과 같은 직육면체의 모든 모서리의 길이의 합은 40이고 대각선의 길이가 $\sqrt{24}$일 때, 이 직육면체의 겉넓이를 구하시오.

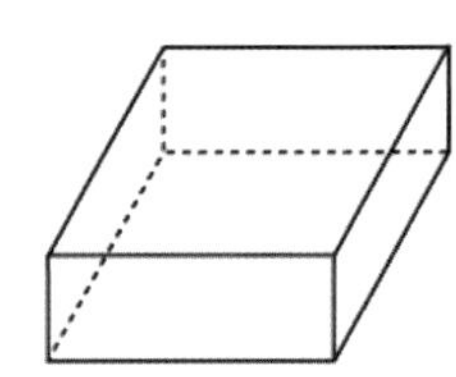

23 $x - y = 1$, $x^2 + y^2 = 5$일 때, 다음을 구하시오. (단, x, y는 양수)

(1) xy (2) $x + y$ (3) $\dfrac{y}{x} + \dfrac{x}{y}$

24 $x + y = 3$, $x^3 + y^3 = 9$일 때, 다음을 구하시오.

(1) xy (2) $x - y$ (3) $x^2 + y^2$

25 삼각형의 세 변의 길이가 a, b, c일 때, $a^2 + b^2 + 4c^2 - ab - 2bc - 2ca = 0$을 만족하는 삼각형이 어떤 삼각형인지 말하시오.

26 $x + \dfrac{1}{x} = 3$일 때, $x^5 + \dfrac{1}{x^5}$의 값을 구하시오.

27 $\dfrac{1}{x} + \dfrac{1}{y} = 2$, $x + y = 2$일 때, $x^5 + y^5$의 값을 구하시오.

MEMO

P A R T

02

항등식과 나머지 정리

◈ 중·고교 연결과정 선수학습
1 항등식
2 나머지 정리
◈ 반복학습 기록란
◈ 연습문제 (A)(B)

명언
아무것도 모르는 것이 수치가 아니라 아무것도 배우려 하지 않는 것이 수치다.
- 소크라테스 -

1 항등식과 방정식

[1] 등식의 체계

$$\to \ 등식 \begin{cases} 항등식 \\ 방정식 \end{cases}$$

(1) 항등식 : 모든 값에 대하여 항상 성립하는 등식을 **항등식**이라 한다.

(2) 방정식 : 특정한 값에 대하여만 성립하는 등식을 **방정식**이라 한다.

[2] 등식의 성질

$\to$ 등식 $A=B$에 있어서 같은 다항식 m을 양변에

(1) 더하거나 $(A+m=B+m)$ (2) 빼거나 $(A-m=B-m)$

(3) 곱하거나 $(A\times m=B\times m)$ (4) 나누어도 $(A\div m=B\div m,\ m\neq 0)$

등식은 항상 성립한다. (단, 0으로 나누는 것은 제외)

[3] 항등식의 성질

(1) $ax+b=0$이 x에 대한 항등식이면 $a=0,\ b=0$

(2) $ax+b=cx+d$가 x에 대한 항등식이면 $a=c,\ b=d$

강의 **등식의 체계에서 등식은 항등식과 방정식으로 구분된다!**

$\to$ 등식 $\begin{cases} 항등식 : 모든 값에 대하여 항상 성립하는 등식 \\ 방정식 : 특정 값에 대하여 성립하는 등식 \to 특정 값(근) \end{cases}$

기|본|예|제 01

다음 등식을 항등식과 방정식으로 구분하시오.

(1) $x^2-2x+1=(x-1)^2$ (2) $x^2-2x+1=0$

탐구 x에 어떤 값을 대입하여도 항상 성립하는 등식을 항등식이라 하고, 특정한 값을 대입할 때만 성립하는 등식을 방정식이라 한다.

풀이   모든 x의 값에 대하여 성립하는지 확인하면

       (1) 모든 x의 값에 대하여 성립한다.   ∴ 항등식

       (2) $x=1$일 때만 성립한다.   ∴ 방정식

정답   (1) 항등식   (2) 방정식

유제 01-1 다음 등식을 항등식과 방정식으로 구분하시오.

(1) $(x-3)^2 = x^2 - 6x + 9$　　　　　(2) $(x-3)^2 = 0$

유제 01-2 다음 등식을 항등식과 방정식으로 구분하시오.

(1) $(x+2)(x-3) = x^2 - x - 6$　　　　(2) $(x+2)(x-3) = 0$

강의 **항등식은 양변의 계수가 서로 같다!**

① $ax+b=0$: 항등식 → $a=0$, $b=0$

② $ax+b=cx+d$: 항등식 → $a=c$, $b=d$

기 | 본 | 예 | 제 02

등식 $ax+2 = 3x-b$가 x에 대한 항등식일 때, 상수 a, b에 대하여 $a+b$의 값을 구하시오.

탐구 $ax+b=cx+d$: 항등식 → $a=c$, $b=d$

풀이 주어진 등식이 항등식이므로

$a=3$, $b=-2$

따라서 $a+b=1$이다.

정답 1

유제 02-1 등식 $(a-2)x+(3-b)=0$이 x에 대한 항등식일 때, 상수 a, b를 구하시오.

유제 02-2 등식 $(a+1)x+1 = -2x-2+b$가 x에 대한 항등식일 때, 상수 a, b에 대하여 ab의 값을 구하시오.

01 항등식

1 항등식

[1] 항등식의 정의

→ 모든 값에 대하여 항상 성립하는 등식을 **항등식**이라 한다.

[2] 항등식의 성질

(1) 항등식은 양변의 같은 차수의 계수가 서로 같다.

① $ax^2+bx+c=0$이 x에 대한 항등식이면 $a=0,\ b=0,\ c=0$

② $ax^2+bx+c=a'x^2+b'x+c'$이 x에 대한 항등식이면 $a=a',\ b=b',\ c=c'$

(2) 항등식은 문자에 어떤 값을 대입해도 항상 성립한다.

[3] 항등식의 정체

(1) 모든 값에 대하여 성립하면 항등식이다.
(2) 공식, 법칙에 의해 변형된 식은 항등식이다.
(3) 나눗셈 관계식, 함수 관계식은 항등식이다.
(4) n차식이 $n+1$개 이상의 근을 가지면 항등식이다.

강의 항등식 문제는 다음과 같이 출제되므로 꼭 알아두어야 한다!

① all이 있으면 항등식이다.

⇒ 모든, 임의의, 관계없이 → 항등식

② 법칙은 항등식이다.

⇒ 교환법칙, 결합법칙, 분배법칙 → 항등식

③ 공식은 항등식이다.

⇒ 곱셈공식, 인수분해공식 → 항등식

④ 관계식은 항등식이다.

⇒ 나눗셈 관계식, 함수 관계식 → 항등식

주의 n차식 $\begin{cases} 근\ n개 \rightarrow 방정식 \\ 근\ n+1개\ 이상 \rightarrow 항등식 \end{cases}$

다음 등식이 x에 대한 항등식일 때, 상수 a, b, c의 값을 구하시오.

$$(a+1)x^2+(b+4)x+3-c=0$$

탐구 $ax^2+bx+c=0$이 항등식 $\rightarrow$ $a=0$, $b=0$, $c=0$

풀이 $a+1=0$에서 $a=-1$

         $b+4=0$에서 $b=-4$

         $3-c=0$에서 $c=3$

정답 $a=-1$, $b=-4$, $c=3$

유제 01-1   다음 등식이 x에 대한 항등식일 때, 상수 a, b, c의 값을 구하시오.

$$4x^2+(a-2)x+c=(b-1)x^2+3x$$

유제 01-2   다음 등식이 x에 대한 항등식일 때, 상수 a, b의 값을 구하시오.

$$x^2+(a+b)x+a-2b=x^2+3x$$

등식 $ax^2+bx+c=0$이 세 근 1, 2, 3을 가지면 항등식이므로 $a=b=c=0$임을 보이시오.

탐구   항등식 $\rightarrow$ 문자에 어떤 값을 대입하여도 성립!

         이차식이 세 근 이상을 가지면 항등식이므로 근을 대입하여 $a=b=c=0$임을 보인다.

풀이 $x=1 \rightarrow a+b+c=0 \ \cdots \ ①$

         $x=2 \rightarrow 4a+2b+c=0 \ \cdots \ ②$

         $x=3 \rightarrow 9a+3b+c=0 \ \cdots \ ③$

         ①, ②, ③을 연립하여 a, b, c를 구하면 $a=b=c=0$

정답   풀이참조

유제 02-1   일차식 $ax+b=0$이 서로 다른 두 x의 값에 대하여 성립하면 $a=b=0$임을 보이시오.

유제 02-2   등식 $(3-a)x+2=5x+b+2$가 서로 다른 두 x의 값에 대하여 성립할 때, 상수 a, b에 대하여 $a+b$의 값을 구하시오.

→ 항등식의 정의 및 성질을 이용하여 아직 정해지지 않은 계수를 결정하는 방법을 **미정계수법**이라 한다.

[1] 계수비교법

(1) 항등식은 양변의 같은 차수의 계수가 서로 같다.

(2) 내림차순으로 정리하기 쉬울 때, 계수비교법을 사용한다.

　　첫째, 양변을 각각 내림차순으로 정리한다.

　　둘째, 같은 차수의 계수는 같다고 놓아 방정식을 세운다.

　　셋째, 방정식을 푼다.

[2] 수치대입법

(1) 항등식은 문자에 어떤 값을 대입해도 항상 성립한다.

(2) 인수의 곱의 꼴로 되어 있을 때, 수치대입법을 사용한다.

　　첫째, (곱의 꼴)$=0$이 되는 수나 간단한 수를 대입하여 방정식을 세운다.

　　둘째, 방정식을 푼다.

강의 **항등식의 미정계수법에는 계수비교법과 수치대입법이 있다!**

① 계수비교법 → 내림차순이 용이할 때

　　　　　　 → 차수가 같은 항의 계수끼리 같다고 놓아 미정계수를 구한다.

② 수치대입법 → 인수의 곱의 꼴로 되어 있을 때

　　　　　　 → 적당한 수를 대입하여 미정계수를 구한다.

③ 연속 조립제법 → 1차식의 내림차순으로 정리된 각 항의 계수를 찾을 때

　　　　　　　 → 연속으로 조립제법을 써서 나머지들로 미정계수를 구한다.

기 | 본 | 예 | 제 **03**

등식 $kx^2 - 2k(2+k)x + k^2y + 4k = 0$이 임의의 k의 값에 대하여 성립할 때, $x+y$의 값을 구하시오.

탐구 임의의 k의 값에 대하여 성립하면 등식은 k에 대한 항등식이다.

풀이 주어진 식을 전개한 후 k에 대하여 내림차순으로 정리하면

$$(-2x+y)k^2 + (x^2 - 4x + 4)k = 0$$

준식은 k에 대한 항등식이므로 계수비교법을 이용하면

$$-2x + y = 0, \quad x^2 - 4x + 4 = 0$$

두 식을 연립하여 계산하면 $x = 2$, $y = 4$

$$\therefore \ x + y = 2 + 4 = 6$$

정답 6

유제 03-1 등식 $(k-2)x+(2k+1)y-4k+3=0$이 임의의 k의 값에 대하여 성립할 때, $x+y$의 값을 구하시오.

유제 03-2 등식 $(k-1)x+(4k+1)y-k=0$이 k의 값에 관계없이 항상 성립할 때, xy의 값을 구하시오.

기 | 본 | 예 | 제 04

$\dfrac{6x+2a}{3x+2}$가 x의 값에 관계없이 항상 일정한 값을 가질 때, 상수 a의 값을 구하시오. $\left(\text{단, } x \neq -\dfrac{2}{3}\right)$

탐구
① x의 값에 관계없이 → x에 대한 항등식!
② 일정 → (준식) $= k$(상수)로 놓아라!

풀이 $\dfrac{6x+2a}{3x+2}=k$(k는 상수)로 놓고 양변에 $3x+2$를 곱하면

$$6x+2a=k(3x+2) \qquad 6x+2a=3kx+2k \qquad \cdots\cdots ①$$

①은 x에 대한 항등식이므로 계수비교법을 이용하면

$$6=3k, \ 2a=2k$$

$k=2$이므로 $2a=4$

$$\therefore \ a=2$$

정답 2

유제 04-1 $\dfrac{4x+ay+b}{x+2y+2}$가 x, y의 값에 관계없이 항상 일정한 값을 가질 때, 상수 a, b에 대하여 $a-b$의 값을 구하시오. (단, $x+2y \neq -2$)

유제 04-2 $\dfrac{6x^2+2x+p}{3x^2+qx+2}$가 x의 값에 관계없이 항상 일정한 값을 가질 때, 상수 p, q에 대하여 pq의 값을 구하시오. (단, $3x^2+qx+2 \neq 0$)

등식 $(ax-1)(4x^2+bx+c)=8x^3-1$이 x에 대한 항등식일 때, 상수 a, b, c에 대하여 abc의 값을 구하시오.

탐구 x에 대한 항등식 $\rightarrow$ 전개하여 계수비교법 이용 !

풀이   좌변을 전개하여 x에 대한 내림차순으로 정리하면

$$(좌변)=4ax^3+abx^2+acx-4x^2-bx-c$$
$$=4ax^3+(ab-4)x^2+(ac-b)x-c$$
$$=8x^3-1$$

주어진 식이 항등식이므로 계수비교법을 이용하면

$$4a=8,\ ab-4=0,\ -c=-1$$
$$\therefore\ a=2,\ b=2,\ c=1$$

따라서 abc의 값을 구하면

$$abc=2\times2\times1=4$$

정답   4

유제 05-1   등식 $(4x^2+ax+1)(2x-b)+cx-2=8x^3+6x-3$이 x에 대한 항등식일 때, 상수 a, b, c에 대하여 $a+b+c$의 값을 구하시오.

유제 05-2   등식 $\dfrac{1}{x^2-1}=\dfrac{A}{x-1}+\dfrac{B}{x+1}$가 x에 대한 항등식일 때, $A\div B$의 값을 구하시오.

유제 05-3 $f(x)=2^x(ax^2+bx+c)$가 x의 값에 관계없이 항상 $f(x+1)-f(x)=2^x x^2$을 만족할 때, 상수 a, b, c의 값을 구하시오.

다항식 $f(x)$에 대하여 등식 $(x-1)(x^2+1)f(x)=x^8-ax^2-b$가 x에 대한 항등식이 되도록 상수 a, b를 정할 때, a^2+b^2의 값을 구하시오.

탐구 x에 대한 항등식 → 곱의 꼴이므로 수치대입법 이용!

풀이 $(x-1)(x^2+1)=0$이 되는 값 $x=1$, $x^2=-1$을 주어진 등식에 대입하면

  ⅰ) $x=1$일 때, $0=1-a-b$

    $\therefore a+b=1 \qquad \cdots ①$

  ⅱ) $x^2=-1$일 때, $0=1+a-b$

    $\therefore a-b=-1 \qquad \cdots ②$

  ①과 ②를 연립하여 a와 b를 구하면

    $a=0,\ b=1$

  따라서 a^2+b^2의 값을 구하면

    $a^2+b^2=0^2+1^2=1$

✓ 정답 1

유제 06-1 등식 $(x-a)(x+1)-6=(x-5)(x+b)$가 x에 대한 항등식일 때, 상수 a, b에 대하여 a^2+b^2의 값을 구하시오.

유제 06-2 다항식 x^3+ax^2+bx+c가 $x(x+1)(x-2)$로 인수분해될 때, 상수 a, b, c에 대하여 $a+2b+3c$의 값을 구하시오.

유제 06-3 다항식 $f(x)$에 대하여 등식 $(x^2+3)(x+1)f(x)=x^6+ax^2+b$가 x의 값에 관계없이 항상 성립할 때, 상수 a, b에 대하여 $a-b$의 값을 구하시오.

등식 $2x^3 - 2x^2 + 3x + 3 = a(x-1)^3 + b(x-1)^2 + c(x-1) + d$가 x에 대한 항등식일 때, 상수 a, b, c, d에 대하여 $\dfrac{b+d}{ac}$의 값을 구하시오.

탐구 $\quad x-1$에 대한 내림차순 $\rightarrow$ 연속 조립제법 이용 !

풀이 $\quad$ 등식의 우변이 $x-1$에 대한 내림차순이므로 $x-1$로 나누는 조립제법을 연속으로 이용하면

$$
\begin{array}{r|rrrr}
1 & 2 & -2 & 3 & 3 \\
  &   & 2 & 0 & 3 \\
\hline
1 & 2 & 0 & 3 & \boxed{6} \leftarrow d \\
  &   & 2 & 2 &   \\
\hline
1 & 2 & 2 & \boxed{5} \leftarrow c & \\
  &   & 2 &   &   \\
\hline
  & 2 & \boxed{4} \leftarrow b & & \\
  & \uparrow & & & \\
  & a & & & \\
\end{array}
$$

$\therefore\ a=2,\ b=4,\ c=5,\ d=6$

$\dfrac{b+d}{ac}$를 구하면

$$\dfrac{b+d}{ac} = \dfrac{4+6}{2\times 5} = 1$$

정답 $\quad 1$

유제 07-1 $\quad$ 등식 $3x^3 - 2x + 3 = a(x+1)^3 + b(x+1)^2 + c(x+1) + d$가 x에 대한 항등식일 때, 상수 a, b, c, d의 값을 구하시오.

유제 07-2 $\quad$ 등식 $x^3 - 3x^2 + 1 = a(x-2)^3 + b(x-2)^2 + c(x-2) + d$가 x의 값에 관계없이 항상 성립할 때, 상수 a, b, c, d에 대하여 $a+b+c+d$의 값을 구하시오.

→ x에 대한 다항식 A를 x에 대한 다항식 B로 나눈 몫을 Q, 나머지를 R이라 하면
  → 나눗셈 관계식 : $A=BQ+R$

(1) A는 n차, B는 m차일 때, 몫 Q는 $n-m$차이고, 나머지 R은 $m-1$차 이하이다.
(2) 나머지 $R=0$일 때, A는 B로 나누어떨어진다고 한다.
(3) 나눗셈 관계식 $A=BQ+R$은 x에 대한 항등식이다.

강의 **나눗셈 관계식은 항등식이다!**

(1) $A \div B \to$ 몫 Q, 나머지 R

(2) $A=BQ+R \to$ A가 n차이고 B가 m차일 때

① 몫 Q : $(n-m)$차

② 나머지 R : $(m-1)$차 이하

주의 A가 4차이고 B가 2차이면 $A=BQ+R$에서 $A \div B$의 몫 Q는 2차이고, 나머지 R은 1차 이하이다.

기|본|예|제 08

다항식 x^3+ax+b를 x^2-x-2로 나누었을 때의 나머지가 $2x-1$이 되도록 하는 상수 a, b의 값을 구하시오.

탐구 나누는 식 $x^2-x-2 \to$ 인수분해 가능! $\to$ 수치대입법 이용!

풀이 x^3+ax+b를 x^2-x-2로 나누었을 때의 몫을 $Q(x)$라 하고 나눗셈 관계식으로 나타내면
$$x^3+ax+b=(x^2-x-2)Q(x)+2x-1$$
$$=(x-2)(x+1)Q(x)+2x-1$$
이 등식은 x에 대한 항등식이므로 수치대입법을 이용하면

ⅰ) $x=2$일 때, $8+2a+b=3$

$\qquad \therefore\ 2a+b=-5 \qquad\qquad \cdots ①$

ⅱ) $x=-1$일 때, $-1-a+b=-3$

$\qquad \therefore\ a-b=2 \qquad\qquad \cdots ②$

①과 ②를 연립하여 a, b를 구하면
$$a=-1,\ b=-3$$

정답 $a=-1,\ b=-3$

유제 08-1 다항식 x^3+ax^2+b를 x^2-2x-3으로 나누었을 때의 나머지가 $-x-2$가 될 때, 상수 a, b의 값을 구하시오.

유제 08-2 다항식 $x^3+x^2-ax+a+2$를 x^2+2x-8로 나누었을 때의 나머지가 $x+b$가 되도록 하는 상수 a, b에 대하여 $a-3b$의 값을 구하시오.

기 | 본 | 예 | 제 **09**

다항식 x^3+px^2+qx+5가 x^2-2x+5로 **나누어떨어질 때**, 상수 p, q에 대하여 pq의 값을 구하시오.

탐구 나누는 식 x^2-2x+5 → 인수분해 불가! → 계수비교법 이용!

풀이 나누어지는 식과 나누는 식의 최고차항과 상수항을 비교하여 몫을 만들고 나눗셈 관계식으로 나타내면

$$x^3+px^2+qx+5=(x^2-2x+5)(x+1)$$

우변을 전개하여 계수를 비교하면

$$x^3+px^2+qx+5=x^3+x^2-2x^2-2x+5x+5$$
$$=x^3-x^2+3x+5$$
$$\therefore\ p=-1,\ q=3$$

따라서 pq의 값을 구하면

$$pq=(-1)\times3=-3$$

정답 -3

유제 09-1 다항식 x^3+ax^2+bx-2를 x^2-x+1로 나누었을 때의 나머지가 0이라 한다. 이때 상수 a, b의 값을 구하시오.

유제 09-2 다항식 x^3+4x^2+ax+b가 x^2+2x-1로 나누어떨어진다고 할 때, 상수 a, b에 대하여 $a-b$의 값을 구하시오.

1 나머지 정리

[1] 다항식 $f(x)$를 일차식 $x-\alpha$로 나누었을 때의 나머지는 $f(\alpha)$이다.

→ $f(x)=(x-\alpha)Q(x)+R$

→ $f(\alpha)=R$

> **유도** $f(x)$를 $x-\alpha$로 나누었을 때, 몫을 $Q(x)$, 나머지를 R이라 하면
> $$f(x)=(x-\alpha)Q(x)+R$$
> 이 식은 x에 대한 항등식이므로 $x=\alpha$를 대입하면
> $$f(\alpha)=(\alpha-\alpha)Q(\alpha)+R\text{에서 } f(\alpha)=R \qquad \cdots\text{유도 끝}$$

[2] 다항식 $f(x)$를 일차식 $ax+b$로 나누었을 때의 나머지는 $f\left(-\dfrac{b}{a}\right)$이다.

→ $f(x)=(ax+b)Q(x)+R$

→ $f\left(-\dfrac{b}{a}\right)=R$

> **강의** 나머지 정리는 일차식 $x-\alpha$로 나눈 나머지가 $f(\alpha)$라는 것이다!
>
> ① $x-\alpha$로 나눌 경우
> → $f(x)\div(x-\alpha)$; 몫 $Q(x)$, 나머지 R
> → $f(x)=(x-\alpha)Q(x)+R$
> → $x-\alpha=0$　　$x=\alpha$
> → $f(\alpha)=R$
>
> ② $ax+b$로 나눌 경우
> → $f(x)\div(ax+b)$; 몫 $Q(x)$, 나머지 R
> → $f(x)=(ax+b)Q(x)+R$
> → $ax+b=0$　　$x=-\dfrac{b}{a}$
> → $f\left(-\dfrac{b}{a}\right)=R$

다항식 $2x^3+ax^2+bx+1$ (a, b는 상수)을 $x-1$로 나누었을 때의 나머지가 8이고, $x+1$로 나누어 떨어진다. 이 식을 $x+2$로 나누었을 때의 나머지를 구하시오.

탐구 다항식 $f(x)$를 일차식 $x-\alpha$로 나눌 때는 나머지 정리를 이용한다.

$\rightarrow f(\alpha)=R$

풀이 $f(x)=2x^3+ax^2+bx+1$이라 놓으면

$\quad f(1)=2+a+b+1=8$에서 $a+b=5 \qquad\qquad \cdots ①$

$\quad f(-1)=-2+a-b+1=0$에서 $a-b=1 \qquad\qquad \cdots ②$

①, ②를 연립하여 풀면

$\quad a=3,\ b=2$

$\quad \therefore\ f(x)=2x^3+3x^2+2x+1$

$f(x)$를 $x+2$로 나누었을 때의 나머지 $f(-2)$를 구하면

$\quad f(-2)=2\times(-2)^3+3\times(-2)^2+2\times(-2)+1=-16+12-4+1=-7$

정답 -7

유제 10-1 다항식 x^3+2x^2+ax-2를 $x+2$로 나누었을 때의 나머지가 2일 때, 이 다항식을 $x-2$로 나누었을 때의 나머지를 구하시오.

유제 10-2 다항식 x^3+ax^2+bx+2를 $x+1$로 나누었을 때의 나머지가 -3, $x-1$로 나누었을 때의 나머지가 3일 때, 상수 a, b의 값을 구하시오.

유제 10-3 두 다항식 $f(x)$, $g(x)$에 대하여 $2f(x)+5g(x)$를 $x+1$로 나누었을 때의 나머지는 2, $3f(x)+g(x)$를 $x+1$로 나누었을 때의 나머지는 3이라 할 때, $f(x)g(x)$를 $x+1$로 나누었을 때의 나머지를 구하시오.

 다항식의 나눗셈에서의 미정계수법은 나누는 식의 차수를 보고 해법을 결정한다!

(1) 나누는 식의 차수에 따른 해법

→ $A \div B \rightarrow$ 몫 Q, 나머지 R

① B : 일차식 (○) → 나머지 정리 이용 $f(\alpha) = R$

② B : 일차식 (×) → 나눗셈 관계식 이용 $A = BQ + R$

주의 B가 일차식이어도 나눗셈 관계식을 이용할 때가 있다!

(2) 나누는 식의 차수에 따른 나머지 설정법

→ 나눗셈 관계식 $A = BQ + R$

① B가 3차이면 R은 $ax^2 + bx + c$

② B가 2차이면 R은 $ax + b$

③ B가 1차이면 R은 a

기|본|예|제 11

다항식 $f(x)$를 $x-2$로 나누었을 때의 나머지가 1이고, $x+3$으로 나누었을 때의 나머지가 -4이다. $f(x)$를 $(x-2)(x+3)$으로 나누었을 때의 나머지를 구하시오.

탐구 나누는 식이 이차식일 때는 나머지를 $ax+b$로 놓고 나눗셈 관계식으로 나타낸 후 수치대입법을 이용한다.

풀이 다항식 $f(x)$를 $(x-2)(x+3)$으로 나누었을 때의 몫을 $Q(x)$, 나머지를 $ax+b$라 하고 나눗셈 관계식으로 나타내면

$$f(x) = (x-2)(x+3)Q(x) + ax + b \qquad \cdots ①$$

$f(x)$를 $x-2$로 나누었을 때의 나머지가 1이므로 $f(2) = 1$

$f(x)$를 $x+3$로 나누었을 때의 나머지가 -4이므로 $f(-3) = -4$

①은 x에 대한 항등식이므로 수치대입법을 이용하면

 i) $x = 2$일 때

$$f(2) = 2a + b \qquad \therefore \ 2a + b = 1 \qquad\qquad \cdots ②$$

 ii) $x = -3$일 때

$$f(-3) = -3a + b \qquad \therefore \ -3a + b = -4 \ \cdots ③$$

②와 ③을 연립하여 a와 b를 구하면

$$a = 1, \ b = -1$$

따라서 $f(x)$를 $(x-2)(x+3)$으로 나누었을 때의 나머지는 $x-1$이다.

정답 $x - 1$

유제 11-1 다항식 $f(x)$를 $x-1$, $x-2$로 나누었을 때의 나머지가 각각 -1, 2이다. $f(x)$를 x^2-3x+2로 나누었을 때의 나머지를 구하시오.

유제 11-2 다항식 $f(x)$를 $x+1$로 나누었을 때의 나머지가 -1, $x+2$로 나누었을 때의 나머지가 -2이다. 다항식 $(x^2+1)f(x)$를 x^2+3x+2로 나누었을 때의 나머지를 $R(x)$라 할 때, $R(1)$의 값을 구하시오.

기|본|예|제 **12**

다항식 $f(x)$를 $(x-1)^2$으로 나누었을 때의 나머지가 $2x+1$이고, $x-3$으로 나누었을 때의 나머지가 2이다. $f(x)$를 $(x-1)^2(x-3)$으로 나누었을 때의 나머지를 구하시오.

탐구 다항식 $f(x)$를 이차 이상의 다항식으로 나누었을 때는 나눗셈 관계식을 이용하여 식을 세운 후 나머지 정리를 이용한다.

풀이 $f(x)$를 $(x-1)^2(x-3)$으로 나누었을 때의 몫을 $Q(x)$, 나머지를 ax^2+bx+c라 하면
$$f(x)=(x-1)^2(x-3)Q(x)+ax^2+bx+c$$
$f(x)$를 $(x-1)^2$으로 나누었을 때의 나머지가 $2x+1$이므로 ax^2+bx+c를 $(x-1)^2$으로 나누었을 때의 나머지가 $2x+1$이 되어야 한다.
$$\therefore\ f(x)=(x-1)^2(x-3)Q(x)+a(x-1)^2+2x+1 \qquad \cdots ①$$
$f(x)$를 $x-3$으로 나누었을 때의 나머지가 2이므로 ①에서
$$f(3)=4a+6+1=2 \qquad \therefore\ a=-\frac{5}{4}$$
따라서 구하는 나머지는
$$-\frac{5}{4}(x-1)^2+2x+1=-\frac{5}{4}x^2+\frac{9}{2}x-\frac{1}{4}$$

정답 $-\dfrac{5}{4}x^2+\dfrac{9}{2}x-\dfrac{1}{4}$

유제 12-1 다항식 $f(x)$를 $x+1$로 나누었을 때의 나머지가 3이고, x^2+4로 나누었을 때의 나머지가 $3x+1$이라고 한다. 이때 $f(x)$를 $(x+1)(x^2+4)$로 나누었을 때의 나머지를 구하시오.

유제 12-2 다항식 $f(x)$를 x^2+1로 나누었을 때의 나머지가 $x+1$이고, $x-1$로 나누었을 때의 나머지가 4이다. $f(x)$를 $(x^2+1)(x-1)$로 나누었을 때의 나머지의 상수항을 구하시오.

다항식 $f(x)$를 $(x-2)(x-3)$으로 나누었을 때의 나머지가 $2x+3$일 때, $f(3x)$를 $x-1$로 나누었을 때의 나머지를 구하시오.

탐구 나누는 식이 일차식이라도 몫 또는 나머지가 식으로 주어질 때는 나눗셈 관계식을 이용한다.

풀이 $f(x)$를 $(x-2)(x-3)$으로 나누었을 때의 몫을 $Q(x)$라 하고 나눗셈 관계식으로 나타내면

$$f(x)=(x-2)(x-3)Q(x)+2x+3$$

$f(3x)$를 $x-1$로 나누었을 때의 나머지는 나머지 정리에 의해 $f(3\times1)=f(3)$이므로

$$f(3)=2\times3+3=9$$

정답 9

유제 13-1 다항식 $f(x)$를 $(x-1)(x-2)$로 나누었을 때의 나머지가 $4x-1$일 때, 다항식 $f(2x)$를 $x-1$로 나누었을 때의 나머지를 구하시오.

유제 13-2 다항식 $f(x)$를 $(x-1)(x+2)$로 나누었을 때의 나머지가 $2x-1$일 때, 다항식 $xf(3x+1)$을 $x+1$로 나누었을 때의 나머지를 구하시오.

다항식 $f(x)$를 $x-4$로 나누었을 때의 몫은 $g(x)$, 나머지는 5이고, $g(x)$를 $x-6$으로 나누었을 때의 나머지는 2이다. $f(x)$를 $x-6$으로 나누었을 때의 나머지를 구하시오.

탐구 나누는 식이 일차식이라도 몫 $g(x)$가 주어졌으므로 나눗셈 관계식을 이용한다.

$$\rightarrow f(x)=(x-a)g(x)+r$$

풀이 $f(x)$를 $x-4$로 나누었을 때의 몫이 $g(x)$, 나머지가 5이므로

$$f(x)=(x-4)g(x)+5 \qquad \cdots ①$$

$g(x)$를 $x-6$으로 나누었을 때의 나머지가 2이므로

$$g(6)=2$$

①에서 $f(x)$를 $x-6$으로 나누었을 때의 나머지 $f(6)$을 구하면

$$f(6)=(6-4)g(6)+5=2\times2+5=9$$

정답 9

유제 14-1 다항식 $f(x)$를 $x-1$로 나누었을 때의 몫을 $Q(x)$라 하자. $f(1)=2$, $Q(2)=3$일 때, $f(x)$를 $x-2$로 나누었을 때의 나머지를 구하시오.

유제 14-2 다항식 $f(x)$를 $x+1$로 나누었을 때의 몫이 $Q(x)$, 나머지가 2이고, $Q(x)$를 $x-1$로 나누었을 때의 나머지가 3일 때, 다항식 $(x+2)f(x)$를 $x-1$로 나누었을 때의 나머지를 구하시오.

유제 14-3 다항식 $x^4-2x^3-8x^2$을 다항식 $P(x)$로 나누었을 때의 몫은 x^2-4x+4, 나머지는 $3x-11$이라 한다. 이때 $P(x)$를 $x+1$로 나누었을 때의 나머지를 구하시오.

강의 $f(x)$를 $\left(x+\dfrac{b}{a}\right)$로 나눌 때와 $(ax+b)$로 나눌 때의 몫은 서로 다르고 나머지는 같다!

$$\rightarrow f(x)=\left(x+\frac{b}{a}\right)Q(x)+R$$

$$\rightarrow \text{몫 } Q(x), \text{ 나머지 } R$$

$$\rightarrow f(x)=a\times\frac{1}{a}\left(x+\frac{b}{a}\right)Q(x)+R$$

$$=(ax+b)\times\frac{1}{a}Q(x)+R$$

$$\rightarrow \text{몫 } \frac{1}{a}Q(x), \text{ 나머지 } R$$

다항식 $f(x)$를 $x-\dfrac{3}{2}$으로 나누었을 때의 몫을 $Q(x)$, 나머지를 R이라 하면 $f(x)$를 $2x-3$으로 나누었을 때의 몫과 나머지를 $Q(x)$와 R을 이용하여 구하시오.

탐구
$$f(x)=\left(x+\frac{b}{a}\right)Q(x)+R$$
$$=a\times\frac{1}{a}\left(x+\frac{b}{a}\right)Q(x)+R$$
$$=(ax+b)\frac{1}{a}Q(x)+R$$

몫 : $\dfrac{1}{a}Q(x)$, 나머지 : R

풀이
$f(x)$를 $x-\dfrac{3}{2}$으로 나누었을 때의 나눗셈 관계식으로 나타내면
$$f(x)=\left(x-\frac{3}{2}\right)Q(x)+R \qquad \cdots ①$$
①을 변형하여 $f(x)$를 $2x-3$으로 나누었을 때의 나눗셈 관계식으로 나타내면
$$f(x)=\frac{1}{2}\times2\left(x-\frac{3}{2}\right)Q(x)+R$$
$$=(2x-3)\times\frac{1}{2}Q(x)+R \qquad \cdots ②$$

②에서 몫은 $\dfrac{1}{2}Q(x)$이고 나머지는 그대로 R이다.

정답 몫 : $\dfrac{1}{2}Q(x)$, 나머지 : R

유제 15-1 다항식 $f(x)$를 $x+\dfrac{1}{2}$로 나누었을 때의 몫을 $Q(x)$, 나머지를 R이라 할 때, $f(x)$를 $2x+1$로 나누었을 때의 몫과 나머지를 $Q(x)$와 R을 이용하여 구하시오.

유제 15-2 다항식 $f(x)$를 $3x+3$으로 나누었을 때의 몫을 $Q(x)$, 나머지를 R이라 할 때, $f(x)$를 $x+1$로 나누었을 때의 몫과 나머지를 $Q(x)$와 R을 이용하여 구하시오.

[1] 다항식 $f(x)$를 $x-\alpha$로 나누었을 때의 나머지는 0이다.

- ➜ 다항식 $f(x)$는 일차식 $x-\alpha$로 나누어떨어진다.
- ➜ 다항식 $f(x)$는 $x-\alpha$라는 인수를 가진다.
- ➜ $f(x)=(x-\alpha)Q(x)$
- ➜ $f(\alpha)=0$

> **유도** $f(x)$를 $x-\alpha$로 나누었을 때의 몫을 $Q(x)$, 나머지를 0이라 하면
> $$f(x)=(x-\alpha)Q(x)$$
> 이 식은 x에 대한 항등식이므로 $x=\alpha$를 대입하면
> $$f(\alpha)=(\alpha-\alpha)Q(\alpha)\text{에서 } f(\alpha)=0 \qquad \cdots \text{유도 끝}$$

[2] 다항식 $f(x)$를 일차식 $ax+b$로 나누었을 때의 나머지는 0이다.

- ➜ 다항식 $f(x)$는 일차식 $ax+b$로 나누어떨어진다.
- ➜ 다항식 $f(x)$는 $ax+b$라는 인수를 가진다.
- ➜ $f(x)=(ax+b)Q(x)$
- ➜ $f\left(-\dfrac{b}{a}\right)=0$

강의 **인수 정리는 $f(\alpha)=0$이면 $f(x)=(x-\alpha)Q(x)$로 인수분해된다는 것이다!**

① $x-\alpha$로 나눌 경우
- ➜ $f(x)\div(x-\alpha)$; 몫 $Q(x)$, 나머지 0
- ➜ $f(x)=(x-\alpha)Q(x)$
- ➜ $x-\alpha=0$ $x=\alpha$
- ➜ $f(\alpha)=0$

② $ax+b$로 나눌 경우
- ➜ $f(x)\div(ax+b)$; 몫 $Q(x)$, 나머지 0
- ➜ $f(x)=(ax+b)Q(x)$
- ➜ $ax+b=0$ $x=-\dfrac{b}{a}$
- ➜ $f\left(-\dfrac{b}{a}\right)=0$

다항식 $f(x) = ax^4 + bx^3 + 1$이 $x-1$, $x+1$을 인수로 가질 때, 상수 a, b에 대하여 ab의 값을 구하시오.

탐구 　다항식 $f(x)$가 $x-1$, $x+1$을 인수로 가지면 $f(1) = 0$, $f(-1) = 0$

풀이 　$f(x)$가 $x-1$, $x+1$을 인수로 가지므로

$$f(1) = 0, \ f(-1) = 0$$

$x = 1$, $x = -1$을 $f(x)$에 대입하여 정리하면

$$f(1) = a + b + 1 = 0 \qquad a + b = -1 \ \cdots ①$$
$$f(-1) = a - b + 1 = 0 \qquad a - b = -1 \ \cdots ②$$

①, ②을 연립하여 a, b를 구하면

$$a = -1, \ b = 0$$
$$\therefore \ ab = (-1) \times 0 = 0$$

정답 　0

유제 16-1 　다항식 $f(x) = x^4 + ax^2 + 7$이 $x-1$로 나누어떨어질 때, 상수 a의 값을 구하시오.

유제 16-2 　다항식 $f(x) = x^3 + ax^2 + 11x + b$가 $x-1$, $x-2$를 인수로 가질 때, 상수 a, b에 대하여 $a-b$의 값을 구하시오.

유제 16-3 　다항식 $f(x) = x^3 + 2x^2 + a$가 $x-1$로 나누어떨어질 때, $(x+1)f(x)$를 $x-2$로 나누었을 때의 나머지를 구하시오.

다항식 $f(x)=x^3+2ax^2-(a+b)x-2b$가 x^2-x-2로 나누어떨어질 때, 상수 a, b에 대하여 ab의 값을 구하시오.

탐구　다항식 $f(x)$가 $(x-a)(x-b)$로 나누어떨어지면 $f(a)=0$, $f(b)=0$이다.

풀이　$f(x)$를 x^2-x-2로 나누었을 때의 몫을 $Q(x)$라 하고 나눗셈 관계식으로 나타내면

$$f(x)=x^3+2ax^2-(a+b)x-2b=(x^2-x-2)Q(x)$$
$$=(x-2)(x+1)Q(x) \qquad \cdots ①$$

$f(x)$가 $(x-2)(x+1)$로 나누어떨어지면 $f(x)$는 $x-2$, $x+1$로 각각 나누어떨어지므로

$$f(2)=0, \ f(-1)=0$$

①에 $x=2$를 대입하면

$$8+8a-2a-2b-2b=0 \qquad 6a-4b+8=0$$
$$\therefore \ 3a-2b=-4 \qquad \cdots ②$$

①에 $x=-1$을 대입하면

$$-1+2a+a+b-2b=0 \qquad 3a-b-1=0$$
$$\therefore \ 3a-b=1 \qquad \cdots ③$$

②, ③을 연립하여 풀면

$$a=2, \ b=5$$
$$\therefore \ ab=2\times5=10$$

정답　10

유제 17-1　다항식 $f(x)=x^4+ax^3-x+b$가 x^2-3x+2로 나누어떨어질 때, 상수 a, b에 대하여 a^2+b^2의 값을 구하시오.

유제 17-2　다항식 $f(x)=x^4+ax^3+bx^2-(a+1)x-2$가 x^2+x-2로 나누어떨어질 때, $f(-1)$의 값을 구하시오.

반복학습 기록란.

가장 좋은 학습방법은 학교에서나 학원에서나 선생님의 강의를 열심히 듣고 여러 번 반복학습하는 것입니다.
지금부터 당장 선생님의 강의를 열심히 듣고 반복! 반복하십시오. 그러면 곧 모든 과목에 자신이 생길 것입니다.

회수	시작이 반!			끝을 봐야!			확인
제1회	년	월	일 부터	년	월	일 까지	
제2회	년	월	일 부터	년	월	일 까지	
제3회	년	월	일 부터	년	월	일 까지	
제4회	년	월	일 부터	년	월	일 까지	
제5회	년	월	일 부터	년	월	일 까지	
제6회	년	월	일 부터	년	월	일 까지	
제7회	년	월	일 부터	년	월	일 까지	
제8회	년	월	일 부터	년	월	일 까지	
제9회	년	월	일 부터	년	월	일 까지	
제10회	년	월	일 부터	년	월	일 까지	

▶ 연습문제 A는 앞에서 배운 기초 단계의 문제이므로 선생님의 도움 없이 스스로 풀어 자신의 실력을 점검해 보도록 하자.

01 등식 $ax+2=3x-b$가 x에 대한 항등식일 때, 상수 a, b에 대하여 $a+b$의 값을 구하시오.

02 다음 등식이 x에 대한 항등식일 때, 상수 a, b, c의 값을 구하시오.
$$4x^2+(a-2)x+c=(b-1)x^2+3x$$

03 등식 $(k-2)x+(2k+1)y-4k+3=0$이 임의의 k의 값에 대하여 성립할 때, $x+y$의 값을 구하시오.

04 $\dfrac{6x+2a}{3x+2}$가 x의 값에 관계없이 항상 일정한 값을 가질 때, 상수 a의 값을 구하시오.
$$\left(\text{단, } x\neq -\dfrac{2}{3}\right)$$

05 등식 $(ax-1)(4x^2+bx+c)=8x^3-1$이 x에 대한 항등식일 때, 상수 a, b, c에 대하여 abc의 값을 구하시오.

06 등식 $(x-a)(x+1)-6=(x-5)(x+b)$가 x에 대한 항등식일 때, 상수 a, b에 대하여 a^2+b^2의 값을 구하시오.

07 등식 $2x^3 - 2x^2 + 3x + 3 = a(x-1)^3 + b(x-1)^2 + c(x-1) + d$가 x에 대한 항등식일 때, 상수 a, b, c, d에 대하여 $\dfrac{b+d}{ac}$의 값을 구하시오.

08 다항식 $x^3 + ax + b$를 $x^2 - x - 2$로 나누었을 때의 나머지가 $2x - 1$이 되도록 하는 상수 a, b의 값을 구하시오.

09 다항식 $x^3 + px^2 + qx + 5$가 $x^2 - 2x + 5$로 나누어떨어질 때, 상수 p, q에 대하여 pq의 값을 구하시오.

10 다항식 $2x^3 + ax^2 + bx + 1$ (a, b는 상수)을 $x - 1$로 나누었을 때의 나머지가 8이고, $x + 1$로 나누어떨어진다. 이 식을 $x + 2$로 나누었을 때의 나머지를 구하시오.

11 다항식 $f(x)$를 $x - 2$로 나누었을 때의 나머지가 1이고, $x + 3$으로 나누었을 때의 나머지가 -4이다. $f(x)$를 $(x-2)(x+3)$으로 나누었을 때의 나머지를 구하시오.

12 다항식 $f(x)$를 $(x-1)^2$으로 나누었을 때의 나머지가 $2x + 1$이고, $x - 3$으로 나누었을 때의 나머지가 2이다. $f(x)$를 $(x-1)^2(x-3)$으로 나누었을 때의 나머지를 구하시오.

13 다항식 $f(x)$를 $(x-2)(x-3)$으로 나누었을 때의 나머지가 $2x+3$일 때, $f(3x)$를 $x-1$로 나누었을 때의 나머지를 구하시오.

14 다항식 $f(x)$를 $x-4$로 나누었을 때의 몫은 $g(x)$, 나머지는 5이고, $g(x)$를 $x-6$으로 나누었을 때의 나머지는 2이다. $f(x)$를 $x-6$으로 나누었을 때의 나머지를 구하시오.

15 다항식 $f(x)$를 $x-\dfrac{3}{2}$으로 나누었을 때의 몫을 $Q(x)$, 나머지를 R이라 하면 $f(x)$를 $2x-3$으로 나누었을 때의 몫과 나머지를 $Q(x)$와 R을 이용하여 구하시오.

16 다항식 $f(x)=x^4+ax^2+7$이 $x-1$로 나누어떨어질 때, 상수 a의 값을 구하시오.

17 다항식 $f(x)=x^4+ax^3-x+b$가 x^2-3x+2로 나누어떨어질 때, 상수 a, b에 대하여 a^2+b^2의 값을 구하시오.

▶ 연습문제 B는 앞에서 배운 문제 중 응용단계의 문제이므로 연습장에 스스로 풀어보고 잘 풀리지 않으면 처음부터 다시 공부한 후 자신이 있을 때 다시 풀어 보도록 하자.

01 다음 등식이 x에 대한 항등식일 때, 상수 a, b의 값을 구하시오.

$$x^2 + (a+b)x + a - 2b = x^2 + 3x$$

02 등식 $kx^2 - 2k(2+k)x + k^2y + 4k = 0$이 임의의 k의 값에 대하여 성립할 때, $x+y$의 값을 구하시오.

03 $\dfrac{4x + ay + b}{x + 2y + 2}$가 x, y의 값에 관계없이 항상 일정한 값을 가질 때, 상수 a, b에 대하여 $a-b$의 값을 구하시오. (단, $x + 2y \neq -2$)

04 $f(x) = 2^x(ax^2 + bx + c)$가 x의 값에 관계없이 항상 $f(x+1) - f(x) = 2^x x^2$을 만족할 때, 상수 a, b, c의 값을 구하시오.

05 다항식 $f(x)$에 대하여 등식 $(x-1)(x^2+1)f(x) = x^8 - ax^2 - b$가 x에 대한 항등식이 되도록 상수 a, b를 정할 때, $a^2 + b^2$의 값을 구하시오.

06 다항식 $x^3+x^2-ax+a+2$를 x^2+2x-8로 나누었을 때의 나머지가 $x+b$가 되도록 하는 상수 a, b에 대하여 $a-3b$의 값을 구하시오.

07 다항식 x^3+ax^2+bx-2를 x^2-x+1로 나누었을 때의 나머지가 0이라 한다. 이때 상수 a, b의 값을 구하시오.

08 두 다항식 $f(x)$, $g(x)$에 대하여 $2f(x)+5g(x)$를 $x+1$로 나누었을 때의 나머지는 2, $3f(x)+g(x)$를 $x+1$로 나누었을 때의 나머지는 3이라 할 때, $f(x)g(x)$를 $x+1$로 나누었을 때의 나머지를 구하시오.

09 다항식 $f(x)$를 $x+1$로 나누었을 때의 나머지가 -1, $x+2$로 나누었을 때의 나머지가 -2이다. 다항식 $(x^2+1)f(x)$를 x^2+3x+2로 나누었을 때의 나머지를 $R(x)$라 할 때, $R(1)$의 값을 구하시오.

10 다항식 $f(x)$를 x^2+1로 나누었을 때의 나머지가 $x+1$이고, $x-1$로 나누었을 때의 나머지가 4이다. $f(x)$를 $(x^2+1)(x-1)$로 나누었을 때의 나머지의 상수항을 구하시오.

11 다항식 $f(x)$를 $(x-1)(x+2)$로 나누었을 때의 나머지가 $2x-1$일 때, 다항식 $xf(3x+1)$을 $x+1$로 나누었을 때의 나머지를 구하시오.

12 다항식 $f(x)$를 $x+1$로 나누었을 때의 몫이 $Q(x)$, 나머지가 2이고, $Q(x)$를 $x-1$로 나누었을 때의 나머지가 3일 때, 다항식 $(x+2)f(x)$를 $x-1$로 나누었을 때의 나머지를 구하시오.

13 다항식 $f(x)$를 $3x+3$으로 나누었을 때의 몫을 $Q(x)$, 나머지를 R이라 할 때, $f(x)$를 $x+1$로 나누었을 때의 몫과 나머지를 $Q(x)$와 R을 이용하여 구하시오.

14 다항식 $f(x)=x^3+2x^2+a$가 $x-1$로 나누어떨어질 때, $(x+1)f(x)$를 $x-2$로 나누었을 때의 나머지를 구하시오.

15 다항식 $f(x)=x^3+2ax^2-(a+b)x-2b$가 x^2-x-2로 나누어떨어질 때, 상수 a, b에 대하여 ab의 값을 구하시오.

P A R T

03

인수분해

◈ 중·고교 연결과정 선수학습
1 곱셈공식을 이용한 인수분해
2 특별한 경우의 인수분해
3 특별한 방법에 의한 인수분해
4 인수분해의 활용
◈ 반복학습 기록란
◈ 연습문제 (A)(B)

명언

사람은 자기가 한 약속을 지킬만한 좋은 기억력을 가져야 한다.

\- 니체 -

1 인수분해공식

(1) $mx+my+mz=m(x+y+z)$

(2) $x^2-y^2=(x+y)(x-y)$

(3) $x^2+2xy+y^2=(x+y)^2$

(4) $x^2-2xy+y^2=(x-y)^2$

(5) $x^2+(a+b)x+ab=(x+a)(x+b)$

강의 인수분해(Ⅰ)은 모든 인수분해에서 먼저 공통인수를 묶어내는 공식이다!

→ 인수분해의 기본은 공통인수로 묶어내는 것!

→ $mx+my+mz=m(x+y+z)$

기|본|예|제 01

$12x^3y^2-18y^3x^2$을 인수분해하시오.

탐구 인수분해의 기본 → 공통인수 묶기 $mx+my=m(x+y)$

풀이 준식의 공통인수가 $6x^2y^2$이므로 공통인수로 묶어내면

$$(준식)=6x^2y^2(2x-3y)$$

정답 $6x^2y^2(2x-3y)$

유제 01-1 $3x^3y-6x^2y^2-6xy^3$을 인수분해하시오.

유제 01-2 a^2b+3ab^2+4ab를 인수분해하시오.

강의 인수분해(Ⅱ)는 $(\quad)^2 - (\quad)^2$ 꼴로 변형하여 인수분해한다!

→ $(\quad)^2 - (\quad)^2 = (합)(차)$

→ $x^2 - y^2 = (x+y)(x-y)$

기 | 본 | 예 | 제 02

다음 식을 인수분해하시오.

(1) $x^2 - 9$

(2) $4x^2 - 1$

탐구 $(\quad)^2 - (\quad)^2 = (합)(차)$

풀이 (1) (준식) $= (x)^2 - 3^2 = (x+3)(x-3)$

(2) (준식) $= (2x)^2 - 1^2 = (2x+1)(2x-1)$

정답 (1) $(x+3)(x-3)$　　(2) $(2x+1)(2x-1)$

유제 02-1 다음 식을 인수분해하시오.

(1) $9x^2 - 4$

(2) $4x^2 - 25$

유제 02-2 $32a^2b - 18b$를 인수분해하시오.

유제 02-3 $a^2 - b^2 = (a+b)(a-b)$임을 이용하여 $45^2 - 5^2$의 값을 계산하시오.

강의 인수분해(Ⅲ)은 $(머리)^2$, $(꼬리)^2$을 찾아 인수분해한 후 $\pm 2(머리)(꼬리)$를 검산한다!

→ $(머리)^2 \pm 2(머리)(꼬리) + (꼬리)^2 = (머리 \pm 꼬리)^2$

→ $x^2 \pm 2xy + y^2 = (x \pm y)^2$

기 | 본 | 예 | 제 03

다음 식을 인수분해하시오.

(1) $x^2 - 2x + 1$ (2) $x^2 + 6x + 9$

탐구 $(머리)^2 \pm 2(머리)(꼬리) + (꼬리)^2 = (머리 \pm 꼬리)^2$

풀이   (1) $(준식) = (x)^2 - 2 \times x \times 1 + 1^2 = (x-1)^2$

             (2) $(준식) = (x)^2 + 2 \times x \times 3 + 3^2 = (x+3)^2$

정답   (1) $(x-1)^2$ (2) $(x+3)^2$

유제 03-1   다음 식을 인수분해하시오.

          (1) $x^2 + 12x + 36$ (2) $x^2 - 16x + 64$

유제 03-2   다음 식이 완전제곱식으로 인수분해될 때, $\square$ 안에 들어갈 수의 합을 구하시오.

                 $a^2 + 2a + \square$ $a^2 - 8a + \square$

유제 03-3 $\dfrac{1}{4}x^2y + xy + y$를 인수분해하시오.

강의 인수분해(Ⅳ)는 곱 ab와 합 $a+b$에서 a, b를 찾아 인수분해한다!

→ 2차 3항꼴=(1차식)(1차식)

→ $x^2+합x+곱=(x+a)(x+b)$; 합 $a+b$, 곱 ab

기|본|예|제 04

다음 식을 인수분해하시오.

(1) x^2-5x+6 (2) x^2-2x-3

탐구 $x^2+(합)x+(곱)$의 꼴을 합 $a+b$와 곱 ab를 찾아 분해한다.

풀이 (1) 합은 -5이고 곱은 6인 두 수 a, b를 구하여 인수분해하면

$$a=-2, \ b=-3$$

$$\therefore \ (준식)=(x-2)(x-3)$$

(2) 합은 -2이고 곱은 -3인 두 수 a, b를 구하여 인수분해하면

$$a=-3, \ b=1$$

$$\therefore \ (준식)=(x-3)(x+1)$$

정답 (1) $(x-2)(x-3)$ (2) $(x-3)(x+1)$

유제 04-1 다음 식을 인수분해하시오.

(1) x^2+3x+2 (2) x^2+4x-5

유제 04-2 $x^2y^2+2x^2y-8x^2$을 인수분해하시오.

유제 04-3 $x^2+ax-12=(x+b)(x+c)$에서 $a<0$, $b<0$, $c>0$인 정수 a, b, c에 대하여 $a+b+c$의 최댓값을 구하시오.

1   인수분해공식(Ⅰ)

➜ 인수분해의 기본은 공통인수를 묶어내는 것이다.

➜ $mx+my+nx+ny=(m+n)(x+y)$

강의   **인수분해(Ⅰ)는 모든 인수분해에서 먼저 공통인수를 묶어내는 공식이다!**

➜ 인수분해의 기본은 공통인수로 묶어내는 것!

① $mx+my+mz=m(x+y+z)$

② $mx+my+nx+ny=m(x+y)+n(x+y)$
$$=(m+n)(x+y)$$

기│본│예│제 01

x^4-3x^3+2x-6을 인수분해하시오.

탐구   인수분해의 기본 → 공통인수 묶어내는 것!

풀이   준식을 적당히 묶어서 공통인수를 찾고 인수분해하면
$$(준식)=x^3(x-3)+2(x-3)$$
$$=(x^3+2)(x-3)$$

정답 $(x^3+2)(x-3)$

유제 01-1 $(a-b)x^2+(b-a)xy$를 인수분해하시오.

유제 01-2 $m+n=5$, $x+y+z=7$일 때 $mx+my+mz+nx+ny+nz$의 값을 구하시오.

→ 제곱의 차는 합과 차의 곱으로 인수분해된다.

→ $(ax)^2 - (by)^2 = (ax+by)(ax-by)$

강의 인수분해(Ⅱ)는 $(\quad)^2 - (\quad)^2$ 꼴로 변형하여 인수분해하는 공식이다!

→ $(\quad)^2 - (\quad)^2 = (\text{합})(\text{차})$

① $x^2 - y^2 = (x+y)(x-y)$

② $(ax)^2 - (by)^2 = (ax+by)(ax-by)$

기|본|예|제 **02**

다음을 인수분해하시오.

(1) $4x^2 - 9y^2$ (2) $(x-3)^2 - (y+1)^2$

탐구 제곱의 차 → 합과 차의 곱으로 인수분해 $A^2 - B^2 = (A+B)(A-B)$

풀이 (1) (준식) $= (2x)^2 - (3y)^2 = (2x+3y)(2x-3y)$

(2) (준식) $= \{(x-3)+(y+1)\}\{(x-3)-(y+1)\}$

$= (x+y-2)(x-y-4)$

정답 (1) $(2x+3y)(2x-3y)$ (2) $(x+y-2)(x-y-4)$

유제 02-1 $x^4 - y^4$을 인수분해하시오.

유제 02-2 그림과 같이 밑면이 한 변의 길이가 $a+b$인 정사각형이고 높이가 $a+b+c$인 직육면체 모양의 블럭에 한 변의 길이가 a인 정사각형 모양의 구멍을 뚫었을 때의 블럭의 부피를 인수분해하여 나타내시오.

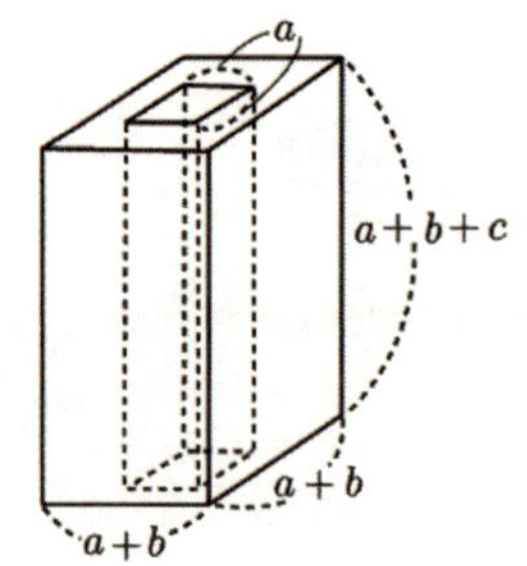

→ 완전제곱으로 인수분해되는 것이다.

(1) $x^2 \pm 2xy + y^2 = (x \pm y)^2$

(2) $x^2 + y^2 + z^2 + 2xy + 2yz + 2zx = (x+y+z)^2$

강의 인수분해(Ⅲ)는 완전제곱꼴로 인수분해되는 공식이다!

→ 완전제곱으로 인수분해되는 것!

① $a^2 + b^2 + 2ab = (a+b)^2$

② $a^2 + b^2 + c^2 + 2ab + 2bc + 2ca = (a+b+c)^2$

기|본|예|제 03

다음을 인수분해하시오.

(1) $4x^2 + 12xy + 9y^2$

(2) $a^2 + b^2 + c^2 - 2ab + 2bc - 2ca$

탐구 ① (머리±꼬리)^{2}으로 묶어 주고 중앙항을 검산하라! → 중앙항 ±2(머리)(꼬리)

② 완전제곱으로 인수분해 → 부호 주의 !

풀이 (1) 머리 ; $(2x)^2$, 꼬리 ; $(3y)^2$로 놓고 묶어주면 (준식)$= (2x+3y)^2$

중앙항을 검산하면

$$2 \times 2x \times 3y = 12xy$$

(2) (준식)$= a^2 + (-b)^2 + (-c)^2 + 2a \times (-b) + 2 \times (-b) \times (-c) + 2 \times (-c) \times a$

$$= (a-b-c)^2$$

정답 (1) $(2x+3y)^2$ (2) $(a-b-c)^2$

유제 03-1 다음을 인수분해하시오.

(1) $4(4x^2 - 6xy) + 9y^2$

(2) $9x^2 + 4y^2 + z^2 - 12xy - 4yz + 6zx$

유제 03-2 다음을 인수분해하시오.

(1) $x^2 + \dfrac{1}{x^2} + 2$

(2) $x^2 + y^2 + 4z^2 + 2xy - 4yz - 4zx$

→ 이차 삼항꼴의 인수분해는 다음 공식을 이용한다.

→ $acx^2+(ad+bc)x+bd=(ax+b)(cx+d)$

> **강의** **인수분해(Ⅳ)는 이차 삼항꼴이므로 (1차식)(1차식)으로 인수분해되는 공식이다!**
>
> → 2차 3항꼴=(1차식)(1차식)
>
> ① $x^2+(a+b)x+ab=(x+a)(x+b)$
>
> ② $acx^2+(ad+bc)xy+bdy^2$
>
> $$\begin{matrix} ax & \diagdown & by \\ cx & \diagup & dy \end{matrix} \xrightarrow{\text{검산}} (ad+bc)xy \;\rightarrow\; (ax+by)(cx+dy)$$

기|본|예|제 **04**

$3x^2-xy-4y^2$을 인수분해하시오.

탐구 　머리 acx^2은 $ax\times cx$로 분해하고, 꼬리 bdy^2은 $by\times dy$로 분해한 후 맞는 짝을 찾아 $(ad+bc)xy$를 확인한다.

$$\begin{matrix}(ax+by) \\ \qquad\times \\ (cx+dy)\end{matrix} \rightarrow \text{확인 } (ad+bc)xy$$

풀이 　머리 $3x^2=x\times 3x$이고, 꼬리 $-4y^2$은 $y\times(-4y)$ 또는 $(-y)\times 4y$로 분해한 후 맞는 짝을 찾아 인수분해하면

$$\begin{matrix}(x+y) \\ \qquad\times \\ (3x-4y)\end{matrix} \rightarrow (-4+3)xy=-xy$$

$$\therefore \ (\text{준식})=(x+y)(3x-4y)$$

정답 　$(x+y)(3x-4y)$

유제 04-1 　다음 식을 인수분해하시오.

(1) $3a^2-5ab-2b^2$ 　　　　　　　　(2) $2a^2-5ab+2b^2$

유제 04-2 　$15x^2-2xy-24y^2$을 인수분해하면 $(ax+by)(cx+dy)$가 된다. 이때 상수 a, b, c, d에 대하여 $a+b+c+d$의 값을 구하시오.

→ 완전세제곱으로 인수분해되는 것이다.

(1) $x^3 + 3x^2y + 3xy^2 + y^3 = (x+y)^3$

(2) $x^3 - 3x^2y + 3xy^2 - y^3 = (x-y)^3$

강의 | 인수분해(Ⅴ)는 완전세제곱꼴로 인수분해되는 공식이다!

→ 완전세제곱으로 인수분해되는 것!

→ $(머리)^3 \pm 3(머리)^2(꼬리) + 3(머리)(꼬리)^2 \pm (꼬리)^3 = (머리 \pm 꼬리)^3$

→ $A^3 \pm 3A^2B + 3AB^2 \pm B^3 = (A \pm B)^3$

기|본|예|제 05

$8x^3 - 36x^2y + 54xy^2 - 27y^3$을 인수분해하시오.

탐구 3차 4항꼴이므로 $(머리 \pm 꼬리)^3$으로 묶어 주고 중앙항을 검산하라!

풀이 머리 : $(2x)^3$, 꼬리 : $(3y)^3$으로 놓고 묶어주면

$$(준식) = (2x - 3y)^3$$

중앙항을 검산하면

$$-3(2x)^2(3y) + 3(2x)(3y)^2 = -36x^2y + 54xy^2$$

정답 $(x+y)(3x-4y)(2x-3y)^3$

유제 05-1 다음 식을 인수분해하시오.

(1) $64x^3 + 48x^2y + 12xy^2 + y^3$

(2) $8x^3 - 60x^2 + 150x - 125$

유제 05-2 다항식 $27x^3 - 54x^2y + 36xy^2 - 8y^3$이 $(ax + by)^3$으로 인수분해되었을 때, 상수 a, b에 대하여 $a+b$의 값을 구하시오.

→ 3차식은 (1차식)(2차식)으로 인수분해된다.

(1) $x^3+y^3=(x+y)(x^2-xy+y^2)$

(2) $x^3-y^3=(x-y)(x^2+xy+y^2)$

(3) $x^3+y^3+z^3-3xyz=(x+y+z)(x^2+y^2+z^2-xy-yz-zx)$

$$=\frac{1}{2}(x+y+z)\{(x-y)^2+(y-z)^2+(z-x)^2\}$$

강의 인수분해(Ⅵ-1)은 ( )^3 $\pm$ ( )^3 꼴이므로 (1차식)(2차식)으로 인수분해되는 공식이다!

→ ( )^3 $\pm$ ( )^3 = (1차식)(2차식)

① $x^3+y^3=(x+y)(x^2-xy+y^2)$

② $x^3-y^3=(x-y)(x^2+xy+y^2)$

기|본|예|제 06

다음 식을 인수분해하시오.

(1) x^3+8 　　　　　　　　　(2) $8x^3-27y^3$

탐구 ( )^3 $\pm$ ( )^3 → (1차식)(2차식)의 꼴로 인수분해된다!

풀이 (1) (준식)$=x^3+2^3=(x+2)(x^2-2x+4)$

(2) (준식)$=(2x)^3-(3y)^3=(2x-3y)\{(2x)^2+2x\times3y+(3y)^2\}$

$$=(2x-3y)(4x^2+6xy+9y^2)$$

정답 (1) $(x+2)(x^2-2x+4)$ 　　　(2) $(2x-3y)(4x^2+6xy+9y^2)$

유제 06-1 다음 식을 인수분해하시오.

(1) $2x^3-54$ 　　　　　　　　(2) $16a^4+250ab^3$

유제 06-2 x^6-y^6을 인수분해하시오.

 인수분해(Ⅵ-2)는 3차식이므로 (1차식)(2차식)으로 인수분해되는 공식이다!

① 3차식=(1차식)(2차식)

② 3문자 → 윤환식 배열

➜ $x^3 + y^3 + z^3 - 3xyz = (x+y+z)(x^2+y^2+z^2-xy-yz-zx)$

$$= \frac{1}{2}(x+y+z)\{(x-y)^2+(y-z)^2+(z-x)^2\}$$

기|본|예|제 07

$x^3 - y^3 + 6xy + 8$을 인수분해하시오.

탐구 3차식 → (1차식)(2차식)

→ $x^3 + y^3 + z^3 - 3xyz = (x+y+z)(x^2+y^2+z^2-xy-yz-zx)$

풀이 (준식)$= x^3 + (-y)^3 + 2^3 - 3 \times x \times (-y) \times 2$

$= (x-y+2)\{x^2+(-y)^2+2^2-x\times(-y)-(-y)\times 2-2x\}$

$= (x-y+2)(x^2+y^2+xy-2x+2y+4)$

정답 $(x-y+2)(x^2+y^2+xy-2x+2y+4)$

유제 07-1 $8x^3 + 27y^3 - z^3 + 18xyz$를 인수분해하시오.

유제 07-2 $a^3 + 8b^3 + 27c^3 - 18abc$를 인수분해하시오.

유제 07-3 $-a^3 + 8b^3 + 30ab + 125$를 인수분해하시오.

→ 복이차식은 (2차식)(2차식)으로 인수분해된다.

(1) $x^4 + x^2y^2 + y^4 = (x^2 + xy + y^2)(x^2 - xy + y^2)$

(2) $x^4 + a^2x^2 + a^4 = (x^2 + ax + a^2)(x^2 - ax + a^2)$

강의 인수분해(Ⅶ)는 복이차식이므로 (2차식)(2차식)으로 인수분해되는 공식이다!

→ 복2차식 = (2차식)(2차식)

① 곱셈공식 $(x^2 + xy + y^2)(x^2 - xy + y^2) = x^4 + x^2y^2 + y^4$

② 인수분해 $x^4 + x^2y^2 + y^4 = (x^2 + xy + y^2)(x^2 - xy + y^2)$

기 | 본 | 예 | 제 08

다음 식을 인수분해하시오.

(1) $x^4 + 4x^2 + 16$ (2) $16x^4 + 4x^2y^2 + y^4$

탐구 $x^4 + y^4$을 찾아 (2차식)(2차식)으로 인수분해한다.

풀이 (1) (준식) $= x^4 + x^2 \times 2^2 + 2^4 = (x^2 + 2x + 4)(x^2 - 2x + 4)$

(2) (준식) $= (2x)^4 + (2x)^2 \times y^2 + y^4 = (4x^2 + 2xy + y^2)(4x^2 - 2xy + y^2)$

정답 (1) $(x^2 + 2x + 4)(x^2 - 2x + 4)$ (2) $(4x^2 + 2xy + y^2)(4x^2 - 2xy + y^2)$

유제 08-1 다음 식을 인수분해하시오.

(1) $x^4 + 9x^2 + 81$ (2) $81x^4 + 36x^2y^2 + 16y^4$

유제 08-2 $x = \dfrac{\sqrt{7} + \sqrt{3}}{2}$, $y = \dfrac{\sqrt{7} - \sqrt{3}}{2}$ 일 때, $x^4 + x^2y^2 + y^4$의 값을 구하시오.

1 동일부분이 있는 경우의 인수분해

(1) 동일부분을 X로 치환하여 전개한 후 다시 환원한다.
(2) 동일부분을 한 묶음으로 보고 인수분해한다.

> **강의** 동일부분이 있는 경우의 인수분해는 치환하여 인수분해한 후 환원한다!
> ① 동일부분 → 치환
> ② 공통부분 → 추출

기|본|예|제 09

$(x^2-5x+4)(x^2-5x+6)-24$를 인수분해하시오.

탐구 동일부분 치환 → 인수분해 후 환원!

풀이 동일부분 $x^2-5x=X$로 치환하고 인수분해하면

$$(X+4)(X+6)-24 = X^2+10X = X(X+10)$$

$X=x^2-5x$로 환원하면

$$(준식) = (x^2-5x)(x^2-5x+10) = x(x-5)(x^2-5x+10)$$

정답 $x(x-5)(x^2-5x+10)$

유제 09-1 $(x+1)(x+2)(x-4)(x-5)-16$을 인수분해하시오.

유제 09-2 $(x-1)^2(x-3)(x+1)-12$를 인수분해하시오.

(1) $x^2 = X$로 치환하여 생각한다.

(2) 치환하여 인수분해되지 않을 경우에는 (머리$\pm$꼬리)$^2 - ($ $)^2$ 꼴로 변형하여 생각한다.

강의 **복이차식의 인수분해는 직관이나 (   )$^2 - ($ $)^2$ 꼴로 변형하여 인수분해 한다!**

→ ① 직관이용 → ② (머리$\pm$꼬리)$^2 - ($ $)^2$ 꼴 변형

기 | 본 | 예 | 제 **10**

다음 식을 인수분해하시오.

(1) $x^4 - 7x^2 + 12$ (2) $x^4 - 7x^2 + 1$

탐구   ① $x^2 = X$로 치환하는 것은 x^2을 한 덩어리로 생각하여 직관에 의해 인수분해하는 것과 같다.

② 치환하여 인수분해되지 않으므로 (   )$^2 - ($ $)^2$ 꼴로 변형한다.

풀이   (1) (준식)$= (x^2 - 3)(x^2 - 4)$

$$= (x^2 - 3)(x - 2)(x + 2)$$

(2) $(x^4 + 2x^2 + 1) - 9x^2 = (x^2 + 1)^2 - (3x)^2$

$$= (x^2 + 3x + 1)(x^2 - 3x + 1)$$

정답   (1) $(x^2 - 3)(x - 2)(x + 2)$ (2) $(x^2 + 3x + 1)(x^2 - 3x + 1)$

유제 10-1   다음 식을 인수분해하시오.

(1) $x^4 + 13x^2 + 36$ (2) $x^4 - 15x^2 + 9$

유제 10-2   다음 식을 인수분해하시오.

(1) $x^4 - 4x^2y^2 + 4y^4$ (2) $x^4 - 23x^2y^2 + y^4$

→ 몇 개씩 group을 지어 생각한다.

> **강의** **항이 4개인 경우의 인수분해는 그룹으로 묶어 인수분해한다!**
>
> $$4항 \begin{cases} 2개 + 2개 \\ 1개 + 3개 \\ 3개 + 1개 \end{cases} \rightarrow \text{group으로 만든 후 인수분해}$$

기|본|예|제 **11**

다음 식을 인수분해하시오.

(1) $x^4 - 4x^2 - 16x - 16$ 　　　　(2) $x^3 + 2x^2 - xy^2 - 2y^2$

탐구 　4항 → 2항+2항, 1항+3항, 3항+1항 → group으로 만든 후 인수분해 !

풀이 　(1) $x^4 - 4x^2 - 16x - 16 = x^4 - 4(x^2 + 4x + 4) = x^4 - 4(x+2)^2$
$$= (x^2)^2 - \{2(x+2)\}^2$$
$$= (x^2 + 2x + 4)(x^2 - 2x - 4)$$

　(2) $x^3 + 2x^2 - xy^2 - 2y^2 = x^2(x+2) - y^2(x+2) = (x^2 - y^2)(x+2)$
$$= (x+y)(x-y)(x+2)$$

정답 　(1) $(x^2 + 2x + 4)(x^2 - 2x - 4)$ 　　(2) $(x+y)(x-y)(x+2)$

유제 11-1 　다음 식을 인수분해하시오.

(1) $a^2 + b^2 - c^2 + 2ab$ 　　　　(2) $a^3 - a^2b + ab^2 - b^3$

유제 11-2 　다음 식을 인수분해하시오.

(1) $x^2 - y^2 - z^2 - 2yz$ 　　　　(2) $x^3 - xy^2 - 2x^2y + 2y^3$

4 문자가 2개 이상인 경우의 인수분해

[1] 문자의 차수가 다를 때

→ 차수가 가장 낮은 문자에 대하여 내림차순으로 정리한다.

[2] 문자의 차수가 같을 때

→ 어느 한 문자에 대하여 내림차순으로 정리한다.

> **강의** 문자가 2개 이상인 경우 최저차 문자에 대해 내림차순으로 정리하여 인수분해한다!
>
> → 문자 多 → 최저차 문자 기준 정리

多(많을 다)

기 | 본 | 예 | 제 12

다음을 인수분해하시오.

(1) $x^3 + x^2 z + xz^2 - y^3 - y^2 z - yz^2$
(2) $2x^2 + 5xy - 3y^2 + 3x - 5y - 2$

탐구
① 문자의 차수가 다를 때는 가장 낮은 차수의 문자에 대하여 내림차순 정리 !
② 문자의 차수가 같으므로 어느 한 문자에 대하여 내림차순 정리 !

풀이
(1) z에 대하여 내림차순으로 정리하면

$$(준식) = (x-y)z^2 + (x+y)(x-y)z + (x-y)(x^2+xy+y^2)$$
$$= (x-y)\{z^2 + (x+y)z + x^2 + xy + y^2\}$$
$$= (x-y)(x^2+y^2+z^2+xy+yz+zx)$$

(2) x에 대하여 내림차순으로 정리하면

$$(준식) = 2x^2 + (5y+3)x - (3y^2+5y+2)$$
$$= 2x^2 + (5y+3)x - (3y+2)(y+1)$$
$$= \{2x-(y+1)\}\{x+(3y+2)\}$$
$$= (2x-y-1)(x+3y+2)$$

정답 (1) $(x-y)(x^2+y^2+z^2+xy+yz+zx)$ (2) $(2x-y-1)(x+3y+2)$

유제 12-1 다음을 인수분해하시오.

(1) $x^3 - x^2 z + xz^2 - 2xyz + y^3 - y^2 z + yz^2$ (2) $x^2 + 3xy + 2y^2 - x - 3y - 2$

유제 12-2 다음을 인수분해하시오.

(1) $x^3 z^2 - x^2 z - x - y^3 z^2 + y^2 z + y$ (2) $2x^2 - 3xy + y^2 + y - 2$

→ 윤환식은 문자의 차수가 같으므로 어느 한 문자에 대하여 내림차순으로 정리하여 인수분해한다.

강의 **윤환식의 인수분해는 한 문자에 대하여 내림차순으로 정리한 후 인수분해한다!**

→ 한 문자에 대하여 내림차순 정리 → 인수분해

→ (준식)$=\square\,(a-b)(b-c)(c-a)$ 꼴

기|본|예|제 13

$a^2(b-c)+b^2(c-a)+c^2(a-b)$를 인수분해하시오.

탐구 전개하여 한 문자에 대하여 내림차순 정리 !

풀이 식을 전개한 후 a에 대하여 내림차순으로 정리하면

$$(준식)=a^2b-ca^2+b^2c-ab^2+c^2a-bc^2$$
$$=(b-c)a^2-(b^2-c^2)a+bc(b-c)$$
$$=(b-c)a^2-(b+c)(b-c)a+bc(b-c)$$
$$=(b-c)\{a^2-(b+c)a+bc\}$$
$$=(b-c)(a-b)(a-c)$$
$$=-(a-b)(b-c)(c-a)$$

정답 $-(a-b)(b-c)(c-a)$

유제 13-1 $ab(a+b)+bc(b+c)+ca(c+a)+2abc$를 인수분해하시오.

유제 13-2 $a(b^2-c^2)+b(c^2-a^2)+c(a^2-b^2)$을 인수분해하시오.

유제 13-3 $a^2b(a+b+c)+abc(b+c)+ca^2(a+b+c)$를 인수분해하시오.

특별한 방법에 의한 인수분해

1 인수정리를 이용한 인수분해

첫째, $\pm$상수항의 약수, $\pm\dfrac{\text{상수항의 약수}}{\text{최고차항의 계수의 약수}}$ 를 대입한다.

둘째, $f(\alpha)=0$이면 $x-\alpha$인 인수를 갖는다.

셋째, 조립제법을 이용하여 몫을 구한다.

> **강의** 고차식인 경우에는 인수정리를 이용하여 인수분해한다.
>
> → 고차식 → 인수정리 이용 → 인수분해
>
> $$f(\alpha)=0 \ \rightarrow \ f(x)=(x-\alpha)Q(x)$$
>
>   ↓   ↓
>
> $\pm$상수항의 약수 대입   조립제법 이용

기|본|예|제 14

$x^4-2x^3-13x^2+14x+24$를 인수분해하시오.

탐구 최고차항의 계수가 1이므로 $\pm$상수항의 약수를 대입하여 $f(\alpha)=0$이 되는 α를 찾는다!

풀이 준식에 $x=-1$, $x=2$를 대입하면 (준식)$=0$

조립제법으로 인수분해하면

```
-1 │  1    -2    -13    14    24
   │       -1      3    10   -24
 2 │  1    -3    -10    24  │  0
   │        2     -2   -24
      1    -1    -12  │  0
```

$$\therefore (x+1)(x-2)(x^2-x-12)=(x+1)(x-2)(x+3)(x-4)$$

정답 $(x+1)(x-2)(x+3)(x-4)$

유제 14-1 $x^4+x^3-7x^2-x+6$을 인수분해하시오.

유제 14-2 $x^4+10x^3+35x^2+50x+24$를 인수분해하시오.

첫째, (준식)=(   )(   ) 꼴로 놓아 전개한다.

둘째, 양변을 비교하여 계수를 구한다.

셋째, 구한 계수를 (   )(   ) 꼴에 대입한다.

강의 **미정계수법에 의한 인수분해는 인수 정리가 불가능한 경우에 이용한다!**

→ 인수 정리 이용불가 → 미정계수법 이용

→ (준식)=(머리+ax+꼬리)(머리+bx+꼬리)

→ 전개 → 계수비교 → 대입

주의 준식의 일차항의 계수를 보고 꼬리부분을 분리한다.

① 일차항의 계수가 양수이면 상수항의 약수 중 큰 쪽이 양이다.

② 일차항의 계수가 음수이면 상수항의 약수 중 큰 쪽이 음이다.

기|본|예|제 **15**

$x^4-4x^3+3x^2+2x-1$을 인수분해하시오.

탐구 인수 정리가 불가능하므로 미정계수법을 이용!

풀이
$$x^4-4x^3+3x^2+2x-1=(\underline{x^2}+\underline{ax}+\underline{1})(\underline{x^2}+\underline{bx}-\underline{1})$$
$$\text{머리}\quad\text{꼬리}\ \text{머리}\quad\text{꼬리}$$
$$=x^4+bx^3-x^2+ax^3+abx^2-ax+x^2+bx-1$$
$$=x^4+(a+b)x^3+abx^2+(b-a)x-1$$

계수비교법을 이용하면

$$a+b=-4,\ ab=3,\ b-a=2$$

이 식을 연립하여 a, b의 값을 구하면

$$a=-3,\ b=-1$$

따라서 준식을 인수분해하면

$$(x^2-3x+1)(x^2-x-1)$$

정답 $(x^2-3x+1)(x^2-x-1)$

유제 15-1 $x^4+4x^3+7x^2+14x-5$를 인수분해하시오.

유제 15-2 $x^4+5x^3+10x^2+27x-7$을 인수분해하시오.

1 식의 값 구하는 방법

(1) 준식을 인수분해한다.
(2) 합, 차, 곱을 대입하여 식의 값을 구한다.

강의 **다항식의 식의 값 구하는 방법은 인수분해하거나 변형공식을 이용한다!**

첫째, 인수분해 또는 변형공식을 이용하여 식을 변형

둘째, $x+y$, $x-y$, xy의 값을 대입

기|본|예|제 **16**

$a=1+\sqrt{2}$, $b=1-\sqrt{2}$일 때, $a^3-a^2b+ab^2-b^3$의 값을 구하시오.

탐구 첫째, 준식을 인수분해하여 식을 변형한다.

둘째, $a-b$, ab의 값을 식에 대입한다.

풀이 준식을 인수분해하면

$$(준식)=a^2(a-b)+b^2(a-b)$$
$$=(a-b)(a^2+b^2)$$

$a-b=2\sqrt{2}$, $ab=-1$을 이용하여 준식의 값을 구하면

$$(준식)=(a-b)\{(a-b)^2+2ab\}$$
$$=2\sqrt{2}\{(2\sqrt{2})^2+2\times(-1)\}=12\sqrt{2}$$

정답 $12\sqrt{2}$

유제 16-1 $x=\dfrac{1+\sqrt{3}}{2}$, $y=\dfrac{1-\sqrt{3}}{2}$일 때, $x^3+y^3-3x-3y$의 값을 구하시오.

유제 16-2 $x=2+\sqrt{5}$, $y=2-\sqrt{5}$일 때, $x^3-y^3+x^2y-xy^2$의 값을 구하시오.

→ 큰 수식은 계산이 어려우므로 인수분해하여 작은 수식으로 만들어 쉽게 계산한다.

강의 복잡한 수식을 계산하는 방법은 인수분해하여 간단한 수식으로 변형한다!

→ 복잡한 수식 → 인수분해 → 간단한 수식

기｜본｜예｜제 **17**

다음 식의 값을 구하시오.

(1) $\dfrac{2025^3+1}{2024\times2025+1}$

(2) $1^2-3^2+5^2-7^2+9^2-11^2$

탐구 (1) 적당한 수를 x로 놓고 인수분해한다.

(2) 두 개씩 묶어 (합)(차) 공식을 이용한다.

풀이 (1) $2025=x$로 놓고 식을 정리하면

$$(준식)=\frac{x^3+1}{(x-1)x+1}=\frac{x^3+1}{x^2-x+1}$$

$$=\frac{(x+1)(x^2-x+1)}{x^2-x+1}$$

$$=x+1$$

$x=2025$로 환원하면

$$(준식)=2025+1=2026$$

(2) 두 개씩 묶어서 합·차공식을 이용하면

$$(준식)=(1^2-3^2)+(5^2-7^2)+(9^2-11^2)$$

$$=(1-3)(1+3)+(5-7)(5+7)+(9-11)(9+11)$$

$$=(-2)\times4+(-2)\times12+(-2)\times20=(-2)\times36=-72$$

정답 (1) 2026   (2) -72

유제 17-1 다음 식의 값을 구하시오.

(1) $\dfrac{400}{56^2-44^2}$

(2) $10^2-9^2+8^2-7^2+6^2-5^2$

유제 17-2 다음 식의 값을 구하시오.

$$\frac{2025^3-1}{2025\times2026+1}$$

첫째, 인수분해 또는 변형공식을 이용하여 식을 정리한다.

둘째, 세 변 a, b, c의 관계식을 보고 삼각형의 모양을 판단한다.

강의 인수분해 또는 변형공식을 이용하여 세 변의 관계식을 구하고 삼각형의 모양을 판단한다!

➜ 인수분해 또는 변형공식 → 세 변의 관계식 → 삼각형의 모양 판단

기 | 본 | 예 | 제 **18**

$a^3 + b^3 + c^3 = 3abc$을 만족하는 삼각형의 모양을 말하시오.

(단, a, b, c는 삼각형의 세 변의 길이이다.)

탐구 준식을 인수분해 → 변형공식 → 세 변의 관계식 → 삼각형의 모양 결정

풀이
$$a^3 + b^3 + c^3 - 3abc = (a+b+c)(a^2+b^2+c^2-ab-bc-ca) \quad : \text{인수분해}$$
$$= \frac{1}{2}(a+b+c)\{(a-b)^2+(b-c)^2+(c-a)^2\} \quad : \text{변형식}$$
$$= 0$$

$a-b=0,\ b-c=0,\ c-a=0$

$\therefore\ a=b=c$인 정삼각형

정답 정삼각형

유제 18-1 삼각형의 세 변의 길이 a, b, c에 대하여 $-a(b^2-c^2)+b(a^2-c^2)+c(a^2-b^2)=0$이 성립할 때, 이 삼각형의 모양을 말하시오.

유제 18-2 삼각형의 세 변의 길이 a, b, c에 대하여 $a^3-b^3-a^2b+ab^2+bc^2-c^2a=0$이 성립할 때, 이 삼각형의 모양을 말하시오.

반복학습 기록란.

가장 좋은 학습방법은 학교에서나 학원에서나 선생님의 강의를 열심히 듣고 여러 번 반복학습하는 것입니다.
지금부터 당장 선생님의 강의를 열심히 듣고 반복! 반복하십시오. 그러면 곧 모든 과목에 자신이 생길 것입니다.

회수	시작이 반!			끝을 봐야!			확인
제1회	년	월	일 부터	년	월	일 까지	
제2회	년	월	일 부터	년	월	일 까지	
제3회	년	월	일 부터	년	월	일 까지	
제4회	년	월	일 부터	년	월	일 까지	
제5회	년	월	일 부터	년	월	일 까지	
제6회	년	월	일 부터	년	월	일 까지	
제7회	년	월	일 부터	년	월	일 까지	
제8회	년	월	일 부터	년	월	일 까지	
제9회	년	월	일 부터	년	월	일 까지	
제10회	년	월	일 부터	년	월	일 까지	

고차원선생의 수학강의노트

A Step 연습 문제

▶ 연습문제 A는 앞에서 배운 기초 단계의 문제이므로 선생님의 도움 없이 스스로 풀어 자신의 실력을 점검해 보도록 하자.

01 $12x^3y^2 - 18y^3x^2$을 인수분해하시오.

02 다음 식을 인수분해하시오.
(1) $9x^2 - 4$　　　　　　　　　　　(2) $4x^2 - 25$

03 다음 식을 인수분해하시오.
(1) $x^2 + 12x + 36$　　　　　　　　(2) $x^2 - 16x + 64$

04 다음 식을 인수분해하시오.
(1) $x^2 + 3x + 2$　　　　　　　　　(2) $x^2 + 4x - 5$

05 $(a-b)x^2 + (b-a)xy$를 인수분해하시오.

06 다음을 인수분해하시오.
(1) $4x^2 - 9y^2$　　　　　　　　　(2) $(x-3)^2 - (y+1)^2$

07 다음을 인수분해하시오.

(1) $4x^2 + 12xy + 9y^2$

(2) $a^2 + b^2 + c^2 - 2ab + 2bc - 2ca$

08 $3x^2 - xy - 4y^2$을 인수분해하시오.

09 $8x^3 - 36x^2y + 54xy^2 - 27y^3$을 인수분해하시오.

10 다음 식을 인수분해하시오.

(1) $x^3 + 8$

(2) $8x^3 - 27y^3$

11 $a^3 + 8b^3 + 27c^3 - 18abc$를 인수분해하시오.

12 다음 식을 인수분해하시오.

(1) $x^4 + 4x^2 + 16$

(2) $16x^4 + 4x^2y^2 + y^4$

13 $(x^2-5x+4)(x^2-5x+6)-24$를 인수분해하시오.

14 다음 식을 인수분해하시오.
(1) x^4-7x^2+12 (2) x^4-7x^2+1

15 다음 식을 인수분해하시오.
(1) $x^4-4x^2-16x-16$ (2) $x^3+2x^2-xy^2-2y^2$

16 다음을 인수분해하시오.
(1) $x^3+x^2z+xz^2-y^3-y^2z-yz^2$ (2) $2x^2+5xy-3y^2+3x-5y-2$

17 $a^2(b-c)+b^2(c-a)+c^2(a-b)$를 인수분해하시오.

18 $x^4+x^3-7x^2-x+6$을 인수분해하시오.

19 $x^4-4x^3+3x^2+2x-1$을 인수분해하시오.

20 $x=\dfrac{1+\sqrt{3}}{2}$, $y=\dfrac{1-\sqrt{3}}{2}$ 일 때, $x^3+y^3-3x-3y$의 값을 구하시오.

21 다음 식의 값을 구하시오.

(1) $\dfrac{400}{56^2-44^2}$ 　　　　　　　　　　(2) $10^2-9^2+8^2-7^2+6^2-5^2$

22 $a^3+b^3+c^3=3abc$을 만족하는 삼각형의 모양을 말하시오. (단, a, b, c는 삼각형의 세 변의 길이이다.)

▶ 연습문제 B는 앞에서 배운 문제 중 응용단계의 문제이므로 연습장에 스스로
풀어보고 잘 풀리지 않으면 처음부터 다시 공부한 후 자신이 있을 때 다시
풀어 보도록 하자.

01 $32a^2b - 18b$를 인수분해하시오.

02 다음 식이 완전제곱식으로 인수분해될 때, ☐ 안에 들어갈 수의 합을 구하시오.

$$a^2 + 2a + \boxed{} \qquad\qquad a^2 - 8a + \boxed{}$$

03 $x^2 + ax - 12 = (x+b)(x+c)$에서 $a < 0,\ b < 0,\ c > 0$인 정수 $a,\ b,\ c$에 대하여
$a + b + c$의 최댓값을 구하시오.

04 $x^4 - 3x^3 + 2x - 6$을 인수분해하시오.

05 그림과 같이 밑면이 한 변의 길이가 $a+b$인 정사각형이고 높이가
$a+b+c$인 직육면체 모양의 블럭에 한 변의 길이가 a인 정사각형
모양의 구멍을 뚫었을 때의 블럭의 부피를 인수분해하여 나타내시오.

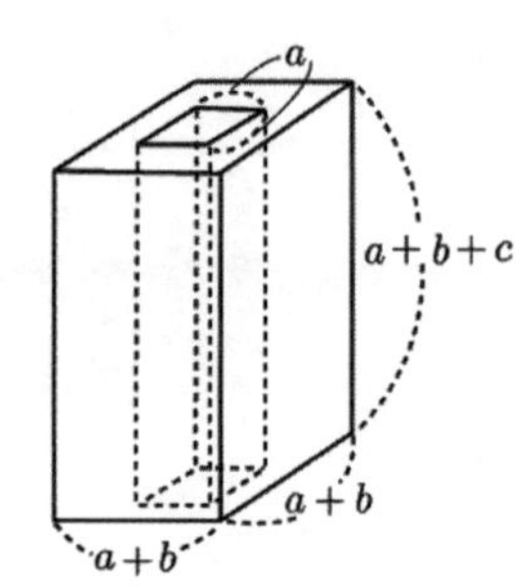

06 다음을 인수분해하시오.

(1) $x^2 + \dfrac{1}{x^2} + 2$

(2) $x^2 + y^2 + 4z^2 + 2xy - 4yz - 4zx$

07 다음 식을 인수분해하시오.

(1) $3a^2 - 5ab - 2b^2$

(2) $2a^2 - 5ab + 2b^2$

08 다음 식을 인수분해하시오.

(1) $64x^3 + 48x^2y + 12xy^2 + y^3$

(2) $8x^3 - 60x^2 + 150x - 125$

09 $x^6 - y^6$을 인수분해하시오.

10 $-a^3 + 8b^3 + 30ab + 125$를 인수분해하시오.

11 $x = \dfrac{\sqrt{7} + \sqrt{3}}{2}$, $y = \dfrac{\sqrt{7} - \sqrt{3}}{2}$ 일 때, $x^4 + x^2y^2 + y^4$의 값을 구하시오.

12 $(x-1)^2(x-3)(x+1)-12$를 인수분해하시오.

13 다음 식을 인수분해하시오.

(1) x^4+13x^2+36 (2) x^4-15x^2+9

14 다음 식을 인수분해하시오.

(1) $x^2-y^2-z^2-2yz$ (2) $x^3-xy^2-2x^2y+2y^3$

15 다음을 인수분해하시오.

(1) $x^3-x^2z+xz^2-2xyz+y^3-y^2z+yz^2$

(2) $x^2+3xy+2y^2-x-3y-2$

16 $a^2b(a+b+c)+abc(b+c)+ca^2(a+b+c)$를 인수분해하시오.

17 $x^4 - 2x^3 - 13x^2 + 14x + 24$를 인수분해하시오.

18 $x^4 + 4x^3 + 7x^2 + 14x - 5$를 인수분해하시오.

19 $a = 1 + \sqrt{2}$, $b = 1 - \sqrt{2}$일 때, $a^3 - a^2 b + ab^2 - b^3$의 값을 구하시오.

20 다음 식의 값을 구하시오.

(1) $\dfrac{2025^3 + 1}{2024 \times 2025 + 1}$

(2) $1^2 - 3^2 + 5^2 - 7^2 + 9^2 - 11^2$

21 삼각형의 세 변의 길이 a, b, c에 대하여 $-a(b^2 - c^2) + b(a^2 - c^2) + c(a^2 - b^2) = 0$이 성립할 때, 이 삼각형의 모양을 말하시오.

Ⅱ 이차방정식

Ⅱ.
이차방정식

P A R T
01

복소수

◈ 중·고교 연결과정 선수학습
1 복소수의 정의
2 복소수의 연산
3 제곱근의 계산
◈ 반복학습 기록란
◈ 연습문제 (A)(B)

명언

희망을 가져본 적이 없는 자는 절망할 자격도 없다.

- 버나드 쇼 -

1 제곱근의 뜻

[1] a의 제곱근 (단, $a \geq 0$)

➜ 제곱하여 a가 되는 수를 a의 **제곱근**이라 한다.

➜ $x^2 = a$를 만족시키는 x

➜ $x = \pm\sqrt{a} \begin{cases} \sqrt{a} : x\text{의 양의 제곱근} \\ -\sqrt{a} : x\text{의 음의 제곱근} \end{cases}$

> **체크** 0의 제곱근은 0이다.

[2] 제곱근 a (단, $a \geq 0$)

➜ root a ➜ $\sqrt{a}$

강의 $\sqrt{A}$ 가 실수일 조건은 $\sqrt{}$ 안 ≥ 0 이므로 $A \geq 0$ 이어야 한다!

➜ $\sqrt{A}$ 가 실수 $\rightarrow$ $A \geq 0$

기 | 본 | 예 | 제 01

$P = \sqrt{3 - 2a - a^2}$ 이 실수가 되기 위한 상수 a의 값의 범위를 구하시오.

탐구 $\sqrt{A}$ 가 실수 $\rightarrow$ $A \geq 0$

풀이 P가 실수가 되려면 $\sqrt{}$ 안 ≥ 0 이어야 하므로

$$3 - 2a - a^2 \geq 0 \quad a^2 + 2a - 3 \leq 0 \quad (a+3)(a-1) \leq 0$$

$$\therefore \ -3 \leq a \leq 1$$

정답 $-3 \leq a \leq 1$

유제 01-1 $Q = \sqrt{a^2 - 2a - 15}$ 가 실수가 아닐 때, 상수 a의 값의 범위를 구하시오.

유제 01-2 $A = -\sqrt{a^2 - 3a - 10}$ 이 실수일 때, 자연수 a의 최솟값을 구하시오.

강의 a의 제곱근은 제곱하여 a가 되는 수이다!

① a의 제곱근 $\Leftrightarrow x^2 = a \Leftrightarrow x = \pm\sqrt{a}$ $\begin{cases} +\sqrt{a} \to \text{양의 제곱근} \\ -\sqrt{a} \to \text{음의 제곱근} \end{cases}$

② 제곱근 $a \Leftrightarrow \text{root } a \Leftrightarrow \sqrt{a}$

기|본|예|제 02

다음 수의 제곱근을 구하시오.

(1) 10　　　　　(2) $\sqrt{100}$　　　　　(3) 9　　　　　(4) 18

탐구　a의 제곱근 $x \to x^2 = a \to x = \pm\sqrt{a}$

풀이　(1) 10의 제곱근 $x \to x^2 = 10$　　　$\therefore x = \pm\sqrt{10}$

(2) $\sqrt{100}$의 제곱근 $x \to x^2 = \sqrt{100} = 10$　　$\therefore x = \pm\sqrt{10}$

(3) 9의 제곱근 $x \to x^2 = 9$　$\therefore x = \pm 3$

(4) 18의 제곱근 $x \to x^2 = 18$　　　$\therefore x = \pm\sqrt{18} = \pm 3\sqrt{2}$

정답　(1) $\pm\sqrt{10}$　(2) $\pm\sqrt{10}$　(3) ± 3　(4) $\pm 3\sqrt{2}$

유제 02-1　다음 수의 제곱근을 구하시오.

(1) $\sqrt{16}$　　　(2) 25　　　(3) $\dfrac{9}{4}$　　　(4) 3^2

유제 02-2　$\sqrt{36}$의 양의 제곱근을 a, $\dfrac{25}{9}$의 음의 제곱근을 b라 할 때, ab의 값을 구하시오.

2 제곱근의 계산

(1) a가 실수일 때

    ① $(\sqrt{a})^2 = a$ ② $\sqrt{a^2} = |a|$

(2) $a \geq 0$, $b \geq 0$일 때

    ① $\sqrt{a}\,\sqrt{b} = \sqrt{ab}$ ② $\dfrac{\sqrt{a}}{\sqrt{b}} = \sqrt{\dfrac{a}{b}}$ (단, $b \neq 0$)

강의 중등 과정의 제곱근의 계산은 (근호 안의 수) $\geq$ 0일 때만 생각한다!

(1) a가 실수일 때

    ① $(\sqrt{a})^2 = a^2$ ② $\sqrt{a^2} = |a|$

(2) $a \geq 0$, $b \geq 0$일 때

    ① $\sqrt{a}\,\sqrt{b} = \sqrt{ab}$ ② $\dfrac{\sqrt{a}}{\sqrt{b}} = \sqrt{\dfrac{a}{b}}$ ($b \neq 0$)

기|본|예|제 03

다음을 계산하시오.

$$\sqrt{32} + \sqrt{4}\,\sqrt{9} + \frac{\sqrt{64}}{\sqrt{8}} - (\sqrt{7})^2$$

탐구 제곱근의 성질을 이용하여 간단히 한다.

풀이 (준식) $= 4\sqrt{2} + 6 + 2\sqrt{2} - 7 = 6\sqrt{2} - 1$

정답 $6\sqrt{2} - 1$

유제 03-1 $\dfrac{2\sqrt{3}}{\sqrt{7}} \times \dfrac{\sqrt{14}}{\sqrt{6}} \div \sqrt{2} - \sqrt{72}$ 를 계산하시오.

유제 03-2 $\sqrt{(-5)^2} + \sqrt{75} \div \sqrt{3} - \sqrt{2}\left(4\sqrt{8} - \sqrt{\dfrac{1}{2}}\right)$ 을 계산하시오.

01 복소수의 정의

1 복소수

[1] 허수의 도입

→ 제곱하면 양수 또는 0이 되는 실수의 체계에서 제곱하면 음수가 되는 가상적인 수 $i = \sqrt{-1}$ 을 도입하여 복소수의 체계로 수를 확장함으로써 우리의 사고 범위를 넓혀 주었다.

[2] 허수단위 i

→ 제곱하여 -1이 되는 수는 $\pm\sqrt{-1}$ 이다.

여기서, $\sqrt{-1}$ 을 i로 즉, $i = \sqrt{-1}$ 로 나타내고 i를 **허수단위**라 한다.

→ $i = \sqrt{-1}$, $i^2 = -1$

[3] 복소수의 체계

(1) a, b가 실수일 때, $a+bi$의 꼴로 나타내어지는 수를 **복소수**라 하고, 복소수 $a+bi$에서 a를 **실수부분**, b를 **허수부분**이라 한다.

(2) 실수가 아닌 복소수 $a+bi$를 **허수**라 하고, 실수부분이 0인 허수 bi를 **순허수**라 한다.
이때 순허수는 제곱하면 음수가 된다.

$$
\text{복소수} \begin{cases} \text{실수} \begin{cases} \text{유리수} \\ \text{무리수} \end{cases} \\ \text{허수} \begin{cases} \text{순허수} \\ \text{순허수가 아닌 허수} \end{cases} \end{cases}
$$

[4] 복소수 $a+bi$

(1) 실수일 조건 : $b=0$

(2) 허수일 조건 : $b \neq 0$

(3) 순허수일 조건 : $a=0$, $b \neq 0$

(4) 순허수가 아닌 허수일 조건 : $a \neq 0$, $b \neq 0$

체크 허수의 도입

→ $(\text{실수})^2 \geq 0 \rightarrow (\ ?\ )^2 < 0$

→ $i = \sqrt{-1} \rightarrow i^2 = -1 < 0$

체크 ① $(\text{실수})^2 \geq 0$이고, $(\text{순허수})^2 < 0$이다.

② 실수는 대소·양음을 생각할 수 있지만, 허수는 대소·양음을 생각할 수 없다.

기 | 본 | 예 | 제 01

다음 복소수의 실수부분과 허수부분을 구하시오.

(1) $2-5i$　　　　　　　　　　　　(2) $2\sqrt{3}\,i+1$

탐구　$a+bi$에서 실수부분은 a, 허수부분은 b이다.

풀이　(1) $2-5i$에서 실수부분은 2, 허수부분은 -5이다.

　　　(2) $1+2\sqrt{3}\,i$에서 실수부분은 1, 허수부분은 $2\sqrt{3}$이다.

정답　(1) 실수부분 : 2, 허수부분 : -5　　(2) 실수부분 : 1, 허수부분 : $2\sqrt{3}$

유제 01-1　$3i$의 실수부분과 허수부분을 구하시오.

유제 01-2　-7의 실수부분과 허수부분을 구하시오.

다음 중 순허수가 아닌 허수인 것을 모두 고르시오.

① $2+3i$　　　② $-3i$　　　③ 0　　　④ $i-1$　　　⑤ $\sqrt{5}\,i$

탐구　복소수 $a+bi$가 순허수가 아닌 허수일 조건 → $a \neq 0$, $b \neq 0$

풀이
① $2+3i$ → $a \neq 0$, $b \neq 0$이므로 순허수가 아닌 허수이다.
② $0-3i$ → $a = 0$, $b \neq 0$이므로 순허수이다.
③ $0+0i$ → $a = 0$, $b = 0$이므로 실수이다.
④ $-1+i$ → $a \neq 0$, $b \neq 0$이므로 순허수가 아닌 허수이다.
⑤ $0+\sqrt{5}\,i$ → $a = 0$, $b \neq 0$이므로 순허수이다.
따라서 순허수가 아닌 허수는 ①, ④이다.

정답　①, ④

유제 02-1　다음 중 순허수인 것을 모두 고르시오.

① $\sqrt{9}\,i$　　　　　② $3-i$　　　　　③ $-i^2$
④ 1　　　　　⑤ $2i$

유제 02-2　다음 중 허수의 개수를 구하시오.

$$7, \quad -2i^2+2, \quad 6i, \quad \sqrt{2}\,i^2, \quad 1-2i, \quad 5-i$$

복소수 $z=(1+i)x^2+x-(2+i)$가 0이 아닌 실수일 때, 실수 x의 값을 구하시오.

탐구　$a+bi$가 0이 아닌 실수가 될 조건 → $a \neq 0$, $b = 0$

풀이　$z=(x^2+x-2)+(x^2-1)i$에서
z가 0이 아닌 실수이려면 (실수부분) $\neq 0$, (허수부분) $= 0$

$x^2+x-2 \neq 0$　$(x+2)(x-1) \neq 0$　$\therefore x \neq -2$ 그리고 $x \neq 1$　⋯⋯①

$x^2-1=0$　$(x-1)(x+1)=0$　$\therefore x=1$ 또는 $x=-1$　⋯⋯②

①과 ②에 의하여 $x=-1$

정답　-1

유제 03-1 $(i-1)x^2+2ix$가 0이 아닌 실수일 때, 실수 x의 값을 구하시오.

유제 03-2 $(1+i)x^2-(3-2i)x+2-3i$가 실수일 때, 실수 x의 값을 구하시오.

기 | 본 | 예 | 제 04

복소수 $z=(i-1)x^2+(4-5i)x-3+bi$가 순허수일 때, 실수 x의 값을 구하시오.

탐구 $a+bi$가 순허수일 조건 $\rightarrow$ $a=0$, $b\neq 0$

풀이 $z=-(x^2-4x+3)+(x^2-5x+6)i$에서

z가 순허수이려면 (실수부분)$=0$, (허수부분)$\neq 0$

$\qquad x^2-4x+3=0 \quad (x-1)(x-3)=0 \quad \therefore\ x=1$ 또는 $x=3 \qquad \cdots$①

$\qquad x^2-5x+6\neq 0 \quad (x-2)(x-3)\neq 0 \quad \therefore\ x\neq 2$ 그리고 $x\neq 3 \quad \cdots$②

①과 ②에 의하여 $x=1$

정답 1

유제 04-1 $(1+i)x^2-3x+2-4i$가 순허수일 때, 실수 x의 값을 구하시오.

유제 04-2 $z=(1+i)x^2-x-i$에 대하여 z^2이 실수가 되게 하는 실수 x의 값을 모두 구하시오.

→ 복소수 z의 허수부분의 부호를 바꾸어 만들어지는 복소수 $\bar{z}$를 **켤레복소수**라 한다.

→ $z=a+bi$ ← 켤레복소수 → $\bar{z}=a-bi$

강의 **켤레복소수는 i 앞의 부호를 바꾼 것이다!**

→ $\begin{matrix} z=a+bi \\ \bar{z}=a-bi \end{matrix}$ 켤레복소수

→ i 앞의 부호를 바꾼다!

① $z=\sqrt{3}+0i(실수) \rightarrow \bar{z}=\sqrt{3}-0i=z$

② $z=0+\sqrt{3}i(순허수) \rightarrow \bar{z}=0-\sqrt{3}i=-z$

③ $z=\sqrt{3}+2i(순허수가 아닌 허수) \rightarrow \bar{z}=\sqrt{3}-2i$

기|본|예|제 **05**

다음 각 복소수의 켤레복소수를 구하시오.

(1) $4-2i$ (2) $5i+1$ (3) $-7i$ (4) 3

탐구 $a+bi$의 켤레복소수는 $a-bi$이다.

풀이   (1) $4-2i$의 켤레복소수 $\rightarrow$ $4+2i$

       (2) $1+5i$의 켤레복소수 $\rightarrow$ $1-5i$

       (3) $0-7i$의 켤레복소수 $\rightarrow$ $7i$

       (4) $3+0i$의 켤레복소수 $\rightarrow$ 3

정답   (1) $4+2i$ (2) $1-5i$ (3) $7i$ (4) 3

유제 05-1   다음 각 복소수의 켤레복소수를 구하시오. (단, $\bar{z}$는 z의 켤레복소수)

       (1) $\overline{\sqrt{2}-5i}$ (2) i (3) $-\sqrt{3}$ (4) $\sqrt{5}i-3$

유제 05-2   복소수 z의 켤레복소수를 $\bar{z}$라 할 때, 다음 각 복소수의 켤레복소수를 구하시오.

       (1) $3i-\sqrt{2}$ (2) $-\sqrt{5}i$ (3) $\overline{-\sqrt{5}-\sqrt{3}i}$ (4) -6

02 복소수의 연산

1 복소수의 덧셈과 뺄셈과 곱셈

[1] 복소수의 덧셈과 뺄셈과 곱셈

→ a, b, c, d를 실수라 할 때 i를 문자처럼 취급하여 계산한 후, 실수부분과 허수부분으로 분리하여 정리한다.

(1) 덧셈 : $(a+bi)+(c+di)=(a+c)+(b+d)i$

(2) 뺄셈 : $(a+bi)-(c+di)=(a-c)+(b-d)i$

(3) 곱셈 : $(a+bi)\times(c+di)=(ac-bd)+(ad+bc)i$

[2] 복소수의 덧셈과 곱셈에 대한 성질

→ 복소수 z_1, z_2, z_3, z_4에 대하여 다음 연산법칙이 성립한다.

(1) 교환법칙

    ① $z_1+z_2=z_2+z_1$

    ② $z_1z_2=z_2z_1$

(2) 결합법칙

    ① $z_1+(z_2+z_3)=(z_1+z_2)+z_3$

    ② $z_1(z_2z_3)=(z_1z_2)z_3$

(3) 분배법칙

    ① $z_1(z_2+z_3)=z_1z_2+z_1z_3$

    ② $(z_1+z_2)(z_3+z_4)=z_1z_3+z_1z_4+z_2z_3+z_2z_4$

강의 복소수의 덧셈과 뺄셈과 곱셈은 i를 문자처럼 취급하여 실수 체계와 동일하게 계산한다!

→ 첫째 – i를 문자처럼 취급하여 계산한다!

→ 둘째 – $i^2=-1$을 활용한다!

→ 셋째 – $(\quad)+(\quad)i$ 꼴로 정리한다!

주의 복소수의 합과 곱

    → 실수 체계와 동일하다!

    → 교환, 결합, 분배법칙이 성립한다!

다음을 계산하시오.

(1) $(2+3i)+(2-i)$ (2) $(6-3i)-(4-2i)$ (3) $(2+i)(1-2i)$

탐구   ① i를 문자처럼 취급하여 계산한다.

       ② $i^2=-1$을 활용한다.

풀이   (1) (준식) $=(2+2)+(3-1)i=4+2i$

       (2) (준식) $=(6-4)+(-3+2)i=2-i$

       (3) (준식) $=2-4i+i-2i^2=(2+2)+(-4+1)i=4-3i$

정답   (1) $4+2i$ (2) $2-i$ (3) $4-3i$

유제 06-1   다음을 계산하시오.

       (1) $(3-i)+(1+2i)$ (2) $(3+2i)-(-1-i)$ (3) $(3+i)(2-3i)$

유제 06-2 $(2-3i)(2+3i)-(3-i)(3+i)$를 간단히 하시오.

강의 i, $\sqrt{\ \ }$ 가 있을 때, $(a\pm b)^2=a^2+b^2\pm 2ab$를 이용한다!

① $(a\pm b)^2=a^2+b^2\pm 2ab$

② $(a\pm bi)^2=a^2-b^2\pm 2abi$

③ $(\sqrt{a}\pm \sqrt{b})^2=a^2+b^2\pm 2\sqrt{ab}$

기 | 본 | 예 | 제 **07**

다음을 계산하시오.

(1) $(2+3i)^2$ (2) $(2-3i)^2$

탐구 $(a\pm bi)^2=a^2-b^2\pm 2abi$

풀이   (1) (준식) $=2^2+(3i)^2+12i=4-9+12i=-5+12i$

       (2) (준식) $=2^2+(3i)^2-12i=4-9-12i=-5-12i$

정답   (1) $-5+12i$ (2) $-5-12i$

$\boxed{\text{유제}\ \ 07\text{-}1}$ $(-1+\sqrt{3}\,i\,)^2$을 계산하시오.

$\boxed{\text{유제}\ \ 07\text{-}2}$ $(1-2i)^2+(1+2i)^2$을 계산하시오.

기 | 본 | 예 | 제 08

$x=1-\sqrt{2}\,i$일 때, $2x^2-4x+5$의 값을 구하시오.

탐구 $x=a+bi$ $\to$ 이항하여 양변 제곱 $\to$ (2차식)$=0$

풀이 $x=1-\sqrt{2}\,i$에서 $x-1=-\sqrt{2}\,i$의 양변을 제곱하여 정리하면

$$x^2-2x+1=-2$$
$$\therefore\ x^2-2x+3=0$$

준식을 변형하여 값을 구하면

$$(\text{준식})=2(x^2-2x+3)-1=2\times0-1=-1$$

정답 -1

$\boxed{\text{유제}\ \ 08\text{-}1}$ $x=-1+\sqrt{3}\,i$일 때, $2x^3+4x^2+8x+3$의 값을 구하시오.

$\boxed{\text{유제}\ \ 08\text{-}2}$ $x=\dfrac{3-i}{2}$일 때, $2x^4-6x^3-7x^2+8x+2$의 값을 구하시오.

→ $\alpha = a + bi$, $\beta = c + di$ 이고 $\bar{\alpha}$, $\bar{\beta}$는 각각 α, β의 켤레복소수일 때

(1) α의 켤레복소수의 켤레복소수는 α이다. → $\overline{(\bar{\alpha})} = \alpha$

(2) α, β의 합, 차, 곱, 몫의 켤레복소수는 $\bar{\alpha}$, $\bar{\beta}$의 합, 차, 곱, 몫과 같다.

   ① $\overline{\alpha + \beta} = \bar{\alpha} + \bar{\beta}$ ② $\overline{\alpha - \beta} = \bar{\alpha} - \bar{\beta}$

   ③ $\overline{\alpha\beta} = \bar{\alpha}\bar{\beta}$ ④ $\overline{\left(\dfrac{\beta}{\alpha}\right)} = \dfrac{\bar{\beta}}{\bar{\alpha}}$ (단, $\alpha \neq 0$)

(3) α가 실수이면 $\bar{\alpha} = \alpha$이고, α가 순허수이면 $\bar{\alpha} = -\alpha$이다.

   ① $\alpha = a$ $\rightleftarrows$ $\bar{\alpha} = a$

   ② $\alpha = bi$ $\rightleftarrows$ $\bar{\alpha} = -bi$

(4) 켤레복소수의 합과 곱은 실수가 된다.

   ① 합 : $(a + bi) + (a - bi) = 2a$(실수)

   ② 곱 : $(a + bi)(a - bi) = a^2 + b^2$(실수)

강의 **켤레복소수의 합과 곱은 i가 없어지고 실수만 남는다!**

→ 켤레복소수의 합과 곱은 실수가 된다!

   ① 합 $z + \bar{z} = (a + bi) + (a - bi) = 2a$(실수)

   ② 곱 $z\bar{z} = (a + bi)(a - bi) = a^2 + b^2$(실수)

주의 합과 차의 곱셈공식의 확장

   ① $(a + b)(a - b) = a^2 - b^2$

   ② $(a + bi)(a - bi) = a^2 + b^2$

   ③ $(\sqrt{a} + \sqrt{b})(\sqrt{a} - \sqrt{b}) = a - b$

기|본|예|제 09

$z = \dfrac{1 - \sqrt{3}\,i}{2}$ 일 때, $z^2 + \bar{z}^2 - \dfrac{1}{z} - \dfrac{1}{\bar{z}}$의 값을 구하시오.

탐구 대칭식이므로 $z + \bar{z}$와 $z\bar{z}$를 구하여 대입한다.

풀이 $z = \dfrac{1 - \sqrt{3}\,i}{2}$, $\bar{z} = \dfrac{1 + \sqrt{3}\,i}{2}$이므로 $z + \bar{z} = 1$, $z\bar{z} = 1$

$$(준식) = (z + \bar{z})^2 - 2z\bar{z} - \left(\dfrac{1}{z} + \dfrac{1}{\bar{z}}\right) = (z + \bar{z})^2 - 2z\bar{z} - \dfrac{z + \bar{z}}{z\bar{z}} = 1^2 - 2 \times 1 - \dfrac{1}{1} = -2$$

정답 -2

$z=1-\sqrt{2}\,i$일 때, $\dfrac{\overline{z}}{z^2}+\dfrac{z}{\overline{z}^2}$의 값을 구하시오. (단, $\overline{z}$는 z의 켤레복소수)

$z=2-\sqrt{3}\,i$일 때, $\dfrac{\overline{z}-1}{z}+\dfrac{z-1}{\overline{z}}$의 값을 구하시오. (단, $\overline{z}$는 z의 켤레복소수)

$z=1-2i$일 때, $z^3-2z^2-2\overline{z}^2+\overline{z}^3$의 값을 구하시오. (단, $\overline{z}$는 z의 켤레복소수)

기 | 본 | 예 | 제 **10**

$\alpha=-2+i$, $\beta=1-2i$일 때, $\alpha\overline{\alpha}+\overline{\alpha}\beta+\alpha\overline{\beta}+\beta\overline{\beta}$의 **값을 구하시오.**

(단, $\overline{\alpha}$, $\overline{\beta}$는 각각 α, β의 켤레복소수)

탐구 $\quad\overline{\alpha\pm\beta}=\overline{\alpha}\pm\overline{\beta}$, $\overline{\alpha\beta}=\overline{\alpha}\,\overline{\beta}$

풀이 $\quad\alpha+\beta$와 $\overline{\alpha+\beta}$를 구하면

$$\alpha+\beta=-2+i+1-2i=-1-i \qquad \cdots ①$$

$$\overline{\alpha+\beta}=\overline{-1-i}=-1+i \qquad \cdots ②$$

준식을 인수분해하여 정리하면

$$(준식)=\alpha(\overline{\alpha}+\overline{\beta})+\beta(\overline{\alpha}+\overline{\beta})$$

$$=(\alpha+\beta)(\overline{\alpha}+\overline{\beta})=(\alpha+\beta)(\overline{\alpha+\beta}) \qquad \cdots ③$$

①, ②를 ③에 대입하여 준식의 값을 구하면

$$(준식)=(-1-i)(-1+i)=(-1)^2-i^2=1+1=2$$

정답 $\quad 2$

 $\alpha+\beta=3-i$일 때, $\overline{\alpha}^2+2\overline{\alpha\beta}+\overline{\beta}^2$의 값을 구하시오.

(단, $\overline{\alpha}$, $\overline{\beta}$는 각각 α, β의 켤레복소수)

 $\alpha+\beta=3-2i$, $\alpha\beta=5+2i$일 때, $\overline{\alpha}^2+\overline{\beta}^2$을 구하시오.

(단, $\overline{\alpha}$, $\overline{\beta}$는 각각 α, β의 켤레복소수)

 $\alpha=1+2i$, $\beta=-2-i$일 때, $\overline{\alpha}^3+\overline{\beta}^3$을 구하시오.

(단, $\overline{\alpha}$, $\overline{\beta}$는 각각 α, β의 켤레복소수)

기|본|예|제 11

$a=1-i$, $b=1+i$일 때, $\dfrac{b}{a}+\dfrac{a}{b}$의 값을 구하시오.

탐구 준식이 대칭식이므로 켤레복소수인 두 수를 이용하여 $a+b$와 ab를 구해 계산한다.

풀이
$$(준식)=\frac{a^2+b^2}{ab}=\frac{(a+b)^2-2ab}{ab} \qquad \cdots ①$$

$$a+b=2, \ ab=2 \qquad \cdots ②$$

$$② \to ① \ ; \ (준식)=\frac{4-4}{2}=0$$

정답 0

 $\alpha=2-i$, $\beta=2+i$일 때, $\dfrac{1}{\alpha}+\dfrac{1}{\beta}$의 값을 구하시오.

 $x=2+2i$, $y=2-2i$일 때, $\dfrac{1}{x^2}+\dfrac{1}{xy}+\dfrac{1}{y^2}$의 값을 구하시오.

→ 분모의 켤레복소수를 분모, 분자에 곱하여 분모를 실수화하는 것이다.

(1) $\dfrac{c}{a+bi}=\dfrac{c(a-bi)}{a^2+b^2}=\dfrac{ac-bci}{a^2+b^2}$

(2) $\dfrac{a-bi}{a+bi}=\dfrac{(a-bi)^2}{a^2+b^2}=\dfrac{a^2-b^2-2abi}{a^2+b^2}$

(3) $\dfrac{a+bi}{a-bi}=\dfrac{(a+bi)^2}{a^2+b^2}=\dfrac{a^2-b^2+2abi}{a^2+b^2}$

(4) $\dfrac{c+di}{a+bi}=\dfrac{(c+di)(a-bi)}{a^2+b^2}=\dfrac{ac+bd+(ad-bc)i}{a^2+b^2}$

> **특강** $\dfrac{c+di}{a+bi}$ 의 계산과정
>
> $$\dfrac{c+di}{a+bi}=\dfrac{(c+di)(a-bi)}{(a+bi)(a-bi)}=\dfrac{ac-bdi^2+adi-bci}{a^2+b^2}=\dfrac{ac+bd+(ad-bc)i}{a^2+b^2}$$

강의 복소수의 나눗셈은 분모, 분자에 분모의 켤레복소수를 곱하여 실수화하는 것이다!

→ 분모를 실수화하는 것이다!

→ $\dfrac{c+di}{a+bi}=\dfrac{(c+di)(a-bi)}{(a+bi)(a-bi)}=\dfrac{(ac+bd)+(ad-bc)i}{a^2+b^2}$

① $\dfrac{a-bi}{a+bi}=\dfrac{(a-bi)^2}{a^2+b^2}=\dfrac{(a^2-b^2)-2abi}{a^2+b^2}$

② $\dfrac{a+bi}{a-bi}=\dfrac{(a+bi)^2}{a^2+b^2}=\dfrac{(a^2-b^2)+2abi}{a^2+b^2}$

기|본|예|제 **12**

$\dfrac{2+3i}{4+5i}$ 를 계산하시오.

탐구 복소수의 나눗셈 → 분모의 실수화

풀이 $\dfrac{2+3i}{4+5i}=\dfrac{(2+3i)(4-5i)}{4^2+5^2}=\dfrac{(8+15)+(-10+12)i}{41}=\dfrac{23+2i}{41}$

정답 $\dfrac{23+2i}{41}$

유제 12-1 다음을 계산하시오.

(1) $\dfrac{1}{1-2i}$

(2) $\dfrac{3+2i}{2-i}$

유제 12-2 다음을 계산하시오.

(1) $\dfrac{5}{\sqrt{2}+\sqrt{3}\,i}$

(2) $\dfrac{3+4i}{1+2i}$

기|본|예|제 **13**

다음을 계산하시오.

(1) $\dfrac{2-3i}{2+3i}$

(2) $\dfrac{2+3i}{2-3i}$

탐구 복소수의 나눗셈 → 분모의 실수화

풀이 (1) $\dfrac{2-3i}{2+3i}=\dfrac{(2-3i)^2}{2^2+3^2}=\dfrac{(4-9)-2\times2\times3i}{13}=\dfrac{-5-12i}{13}$

(2) $\dfrac{2+3i}{2-3i}=\dfrac{(2+3i)^2}{2^2+3^2}=\dfrac{(4-9)+2\times2\times3i}{13}=\dfrac{-5+12i}{13}$

정답 (1) $\dfrac{-5-12i}{13}$ (2) $\dfrac{-5+12i}{13}$

유제 13-1 다음을 계산하시오.

(1) $\dfrac{3+2i}{3-2i}$

(2) $\dfrac{\sqrt{2}+\sqrt{3}\,i}{\sqrt{2}-\sqrt{3}\,i}$

유제 13-2 다음을 계산하시오.

$$\dfrac{1+2i}{1-2i}+\dfrac{2-i}{2+i}$$

4 복소수가 서로 같을 조건

첫째, 실수부분과 허수부분으로 정리한다.

둘째, 실수부분끼리, 허수부분끼리 같음을 이용한다.

→ a, b, c, d가 실수일 때

(1) $a+bi=0 \Leftrightarrow a=0,\ b=0$

(2) $a+bi=c+di \Leftrightarrow a=c,\ b=d$

강의 i가 보이고 실수 조건이 있으면 복소수가 같은 조건을 이용한다. (100%)

① $a+bi=c+di$

② $a+bi=0+0i$

→ i+실수 : 복소수가 서로 같을 조건 이용(100%)

기|본|예|제 14

등식 $(a+i)(2+3i)=3+bi$를 만족하는 실수 a, b에 대하여 $a+b$의 값을 구하시오.

탐구 ① 문제에서 i가 보이고 실수 조건이 있으면 100% 복소수가 서로 같을 조건을 이용한다!

$\Rightarrow$ (   )+(   )i꼴로 정리

② 문제에서 $\sqrt{}$가 보이고 유리수 조건이 있으면 100% 무리수가 서로 같을 조건을 이용한다!

$\Rightarrow$ (   )+(   )$\sqrt{m}$꼴로 정리

풀이 주어진 등식의 좌변을 전개하여 실수부분과 허수부분으로 정리하면

$$(2a-3)+(2+3a)i=3+bi$$

복소수가 서로 같을 조건을 이용하면

$$2a-3=3,\ 2+3a=b \quad \therefore\ a=3,\ b=11$$

$$\therefore\ a+b=14$$

정답 14

유제 14-1 실수 a, b에 대하여 등식 $(a+2i)(3+4i)+5(1-bi)=0$이 되는 ab의 값을 구하시오.

유제 14-2 실수 x, y에 대하여 $\dfrac{x}{1+i}+\dfrac{y}{1-i}=2-i$가 성립할 때, $2x+y$의 값을 구하시오.

복소수 z와 그 켤레복소수 $\bar{z}$에 대하여 등식 $(1+i)z+2i\bar{z}=1+7i$가 성립할 때, 복소수 z를 구하시오.

탐구 $z=a+bi$, $\bar{z}=a-bi$라 놓고 복소수가 서로 같을 조건을 이용한다.

풀이 $z=a+bi$, $\bar{z}=a-bi$라 놓고 등식에 대입하여 정리하면

$$(1+i)(a+bi)+2i(a-bi)=1+7i$$
$$(a-b)+(a+b)i+2b+2ai=1+7i$$
$$(a+b)+(3a+b)i=1+7i$$

복소수가 서로 같을 조건을 이용하면

$$a+b=1, \quad 3a+b=7$$

두 식을 연립하여 a, b를 구하면

$$a=3, \ b=-2$$
$$\therefore \ z=3-2i$$

정답 $3-2i$

유제 15-1 복소수 z와 그 켤레복소수 $\bar{z}$에 대하여 $z+\bar{z}=2$이고 $z\bar{z}=10$을 만족하는 복소수 z를 모두 구하시오.

유제 15-2 복소수 z와 그 켤레복소수 $\bar{z}$에 대하여 $z+\bar{z}=4$이고, $iz-i\bar{z}=6$일 때, 복소수 z를 구하시오.

유제 15-3 복소수 z와 그 켤레복소수 $\bar{z}$에 대하여 등식 $i\bar{z}+(1+i)z=2+5i$가 성립할 때, $z\bar{z}$의 값을 구하시오.

1 허수단위 i의 4주기 변화

→ n이 음이 아닌 정수일 때

(1) $i^{4n+0}=i^0=1$

(2) $i^{4n+1}=i^1=i$

(3) $i^{4n+2}=i^2=-1$

(4) $i^{4n+3}=i^3=-i$

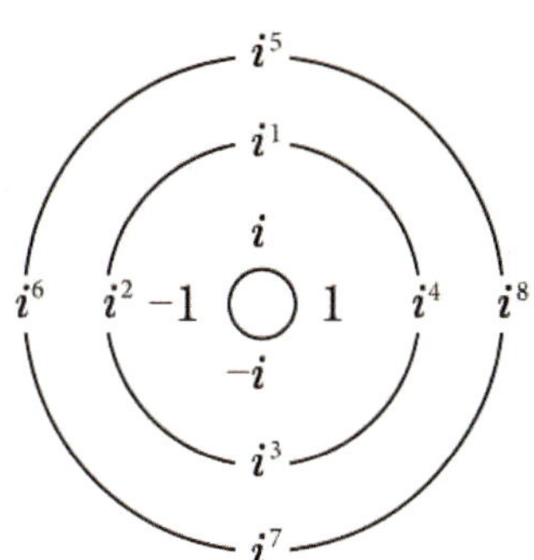

강의 i의 거듭제곱은 i가 4주기 변화하므로 지수를 4로 나눈 나머지를 이용한다!

→ 지수 $\div 4 \rightarrow$ 나머지 r

→ $i^{4n+r}=i^r$

보기 $i^{2023}=i^{4\times505+3}=i^3=-i$

주의 i는 4주기 변화하므로 지수가 연속된 4개의 항의 합은 0이다.

기 | 본 | 예 | 제 16

다음을 간단히 하시오.

(1) $i+i^2+i^3+i^4+i^5+i^6+i^7+i^8$

(2) $i^{1012}\times i^{1013}$

탐구 ① $i^{4n+r}=i^r$ ② $i+i^2+i^3+i^4=0$

풀이 (1) (준식)$=(i+i^2+i^3+i^4)+i^4(i+i^2+i^3+i^4)=0$

(2) (준식)$=i^{1012+1013}=i^{2025}=i^{4\times506+1}=i$

정답 (1) 0 (2) i

유제 16-1 $i^{2023}+i^{2024}+i^{2025}+i^{2026}+i^{2027}$을 간단히 하시오.

유제 16-2 $\dfrac{1}{i}+\dfrac{1}{i^2}+\dfrac{1}{i^3}+\cdots+\dfrac{1}{i^{99}}$을 간단히 하시오.

다음을 계산하시오.

(1) $\dfrac{1+i}{1-i}$

(2) $\left(\dfrac{1+i}{1-i}\right)^{2025}$

탐구 $\left(\dfrac{1+i}{1-i}\right)^{2025} \to \dfrac{1+i}{1-i}$ 를 분모 실수화 $\to i$의 4주기 변화 이용!

풀이 (1) (준식) $= \dfrac{(1+i)^2}{(1-i)(1+i)} = \dfrac{1-1+2i}{1-(-1)} = \dfrac{2i}{2} = i$

(2) (준식) $= i^{2025} = i^{4\times 506+1} = i$

정답 (1) i (2) i

유제 17-1 $\left(\dfrac{1-i}{1+i}\right)^{2025}$ 의 값을 구하시오.

유제 17-2 $\left(\dfrac{1-i}{1+i}\right)^{98} + \left(\dfrac{1+i}{1-i}\right)^{100}$ 의 값을 구하시오.

기|본|예|제 **18**

자연수 n에 대하여 $\left(\dfrac{\sqrt{2}}{1+i}\right)^n = 1$을 만족하는 n의 최솟값을 구하시오.

탐구 $\left(\dfrac{\sqrt{2}}{1+i}\right)^n \to \left(\dfrac{\sqrt{2}}{1+i}\right)^2 = -i$

풀이 지수를 모르므로 밑을 제곱하여 간단히 하면

$$\left(\dfrac{\sqrt{2}}{1+i}\right)^2 = \dfrac{2}{2i} = \dfrac{1}{i} = -i \quad \left(\dfrac{\sqrt{2}}{1+i}\right)^4 = (-i)^2 = -1 \quad \left(\dfrac{\sqrt{2}}{1+i}\right)^8 = (-1)^2 = 1$$

따라서 조건을 만족하는 n의 최솟값은 8이다.

정답 8

유제 18-1 자연수 n에 대하여 $\left(\dfrac{1-i}{\sqrt{2}}\right)^n = 1$을 만족하는 자연수 n의 최솟값을 구하시오.

유제 18-2 $\left(\dfrac{\sqrt{2}}{1-i}\right)^n = 1$을 만족하는 10 이상의 자연수 n의 최솟값을 구하시오.

→ $a > 0$일 때

[1] 제곱근 $-a$

→ $\sqrt{-a} = \sqrt{a}\,i$

[2] $-a$의 제곱근

→ $\pm\sqrt{a}\,i$

강의 **음수의 제곱근은 제곱하여 음수가 되는 수를 의미한다!**

→ $a > 0$일 때

① 제곱근 $-a$ → $\sqrt{-a} = \sqrt{a}\,i$

② $-a$의 제곱근 → $x^2 = -a$ → $x = \pm\sqrt{a}\,i$

기│본│예│제 19

다음을 허수단위 i를 사용하여 나타내시오.

(1) $\sqrt{-16}$　　　　　(2) $-\sqrt{-8}$　　　　　(3) $3\sqrt{-2}$

탐구　$a > 0$일 때, $\sqrt{-a} = \sqrt{a}\,i$

풀이　허수단위 i를 사용하여 나타내면

(1) $\sqrt{-16} = \sqrt{16}\,i = 4i$

(2) $-\sqrt{-8} = -\sqrt{8}\,i = -2\sqrt{2}\,i$

(3) $3\sqrt{-2} = 3\sqrt{2}\,i$

정답　(1) $4i$　(2) $-2\sqrt{2}\,i$　(3) $3\sqrt{2}\,i$

유제 19-1　-4의 제곱근을 허수단위 i를 사용하여 나타내시오.

유제 19-2　다음에서 $x+y$의 값을 구하시오.

$$x : 제곱근 -8 , \quad y : -32의 \; 음의 \; 제곱근$$

[1] $a\sqrt{b}$와 $\sqrt{a^2 b}$

  (1) $a \geq 0$일 때

    ① $\sqrt{a^2 b} = a\sqrt{b}$ (a^2을 $\sqrt{}$ 밖으로)

    ② $a\sqrt{b} = \sqrt{a^2 b}$ (a를 $\sqrt{}$ 안으로)

  (2) $a \leq 0$일 때

    ① $\sqrt{a^2 b} = -a\sqrt{b}$ (a^2을 $\sqrt{}$ 밖으로)

    ② $a\sqrt{b} = -\sqrt{a^2 b}$ (a를 $\sqrt{}$ 안으로)

[2] $\sqrt{a}\sqrt{b}$와 $\sqrt{ab}$

  (1) $a \geq 0, \ b \geq 0$일 때 $\sqrt{a}\sqrt{b} = \sqrt{ab}$　　(2) $a \leq 0, \ b \leq 0$일 때 $\sqrt{a}\sqrt{b} = -\sqrt{ab}$

  (3) $a \geq 0, \ b \leq 0$일 때 $\sqrt{a}\sqrt{b} = \sqrt{ab}$　　(4) $a \leq 0, \ b \geq 0$일 때 $\sqrt{a}\sqrt{b} = \sqrt{ab}$

[3] $\dfrac{\sqrt{a}}{\sqrt{b}}$와 $\sqrt{\dfrac{a}{b}}$

  (1) $a \geq 0, \ b > 0$일 때 $\dfrac{\sqrt{a}}{\sqrt{b}} = \sqrt{\dfrac{a}{b}}$　　(2) $a \leq 0, \ b < 0$일 때 $\dfrac{\sqrt{a}}{\sqrt{b}} = \sqrt{\dfrac{a}{b}}$

  (3) $a \geq 0, \ b < 0$일 때 $\dfrac{\sqrt{a}}{\sqrt{b}} = -\sqrt{\dfrac{a}{b}}$　　(4) $a \leq 0, \ b > 0$일 때 $\dfrac{\sqrt{a}}{\sqrt{b}} = \sqrt{\dfrac{a}{b}}$

강의 $\sqrt{a^2 b}$와 $a\sqrt{b}$는 $a \leq 0$일 때만 $-$를 붙인다!

  → $a \leq 0$일 때만 $\sqrt{a^2 b} = -a\sqrt{b}$

  → 나머지 경우 → $\sqrt{a^2 b} = a\sqrt{b}$

강의 $\sqrt{a}\sqrt{b}$와 $\sqrt{ab}$는 둘 다 음수일 때만 $-$를 붙인다!

  → $a \leq 0, \ b \leq 0$일 때만 $\sqrt{a}\sqrt{b} = -\sqrt{ab}$

  → 나머지 경우 → $\sqrt{a}\sqrt{b} = \sqrt{ab}$

  주의 둘 다 음수일 때만 $-$를 붙인다. (0일 때 주의!)

 $\dfrac{\sqrt{a}}{\sqrt{b}}$ 와 $\sqrt{\dfrac{a}{b}}$ 는 분자 ≥ 0, 분모 < 0일 때만 $-$를 붙인다!

→ $a \geq 0$, $b < 0$일 때만 $\dfrac{\sqrt{a}}{\sqrt{b}} = -\sqrt{\dfrac{a}{b}}$

→ 나머지 경우 → $\dfrac{\sqrt{a}}{\sqrt{b}} = \sqrt{\dfrac{a}{b}}$

주의 분자≥ 0, 분모< 0일 때만 $-$를 붙인다. (0일 때 주의!)

기 | 본 | 예 | 제 20

다음을 계산하시오.

(1) $\sqrt{-2}\,\sqrt{8} + \sqrt{-2}\,\sqrt{-8} + \dfrac{\sqrt{-8}}{\sqrt{-2}} + \dfrac{\sqrt{8}}{\sqrt{-2}}$

(2) $\dfrac{\sqrt{12}}{\sqrt{-3}} + \sqrt{4} \times \sqrt{-9} + \dfrac{\sqrt{-8}}{\sqrt{2}}$

(3) $(\sqrt{-3})^2 + \sqrt{-3} \times \sqrt{-27} + \dfrac{\sqrt{-27}}{\sqrt{3}}$

탐구 $\sqrt{-a} = \sqrt{a}\,i$로 바꾸어 계산한다.

풀이 (1) (준식)$= \sqrt{2}\,i \times 2\sqrt{2} + \sqrt{2}\,i \times 2\sqrt{2}\,i + \dfrac{2\sqrt{2}\,i}{\sqrt{2}\,i} + \dfrac{2\sqrt{2}}{\sqrt{2}\,i}$

$$= 4i - 4 + 2 + \dfrac{2}{i}$$

$$= 4i - 2 - 2i$$

$$= -2 + 2i$$

(2) (준식)$= \dfrac{\sqrt{12}\,i}{\sqrt{3}\,i} + \sqrt{4} \times \sqrt{9}\,i + \dfrac{\sqrt{8}\,i}{\sqrt{2}}$

$$= \sqrt{4} + 2 \times 3i + \sqrt{4}\,i$$

$$= 2 + 6i + 2i$$

$$= 2 + 8i$$

(3) (준식)$= (\sqrt{3}\,i)^2 + \sqrt{3}\,i \times \sqrt{27}\,i + \dfrac{\sqrt{27}\,i}{\sqrt{3}}$

$$= -3 - 9 + 3i$$

$$= -12 + 3i$$

정답 (1) $-2 + 2i$　　(2) $2 + 8i$　　(3) $-12 + 3i$

유제 20-1

$\sqrt{-4}\,\sqrt{-9}+\dfrac{\sqrt{12}}{\sqrt{-2}}+\sqrt{2}\,\sqrt{-3}$ 을 계산하시오.

유제 20-2

$\sqrt{-3}\,\sqrt{9}+\sqrt{-2}\,\sqrt{-3}-\sqrt{6}\,\sqrt{-8}+\dfrac{\sqrt{-18}}{\sqrt{-3}}$ 을 계산하시오.

기 | 본 | 예 | 제 21

$a,\ b$는 실수이고 $\dfrac{\sqrt{a}}{\sqrt{b}}=-\sqrt{\dfrac{a}{b}}$ 일 때, $\sqrt{(a-b)^2}-\sqrt{b^2}+|a|$ 의 값을 구하시오.

탐구   조건식으로부터 $a,\ b$의 부호를 결정하고 계산한다.

$$\rightarrow \dfrac{\sqrt{a}}{\sqrt{b}}=-\sqrt{\dfrac{a}{b}} \ \Leftrightarrow\ a\geq 0,\ b<0$$

풀이 $\dfrac{\sqrt{a}}{\sqrt{b}}=-\sqrt{\dfrac{a}{b}}$ 이므로 $a\geq 0,\ b<0$

$$\begin{aligned}
(준식) &= |a-b|-|b|+|a| \\
&= a-b-(-b)+a \\
&= 2a
\end{aligned}$$

정답 $2a$

유제 21-1

$a,\ b$는 실수이고 $\sqrt{a}\,\sqrt{b}=-\sqrt{ab}$ 일 때, $\sqrt{2a^2}-|b|$ 를 간단히 하시오.

유제 21-2

실수 x가 $\dfrac{\sqrt{x+2}}{\sqrt{x}}=-\sqrt{\dfrac{x+2}{x}}$ 를 만족시킬 때, $|x|+\sqrt{(x+2)^2}$ 을 간단히 하시오.

반복학습 기록란.

가장 좋은 학습방법은 학교에서나 학원에서나 선생님의 강의를 열심히 듣고 여러 번 반복학습하는 것입니다.
지금부터 당장 선생님의 강의를 열심히 듣고 반복! 반복하십시오. 그러면 곧 모든 과목에 자신이 생길 것입니다.

회수	시작이 반!			끝을 봐야!			확인
제1회	년	월	일 부터	년	월	일 까지	
제2회	년	월	일 부터	년	월	일 까지	
제3회	년	월	일 부터	년	월	일 까지	
제4회	년	월	일 부터	년	월	일 까지	
제5회	년	월	일 부터	년	월	일 까지	
제6회	년	월	일 부터	년	월	일 까지	
제7회	년	월	일 부터	년	월	일 까지	
제8회	년	월	일 부터	년	월	일 까지	
제9회	년	월	일 부터	년	월	일 까지	
제10회	년	월	일 부터	년	월	일 까지	

고차원선생의 수학강의노트

▶ 연습문제 A는 앞에서 배운 기초 단계의 문제이므로 선생님의 도움 없이 스스로 풀어 자신의 실력을 점검해 보도록 하자.

01 $P = \sqrt{3 - 2a - a^2}$ 이 실수가 되기 위한 상수 a의 값의 범위를 구하시오.

02   다음 수의 제곱근을 구하시오.

(1) $\sqrt{16}$ (2) 25 (3) $\dfrac{9}{4}$ (4) 3^2

03   다음을 계산하시오.

$$\sqrt{32} + \sqrt{4}\,\sqrt{9} + \dfrac{\sqrt{64}}{\sqrt{8}} - \left(\sqrt{7}\right)^2$$

04   다음 복소수의 실수부분과 허수부분을 구하시오.

(1) $2 - 5i$ (2) $2\sqrt{3}\,i + 1$

05   다음 중 순허수가 아닌 허수인 것을 모두 고르시오.

① $2 + 3i$ ② $-3i$ ③ 0 ④ $i - 1$ ⑤ $\sqrt{5}\,i$

06   복소수 $z = (1+i)x^2 + x - (2+i)$ 가 0이 아닌 실수일 때, 실수 x의 값을 구하시오.

07 복소수 $z = (i-1)x^2 + (4-5i)x - 3 + bi$가 순허수일 때, 실수 x의 값을 구하시오.

08 다음 각 복소수의 켤레복소수를 구하시오.
(1) $4 - 2i$ (2) $5i + 1$ (3) $-7i$ (4) 3

09 다음을 계산하시오.
(1) $(2 + 3i) + (2 - i)$ (2) $(6 - 3i) - (4 - 2i)$ (3) $(2 + i)(1 - 2i)$

10 다음을 계산하시오.
(1) $(2 + 3i)^2$ (2) $(2 - 3i)^2$

11 $x = 1 - \sqrt{2}\,i$일 때, $2x^2 - 4x + 5$의 값을 구하시오.

12 $z = \dfrac{1 - \sqrt{3}\,i}{2}$일 때, $z^2 + \bar{z}^2 - \dfrac{1}{z} - \dfrac{1}{\bar{z}}$의 값을 구하시오.

13 $\alpha+\beta=3-i$일 때, $\overline{\alpha}^2+2\overline{\alpha\beta}+\overline{\beta}^2$의 값을 구하시오.

(단, $\overline{\alpha}$, $\overline{\beta}$는 각각 α, β의 켤레복소수)

14 $\alpha=2-i$, $\beta=2+i$일 때, $\dfrac{1}{\alpha}+\dfrac{1}{\beta}$의 값을 구하시오.

15 $\dfrac{2+3i}{4+5i}$를 계산하시오.

16 다음을 계산하시오.

(1) $\dfrac{2-3i}{2+3i}$ (2) $\dfrac{2+3i}{2-3i}$

17 등식 $(a+i)(2+3i)=3+bi$를 만족하는 실수 a, b에 대하여 $a+b$의 값을 구하시오.

18 복소수 z와 그 켤레복소수 $\overline{z}$에 대하여 등식 $(1+i)z+2i\overline{z}=1+7i$가 성립할 때, 복소수 z를 구하시오.

19 다음을 간단히 하시오.

(1) $i + i^2 + i^3 + i^4 + i^5 + i^6 + i^7 + i^8$ (2) $i^{1012} \times i^{1013}$

20 다음을 계산하시오.

(1) $\dfrac{1+i}{1-i}$ (2) $\left(\dfrac{1+i}{1-i}\right)^{2025}$

21 자연수 n에 대하여 $\left(\dfrac{\sqrt{2}}{1+i}\right)^n = 1$을 만족하는 n의 최솟값을 구하시오.

22 -4의 제곱근을 허수단위 i를 사용하여 나타내시오.

23 다음을 계산하시오.

(1) $\sqrt{-2}\,\sqrt{8} + \sqrt{-2}\,\sqrt{-8} + \dfrac{\sqrt{-8}}{\sqrt{-2}} + \dfrac{\sqrt{8}}{\sqrt{-2}}$

(2) $\dfrac{\sqrt{12}}{\sqrt{-3}} + \sqrt{4} \times \sqrt{-9} + \dfrac{\sqrt{-8}}{\sqrt{2}}$

(3) $(\sqrt{-3})^2 + \sqrt{-3} \times \sqrt{-27} + \dfrac{\sqrt{-27}}{\sqrt{3}}$

24 a, b는 실수이고 $\sqrt{a}\,\sqrt{b} = -\sqrt{ab}$ 일 때, $\sqrt{2a^2} - |b|$를 간단히 하시오.

▶ 연습문제 B는 앞에서 배운 문제 중 응용단계의 문제이므로 연습장에
스스로 풀어보고 잘 풀리지 않으면 처음부터 다시 공부한 후 자신이
있을 때 다시 풀어 보도록 하자.

01 $Q = \sqrt{a^2 - 2a - 15}$ 가 실수가 아닐 때, 상수 a의 값의 범위를 구하시오.

02 $\sqrt{36}$ 의 양의 제곱근을 a, $\dfrac{25}{9}$ 의 음의 제곱근을 b라 할 때, ab의 값을 구하시오.

03 $\sqrt{(-5)^2} + \sqrt{75} \div \sqrt{3} - \sqrt{2}\left(4\sqrt{8} - \sqrt{\dfrac{1}{2}}\right)$ 을 계산하시오.

04   다음 중 허수의 개수를 구하시오.

$$7, \quad -2i^2 + 2, \quad 6i, \quad \sqrt{2}\,i^2, \quad 1 - 2i, \quad 5 - i$$

05 $(1+i)x^2 - (3-2i)x + 2 - 3i$ 가 실수일 때, 실수 x의 값을 구하시오.

06 $z = (1+i)x^2 - x - i$에 대하여 z^2이 실수가 되게 하는 실수 x의 값을 모두 구하시오.

07 복소수 z의 켤레복소수를 $\bar{z}$라 할 때, 다음 각 복소수의 켤레복소수를 구하시오.

(1) $3i - \sqrt{2}$ 　　　(2) $-\sqrt{5}\,i$ 　　　(3) $\overline{-\sqrt{5} - \sqrt{3}\,i}$ 　　　(4) -6

08 $(2-3i)(2+3i) - (3-i)(3+i)$를 간단히 하시오.

09 $(-1 + \sqrt{3}\,i)^2$을 계산하시오.

10 $x = \dfrac{3-i}{2}$일 때, $2x^4 - 6x^3 - 7x^2 + 8x + 2$의 값을 구하시오.

11 $z = 1 - \sqrt{2}\,i$일 때, $\dfrac{\bar{z}}{z^2} + \dfrac{z}{\bar{z}^2}$의 값을 구하시오. (단, $\bar{z}$는 z의 켤레복소수)

12 $\alpha = -2 + i$, $\beta = 1 - 2i$일 때, $\alpha\bar{\alpha} + \bar{\alpha}\beta + \alpha\bar{\beta} + \beta\bar{\beta}$의 값을 구하시오.

(단, $\bar{\alpha}$, $\bar{\beta}$는 각각 α, β의 켤레복소수)

13 $a=1-i$, $b=1+i$일 때, $\dfrac{b}{a}+\dfrac{a}{b}$의 값을 구하시오.

14 다음을 계산하시오.

(1) $\dfrac{5}{\sqrt{2}+\sqrt{3}\,i}$ 　　　　　　(2) $\dfrac{3+4i}{1+2i}$

15 다음을 계산하시오.

$$\dfrac{1+2i}{1-2i}+\dfrac{2-i}{2+i}$$

16 실수 x, y에 대하여 $\dfrac{x}{1+i}+\dfrac{y}{1-i}=2-i$가 성립할 때, $2x+y$의 값을 구하시오.

17 복소수 z와 그 켤레복소수 $\overline{z}$에 대하여 등식 $i\overline{z}+(1+i)z=2+5i$가 성립할 때, $z\overline{z}$의 값을 구하시오.

18 $\dfrac{1}{i}+\dfrac{1}{i^2}+\dfrac{1}{i^3}+\cdots+\dfrac{1}{i^{99}}$ 을 간단히 하시오.

19 $\left(\dfrac{1-i}{1+i}\right)^{98}+\left(\dfrac{1+i}{1-i}\right)^{100}$ 의 값을 구하시오.

20 $\left(\dfrac{\sqrt{2}}{1-i}\right)^{n}=1$을 만족하는 10 이상의 자연수 n의 최솟값을 구하시오.

21 다음에서 $x+y$의 값을 구하시오.
$$x : \text{제곱근} -8, \ y : -32\text{의 음의 제곱근}$$

22 $\sqrt{-3}\,\sqrt{9}+\sqrt{-2}\,\sqrt{-3}-\sqrt{6}\,\sqrt{-8}+\dfrac{\sqrt{-18}}{\sqrt{-3}}$ 을 계산하시오.

23 $a,\ b$는 실수이고 $\dfrac{\sqrt{a}}{\sqrt{b}}=-\sqrt{\dfrac{a}{b}}$ 일 때, $\sqrt{(a-b)^2}-\sqrt{b^2}+|a|$ 의 값을 구하시오.

MEMO

PART 02

이차방정식

명언

추위에 떤 자일수록 태양의 따뜻함을 느낀다.
인생의 고뇌를 맛본 자일수록 생명의 존귀함을 느낀다.
- 호이토 맨 -

1 방정식의 기초

[1] 원과 차

(1) **원**(元)은 미지수의 종류의 개수를 의미한다.

(2) **차**(次)는 미지수의 곱해진 개수를 의미한다.

→ 다항식에서는 최고차항의 차수를 그 **다항식의 차수**라 한다.

[2] 부정과 불능

(1) **부정**(不定)은 방정식을 만족하는 미지수의 값이 무수히 많아 그 값을 정할 수 없다는 의미이다.

(2) **불능**(不能)은 방정식을 만족하는 미지수의 값이 없어 해를 구하는 것이 불가능하다는 의미이다.

강의 **방정식의 기초는 그 의미를 정확하게 알아두어야 한다!**

(1) 원과 차의 뜻

① 元(원) → 미지수의 종류의 개수

② 次(차) → 미지수의 곱해진 개수

주의 다항식의 차수는 최고차항의 차수에 따른다.

(2) 부정과 불능

$$\begin{array}{l} \text{부정} \to \text{근 多} \\ \text{불능} \to \text{근 無} \end{array}$$

(3) 無근의 뜻

① 1원 1차 → 불능 → $0 \times x = 3$의 꼴

② 2원 1차 → 평행 → 기울기가 같고 절편이 다름(기同절異)

元(으뜸 원)   次(버금 차)   多(많을 다)   無(없을 무)   同(같을 동)   異(다를 이)

기|본|예|제 01

$3(x-2) = 3x+6$을 푸시오.

탐구   ① $0x = 0$꼴 → 부정   ② $0x = 3$꼴 → 불능

풀이 $3x-6 = 3x+6$ $3x-3x = 6+6$ $0x = 12$

$\therefore$ 불능

정답 불능(해가 없다)

유제 01-1 $2(x-3) = 2x-6$을 푸시오.

유제 01-2 x에 대한 방정식 $(a^2+3)x-1 = a(4x-1)$이 불능일 때, a의 값을 구하시오.

2 일차방정식의 기본해법

첫째, 미지항은 좌변에, 상수항은 우변에 모은다.
둘째, 양변을 미지항의 계수로 나눈다.

강의 일차방정식의 기본해법은 미지항은 좌측에, 상수항은 우측에 모아 계산하여 해를 구한다!
→ (미지항)=(상수항)

기 | 본 | 예 | 제 02

$4x-3=2x+1$을 푸시오.

탐구 일차방정식의 기본해법 → (미지항)=(상수항) → 미지항의 계수로 양변 나누기

풀이
$$4x-3=2x+1$$
$$4x-2x=1+3$$
$$2x=4$$
$$x=2$$

정답 $x=2$

유제 02-1 $\dfrac{x}{2}+\dfrac{2}{3}=\dfrac{2}{3}x-2.5$를 푸시오.

유제 02-2 $\sqrt{2}\,x+\sqrt{3}=\sqrt{3}\,x-\sqrt{2}$를 푸시오.

유제 02-3 $2(x-3)-3x=5(x+2)-4$를 푸시오.

3 문자계수를 포함한 일차방정식의 해법

첫째, 미지항은 좌변에, 상수항은 우변에 모은다.

둘째, $Ax=B$ 꼴에서 $A\neq 0$일 때와 $A=0$일 때로 분리한다.

셋째, $Ax=B$ 꼴에서 $A=0$일 때는 $B\neq 0$일 때와 $B=0$일 때로 분리한다.

강의 문자 계수가 있으면 경우를 분리하여 계산한다!

(1) 방정식 → ① $a\neq 0$ ② $a=0$

(2) 부등식 → ① $a>0$ ② $a<0$ ③ $a=0$

보기 $ax=b$의 근

→ 문자계수 방정식 → 경우분리

ⅰ) $a\neq 0$; $3x=2$꼴 $\therefore x=\dfrac{b}{a}$

ⅱ) $a=0,\ b\neq 0$; $0\times x=3$꼴 $\therefore$ 해는 없다.(불능)

ⅲ) $a=0,\ b=0$; $0\times x=0$꼴 $\therefore$ 해가 무수히 많다.(부정)

기|본|예|제 **03**

방정식 $(m^2-8)x-4=m(1-2x)$의 근이 존재할 때, 상수 m의 값의 조건을 구하시오.

탐구 ① 문자 계수 → 경우분리 ② 불능이 아닐 때 근이 존재한다.

풀이 준식을 $ax=b$의 꼴로 정리하면

$$(m^2+2m-8)x=m+4 \quad (m+4)(m-2)x=m+4$$

일차부등식이 불능일 때 $0x=(0$이 아닌 수$)$이므로

ⅰ) $m=-4$일 때, $0x=0$ $\therefore$ 부정

ⅱ) $m=2$일 때, $0x=6$ $\therefore$ 불능

ⅰ), ⅱ)에서 근이 존재할 조건은 $m\neq 2$이다.

정답 $m\neq 2$

유제 03-1 방정식 $a^2x+1=a(x+1)$의 근이 무수히 많을 때, 상수 a의 값을 구하시오.

유제 03-2 방정식 $(a^2-15)x=2a(1-x)-6$의 근이 없을 때, 상수 a의 값을 구하시오.

4 절댓값을 포함한 일차방정식의 해법

첫째, (절댓값 안)$=0$이 되는 x값을 구한다.

둘째, 위에서 구한 x값을 경계로 하여 구간을 나눈다.

셋째, 위에서 정한 구간에서 절댓값 기호를 없애고 근을 구한다.

넷째, 위에서 얻은 근이 구간에 적합한가를 확인한다.

> **체크** 방정식이 절댓값 $|x-\alpha|$와 $|x-\beta|$를 포함할 때의 구간
>
> 첫째, $x-\alpha=0$, $x-\beta=0$에서 $x=\alpha$, $x=\beta(\alpha<\beta)$를 구한다.
>
> 둘째, $x=\alpha$, $x=\beta$를 경계로 하여 구간을 나눈다.
>
> ① $x<\alpha$: $|\ominus||\ominus|$
> ② $\alpha \leq x < \beta$: $|\oplus||\ominus|$ 로 구간 분류
> ③ $x \geq \beta$: $|\oplus||\oplus|$

> **강의** 절댓값 방정식은 공식을 이용하거나 구간을 분리하여 계산한다!
>
> ① 공식이용 $\Rightarrow$ ② 구간분리
>
> 공식 ① $|A|=k$일 때, $A=\pm k$
>
> 공식 ② $|A|=|B|$일 때, $A=\pm B$

기 | 본 | 예 | 제 04

다음 방정식을 푸시오.

(1) $|x-2|=3$ (2) $|x-2|=x-3$

탐구
① $|A|=k \rightarrow A=\pm k$
② $|A|=|B| \rightarrow A=\pm B$

풀이
(1) $|x-2|=3$ $x-2=\pm 3$ $x=\pm 3+2$ $\therefore x=5$ 또는 $x=-1$

(2) $|x-2|=x-3$ $x-2=\pm(x-3)$

   ⅰ) $x-2=x-3$ $-2=3$ (모순) $\therefore$ 해는 없다.

   ⅱ) $x-2=-x+3$ $2x=5$ $\therefore x=\dfrac{5}{2}$

   ⅰ), ⅱ)에 의해 $x=\dfrac{5}{2}$이다.

정답 (1) $x=5$, $x=-1$ (2) $x=\dfrac{5}{2}$

유제 04-1 다음 방정식을 푸시오.

(1) $|x+3|=5$

(2) $|x+3|=2x-9$

유제 04-2 다음 방정식을 푸시오.

(1) $|2x-6|=4$

(2) $|2x-6|=3x+4$

기|본|예|제 05

$|x+2|+|x-3|=2x+2$을 푸시오.

탐구 절댓값 2개 → 구간 분리

풀이 절댓값 안이 0이 되는 x값을 구하면 -2, 3이다.

구간을 나누어 x의 값을 구하면

i) $x<-2$일 때, $-(x+2)-(x-3)=2x+2$ $\qquad -4x=1$

$\therefore x=-\dfrac{1}{4}$: 조건에 맞지 않으므로 해가 아니다.

ii) $-2 \leq x<3$일 때, $(x+2)-(x-3)=2x+2$ $\qquad 2x=3$

$\therefore x=\dfrac{3}{2}$: 조건에 맞으므로 해가 된다.

iii) $x \geq 3$일 때, $(x+2)+(x-3)=2x+2$ $\qquad 0x=3$

$\therefore$ 불능

i), ii), iii)에서 해를 구하면 $x=\dfrac{3}{2}$이다.

정답 $x=\dfrac{3}{2}$

유제 05-1 $|x-2|+|2x-1|=2$을 푸시오.

유제 05-2 $|x+1|+|x-2|=3x+2$을 푸시오.

5 $AB=0$의 의미

→ A, B 중 적어도 하나는 0이다.

→ $A=0$ 또는 $B=0$이다.

→ (1) $A=0$, $B\neq0$　　(2) $A\neq0$, $B=0$　　(3) $A=0$, $B=0$ 중의 하나이다.

강의 $AB=0$의 의미는 표현의 다양성에 유의하라!

① $A=0$ or $B=0$

② A, B 중 적어도 하나는 0이다.

③ $A=0$ and $B=0$, $A=0$ and $B\neq0$, $A\neq0$ and $B=0$ 중 하나이다.

기|본|예|제 06

$(x-2)(x-3)=0$의 근을 세 가지 방법으로 설명하시오.

탐구　$AB=0$의 의미는 $A=0$ or $B=0$이고, $A=0$ and $B=0$는 아니다.

풀이　① $x=2$ 또는 $x=3$

② $x=2$, $x=3$ 중 적어도 하나는 성립한다.

③ $x=2$이고 $x=3$, $x\neq2$이고 $x=3$, $x=2$이고 $x\neq3$ 중 하나이다.

정답　풀이참조

유제 06-1　$(x-a)(x-b)=0$의 근을 바르게 구한 것을 모두 고르시오.

① $x=a$이고 $x=b$이다.　　　　② $x=a$ 또는 $x=b$이다.

③ $x=a$이고 $x\neq b$이다.　　　　④ $x\neq a$이고 $x=b$이다.

⑤ $x=a$, $x=b$ 중 적어도 하나는 성립한다.

유제 06-2　다음 설명 중 옳지 않은 것을 고르시오.

① $x^2=4$의 두 근은 $x=\pm2$이다.

② $x=\pm2$는 $x=2$ 또는 $x=-2$를 의미한다.

③ $x^2=5$의 두 근은 $x=\pm\sqrt{5}$이다.

④ $x=\pm\sqrt{5}$는 $x=\sqrt{5}$이고 $x=-\sqrt{5}$를 의미한다.

⑤ $(x-3)^2=0$의 근 $x=3$은 두 근이 겹쳐있어 중근이라 한다.

이차방정식의 해법

1 이차방정식의 기본 해법

[1] 인수분해에 의한 해법
➡ 방정식의 근을 구할 때는 가장 먼저 인수분해를 한다.

$$(x-\alpha)(x-\beta)=0 \quad x-\alpha=0 \ \text{또는} \ x-\beta=0 \qquad \therefore \ x=\alpha, \ x=\beta$$

[2] 완전제곱식에 의한 해법
➡ 일차항의 계수가 짝수일 때는 완전제곱식을 이용하면 편리하다.

$$(x-b)^2=a \quad x-b=\pm\sqrt{a} \qquad \therefore \ x=b\pm\sqrt{a}$$

[3] 근의 공식에 의한 해법
➡ 일차항의 계수가 홀수일 때는 근의 공식을 이용하면 편리하다.

(1) $ax^2+bx+c=0 \ (a\neq0)$의 근

$$x=\frac{-b\pm\sqrt{b^2-4ac}}{2a} \ \Rightarrow \ \text{홀수공식}$$

(2) $ax^2+2b'x+c=0 \ (a\neq0)$의 근

$$x=\frac{-b'\pm\sqrt{b'^2-ac}}{a} \ \Rightarrow \ \text{짝수공식}$$

유도 양변을 a로 나누어 완전제곱꼴로 고쳐 x를 구하면

$$ax^2+bx+c=0 \ (a\neq0)$$

$$x^2+\frac{b}{a}x+\frac{c}{a}=0$$

$$\left\{x^2+\frac{b}{a}x+\left(\frac{b}{2a}\right)^2\right\}-\left(\frac{b}{2a}\right)^2+\frac{c}{a}=0$$

$$\left(x+\frac{b}{2a}\right)^2=\frac{b^2-4ac}{4a^2}$$

$$\therefore \ x=\frac{-b\pm\sqrt{b^2-4ac}}{2a}$$

특히, $ax^2+2b'x+c=0 \ (a\neq0)$의 근은 $b=2b'$일 때이므로 $x=\dfrac{-b\pm\sqrt{b^2-4ac}}{2a}$에 b 대신 $2b'$를 대입하면 된다.

$$\therefore \ x=\frac{-2b'\pm\sqrt{4b'^2-4ac}}{2a}=\frac{-b'\pm\sqrt{b'^2-ac}}{a} \qquad \cdots\text{유도 끝}$$

기|본|예|제 **01**

다음 이차방정식을 푸시오.

(1) $x^2 - 2x - 3 = 0$　　　　(2) $x^2 - 2x + 3 = 0$　　　　(3) $x^2 + 3x - 2 = 0$

탐구　이차방정식의 해법 → 인수분해, 완전제곱식 이용, 근의 공식

풀이　(1) 인수분해에 의한 해법을 이용하면

$$x^2 - 2x - 3 = 0 \quad (x-3)(x+1) = 0 \quad \therefore \ x = 3 \ \text{또는} \ x = -1$$

(2) 인수분해가 안되고 x의 계수가 짝수이므로 완전제곱에 의한 해법을 이용하면

$$x^2 - 2x + 3 = 0 \quad (x-1)^2 + 2 = 0$$
$$(x-1)^2 = -2 \quad x - 1 = \pm\sqrt{-2}$$
$$\therefore \ x = 1 \pm \sqrt{2}\,i$$

(3) 인수분해가 안되므로 근의 공식에 의한 해법을 이용하면

$$x^2 + 3x - 2 = 0 \quad \therefore \ x = \frac{-3 \pm \sqrt{17}}{2}$$

정답　(1) $x = 3,\ x = -1$　(2) $x = 1 \pm \sqrt{2}\,i$　(3) $x = \dfrac{-3 \pm \sqrt{17}}{2}$

유제 01-1　다음 이차방정식을 푸시오.

(1) $3x^2 + x - 2 = 0$　　　(2) $x^2 - 2x + 2 = 0$　　　(3) $x^2 - 3x + 1 = 0$

유제 01-2　$3x^2 - 2ax - a^2$을 푸시오. (단, a는 상수)

 문자계수를 포함한 이차방정식의 해법

→ 이차항의 계수에 문자가 포함되면 계수가 0일 때와 0이 아닐 때로 분리한다.

강의 문자계수 이차방정식은 경우를 분리하여 계산한다!

$$\rightarrow \text{경우분리} \begin{cases} a \neq 0 \rightarrow 2\text{차} \\ a = 0 \rightarrow 1\text{차} \end{cases}$$

기│본│예│제 02

방정식 $mx^2 + mx + x + 1 = 0$을 푸시오.

탐구 문자계수 방정식은 반드시 계수 $a \neq 0$일 때와 $a = 0$일 때로 경우를 분리한다.

풀이 $m \neq 0$일 때와 $m = 0$일 때로 분리하면

i) $m \neq 0$일 때, $mx(x+1) + (x+1) = 0$

$$(x+1)(mx+1) = 0$$

$$\therefore x = -1, \ x = -\frac{1}{m}$$

ii) $m = 0$일 때, $x + 1 = 0$

$$\therefore x = -1$$

정답 i) $m \neq 0$일 때, $x = -1, \ x = -\dfrac{1}{m}$ ii) $m = 0$일 때, $x = -1$

유제 02-1 방정식 $ax^2 + 2ax + x + 2 = 0$을 푸시오.

유제 02-2 이차방정식 $kx^2 + (1-k)x - 1 = 0$을 푸시오.

x에 대한 이차방정식 $ax^2-(a^2+1)x-(2a+1)=0$의 한 근이 -1일 때, 실수 a의 값과 다른 한 근을 구하시오.

탐구 ① 이차방정식 → 최고차항의 계수 $a \neq 0$ ② 한 근 -1 → 식에 대입하여 계산

풀이 x에 대한 이차방정식이므로 최고차항의 계수 $a \neq 0$이다.

한 근이 -1이므로 준식에 대입하여 a의 값을 구하면

$$a+a^2+1-2a-1=0$$
$$a^2-a=0$$
$$a(a-1)=0$$
$$\therefore \ a=0, \ a=1$$

$a \neq 0$이므로 구하는 a의 값은 1이다.

$a=1$을 준식에 대입하여 근을 구하면

$$x^2-2x-3=0$$
$$(x-3)(x+1)=0$$
$$\therefore \ x=3, \ x=-1$$

따라서 실수 a의 값은 1, 다른 한 근은 3이다.

정답 $a=1$, 다른 한 근 : 3

유제 03-1 x에 대한 이차방정식 $(k-1)x^2+2k^2x-2=0$의 한 근이 1일 때, 실수 k의 값을 구하시오.

유제 03-2 이차방정식 $x^2+(a-2)x+5a+1=0$의 한 근이 -2일 때, $x^2+ax-a^2-1=0$의 해를 구하시오. (단, a는 실수)

유제 03-3 이차방정식 $x^2-ax+3a-2=0$의 두 근이 2, b일 때, 실수 a, b에 대하여 $2a-b$의 값을 구하시오.

→ 절댓값 안을 0으로 하는 값이 n개이면 구간은 $n+1$개로 분리된다.

첫째, $|\ |$안을 0으로 하는 x값을 기준하여 구간을 나눈다.

둘째, 각 구간에서 절댓값 기호를 없애고 방정식을 푼다.

셋째, 구한 해가 구간에 적합한지를 확인한다.

강의 절댓값을 포함한 이차방정식은 공식을 이용하거나 구간을 분리하여 푼다!

→ $|A|=0\ (n$개$) \rightarrow$ 구간 $(n+1$개$)$

기 | 본 | 예 | 제 **04**

다음 방정식을 푸시오.

(1) $x^2-2|x|-3=0$ 　　　　　(2) $(x+2)|x-2|=3x$

탐구 ① $x^2=|x|^2$이므로 $|x|$에 대한 이차방정식으로 푼다.

② 절댓값 안이 0이 되는 x의 값을 구해 구간을 분리하여 푼다.

풀이 (1) $x^2=|x|^2$이므로

$$|x|^2-2|x|-3=0 \quad (|x|-3)(|x|+1)=0$$

$\therefore\ |x|=3$ 또는 $|x|=-1\,(모순)$

$\therefore\ x=\pm3$

(2) 절댓값 안이 0이 되는 x의 값을 구하면 $x=2$이다.

ⅰ) $x \geq 2$일 때, $(x+2)(x-2)=3x \quad x^2-3x-4=0$

$$(x+1)(x-4)=0 \quad \therefore\ x=-1,\ x=4$$

$x \geq 2$이므로 $x=4$

ⅱ) $x < 2$일 때, $-(x+2)(x-2)=3x \quad x^2+3x-4=0$

$$(x-1)(x+4)=0 \quad \therefore\ x=1,\ x=-4$$

$x < 2$이므로 $x=1,\ x=-4$

따라서 ⅰ), ⅱ)에서 해를 구하면 $x=1,\ x=\pm4$이다.

정답 (1) $x=\pm3$ 　(2) $x=1,\ x=\pm4$

유제 04-1 다음 방정식을 푸시오.

(1) $x^2+3|x|-10=0$ 　　　　　(2) $x^2-2|x+1|=1$

유제 04-2 $x^2+|x|=\sqrt{(x+1)^2}+3$을 푸시오.

4 무리계수를 포함한 이차방정식

[1] 유리수해 → 무리수가 서로 같을 조건을 이용한다.

[2] 실수해 → x^2의 계수를 유리화하고 방정식을 푼다.

강의 무리계수 방정식은 유리수 조건이 있으면 무리수가 서로 같을 조건을 이용한다! (100%)

$\sqrt{}$ + 유리수 조건 有 → 무리수가 서로 같을 조건 이용
$\sqrt{}$ + 유리수 조건 無 → 이차 계수의 유리화 이용

有(있을 유)   無(없을 무)

기|본|예|제 05

$(2+\sqrt{3})x^2+(1+\sqrt{3})x-2(5+3\sqrt{3})=0$의 유리근을 구하시오.

탐구 $\sqrt{}$, 유리근 → 무리수가 서로 같을 조건 이용!

풀이 준식을 전개하여 정리하면

$$2x^2+\sqrt{3}\,x^2+x+\sqrt{3}\,x-10-6\sqrt{3}=0$$

$$(2x^2+x-10)+(x^2+x-6)\sqrt{3}=0$$

무리수가 서로 같을 조건을 이용하면

$$2x^2+x-10=0\text{이고 } x^2+x-6=0$$

$$(x-2)(2x+5)=0\text{이고 } (x+3)(x-2)=0$$

$$\therefore\ x=2,\ x=-\frac{5}{2}\text{이고 } x=-3,\ x=2$$

$$\therefore\ x=2$$

✓ 정답 $x=2$

유제 05-1 $(1+2\sqrt{2})x^2+(1+3\sqrt{2})x-2(1+\sqrt{2})=0$의 유리근을 구하시오.

유제 05-2 $(1+2\sqrt{5})x^2-(1-\sqrt{5})x-2-\sqrt{5}=0$의 유리근을 구하시오.

이차방정식 $(\sqrt{2}-1)x^2-(3-\sqrt{2})x+\sqrt{2}=0$의 두 근을 α, β라 할 때 $|\alpha-\beta|$의 값을 구하시오.

탐구 무리계수 방정식 $\oplus$ 유리수 조건 無 $\rightarrow$ 유리화!

풀이 양변에 $(\sqrt{2}+1)$을 곱하여 x^2의 계수를 유리화하면

$(\sqrt{2}-1)(\sqrt{2}+1)x^2-(3-\sqrt{2})(\sqrt{2}+1)x+\sqrt{2}(\sqrt{2}+1)=0$

$x^2-(2\sqrt{2}+1)x+\sqrt{2}(\sqrt{2}+1)=0$

이차방정식을 인수분해하여 x의 값을 구하면

$(x-\sqrt{2})\{x-(\sqrt{2}+1)\}=0$

$\therefore\ x=\sqrt{2},\ x=\sqrt{2}+1$

$|\alpha-\beta|=|\sqrt{2}-(\sqrt{2}+1)|=1$

정답 1

유제 06-1 이차방정식 $(\sqrt{2}-1)x^2+x+(2-\sqrt{2})=0$의 두 근을 α, β라 할 때 $\alpha^2+\beta^2$의 값을 구하시오.

유제 06-2 이차방정식 $(\sqrt{2}+1)x^2-(2\sqrt{2}+1)x-2=0$의 두 근을 α, β라 할 때, $\alpha-\beta$의 값을 구하시오. (단, $\alpha>\beta$)

유제 06-3 이차방정식 $(\sqrt{3}+1)x^2+(8+2\sqrt{3})x+(5\sqrt{3}+3)=0$의 두 근을 α, β라 할 때, $2\alpha-\beta$의 값을 구하시오. (단, $\alpha>\beta$)

[1] 실수해 → 복소수가 서로 같을 조건을 이용한다.

[2] 복소수해 → x^2의 계수를 실수화하고 방정식을 푼다.

> **강의** 허수계수 방정식은 실수조건이 있으면 복소수가 서로 같을 조건을 이용한다!
>
> ┌ i + 실수 조건 有 → 복소수가 서로 같을 조건 이용
> └ i + 실수 조건 無 → 이차계수의 실수화 이용

有(있을 유)　　無(없을 무)

기|본|예|제 **07**

이차방정식 $(1+2i)x^2 - (1-3i)x - 5i = 0$의 실근을 구하시오. (단, $i = \sqrt{-1}$)

탐구　i+실근 → 복소수가 서로 같을 조건 이용!

풀이　준식을 전개하여 정리하면

$$x^2 + 2x^2 i - x + 3xi - 5i = 0$$

$$(x^2 - x) + (2x^2 + 3x - 5)i = 0$$

복소수가 서로 같을 조건을 이용하면

$$x^2 - x = 0 \text{이고 } 2x^2 + 3x - 5 = 0$$

$$x(x-1) = 0 \text{이고 } (x-1)(2x+5) = 0$$

$$\therefore\ x = 0,\ x = 1 \text{이고 } x = 1,\ x = -\frac{5}{2}$$

$$\therefore\ x = 1$$

정답　$x = 1$

유제 07-1　이차방정식 $(2+i)x^2 - (5-4i)x + 2 - 12i = 0$의 실근을 구하시오.

유제 07-2　이차방정식 $(1+i)x^2 - 2(1-i)x + 1 - 3i = 0$의 실근을 구하시오.

이차방정식 $(1-i)x^2+2ix-4i=0$을 푸시오.

탐구 x^2의 계수를 실수화한 후에 복소수 범위까지 인수분해하여 푼다.

풀이   양변에 $1+i$를 곱하여 x^2의 계수를 실수화하면

$$(1+i)(1-i)x^2+2i(1+i)x-4i(1+i)=0$$

$$2x^2+(2i-2)x-4i(1+i)=0$$

$$x^2+(i-1)x-2i(1+i)=0$$

이차방정식을 인수분해하여 x의 값을 구하면

$$(x+2i)\{x-(1+i)\}=0$$

$$\therefore \ x=-2i, \ x=1+i$$

정답 $x=-2i$ 또는 $x=1+i$

유제 08-1   이차방정식 $ix^2-x+2i=0$의 두 근을 α, β라 할 때, $\alpha^2+\beta^2$의 값을 구하시오.

유제 08-2   이차방정식 $(1+i)x^2+2x+1-i=0$의 두 근을 α, β라 할 때, $\dfrac{1}{\alpha}+\dfrac{1}{\beta}$의 값을 구하시오.

유제 08-3   이차방정식 $(2-3i)x^2-2(2+i)x+i=0$을 푸시오.

1 이차방정식의 판별식

→ $ax^2+bx+c=0$ $(a, b, c$는 실수 $a\neq0)$의 근의 공식 $x=\dfrac{-b\pm\sqrt{b^2-4ac}}{2a}$ 에서 $\sqrt{}$ 속

$D=b^2-4ac$를 **판별식**이라 한다.

(1) $D>0 \Leftrightarrow$ 서로 다른 두 실근

(2) $D=0 \Leftrightarrow$ 서로 같은 두 실근(중근)

(3) $D<0 \Leftrightarrow$ 서로 다른 두 허근

체크 $ax^2+2b'x+c=0\,(a, b', c$는 실수, $a\neq0)$의 판별식

$$x=\frac{-b'\pm\sqrt{4b'^2-4ac}}{2a} \;\rightarrow\; D=4b'^2-4ac$$

$$x=\frac{-b'\pm\sqrt{b'^2-ac}}{a} \;\rightarrow\; D/4=b'^2-ac$$

강의 판별식의 정체는 근의 공식에서 $\sqrt{}$ 속을 보고 판별한다!

① $ax^2+bx+c=0 \;\rightarrow\;$ 근의 공식의 $\sqrt{}$ 속 : $D=b^2-4ac$

② $ax^2+2b'x+c=0 \;\rightarrow\;$ 근의 공식의 $\sqrt{}$ 속 : $D/4=b'^2-ac$

기|본|예|제 **09**

x에 대한 이차방정식 $x^2+2(1-k)x+(k+5)=0$이 서로 다른 두 실근을 갖게 하는 k의 값의 범위를 구하시오.

탐구 이차방정식의 판별식 $D=b^2-4ac>0 \;\rightarrow\;$ 서로 다른 두 실근

풀이 주어진 이차방정식의 판별식을 구하면

$$D/4=(1-k)^2-(k+5)=1-2k+k^2-k-5$$

$$=k^2-3k-4=(k-4)(k+1)$$

서로 다른 두 실근을 가지려면

$$D/4=(k-4)(k+1)>0$$

$$\therefore\; k<-1 \text{ 또는 } k>4$$

정답 $k<-1$ 또는 $k>4$

유제 09-1 x에 대한 이차방정식 $x^2 - x(kx-6) + 3 = 0$이 허근을 갖기 위한 정수 k의 최댓값을 구하시오.

유제 09-2 x에 대한 이차방정식 $ax^2 + 4x - 2 = 0$이 실근을 가질 때, 실수 a의 값의 범위를 구하시오.

기 | 본 | 예 | 제 10

x에 대한 이차방정식 $x^2 - 2(k-a)x + k^2 + a^2 - b + 1 = 0$이 실수 k의 값에 관계없이 중근을 가질 때, 상수 a, b의 값을 구하시오.

탐구 ① 중근 $\rightarrow$ $D=0$ ② k의 값에 관계없이 $\rightarrow$ k에 대한 항등식

풀이 주어진 이차방정식이 중근을 가지므로

$$D/4 = (k-a)^2 - (k^2 + a^2 - b + 1) = 0$$

k에 대한 항등식이므로 k에 대하여 정리하면

$$D/4 = k^2 - 2ak + a^2 - k^2 - a^2 + b - 1$$
$$= -2ak + b - 1 = 0$$
$$\therefore \ -2a = 0, \ b - 1 = 0$$
$$\therefore \ a = 0, \ b = 1$$

정답 $a = 0$, $b = 1$

유제 10-1 x에 대한 이차방정식 $x^2 + 2(k+2a)x + k^2 + b - 3 = 0$이 실수 k의 값에 관계없이 중근을 가질 때, 상수 a, b에 대하여 $a+b$의 값을 구하시오.

유제 10-2 x에 대한 이차방정식 $x^2 + (2k+a)x + k^2 + 2k + b = 0$이 실수 k의 값에 관계없이 중근을 가질 때, 상수 a, b에 대하여 $a-b$의 값을 구하시오.

기 | 본 | 예 | 제 **11**

x에 대한 이차식 $x^2+(k-1)x-2k-1$이 완전제곱식이 될 때, 실수 k의 값과 그때의 근을 구하시오.

탐구 완전제곱식 → 중근 → $D=0$

풀이 주어진 이차식이 완전제곱식이 되려면 이차방정식 $x^2+(k-1)x-2k-1=0$의 판별식이 0이어야 하므로

$$D=(k-1)^2-4(-2k-1)$$
$$=k^2-2k+1+8k+4$$
$$=k^2+6k+5=0$$
$$(k+5)(k+1)=0$$
$$\therefore\ k=-5\ \text{또는}\ k=-1$$

ⅰ) $k=-5$일 때, $x^2-6x+9=0$
$$(x-3)^2=0 \qquad \therefore\ x=3$$

ⅱ) $k=-1$일 때, $x^2-2x+1=0$
$$(x-1)^2=0 \qquad \therefore\ x=1$$

정답 ⅰ) $k=-5$일 때, $x=3$ ⅱ) $k=-1$일 때, $x=1$

유제 11-1 x에 대한 이차식 $x^2-ax+a-1$이 완전제곱식이 될 때, 실수 a의 값을 구하시오.

유제 11-2 x에 대한 이차식 $x^2-2(k-1)x+3k+5$가 완전제곱식이 될 때, 실수 k의 값의 합을 구하시오.

→ $ax^2 + bx + c = 0$에서 판별식 D를 사용하려면

(1) 이차방정식이어야 한다. $(a \neq 0)$

(2) 실계수이어야 한다. $(a, b, c$는 실수$)$ (단, 중근은 실계수가 아니라도 사용 가능)

강의 **판별식 D는 실계수 이차방정식일 때만 사용 가능하다!**

① 이차 $\rightarrow a \neq 0$

② 실계수 $\rightarrow \sqrt{D} = 허수$ $(\times)$

주의 예외 : 중근 $\rightarrow$ 허계수 가능 $\rightarrow \sqrt{D} = 0$ $(\bigcirc)$

주의 실수 체계와 복소수 체계

$$\begin{cases} 실수\ 체계 \rightarrow \sqrt{(\quad)} \geq 0 \rightarrow \sqrt{음수}\ (\times) \\ 복소수\ 체계 \rightarrow \sqrt{(\quad)} \gtreqless 0 \rightarrow \sqrt{허수}\ (\times) \end{cases}$$

기|본|예|제 12

이차방정식 $x^2 - (a+i)x + 2 + bi = 0$가 중근을 가질 때, 실수 a, b의 값을 구하시오.

탐구 실계수가 아니라도 중근의 경우 판별식 사용 가능!

풀이 중근을 가지므로

$$D = (a+i)^2 - 4(2+bi) = a^2 + 2ai - 1 - 8 - 4bi = a^2 - 9 + 2(a-2b)i = 0$$

실계수이므로 복소수가 서로 같을 조건을 이용하면

$$a^2 - 9 = 0이고\ 2(a-2b) = 0$$

i) $a = 3$이면 $3 - 2b = 0$이므로 $b = \dfrac{3}{2}$

ii) $a = -3$이면 $-3 - 2b = 0$이므로 $b = -\dfrac{3}{2}$

✓ 정답 $a = 3$, $b = \dfrac{3}{2}$ 또는 $a = -3$, $b = -\dfrac{3}{2}$

유제 12-1 이차방정식 $x^2 + (a+2i)x + b + 4i = 0$이 중근을 가질 때, 실수 a, b에 대하여 $a+b$의 값을 구하시오.

유제 12-2 이차방정식 $x^2 + (a-2i)x + b + i = 0$이 중근을 가질 때, 실수 a, b에 대하여 ab의 값을 구하시오.

03

이차방정식의 근과 계수

1 이차방정식의 근과 계수의 관계

→ $ax^2 + bx + c = 0 \, (a \neq 0)$의 두 근을 α, β라 하면

(1) $\alpha + \beta = -\dfrac{b}{a}$

(2) $\alpha\beta = \dfrac{c}{a}$

(3) $|\alpha - \beta| = \dfrac{\sqrt{b^2 - 4ac}}{|a|}$ (짝수공식 불가)

유도 $(\alpha - \beta)^2 = (\alpha + \beta)^2 - 4\alpha\beta$

$|\alpha - \beta| = \sqrt{(\alpha + \beta)^2 - 4\alpha\beta}$

$= \sqrt{\left(-\dfrac{b}{a}\right)^2 - 4\dfrac{c}{a}} = \dfrac{\sqrt{b^2 - 4ac}}{|a|}$ …유도 끝

체크 ① $ax^2 + 2b'x + c = 0 \, (a \neq 0)$에서

$|\alpha - \beta| = \dfrac{\sqrt{b'^2 - ac}}{|a|}$ 는 잘못된 식이고,

반드시 $|\alpha - \beta| = \dfrac{\sqrt{(2b')^2 - 4ac}}{|a|}$ 로 해야만 한다.

② 근과 계수의 관계는 계수 a, b, c의 실수, 허수 조건에 관계없이 항상 성립한다.

강의 두 근의 합과 곱과 차는 두 근이 주어지면 근과 계수의 관계를 이용한다!

$ax^2 + bx + c = 0 \; (a \neq 0) \rightarrow$ 두 근(α, β)

① 합 $\alpha + \beta = -\dfrac{b}{a}$

② 곱 $\alpha\beta = \dfrac{c}{a}$

③ 차 $|\alpha - \beta| = \dfrac{\sqrt{D}}{|a|}$ ($\dfrac{D}{4}$ 불가)

주의 이차방정식에서 두 근이 주어지면 합과 곱을 이용한다! (100%)

$x^2+3x+1=0$의 두 근을 α, β라 할 때, 다음 식의 값을 구하시오.

(1) $\alpha^2+\beta^2$ (2) $\alpha^3+\beta^3$ (3) $\alpha-\beta$

탐구　두 근 → 근과 계수의 관계

풀이　$\alpha+\beta=-3$, $\alpha\beta=1$

(1) $\alpha^2+\beta^2=(\alpha+\beta)^2-2\alpha\beta=(-3)^2-2\times1=9-2=7$

(2) $\alpha^3+\beta^3=(\alpha+\beta)^3-3\alpha\beta(\alpha+\beta)=(-3)^3-3\times1\times(-3)=-18$

(3) $(\alpha-\beta)^2=(\alpha+\beta)^2-4\alpha\beta=(-3)^2-4\times1=5$ $\therefore\ \alpha-\beta=\pm\sqrt{5}$

정답　(1) 7　　(2) -18　　(3) $\pm\sqrt{5}$

유제 13-1　이차방정식 $ax^2-4bx+b=0$ (단, $ab\neq0$)의 두 근을 α, β라 할 때, $\dfrac{1}{\alpha}+\dfrac{1}{\beta}$의 값을 구하시오.

유제 13-2　이차방정식 $x^2-2x+2=0$의 두 근을 α, β라 할 때, $(\alpha-3\beta+1)(\beta-3\alpha+1)$의 값을 구하시오.

이차방정식 $x^2+ax+b=0$의 두 근이 1, -2일 때, 이차방정식 $2x^2+(a+b)x+b=0$의 두 근의 합을 구하시오. (단, a, b는 실수)

탐구　두 근 → 근과 계수의 관계 이용

풀이　이차방정식 $x^2+ax+b=0$의 두 근이 1, -2이므로 근과 계수의 관계를 이용하여 a, b의 값을 구하면

　　두 근의 합 : $1+(-2)=-a$ $\therefore\ a=1$

　　두 근의 곱 : $1\times(-2)=b$ $\therefore\ b=-2$

이차방정식 $2x^2+(a+b)x+b=0$의 두 근의 합을 구하면

$$-\frac{a+b}{2}=-\frac{1+(-2)}{2}=\frac{1}{2}$$

정답　$\dfrac{1}{2}$

유제 14-1 이차방정식 $ax^2+x+2b=0$의 두 근이 1, $-\dfrac{1}{2}$일 때, 이차방정식

$(a+b)x^2+ax-b=0$의 두 근의 곱을 구하시오.

유제 14-2 이차방정식 $x^2+ax+4=0$의 두 근이 1, b일 때, 이차방정식

$(a+1)x^2+bx+1=0$의 두 근의 합을 구하시오.

기 | 본 | 예 | 제 15

이차방정식 $x^2+px+q=0$의 두 근을 α, β라 할 때, 이차방정식 $x^2-px+2q=0$의 두 근은 $\alpha-1$, $\beta-1$이다. 이때 실수 p, q의 값을 구하시오.

탐구 두 근 → 근과 계수의 관계 이용

풀이 이차방정식 $x^2+px+q=0$의 두 근은 α, β이므로
$$\alpha+\beta=-p, \ \alpha\beta=q \qquad \cdots ①$$
이차방정식 $x^2-px+2q=0$의 두 근은 $\alpha-1$, $\beta-1$이므로
$$\alpha-1+\beta-1=p, \ \ (\alpha-1)(\beta-1)=2q$$
$$\alpha+\beta-2=p, \ \ \alpha\beta-(\alpha+\beta)+1=2q \qquad \cdots ②$$
$$① \to ② \ ; \ -p-2=p \qquad\qquad \therefore \ p=-1$$
$$q+p+1=2q \qquad q=p+1 \qquad \therefore \ q=0$$

정답 $p=-1, \ q=0$

유제 15-1 이차방정식 $x^2-3x+b=0$의 두 근을 α, β라 할 때, $x^2-(3a+1)x+3=0$의 두 근은 $\alpha+\beta$, $\alpha\beta$이다. 이때 상수 a, b에 대하여 a^2+b^2의 값을 구하시오.

유제 15-2 이차방정식 $x^2-(a-3)x+3=0$의 두 근을 α, β라 할 때, $\alpha^2+\beta^2=\alpha\beta$가 되는 양수 a의 값을 구하시오.

기|본|예|제 16

x에 대한 이차방정식 $(m^2+1)x^2-4mx+2=0$이 양의 두 근을 가지며 한 근은 다른 한 근의 3배와 같다고 할 때, 실수 m의 값을 구하시오.

탐구 한 근이 다른 한 근의 m배 → 두 근 $\alpha,\ m\alpha$

풀이 한 근이 다른 한 근의 3배이므로 두 근을 $\alpha,\ 3\alpha\ (\alpha>0)$라 하면

$$\text{두 근의 합}:\ \alpha+3\alpha=\frac{4m}{m^2+1}\qquad\qquad \therefore\ \alpha=\frac{m}{m^2+1}\qquad \cdots①$$

$$\text{두 근의 곱}:\ \alpha\times3\alpha=\frac{2}{m^2+1}\qquad\qquad \therefore\ 3\alpha^2=\frac{2}{m^2+1}\qquad \cdots②$$

$$①\rightarrow②\ ;\ 3\times\left(\frac{m}{m^2+1}\right)^2=\frac{2}{m^2+1}\qquad 3m^2=2(m^2+1)\qquad m^2=2$$

$$\therefore\ m=\pm\sqrt{2}$$

①에서 $\alpha>0$이므로 $m>0$

$$\therefore\ m=\sqrt{2}$$

정답 $\sqrt{2}$

유제 16-1 이차방정식 $x^2-(m-1)x+6=0$의 두 근의 비가 $3:2$일 때, 실수 m에 대하여 m^2+3m의 값을 구하시오.

유제 16-2 이차방정식 $x^2+(m-6)x-12=0$의 두 근의 절댓값의 비가 $3:1$이 되게 하는 실수 m의 값을 구하시오.

이차방정식 $(m-1)x^2-(m+3)x+6=0$의 한 근이 다른 한 근보다 1 크다고 할 때, 실수 m의 값을 구하시오.

탐구

① 이차방정식 $\rightarrow m-1\neq0$

② 한 근이 다른 한 근보다 1 크다. $\rightarrow$ 두 근 α, $\alpha+1$ 이용

풀이

이차방정식이므로 최고차항의 계수 $m-1\neq0$이므로 $m\neq1$이다.

한 근이 다른 한 근보다 1크므로 두 근을 α, $\alpha+1$이라 하면

$$\text{두 근의 합}: \alpha+\alpha+1=\frac{m+3}{m-1}$$

$$\therefore 2\alpha+1=\frac{m+3}{m-1} \qquad \cdots ①$$

$$\text{두 근의 곱}: \alpha(\alpha+1)=\frac{6}{m-1}$$

$$\therefore \alpha^2+\alpha=\frac{6}{m-1} \qquad \cdots ②$$

①에서 α를 구하면

$$2\alpha=\frac{m+3}{m-1}-1=\frac{m+3-m+1}{m-1}=\frac{4}{m-1}$$

$$\therefore \alpha=\frac{2}{m-1} \qquad \cdots ③$$

$$③ \rightarrow ② \; ; \left(\frac{2}{m-1}\right)^2+\frac{2}{m-1}=\frac{6}{m-1}$$

$m\neq1$이므로 양변에 $(m-1)^2$을 곱하고 m의 값을 구하면

$$4+2(m-1)=6(m-1)$$

$$4+2m-2=6m-6$$

$$-4m=-8$$

$$\therefore m=2$$

정답   2

유제 17-1   이차방정식 $x^2+2kx+15=0$의 두 근의 차가 2일 때, 실수 k의 값과 그 때의 근을 구하시오.

유제 17-2   이차방정식 $x^2-(m-1)x+m=0$의 두 근의 차가 1일 때, 양수 m의 값을 구하시오.

기|본|예|제 18

이차방정식 $f(x)=0$의 두 근의 합이 4일 때, 이차방정식 $f(2x+1)=0$의 두 근의 합을 구하시오.

탐구 $f(x)=0$의 두 근 α, $\beta \to f(2x+1)=0$에서 $2x+1=\alpha$, $2x+1=\beta$로 성립

풀이 $f(x)=0$의 두 근을 α, β라 하면 두 근의 합이 4이므로

$$\alpha+\beta=4$$

$f(2x+1)=0$의 두 근을 구하면

$$\alpha=2x+1\text{에서} \qquad x=\frac{\alpha-1}{2}$$

$$\beta=2x+1\text{에서} \qquad x=\frac{\beta-1}{2}$$

$f(2x+1)=0$의 두 근의 합을 구하면

$$\frac{\alpha-1}{2}+\frac{\beta-1}{2}=\frac{\alpha+\beta-2}{2}=\frac{4-2}{2}=1$$

정답 1

유제 18-1 이차방정식 $f(x)=0$의 두 근 α, β에 대하여 $\alpha+\beta=5$, $\alpha\beta=-3$일 때, 이차방정식 $f(3x+2)=0$의 두 근의 곱을 구하시오.

유제 18-2 이차식 $f(x)=x^2-3x+4$에 대하여 이차방정식 $f(2x-1)=0$의 두 근의 곱을 구하시오.

→ α, β를 두 근으로 하는 이차방정식을 구하면
$$(x-\alpha)(x-\beta)=0$$
$$x^2-(\alpha+\beta)x+\alpha\beta=0$$

강의 이차방정식의 작성은 두 근의 합과 곱을 이용한다!

① 두 근 α, β $\rightarrow$ x^2-합$x+$곱$=0$

② 두 근 x, y $\rightarrow$ t^2-합$t+$곱$=0$

기｜본｜예｜제 19

이차방정식 $x^2+x+2=0$의 두 근이 α, β일 때, α^2+1, β^2+1을 두 근으로 하는 이차방정식을 구하시오. (단, 이차항의 계수는 1이다.)

탐구 두 근 α, β $\rightarrow$ 근과 계수의 관계 이용

풀이 이차방정식 $x^2+x+2=0$의 두 근이 α, β이므로
$$\alpha+\beta=-1, \ \alpha\beta=2 \qquad \cdots ①$$
①을 이용하여 두 근이 α^2+1, β^2+1인 이차방정식의 두 근의 합과 곱을 구하면

 ⅰ) 두 근의 합 : $\alpha^2+1+\beta^2+1=\alpha^2+\beta^2+2=(\alpha+\beta)^2-2\alpha\beta+2$
$$=1-4+2=-1$$

 ⅱ) 두 근의 곱 : $(\alpha^2+1)(\beta^2+1)=\alpha^2\beta^2+\alpha^2+\beta^2+1=(\alpha\beta)^2+(\alpha+\beta)^2-2\alpha\beta+1$
$$=4+1-4+1=2$$

구한 두 근의 합과 곱을 이용하여 이차방정식을 구하면
$$x^2+x+2=0$$

정답 $x^2+x+2=0$

유제 19-1 이차방정식 $2x^2-x+1=0$의 두 근을 α, β라 할 때, $\dfrac{1}{\alpha}$, $\dfrac{1}{\beta}$을 두 근으로 하는 이차항의 계수가 1인 이차방정식을 구하시오.

유제 19-2 이차방정식 $x^2+3x+1=0$의 두 근을 α, β라 할 때, $\alpha^2+\dfrac{1}{\beta}$, $\beta^2+\dfrac{1}{\alpha}$을 두 근으로 하는 이차방정식을 구하시오. (단, 이차항의 계수는 1이다.)

석진, 윤기 두 명이 이차방정식 $ax^2+bx+c=0$을 풀었다. 석진이는 b를 잘못 보고 풀어 2와 3이라는 근을 얻었고, 윤기는 c를 잘못 보고 풀어 1과 4라는 근을 얻었다. 처음 이차방정식의 해를 구하시오.

탐구 잘못 본 문제 → 잘본 것 이용하여 문제 해결

풀이 석진이 잘 본 것 a, c → $\dfrac{c}{a}=6$

윤기가 잘 본 것 a, b → $-\dfrac{b}{a}=5$

구한 값을 이용하여 처음 이차방정식을 구하면

$$a\left(x^2+\frac{b}{a}x+\frac{c}{a}\right)=0$$
$$a(x^2-5x+6)=0$$
$$a(x-2)(x-3)=0$$
$$\therefore\ x=2,\ x=3$$

정답 $x=2,\ x=3$

유제 20-1 정아와 은지가 이차방정식 $x^2+ax+b=0$을 풀었다. 정아는 a를 잘못 보고 풀어 1, -8의 두 근을 얻었고 은지는 b를 잘못 보고 풀어 $1+2i$, $1-2i$의 두 근을 얻었다면 처음 이차방정식을 구하시오.

유제 20-2 이차방정식 $x^2+ax+b=0$을 푸는데 A는 a를 잘못 보고 풀어 -1, -3의 두 근을 얻었고, B는 b를 잘못 보고 풀어 $2+2\sqrt{2}$, $2-2\sqrt{2}$의 두 근을 얻었다. 이때 처음 이차방정식의 두 근을 α, β라 하면 $\alpha^2+\beta^2$의 값을 구하시오.

→ $ax^2+bx+c=0\,(a\neq0)$의 두 근을 α, β라 하면

(1) $ax^2+bx+c=a(x-\alpha)(x-\beta)$

(2) $\alpha=\beta$일 때, $ax^2+bx+c=a(x-\alpha)^2$

강의 이차방정식의 근에 의한 인수분해는 $a(x-\alpha)(x-\beta)$로 인수분해된다!

→ 두 근 α, β → $ax^2+bx+c=a(x-\alpha)(x-\beta)$

기 | 본 | 예 | 제 **21**

이차식 $6x^2-5x+2$를 근의 공식을 이용하여 복소수 범위에서 인수분해하시오.

탐구 이차방정식 $ax^2+bx+c=0\,(a\neq0)$의 두 근을 α, β라 하면

→ $ax^2+bx+c=a(x-\alpha)(x-\beta)$

풀이 $6x^2-5x+2=0$의 두 근을 근의 공식을 이용하여 구하면

$$x=\frac{5\pm\sqrt{25-48}}{12}=\frac{5\pm\sqrt{23}\,i}{12}$$

이 두 근을 이용하여 준식을 인수분해하면

$$6x^2-5x+2=6\left(x-\frac{5+\sqrt{23}\,i}{12}\right)\left(x-\frac{5-\sqrt{23}\,i}{12}\right)$$

정답 $6\left(x-\dfrac{5+\sqrt{23}\,i}{12}\right)\left(x-\dfrac{5-\sqrt{23}\,i}{12}\right)$

유제 21-1 이차식 $3x^2-2x-4$를 근의 공식을 이용하여 복소수 범위에서 인수분해하시오.

유제 21-2 이차식 $2x^2-x+1$을 근의 공식을 이용하여 복소수 범위에서 인수분해하시오.

04

이차방정식의 켤레근과 공통근

1 이차방정식의 켤레근

(1) 유리계수 이차방정식의 한 근이 $\alpha+\beta\sqrt{m}$이면 다른 한 근은 $\alpha-\beta\sqrt{m}$이다.
 (단, α, β는 유리수, $\beta\neq0$, $\sqrt{m}$은 무리수)
(2) 실계수 이차방정식의 한 근이 $\alpha+\beta i$이면 다른 한 근은 $\alpha-\beta i$이다.
 (단, α, β는 실수, $\beta\neq0$, $i=\sqrt{-1}$)

> **강의** **유리계수 방정식의 켤레근은 유리수 계수 조건이 필요하다!**
>
> → 무리근은 고독하지 않다. → 유리계수 방정식
> → $a+b\sqrt{3}\,(근) \rightleftarrows a-b\sqrt{3}\,(근)$

기 | 본 | 예 | 제 **22**

이차방정식 $x^2-ax+b=0$의 한 근이 $\dfrac{\sqrt{3}-1}{2}$일 때, 유리수 a, b의 값을 구하시오.

탐구 유리계수 이차방정식의 한 근 $\dfrac{\sqrt{3}-1}{2}$ → 다른 한 근 $\dfrac{-\sqrt{3}-1}{2}$

풀이 유리계수 이차방정식의 한 근이 $\dfrac{\sqrt{3}-1}{2}$이므로 다른 한 근은 $\dfrac{-\sqrt{3}-1}{2}$이다.

$$\text{두 근의 합}: a=\frac{\sqrt{3}-1}{2}+\frac{-\sqrt{3}-1}{2}=-1$$

$$\text{두 근의 곱}: b=\frac{\sqrt{3}-1}{2}\times\frac{-\sqrt{3}-1}{2}=-\frac{1}{2}$$

정답 $a=-1$, $b=-\dfrac{1}{2}$

유제 22-1 이차방정식 $2x^2-ax-b=0$의 한 근이 $2+\sqrt{3}$일 때, 유리수 a, b의 값을 구하시오.

유제 22-2 두 유리수 a, b에 대하여 이차방정식 $x^2+ax+2=0$의 한 근이 $b-\sqrt{2}$일 때, ab의 값을 구하시오.

이차방정식 $x^2-2ax+2=0$의 한 근이 $1+\sqrt{3}$일 때, 상수 a의 값을 구하시오.

탐구 유리계수 조건 無 → 켤레근 사용 불가

풀이 다른 한 근을 α라 하고 근과 계수의 관계를 이용하면

두 근의 합 : $\alpha+1+\sqrt{3}=2a$ $\cdots$ ①

두 근의 곱 : $(1+\sqrt{3})\alpha=2$ $\therefore \alpha=\dfrac{2}{1+\sqrt{3}}=\sqrt{3}-1$

α의 값을 ①에 대입하여 a를 구하면

$\sqrt{3}-1+1+\sqrt{3}=2a$ $\therefore a=\sqrt{3}$

정답 $\sqrt{3}$

유제 23-1 이차방정식 $x^2+ax+3=0$의 한 근이 $1-\sqrt{2}$일 때, 상수 a의 값을 구하시오.

유제 23-2 이차방정식 $x^2+3mx+1=0$의 한 근이 $\sqrt{2}-1$일 때, 상수 m의 값을 구하시오.

강의 **실계수 방정식의 켤레근은 실계수 조건이 필요하다!**
→ 허근은 고독하지 않다. → 실계수 방정식
→ $a+bi\,(근) \rightleftarrows a-bi\,(근)$

이차방정식 $x^2+ax+b=0$의 한 근이 $2+\sqrt{5}\,i$일 때, 실수 a, b의 값을 구하시오.

탐구 실계수 이차방정식의 한 근 $2+\sqrt{5}\,i$ → 다른 한 근 $2-\sqrt{5}\,i$

풀이 실계수 이차방정식의 한 근이 $2+\sqrt{5}\,i$ 이므로 다른 한 근은 $2-\sqrt{5}\,i$이다.

두 근의 합 : $-a=2+\sqrt{5}\,i+2-\sqrt{5}\,i=4$ $\therefore a=-4$

두 근의 곱 : $b=(2+\sqrt{5}\,i)(2-\sqrt{5}\,i)=4+5=9$ $\therefore b=9$

정답 $a=-4,\ b=9$

유제 24-1 $3-i$가 이차방정식 $x^2+px+q=0$ (p, q는 실수)의 근일 때, $p+q$의 값을 구하시오.

유제 24-2 두 실수 a, b에 대하여 이차방정식 $x^2-ax+b=0$의 한 근이 $1-\sqrt{2}\,i$일 때, a^2+b^2의 값을 구하시오.

기|본|예|제 **25**

이차방정식 $x^2-x+a=0$의 한 근이 $1+i$일 때, 상수 a의 값을 구하시오.

탐구 실계수 조건 無 → 켤레근 이용 불가

풀이 다른 한 근을 α라 하고 근과 계수의 관계를 이용하면

두 근의 합 : $(1+i)+\alpha=1$ ∴ $\alpha=-i$

두 근의 곱 : $(1+i)\alpha=a$ $\cdots$ ①

α의 값을 ①에 대입하여 a의 값을 구하면

$(1+i)\times(-i)=a$

∴ $a=1-i$

정답 $1-i$

유제 25-1 이차방정식 $x^2+ax-5=0$의 한 근이 $2-i$일 때, 상수 a의 값을 구하시오.

유제 25-2 이차방정식 $x^2+x+p=0$의 한 근이 $-1+i$일 때, 상수 p의 값을 구하시오.

→ 두 개 이상의 방정식을 동시에 만족시키는 미지수의 값을 **공통근**이라 한다.

[1] 공통근을 구하는 방법

(1) 문자계수를 갖고 있지 않은 방정식인 경우

첫째, 인수분해한다.

둘째, 최대공약수 $G(x)=0$의 근을 구한다.

(2) 문자계수를 갖고 있는 방정식인 경우

첫째, 공통근을 α로 놓는다.

둘째, 상수항 또는 이차항을 소거한다.

셋째, 인수분해하여 α를 구한다.

[2] 이차방정식의 공통근과 계수의 관계

두 이차방정식 $ax^2+bx+c=0$, $px^2+qx+r=0$에서

(1) 단 하나의 공통근을 가지려면 $bp-aq\neq 0$이고, $\alpha=\dfrac{ar-cp}{bp-aq}$가 근이어야 한다.

(2) $\dfrac{a}{p}=\dfrac{b}{q}=\dfrac{c}{r}$일 때, 공통근 두 개를 갖는다.

> **강의** 공통근 문제는 문자 계수가 있을 때, 이차항 또는 상수항을 소거하여 푼다!
>
> → 2차항 or 상수항 소거

기|본|예|제 **26**

두 이차방정식 $x^2-(p-5)x+3p=0$과 $x^2+(p+1)x-3p=0$이 공통근을 가질 때, 상수 p의 값을 구하시오.

탐구 문자계수 방정식 → 이차항 또는 상수항을 소거한다.

풀이 공통근 α ; $\alpha^2-(p-5)\alpha+3p=0$ ⋯ ①

$\qquad\qquad \alpha^2+(p+1)\alpha-3p=0$ ⋯ ②

①+② ; $2\alpha^2+6\alpha=0$

$\qquad 2\alpha(\alpha+3)=0 \quad \alpha=0$ 또는 $\alpha=-3$

ⅰ) $\alpha=0$일 때, ①에서 $3p=0 \quad \therefore p=0$

ⅱ) $\alpha=-3$일 때, ①에서 $9+3p-15+3p=0 \quad 6p=6 \quad \therefore p=1$

정답 ⅰ) $\alpha=0$일 때, $p=0$ ⅱ) $\alpha=-3$일 때, $p=1$

 두 이차방정식 $x^2+(k-3)x+2=0$과 $x^2+kx-1=0$이 공통근을 가질 때, 상수 k의 값을 구하시오.

 두 이차방정식 $x^2+px+2=0$과 $x^2+2x+p=0$이 단 하나의 공통근을 가질 때, 상수 p와 공통근을 구하시오.

강의 **이차방정식이 두 개의 공통근을 가지면 계수의 비가 같다.**

$$\begin{cases} ax^2+bx+c=0 \\ a'x^2+b'x+c'=0 \end{cases} \rightarrow \text{두 개의 공통근} \rightarrow \frac{a}{a'}=\frac{b}{b'}=\frac{c}{c'}$$

기|본|예|제 27

x에 대한 두 이차방정식 $mx^2+x+m^2=0$, $mx^2+m^2x+1=0$이 두 개의 공통근을 가질 때, 상수 m의 값을 구하시오.

탐구 두 개의 공통근을 가질 조건 : $\begin{cases} ax^2+bx+c=0 \\ a'x^2+b'x+c'=0 \end{cases} \rightarrow \frac{a}{a'}=\frac{b}{b'}=\frac{c}{c'}$

풀이 두 개의 공통근을 가질 조건을 구하면

$$\frac{m}{m}=\frac{1}{m^2}=\frac{m^2}{1} \ (\text{단},\ m\neq 0)$$

$$m^4=1 \quad m^2=1 \quad \therefore\ m=\pm 1$$

정답 ± 1

---

 x에 대한 두 이차방정식 $ax^2+bx+c=0$과 $x^2-2x+2=0$이 두 개의 공통근을 가진다고 할 때, 상수 a, b, c에 대하여 $a:b:c$의 값을 구하시오.

 x에 대한 두 이차방정식 $kx^2+2x-2-k=0$과 $2x^2+3kx+x-6=0$이 두 개의 공통근을 가질 때, 상수 k의 값을 구하시오.

가장 좋은 학습방법은 학교에서나 학원에서나 선생님의 강의를 열심히 듣고 여러 번 반복학습하는 것입니다.
지금부터 당장 선생님의 강의를 열심히 듣고 반복! 반복하십시오. 그러면 곧 모든 과목에 자신이 생길 것입니다.

회수	시작이 반!			끝을 봐야!			확인
제1회	년	월	일 부터	년	월	일 까지	
제2회	년	월	일 부터	년	월	일 까지	
제3회	년	월	일 부터	년	월	일 까지	
제4회	년	월	일 부터	년	월	일 까지	
제5회	년	월	일 부터	년	월	일 까지	
제6회	년	월	일 부터	년	월	일 까지	
제7회	년	월	일 부터	년	월	일 까지	
제8회	년	월	일 부터	년	월	일 까지	
제9회	년	월	일 부터	년	월	일 까지	
제10회	년	월	일 부터	년	월	일 까지	

A Step 연습 문제

▶ 연습문제 A는 앞에서 배운 기초 단계의 문제이므로 선생님의 도움 없이 스스로 풀어 자신의 실력을 점검해 보도록 하자.

01 $2(x-3)=2x-6$을 푸시오.

02 $\sqrt{2}\,x+\sqrt{3}=\sqrt{3}\,x-\sqrt{2}$를 푸시오.

03 방정식 $(m^2-8)x-4=m(1-2x)$의 근이 존재할 때, 상수 m의 값의 조건을 구하시오.

04 다음 방정식을 푸시오.
(1) $|x-2|=3$ (2) $|x-2|=x-3$

05 $|x-2|+|2x-1|=2$을 푸시오.

06 $(x-a)(x-b)=0$의 근을 바르게 구한 것을 모두 고르시오.
① $x=a$이고 $x=b$이다.   ② $x=a$ 또는 $x=b$이다.
③ $x=a$이고 $x\neq b$이다.   ④ $x\neq a$이고 $x=b$이다.
⑤ $x=a,\ x=b$ 중 적어도 하나는 성립한다.

07 다음 이차방정식을 푸시오.

(1) $x^2 - 2x - 3 = 0$ (2) $x^2 - 2x + 3 = 0$ (3) $x^2 + 3x - 2 = 0$

08 방정식 $mx^2 + mx + x + 1 = 0$을 푸시오.

09 x에 대한 이차방정식 $ax^2 - (a^2 + 1)x - (2a + 1) = 0$의 한 근이 -1일 때, 실수 a의 값과 다른 한 근을 구하시오.

10 다음 방정식을 푸시오.

(1) $x^2 - 2|x| - 3 = 0$ (2) $(x + 2)|x - 2| = 3x$

11 $(2 + \sqrt{3})x^2 + (1 + \sqrt{3})x - 2(5 + 3\sqrt{3}) = 0$의 유리근을 구하시오.

12 이차방정식 $(\sqrt{2} - 1)x^2 - (3 - \sqrt{2})x + \sqrt{2} = 0$의 두 근을 α, β라 할 때 $|\alpha - \beta|$의 값을 구하시오.

13 이차방정식 $(1 + 2i)x^2 - (1 - 3i)x - 5i = 0$의 실근을 구하시오. (단, $i = \sqrt{-1}$)

14 이차방정식 $(1-i)x^2+2ix-4i=0$을 푸시오.

15 x에 대한 이차방정식 $x^2+2(1-k)x+(k+5)=0$이 서로 다른 두 실근을 갖게 하는 k의 값의 범위를 구하시오.

16 x에 대한 이차방정식 $x^2-2(k-a)x+k^2+a^2-b+1=0$이 실수 k의 값에 관계없이 중근을 가질 때, 상수 a, b의 값을 구하시오.

17 x에 대한 이차식 $x^2-ax+a-1$이 완전제곱식이 될 때, 실수 a의 값을 구하시오.

18 이차방정식 $x^2-(a+i)x+2+bi=0$가 중근을 가질 때, 실수 a, b의 값을 구하시오.

19 $x^2+3x+1=0$의 두 근을 α, β라 할 때, 다음 식의 값을 구하시오.
(1) $\alpha^2+\beta^2$ (2) $\alpha^3+\beta^3$ (3) $\alpha-\beta$

20 이차방정식 $x^2+ax+b=0$의 두 근이 1, -2일 때, 이차방정식 $2x^2+(a+b)x+b=0$의 두 근의 합을 구하시오. (단, a, b는 실수)

21 이차방정식 $x^2+px+q=0$의 두 근을 α, β라 할 때, 이차방정식 $x^2-px+2q=0$의 두 근은 $\alpha-1$, $\beta-1$이다. 이때 실수 p, q의 값을 구하시오.

22 x에 대한 이차방정식 $(m^2+1)x^2-4mx+2=0$이 양의 두 근을 가지며 한 근은 다른 한 근의 3배와 같다고 할 때, 실수 m의 값을 구하시오.

23 이차방정식 $(m-1)x^2-(m+3)x+6=0$의 한 근이 다른 한 근보다 1 크다고 할 때, 실수 m의 값을 구하시오.

24 이차방정식 $f(x)=0$의 두 근의 합이 4일 때, 이차방정식 $f(2x+1)=0$의 두 근의 합을 구하시오.

25 이차방정식 $2x^2-x+1=0$의 두 근을 α, β라 할 때, $\dfrac{1}{\alpha}$, $\dfrac{1}{\beta}$을 두 근으로 하는 이차항의 계수가 1인 이차방정식을 구하시오.

26 정아와 은지가 이차방정식 $x^2+ax+b=0$을 풀었다. 정아는 a를 잘못 보고 풀어 1, -8의 두 근을 얻었고 은지는 b를 잘못 보고 풀어 $1+2i$, $1-2i$의 두 근을 얻었다면 처음 이차방정식을 구하시오.

27 이차방정식 $2x^2-ax-b=0$의 한 근이 $2+\sqrt{3}$일 때, 유리수 a, b의 값을 구하시오.

28 이차방정식 $x^2-2ax+2=0$의 한 근이 $1+\sqrt{3}$일 때, 상수 a의 값을 구하시오.

29 $3-i$가 이차방정식 $x^2+px+q=0$ $(p,\ q$는 실수$)$의 근일 때, $p+q$의 값을 구하시오.

30 이차방정식 $x^2-x+a=0$의 한 근이 $1+i$일 때, 상수 a의 값을 구하시오.

31 두 이차방정식 $x^2-(p-5)x+3p=0$과 $x^2+(p+1)x-3p=0$이 공통근을 가질 때, 상수 p의 값을 구하시오.

32 x에 대한 두 이차방정식 $mx^2+x+m^2=0$, $mx^2+m^2x+1=0$이 두 개의 공통근을 가질 때, 상수 m의 값을 구하시오.

▶ 연습문제 B는 앞에서 배운 문제 중 응용단계의 문제이므로 연습장에 스스로 풀어보고 잘 풀리지 않으면 처음부터 다시 공부한 후 자신이 있을 때 다시 풀어 보도록 하자.

01 x에 대한 방정식 $(a^2+3)x-1=a(4x-1)$이 불능일 때, a의 값을 구하시오.

02   방정식 $a^2x+1=a(x+1)$의 근이 무수히 많을 때, 상수 a의 값을 구하시오.

03   다음 방정식을 푸시오.
(1) $|2x-6|=4$ (2) $|2x-6|=3x+4$

04 $|x+1|+|x-2|=3x+2$을 푸시오.

05   다음 설명 중 옳지 않은 것을 고르시오.
① $x^2=4$의 두 근은 $x=\pm2$이다.
② $x=\pm2$는 $x=2$ 또는 $x=-2$를 의미한다.
③ $x^2=5$의 두 근은 $x=\pm\sqrt{5}$이다.
④ $x=\pm\sqrt{5}$는 $x=\sqrt{5}$이고 $x=-\sqrt{5}$를 의미한다.
⑤ $(x-3)^2=0$의 근 $x=3$은 두 근이 겹쳐있어 중근이라 한다.

06 $3x^2-2ax-a^2$을 푸시오. (단, a는 상수)

07　이차방정식 $kx^2+(1-k)x-1=0$을 푸시오.

08　이차방정식 $x^2-ax+3a-2=0$의 두 근이 2, b일 때, 실수 a, b에 대하여 $2a-b$의 값을 구하시오.

09　$x^2+|x|=\sqrt{(x+1)^2}+3$을 푸시오.

10　$(1+2\sqrt{2})x^2+(1+3\sqrt{2})x-2(1+\sqrt{2})=0$의 유리근을 구하시오.

11　이차방정식 $(\sqrt{3}+1)x^2+(8+2\sqrt{3})x+(5\sqrt{3}+3)=0$의 두 근을 α, β라 할 때, $2\alpha-\beta$의 값을 구하시오. (단, $\alpha>\beta$)

12　이차방정식 $(2+i)x^2-(5-4i)x+2-12i=0$의 실근을 구하시오.

13　이차방정식 $(2-3i)x^2-2(2+i)x+i=0$을 푸시오.

14 x에 대한 이차방정식 $ax^2+4x-2=0$이 실근을 가질 때, 실수 a의 값의 범위를 구하시오.

15 x에 대한 이차방정식 $x^2+(2k+a)x+k^2+2k+b=0$이 실수 k의 값에 관계없이 중근을 가질 때, 상수 a, b에 대하여 $a-b$의 값을 구하시오.

16 x에 대한 이차식 $x^2+(k-1)x-2k-1$이 완전제곱식이 될 때, 실수 k의 값과 그때의 근을 구하시오.

17 이차방정식 $x^2+(a+2i)x+b+4i=0$이 중근을 가질 때, 실수 a, b에 대하여 $a+b$의 값을 구하시오.

18 이차방정식 $x^2-2x+2=0$의 두 근을 α, β라 할 때, $(\alpha-3\beta+1)(\beta-3\alpha+1)$의 값을 구하시오.

19 이차방정식 $ax^2+x+2b=0$의 두 근이 1, $-\dfrac{1}{2}$일 때, 이차방정식 $(a+b)x^2+ax-b=0$의 두 근의 곱을 구하시오.

20 이차방정식 $x^2-(a-3)x+3=0$의 두 근을 α, β라 할 때, $\alpha^2+\beta^2=\alpha\beta$가 되는 양수 a의 값을 구하시오.

21   이차방정식 $x^2+(m-6)x-12=0$의 두 근의 절댓값의 비가 $3:1$이 되게 하는 실수 m의 값을 구하시오.

22   이차방정식 $x^2+2kx+15=0$의 두 근의 차가 2일 때, 실수 k의 값과 그 때의 근을 구하시오.

23   이차방정식 $f(x)=0$의 두 근 α, β에 대하여 $\alpha+\beta=5$, $\alpha\beta=-3$일 때, 이차방정식 $f(3x+2)=0$의 두 근의 곱을 구하시오.

24   이차방정식 $x^2+3x+1=0$의 두 근을 α, β라 할 때, $\alpha^2+\dfrac{1}{\beta}$, $\beta^2+\dfrac{1}{\alpha}$을 두 근으로 하는 이차방정식을 구하시오. (단, 이차항의 계수는 1이다.)

25   석진, 윤기 두 명이 이차방정식 $ax^2+bx+c=0$을 풀었다. 석진이는 b를 잘못 보고 풀어 2와 3이라는 근을 얻었고, 윤기는 c를 잘못 보고 풀어 1과 4라는 근을 얻었다. 처음 이차방정식의 해를 구하시오.

26   이차식 $6x^2-5x+2$를 근의 공식을 이용하여 복소수 범위에서 인수분해하시오.

27 이차방정식 $x^2 - ax + b = 0$의 한 근이 $\dfrac{\sqrt{3}-1}{2}$일 때, 유리수 a, b의 값을 구하시오.

28 이차방정식 $x^2 + ax + 3 = 0$의 한 근이 $1 - \sqrt{2}$일 때, 상수 a의 값을 구하시오.

29 이차방정식 $x^2 + ax + b = 0$의 한 근이 $2 + \sqrt{5}\,i$일 때, 실수 a, b의 값을 구하시오.

30 이차방정식 $x^2 + ax - 5 = 0$의 한 근이 $2 - i$일 때, 상수 a의 값을 구하시오.

31 두 이차방정식 $x^2 + px + 2 = 0$과 $x^2 + 2x + p = 0$이 단 하나의 공통근을 가질 때, 상수 p와 공통근을 구하시오.

32 x에 대한 두 이차방정식 $kx^2 + 2x - 2 - k = 0$과 $2x^2 + 3kx + x - 6 = 0$이 두 개의 공통근을 가질 때, 상수 k의 값을 구하시오.

III 이차함수

PART

01

이차함수의 그래프

◆ 중·고교 연결과정 선수학습
1 이차함수의 그래프
◆ 반복학습 기록란
◆ 연습문제 (A)(B)

명언

자신을 가장 빨리 변화시키는 방법은
당신이 되고 싶은 모습을 하고 있는 사람들과 어울리는 것이다.
- 리드 호프만 -

1 일차함수의 그래프

→ 함수 $y=f(x)$에서 $f(x)$가 x에 대한 일차식일 때, 이 함수를 **일차함수**라 한다.

$(x_1,\ y_1),\ (x_2,\ y_2)$는 $y=f(x)$ 위의 점, θ는 $y=f(x)$가 x축의 양의 방향과 이루는 각이라 하자.

[1] 기본형 $y=ax$의 그래프

→ 기울기가 a이고 원점을 지나는 직선이다.

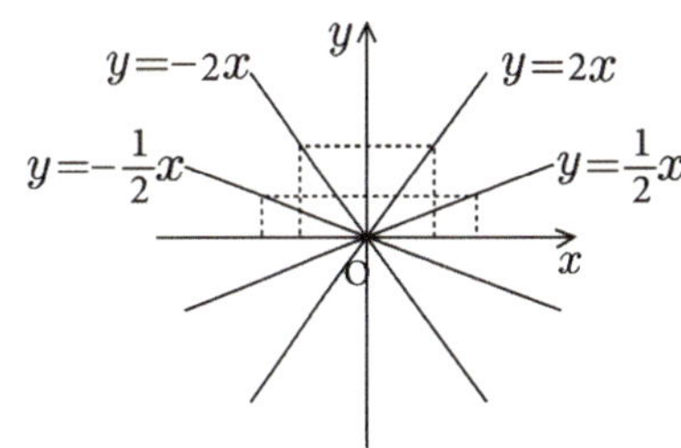

(1) a : 기울기(방향계수)$=\dfrac{y_2-y_1}{x_2-x_1}=\tan\theta$

 ① $a>0$: 우측 방향으로 올라간다. → 증가함수

 ② $a<0$: 우측 방향으로 내려간다. → 감소함수

 ③ $a=0$: $y=0\,(x$축$)$

(2) $|a|$의 값이 클수록 그래프가 y축에 가깝다.

[2] 표준형 $y=ax+b$의 그래프

→ 기울기가 a이고 y절편이 b인 직선이다.

(1) b가 일정하고 a가 변할 때

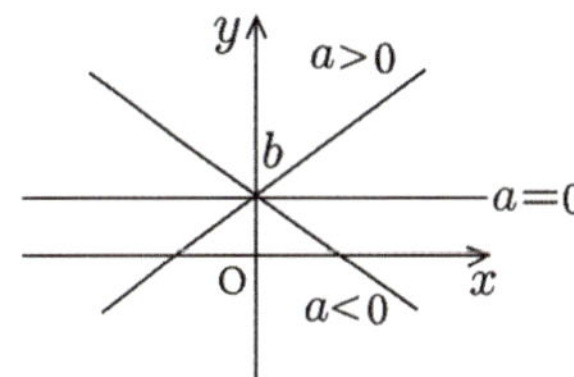

 ① $a>0$: 우측 방향으로 올라간다. → 증가함수

 ② $a<0$: 우측 방향으로 내려간다. → 감소함수

 ③ $a=0$: $y=b\,(x$축에 평행한 직선$)$

(2) a가 일정하고 b가 변할 때

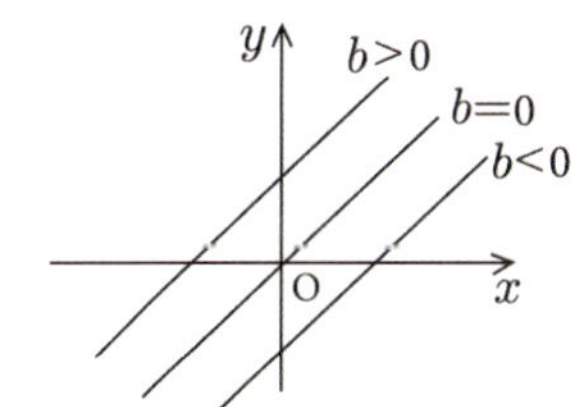

 ① $b>0$: $y>0$인 y축 위의 점을 지난다.

 ② $b<0$: $y<0$인 y축 위의 점을 지난다.

 ③ $b=0$: $y=0$인 원점을 지난다.

[3] 일반형 $ax+by+c=0$의 그래프

(1) $a\neq 0,\ b\neq 0$일 때, $y=-\dfrac{a}{b}x-\dfrac{c}{b}$

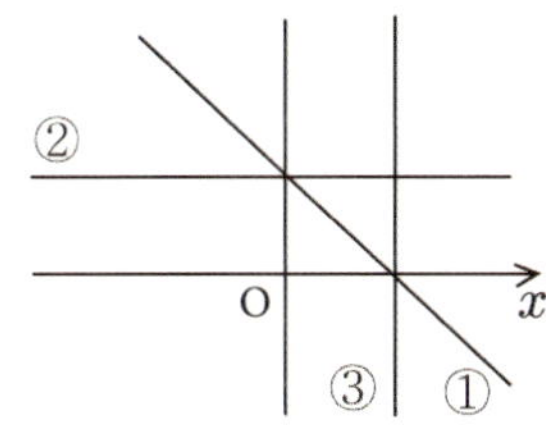

 → 기울기 $-\dfrac{a}{b}$, y절편 $-\dfrac{c}{b}$인 직선이다.

(2) $a=0,\ b\neq 0$일 때, $y=-\dfrac{c}{b}$

 → y절편 $-\dfrac{c}{b}$인 x축에 평행한 직선이다.

(3) $a\neq 0,\ b=0$일 때, $x=-\dfrac{c}{a}$

 → x절편 $-\dfrac{c}{a}$인 y축에 평행한 직선이다.

> **체크** 불가능한 일차함수의 그래프
> ① $y = ax + b$ $\Rightarrow$ y축에 평행한 그래프는 불가능하다.
> ② $x = ay + b$ $\Rightarrow$ x축에 평행한 그래프는 불가능하다.
> ③ $ax + by + c = 0$ $\Rightarrow$ 모든 형태의 직선이 가능하다.

강의 일차함수의 그래프의 생명은 기울기와 절편이다!

① 기울기 연구

$$\rightarrow a = \frac{\triangle y}{\triangle x} = \frac{y_2 - y_1}{x_2 - x_1} = \tan\theta$$

(길이)　(두 점)　(양각)

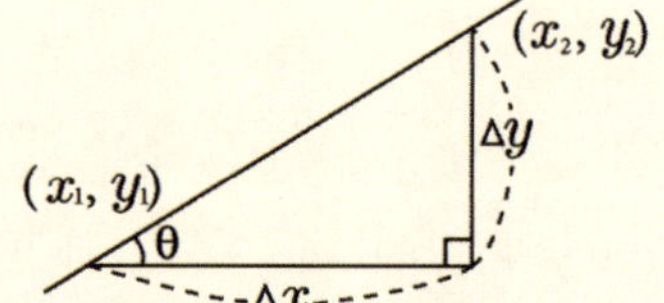

② y절편 연구

→ 반대로 $x = 0$ 대입

→ $y = ax + b$; $x = 0 \rightarrow y = b$

→ y절편 ; $(0,\ b)$

주의 불가능한 일차함수의 그래프

→ $ax + by + c = 0$; 모든 직선 가능

① $y = ax + b \rightarrow y$축 평행선 불가능

② $x = ay + b \rightarrow x$축 평행선 불가능

기|본|예|제 01

직선 $(3-a)x + y + 2 + b = 0$이 x축의 양의 방향과 이루는 각이 $45°$이고 y절편이 -1일 때, 상수 a, b의 값을 구하시오.

탐구 $y = ax + b$의 그래프 $\rightarrow$ ① 기울기 $a = \tan\theta$

② y절편 $(0,\ b)$

풀이 $y = (a-3)x - 2 - b$로 변형하면

기울기 $a - 3 = \tan 45°$　　$a - 3 = 1$　　$\therefore a = 4$

$\therefore y = x - 2 - b$　　　$\cdots$ ①

y절편이 -1이므로 $(0,\ -1)$을 ①에 대입하여 b의 값을 구하면

$$-2 - b = -1 \qquad \therefore b = -1$$

정답 $a = 4,\ b = -1$

유제 01-1 직선 $2x+ay+b=0$ 위의 임의의 두 점에서 x의 값의 증가량이 2일 때, y의 값의 증가량이 -1이고 y절편은 1이라 한다. 이때 상수 a, b의 값을 구하시오.

유제 01-2 직선 $mx+ny+1=0$이 두 점 $(-2,\ 0)$, $(1,\ 2)$를 지날 때, 이 직선의 y절편을 구하시오. (단, m, n은 상수)

강의 일차함수의 식은 반대로 사고하는 것이 필요하다!

(1) 좌표축과 축에 평행한 직선

① x축, x절편 → 반대로 $y=0$

② y축, y절편 → 반대로 $x=0$

③ x축에 평행한 직선 → 반대로 $y=$상수

④ y축에 평행한 직선 → 반대로 $x=$상수

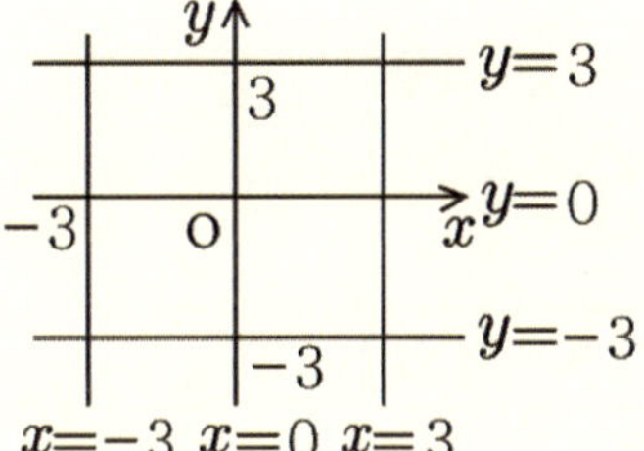

(2) 기본형과 절편형

→ 기본형 $y=ax$ $\begin{cases} x\text{절편} & b \ \to\ y=a(x-b) \\ y\text{절편} & b \ \to\ y-b=ax \end{cases}$

주의 x절편 a, y절편 b인 직선 → $\dfrac{x}{a}+\dfrac{y}{b}=1$

기 | 본 | 예 | 제 02

다음 직선의 방정식을 구하시오.

(1) 점 $(2,\ 0)$을 지나고 y축에 평행한 직선

(2) 직선 $y=-x+1$과 평행하고 점 $(0,\ -3)$을 지나는 직선

탐구
① $(a,\ 0)$ 지나고 y축 평행 → 반대로 $x=a$
② 직선 $y=mx+n$과 평행 → 기울기 m

풀이
(1) 점 $(2,\ 0)$을 지나고 y축에 평행한 직선이므로
$$x=2$$

(2) 직선 $y=-x+1$과 평행하므로 구하는 직선의 기울기는 -1이고, 점 $(0,\ -3)$을 지나므로 y절편은 -3이다.
$$\therefore\ y=-x-3$$

정답 (1) $x=2$　　(2) $y=-x-3$

유제 02-1 다음 직선의 방정식을 구하시오.

(1) 점 $(2, -7)$을 지나고 x축에 평행한 직선

(2) 직선 $y = 2x + 5$와 평행하고 점 $(-2, 0)$을 지나는 직선

유제 02-2 다음 직선의 방정식을 구하시오.

(1) 점 $(3, 4)$를 지나고 y축에 수직인 직선

(2) x절편이 1, y절편이 2인 직선

강의 일차함수 문제는 기울기와 y절편을 이용한다!

$$\rightarrow \quad ax + by + c = 0 \;\rightarrow\; y = -\frac{a}{b}x - \frac{c}{b}$$

① 기울기 $-\dfrac{a}{b}$ ② y절편 $-\dfrac{c}{b}$

기|본|예|제 03

직선 $ax + by + c = 0$은 다음의 각 경우에 제 몇 사분면을 지나는지 말하시오.

(1) $a = 0,\ bc < 0$ (2) $ab > 0,\ bc < 0$

탐구 $ax + by + c = 0 \;\rightarrow\; y = -\dfrac{a}{b}x - \dfrac{c}{b} \;\rightarrow\;$ 기울기 $-\dfrac{a}{b}$, y절편 $-\dfrac{c}{b}$

풀이 (1) $a = 0$이면 $y = -\dfrac{c}{b}$

이 직선은 y절편이 $-\dfrac{c}{b} > 0$이고 x축에 평행한

직선이므로 제 1, 2 사분면을 지난다.

(2) $ab > 0$이면 기울기 $-\dfrac{a}{b} < 0$, $bc < 0$이면 y절편 $-\dfrac{c}{b} > 0$인

직선이므로 제 1, 2, 4 사분면을 지난다.

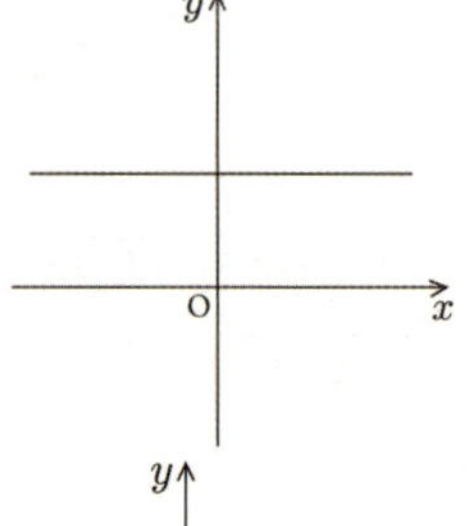

정답 (1) 제 1, 2 사분면 (2) 제 1, 2, 4 사분면

유제 03-1 직선 $ax + by + c = 0$은 다음의 각 경우에 제 몇 사분면을 지나는지 말하시오.

(1) $ab > 0,\ c = 0$ (2) $ab < 0,\ bc < 0$

유제 03-2 $ac < 0,\ b = 0$일 때, 직선 $ax + by + c = 0$이 지나는 사분면을 말하시오.

01 이차함수의 그래프

[1] 기본형 $y = ax^2$의 그래프

(1) 꼭짓점 : $(0,\ 0)$

(2) 대칭축 : y축 $(x = 0)$

(3) 꼴잡이 : a

    ① $a > 0$일 때 → 아래로 볼록하다. ($\cup$꼴)

    ② $a < 0$일 때 → 위로 볼록하다. ($\cap$꼴)

    ③ $|a|$의 값이 클수록 그래프의 폭이 좁아진다.

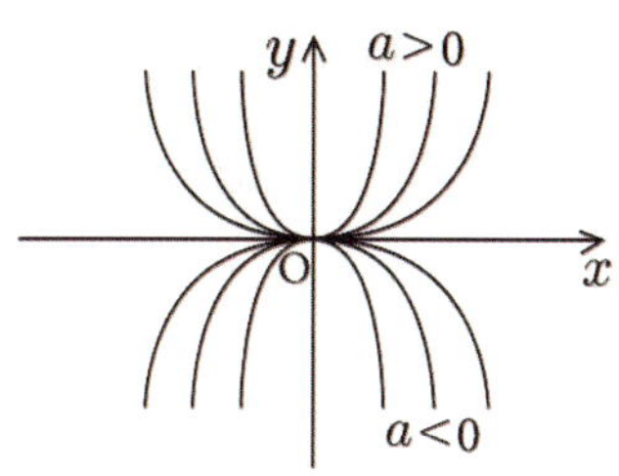

[2] 표준형 $y = a(x-m)^2 + n\,(a \neq 0)$의 그래프

➡ $y = ax^2$의 그래프를 x축으로 m만큼, y축으로 n만큼 평행이동한 그래프이다.

(1) 꼭짓점 : $(m,\ n)$

(2) 대칭축 : $x = m$

(3) 꼴잡이 : a

    ① $a > 0$일 때 → 아래로 볼록하다. ($\cup$꼴)

    ② $a < 0$일 때 → 위로 볼록하다. ($\cap$꼴)

    ③ $|a|$의 값이 클수록 그래프의 폭이 좁아진다.

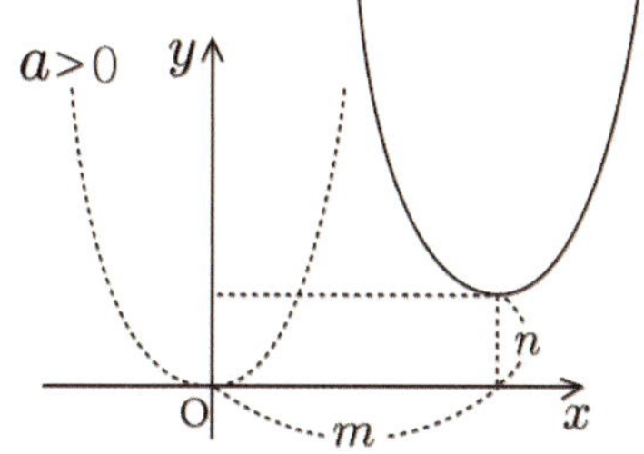

[3] 일반형 $y = ax^2 + bx + c\,(a \neq 0)$의 그래프

➡ $y = a\left(x + \dfrac{b}{2a}\right)^2 - \dfrac{b^2 - 4ac}{4a}$

➡ $y = ax^2$의 그래프를 x축으로 $-\dfrac{b}{2a}$만큼, y축으로 $-\dfrac{b^2-4ac}{4a}$만큼 평행이동한 그래프이다.

(1) 꼭짓점 : $\left(-\dfrac{b}{2a},\ -\dfrac{b^2-4ac}{4a}\right)$

(2) 대칭축 : $x = -\dfrac{b}{2a}$

(3) y절편 : $(0,\ c)$

(4) 꼴잡이 : a

    ① $a > 0$일 때 → 아래로 볼록하다. ($\cup$꼴)

    ② $a < 0$일 때 → 위로 볼록하다. ($\cap$꼴)

    ③ $|a|$의 값이 클수록 그래프의 폭이 좁아진다.

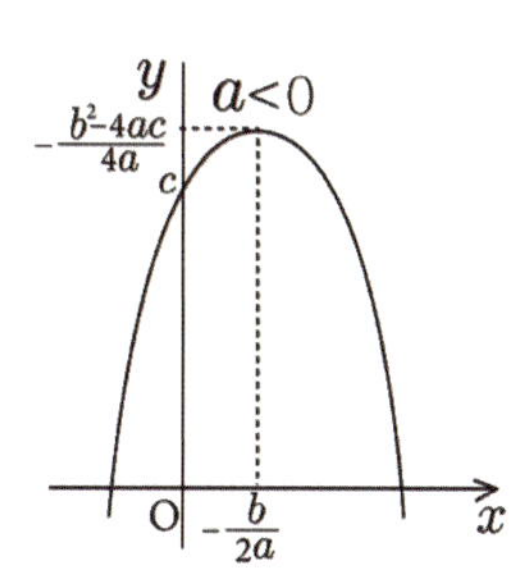

 이차함수 문제는 꼭짓점을 이용한다!

$$y = ax^2 + bx + c \;\rightarrow\; y = a\left(x + \frac{b}{2a}\right)^2 - \frac{D}{4a} \quad \text{(단, } D = b^2 - 4ac)$$

① $a > 0 \rightarrow \cup$ 꼴

   $a < 0 \rightarrow \cap$ 꼴

② 꼭짓점 $\left(-\dfrac{b}{2a},\; -\dfrac{D}{4a}\right)$

③ 대칭축 $x = -\dfrac{b}{2a}$

주의 이차함수의 생명 $\rightarrow$ 꼭짓점

① 기본형 $y = ax^2 \rightarrow$ 꼭짓점 $(0,\ 0)$, 대칭축 $x = 0$

② 이동형 $y = a(x - m)^2 + n \rightarrow$ 꼭짓점 $(m,\ n)$, 대칭축 $x = m$

③ 일반형 $y = ax^2 + bx + c \rightarrow$ 꼭짓점 $\left(-\dfrac{b}{2a},\ -\dfrac{D}{4a}\right)$, 대칭축 $x = -\dfrac{b}{2a}$

기 | 본 | 예 | 제 01

다음 이차함수의 꼭짓점의 좌표와 대칭축을 차례로 쓰시오.

(1) $y = -2x^2$ (2) $y = 2x^2 - 3$ (3) $y = 2(x - 3)^2 + 5$

탐구 $y = a(x - p)^2 + q$의 꼭짓점의 좌표는 $(p,\ q)$이고, 대칭축은 $x = p$이다.

풀이   (1) $y = -2x^2 \rightarrow$ 꼭짓점 $(0,\ 0)$, 대칭축 $x = 0$

        (2) $y = 2x^2 - 3 \rightarrow$ 꼭짓점 $(0,\ -3)$, 대칭축 $x = 0$

        (3) $y = 2(x - 3)^2 + 5 \rightarrow$ 꼭짓점 $(3,\ 5)$, 대칭축 $x = 3$

정답   (1) $(0,\ 0),\ x = 0$ (2) $(0,\ -3),\ x = 0$ (3) $(3,\ 5),\ x = 3$

유제 01-1   다음 이차함수의 꼭짓점의 좌표와 대칭축을 구하시오.

     (1) $y = -(x + 2)^2$ (2) $y = 2x^2 - 8x + 12$

유제 01-2   다음 이차함수의 꼭짓점의 좌표와 대칭축, y절편을 구하시오.

$$y = 3x^2 + 9x + 7$$

[1] a → 그래프의 모양 결정

(1) $a > 0$: 아래로 볼록하다. ($\cup$꼴)

(2) $a < 0$: 위로 볼록하다. ($\cap$꼴)

(3) $|a|$의 값이 클수록 그래프의 폭이 좁아진다.

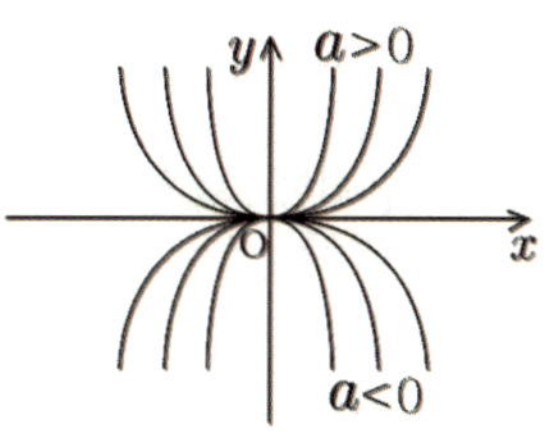

[2] b → 대칭축의 위치 결정

(1) $ab > 0$: 대칭축은 y축의 좌측에 있다.

(2) $ab < 0$: 대칭축은 y축의 우측에 있다.

(3) $ab = 0$: 대칭축은 $x = 0\,(y$축)이다.

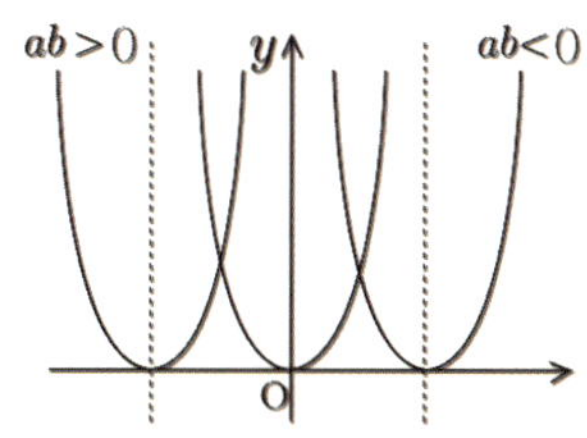

[3] c → 그래프의 y절편 결정

(1) $c > 0$: $y > 0$인 y축 위의 점을 지난다.

(2) $c < 0$: $y < 0$인 y축 위의 점을 지난다.

(3) $c = 0$: $y = 0$인 원점을 지난다.

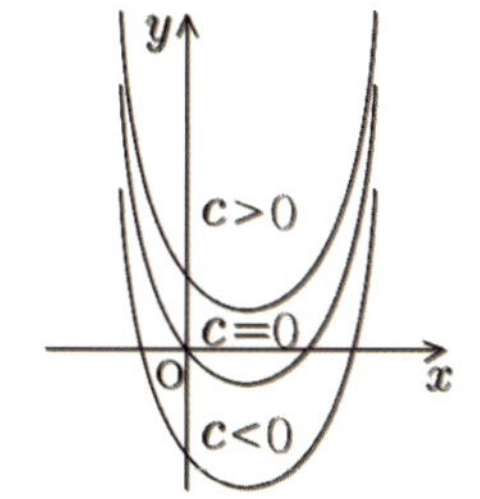

강의 $y = ax^2 + bx + c$의 그래프는 계수의 역할에 주목하라!

① a → 꼴잡이

② b → 대칭축

③ c → y절편

→ 대칭축 $x = -\dfrac{b}{2a}$ (반대현상)

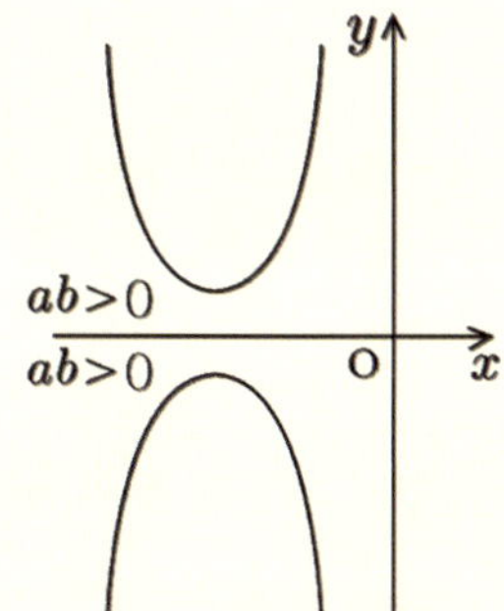

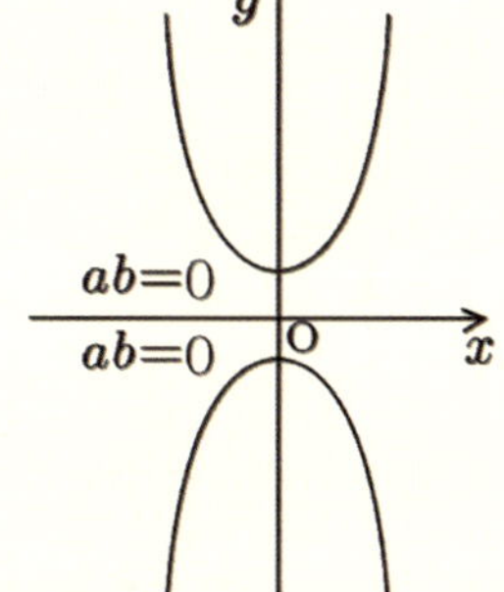

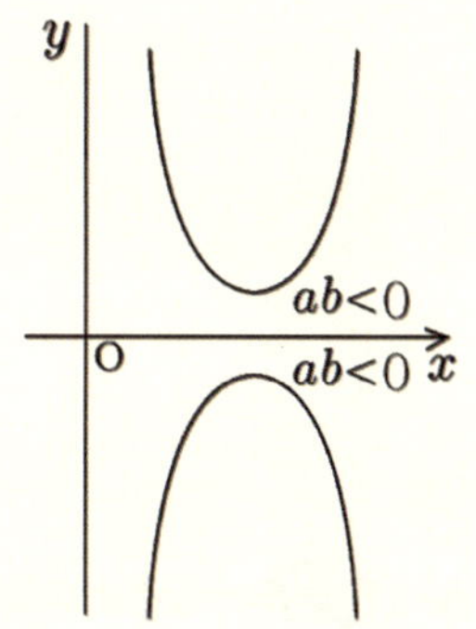

$y = ax^2 + bx + c$의 그래프가 오른쪽 그림과 같을 때,
계수 a, b, c의 부호를 판정하시오.

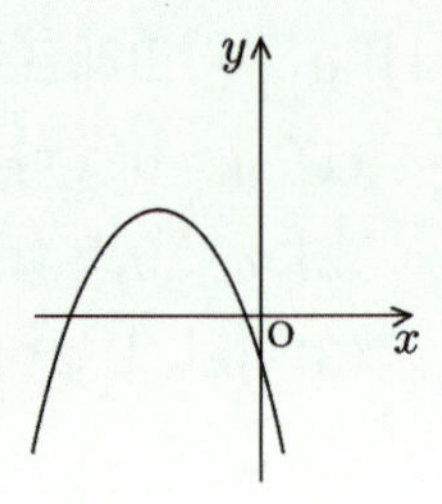

탐구 $y = ax^2 + bx + c$에서 a : 꼴잡이, b : 대칭축, c : y절편

풀이 주어진 이차함수의 그래프에서

ⅰ) 위로 볼록이므로 $a < 0$

ⅱ) 대칭축 $x = -\dfrac{b}{2a} < 0$이므로 $ab > 0$ ∴ $b < 0$

ⅲ) y절편 < 0이므로 $c < 0$

정답 $a < 0,\ b < 0,\ c < 0$

유제 02-1 이차함수 $y = ax^2 + bx + c$의 그래프가 오른쪽 그림과 같을 때, 함수 $y = cx^2 - bx + a$의 개형으로 맞는 것을 고르시오.

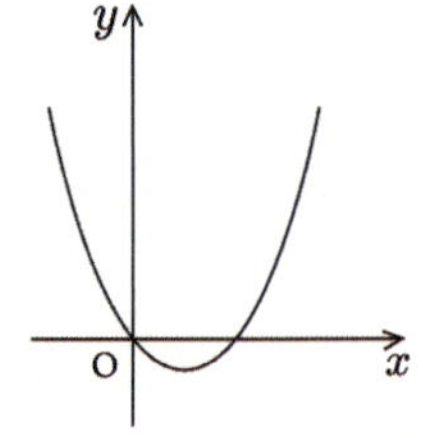

① 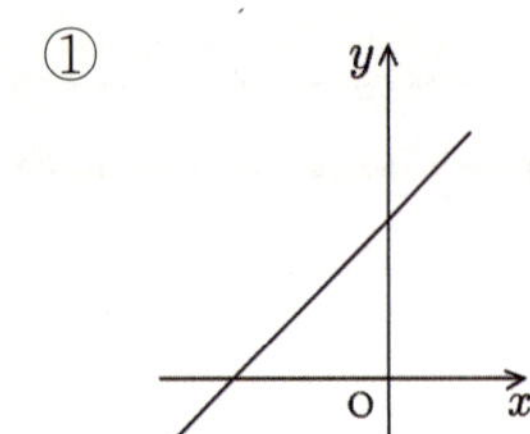

② 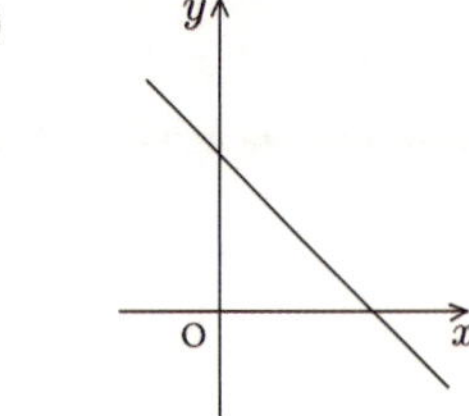

③ 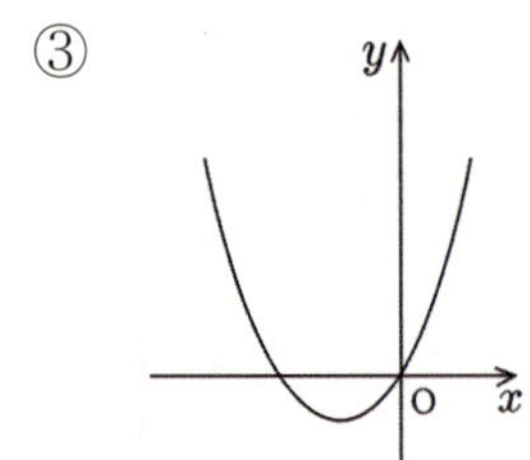

④ 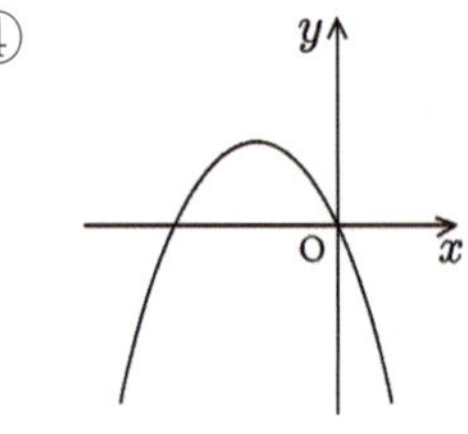

⑤ 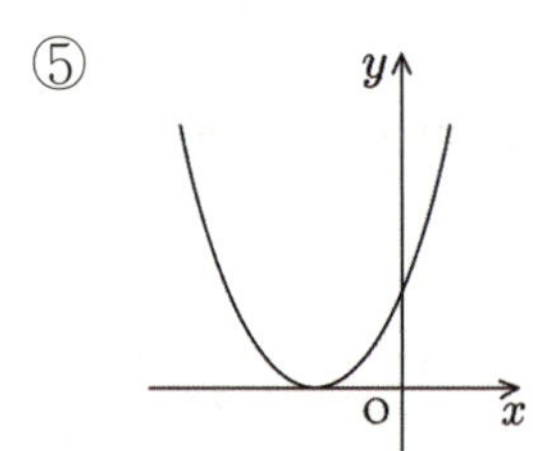

유제 02-2 이차함수 $y = ax^2 + bx + c$의 그래프가 오른쪽 그림과 같을 때, 이차함수 $y = cx^2 + bx + a$의 그래프가 지날 수 없는 사분면을 구하시오.

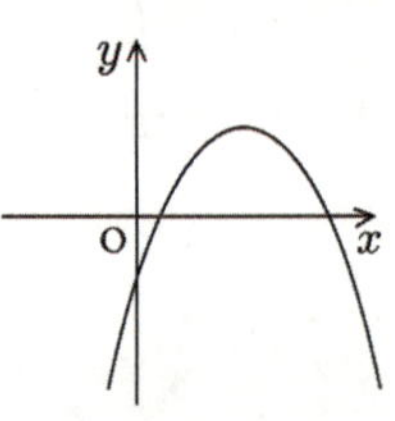

[1] 원점이 꼭짓점인 경우

➜ $y = ax^2$

[2] x축에 접하고, 대칭축이 y축에 평행한 경우

➜ $y = a(x-m)^2$

[3] 꼭짓점 $(m,\ n)$이 주어진 경우

➜ $y = a(x-m)^2 + n$

[4] x축과의 두 교점이 $(\alpha,\ 0)$, $(\beta,\ 0)$으로 주어진 경우

➜ $y = a(x-\alpha)(x-\beta)$

[5] 세 점이 주어진 경우

➜ $y = ax^2 + bx + c$

강의 **이차함수의 작성은 세 가지 방법이 있다!**

① 꼭짓점이 주어지는 경우 ➜ $y = a(x-m)^2 + n$

② x절편이 주어지는 경우 ➜ $y = a(x-\alpha)(x-\beta)$

③ 세 점이 주어지는 경우 ➜ $y = ax^2 + bx + c$

➜ 3점 → 3식 → $a,\ b,\ c$ 결정

기|본|예|제 03

꼭짓점이 $(1,\ -2)$이고, 점 $(-1,\ 2)$를 지나는 이차함수의 식을 구하시오.

탐구 꼭짓점 $(m,\ n)$ → 이차함수 $y = a(x-m)^2 + n$

풀이 꼭짓점 $(1,\ -2)$을 이용하여 이차함수의 식을 구하면

$$y = a(x-1)^2 - 2 \quad \cdots ①$$

①에 $(-1,\ 2)$를 대입하여 a의 값을 구하면

$$2 = a(-1-1)^2 - 2 \quad \therefore\ a = 1$$

$$\therefore\ y = (x-1)^2 - 2$$

정답 $y = (x-1)^2 - 2$

유제 03-1 꼭짓점이 $(-1, 3)$이고 점 $(1, -5)$를 지나는 이차함수의 식을 구하시오.

유제 03-2 꼭짓점이 $(2, 1)$인 이차함수가 점 $(0, -1)$을 지날 때, 이 이차함수의 그래프의 x절편을 구하시오.

기|본|예|제 **04**

x절편이 1, 3이고 y절편이 3인 이차함수의 식을 구하시오.

탐구 x절편이 α, β → 이차함수 $y = a(x-\alpha)(x-\beta)$

풀이 x절편이 1, 3인 이차함수의 식을 구하면
$$y = a(x-1)(x-3) \qquad \cdots ①$$
y절편이 3이므로 ①에 $(0, 3)$을 대입하여 a의 값을 구하면
$$3 = 3a \qquad \therefore\ a = 1$$
따라서 구하는 이차함수의 식은
$$y = (x-1)(x-3) = x^2 - 4x + 3$$
$$\therefore\ y = x^2 - 4x + 3$$

정답 $y = x^2 - 4x + 3$

유제 04-1 x절편이 1, 4이고 한 점 $(2, 2)$를 지나는 이차함수의 식을 구하시오.

유제 04-2 오른쪽 그림과 같은 이차함수의 꼭짓점의 좌표를 구하시오.

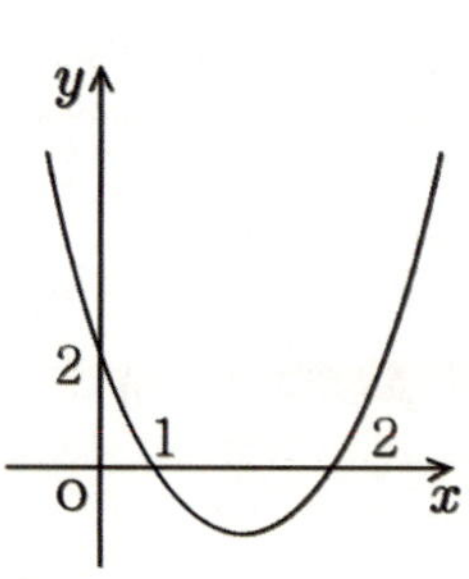

세 점 $(-1, 8)$, $(1, 2)$, $(0, 4)$를 지나는 이차함수의 식을 구하시오.

탐구   세 점 $\rightarrow y = ax^2 + bx + c$ 에 대입

풀이   구하는 이차함수의 식을 $y = ax^2 + bx + c$라 하고 세 점을 대입하면

$$8 = a - b + c \qquad \cdots ①$$
$$2 = a + b + c \qquad \cdots ②$$
$$4 = c$$

$c = 4$를 ①, ②에 대입하고 a, b의 값을 구하면

$$a = 1, \ b = -3$$

따라서 구하는 이차함수의 식은

$$y = x^2 - 3x + 4$$

정답 $y = x^2 - 3x + 4$

유제 05-1   이차함수 $y = ax^2 + bx + c$가 세 점 $(-1, \ -6)$, $(1, \ -2)$, $(0, \ -3)$을 지날 때, 상수 a, b, c의 값을 구하시오.

유제 05-2   이차함수 $y = ax^2 + bx + c$가 세 점 $(0, 3)$, $(1, 2)$, $(2, 3)$을 지날 때, 이차함수의 꼭짓점의 좌표를 구하시오.

유제 05-3   이차함수 $y = ax^2 + bx + c$의 그래프가 오른쪽 그림과 같고 한 점 $(4, 5)$를 지날 때, 이차함수의 축의 방정식을 구하시오.

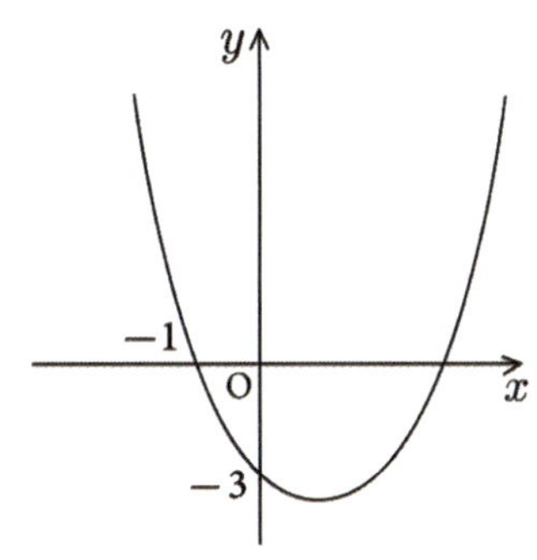

반복학습 기록란.

가장 좋은 학습방법은 학교에서나 학원에서나 선생님의 강의를 열심히 듣고 여러 번 반복학습하는 것입니다.
지금부터 당장 선생님의 강의를 열심히 듣고 반복! 반복하십시오. 그러면 곧 모든 과목에 자신이 생길 것입니다.

회수	시작이 반!			끝을 봐야!			확인
제1회	년	월	일 부터	년	월	일 까지	
제2회	년	월	일 부터	년	월	일 까지	
제3회	년	월	일 부터	년	월	일 까지	
제4회	년	월	일 부터	년	월	일 까지	
제5회	년	월	일 부터	년	월	일 까지	
제6회	년	월	일 부터	년	월	일 까지	
제7회	년	월	일 부터	년	월	일 까지	
제8회	년	월	일 부터	년	월	일 까지	
제9회	년	월	일 부터	년	월	일 까지	
제10회	년	월	일 부터	년	월	일 까지	

▶ 연습문제 A는 앞에서 배운 기초 단계의 문제이므로 선생님의 도움 없이
스스로 풀어 자신의 실력을 점검해 보도록 하자.

01 직선 $(3-a)x+y+2+b=0$이 x축의 양의 방향과 이루는 각이 $45°$이고 y절편이 -1일 때, 상수 a, b의 값을 구하시오.

02 직선 $mx+ny+1=0$이 두 점 $(-2, 0)$, $(1, 2)$를 지날 때, 이 직선의 y절편을 구하시오.
(단, m, n은 상수)

03 다음 직선의 방정식을 구하시오.
(1) 점 $(2, 0)$을 지나고 y축에 평행한 직선
(2) 직선 $y=-x+1$과 평행하고 점 $(0, -3)$을 지나는 직선

04 직선 $ax+by+c=0$은 다음의 각 경우에 제 몇 사분면을 지나는지 말하시오.
(1) $a=0$, $bc<0$ (2) $ab>0$, $bc<0$

05 다음 이차함수의 꼭짓점의 좌표와 대칭축을 차례로 쓰시오.
(1) $y=-2x^2$ (2) $y=2x^2-3$ (3) $y=2(x-3)^2+5$

06 다음 이차함수의 꼭짓점의 좌표와 대칭축을 구하시오.

    (1) $y = -(x+2)^2$ (2) $y = 2x^2 - 8x + 12$

07 $y = ax^2 + bx + c$의 그래프가 오른쪽 그림과 같을 때,
계수 a, b, c의 부호를 판정하시오.

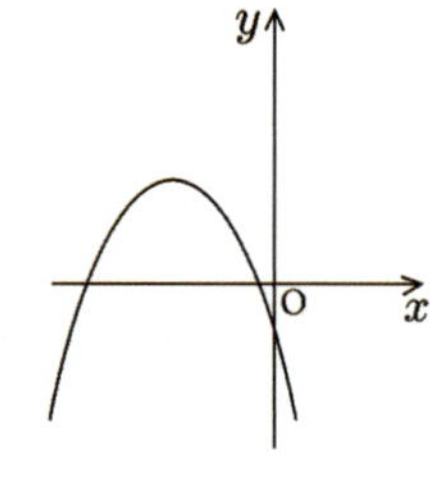

08 꼭짓점이 $(1,\ -2)$이고, 점 $(-1,\ 2)$를 지나는 이차함수의 식을 구하시오.

09 x절편이 1, 3이고 y절편이 3인 이차함수의 식을 구하시오.

10 세 점 $(-1,\ 8)$, $(1,\ 2)$, $(0,\ 4)$를 지나는 이차함수의 식을 구하시오.

▶ 연습문제 B는 앞에서 배운 문제 중 응용단계의 문제이므로 연습장에 스스로 풀어보고 잘 풀리지 않으면 처음부터 다시 공부한 후 자신이 있을 때 다시 풀어 보도록 하자.

01 직선 $2x+ay+b=0$ 위의 임의의 두 점에서 x의 값의 증가량이 2일 때, y의 값의 증가량이 -1이고 y절편은 1이라 한다. 이때 상수 a, b의 값을 구하시오.

02 다음 직선의 방정식을 구하시오.
(1) 점 $(2, -7)$을 지나고 x축에 평행한 직선
(2) 직선 $y=2x+5$와 평행하고 점 $(-2, 0)$을 지나는 직선

03 다음 직선의 방정식을 구하시오.
(1) 점 $(3, 4)$를 지나고 y축에 수직인 직선
(2) x절편이 1, y절편이 2인 직선

04 $ac<0$, $b=0$일 때, 직선 $ax+by+c=0$이 지나는 사분면을 말하시오.

05 다음 이차함수의 꼭짓점의 좌표와 대칭축, y절편을 구하시오.
$$y=3x^2+9x+7$$

06 이차함수 $y = ax^2 + bx + c$의 그래프가 오른쪽 그림과 같을 때, 함수
$y = cx^2 - bx + a$의 개형으로 맞는 것을 고르시오.

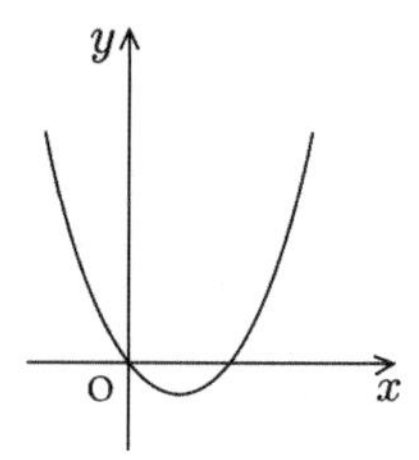

① 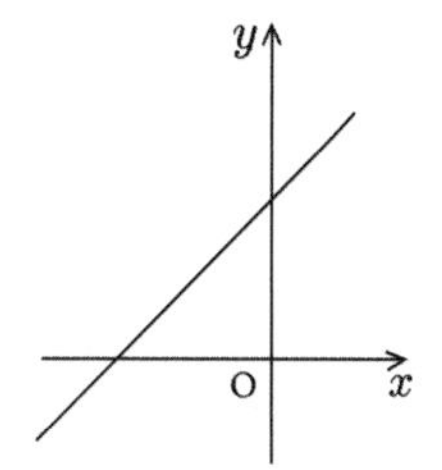

② 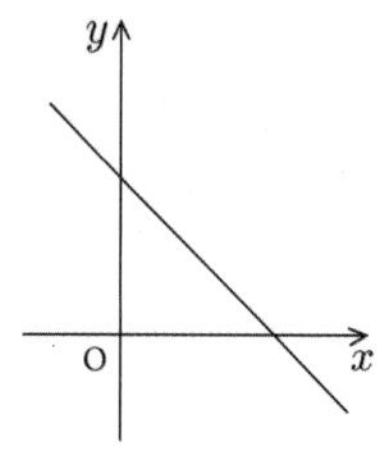

③

④ 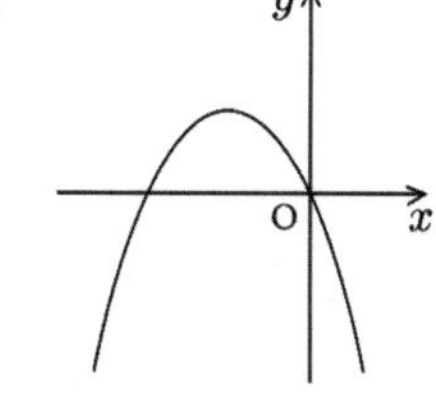

⑤ 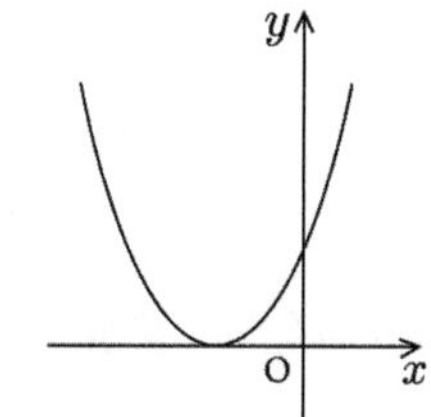

07 이차함수 $y = ax^2 + bx + c$의 그래프가 오른쪽 그림과 같을 때, 이차함
수 $y = cx^2 + bx + a$의 그래프가 지날 수 없는 사분면을 구하시오.

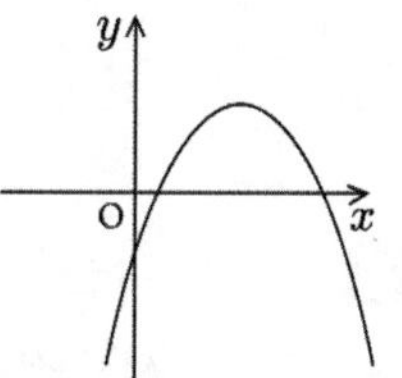

08 꼭짓점이 $(2,\ 1)$인 이차함수가 점 $(0,\ -1)$을 지날 때, 이 이차함수의 그래프의 x절편을
구하시오.

09 x절편이 $1,\ 4$이고 한 점 $(2,\ 2)$를 지나는 이차함수의 식을 구하시오.

10 이차함수 $y = ax^2 + bx + c$가 세 점 $(0,\ 3),\ (1,\ 2),\ (2,\ 3)$을 지날 때, 이차함수의 꼭짓점의
좌표를 구하시오.

PART

02

이차함수의 활용

- ◆ 중·고교 연결과정 선수학습
- 1 이차함수와 이차방정식의 관계
- 2 이차함수의 최대 · 최소
- ◆ 반복학습 기록란
- ◆ 연습문제 (A)(B)

명언

아침에 당신을 벌떡 깨울 수 있는 꿈을 가져야 한다.
- S. 스마일즈 -

1 이차방정식의 해의 개수

➜ 이차방정식 $ax^2+bx+c=0\,(a\neq0)$의 해의 개수는 판별식 $D=b^2-4ac$의 부호에 따라 결정된다.

(1) $D>0$이면 해가 2개

(2) $D=0$이면 해가 1개 (중근)

(3) $D<0$이면 해가 없다.

강의 이차방정식의 해의 개수는 판별식 D를 이용한다!

➜ $ax^2+bx+c=0\ (a\neq0)$에서

① $D>0 \rightarrow$ 해 2개

② $D=0 \rightarrow$ 해 1개

③ $D<0 \rightarrow$ 해 0개

기|본|예|제 01

다음 이차방정식의 해의 개수를 구하시오.

(1) $x^2-2x-1=0$　　　　(2) $x^2-4x+4=0$　　　　(3) $x^2-3x+4=0$

탐구　이차방정식의 해의 개수는 판별식 D의 부호에 따라 결정된다.

풀이
(1) $D/4=1+1=2>0$　　　　　$\therefore$ 2개
(2) $D/4=4-4=0$　　　　　　$\therefore$ 1개
(3) $D=9-16=-7<0$　　　　$\therefore$ 0개

정답　(1) 2개　　(2) 1개　　(3) 0개

유제 01-1　이차방정식 $x^2-2x+7-a=0$의 해가 2개일 때, 정수 a의 최솟값을 구하시오.

유제 01-2　이차방정식 $x^2+kx+k+3=0$의 해가 1개일 때, 양수 k의 값을 구하시오.

1 이차함수의 그래프와 x축과의 관계

→ $y = ax^2 + bx + c\,(a \neq 0)$와 x축과의 교점의 좌표는 $ax^2 + bx + c = 0\,(a \neq 0)$의 **실근**이다.

(1) $D > 0 \Leftrightarrow$ 서로 다른 두 실근
$\Leftrightarrow x$축과 서로 다른 두 점에서 만난다.

(2) $D = 0 \Leftrightarrow$ 서로 같은 두 실근(중근)
$\Leftrightarrow x$축에 접한다.

(3) $D < 0 \Leftrightarrow$ 서로 다른 두 허근
$\Leftrightarrow x$축과 만나지 않는다.

$D = b^2 - 4ac$	$D > 0$	$D = 0$	$D < 0$
$ax^2 + bx + c = 0$	서로 다른 두 실근	서로 같은 두 실근	서로 다른 두 허근
$y = ax^2 + bx + c$			
x축과의 관계	x축과 두 번 만난다.	x축에 접한다.	x축과 만나지 않는다.

강의 $ax^2 + bx + c = 0$의 의미는 두 함수의 그래프로 해석하라!

좌변 $y = ax^2 + bx + c$
우변 $y = 0\,(x$축$)$ } 교점 = 실근

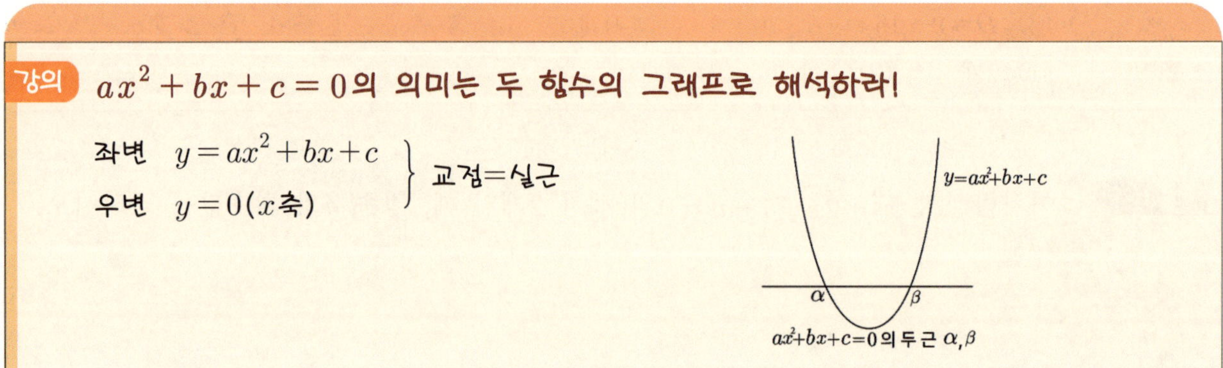

이차함수 $y=x^2+ax+b$의 그래프가 오른쪽 그림과 같을 때, 상수 a, b의 값을 구하시오.

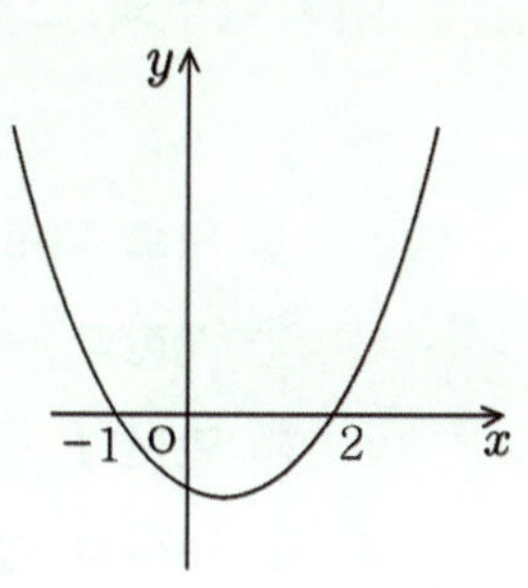

탐구 x축과의 교점의 x좌표 α, β $\rightarrow$ $x^2+ax+b=0$ 두 근 α, β

풀이   이차함수의 그래프와 x축과의 교점의 x좌표가 -1, 2이므로

$x^2+ax+b=0$의 두 근이 -1, 2이다.

이차방정식의 근과 계수의 관계를 이용하여 a, b의 값을 구하면

두 근의 합 : $-1+2=-a$

$$\therefore\ a=-1$$

두 근의 곱 : $(-1)\times2=b$

$$\therefore\ b=-2$$

정답 $a=-1$, $b=-2$

유제 01-1   이차함수 $y=-x^2+ax+b$의 그래프가 x축과 두 점 $(1,\ 0)$, $(3,\ 0)$에서 만날 때, 상수 a, b에 대하여 $a+b$의 값을 구하시오.

유제 01-2   이차함수 $y=2x^2+ax+3$의 그래프가 x축과 만나는 두 점의 x좌표가 각각 3, b일 때, 실수 a, b에 대하여 $2ab$의 값을 구하시오.

유제 01-3   이차함수 $y=x^2+kx-2$의 그래프와 x축의 두 교점의 x좌표를 α, β라 할 때, $|\alpha-\beta|=3$이 되게 하는 양수 k의 값을 구하시오.

기|본|예|제 **02**

이차함수 $y=x^2+ax+a^2-3$의 그래프가 x축에 접하도록 하는 상수 a의 값을 구하시오.

탐구 이차함수 $y=ax^2+bx+c\,(a\neq 0)$의 그래프가 x축에 접한다.

→ 이차방정식 $ax^2+bx+c=0$의 판별식 $D=0$

풀이 이차함수 $y=x^2+ax+a^2-3$의 그래프가 x축에 접하므로

이차방정식 $x^2+ax+a^2-3=0$의 판별식이 0이어야 한다.

$$D=a^2-4(a^2-3)=-3a^2+12$$
$$=-3(a^2-4)=-3(a-2)(a+2)=0$$
$$\therefore\ a=\pm 2$$

정답 ± 2

유제 02-1 이차함수 $y=x^2-3x+4a$의 그래프가 x축과 만나지 않도록 하는 자연수 a의 최솟값을 구하시오.

유제 02-2 이차함수 $y=2x^2+5x+3k$의 그래프가 x축과 만나도록 하는 정수 k의 최댓값을 구하시오.

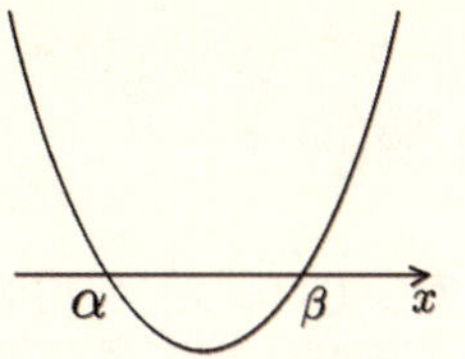

기|본|예|제 03

이차함수 $y = x^2 - 4x + k - 1$의 그래프가 x축과 만나는 두 점을 각각 A, B라 할 때, $\overline{AB} = 6$이라면 실수 k의 값을 구하시오.

탐구 x절편의 길이 → $|\alpha - \beta| = \dfrac{\sqrt{D}}{|a|}$

풀이 이차함수의 그래프와 x축과의 교점의 x좌표는 이차방정식 $x^2 - 4x + k - 1 = 0$의 실근이므로 A$(\alpha,\ 0)$, B$(\beta,\ 0)$이라 하면

$$\overline{AB} = |\alpha - \beta| = 6$$

$|\alpha - \beta| = \dfrac{\sqrt{D}}{|a|}$ 이므로

$$|\alpha - \beta| = \frac{\sqrt{16 - 4(k-1)}}{|1|}$$
$$= \sqrt{-4k + 20} = 6$$
$$-4k + 20 = 36 \qquad -4k = 16$$
$$\therefore\ k = -4$$

정답 -4

유제 03-1 이차함수 $y = x^2 + 6x + 2k$의 그래프가 x축과 만나는 두 점 사이의 거리가 $2\sqrt{5}$일 때, 실수 k의 값을 구하시오.

유제 03-2 이차함수 $y = x^2 + (k-1)x - k$의 그래프가 x축과 만나는 두 점 사이의 거리가 3일 때, 양수 k의 값을 구하시오.

→ $y = ax^2 + bx + c\,(a \neq 0)$와 $y = mx + n\,(m \neq 0)$과의 교점의 x좌표는 $ax^2 + bx + c = mx + n$의 **실근**이다.

(1) $D > 0 \Leftrightarrow$ 서로 다른 두 실근
$\Leftrightarrow$ 직선과 서로 다른 두 점에서 만난다.

(2) $D = 0 \Leftrightarrow$ 서로 같은 두 실근(중근)
$\Leftrightarrow$ 직선에 접한다.

(3) $D < 0 \Leftrightarrow$ 서로 다른 두 허근
$\Leftrightarrow$ 직선과 만나지 않는다.

$D = b^2 - 4ac$	$D > 0$	$D = 0$	$D < 0$
연립방정식의 근	서로 다른 두 실근	서로 같은 두 실근	서로 다른 두 허근
$y = ax^2 + bx + c$와 $y = mx + n$			
직선과의 관계	직선과 두 번 만난다.	직선에 접한다.	직선과 만나지 않는다.

강의 **이차함수의 그래프와 직선과의 관계는 연립하여 판별식 D를 이용한다!**

→ $y = ax^2 + bx + c$와 $y = mx + n$을 연립 → 판별식 이용

① 서로 다른 두 교점 → 서로 다른 두 실근 → $D > 0$

② 접한다 → 중근 → $D = 0$

③ 만난다 → 실근 → $D \geq 0$

④ 만나지 않는다 → 허근 → $D < 0$

주의 현 PQ의 길이

→ $\overline{\mathrm{PQ}} = \sqrt{1 + m^2}\,|\alpha - \beta| = \sqrt{1 + m^2}\,\dfrac{D}{|a|}$

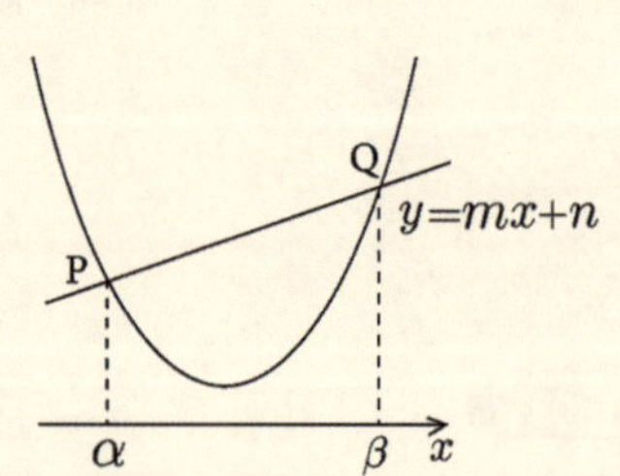

이차함수 $y = 2x^2 + 3x - 1$의 그래프와 직선 $y = ax + b$의 두 교점의 x좌표가 각각 -1, 4일 때, 상수 a, b에 대하여 $a - b$의 값을 구하시오.

탐구 $y = f(x)$와 $y = g(x)$의 교점의 x좌표 $\rightarrow$ $f(x) = g(x)$의 실근과 같다.

풀이 이차함수의 그래프와 직선의 교점의 x좌표는 $2x^2 + 3x - 1 = ax + b$의 실근과 같다.

$$2x^2 + (3 - a)x - 1 - b = 0 \qquad \cdots ①$$

①의 두 실근이 -1, 4이므로 근과 계수의 관계를 이용하여 a, b의 값을 구하면

$$\text{두 근의 합} : -1 + 4 = -\frac{3 - a}{2} \qquad -6 = 3 - a$$
$$\therefore a = 9$$
$$\text{두 근의 곱} : (-1) \times 4 = \frac{-1 - b}{2} \qquad -8 = -1 - b$$
$$\therefore b = 7$$
$$\therefore a - b = 9 - 7 = 2$$

정답 2

유제 04-1 이차함수 $y = x^2 + 4x + a$의 그래프와 직선 $y = bx - 1$의 두 교점의 x좌표가 각각 -3, 1일 때, 상수 a, b에 대하여 $a + b$의 값을 구하시오.

유제 04-2 이차함수 $y = x^2 + ax + b$의 그래프와 직선 $y = 2x + 1$이 서로 다른 두 점에서 만난다. 이 중 한 교점의 x좌표가 $1 - \sqrt{3}$일 때, 유리수 a, b에 대하여 ab의 값을 구하시오.

유제 04-3 이차함수 $y = 4x^2 + 2px + 4q$의 그래프는 직선 $y = -2x + 4$의 그래프와 서로 다른 두 점에서 만난다. 이 중 한 교점의 x좌표가 $-1 - \sqrt{5}$일 때, 유리수 p, q에 대하여 $p + q$의 값을 구하시오.

이차함수 $y=x^2-x+1$의 그래프와 직선 $y=2x+m$이 서로 다른 두 점에서 만날 때, 실수 m의 값의 범위를 구하시오.

탐구 서로 다른 두 점에서 만난다. $\rightarrow$ $D>0$!

풀이 이차함수의 그래프와 직선이 서로 다른 두 점에서 만나려면

이차방정식 $x^2-x+1=2x+m$, 즉 $x^2-3x+1-m=0$의 판별식 $D>0$이어야 한다.

$$D=9-4(1-m)$$
$$=4m+5>0$$
$$\therefore \ m>-\frac{5}{4}$$

정답 $m>-\dfrac{5}{4}$

유제 05-1 이차함수 $y=x^2-2mx+m^2-1$의 그래프와 직선 $y=2x$가 만나지 않을 때, 실수 m의 값의 범위를 구하시오.

유제 05-2 이차함수 $y=x^2+ax+2$의 그래프와 직선 $y=x+1$이 접할 때, 양수 a의 값을 구하시오.

유제 05-3 직선 $y=mx$는 이차함수 $y=x^2-x+1$의 그래프와 서로 다른 두 점에서 만나고, 이차함수 $y=x^2+x+1$의 그래프와는 만나지 않을 때, 정수 m의 값을 구하시오.

[1] 구간을 나누어 그리는 방법

→ 절댓값 안을 0으로 하는 값이 n개이면 구간은 $n+1$개이다.

[2] 꺾인 점을 찾아 그리는 방법

(1) 꺾인 점의 x좌표 → 절댓값 안을 0으로 하는 x값이다.

(2) 꺾인 점의 y좌표 → x값을 함수에 대입한 값이다.

[3] 대칭을 이용하여 그리는 방법

(1) $y=f(|x|)$의 그래프

→ $y=f(x)$의 $x \geq 0$인 부분을 y축에 대칭시킨다.

(2) $|y|=f(x)$의 그래프

→ $y=f(x)$의 $y \geq 0$인 부분을 x축에 대칭시킨다.

(3) $|y|=f(|x|)$의 그래프

→ $y=f(x)$의 $x \geq 0$, $y \geq 0$인 부분을 x축, y축, 원점에 대칭시킨다.

(4) $y=|f(x)|$의 그래프

→ $y=f(x)$의 x축 아래 부분을 꺾어 올린다.

강의 **대칭성 I 은 반대로 사고하는 것이 필요하다!**

① $(-x)$ → y축 대칭

② $(-y)$ → x축 대칭

③ $\begin{pmatrix} -x \\ -y \end{pmatrix}$ → 원점 대칭

강의 **대칭성 II 는 0 이상인 부분을 대칭시킨다!**

① $|x|$ → $x \geq 0$인 부분 → y축 대칭

② $|y|$ → $y \geq 0$인 부분 → x축 대칭

③ $\left. \begin{matrix} |x| \\ |y| \end{matrix} \right\rangle$ → $\begin{matrix} x \geq 0 \\ y \geq 0 \end{matrix}$ 인 부분 → x축, y축, 원점 대칭

강의 **대칭성 III 은 꺾어올리거나 꺾어내린다!**

① $y=|f(x)| \geq 0$ → x축 下부분 꺾어 올림

② $y=-|f(x)| \leq 0$ → x축 上부분 꺾어 내림

下(아래 하)　上(위 상)

$|x|-|y|=1$의 그래프와 $|x|+|y|=3$의 그래프로 둘러싸인 부분의 넓이를 구하시오.

탐구 ① $|x|-|y|=1$ → 쌍직선   ② $|x|+|y|=3$ → 마름모

풀이 $|x|-|y|=1$에 $y=0$을 대입하면 $|x|=1$ ∴ x절편 ±1

$|x|+|y|=3$에 $y=0$을 대입하면 $|x|=3$ ∴ x절편 ±3

$x=0$을 대입하면 $|y|=3$ ∴ y절편 ±3

넓이 $S=2\left(\dfrac{1}{2}\times2\times2\right)=4$

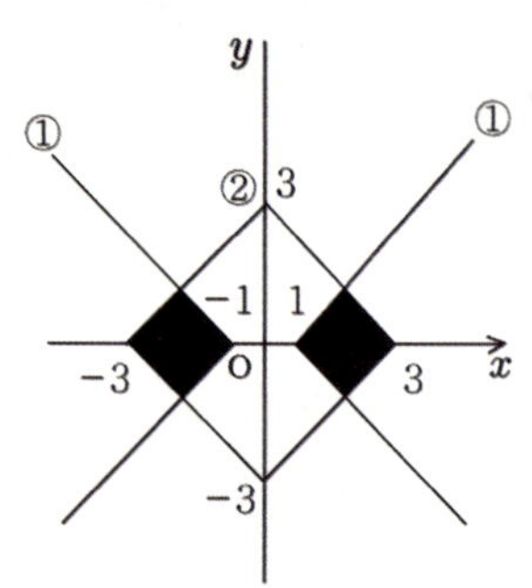

정답 4

유제 06-1 다음 중 $y=\left|x^2-1\right|$의 그래프를 고르시오.

① 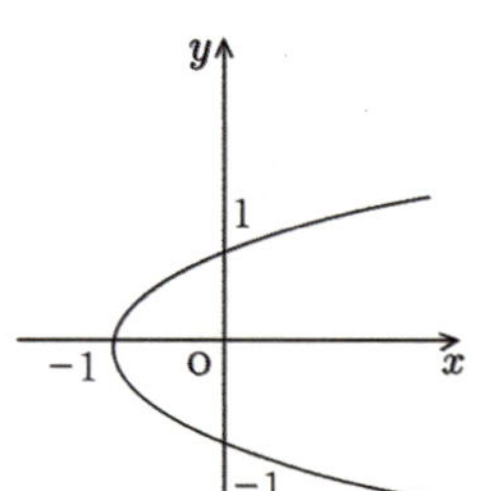   ② 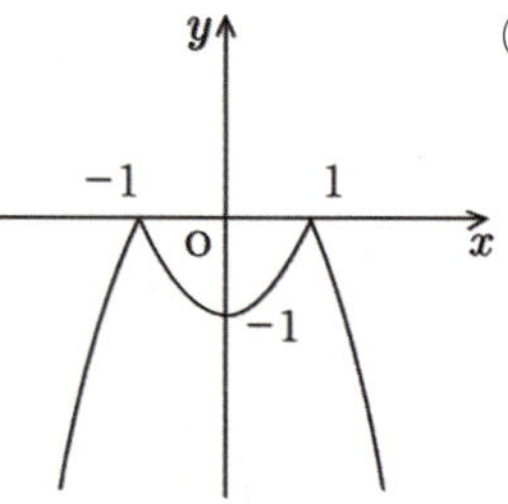   ③ 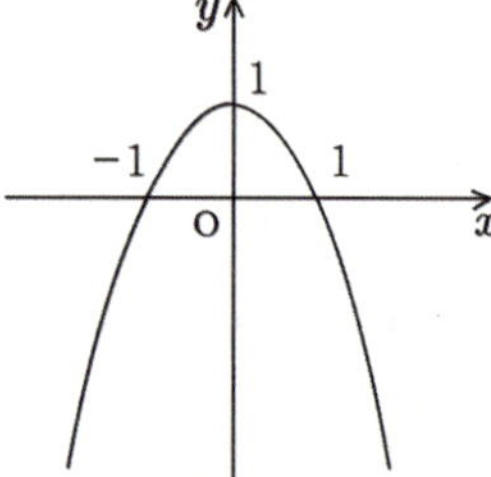

④ 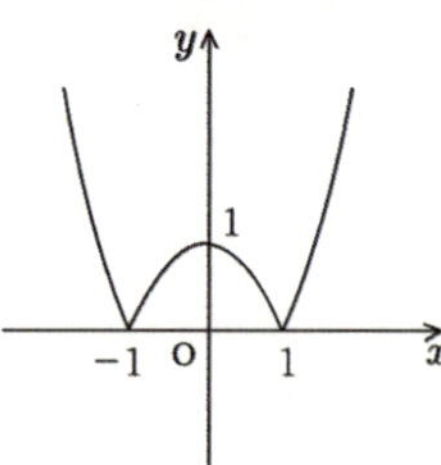   ⑤ 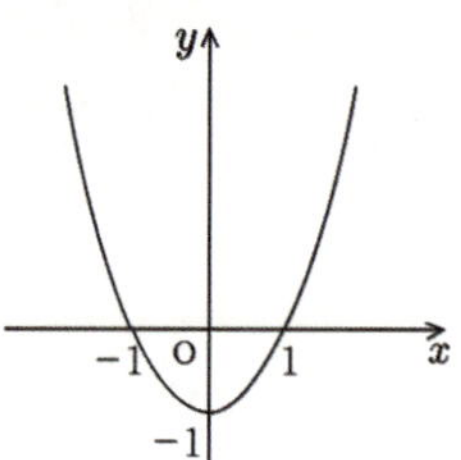

유제 06-2 함수 $y=f(x)$의 그래프가 오른쪽 그림과 같을 때 $y=f(|x|)$의 그래프를 고르시오.

① 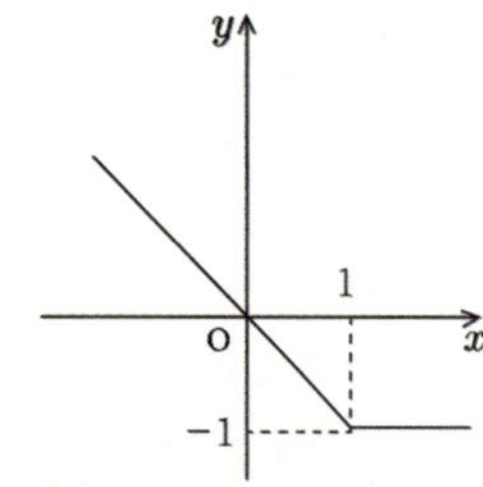   ② 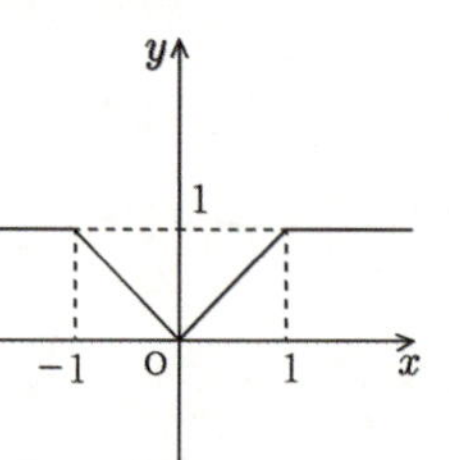

③ 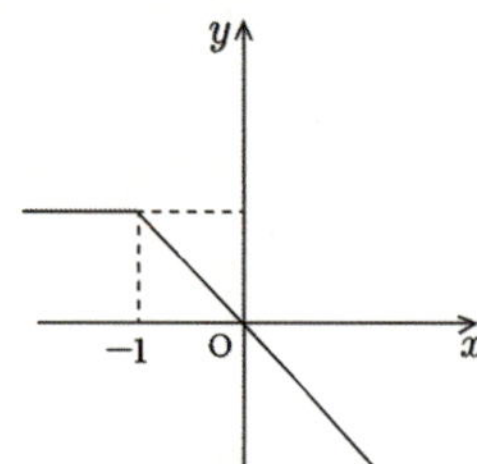   ④ 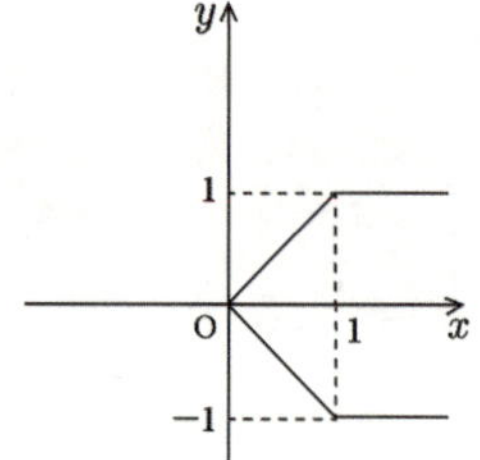   ⑤ 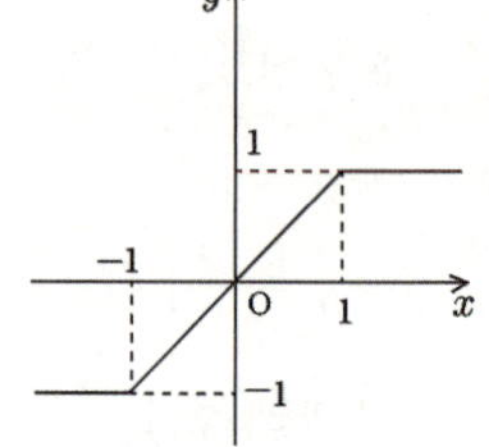

첫째, 고정그래프와 이동그래프로 나누어 그린다.
둘째, 이동그래프를 이동시키면서 교점의 개수를 조사한다.

(1) 교점이 2개일 때 → 실근 2개
(2) 교점이 1개일 때 → 실근 1개
(3) 교점이 0개일 때 → 실근 0개

강의 **실근의 개수는 고정그래프를 그리고 이동그래프를 움직여서 구한다!**

┌ 고정그래프(문자계수 無)
└ 이동그래프(문자계수 有) ⟩ 교점의 개수=실근의 개수

無(없을 무) 有(있을 유)

기 | 본 | 예 | 제 07

방정식 $x^2-4x-a=0$의 실근이 2개가 되는 실수 a의 값의 범위를 구하시오.

탐구 고정그래프와 이동그래프의 교점의 개수 → 실근의 개수 조사

풀이 $x^2-4x=a$의 실근의 개수는 $y=x^2-4x$와 $y=a$의 교점의 개수와 같다.

$$y=x^2-4x=(x-2)^2-4 \ (\text{고정그래프})$$

$\therefore$ 꼭짓점 $(2, \ -4)$, y절편 0

주어진 값을 이용하여 그래프를 그리면 오른쪽 그림과 같다.

$y=a$ (이동그래프)를 이동시키며 교점의 개수를 구하면

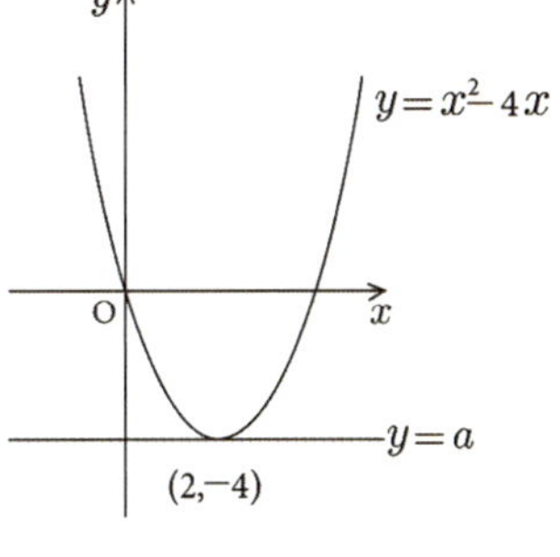

　ⅰ) $a<-4$일 때, 교점 0개 → 실근 0개
　ⅱ) $a=-4$일 때, 교점 1개 → 실근 1개 (중근)
　ⅲ) $a>-4$일 때, 교점 2개 → 실근 2개

따라서 실근이 2개가 되는 a의 값의 범위는 $a>-4$이다.

정답 $a>-4$

유제 07-1 방정식 $2x^2+8x+k=0$의 실근이 없을 때, 실수 k의 값의 범위를 구하시오.

유제 07-2 방정식 $|x^2-2|=k$이 서로 다른 두 실근을 가질 때, 정수 k의 최솟값을 구하시오.

1 제한변역이 없는 이차함수의 최대 · 최소

➜ $y = a(x-m)^2 + n$의 최대 · 최소

(1) $a > 0$일 때 → ∪꼴

➜ 꼭짓점 $x = m$에서 최솟값 n을 갖고, 최댓값은 없다.

(2) $a < 0$일 때 → ∩꼴

➜ 꼭짓점 $x = m$에서 최댓값 n을 갖고, 최솟값은 없다.

강의 제한변역이 없는 이차함수의 최대 · 최소는 꼭짓점에서 이루어진다!

➜ 이차함수 → 범위 없을 때 : 꼭짓점에서 최대 · 최소

주의 이차식의 최대 · 최소를 구하는 두 가지 방법

① $y = ax^2 + bx + c$꼴 (이차식 $\neq 0$꼴) → 함수 y의 최대 · 최소

→ 꼭짓점 이용

② $ax^2 + bx + c - y = 0$꼴 (이차식 $= 0$꼴) → 계수 y의 최대 · 최소

→ 판별식 이용

기 | 본 | 예 | 제 08

다음 이차함수의 최댓값과 최솟값을 구하시오.

(1) $y = 3(x-1)^2 + 2$　　　　　　　　(2) $y = -x^2 - 4x - 5$

탐구　$y = a(x-p)^2 + q$에서 ⅰ) $a > 0$이면 $x = p$에서 최솟값 q를 갖고 최댓값은 없다.

　　　　　　　　　　　　ⅱ) $a < 0$이면 $x = p$에서 최댓값 q를 갖고 최솟값은 없다.

풀이　(1) $a = 3 > 0$이므로

　　　　주어진 이차함수는 $x = 1$에서 최솟값 2를 갖고 최댓값은 없다.

　　　　(2) 주어진 이차함수를 변형하면

$$y = -(x^2 + 4x + 4) - 1$$
$$= -(x+2)^2 - 1$$

　　　　$a = -1 < 0$이므로

　　　　주어진 이차함수는 $x = -2$에서 최댓값 -1을 갖고 최솟값은 없다.

정답　(1) 최솟값 : 2, 최댓값 없다.　　(2) 최댓값 : -1, 최솟값 없다.

 다음 이차함수의 최댓값과 최솟값을 구하시오.

(1) $y=-2\left(x+\dfrac{1}{2}\right)^2-1$ (2) $y=\dfrac{1}{3}x^2+\dfrac{2}{3}x+\dfrac{10}{3}$

유제 08-2 이차함수 $y=-2x^2+6x-7$의 최댓값과 최솟값을 구하시오.

기 | 본 | 예 | 제 09

이차함수 $y=-x^2+ax+b$가 $x=3$에서 최댓값 2를 가질 때, 상수 a, b의 값을 구하시오.

탐구 $x=3$에서 최댓값 2 → 꼭짓점 $(3,\ 2)$

풀이 이차함수가 $x=3$에서 최댓값 2를 가지므로 꼭짓점의 좌표가 $(3,\ 2)$이다.

$\therefore\ y=-(x-3)^2+2=-x^2+6x-7 \qquad \cdots ①$

주어진 함수와 ①이 같으므로

$a=6,\ b=-7$

정답 $a=6,\ b=-7$

유제 09-1 이차함수 $y=2x^2+ax+b$가 $x=1$에서 최솟값 -2를 가질 때, 상수 a, b에 대하여 ab의 값을 구하시오.

유제 09-2 이차함수 $y=3x^2-2x+k$의 최솟값이 $\dfrac{4}{3}$일 때, 상수 k의 값과 최솟값을 갖는 x의 값의 합을 구하시오.

→ $t_1 \leq x \leq t_2$일 때 $y = a(x-m)^2 + n$의 최대 · 최소

[1] 꼭짓점 $x = m$이 범위에 포함될 때

(1) $a > 0$일 때 → ∪꼴

① 꼭짓점 $x = m$에서 최솟값 n을 갖는다.

② t_1, t_2 중 꼭짓점 $x = m$과의 거리가 먼 쪽에서 최댓값을 갖는다.

(2) $a < 0$일 때 → ∩꼴

① 꼭짓점 $x = m$에서 최댓값 n을 갖는다.

② t_1, t_2 중 꼭짓점 $x = m$과의 거리가 먼 쪽에서 최솟값을 갖는다.

[2] 꼭짓점 $x = m$이 범위에 포함되지 않을 때

(1) $a > 0$일 때 → ∪꼴

① t_1, t_2 중 꼭짓점 $x = m$과의 거리가 가까운 쪽에서 최솟값을 갖는다.

② t_1, t_2 중 꼭짓점 $x = m$과의 거리가 먼 쪽에서 최댓값을 갖는다.

(2) $a < 0$일 때 → ∩꼴

① t_1, t_2 중 꼭짓점 $x = m$과의 거리가 가까운 쪽에서 최댓값을 갖는다.

② t_1, t_2 중 꼭짓점 $x = m$과의 거리가 먼 쪽에서 최솟값을 갖는다.

보기　제한변역이 있을 때의 이차함수의 최대 · 최소

(1) $a > 0$일 때

① 꼭짓점 범위 안

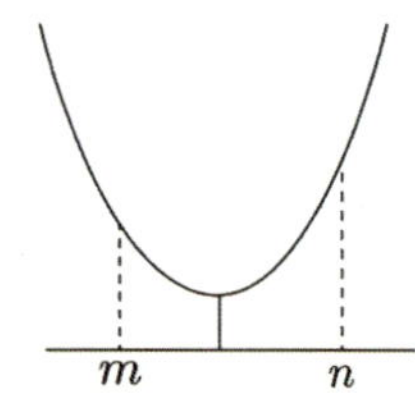

② 꼭짓점 범위 밖

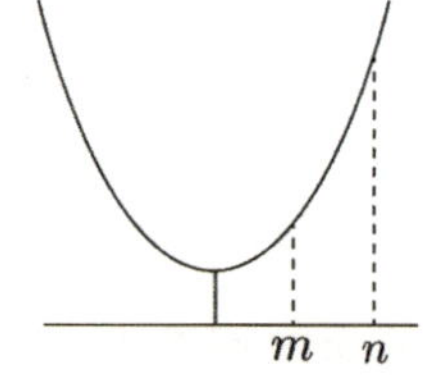

ⅰ) 최솟값 : 꼭짓점에서	ⅰ) 최솟값 : 꼭짓점에서 가까운 쪽
ⅱ) 최댓값 : 꼭짓점에서 먼 쪽	ⅱ) 최댓값 : 꼭짓점에서 먼 쪽

(2) $a < 0$일 때

① 꼭짓점 범위 안

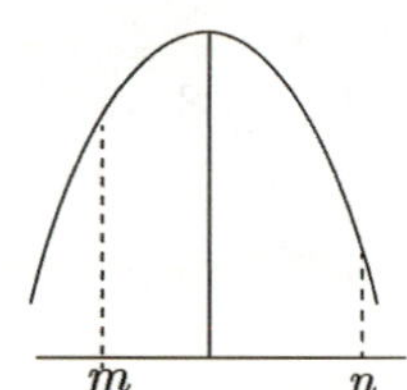

② 꼭짓점 범위 밖

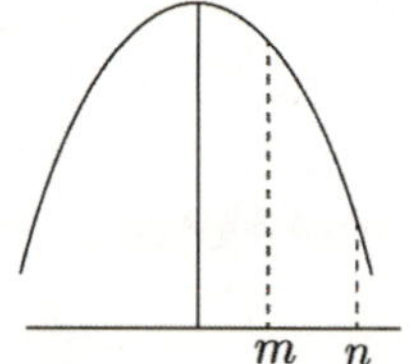

ⅰ) 최댓값 : 꼭짓점에서	ⅰ) 최댓값 : 꼭짓점에서 가까운 쪽
ⅱ) 최솟값 : 꼭짓점에서 먼 쪽	ⅱ) 최솟값 : 꼭짓점에서 먼 쪽

기|본|예|제 10

이차함수 $f(x) = (x-2)^2 + 1$ (단, $0 \le x \le 5$)의 최댓값과 최솟값을 구하시오.

탐구

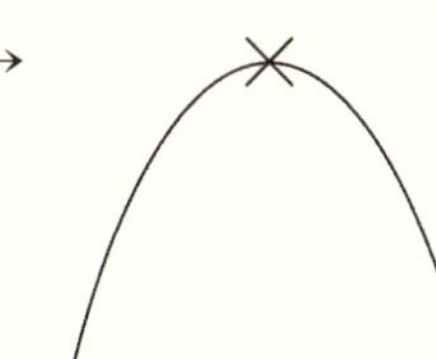

→ 최솟값 : 꼭짓점 또는 꼭짓점과 가까운 곳
  최댓값 : 꼭짓점에서 먼 곳

풀이 꼭짓점 $(2,\ 1)$이 범위 안에 있으므로

꼭짓점 $x = 2$에서 최솟값 1, 꼭짓점에서 먼 $x = 5$에서 최댓값 10을 갖는다.

정답 최솟값 : 1, 최댓값 : 10

유제 10-1 $0 \le x \le 4$에서 이차함수 $y = x^2 - 3x + 2$의 최댓값과 최솟값을 구하시오.

유제 10-2 이차함수 $f(x) = -2x^2 + 8x + 6$ (단, $-1 \le x \le 1$)의 최댓값과 최솟값을 구하시오.

$1 \leq x \leq 3$에서 이차함수 $y = -2x^2 + 3x + a$의 최댓값이 2일 때, 상수 a의 값을 구하시오.

탐구 이차함수의 최대 · 최소 : 제한 변역 有 → 꼭짓점, 경계값 이용 !

풀이 주어진 이차함수를 변형하면

$$y = -2\left\{ x^2 - \frac{3}{2}x + \left(\frac{3}{4}\right)^2 - \left(\frac{3}{4}\right)^2 \right\} + a$$

$$= -2\left(x - \frac{3}{4}\right)^2 + \frac{9}{8} + a \ (1 \leq x \leq 3)$$

꼭짓점의 x좌표가 범위 밖이므로 이차함수는 $x = 1$에서 최댓값을 구한다.

주어진 이차함수에서 $x = 1$에서의 함숫값을 구하면

$$-\frac{1}{8} + \frac{9}{8} + a = 2 \qquad \therefore \ a = 1$$

정답 1

유제 11-1 $-2 \leq x \leq 0$에서 이차함수 $y = 2x^2 - 4x + k$의 최솟값이 5일 때, 이 함수의 최댓값을 구하시오.

유제 11-2 $0 \leq x \leq 3$에서 이차함수 $y = \frac{1}{3}x^2 - \frac{2}{3}x + a$의 최댓값이 0, 최솟값이 b라 할 때, $a + b$의 값을 구하시오.

유제 11-3 $a \leq x \leq 0$ (단, $a < -1$)에서 이차함수 $y = -2x^2 - 4x + 1$의 최댓값이 b, 최솟값이 -5라 할 때, a, b의 값을 구하시오.

유제 11-4 $x \leq a$일 때, 이차함수 $y = 2x^2 - 4x + 3$의 최솟값을 구하시오.

→ 동일부분을 t로 치환한 후 t에 대한 함수의 최댓값과 최솟값을 구한다.

→ t의 범위에 주의한다.

강의 **동일부분을 치환하면 변역이 생긴다!**

첫째, 동일 부분 $ax^2+bx=t$로 치환하여 정리한다. → 범위 탄생

둘째, t에 대한 이차함수의 최대 · 최소를 구한다.

기 | 본 | 예 | 제 **12**

함수 $y=(x^2+4x+5)(x^2+4x+2)+2x^2+8x+1$의 최솟값을 구하시오.

탐구 동일부분이 있으면 t로 치환 → 변역 탄생!

풀이 주어진 함수에서 $x^2+4x=t$로 치환하면

$$t=x^2+4x+4-4$$
$$=(x+2)^2-4$$
$$\therefore\ t \geq -4$$

$$y=(t+5)(t+2)+2t+1=t^2+9t+11$$
$$=\left\{t^2+9t+\left(\frac{9}{2}\right)^2\right\}-\left(\frac{9}{2}\right)^2+11$$
$$=\left(t+\frac{9}{2}\right)^2-\frac{37}{4}\ \ (t \geq -4)$$

따라서 y는 $t=-4$에서 최솟값 -9를 갖는다.

정답 -9

유제 12-1 함수 $y=(x^2-4x+2)(x^2-4x-1)-2x^2+8x-4$의 최솟값을 구하시오.

유제 12-2 $0 \leq x \leq 2$에서 함수 $y=(x^2-2x)^2+2(x^2-2x)+5$의 최댓값과 최솟값을 구하시오.

→ 주어진 등식을 한 문자에 대하여 정리하고 이차식에 대입한 후 최댓값 또는 최솟값을 구한다.

강의 **일차의 조건식이 주어진 경우 일차식을 이차식에 대입하고 최대 · 최소를 구한다!**

첫째, 일차식 $ax+by=c$를 이차식에 대입한다.

둘째, (이차식) $\neq 0$꼴이므로 꼭짓점을 이용한다.

기 | 본 | 예 | 제 **13**

실수 x, y에 대하여 $2x-y=3$일 때, $2x^2+y^2$의 최댓값과 최솟값을 구하시오.

탐구 조건식 일차 $\rightarrow$ 변형 $\rightarrow$ 이차식 대입

풀이 주어진 조건식이 일차식이므로 y에 대하여 정리하면

$$y=2x-3 \qquad \cdots ①$$

①을 준식에 대입하여 정리하면

$$2x^2+(2x-3)^2=2x^2+4x^2-12x+9$$
$$=6x^2-12x+9$$
$$=6(x^2-2x+1)+3$$
$$=6(x-1)^2+3$$

주어진 범위가 없으므로 준식은 $x=1$에서 최솟값 3을 갖고 최댓값은 없다.

정답 최솟값 : 3, 최댓값은 없다.

유제 13-1 실수 x, y에 대하여 $x+y=2$일 때, x^2-2y^2의 최댓값과 최솟값을 구하시오.

유제 13-2 실수 x, y에 대하여 $x+2y=k$일 때, x^2+y^2의 최솟값이 1이 되는 실수 k의 값을
구하시오.

$-1 \le x \le 1$이고 $x+y=2$인 실수 x, y에 대하여 x^2+y^2의 **최댓값과 최솟값을 구하시오.**

탐구
① 일차의 조건식을 최댓값과 최솟값을 구해야 하는 이차식에 대입한다.
② 한 문자에 대한 식으로 변형한다.
③ 주어진 범위 안에서 최댓값과 최솟값을 구한다.

풀이 $x+y=2$에서

$$y=2-x \quad \cdots ①$$

①을 이차식에 대입하여 정리하면

$$x^2+(2-x)^2=x^2+4-4x+x^2$$
$$=2x^2-4x+4$$
$$=2(x^2-2x+1)+2$$
$$=2(x-1)^2+2$$

주어진 범위 $-1 \le x \le 1$에서 최댓값과 최솟값을 구하면

$x=-1$에서 최댓값 10을 갖고 $x=1$에서 최솟값 2를 갖는다.

정답 최댓값 : 10, 최솟값 : 2

유제 14-1 $0 \le x \le 2$이고 $x-y=1$인 실수 x, y에 대하여 $2x^2+y^2$의 최댓값과 최솟값을 구하시오.

유제 14-2 $-2 \le y \le 1$이고 $x+2y=3$일 때, x^2-2y^2의 최댓값과 최솟값을 구하시오.

$$\text{(단, } x,\ y\text{는 실수)}$$

유제 14-3 $1 \le x \le a$이고 $x+y=1$일 때, x^2+y^2의 최댓값이 5라고 한다. 이때 실수 a의 값을 구하시오. (단, x, y는 실수)

기|본|예|제 15

실수 x, y에 대하여 $2x^2+y^2=5$일 때, $2x+y$의 최댓값과 최솟값을 구하시오.

탐구

① 일차식 $2x+y=k$라 놓고 이차식 $2x^2+y^2=5$에 대입하여 정리한다.

② 계수 k의 최대·최소는 판별식 D를 이용한다.

③ 판별식 $D \geq 0$임을 이용하는 이유는 대소를 논할 수 있는 것은 실수이기 때문이다.

풀이

$2x+y=k$에서

$$y=k-2x \quad \cdots ①$$

①을 조건식에 대입하면

$$2x^2+(k-2x)^2=5 \quad 2x^2+k^2-4kx+4x^2-5=0$$

$$\therefore \ 6x^2-4kx+k^2-5=0 \quad \cdots ②$$

②에서 x는 실수이므로

$$D/4=(2k)^2-6(k^2-5)$$

$$=-2k^2+30 \geq 0$$

$$k^2-15 \leq 0 \quad (k-\sqrt{15})(k+\sqrt{15}) \leq 0$$

$$\therefore \ -\sqrt{15} \leq k \leq \sqrt{15}$$

따라서 $2x+y$의 최댓값은 $\sqrt{15}$, 최솟값은 $-\sqrt{15}$이다.

정답 최댓값 : $\sqrt{15}$, 최솟값 : $-\sqrt{15}$

유제 15-1 실수 x, y에 대하여 $x^2+y^2=3$일 때, $x+y$의 최댓값과 최솟값을 구하시오.

유제 15-2 실수 x, y에 대하여 $x^2+2y^2=a$일 때, $x+2y$의 최댓값이 $3\sqrt{3}$이 되게 하는 양수 a의 값을 구하시오.

기 | 본 | 예 | 제 16

x, y가 실수이고 $x^2+2y=8$일 때, x^2+3y^2의 최솟값을 구하시오.

탐구 조건식이 이차식이면 $(\text{실수})^2 \geq 0$을 이용하여 범위를 구한다.

풀이 조건식에서 숨겨진 범위를 구하면

$$x^2=8-2y \geq 0 \text{에서} \quad -2y \geq -8$$
$$\therefore \ y \leq 4$$

$x^2=8-2y$를 준식에 대입하여 정리하면

$$(\text{준식})=8-2y+3y^2$$
$$=3\left(y^2-\frac{2}{3}y+\frac{1}{9}-\frac{1}{9}\right)+8$$
$$=3\left(y-\frac{1}{3}\right)^2+\frac{23}{3}$$

$y \leq 4$에서 준식의 최솟값을 구하면

$$y=\frac{1}{3} \text{에서 최솟값} \ \frac{23}{3} \text{을 갖는다.}$$

정답 $\dfrac{23}{3}$

유제 16-1 x, y가 실수이고 $x+y^2=-1$일 때, $2x^2+y^2$의 최솟값을 구하시오.

유제 16-2 x, y가 실수이고 $x^2+2y=2$일 때, $3x^2-3y^2+1$의 최댓값을 구하시오.

→ '실수 x, y'의 조건이 있는 x, y에 대한 이차식의 최대 · 최소는

$a(x-m)^2+b(y-n)^2+k$ (a, b, k, m, n은 상수)의 꼴로 변형한 후 $(실수)^2 \geq 0$을 이용한다.

(1) $a>0$, $b>0$이면 최솟값 k를 갖는다.

(2) $a<0$, $b<0$이면 최댓값 k를 갖는다.

강의   **변수가 2개인 이차식은 두 개의 완전제곱꼴로 변형하고 최대 · 최소를 구한다!**

→ 완전제곱꼴로 변형 $\rightarrow a(x-m)^2+b(y-n)^2+k$

① $a>0$, $b>0$이고, $x=m$, $y=n$일 때 $\rightarrow$ **최솟값** k

→ $a(x-m)^2+b(y-n)^2+k \geq k$

② $a<0$, $b<0$이고 $x=m$, $y=n$일 때 $\rightarrow$ **최댓값** k

→ $a(x-m)^2+b(y-n)^2+k \leq k$

기 | 본 | 예 | 제 **17**

실수 x, y에 대한 함수 $z=2x^2+2y^2-2x+2y+5$의 최솟값과 그 때의 x, y의 값을 구하시오.

탐구   변수가 2개인 이차식의 최대 · 최소 $\rightarrow$ 완전제곱꼴 이용

풀이   주어진 함수를 완전제곱의 합의 꼴로 변형하면

$$z=2\left(x^2-x+\frac{1}{4}\right)+2\left(y^2+y+\frac{1}{4}\right)+4$$

$$=2\left(x-\frac{1}{2}\right)^2+2\left(y+\frac{1}{2}\right)^2+4$$

x, y가 실수이므로 z는 $x=\dfrac{1}{2}$, $y=-\dfrac{1}{2}$일 때 최솟값 4를 갖는다.

✔ 정답 $x=\dfrac{1}{2}$, $y=-\dfrac{1}{2}$일 때, 최솟값 : 4

유제 17-1 x, y가 실수일 때, 함수 $z=4x-x^2+6y-y^2-12$의 최댓값을 구하시오.

유제 17-2   함수 $z=x^2+y^2-2x-4y+k$의 최솟값이 -7일 때, 실수 k의 값을 구하시오.

(단, x, y는 실수)

가장 좋은 학습방법은 학교에서나 학원에서나 선생님의 강의를 열심히 듣고 여러 번 반복학습하는 것입니다.
지금부터 당장 선생님의 강의를 열심히 듣고 반복! 반복하십시오. 그러면 곧 모든 과목에 자신이 생길 것입니다.

회수	시작이 반!			끝을 봐야!			확인
제1회	년	월	일 부터	년	월	일 까지	
제2회	년	월	일 부터	년	월	일 까지	
제3회	년	월	일 부터	년	월	일 까지	
제4회	년	월	일 부터	년	월	일 까지	
제5회	년	월	일 부터	년	월	일 까지	
제6회	년	월	일 부터	년	월	일 까지	
제7회	년	월	일 부터	년	일	일 까지	
제8회	년	월	일 부터	년	월	일 까지	
제9회	년	월	일 부터	년	월	일 까지	
제10회	년	월	일 부터	년	월	일 까지	

▶ 연습문제 A는 앞에서 배운 기초 단계의 문제이므로 선생님의 도움 없이 스스로 풀어 자신의 실력을 점검해 보도록 하자.

01 다음 이차방정식의 해의 개수를 구하시오.

(1) $x^2 - 2x - 1 = 0$ (2) $x^2 - 4x + 4 = 0$ (3) $x^2 - 3x + 4 = 0$

02 이차함수 $y = x^2 + ax + b$의 그래프가 오른쪽 그림과 같을 때, 상수 a, b의 값을 구하시오.

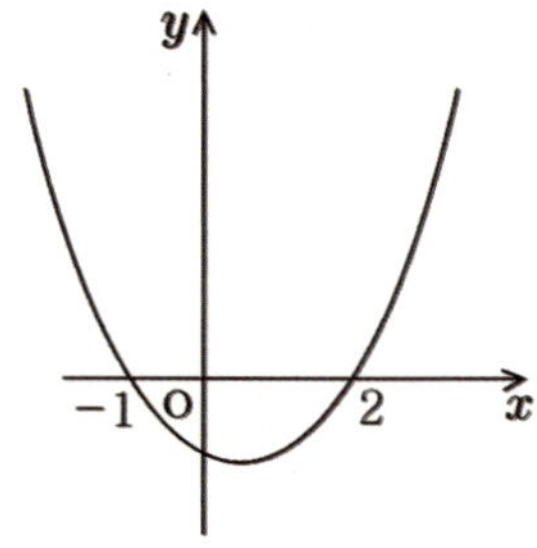

03 이차함수 $y = x^2 + ax + a^2 - 3$의 그래프가 x축에 접하도록 하는 상수 a의 값을 구하시오.

04 이차함수 $y = x^2 - 4x + k - 1$의 그래프가 x축과 만나는 두 점을 각각 A, B라 할 때, $\overline{\mathrm{AB}} = 6$이라면 실수 k의 값을 구하시오.

05 이차함수 $y = 2x^2 + 3x - 1$의 그래프와 직선 $y = ax + b$의 두 교점의 x좌표가 각각 -1, 4일 때, 상수 a, b에 대하여 $a - b$의 값을 구하시오.

06 이차함수 $y = x^2 - x + 1$의 그래프와 직선 $y = 2x + m$이 서로 다른 두 점에서 만날 때, 실수 m의 값의 범위를 구하시오.

다음 중 $y = |x^2 - 1|$의 그래프를 고르시오.

① 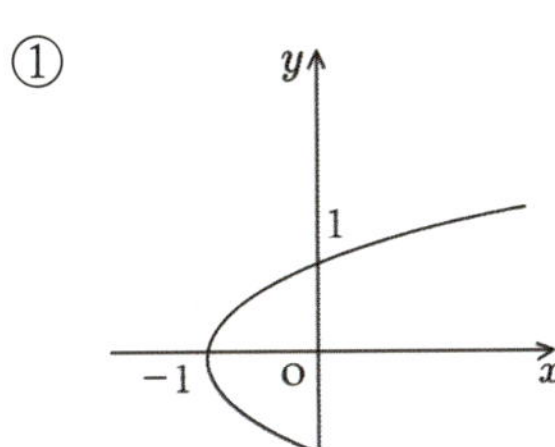 ② 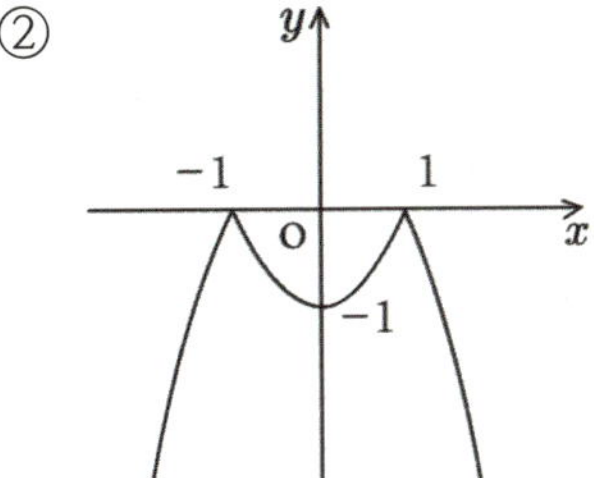 ③ 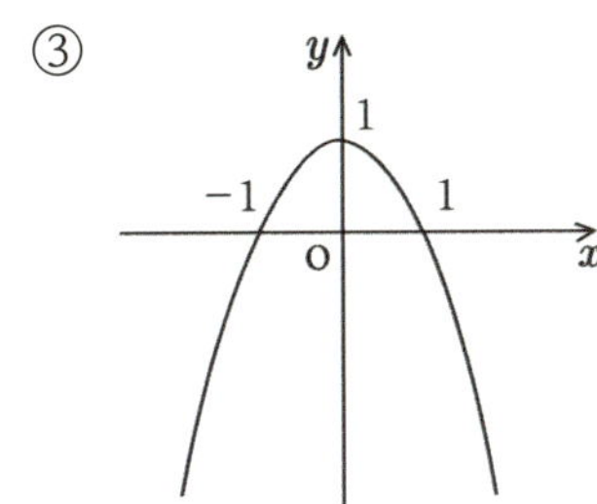

④ 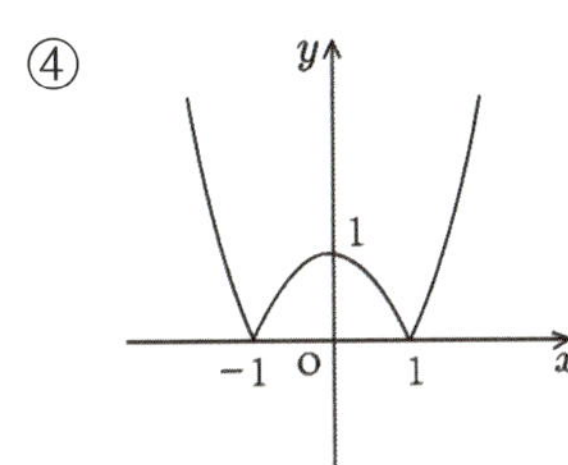 ⑤ 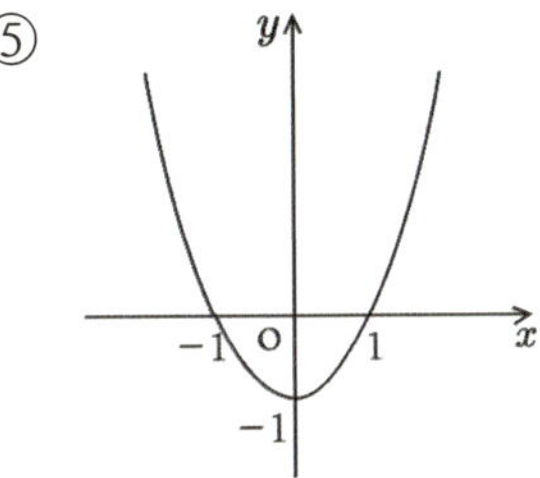

08 방정식 $x^2 - 4x - a = 0$의 실근이 2개가 되는 실수 a의 값의 범위를 구하시오.

09 다음 이차함수의 최댓값과 최솟값을 구하시오.

(1) $y = 3(x-1)^2 + 2$ (2) $y = -x^2 - 4x - 5$

10 이차함수 $y = -x^2 + ax + b$가 $x = 3$에서 최댓값 2를 가질 때, 상수 a, b의 값을 구하시오.

11 이차함수 $f(x) = (x-2)^2 + 1$ (단, $0 \le x \le 5$)의 최댓값과 최솟값을 구하시오.

12 $1 \le x \le 3$에서 이차함수 $y = -2x^2 + 3x + a$의 최댓값이 2일 때, 상수 a의 값을 구하시오.

13 함수 $y = (x^2 + 4x + 5)(x^2 + 4x + 2) + 2x^2 + 8x + 1$의 최솟값을 구하시오.

14 실수 x, y에 대하여 $2x - y = 3$일 때, $2x^2 + y^2$의 최댓값과 최솟값을 구하시오.

15 $-1 \leq x \leq 1$이고 $x + y = 2$인 실수 x, y에 대하여 $x^2 + y^2$의 최댓값과 최솟값을 구하시오.

16 실수 x, y에 대하여 $2x^2 + y^2 = 5$일 때, $2x + y$의 최댓값과 최솟값을 구하시오.

17 x, y가 실수이고 $x^2 + 2y = 8$일 때, $x^2 + 3y^2$의 최솟값을 구하시오.

18 실수 x, y에 대한 함수 $z = 2x^2 + 2y^2 - 2x + 2y + 5$의 최솟값과 그 때의 x, y의 값을 구하시오.

▶ 연습문제 B는 앞에서 배운 문제 중 응용단계의 문제이므로 연습장에 스스로 풀어보고 잘 풀리지 않으면 처음부터 다시 공부한 후 자신이 있을 때 다시 풀어 보도록 하자.

01 이차방정식 $x^2 + kx + k + 3 = 0$의 해가 1개일 때, 양수 k의 값을 구하시오.

02 이차함수 $y = 2x^2 + ax + 3$의 그래프가 x축과 만나는 두 점의 x좌표가 각각 3, b일 때, 실수 a, b에 대하여 $2ab$의 값을 구하시오.

03 이차함수 $y = x^2 - 3x + 4a$의 그래프가 x축과 만나지 않도록 하는 자연수 a의 최솟값을 구하시오.

04 이차함수 $y = x^2 + (k-1)x - k$의 그래프가 x축과 만나는 두 점 사이의 거리가 3일 때, 양수 k의 값을 구하시오.

05 이차함수 $y = x^2 + ax + b$의 그래프와 직선 $y = 2x + 1$이 서로 다른 두 점에서 만난다. 이 중 한 교점의 x좌표가 $1 - \sqrt{3}$일 때, 유리수 a, b에 대하여 ab의 값을 구하시오.

06 직선 $y = mx$는 이차함수 $y = x^2 - x + 1$의 그래프와 서로 다른 두 점에서 만나고, 이차함수 $y = x^2 + x + 1$의 그래프와는 만나지 않을 때, 정수 m의 값을 구하시오.

07 함수 $y=f(x)$의 그래프가 오른쪽 그림과 같을 때
$y=f(|x|)$의 그래프를 고르시오.

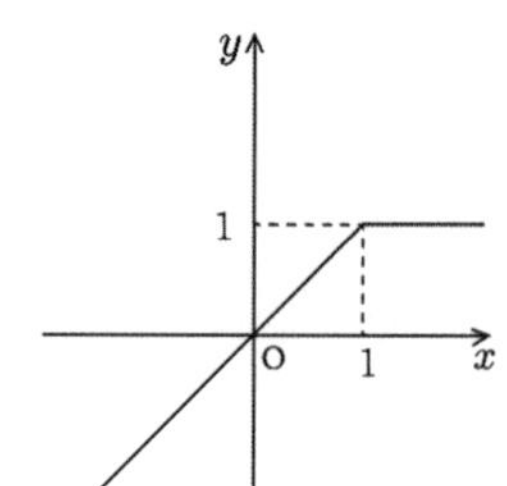

① 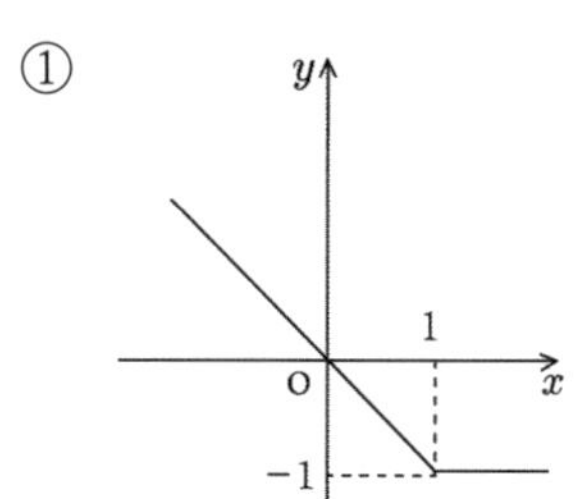

② 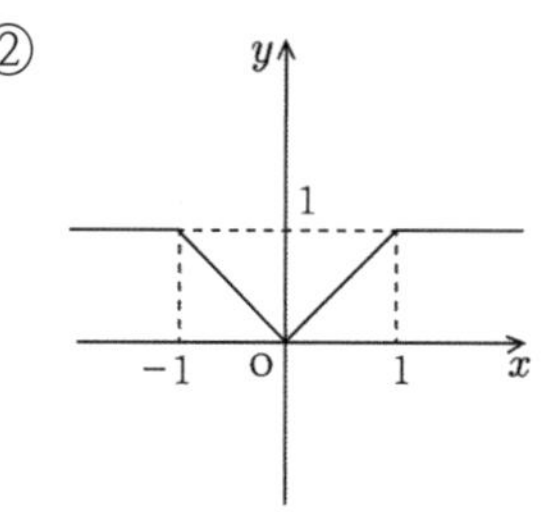

③ ④ ⑤ 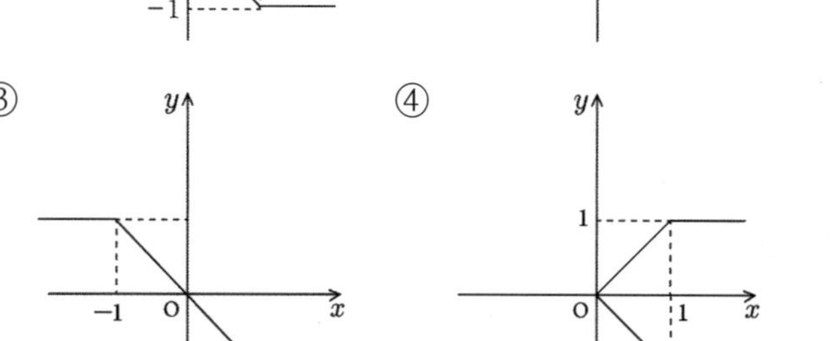 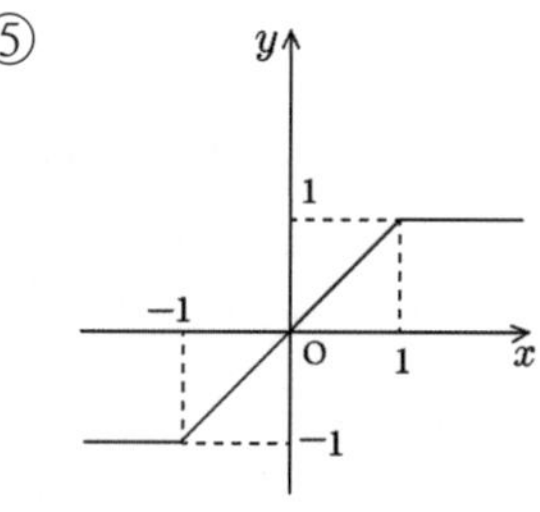

08 방정식 $|x^2-2|=k$이 서로 다른 두 실근을 가질 때, 정수 k의 최솟값을 구하시오.

09 이차함수 $y=-2x^2+6x-7$의 최댓값과 최솟값을 구하시오.

10 이차함수 $y=3x^2-2x+k$의 최솟값이 $\dfrac{4}{3}$일 때, 상수 k의 값과 최솟값을 갖는 x의 값의 합을 구하시오.

11 이차함수 $f(x)=-2x^2+8x+6$ (단, $-1\leq x\leq 1$)의 최댓값과 최솟값을 구하시오.

12 $a\leq x\leq 0$ (단, $a<-1$)에서 이차함수 $y=-2x^2-4x+1$의 최댓값이 b, 최솟값이 -5라 할 때, a, b의 값을 구하시오.

13 $0 \le x \le 2$에서 함수 $y = (x^2 - 2x)^2 + 2(x^2 - 2x) + 5$의 최댓값과 최솟값을 구하시오.

14 실수 x, y에 대하여 $x + 2y = k$일 때, $x^2 + y^2$의 최솟값이 1이 되는 실수 k의 값을 구하시오.

15 $-2 \le y \le 1$이고 $x + 2y = 3$일 때, $x^2 - 2y^2$의 최댓값과 최솟값을 구하시오.

(단, x, y는 실수)

16 실수 x, y에 대하여 $x^2 + 2y^2 = a$일 때, $x + 2y$의 최댓값이 $3\sqrt{3}$이 되게 하는 양수 a의 값을 구하시오.

17 x, y가 실수이고 $x^2 + 2y = 2$일 때, $3x^2 - 3y^2 + 1$의 최댓값을 구하시오.

18 함수 $z = x^2 + y^2 - 2x - 4y + k$의 최솟값이 -7일 때, 실수 k의 값을 구하시오.

(단, x, y는 실수)

펴 낸 날	2025년 2월3일
지 은 이	고차원
펴 낸 이	고혜영
개발기획	변창수
펴 낸 곳	고차원에듀비전
신고번호	제2024-000011호
주 소	서울특별시 양천구 은행정로5 에벤에셀 프라자 2층
전화번호	02-2648-4520

중·고교 연결수학

중학교 수학의 기초가 없어도 어려운 고등학교 수학을
쉽게 공부할 수 있는 유일한 수학 교재

공통수학 1 하

기말고사 대비

강진웅 문수나
유해균 함우식
편저

중·고교 연결수학

각 단원마다 중·고교 연결과정을 선수학습하고
고등학교 과정을 쉽고 재미있게 공부합니다.

이 책의 구성과 특징

01

최초로
중학교 연결과정
선수학습

02

최초로
수학 일타강사의
현장 강의 수록

03

탐구학습을 통해
문제를 보는 방법과
푸는 방법 제시

04

최초로
각 단원마다 복습
확인문제로 점검

05

최초로 각 단원
끝에 반복학습
기록란 배치

중·고교 연결수학

중학교 수학의 기초가 없어도 어려운 고등학교 수학을
쉽게 공부할 수 있는 유일한 수학 교재

공통수학 1 하

기말고사 대비

중고교 연결수학을 펴내면서

■ 왜 수학 때문에 고민하십니까?

학생1 : 중학교 때 열심히 공부하지 않은 것을 많이 후회했는데 중고교 연결수학으로 공부하면서 중학교 수학의 기초부터 다져가며 공부할 수 있어 정말 너무 좋아요. 고등학교에 입학하기 전에 열심히 공부하여 원하는 대학에 꼭 합격할 거예요!

학생2 : 중학교 수학과는 달리 고등학교 수학은 어렵고 분량도 많아 미리 공부했지만 머릿속에 남아있는 것이 아무것도 없어 고민했는데 중고교 연결수학을 만나면서 수학이 재미있어졌어요! 이 책에는 여러 가지 특별한 장점이 많아요. 특히 일타강사의 명쾌하고 요약된 강의는 머릿속에 온전히 남아있어 문제를 풀 때 큰 도움이 되고 있어요. 이제부터 정말 열심히 공부하여 소위 말하는 SKY 대학에 진학할 거예요!

위와 같은 사례는 직접 학생들을 상담하면서 수학 때문에 고민하는 많은 학생들에게 들었던 내용입니다.

■ 수학에 대한 고민 완전 해결

고등학교 수학은 학생들이 많이 어려워하고 나름대로 열심히 공부해 보지만 실제로 학교 내신성적이 잘 오르지 않아 고민하는 학생이 의외로 많습니다. 따라서 고차원수학에서는 이런 학생들의 고민을 해결하고자 최초로 중고교 과정을 연결하는 수학 교재를 개발하였습니다.

본 교재는 어느 출판사에서도 시도해 본 적이 없는 여러 가지 좋은 교육 노하우가 담겨있고 이미 현장 강의에서 큰 호응을 얻고 있으니 고등학교 수학을 공부하면서 어려움을 겪고 있는 학생들에게 큰 도움이 될 수 있다고 확신합니다. 이 책으로 공부한 학생들이 수학의 어려움을 딛고 일어나 수학에 자신감을 갖고 열심히 공부할 수 있기를 바랍니다.

중고교 연결수학의 구성과 특징

고차원수학에서는 어려운 수학을 학생들이 쉽고 재미있게 공부할 수 있도록 연구 개발하여 다음과 같이 다른 교재와 차별화된 내용으로 편찬하였습니다.

1 최초로 중고교 연결과정 선수학습

이 책에서는 각 단원마다 중고교 연결과정을 선수학습 함으로써 중학교 수학의 기초가 없어도 고등학교 수학을 쉽게 공부할 수 있도록 하였습니다.

2 최초로 수학 일타강사의 현장 강의 수록

이 책에서는 수학 일타강사의 현장 강의 내용을 그대로 수록하여 복잡한 수학의 개념과 원리를 한눈에 알아보고 머릿속에 오래 기억될 수 있도록 하였습니다.

3 최초로 탐구학습을 통해 문제를 보는 방법과 푸는 방법 제시

이 책에서는 일타강사의 강의가 문제에 어떻게 적용되는가를 보여주고 탐구학습을 통해 문제를 보는 방법과 푸는 방법을 연마할 수 있도록 하였습니다.

4 최초로 각 단원마다 복습 확인 문제로 점검

이 책에서는 각 단원마다 복습 확인 문제 A, B 단계를 두어 앞에서 배운 내용을 복습하고 점검할 수 있도록 하였습니다.

5 최초로 각 단원 끝에 반복학습기록란 배치

이 책에서는 각 단원 끝에 반복학습기록란을 배치하여 학생 스스로 반복 학습한 횟수를 기록하고 선생님이 체크하므로써 반복 학습할 때마다 수학 실력이 향상되는 것을 직접 느낄 수 있도록 하였습니다.

이 책의 학습방법

1 개념학습 방법

개념은 대부분 복잡하고 긴 문장으로 이루어져 있기 때문에 잘 이해하려면 중요한 것에 밑줄을 그어 가면서 정독해야 한다.

2 강의학습 방법

강의는 복잡한 개념을 간단하게 요약해 놓은 것으로 언제든지 머리 속에서 꺼내 활용할 수 있도록 이해하고 암기해 두어야 한다.

3 예시학습 방법

예시는 요약된 강의 내용이 문제에 어떻게 적용되는지를 보여주는 것으로 반드시 강의를 활용하여 문제를 풀도록 해야 한다.

4 탐구학습 방법

탐구는 어려운 문제를 한눈에 알아보고 쉽게 푸는 방법을 제시해 주는 것으로 탐구를 통해 문제를 볼 줄 아는 안목을 길러야 한다.

5 풀이학습 방법

풀이는 가장 쉽고 간결하게 풀어놓았으니 풀이를 읽으면서 이해하거나 연습장에 쓰면서 따라 풀어보도록 한다.

6 유제학습 방법

1, 2단계로 구성하여 유제 1단계 문제는 예제와 비슷한 난이도로 출제하였고 유제 2단계는 난이도를 높여 한번 더 생각하며 풀 수 있도록 하였으니 학생 스스로 풀어보고 안 풀리는 문제는 선생님께 질문하여 해결하도록 한다.

어려운 수학 문제를 잘 풀 수 있는 방법은 잘 모르는 문제와 씨름하지 말고 자신이 잘 알고 있는 개념과 문제를 여러 번 반복 학습하는 것이다. 그렇게 하면 수학 실력이 향상되어 어려운 문제도 쉽게 풀 수 있는 능력이 생긴다는 것을 명심해야 한다.

이 책의 내용을 한 눈에

IV 여러 가지 방정식

Ⅳ.
여러 가지 방정식

P A R T
01

삼차 · 사차방정식

◈ 중·고교 연결과정 선수학습
1 삼차 · 사차방정식의 해법
2 삼차방정식의 근과 계수
3 1의 세제곱근과 -1의 세제곱근
◈ 반복학습 기록란
◈ 연습문제 (A)(B)

명언

가르치는 것은 두 번 배우는 것이다.

- 주베르 -

1 인수정리를 이용한 인수분해

➜ $\pm\dfrac{\text{상수항의 약수}}{\text{최고차항의 계수의 약수}}$ 중 $f(\alpha)=0$이 되게 하는 α를 찾아 조립제법을 이용하여 인수분해한다.

강의 인수정리를 이용한 인수분해는 $\pm$ 상수항의 약수를 대입해본다!

➜ $f(\alpha)=0$인 α 조사

  → 조립제법 이용 인수분해

기│본│예│제 01

x^4-2x^3-x+2를 인수분해하시오.

탐구 $f(\alpha)=0$인 α를 찾아 조립제법을 이용하여 인수분해한다.

풀이 $f(x)=x^4-2x^3-x+2$라 하고 $f(\alpha)=0$인 α를 찾으면

$\qquad f(1)=0,\ f(2)=0$

조립제법을 이용하여 $f(x)$를 인수분해하면

$$
\begin{array}{r|rrrr|r}
1 & 1 & -2 & 0 & -1 & 2 \\
  &   & 1 & -1 & -1 & -2 \\
\hline
2 & 1 & -1 & -1 & -2 & 0 \\
  &   & 2 & 2 & 2 & \\
\hline
  & 1 & 1 & 1 & 0 & \\
\end{array}
$$

$\qquad \therefore\ (x-1)(x-2)(x^2+x+1)$

정답 $(x-1)(x-2)(x^2+x+1)$

유제 01-1 x^3+5x^2+7x+2를 인수분해하시오.

유제 01-2 $x^4-x^3-2x^2+x+1$을 인수분해하시오.

2 동일부분이 있는 경우의 인수분해

→ 동일부분을 X로 치환하여 전개한 후 인수분해한다.

강의 **동일부분이 있는 경우의 인수분해는 치환하여 인수분해한다!**

→ 동일부분 → 치환 → 전개 → 인수분해 → 환원

주의 환원한 후 ( ) 안의 식이 더 이상 인수분해되지 않을 때까지 인수분해해야 한다.

기 | 본 | 예 | 제 02

$(x^2 - 2x)(x^2 - 2x - 1) - 6$을 인수분해하시오.

탐구 동일부분 $x^2 - 2x = X$로 치환하고 전개한 후 인수분해한다.

풀이 $x^2 - 2x = X$로 치환하고 전개한 후 인수분해하면

$$(준식) = X(X-1) - 6$$
$$= X^2 - X - 6$$
$$= (X-3)(X+2)$$

$X = x^2 - 2x$로 환원하면

$$(x^2 - 2x - 3)(x^2 - 2x + 2) = (x-3)(x+1)(x^2 - 2x + 2)$$

정답 $(x-3)(x+1)(x^2 - 2x + 2)$

유제 02-1 $(x-1)(x+1)(x-2)(x-4) - 7$을 인수분해하시오.

유제 02-2 $(x^2 - x)^2 - 3x^2 + 3x - 18$을 인수분해하시오.

3 복이차식의 인수분해

→ $x^2 = X$로 놓고 인수분해한다.

→ 인수분해되지 않을 때는 $(\quad)^2 - (\quad)^2$ 꼴로 변형한다.

강의 복이차식의 인수분해는 직관 또는 $(머리 \pm 꼬리)^2 - (\quad)^2$을 이용한다!

① $x^2 = X$로 치환

② $(\quad)^2 - (\quad)^2$으로 변형

기|본|예|제 03

다음을 인수분해하시오.

(1) $x^4 - 2x^2 - 8$
(2) $x^4 - 8x^2 + 4$

탐구

① $x^2 = X$로 치환하여 인수분해한다.

② 치환하여 인수분해되지 않으므로 $(\quad)^2 - (\quad)^2$으로 변형한다.

풀이

(1) $x^2 = X$로 치환하면

$$(준식) = X^2 - 2X - 8 = (X - 4)(X + 2)$$

$X = x^2$으로 환원하면

$$(준식) = (x^2 - 4)(x^2 + 2) = (x + 2)(x - 2)(x^2 + 2)$$

(2) $x^2 = X$로 치환하면 인수분해가 되지 않으므로 $(\quad)^2 - (\quad)^2$으로 변형하면

$$(준식) = (x^4 - 4x^2 + 4) - 4x^2 = (x^2 - 2)^2 - (2x)^2$$
$$= (x^2 + 2x - 2)(x^2 - 2x - 2)$$

정답 (1) $(x + 2)(x - 2)(x^2 + 2)$ (2) $(x^2 + 2x - 2)(x^2 - 2x - 2)$

유제 03-1 $x^4 - 5x^2 - 6$을 인수분해하시오.

유제 03-2 $x^4 - 11x^2 + 1$을 인수분해하시오.

삼차·사차방정식의 해법

1 고차방정식의 기본 해법

→ 삼차 이상의 방정식을 **고차방정식**이라 하며, 고차방정식의 기본해법은 앞에서 배운 방법을 총동원하여 인수분해하여 푸는 것이다.

[1] 인수정리를 이용하는 경우

→ 방정식 $f(x)=0$에서 $f(\alpha)=0$인 α를 구한 후 조립제법을 이용한다.

[2] 동일부분이 있는 경우

→ 동일부분을 치환하여 인수분해한 후 환원한다.

[3] 복이차방정식($x^4+ax^2+b=0$)의 경우

(1) $x^2=X$로 치환하여 인수분해한 후 환원한다.

(2) 치환하여 인수분해가 되지 않을 경우 A^2-B^2의 꼴로 변형하여 인수분해한다.

> **체크** 고차식을 인수분해할 때에는 공식, 치환, 인수정리, 조립제법, 미정계수법 등을 이용한다.

강의 곱셈공식을 이용한 고차방정식의 해법은 공식을 잘 기억해두세요!

→ 삼차·사차방정식은 우선 곱셈공식을 이용하여 인수분해해 본다.

① $a^3+b^3=(a+b)(a^2-ab+b^2)$

② $a^3-b^3=(a-b)(a^2+ab+b^2)$

③ $a^4-b^4=(a^2+b^2)(a^2-b^2)$

④ $a^4+a^2b^2+b^4=(a^2+ab+b^2)(a^2-ab+b^2)$

주의 ① $a^2-b^2=(a+b)(a-b)$

② $a^2+b^2=(a+bi)(a-bi)$

주의 한 번 인수분해한 후 (　) 안의 식이 인수분해가 되는 경우에는 반드시 인수분해를 해야 한다.

보기

$$\begin{cases} a^4-b^4=(a^2+b^2)(a^2-b^2) & (\times) \\ a^4-b^4=(a^2+b^2)(a^2-b^2)=(a^2+b^2)(a+b)(a-b) & (\bigcirc) \end{cases}$$

$$\begin{cases} a^6-b^6=(a^3+b^3)(a^3-b^3) & (\times) \\ a^6-b^6=(a^3+b^3)(a^3-b^3) \\ \qquad =(a+b)(a^2-ab+b^2)(a-b)(a^2+ab+b^2) & (\bigcirc) \end{cases}$$

다음 방정식을 푸시오.

(1) $x^3 + 1 = 0$　　　　　　　　　　(2) $x^4 = 16$

탐구
① $a^3 + b^3 = (a+b)(a^2 - ab + b^2)$
② $a^2 - b^2 = (a+b)(a-b)$
③ $a^2 + b^2 = (a+bi)(a-bi)$

풀이 인수분해공식을 이용하여 방정식을 풀면

(1) $x^3 + 1 = 0$

$$(x+1)(x^2 - x + 1) = 0$$

$$\therefore \ x = -1 \ \text{또는} \ x = \frac{1 \pm \sqrt{3}\,i}{2}$$

(2) $x^4 - 16 = 0$

$$(x^2 + 4)(x^2 - 4) = 0$$

$$(x + 2i)(x - 2i)(x + 2)(x - 2) = 0$$

$$\therefore \ x = \pm 2i \ \text{또는} \ x = \pm 2$$

정답 (1) $x = -1, \ x = \dfrac{1 \pm \sqrt{3}\,i}{2}$　　(2) $x = \pm 2i, \ x = \pm 2$

유제 01-1 다음 방정식을 푸시오.

(1) $x^3 = 8$　　　　　　　　　　(2) $2x^4 - 162 = 0$

유제 01-2 다음 방정식을 푸시오.

(1) $2x^3 - 54 = 0$　　　　　　　　　　(2) $x^4 = 64$

강의 인수정리를 이용한 고차방정식의 해법은 ± 상수항의 약수를 대입해 본다!

→ ±상수항의 약수 중에서 가장 간단한 것부터 차례로 대입하여

(준식)$=0$이 되는 x값을 찾아 본다.

$f(\alpha) = 0 \ \rightarrow \ $ 인수분해 $f(x) = (x - \alpha)(\text{몫})$

주의 몫은 조립계법을 이용하여 구한다.

다음 방정식을 푸시오.

(1) $x^3 + 4x^2 - x - 4 = 0$

(2) $x^4 + x^3 - x^2 - 7x - 6 = 0$

탐구 $\pm$(상수항의 약수) 중 가장 간단한 것부터 대입하여 식이 0이 되게 하는 x의 값을 구한 후 조립제법을 이용하여 인수분해한다.

풀이 (1) $f(x) = x^3 + 4x^2 - x - 4$라 하고 $f(\alpha) = 0$인 α를 찾으면

$x = \pm 1,\ \pm 2,\ \pm 4$ 중 $f(1) = 0$이다.

조립제법을 이용하여 $f(x)$를 인수분해하면

$$
\begin{array}{r|rrrr}
1 & 1 & 4 & -1 & -4 \\
  &   & 1 & 5 & 4 \\
\hline
  & 1 & 5 & 4 & 0
\end{array}
$$

$\therefore\ (x-1)(x^2 + 5x + 4) = 0$

$(x-1)(x+1)(x+4) = 0$

$x = 1$ 또는 $x = -1$ 또는 $x = -4$

(2) $f(x) = x^4 + x^3 - x^2 - 7x - 6$이라 하고 $f(\alpha) = 0$인 α를 찾으면

$x = \pm 1,\ \pm 2,\ \pm 3,\ \pm 6$ 중 $f(-1) = 0,\ f(2) = 0$이다.

조립제법을 이용하여 $f(x)$를 인수분해하면

$$
\begin{array}{r|rrrrr}
-1 & 1 & 1 & -1 & -7 & -6 \\
   &   & -1 & 0 & 1 & 6 \\
\hline
2 & 1 & 0 & -1 & -6 & 0 \\
  &   & 2 & 4 & 6 & \\
\hline
  & 1 & 2 & 3 & 0 &
\end{array}
$$

$\therefore\ (x+1)(x-2)(x^2 + 2x + 3) = 0$

$\therefore\ x = -1$ 또는 $x = 2$ 또는 $x = -1 \pm \sqrt{2}\,i$

정답 (1) $x = 1$ 또는 $x = -1$ 또는 $x = -4$

(2) $x = -1$ 또는 $x = 2$ 또는 $x = -1 \pm \sqrt{2}\,i$

유제 02-1 다음 방정식을 푸시오.

(1) $x^3 - 6x^2 + 11x - 6 = 0$

(2) $x^4 + 2x^3 - 7x^2 - 8x + 12 = 0$

유제 02-2 다음 방정식을 푸시오.

(1) $x^3 - 2x^2 - 9 = 0$

(2) $x^4 + 2x^3 - 2x^2 - 2x + 1 = 0$

→ 동일부분을 X로 치환하여 X를 구한 후 환원하여 x를 구한다.

→ 동일부분 $ax^2 + bx = X\,(\text{치환}) \rightarrow$ 환원 ; 이차방정식 $\rightarrow x = \alpha,\ \beta\,(\text{근})$

기|본|예|제 **03**

다음 방정식을 푸시오.

(1) $(x^2 + x)^2 - 8(x^2 + x) + 12 = 0$ (2) $(x+1)(x+2)(x+3)(x+4) = 24$

탐구   동일부분을 X로 치환하여 인수분해한 후 환원하여 x를 구한다.

풀이   (1) $x^2 + x = X$로 치환하여 인수분해하면

$$X^2 - 8X + 12 = 0 \quad (X-2)(X-6) = 0 \qquad \therefore\ X = 2,\ X = 6$$

i) $X = 2$일 때, $x^2 + x = 2 \quad x^2 + x - 2 = 0 \quad (x+2)(x-1) = 0$

$$\therefore\ x = -2,\ x = 1$$

ii) $X = 6$일 때, $x^2 + x = 6 \quad x^2 + x - 6 = 0 \quad (x+3)(x-2) = 0$

$$\therefore\ x = -3,\ x = 2$$

(2) 치환할 것을 고려하여 짝을 맞추어 전개하면

$$\{(x+1)(x+4)\}\{(x+2)(x+3)\} - 24 = 0$$

$$(x^2 + 5x + 4)(x^2 + 5x + 6) - 24 = 0$$

$x^2 + 5x = X$로 치환하여 인수분해하면

$$(X+4)(X+6) - 24 = 0 \quad X^2 + 10X = 0 \quad X(X+10) = 0$$

$$\therefore\ X = 0,\ X = -10$$

i) $X = 0$일 때, $x^2 + 5x = 0 \quad x(x+5) = 0 \qquad \therefore\ x = 0,\ x = -5$

ii) $X = -10$일 때, $x^2 + 5x = -10 \quad x^2 + 5x + 10 = 0 \qquad \therefore\ x = \dfrac{-5 \pm \sqrt{15}\,i}{2}$

정답   (1) $x = 1,\ x = -3,\ x = \pm 2$ (2) $x = 0,\ x = -5,\ x = \dfrac{-5 \pm \sqrt{15}\,i}{2}$

유제 03-1   다음 방정식을 푸시오.

(1) $(x^2 - 2x)^2 - 11(x^2 - 2x) + 24 = 0$

(2) $(x-1)(x+2)(x-3)(x+4) = -24$

유제 03-2   다음 방정식을 푸시오.

(1) $(x^2 + 2x)^2 - 2(x^2 + 2x) - 3 = 0$

(2) $(x+1)(x+3)(x-5)(x-7) + 15 = 0$

직관에 의해 인수분해하거나 A^2-B^2 꼴로 변형하여 인수분해한다.

➔ 복이차식$=(머리\pm꼬리)^2-(\quad)^2$의 꼴로 변형 $\rightarrow$ $A^2-B^2=(A+B)(A-B)$

기|본|예|제 04

다음 방정식을 푸시오.

(1) $x^4-2x^2-3=0$ (2) $x^4-23x^2+1=0$

탐구   ① $x^2=t$로 놓고 인수분해한다.

② 치환하여 인수분해되지 않으면 $A^2-B^2=0$의 꼴로 변형한다.

풀이   (1) $x^2=t$로 치환하여 인수분해하면

$$t^2-2t-3=0$$
$$(t-3)(t+1)=0 \qquad \therefore\ t=3 \text{ 또는 } t=-1$$

$t=x^2$이므로

$$x^2=3 \text{ 또는 } x^2=-1$$
$$\therefore\ x=\pm\sqrt{3} \text{ 또는 } x=\pm i$$

(2) 치환하여 인수분해가 되지 않으므로 식을 변형하면

$$(x^4+2x^2+1)-25x^2=0$$
$$(x^2+1)^2-(5x)^2=0$$
$$(x^2+5x+1)(x^2-5x+1)=0$$
$$\therefore\ x=\frac{-5\pm\sqrt{21}}{2} \text{ 또는 } x=\frac{5\pm\sqrt{21}}{2}$$

정답   (1) $x=\pm\sqrt{3}$ 또는 $x=\pm i$ (2) $x=\dfrac{-5\pm\sqrt{21}}{2}$ 또는 $x=\dfrac{5\pm\sqrt{21}}{2}$

유제 04-1   다음 방정식을 푸시오.

(1) $x^4-3x^2+2=0$ (2) $x^4+4=0$

유제 04-2   다음 방정식을 푸시오.

(1) $x^4+64=0$ (2) $x^4-13x^2+4=0$

→ 각 항의 계수가 중앙항을 기준으로 좌우 대칭인 방정식을 **상반방정식** 또는 **역수방정식**이라 한다.

[1] 짝수차 상반방정식인 경우

첫째, 양변을 x^2으로 나눈다.

둘째, $x+\dfrac{1}{x}=t$로 치환하여 방정식을 만들어 푼다.

[2] 홀수차 상반방정식인 경우

첫째, $(x+1)(\text{짝수차 상반방정식})=0$꼴로 변형한다.

둘째, 양변을 x^2으로 나눈다.

셋째, $x+\dfrac{1}{x}=t$로 치환하여 방정식을 만들어 푼다.

강의 상반방정식(역수방정식)은 계수가 좌우 대칭인 방정식이다!

유형 ① 짝수차(2단계)

첫째 → 양변을 x^2으로 나눈다.

둘째 → $x+\dfrac{1}{x}=t$ (치환 → 환원)

유형 ② 홀수차(3단계)

첫째 → $(x+1)(\text{짝수차})=0$

둘째 → 양변을 x^2으로 나눈다.

셋째 → $x+\dfrac{1}{x}=t$ (치환 → 환원)

주의 상반방정식 중에는 인수정리 가능 경우도 있다.

보기 홀수차 상반방정식의 풀이

$$3x^5-2x^4-x^3-x^2-2x+3=0 \quad \cdots ①$$

①에 $x=-1$을 대입하면 등식이 성립하므로 좌변은 $x+1$을 인수로 가진다.

$$(x+1)(3x^4-5x^3+4x^2-5x+3)=0$$

$$x=-1 \ \text{또는} \ 3x^4-5x^3+4x^2-5x+3=0$$

짝수차 상반방정식을 풀고 해를 구한다.

방정식 $x^4+2x^3-13x^2+2x+1=0$을 푸시오.

탐구 짝수차 상반방정식 $\rightarrow$ x^2으로 각 항을 나눈 후 $x+\dfrac{1}{x}=t$로 치환하여 푼다.

풀이 준식의 양변을 x^2으로 나누고 정리하면

$$x^2+2x-13+\frac{2}{x}+\frac{1}{x^2}=0$$

$$x^2+\frac{1}{x^2}+2\left(x+\frac{1}{x}\right)-13=0$$

$$\left(x+\frac{1}{x}\right)^2-2+2\left(x+\frac{1}{x}\right)-13=0$$

$$\left(x+\frac{1}{x}\right)^2+2\left(x+\frac{1}{x}\right)-15=0$$

$x+\dfrac{1}{x}=t$로 치환하고 인수분해하면

$$t^2+2t-15=0 \quad (t+5)(t-3)=0 \quad \therefore t=-5,\ t=3$$

$t=x+\dfrac{1}{x}$로 환원하면

i) $x+\dfrac{1}{x}=-5$에서 $x^2+5x+1=0$ $\quad \therefore x=\dfrac{-5\pm\sqrt{21}}{2}$

ii) $x+\dfrac{1}{x}=3$에서 $x^2-3x+1=0$ $\quad \therefore x=\dfrac{3\pm\sqrt{5}}{2}$

$$\therefore x=\frac{-5\pm\sqrt{21}}{2} \ \text{또는} \ x=\frac{3\pm\sqrt{5}}{2}$$

정답 $x=\dfrac{-5\pm\sqrt{21}}{2}$ 또는 $x=\dfrac{3\pm\sqrt{5}}{2}$

유제 05-1 다음 방정식을 푸시오.

$$x^4+3x^3-2x^2+3x+1=0$$

유제 05-2 다음 방정식을 푸시오.

$$x^4+7x^3+14x^2+7x+1=0$$

[1] 근이 주어진 삼차·사차방정식

➡ 근이 주어지면 식에 대입하여 미지수를 구한다.

[2] 근의 조건이 주어진 삼차방정식

➡ 인수정리를 이용하여 (일차식)×(이차식)=0의 꼴로 인수분해한 후 주어진 조건에 맞게 이차식의 판별식을 이용한다.

> **강의** **근이 주어진 삼차·사차방정식은 근을 방정식에 대입한다!**
>
> 첫째, 주어진 근을 식에 대입 → 미정계수를 구한다.
>
> 둘째, 인수정리 이용 인수분해 → 나머지 근을 구한다.

기│본│예│제 **06**

삼차방정식 $x^3 + 2ax - 1 = 0$의 한 근이 -1일 때, 나머지 두 근의 합을 구하시오.

탐구 한 근 α가 주어지면 식에 대입하여 미지수를 구한다.

풀이 삼차방정식의 한 근이 -1이므로 식에 대입하여 a를 구하면

$$-1 - 2a - 1 = 0 \qquad \therefore\ a = -1$$

따라서 주어진 방정식은 $x^3 - 2x - 1 = 0$이다.

$f(x) = x^3 - 2x - 1$이라 하면 $f(-1) = 0$이므로

$$
\begin{array}{r|rrr|r}
-1 & 1 & 0 & -2 & -1 \\
   &   & -1 & 1 & 1 \\
\hline
   & 1 & -1 & -1 & 0
\end{array}
$$

$$\therefore\ (x+1)(x^2 - x - 1) = 0$$

따라서 주어진 한 근 -1 이외의 나머지 두 근은 $x^2 - x - 1 = 0$의 두 근이므로 근과 계수의 관계에 의해 나머지 두 근의 합은 1이다.

정답 1

유제 06-1 삼차방정식 $x^3 - 2ax^2 + (3b+2)x - 2b = 0$의 두 근이 2, 3일 때, 나머지 한 근을 구하시오.

유제 06-2 사차방정식 $x^4 + ax^3 - 2x^2 + 3bx - 4 = 0$의 두 근이 -1, 2일 때, 나머지 두 근의 합을 구하시오.

첫째, 인수정리 이용 인수분해 → (일차식)×(이차식)＝0의 꼴로 정리한다.

둘째, 근의 조건에 맞는 판별식 사용 → 계수 k의 값 또는 범위를 구한다.

기 | 본 | 예 | 제 07

삼차방정식 $x^3-(2k+1)x^2+(3k+1)x-k-1=0$이 중근을 갖도록 하는 모든 실수 k의 값의 합을 구하시오.

탐구   인수정리를 이용하여 인수분해한 후 조건에 맞게 판별식을 이용한다.

풀이 $f(x)=x^3-(2k+1)x^2+(3k+1)x-k-1$이라 하면

$$f(1)=1-(2k+1)+3k+1-k-1=0$$

따라서 조립제법을 이용하여 $f(x)$를 인수분해하면

$$
\begin{array}{r|rrrr}
1 & 1 & -2k-1 & 3k+1 & -k-1 \\
  &   & 1 & -2k & k+1 \\
\hline
  & 1 & -2k & k+1 & 0
\end{array}
$$

$$\therefore f(x)=(x-1)(x^2-2kx+k+1)$$

$f(x)=0$이 중근을 가지려면 $x^2-2kx+k+1=0$이 중근을 가지거나 $x=1$을 근으로 가져야 한다.

ⅰ) 중근을 갖는 경우

$$D/4=k^2-k-1=0 \qquad \therefore \text{(실수 } k\text{의 값의 합)}=1$$

ⅱ) $x=1$을 근으로 갖는 경우

$$1-2k+k+1=0 \qquad \therefore k=2$$

ⅰ), ⅱ)에 의해 모든 실수 k의 값의 합을 구하면

$$1+2=3$$

✅ 정답   3

유제 07-1   삼차방정식 $x^3-2x^2+kx+k+3=0$의 근이 모두 실근이 되도록 하는 실수 k의 최댓값을 구하시오.

유제 07-2   삼차방정식 $x^3-kx^2+(2k+1)x-10=0$이 허근을 가질 실수 k의 값의 범위를 구하시오.

첫째, 주어진 설명에 맞춰 미지수 x를 설정하고 방정식을 세우고 해를 구한다.

둘째, 구한 해 중 조건에 맞는 해를 선택한다.

강의 고차방정식의 응용문제는 미지수를 정하여 방정식을 세운다!

첫째, 주어진 조건에 맞게 미지수 x를 설정한다.

둘째, 설정된 미지수 x를 사용하여 방정식을 세운다.

셋째, 방정식을 풀어 미지수 x를 구한다.

넷째, 구한 해 x 중 조건에 맞는 x를 선택한다.

기|본|예|제 08

어떤 정육면체의 가로의 길이는 $2\,\mathrm{cm}$, 세로의 길이는 $1\,\mathrm{cm}$를 줄이고 높이는 $1\,\mathrm{cm}$를 늘렸더니 부피가 $72\,\mathrm{cm}^3$인 직육면체가 되었다면 처음 정육면체의 한 모서리의 길이를 구하시오.

탐구 정육면체의 한 모서리의 길이를 x로 놓고 식을 세운다.

풀이 처음 정육면체의 한 모서리의 길이를 x로 놓고 직육면체의 부피를 구하는 식을 세우면

$$(x-2)(x-1)(x+1)=72$$

$$x^3-2x^2-x-70=0$$

$f(x)=x^3-2x^2-x-70$이라 놓으면 $f(5)=0$이므로 조립제법을 이용하여 인수분해하면

$$
\begin{array}{r|rrrr}
5 & 1 & -2 & -1 & -70 \\
  &   & 5 & 15 & 70 \\
\hline
  & 1 & 3 & 14 & 0
\end{array}
$$

$$\therefore (x-5)(x^2+3x+14)=0$$

$x^2+3x+14=0$의 판별식을 구하면

$$D=9-56=-47<0$$

따라서 $x^2+3x+14=0$은 실근이 존재하지 않는다.

$$\therefore x=5$$

따라서 처음 정육면체의 한 모서리의 길이는 $5\,\mathrm{cm}$이다.

정답 $5\,\mathrm{cm}$

오른쪽 그림과 같이 한 변의 길이가 15 cm인 정사각형의 네 귀퉁이에서 한 변의 길이가 x cm인 정사각형을 잘라내고 점선을 따라 접으면 직육면체 모양의 그릇이 된다. 이 그릇의 부피가 243 cm³가 되게 하는 자연수 x의 값을 구하시오.

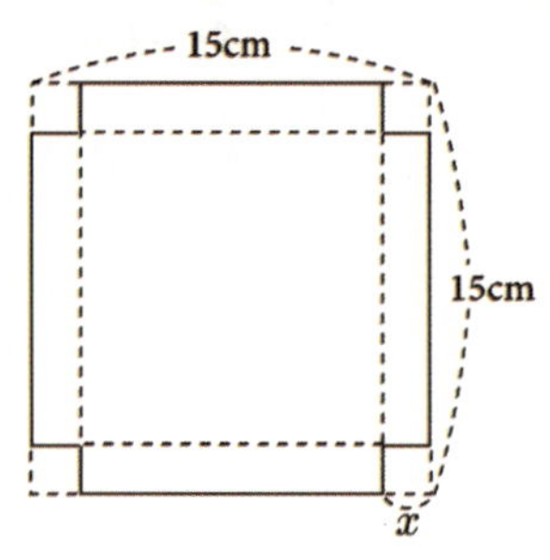

오른쪽 그림과 같이 한 모서리의 길이가 x cm인 정육면체에서 밑면의 가로, 세로의 길이가 모두 $(x-2)$ cm이고, 높이가 1 cm인 직육면체 모양을 잘라냈더니 남은 부분의 부피가 60 cm³가 되었다. 이때 x의 값을 구하시오.

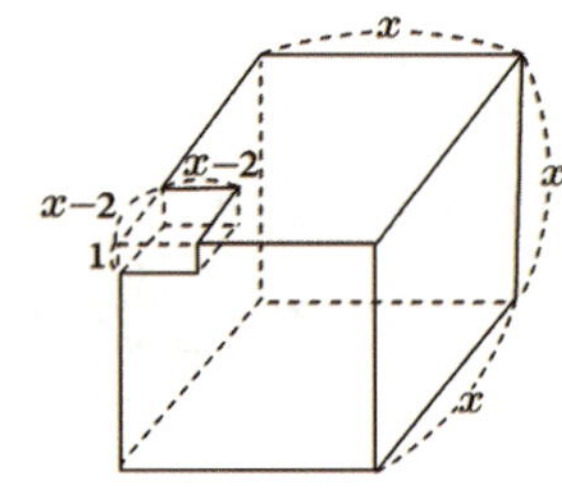

오른쪽 그림과 같이 밑면의 지름의 길이와 높이가 같은 원기둥 모양의 그릇에 담긴 물의 높이가 그릇의 높이보다 3 cm 낮을 때의 물의 부피가 175π cm³일 때, 그릇의 밑면의 반지름의 길이를 구하시오.

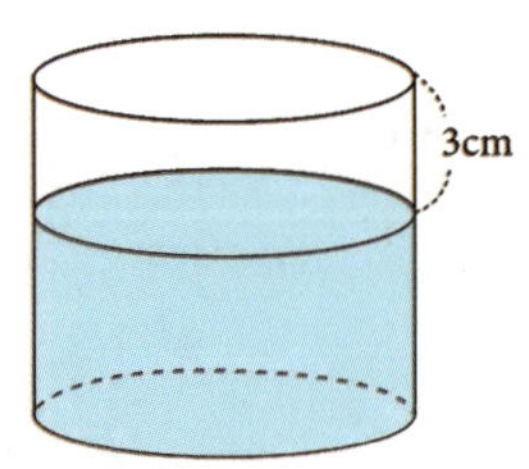

1 삼차방정식의 근과 계수의 관계

➜ $ax^3+bx^2+cx+d=0\ (a\neq0)$의 세 근을 $\alpha,\ \beta,\ \gamma$라 하면

(1) $\alpha+\beta+\gamma=-\dfrac{b}{a}$

(2) $\alpha\beta+\beta\gamma+\gamma\alpha=\dfrac{c}{a}$

(3) $\alpha\beta\gamma=-\dfrac{d}{a}$

강의 **삼차방정식의 근과 계수의 관계는 세 근이 주어질 때 사용한다! (100%)**

➜ $ax^3+bx^2+cx+d=0\ \rightarrow\ 3$근$(100\%)\ \rightarrow\ ①②③$ 이용

① $\alpha+\beta+\gamma=-\dfrac{b}{a}$　　　② $\alpha\beta+\beta\gamma+\gamma\alpha=\dfrac{c}{a}$　　　③ $\alpha\beta\gamma=-\dfrac{d}{a}$

주의 세 근이 주어지면 100% 근과 계수의 관계를 이용하여 문제를 푼다!

기|본|예|제 09

삼차방정식 $x^3+2x^2-3x-5=0$의 세 근을 $\alpha,\ \beta,\ \gamma$라 할 때, 다음 식의 값을 구하시오.

(1) $\alpha^2+\beta^2+\gamma^2$　　　　　(2) $\dfrac{1}{\alpha}+\dfrac{1}{\beta}+\dfrac{1}{\gamma}$　　　　　(3) $\alpha^3+\beta^3+\gamma^3$

탐구 세 근 $\alpha,\ \beta,\ \gamma\ \rightarrow\ \alpha+\beta+\gamma=-\dfrac{b}{a},\ \alpha\beta+\beta\gamma+\gamma\alpha=\dfrac{c}{a},\ \alpha\beta\gamma=-\dfrac{d}{a}$이용 (100%)

풀이 근과 계수의 관계에 의해

$$\alpha+\beta+\gamma=-2,\ \alpha\beta+\beta\gamma+\gamma\alpha=-3,\ \alpha\beta\gamma=5$$

(1) $\alpha^2+\beta^2+\gamma^2=(\alpha+\beta+\gamma)^2-2(\alpha\beta+\beta\gamma+\gamma\alpha)=10$

(2) $\dfrac{1}{\alpha}+\dfrac{1}{\beta}+\dfrac{1}{\gamma}=\dfrac{\alpha\beta+\beta\gamma+\gamma\alpha}{\alpha\beta\gamma}=-\dfrac{3}{5}$

(3) $\alpha^3+\beta^3+\gamma^3=(\alpha+\beta+\gamma)(\alpha^2+\beta^2+\gamma^2-\alpha\beta-\beta\gamma-\gamma\alpha)+3\alpha\beta\gamma$

$$=(-2)\times\{10-(-3)\}+3\times5=-11$$

정답 　(1) 10　　　(2) $-\dfrac{3}{5}$　　　(3) -11

유제 09-1 삼차방정식 $x^3-4x^2+x+6=0$의 세 근을 α, β, γ라 할 때, 다음 식의 값을 구하시오.

(1) $\dfrac{1}{\alpha}+\dfrac{1}{\beta}+\dfrac{1}{\gamma}$

(2) $\dfrac{1}{\alpha\beta}+\dfrac{1}{\beta\gamma}+\dfrac{1}{\gamma\alpha}$

유제 09-2 삼차방정식 $x^3-2x+1=0$의 세 근을 α, β, γ라 할 때, $\alpha^2\beta^2+\beta^2\gamma^2+\gamma^2\alpha^2$의 값을 구하시오.

강의 삼차방정식의 켤레근은 유리계수, 실수계수 조건을 꼭 확인하라! (100%)

① 유리계수 방정식 → $a+b\sqrt{3}$ (근) → 켤레근 $a-b\sqrt{3}$ (근)

② 실수계수 방정식 → $a+bi$ (근) → 켤레근 $a-bi$ (근)

기 | 본 | 예 | 제 **10**

a, b가 유리수이고, 삼차방정식 $x^3+ax-b=0$의 한 근이 $1+\sqrt{2}$일 때, $a+b$의 값을 구하시오.

탐구 유리계수 방정식의 한 근이 $a+b\sqrt{2}$이면 $a-b\sqrt{2}$를 근으로 갖는다.

풀이 계수가 유리수이고 한 근이 $1+\sqrt{2}$이므로 $1-\sqrt{2}$도 이 방정식의 근이다.

따라서 세 근을 $1+\sqrt{2}$, $1-\sqrt{2}$, α라 놓고 근과 계수의 관계를 이용하면

i) $1+\sqrt{2}+1-\sqrt{2}+\alpha=0$ $\therefore \alpha=-2$

ii) $(1+\sqrt{2})(1-\sqrt{2})+\alpha(1-\sqrt{2})+\alpha(1+\sqrt{2})=a$

$2\alpha-1=a$에서 $\alpha=-2$이므로 $a=-5$

iii) $(1+\sqrt{2})(1-\sqrt{2})\alpha=b$ $-\alpha=b$에서 $\alpha=-2$이므로 $b=2$

$\therefore a+b=-5+2=-3$

정답 -3

유제 10-1 삼차방정식 $x^3+ax^2+bx-3=0$의 한 근이 $1+\sqrt{2}\,i$일 때, 두 실수 a, b에 대하여 ab의 값을 구하시오.

유제 10-2 삼차방정식 $x^3+px+q=0$ (단, p, q는 유리수)의 한 근이 $\sqrt{3}-1$일 때, $p+q$의 값을 구하시오.

→ α, β, γ를 세 근으로 하는 삼차방정식을 구하면

(1) $(x-\alpha)(x-\beta)(x-\gamma)=0$

   → $\alpha=\beta$일 때 $(x-\alpha)^2(x-\gamma)=0$

(2) $x^3-(\alpha+\beta+\gamma)x^2+(\alpha\beta+\beta\gamma+\gamma\alpha)x-\alpha\beta\gamma=0$

강의 **삼차방정식을 세우는 방법은 근의 종류에 따라 달라진다!**

① $a(x-\alpha)(x-\beta)(x-\gamma)=0$꼴

② $a(x-\alpha)^2(x-\beta)=0$꼴

③ $a(x-\alpha)^3=0$꼴

기|본|예|제 11

삼차방정식 $x^3+3x+2=0$의 세 근을 α, β, γ라 할 때, $\alpha+\beta$, $\beta+\gamma$, $\gamma+\alpha$를 세 근으로 하는 삼차방정식을 구하시오. (단, 최고차항의 계수는 1이다.)

탐구 세 근 A, B, C → 삼차방정식은 $x^3-(A+B+C)x^2+(AB+BC+CA)x-ABC=0$

풀이 근과 계수의 관계에 의해

   $\alpha+\beta+\gamma=0$, $\alpha\beta+\beta\gamma+\gamma\alpha=3$, $\alpha\beta\gamma=-2$

$\alpha+\beta+\gamma=0$을 변형하면 $\alpha+\beta=-\gamma$, $\beta+\gamma=-\alpha$, $\gamma+\alpha=-\beta$이다.

따라서 구하는 삼차방정식의 세 근은 $-\alpha$, $-\beta$, $-\gamma$이다.

이 삼차방정식을 $x^3+ax^2+bx+c=0$이라 하고 근과 계수의 관계를 이용하면

  ⅰ) $(-\gamma)+(-\alpha)+(-\beta)=-(\gamma+\alpha+\beta)=0=-a$ ∴ $a=0$

  ⅱ) $(-\alpha)\times(-\beta)+(-\beta)\times(-\gamma)+(-\gamma)\times(-\alpha)=\alpha\beta+\beta\gamma+\gamma\alpha=3=b$ ∴ $b=3$

  ⅲ) $(-\alpha)(-\beta)(-\gamma)=-\alpha\beta\gamma=2=-c$ ∴ $c=-2$

따라서 구하는 삼차방정식은

   $x^3-0\times x^2+3x-2=0$ ∴ $x^3+3x-2=0$

정답 $x^3+3x-2=0$

유제 11-1 삼차방정식 $x^3+2x^2-1=0$의 세 근을 α, β, γ라 할 때, $\alpha\beta$, $\beta\gamma$, $\gamma\alpha$를 세 근으로 하는 x^3의 계수가 1인 삼차방정식을 구하시오.

유제 11-2 삼차방정식 $x^3+3x^2+2x+1=0$의 세 근을 α, β, γ라 할 때, x^3의 계수가 1이고 $\dfrac{1}{\alpha}$, $\dfrac{1}{\beta}$, $\dfrac{1}{\gamma}$을 세 근으로 하는 삼차방정식을 구하시오.

1 1의 세제곱근

[1] 1의 세제곱근

➜ 세제곱하여 1이 되는 수를 **1의 세제곱근**이라 한다.

➜ $x^3 = 1$

➜ $x^3 - 1 = 0$

➜ $(x-1)(x^2 + x + 1) = 0$

(1) $x - 1 = 0$에서 실근 $x = 1$

(2) $x^2 + x + 1 = 0$에서 허근 $x = \dfrac{-1 \pm \sqrt{3}\,i}{2}$

[2] $\omega = \dfrac{-1 \pm \sqrt{3}\,i}{2}$의 정체

(1) ω는 $x^3 = 1$의 허근이므로 $\omega^3 = 1$이다.

(2) ω는 $x^2 + x + 1 = 0$의 근이므로 $\omega^2 + \omega + 1 = 0$이다.

[3] $\omega = \dfrac{-1 \pm \sqrt{3}\,i}{2}$의 성질

(1) $\omega = \dfrac{-1 + \sqrt{3}\,i}{2}$라 하면 $\omega^2 = \dfrac{-1 - \sqrt{3}\,i}{2} = \overline{\omega}$이다.

(2) $\omega = \dfrac{-1 + \sqrt{3}\,i}{2}$라 하면 $\dfrac{1}{\omega} = \dfrac{-1 - \sqrt{3}\,i}{2} = \overline{\omega}$이다.

(3) $\omega = \dfrac{-1 + \sqrt{3}\,i}{2}$라 하면 $\omega + \overline{\omega} = \omega + \omega^2 = \omega + \dfrac{1}{\omega} = -1$이다.

(4) $\omega = \dfrac{-1 + \sqrt{3}\,i}{2}$라 하면 $\omega\overline{\omega} = \omega\omega^2 = \omega \cdot \dfrac{1}{\omega} = 1$이다.

(5) $\omega = \dfrac{-1 + \sqrt{3}\,i}{2}$라 하면 $x^3 = 1$의 세 근은 1, ω, ω^2이다.

(6) $\omega = \dfrac{-1 + \sqrt{3}\,i}{2}$라 하면 $x^3 = a^3$의 세 근은 a, $a\omega$, $a\omega^2$이다.

[4] $\omega = \dfrac{-1 \pm \sqrt{3}\,i}{2}$의 주기

➜ $\omega = \dfrac{-1 \pm \sqrt{3}\,i}{2}$는 3주기 변화한다.

(1) $\omega^{3n+0} = \omega^0 = 1$

(2) $\omega^{3n+1} = \omega^1 = \omega$

(3) $\omega^{3n+2} = \omega^2$

 1의 세제곱근 x 중에서 허근 ω에 주목하라!

➜ $x^3 = 1 \qquad x^3 - 1 = 0$

➜ $(x-1)(x^2+x+1) = 0$

➜ $x-1 = 0,\ x^2+x+1 = 0$

➜ 실근 $x=1$, 허근 $x = \dfrac{-1 \pm \sqrt{3}\,i}{2}$

 $x^3 = a^3$의 세 근은 1의 세제곱근을 이용하여 구한다!

$x^3 = 1^3$의 3근 $\rightarrow$ $1,\ \omega,\ \omega^2$

$x^3 = a^3$의 3근 $\rightarrow$ $a \times 1,\ a\omega,\ a\omega^2$

보기 $x^3 = 2^3$의 3근

$$\rightarrow 2 \times 1,\ 2 \times \frac{-1+\sqrt{3}\,i}{2},\ 2 \times \frac{-1-\sqrt{3}\,i}{2}$$

$$\rightarrow 2,\ -1+\sqrt{3}\,i,\ -1-\sqrt{3}\,i$$

기 | 본 | 예 | 제 **12**

$\dfrac{-1-\sqrt{3}\,i}{2}$를 ω라 할 때, $x^3 = 27$의 세 근을 ω를 이용하여 나타내시오.

탐구 $x^3 = a^3$의 세 근 $\rightarrow$ $a \times 1,\ a \times \dfrac{-1+\sqrt{3}\,i}{2},\ a \times \dfrac{-1-\sqrt{3}\,i}{2}$

풀이 $x^3 - 3^3 = 0$의 근을 구하면

$(x-3)(x^2+3x+9) = 0$

$\therefore\ x = 3$ 또는 $x = \dfrac{-3 \pm 3\sqrt{3}\,i}{2} = 3 \times \left(\dfrac{-1 \pm \sqrt{3}\,i}{2} \right)$

$\omega = \dfrac{-1-\sqrt{3}\,i}{2}$이면 $\dfrac{-1+\sqrt{3}\,i}{2} = \omega^2$이므로 세 근을 ω를 이용하여 나타내면

$x = 3$ 또는 $x = 3\omega$ 또는 $x = 3\omega^2$

정답 $x = 3$ 또는 $x = 3\omega$ 또는 $x = 3\omega^2$

유제 12-1 $\dfrac{-1-\sqrt{3}\,i}{2}$ 를 ω 라 할 때, $x^3=64$ 의 세 근을 ω 를 이용하여 나타내시오.

유제 12-2 $\omega=\dfrac{-1+\sqrt{3}\,i}{2}$ 일 때, $x^3=125$ 의 세 근을 ω 를 이용하여 나타내시오.

강의 ω 문제는 3가지 유형으로 출계된다!

① $x^3=1$ 의 허근 $\rightarrow \omega$

② $x^2+x+1=0$ 의 근 $\rightarrow \omega$

③ $x=\dfrac{-1\pm\sqrt{3}\,i}{2} \rightarrow \omega$

강의 i 와 ω 의 주기성은 i 는 4주기, ω 는 3주기 변화한다!

① i 의 4주기 변화

→ $i^0=1,\ i^1=i,\ i^2=-1,\ i^3=-i,\ i^4=1,\ \cdots$

→ $i^{4n+r}=i^r$ 이용.

② ω 의 3주기 변화

→ $\omega^0=1,\ \omega^1=\omega,\ \omega^2=\overline{\omega},\ \omega^3=1,\ \omega^4=\omega,\ \cdots$

→ $\omega^{3n+r}=\omega^r$ 이용.

보기 ① $i^{2023}=i^3=-i$

② $\omega^{2024}=\omega^2=\overline{\omega}$

방정식 $x^2+x+1=0$의 근을 $\dfrac{-1\pm\sqrt{3}\,i}{2}=\omega$라 할 때, 다음 식의 값을 구하시오.

$$\omega^{2024}+\omega^{2025}+\omega^{2026}+\omega^{2027}+\omega^{2028}+\omega^{2029}+\omega^{2030}$$

탐구 ω는 3주기 변화하므로 3개가 연속되면 0이 된다.

$\rightarrow \omega^{n}+\omega^{n+1}+\omega^{n+2}=0$ (단, n은 자연수)

풀이 $x^2+x+1=0$의 한 근이 ω이므로

$$\omega^2+\omega+1=0 \quad \cdots ①$$

①의 양변에 $\omega-1$을 곱하면

$$\omega^3-1=0 \quad \therefore \omega^3=1 \quad \cdots ②$$

①, ②를 이용하여 준식을 간단히 하면

$$(준식)=(\omega^3)^{674}\times\omega^2+(\omega^3)^{675}+(\omega^3)^{675}\times\omega+(\omega^3)^{675}\times\omega^2+(\omega^3)^{676}$$
$$+(\omega^3)^{676}\times\omega+(\omega^3)^{676}\times\omega^2$$

$$=\omega^2+(1+\omega+\omega^2)+(1+\omega+\omega^2)=\omega^2$$

$$=\left(\dfrac{-1\pm\sqrt{3}\,i}{2}\right)^2=\dfrac{1\mp2\sqrt{3}\,i-3}{4}$$

$$=\dfrac{-2\mp2\sqrt{3}\,i}{4}=\dfrac{-1\mp\sqrt{3}\,i}{2}$$

정답 $\dfrac{-1\mp\sqrt{3}\,i}{2}$

유제 13-1 방정식 $x^2+x+1=0$의 한 근을 ω라 할 때, $\omega+\omega^2+\omega^3+\omega^4+\cdots+\omega^{49}+\omega^{50}$의 값을 구하시오.

유제 13-2 방정식 $x^2+x+1=0$의 한 근을 ω라 할 때, $\dfrac{\omega^{26}}{1+\omega^{25}}+\dfrac{\omega^{25}}{-1-\omega^{26}}$의 값을 구하시오.

$\left(\dfrac{-1+\sqrt{3}\,i}{2}\right)^{101}+\left(\dfrac{-1+\sqrt{3}\,i}{2}\right)^{100}+1$의 값을 구하시오.

탐구　$x^3=1$의 허근 $\rightarrow$ $x^2+x+1=0$의 근 $\rightarrow$ $\dfrac{-1\pm\sqrt{3}\,i}{2}=\omega$

풀이　$\dfrac{-1+\sqrt{3}\,i}{2}$는 $x^3=1$의 한 허근이므로 $\dfrac{-1+\sqrt{3}\,i}{2}=\omega$라 하면

$\omega^3=1,\ \omega^2+\omega+1=0$이다.

$$(준식)=\omega^{101}+\omega^{100}+1=(\omega^3)^{33}\times\omega^2+(\omega^3)^{33}\times\omega+1$$
$$=\omega^2+\omega+1=0$$

정답　0

유제 14-1　$\left(\dfrac{-1-\sqrt{3}\,i}{2}\right)^{14}+\left(\dfrac{-1-\sqrt{3}\,i}{2}\right)^{16}$의 값을 구하시오.

유제 14-2　$\omega=\dfrac{-1+\sqrt{3}\,i}{2}$라 할 때 $\omega^{101}+\omega^{10}+1$의 값을 구하시오.

강의　ω 해법은 공식으로 사용되니 꼭 암기해두어야 한다!

$\rightarrow$ $\omega=\dfrac{-1+\sqrt{3}\,i}{2}$, $\overline{\omega}=\dfrac{-1-\sqrt{3}\,i}{2}$라 할 때,

① $\omega^3=1,\ \omega^2+\omega+1=0$

② $\dfrac{1}{\omega}=\overline{\omega},\ \dfrac{1}{\overline{\omega}}=\omega$

③ $\omega^2=\overline{\omega},\ \overline{\omega}^{\,2}=\omega$

④ $\omega+\omega^2=\omega+\dfrac{1}{\omega}=\omega+\overline{\omega}=-1$

⑤ $\omega\times\omega^2=\omega\times\dfrac{1}{\omega}=\omega\times\overline{\omega}=1$

방정식 $x^3=1$의 한 허근을 ω라 하고 $z=\dfrac{\omega+1}{2\omega+1}$이라 할 때, $z\bar{z}$의 값을 구하시오.

(단, $\bar{z}$는 z의 켤레복소수)

탐구 $x^3=1$의 한 허근을 ω라 하면 $\omega+\bar{\omega}=-1$, $\omega\bar{\omega}=1$이다.

풀이 $x^3=1$에서 $x^3-1=0$ $(x-1)(x^2+x+1)=0$이므로

한 허근 ω는 $x^2+x+1=0$의 근이고 다른 한 근은 $\bar{\omega}$이다.

근과 계수의 관계에 의해

$$\omega+\bar{\omega}=-1,\ \omega\bar{\omega}=1 \qquad \cdots ①$$

①을 이용하여 $z\bar{z}$의 값을 구하면

$$z\bar{z}=\frac{\omega+1}{2\omega+1}\times\frac{\bar{\omega}+1}{2\bar{\omega}+1}$$

$$=\frac{\omega\bar{\omega}+\omega+\bar{\omega}+1}{4\omega\bar{\omega}+2(\omega+\bar{\omega})+1}$$

$$=\frac{1-1+1}{4-2+1}=\frac{1}{3}$$

정답 $\dfrac{1}{3}$

유제 15-1

$x^2+x+1=0$의 한 근을 ω라 하고 $z=\dfrac{\omega-1}{\omega+1}$이라 할 때, $\dfrac{1}{z}+\dfrac{1}{\bar{z}}$의 값을 구하시오. (단, $\bar{z}$는 z의 켤레복소수)

유제 15-2

$x^3=1$의 한 허근을 ω라 할 때, $z=\dfrac{\omega}{1-2\omega}$를 한 근으로 하는 이차방정식 $x^2+px+q=0$에서 $p+2q$의 값을 구하시오. (단, p, q는 실수)

방정식 $x^2+x+1=0$의 한 근을 ω라 할 때, 다음 식의 값을 구하시오.

(1) $\omega^5+\dfrac{1}{\omega^5}$

(2) $\omega^{100}+\dfrac{1}{\omega^{100}}$

탐구　$x^2+x+1=0$의 한 근을 ω라 하면 $\omega^3=1$, $\omega+\dfrac{1}{\omega}=-1$임을 이용한다.

풀이　$x^2+x+1=0$의 한 근이 ω이므로

$$\omega^2+\omega+1=0 \qquad \cdots ①$$

①의 양변에 $\omega-1$을 곱하고 정리하면

$$(\omega-1)(\omega^2+\omega+1)=0 \quad \therefore \omega^3=1 \qquad \cdots ②$$

①의 양변을 ω로 나누고 정리하면

$$\omega+1+\dfrac{1}{\omega}=0 \qquad \therefore \omega+\dfrac{1}{\omega}=-1 \qquad \cdots ③$$

②, ③을 이용하여 준식의 값을 구하면

(1) (준식)$=\omega^3\times\omega^2+\dfrac{1}{\omega^3\times\omega^2}$

$$=\omega^2+\dfrac{1}{\omega^2}=\left(\omega+\dfrac{1}{\omega}\right)^2-2=-1$$

(2) (준식)$=\omega^{3\times33}\times\omega+\dfrac{1}{\omega^{3\times33}\times\omega}$

$$=\omega+\dfrac{1}{\omega}=-1$$

정답　(1) -1　　(2) -1

유제 16-1　방정식 $x^2+x+1=0$의 한 근을 ω라 할 때, 다음 식의 값을 구하시오.

(1) $\omega^7+\dfrac{1}{\omega^7}$

(2) $\omega^{200}+\dfrac{1}{\omega^{200}}$

유제 16-2　방정식 $x^3-1=0$의 한 허근을 ω라 할 때, $\left(\omega^{19}-\dfrac{1}{\omega^{19}}\right)^2$의 값을 구하시오.

[1] -1의 세제곱근

➔ 세제곱하여 -1이 되는 수를 **-1의 세제곱근**이라 한다.

➔ $x^3 = -1$

➔ $x^3 + 1 = 0$

➔ $(x+1)(x^2 - x + 1) = 0$

(1) $x+1 = 0$에서 실근 $x = -1$

(2) $x^2 - x + 1 = 0$에서 허근 $x = \dfrac{1 \pm \sqrt{3}\,i}{2}$

[2] $\omega = \dfrac{1 \pm \sqrt{3}\,i}{2}$의 정체

(1) ω는 $x^3 = -1$의 허근이므로 $\omega^3 = -1$이다.

(2) ω는 $x^2 - x + 1 = 0$의 근이므로 $\omega^2 - \omega + 1 = 0$이다.

[3] $\omega = \dfrac{1 \pm \sqrt{3}\,i}{2}$의 성질

(1) $\omega = \dfrac{1 + \sqrt{3}\,i}{2}$라 하면 $\omega^2 = -\dfrac{1 - \sqrt{3}\,i}{2} = -\overline{\omega}$이다.

(2) $\omega = \dfrac{1 + \sqrt{3}\,i}{2}$라 하면 $\dfrac{1}{\omega} = \dfrac{1 - \sqrt{3}\,i}{2} = \overline{\omega}$이다.

(3) $\omega = \dfrac{1 + \sqrt{3}\,i}{2}$라 하면 $\omega + \overline{\omega} = \omega + (-\omega^2) = \omega + \dfrac{1}{\omega} = 1$이다.

(4) $\omega = \dfrac{1 + \sqrt{3}\,i}{2}$라 하면 $\omega\overline{\omega} = \omega(-\omega^2) = \omega \cdot \dfrac{1}{\omega} = 1$이다.

(5) $\omega = \dfrac{1 + \sqrt{3}\,i}{2}$라 하면 $x^3 = -1$의 세 근은 $-1,\ \omega,\ -\omega^2$이다.

(6) $\omega = \dfrac{1 + \sqrt{3}\,i}{2}$라 하면 $x^3 = -a^3$의 세 근은 $-a,\ a\omega,\ -a\omega^2$이다.

[4] $\omega = \dfrac{1 \pm \sqrt{3}\,i}{2}$의 주기

➔ $\omega = \dfrac{1 \pm \sqrt{3}\,i}{2}$는 6주기 변화한다.

(1) $\omega^{6n+0} = \omega^0 = 1$ (2) $\omega^{6n+1} = \omega^1 = \omega$

(3) $\omega^{6n+2} = \omega^2$ (4) $\omega^{6n+3} = \omega^3 = -1$

(5) $\omega^{6n+4} = \omega^4 = \omega^3 \cdot \omega^1 = -\omega$ (6) $\omega^{6n+5} = \omega^5 = \omega^3 \cdot \omega^2 = -\omega^2$

기 | 본 | 예 | 제 **17**

방정식 $x^2-x+1=0$의 한 근을 ω라 할 때, $\omega^5+\dfrac{1}{\omega^5}$의 값을 구하시오.

탐구 $x^3=-1$의 허근 $\rightarrow$ $x^2-x+1=0$의 근

① $\omega^3=-1$, $\omega^2-\omega+1=0$ ② $\omega+\dfrac{1}{\omega}=1$, $\omega\times\dfrac{1}{\omega}=1$

풀이 가짜 ω 문제이므로 $\omega^3=-1$이고 $\omega^2-\omega+1=0$에서 $\omega+\dfrac{1}{\omega}=1$이다.

$$(\text{준식})=\omega^3\times\omega^2+\dfrac{1}{\omega^3\times\omega^2}=-\left(\omega^2+\dfrac{1}{\omega^2}\right)=-\left\{\left(\omega+\dfrac{1}{\omega}\right)^2-2\right\}=-(1-2)=1$$

정답 1

유제 17-1 방정식 $x^3=-1$의 한 허근을 ω라 할 때, $\omega^2-\overline{\omega}^4$의 값을 구하시오.

(단, $\overline{\omega}$는 ω의 켤레복소수)

유제 17-2 방정식 $x^2-x+1=0$의 한 근을 ω라 할 때, $\dfrac{\omega^{22}}{1+\omega^{20}}+\dfrac{\omega^{17}}{\omega^{22}+1}$의 값을 구하시오.

가장 좋은 학습방법은 학교에서나 학원에서나 선생님의 강의를 열심히 듣고 여러 번 반복학습하는 것입니다.
지금부터 당장 선생님의 강의를 열심히 듣고 반복! 반복하십시오. 그러면 곧 모든 과목에 자신이 생길 것입니다.

회수	시작이 반!			끝을 봐야!			확인
제1회	년	월	일 부터	년	월	일 까지	
제2회	년	월	일 부터	년	월	일 까지	
제3회	년	월	일 부터	년	월	일 까지	
제4회	년	월	일 부터	년	월	일 까지	
제5회	년	월	일 부터	년	월	일 까지	
제6회	년	월	일 부터	년	월	일 까지	
제7회	년	월	일 부디	년	월	일 까지	
제8회	년	월	일 부터	년	월	일 까지	
제9회	년	월	일 부터	년	월	일 까지	
제10회	년	월	일 부터	년	월	일 까지	

▶ 연습문제 A는 앞에서 배운 기초 단계의 문제이므로 선생님의 도움 없이 스스로 풀어 자신의 실력을 점검해 보도록 하자.

01 다음 방정식을 푸시오.

(1) $x^3 + 1 = 0$ (2) $x^4 = 16$

02 다음 방정식을 푸시오.

(1) $x^3 + 4x^2 - x - 4 = 0$ (2) $x^4 + x^3 - x^2 - 7x - 6 = 0$

03 다음 방정식을 푸시오.

(1) $(x^2 + x)^2 - 8(x^2 + x) + 12 = 0$ (2) $(x+1)(x+2)(x+3)(x+4) = 24$

04 다음 방정식을 푸시오.

(1) $x^4 - 2x^2 - 3 = 0$ (2) $x^4 - 23x^2 + 1 = 0$

05 삼차방정식 $x^3 + 2ax - 1 = 0$의 한 근이 -1일 때, 나머지 두 근의 합을 구하시오.

06 삼차방정식 $x^3 - 2x^2 + kx + k + 3 = 0$의 근이 모두 실근이 되도록 하는 실수 k의 최댓값을 구하시오.

07 어떤 정육면체의 가로의 길이는 $2\,\mathrm{cm}$, 세로의 길이는 $1\,\mathrm{cm}$를 줄이고 높이는 $1\,\mathrm{cm}$를 늘렸더니 부피가 $72\,\mathrm{cm}^3$인 직육면체가 되었다면 처음 정육면체의 한 모서리의 길이를 구하시오.

08 삼차방정식 $x^3+2x^2-3x-5=0$의 세 근을 α, β, γ라 할 때, 다음 식의 값을 구하시오.

(1) $\alpha^2+\beta^2+\gamma^2$ (2) $\dfrac{1}{\alpha}+\dfrac{1}{\beta}+\dfrac{1}{\gamma}$ (3) $\alpha^3+\beta^3+\gamma^3$

09 a, b가 유리수이고, 삼차방정식 $x^3+ax-b=0$의 한 근이 $1+\sqrt{2}$일 때, $a+b$의 값을 구하시오.

10 삼차방정식 $x^3+3x+2=0$의 세 근을 α, β, γ라 할 때, $\alpha+\beta$, $\beta+\gamma$, $\gamma+\alpha$를 세 근으로 하는 삼차방정식을 구하시오. (단, 최고차항의 계수는 1이다.)

11 $\dfrac{-1-\sqrt{3}\,i}{2}$를 ω라 할 때, $x^3=27$의 세 근을 ω를 이용하여 나타내시오.

12 방정식 $x^2+x+1=0$의 한 근을 ω라 할 때, $\omega+\omega^2+\omega^3+\omega^4+\cdots+\omega^{49}+\omega^{50}$의 값을 구하시오.

13 $\left(\dfrac{-1+\sqrt{3}\,i}{2}\right)^{101}+\left(\dfrac{-1+\sqrt{3}\,i}{2}\right)^{100}+1$의 값을 구하시오.

14 방정식 $x^3=1$의 한 허근을 ω라 하고 $z=\dfrac{\omega+1}{2\omega+1}$이라 할 때, $z\bar{z}$의 값을 구하시오.

(단, $\bar{z}$는 z의 켤레복소수)

15 방정식 $x^2+x+1=0$의 한 근을 ω라 할 때, 다음 식의 값을 구하시오.

(1) $\omega^5+\dfrac{1}{\omega^5}$

(2) $\omega^{100}+\dfrac{1}{\omega^{100}}$

16 방정식 $x^2-x+1=0$의 한 근을 ω라 할 때, $\omega^5+\dfrac{1}{\omega^5}$의 값을 구하시오.

▶ 연습문제 B는 앞에서 배운 문제 중 응용단계의 문제이므로 연습장에 스스로 풀어보고 잘 풀리지 않으면 처음부터 다시 공부한 후 자신이 있을 때 다시 풀어 보도록 하자.

01 다음 방정식을 푸시오.

(1) $2x^3 - 54 = 0$

(2) $x^4 = 64$

02 다음 방정식을 푸시오.

(1) $x^4 + 64 = 0$

(2) $x^4 - 13x^2 + 4 = 0$

03 방정식 $x^4 + 2x^3 - 13x^2 + 2x + 1 = 0$을 푸시오.

04 사차방정식 $x^4 + ax^3 - 2x^2 + 3bx - 4 = 0$의 두 근이 -1, 2일 때, 나머지 두 근의 합을 구하시오.

05 삼차방정식 $x^3 - (2k+1)x^2 + (3k+1)x - k - 1 = 0$이 중근을 갖도록 하는 모든 실수 k의 값의 합을 구하시오.

06 오른쪽 그림과 같이 한 변의 길이가 $15\,\text{cm}$인 정사각형의 네 귀퉁이에서 한 변의 길이가 $x\,\text{cm}$인 정사각형을 잘라내고 점선을 따라 접으면 직육면체 모양의 그릇이 된다. 이 그릇의 부피가 $243\,\text{cm}^3$가 되게 하는 자연수 x의 값을 구하시오.

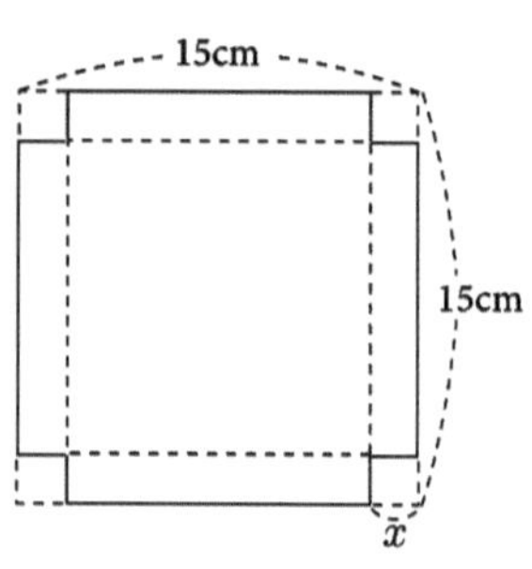

07 삼차방정식 $x^3 - 2x + 1 = 0$의 세 근을 α, β, γ라 할 때, $\alpha^2\beta^2 + \beta^2\gamma^2 + \gamma^2\alpha^2$의 값을 구하시오.

08 삼차방정식 $x^3 + ax^2 + bx - 3 = 0$의 한 근이 $1 + \sqrt{2}\,i$일 때, 두 실수 a, b에 대하여 ab의 값을 구하시오.

09 삼차방정식 $x^3 + 3x^2 + 2x + 1 = 0$의 세 근을 α, β, γ라 할 때, x^3의 계수가 1이고 $\dfrac{1}{\alpha}$, $\dfrac{1}{\beta}$, $\dfrac{1}{\gamma}$을 세 근으로 하는 삼차방정식을 구하시오.

10 $\omega = \dfrac{-1 + \sqrt{3}\,i}{2}$일 때, $x^3 = 125$의 세 근을 ω를 이용하여 나타내시오.

11 방정식 $x^2+x+1=0$의 근을 $\dfrac{-1\pm\sqrt{3}\,i}{2}=\omega$라 할 때, 다음 식의 값을 구하시오.

$$\omega^{2024}+\omega^{2025}+\omega^{2026}+\omega^{2027}+\omega^{2028}+\omega^{2029}+\omega^{2030}$$

12 $\left(\dfrac{-1-\sqrt{3}\,i}{2}\right)^{14}+\left(\dfrac{-1-\sqrt{3}\,i}{2}\right)^{16}$의 값을 구하시오.

13 $x^3=1$의 한 허근을 ω라 할 때, $z=\dfrac{\omega}{1-2\omega}$를 한 근으로 하는 이차방정식

$x^2+px+q=0$에서 $p+2q$의 값을 구하시오. (단, p, q는 실수)

14 방정식 $x^3-1=0$의 한 허근을 ω라 할 때, $\left(\omega^{19}-\dfrac{1}{\omega^{19}}\right)^2$의 값을 구하시오.

15 방정식 $x^2-x+1=0$의 한 근을 ω라 할 때, $\dfrac{\omega^{22}}{1+\omega^{20}}+\dfrac{\omega^{17}}{\omega^{22}+1}$의 값을 구하시오.

**IV.
여러 가지 방정식**

P A R T

02

연립방정식

◈ 중·고교 연결과정 선수학습
1 미지수가 2개인 연립이차방정식
2 부정방정식
◈ 반복학습 기록란
◈ 연습문제 (A)(B)

명언

행복의 문이 하나 닫히면 다른 문이 열린다.
그러나 우리는 종종 문을 멍하니 바라보다가 우리를 향해 열린 문을 보지 못하게 된다.
-헬렌 켈러-

1 연립일차방정식의 근과 계수

$$\rightarrow \begin{cases} ax+by+c=0 \rightarrow y=-\dfrac{a}{b}x-\dfrac{c}{b} \\[2mm] a'x+b'y+c'=0 \rightarrow y=-\dfrac{a'}{b'}x-\dfrac{c'}{b'} \end{cases}$$

계수의 비	$\dfrac{a}{a'} \neq \dfrac{b}{b'}$	$\dfrac{a}{a'} = \dfrac{b}{b'} = \dfrac{c}{c'}$	$\dfrac{a}{a'} = \dfrac{b}{b'} \neq \dfrac{c}{c'}$
기울기와 y절편	기울기가 다르다.	기울기도 같고 y절편도 같다.	기울기는 같고 y절편은 다르다.
두 직선의 위치 관계	한 점에서 교차한다.	일치한다.	평행하다.
해	한 쌍의 해	무수히 많다. (부정)	해가 없다. (불능)

강의 연립일차방정식의 근과 계수는 기울기와 y절편을 이용하여 판단한다!

$$\rightarrow \begin{bmatrix} ax+by+c=0 \\ a'x+b'y+c'=0 \end{bmatrix} \rightarrow \underbrace{\dfrac{a}{a'}}_{} = \underbrace{\dfrac{b}{b'}}_{기울기} = \underbrace{\dfrac{c}{c'}}_{y절편}$$

① 기울기가 다르다!

$\rightarrow \dfrac{a}{a'} \neq \dfrac{b}{b'}$ $\rightarrow$ 한 점에서 교차한다. $\rightarrow$ 한 쌍의 근을 갖는다!

② 기울기도 같고 y절편도 같다!

$\rightarrow \dfrac{a}{a'} = \dfrac{b}{b'} = \dfrac{c}{c'}$ $\rightarrow$ 두 직선이 일치한다. $\rightarrow$ 해는 무수히 많다! (부정)

③ 기울기는 같고 y절편은 다르다!

$\rightarrow \dfrac{a}{a'} = \dfrac{b}{b'} \neq \dfrac{c}{c'}$ $\rightarrow$ 두 직선이 평행하다. $\rightarrow$ 해는 없다! (불능)

기|본|예|제 01

연립방정식 $\begin{cases} ax - 2y = 5 \\ 2x + by = 10 \end{cases}$ 의 해가 무수히 많을 때, $a+b$의 값을 구하시오. (단, a, b는 상수)

탐구 해가 무수히 많을 때 → 일치 → $\dfrac{a}{a'} = \dfrac{b}{b'} = \dfrac{c}{c'}$

풀이 해가 무수히 많으므로

$$\frac{a}{2} = -\frac{2}{b} = \frac{1}{2} \text{에서} \quad a = 1, \ b = -4$$

$$\therefore \ a + b = -3$$

정답 -3

유제 01-1 연립방정식 $\begin{cases} 2x - ay = 1 \\ bx + y = 2 \end{cases}$ 의 해가 무수히 많을 때, ab의 값을 구하시오.

(단, a, b는 상수)

유제 01-2 연립방정식 $\begin{cases} a(x-y) + 2(x+2y) = 1 \\ bx - 4y = 2 \end{cases}$ 의 해가 무수히 많을 때, 상수 a, b의 값을 구하시오.

기|본|예|제 02

연립방정식 $\begin{cases} 3x + ay = 2 \\ 2x - y = 2 \end{cases}$ 의 해가 없을 때, 상수 a의 값을 구하시오.

탐구 해가 없을 때 → 평행 → $\dfrac{a}{a'} = \dfrac{b}{b'} \neq \dfrac{c}{c'}$

풀이 해가 없으므로

$$\frac{3}{2} = -a \neq 1 \qquad \therefore \ a = -\frac{3}{2}$$

정답 $-\dfrac{3}{2}$

유제 02-1 연립방정식 $\begin{cases} kx + 2y + 3 = 0 \\ 2x + ky - 3 = 0 \end{cases}$ 이 해가 없을 때, 상수 k의 값을 구하시오.

유제 02-2 연립방정식 $\begin{cases} ax + 2x + 5y - 1 = 0 \\ x + ay - 2y + 1 = 0 \end{cases}$ 이 해가 없을 때, 상수 a의 값을 구하시오.

미지수가 2개인 연립이차방정식

1 연립이차방정식의 해법

➜ 일차식을 유도하여 이차식에 대입한다.

[1] 일차와 이차의 연립방정식

➜ 일차식을 이차식에 대입한다.

[2] 이차와 이차의 연립방정식

➜ 이차식에서 일차식을 유도하여 이차식에 대입한다.

[3] 일차식을 유도하는 방법

(1) 인수분해하여 일차식을 유도한다.

(2) 이차항을 소거하여 일차식을 유도한다.

(3) 상수항을 소거한 후 인수분해하여 일차식을 유도한다.

강의 연립이차방정식의 해법은 1차식을 만들어 2차식에 대입한다!

① $\begin{bmatrix} 1차 \\ 2차 \end{bmatrix}$ 〉1차식을 2차식에 대입

② $\begin{bmatrix} 2차 \\ 2차 \end{bmatrix}$ 〉1차식 유도 → ㄱ) 인수분해법   ㄴ) 소거법 $\begin{cases} 2차항 소거 \to 1차 \\ 상수항 소거 \to 인수분해 \end{cases}$

기|본|예|제 01

다음 연립방정식을 만족시키는 x, y에 대하여 $x+y$의 값을 구하시오.

$$\begin{cases} x^2 + 4xy + y^2 = -2 \\ x - y = 2 \end{cases}$$

탐구 일차식을 이차식에 대입한다.

풀이 $x = 2 + y$를 이차식에 대입하고 정리하면

$(2+y)^2 + 4(2+y)y + y^2 = -2$에서 $y^2 + 2y + 1 = 0$

$(y+1)^2 = 0$ ∴ $y = -1$

$y = -1$을 $x = 2 + y$에 대입하면 $x = 1$

따라서 $x+y$의 값을 구하면

$x + y = 1 + (-1) = 0$

✔ 정답 0

유제 01-1 연립방정식 $\begin{cases} x^2 - y^2 = -15 \\ x + 2y = 7 \end{cases}$ 을 푸시오.

유제 01-2 연립방정식 $\begin{cases} x^2 + xy + 2y^2 = 8 \\ x + y = 2 \end{cases}$ 를 만족하는 x, y에 대하여 $x^2 + y^2$의 값을 구하시오.

기│본│예│제 02

연립방정식 $\begin{cases} x^2 + y^2 = 13 \\ x^2 - xy + y = 1 \end{cases}$ 을 푸시오.

탐구 인수분해로 일차식을 유도한다.

풀이 $\begin{cases} x^2 + y^2 = 13 & \cdots ① \\ x^2 - xy + y = 1 & \cdots ② \end{cases}$

②에서 $x^2 - xy + y - 1 = 0$　$(x-1)(x+1) - y(x-1) = 0$　$(x-1)(x-y+1) = 0$

$\therefore\ x = 1,\ y = x + 1$

i) $x = 1 \to ①$; $1 + y^2 = 13$에서 $y^2 = 12$　　　$\therefore\ y = \pm 2\sqrt{3}$

ii) $y = x + 1 \to ①$; $x^2 + (x+1)^2 = 13$에서

$$x^2 + x - 6 = 0　(x+3)(x-2) = 0$$

$$\therefore\ x = -3,\ y = -2 \ \text{또는} \ x = 2,\ y = 3$$

따라서 i), ii)에 의해

$$\begin{cases} x = 1 \\ y = 2\sqrt{3} \end{cases} \text{또는} \begin{cases} x = 1 \\ y = -2\sqrt{3} \end{cases} \text{또는} \begin{cases} x = -3 \\ y = -2 \end{cases} \text{또는} \begin{cases} x = 2 \\ y = 3 \end{cases}$$

정답 $\begin{cases} x = 1 \\ y = 2\sqrt{3} \end{cases} \text{또는} \begin{cases} x = 1 \\ y = -2\sqrt{3} \end{cases} \text{또는} \begin{cases} x = -3 \\ y = -2 \end{cases} \text{또는} \begin{cases} x = 2 \\ y = 3 \end{cases}$

유제 02-1 연립방정식 $\begin{cases} x^2 - xy - 2y^2 = 0 \\ x^2 + xy + y^2 = 21 \end{cases}$ 을 푸시오.

유제 02-2 연립방정식 $\begin{cases} x^2 + 3xy - 4y^2 = 0 \\ x^2 + 2xy + y^2 = 1 \end{cases}$ 을 푸시오.

[1] 교환꼴인 경우

첫째, 두 식의 합 또는 차를 구한다.

둘째, 인수분해한다.

[2] 윤환꼴인 경우

첫째, 방정식들을 모두 더하거나 곱한다.

둘째, 더했을 때는 다시 빼고, 곱했을 때는 다시 나눈다.

[3] 대칭꼴인 경우

첫째, $x+y=u$, $xy=v$라 놓는다.

둘째, u, v에 대한 연립방정식을 풀어 u, v를 구한다.

셋째, $t^2-ut+v=0$의 두 근이 x, y이다.

강의 | **교환꼴의 연립방정식은 더하거나 뺀 후에 인수분해한다!**

➜ 상호교환(2식) → 식불변

➜ ⊕ or ⊖ → 인수분해

기|본|예|제 03

다음 연립방정식을 푸시오.

$$\begin{cases} x^2+xy=21 & \cdots ① \\ y^2+xy=28 & \cdots ② \end{cases}$$

탐구 교환꼴이므로 두 식을 더하여 $x+y$를 구한 후, x, y를 구한다.

풀이 ①+② ; $x^2+2xy+y^2=49$

$$(x+y)^2=7^2 \qquad \therefore \ x+y=\pm7$$

i) $x+y=7$에서 $y=7-x$를 ①에 대입하면

$$x^2+x(7-x)=21 \qquad 7x=21 \qquad \therefore \ x=3,\ y=4$$

ii) $x+y=-7$에서 $y=-7-x$를 ①에 대입하면

$$x^2+x(-7-x)=21 \qquad -7x=21 \qquad \therefore \ x=-3,\ y=-4$$

$$\therefore \ \begin{cases} x=3 \\ y=4 \end{cases} \text{또는} \begin{cases} x=-3 \\ y=-4 \end{cases}$$

정답 $\begin{cases} x=3 \\ y=4 \end{cases}$ 또는 $\begin{cases} x=-3 \\ y=-4 \end{cases}$

연립방정식 $\begin{cases} x^2 = 6x + 2y \\ y^2 = 2x + 6y \end{cases}$ 를 푸시오.

연립방정식 $\begin{cases} x^2 - 3x + 2y = 0 \\ y^2 + 2x - 3y = 0 \end{cases}$ 을 푸시오.

강의 윤환꼴의 연립방정식은 더하면 빼고 곱하면 나눈다!

→ 3문자 → 규칙성 有

① 모두 더하고 뺀다.

② 모두 곱하고 나눈다.

有(있을 유)

기|본|예|제 04

다음 연립방정식을 푸시오.

$$\begin{cases} x+y=3 & \cdots ① \\ y+z=4 & \cdots ② \\ z+x=5 & \cdots ③ \end{cases}$$

탐구 3원 1차 연립방정식 → 윤환식이므로 몽땅 더하고 뺀다!

풀이 ①+②+③ ; $2(x+y+z)=12$ $\therefore x+y+z=6$ $\cdots ④$

④−① ; $z=3$

④−② ; $x=2$

④−③ ; $y=1$

정답 $x=2,\ y=1,\ z=3$

연립방정식 $\begin{cases} 2x+y+z=8 \\ x+2y+z=6 \\ x+y+2z=2 \end{cases}$ 를 푸시오.

연립방정식 $\begin{cases} xy=6 \\ yz=2 \\ zx=3 \end{cases}$ 을 푸시오. (단, $x,\ y,\ z$는 양수)

기 | 본 | 예 | 제 **05**

다음 연립방정식을 푸시오.

$$\begin{cases} x^2+y^2=5 \\ xy=-2 \end{cases}$$

탐구 대칭꼴이므로 $x+y$, xy를 구한 다음 t^2-합$t+$곱$=0$를 풀어 t를 구한다.

풀이 식을 변형하여 $x+y=u$, $xy=v$로 놓는다.

$$x^2+y^2=(x+y)^2-2xy=5 \quad \therefore \ u^2-2v=5 \quad \cdots ①$$

$$xy=-2 \quad \therefore \ v=-2 \quad \cdots ②$$

②를 ①에 대입하여 $u^2=1 \qquad \therefore u=\pm 1$

ⅰ) $u=1$, $v=-2$일 때,

$x+y=1$, $xy=-2$이므로 x, y는 $t^2-t-2=0$의 두 근이다.

$(t-2)(t+1)=0$에서 $t=2$ 또는 $t=-1$이므로

$\therefore \ x=2, \ y=-1$ 또는 $x=-1, \ y=2$

ⅱ) $u=-1$, $v=-2$일 때,

$x+y=-1$, $xy=-2$이므로 x, y는 $t^2+t-2=0$의 두 근이다.

$(t+2)(t-1)=0$에서 $t=-2$ 또는 $t=1$이므로

$\therefore \ x=-2, \ y=1$ 또는 $x=1, \ y=-2$

정답 $\begin{cases} x=2 \\ y=-1 \end{cases}$ 또는 $\begin{cases} x=-1 \\ y=2 \end{cases}$ 또는 $\begin{cases} x=-2 \\ y=1 \end{cases}$ 또는 $\begin{cases} x=1 \\ y=-2 \end{cases}$

유제 05-1 연립방정식 $\begin{cases} x+y-2xy=8 \\ 2(x+y)+xy=1 \end{cases}$ 을 푸시오.

유제 05-2 연립방정식 $\begin{cases} x+y+xy=5 \\ x^2+y^2+xy=7 \end{cases}$ 을 푸시오.

 근의 조건이 주어진 연립이차방정식

→ $\begin{cases} \text{일차방정식} \\ \text{이차방정식} \end{cases}$ 꼴의 연립이차방정식에 근의 조건이 주어지면 일차방정식을 이차방정식에 대입하여 한 문자에 대한 이차방정식으로 바꾼 후 조건에 맞게 판별식을 이용한다.

강의 근의 조건이 주어진 연립이차방정식은 일차식을 이차식에 대입한 후 판별식 D를 사용한다!

첫째, 일차식을 이차식에 대입하여 정리한다.

둘째, 근의 조건에 맞게 판별식을 사용한다.

기 | 본 | 예 | 제 06

연립방정식 $\begin{cases} x+y=k \\ -x^2+2xy=1 \end{cases}$ 이 오직 한 쌍의 해를 가질 때, 양수 k의 값을 구하시오.

탐구 연립방정식이 한 쌍의 해를 가지면 판별식 $D=0$이다.

풀이 주어진 일차방정식을 변형하면

$$y=k-x$$

이 식을 이차방정식에 대입하여 정리하면

$$-x^2+2x(k-x)=1$$

$$-3x^2+2kx-1=0$$

$$\therefore\ 3x^2-2kx+1=0 \quad \cdots ①$$

연립방정식이 오직 한 쌍의 해를 가지면 ①의 판별식 $D=0$이다.

$$D/4=k^2-3=0 \qquad \therefore\ k=\pm\sqrt{3}$$

따라서 양수 k의 값을 구하면 $\sqrt{3}$이다.

정답 $\sqrt{3}$

유제 06-1 연립방정식 $\begin{cases} x-y=2k \\ xy=k-1 \end{cases}$ 이 오직 한 쌍의 해를 가질 때, 모든 실수 k의 값의 합을 구하시오.

유제 06-2 연립방정식 $\begin{cases} 2x+y=k \\ x^2+y^2=2 \end{cases}$ 가 실근을 가질 때, 정수 k의 개수를 구하시오.

첫째, 미지수를 x, y로 놓는다.
둘째, 주어진 조건을 활용하여 방정식을 세운다.
셋째, 연립방정식을 풀어 해를 구한다.
넷째, 구한 해가 조건에 맞는지를 검토한다.

> **강의** 연립방정식의 응용은 조건에 맞도록 미지수를 설정한 후 연립방정식을 세운다!
>
> 첫째, 미지수 x, y 설정
> 둘째, 조건 이용 등식 작성
> 셋째, 연립방정식 풀이 검산
> 넷째, 조건에 맞는 해만 선택

기 | 본 | 예 | 제 07

넓이가 $48\,\mathrm{cm}^2$이고, 가로의 길이가 세로의 길이의 2배보다 $4\,\mathrm{cm}$ 짧은 직사각형의 둘레의 길이를 구하시오.

탐구 가로 : x, 세로 : y로 놓고 식 만들기

풀이 가로의 길이를 x, 세로의 길이를 y라 하고 주어진 조건을 식으로 나타내면

$$xy = 48, \quad x = 2y - 4$$

$x = 2y - 4$을 $xy = 48$에 대입하면 $(2y-4)y = 48$에서 $y^2 - 2y - 24 = 0$

$$(y-6)(y+4) = 0 \qquad \therefore\ y = 6$$

$y = 6$을 $x = 2y - 4$에 대입하면 $x = 8$

따라서 직사각형의 둘레의 길이를 구하면

$$2(8+6) = 28\,(\mathrm{cm})$$

정답 $28\,\mathrm{cm}$

유제 07-1 반지름의 길이가 서로 다른 두 원에서 큰 원의 둘레의 길이는 작은 원의 둘레의 길이의 두 배이고, 두 원의 넓이의 합은 45π일 때, 두 원의 반지름의 길이의 합을 구하시오.

유제 07-2 두 자리 자연수가 있다. 이 수의 각 자리의 숫자의 제곱의 합이 80이고, 일의 자리 숫자와 십의 자리 숫자를 바꾼 수는 처음 수보다 36만큼 크다고 할 때, 처음 수를 구하시오.

1 부정방정식의 해법

[1] 부정방정식의 정의

➜ 일반적으로 연립방정식에서 방정식의 수는 미지수의 수와 같거나, 아니면 미지수의 수보다 많아야 방정식의 미지수를 구할 수 있다. 그런데 미지수의 수보다 방정식의 수가 적은 방정식이 있는데, 이런 방정식을 **부정방정식** 또는 **부족방정식**이라 한다.

[2] 부정방정식의 해법

➜ 부족한 방정식 대신 주어지는 조건을 이용한다.

(1) 정수 조건이 주어지고 $A \times B = (정수)$꼴인 경우

  ➜ 곱이 정수가 되는 모든 경우를 따진다.

(2) 정수 조건이 주어지고 $ax + by + cz = k$꼴인 경우

  ➜ 계수가 가장 큰 항을 기준으로 삼아 분류한다.

(3) 유리수 조건이 주어지고 무리수를 포함하는 경우

  ➜ 무리수가 서로 같을 조건을 이용한다.

(4) 실수 조건이 주어지고 허수를 포함하는 경우

  ➜ 복소수가 서로 같을 조건을 이용한다.

(5) 실수 조건이 주어지고 허수를 불포함하는 경우

  ➜ 완전제곱 또는 판별식을 이용한다.

강의 부정방정식(부족방정식)은 조건에 맞는 해법을 꼭 기억해 두어야 한다!

➜ ┌ 조건 有 → 해 : 유한개
   └ 조건 無 → 해 : 무한개

➜ 미지수의 개수 > 방정식의 개수 → 부족방정식 → 조건 이용

有(있을 유)   無(없을 무)

강의 정수 조건이 있는 부정방정식의 해법은 식의 차수에 따라 달라진다!

➜ 정수 조건 ┌ 1차 → 최대계수항 기준 분류
            └ 2차 → 상수를 무시한 인수분해

방정식 $x+2y+3z=10$을 만족하는 양의 정수 x, y, z를 구하시오.

탐구 정수 조건이 주어지고 일차식인 경우에는 계수가 가장 큰 항을 기준으로 분류한다.

풀이 계수가 가장 큰 항인 z의 범위를 구하면

$$0 < 3z \leq 7 \text{에서 } 0 < z \leq \frac{7}{3} \text{인 양의 정수이므로 } z=1,\ z=2 \text{이다.}$$

ⅰ) $z=1$일 때, $x+2y=7$에서

$y=1$이면 $x=5$

$y=2$이면 $x=3$

$y=3$이면 $x=1$

$y=4$이면 모순

ⅱ) $z=2$일 때, $x+2y=4$에서

$y=1$이면 $x=2$

$y=2$이면 모순

$$\therefore\ \begin{cases} x=1 \\ y=3 \\ z=1 \end{cases} \text{또는} \begin{cases} x=2 \\ y=1 \\ z=2 \end{cases} \text{또는} \begin{cases} x=3 \\ y=2 \\ z=1 \end{cases} \text{또는} \begin{cases} x=5 \\ y=1 \\ z=1 \end{cases}$$

정답 $\begin{cases} x=1 \\ y=3 \\ z=1 \end{cases} \text{또는} \begin{cases} x=2 \\ y=1 \\ z=2 \end{cases} \text{또는} \begin{cases} x=3 \\ y=2 \\ z=1 \end{cases} \text{또는} \begin{cases} x=5 \\ y=1 \\ z=1 \end{cases}$

유제 08-1 양의 정수 x, y에 대하여 $\dfrac{x}{3}+\dfrac{y}{7}=\dfrac{20}{21}$이 성립할 때, $x+y$의 값을 구하시오.

유제 08-2 x, y가 양의 정수일 때, $3x+5y=72$의 해 $(x,\ y)$의 개수를 구하시오.

유제 08-3 다음 두 식을 만족하는 양의 정수 x, y, z를 구하시오.
$$4x-2y+z=7,\ 2x+3y-z=3$$

$x^2 - xy - x + y + 15 = 0$을 만족하는 양의 정수 x, y의 값을 구하시오.

탐구 정수 조건이 주어지고 이차식인 경우에는 상수항을 무시하고 인수분해한다.

풀이 상수를 무시하고 인수분해를 하면

$$x(x-y) - (x-y) = -15$$
$$(x-1)(x-y) = -15 \quad \cdots ①$$

x는 양의 정수이므로

$$x > 0, \ x-1 > -1 \quad \cdots ②$$

①, ②를 만족하는 모든 경우를 생각하면

$x-1$	1	3	5	15
$x-y$	-15	-5	-3	-1

i) $x-1=1$, $x-y=-15$일 때,

$x=2$, $2-y=-15$에서 $y=17$

ii) $x-1=3$, $x-y=-5$일 때,

$x=4$, $4-y=-5$에서 $y=9$

iii) $x-1=5$, $x-y=-3$일 때,

$x=6$, $6-y=-3$에서 $y=9$

iv) $x-1=15$, $x-y=-1$일 때,

$x=16$, $16-y=-1$에서 $y=17$

$$\therefore \begin{cases} x=2 \\ y=17 \end{cases} \text{또는} \begin{cases} x=4 \\ y=9 \end{cases} \text{또는} \begin{cases} x=6 \\ y=9 \end{cases} \text{또는} \begin{cases} x=16 \\ y=17 \end{cases}$$

정답 $\begin{cases} x=2 \\ y=17 \end{cases} \text{또는} \begin{cases} x=4 \\ y=9 \end{cases} \text{또는} \begin{cases} x=6 \\ y=9 \end{cases} \text{또는} \begin{cases} x=16 \\ y=17 \end{cases}$

유제 09-1 $a^2 - b^2 = 20$인 자연수 a, b에 대하여 $\dfrac{a}{b}$의 값을 구하시오.

유제 09-2 $x^2 - 2ax + 2a + 4 = 0$의 두 근이 모두 정수일 때, 정수 a의 값을 모두 구하시오.

기|본|예|제 10

실수 x, y가 $x^2 - 4xy + 5y^2 + 2x - 8y + 5 = 0$을 만족할 때, $x+y$의 값을 구하시오.

탐구 실수 조건이 주어지고 xy항이 있는 경우에는 판별식을 이용하는 것이 편리하다.

풀이 주어진 식을 x에 대하여 내림차순으로 정리하면

$$x^2 - 2(2y-1)x + 5y^2 - 8y + 5 = 0 \qquad \cdots ①$$

x는 실수이므로

$$D/4 = (2y-1)^2 - 5y^2 + 8y - 5 \geq 0$$
$$-y^2 + 4y - 4 \geq 0$$
$$y^2 - 4y + 4 \leq 0$$
$$(y-2)^2 \leq 0$$
$$\therefore \ y = 2$$

$y=2$를 ①에 대입하여 x의 값을 구하면

$$x = 3$$

따라서 $x+y$의 값을 구하면

$$x+y = 3 + 2 = 5$$

정답 5

유제 10-1 a, b가 실수이고 $a^2 + ab + b^2 = 0$일 때, ab의 값을 구하시오.

유제 10-2 실수 x, y에 대하여 등식 $x^2 - 2xy + 2y^2 + 4x - 6y + 5 = 0$이 성립할 때, $x-y$의 값을 구하시오.

방정식 $2x^2+2y^2-2x+2y+1=0$을 만족하는 실수 x, y의 값을 구하시오.

탐구 　실수 조건이 주어지고 xy항이 없는 경우에는 완전제곱으로 고치는 것이 편리하다.

풀이 　주어진 식을 $(\quad)^2+(\quad)^2=0$의 꼴로 고치면

$$2\left(x^2-x+\frac{1}{4}\right)+2\left(y^2+y+\frac{1}{4}\right)=0$$

$$\left(x-\frac{1}{2}\right)^2+\left(y+\frac{1}{2}\right)^2=0$$

x, y가 실수이므로

$$x-\frac{1}{2}=0,\ y+\frac{1}{2}=0$$

$$\therefore\ x=\frac{1}{2},\ y=-\frac{1}{2}$$

정답 　$x=\dfrac{1}{2},\ y=-\dfrac{1}{2}$

유제 11-1 　방정식 $2x^2+3y^2-4x-12y+14=0$을 만족하는 실수 x, y에 대하여 xy의 값을 구하시오.

유제 11-2 　방정식 $x^2+2y^2+4x-8y+12=0$을 만족하는 실수 x, y에 대하여 $x+y$의 값을 구하시오.

유제 11-3 　방정식 $x^2+6xy+10y^2+2y+1=0$을 만족하는 실수 x, y의 값을 구하시오.

기|본|예|제 **12**

$(2\sqrt{3}+1)a+(1-\sqrt{3})b=3$을 만족하는 유리수 a, b를 구하시오.

탐구 유리수 조건이 주어지고 $\sqrt{}$ 를 포함하면 무리수가 서로 같을 조건을 이용한다.

풀이 주어진 식을 유리수 부분과 무리수 부분으로 정리하면

$$2a\sqrt{3}+a+b-b\sqrt{3}=3$$
$$(2a-b)\sqrt{3}+(a+b-3)=0$$

무리수가 서로 같을 조건을 이용하면

$$2a-b=0, \quad a+b=3$$

두 식을 연립하여 a, b를 구하면

$$a=1, \ b=2$$

정답 $a=1, \ b=2$

유제 12-1 $(\sqrt{2}-1)a+(\sqrt{2}+1)b=2$를 만족하는 유리수 a, b에 대하여 ab의 값을 구하시오.

유제 12-2 $(\sqrt{5}+2)a-(\sqrt{5}+1)b+3\sqrt{5}+1=0$을 만족하는 a, b가 유리수일 때, a, b의 값을 구하시오.

유제 12-3 $(\sqrt{3}+1)x+(\sqrt{3}-1)y=\sqrt{3}+3$을 만족하는 유리수 x, y에 대하여 x^2+y^2의 값을 구하시오.

기|본|예|제 **13**

$(2+3i)z+(3-2i)\overline{z}=2$ 를 만족하는 복소수 z를 구하시오. (단, $\overline{z}$는 z의 켤레복소수)

탐구 $z=a+bi$, $\overline{z}=a-bi$로 놓고 복소수가 서로 같을 조건을 이용한다.

풀이 $z=a+bi$, $\overline{z}=a-bi$ (a, b는 실수)라 하면

$(2+3i)(a+bi)+(3-2i)(a-bi)=2$

$(2a-3b)+(2b+3a)i+(3a-2b)+(-3b-2a)i=2$

$(5a-5b)+(a-b)i=2$

복소수가 서로 같을 조건을 이용하면

$5a-5b=2$ $\cdots$ ①

$a-b=0$ $\cdots$ ②

①, ②를 연립하여 a, b를 구하면 해가 없다.

따라서 주어진 등식을 만족하는 복소수는 없다.

정답   복소수는 없다.

유제 13-1 $x^2+xi+y^2+yi=13+5i$ 를 만족하는 실수 x, y에 대하여 xy의 값을 구하시오.

유제 13-2 $(2+i)a-(1-i)b=1+5i$ 를 만족하는 실수 a, b에 대하여 $a-b$의 값을 구하시오.

유제 13-3 $x^2+(1+i)xy+iy^2=24+40i$ 를 만족하는 실수 x, y를 구하시오.

반복학습 기록란.

가장 좋은 학습방법은 학교에서나 학원에서나 선생님의 강의를 열심히 듣고 여러 번 반복학습하는 것입니다.
지금부터 당장 선생님의 강의를 열심히 듣고 반복! 반복하십시오. 그러면 곧 모든 과목에 자신이 생길 것입니다.

회수	시작이 반!			끝을 봐야!			확인
제1회	년	월	일 부터	년	월	일 까지	
제2회	년	월	일 부터	년	월	일 까지	
제3회	년	월	일 부터	년	월	일 까지	
제4회	년	월	일 부터	년	월	일 까지	
제5회	년	월	일 부터	년	월	일 까지	
제6회	년	월	일 부터	년	월	일 까지	
제7회	년	월	일 부터	년	월	일 까지	
제8회	년	월	일 부터	년	월	일 까지	
제9회	년	월	일 부터	년	월	일 까지	
제10회	년	월	일 부터	년	월	일 까지	

▶ 연습문제 A는 앞에서 배운 기초 단계의 문제이므로 선생님의 도움 없이 스스로 풀어 자신의 실력을 점검해 보도록 하자.

01 연립방정식 $\begin{cases} ax - 2y = 5 \\ 2x + by = 10 \end{cases}$ 의 해가 무수히 많을 때, $a+b$의 값을 구하시오. (단, a, b는 상수)

02 연립방정식 $\begin{cases} 3x + ay = 2 \\ 2x - y = 2 \end{cases}$ 의 해가 없을 때, 상수 a의 값을 구하시오.

03 다음 연립방정식을 만족시키는 x, y에 대하여 $x+y$의 값을 구하시오.
$$\begin{cases} x^2 + 4xy + y^2 = -2 \\ x - y = 2 \end{cases}$$

04 연립방정식 $\begin{cases} x^2 - xy - 2y^2 = 0 \\ x^2 + xy + y^2 = 21 \end{cases}$ 을 푸시오.

05 다음 연립방정식을 푸시오.
$$\begin{cases} x^2 + xy = 21 & \cdots\ ① \\ y^2 + xy = 28 & \cdots\ ② \end{cases}$$

06 다음 연립방정식을 푸시오.

$$\begin{cases} x+y=3 & \cdots ① \\ y+z=4 & \cdots ② \\ z+x=5 & \cdots ③ \end{cases}$$

07 다음 연립방정식을 푸시오.

$$\begin{cases} x^2+y^2=5 \\ xy=-2 \end{cases}$$

08 연립방정식 $\begin{cases} x+y=k \\ -x^2+2xy=1 \end{cases}$ 이 오직 한 쌍의 해를 가질 때, 양수 k의 값을 구하시오.

09 넓이가 $48\,\mathrm{cm}^2$이고, 가로의 길이가 세로의 길이의 2배보다 $4\,\mathrm{cm}$ 짧은 직사각형의 둘레의 길이를 구하시오.

10 방정식 $x+2y+3z=10$을 만족하는 양의 정수 x, y, z를 구하시오.

11 $x^2 - xy - x + y + 15 = 0$을 만족하는 양의 정수 x, y의 값을 구하시오.

12 실수 x, y가 $x^2 - 4xy + 5y^2 + 2x - 8y + 5 = 0$을 만족할 때, $x + y$의 값을 구하시오.

13 방정식 $2x^2 + 2y^2 - 2x + 2y + 1 = 0$을 만족하는 실수 x, y의 값을 구하시오.

14 $(2\sqrt{3} + 1)a + (1 - \sqrt{3})b = 3$을 만족하는 유리수 a, b를 구하시오.

15 $(2 + 3i)z + (3 - 2i)\overline{z} = 2$를 만족하는 복소수 z를 구하시오. (단, $\overline{z}$는 z의 켤레복소수)

▶ 연습문제 B는 앞에서 배운 문제 중 응용단계의 문제이므로 연습장에 스스로 풀어보고 잘 풀리지 않으면 처음부터 다시 공부한 후 자신이 있을 때 다시 풀어 보도록 하자.

01 연립방정식 $\begin{cases} a(x-y)+2(x+2y)=1 \\ bx-4y=2 \end{cases}$ 의 해가 무수히 많을 때, 상수 a, b의 값을 구하시오.

02 연립방정식 $\begin{cases} ax+2x+5y-1=0 \\ x+ay-2y+1=0 \end{cases}$ 이 해가 없을 때, 상수 a의 값을 구하시오.

03 연립방정식 $\begin{cases} x^2+xy+2y^2=8 \\ x+y=2 \end{cases}$ 를 만족하는 x, y에 대하여 x^2+y^2의 값을 구하시오.

04 연립방정식 $\begin{cases} x^2+y^2=13 \\ x^2-xy+y=1 \end{cases}$ 을 푸시오.

05 연립방정식 $\begin{cases} x^2-3x+2y=0 \\ y^2+2x-3y=0 \end{cases}$ 을 푸시오.

06 연립방정식 $\begin{cases} xy = 6 \\ yz = 2 \\ zx = 3 \end{cases}$ 을 푸시오. (단, x, y, z는 양수)

07 연립방정식 $\begin{cases} x+y+xy = 5 \\ x^2+y^2+xy = 7 \end{cases}$ 을 푸시오.

08 연립방정식 $\begin{cases} 2x+y = k \\ x^2+y^2 = 2 \end{cases}$ 가 실근을 가질 때, 정수 k의 개수를 구하시오.

09 두 자리 자연수가 있다. 이 수의 각 자리의 숫자의 제곱의 합이 80이고, 일의 자리 숫자와 십의 자리 숫자를 바꾼 수는 처음 수보다 36만큼 크다고 할 때, 처음 수를 구하시오.

10 다음 두 식을 만족하는 양의 정수 x, y, z를 구하시오.
$$4x-2y+z = 7, \ 2x+3y-z = 3$$

11 $x^2-2ax+2a+4=0$의 두 근이 모두 정수일 때, 정수 a의 값을 모두 구하시오.

12   실수 x, y에 대하여 등식 $x^2-2xy+2y^2+4x-6y+5=0$이 성립할 때, $x-y$의 값을 구하시오.

13   방정식 $x^2+6xy+10y^2+2y+1=0$을 만족하는 실수 x, y의 값을 구하시오.

14 $(\sqrt{5}+2)a-(\sqrt{5}+1)b+3\sqrt{5}+1=0$을 만족하는 a, b가 유리수일 때, a, b의 값을 구하시오.

15 $x^2+xi+y^2+yi=13+5i$를 만족하는 실수 x, y에 대하여 xy의 값을 구하시오.

MEMO

V 부등식

P A R T

01

연립일차부등식

◈ 중·고교 연결과정 선수학습
1 문자계수를 포함한 일차부등식
2 연립일차부등식
◈ 반복학습 기록란
◈ 연습문제 (A)(B)

명언

어리석은 자는 멀리서 행복을 찾고,
현명한 자는 자신의 발치에서 행복을 키워간다.
- 제임스 오펜하임 -

1 부등식의 기초

[1] 부등식의 정의

→ 수나 식의 값의 대소 관계를 부등호 $>$, $\geq$, $<$, $\leq$를 써서 나타낸 식을 **부등식**이라 한다.

[2] 부등호의 기본 성질

(1) 같은 수를 더하거나 빼도 부등호의 방향은 변하지 않는다.

$a > b \rightarrow a+c > b+c,\ a-c > b-c$

(2) 음수로 나누거나, 음수를 곱하면 부등호의 방향이 바뀐다.

$a > b \rightarrow ma < mb,\ \dfrac{a}{m} < \dfrac{b}{m}$ (단, $m < 0$)

(3) 같은 부호일 때, 역수를 취하면 부등호의 방향이 바뀐다.

$a > b \rightarrow \dfrac{1}{a} < \dfrac{1}{b}$ (단, a, b는 같은 부호)

[3] $a < x < b$, $c < y < d$의 사칙연산

→ a, b, c, d가 양수일 때

(1) $a+c < x+y < b+d$ (2) $a-d < x-y < b-c$

(3) $a \times c < x \times y < b+d$ (4) $a \div d < x \div y < b \div c$

체크 양수 조건이 없을 때, xy와 $x \div y$의 범위

$a < x < b,\ c < y < d$일 때

① xy의 범위는 ac, ad, bc, bd 중 최솟값과 최댓값을 이용한다.

② $x \div y$의 범위는 $a \div c$, $a \div d$, $b \div c$, $b \div d$ 중 최솟값과 최댓값을 이용한다.

강의 부등호의 방향 변화는 역수를 취하거나 음수를 곱하거나 나눌 때 주의해야 한다!

① 역수 → 부등호 $\begin{bmatrix} 同부호 \rightarrow 변화 \\ 異부호 \rightarrow 불변 \end{bmatrix}$

보기 $-2 > -3 \rightarrow$ 동부호 $\rightarrow -\dfrac{1}{2} < -\dfrac{1}{3}$ (부등호 변화)

② 음수 → $\times$ or $\div$ → 부등호 변화

주의 $-3a > 9 \rightarrow a < -3$ (부등호 변화)

同(같을 동)　異(다를 이)

기 | 본 | 예 | 제 01

$-3 \leq x \leq -2$일 때, $\dfrac{1}{4-x}$의 값의 범위를 구하시오.

탐구 x의 범위를 이용하여 $-x$, $4-x$, $\dfrac{1}{4-x}$의 범위를 차례로 구한다.

풀이 $-3 \leq x \leq -2$에서 $2 \leq -x \leq 3$ $6 \leq 4-x \leq 7$

$$\therefore \frac{1}{7} \leq \frac{1}{4-x} \leq \frac{1}{6}$$

정답 $\dfrac{1}{7} \leq \dfrac{1}{4-x} \leq \dfrac{1}{6}$

유제 01-1 $1 \leq x \leq 3$일 때, $2-3x$의 값의 범위를 구하시오.

유제 01-2 $2 \leq 4-2x \leq 8$일 때, $x+\dfrac{1}{3}$의 값의 최댓값과 최솟값의 차를 구하시오.

강의 $\begin{bmatrix} a < x < b \\ c < y < d \end{bmatrix}$의 가$(+)$와 승$(\times)$, 감$(-)$과 계$(\div)$는 서로 방법이 같다!

① $a+c < x+y < b+d$ ⟩ 실수조건
② $a-d < x-y < b-c$

③ $a \times c < x \times y < b \times d$ ⟩ 양수조건
④ $a \div d < x \div y < b \div c$

주의 ① 양수 조건이 없을 때, 곱과 몫의 범위는 최솟값과 최댓값을 이용해야 한다.

$$\Rightarrow \text{실수조건} \begin{bmatrix} \text{최소} < x \times y < \text{최대} \\ \text{최소} < x \div y < \text{최대} \end{bmatrix}$$

② x, y가 서로 상관성이 있으면 가감승계는 불가능하다.

③ 양쪽에 등호가 있을 때만 등호를 붙인다.

기|본|예|제 02

$-2 < P < 6$, $3 < Q < 4$일 때, 다음을 구하시오.

(1) $P+Q$　　　　(2) $P-Q$　　　　(3) $P \times Q$　　　　(4) $P \div Q$

탐구　$a < x < b$, $c < y < d$의 사칙연산에서 a, b, c, d가 양수라는 조건이 없을 때, $x \times y$, $x \div y$의 경우에는 최댓값, 최솟값을 이용해야 한다.

① 최솟값 $< x \times y <$ 최댓값　　　② 최솟값 $< x \div y <$ 최댓값

풀이
(1) $-2+3 < P+Q < 6+4$

$\therefore\ 1 < P+Q < 10$

(2) $-2-4 < P-Q < 6-3$

$\therefore\ -6 < P-Q < 3$

(3) $P \times Q$의 모든 경우를 조사하면

$-2 \times 3 = -6$, $-2 \times 4 = -8$ (최솟값), $6 \times 3 = 18$, $6 \times 4 = 24$ (최댓값)

최댓값과 최솟값을 찾아 $P \times Q$의 범위를 구하면

$\therefore\ -8 < P \times Q < 24$

(4) $P \div Q$의 모든 경우를 조사하면

$-2 \div 3 = -\dfrac{2}{3}$ (최솟값), $-2 \div 4 = -\dfrac{1}{2}$, $6 \div 3 = 2$ (최댓값), $6 \div 4 = \dfrac{3}{2}$

최댓값과 최솟값을 찾아 $P \div Q$의 범위를 구하면

$\therefore\ -\dfrac{2}{3} < P \div Q < 2$

정답
(1) $1 < P+Q < 10$　　　　(2) $-6 < P-Q < 3$

(3) $-8 < P \times Q < 24$　　　　(4) $-\dfrac{2}{3} < P \div Q < 2$

유제 02-1　$1 < x < 2$, $2 < y < 4$일 때, $-2x+y$의 값의 범위를 구하시오.

유제 02-2　$-1 < a < 3$, $-3 < b < 2$일 때, $ab+2b$의 값의 범위를 구하시오.

2 일차부등식의 기본해법

첫째, 미지항은 좌측에, 상수항은 우측에 모은다.
둘째, 미지항의 계수의 양음을 판별한다.
셋째, 양변을 미지항의 계수로 나눈다.

강의 일차부등식의 기본 해법은 미지항은 좌측에, 상수항은 우측에 모은다!

→ 미지항은 좌측에, 상수항은 우측에 모아라!

→ 미지항 > 상수항, 미지항 < 상수항

→ $\div$ ┌ 계수 ⊕(양수) → 부등호 불변
　　└ 계수 ⊖(음수) → 부등호 변화

기 | 본 | 예 | 제 03

다음 부등식을 푸시오.

(1) $2x-3 > 0$　　　　　　　　　　(2) $-2x-3 < 0$

탐구 미지의 항은 좌측에, 상수항은 우측에!

풀이 (1) $2x > 3$　　$\therefore x > \dfrac{3}{2}$ (부등호 불변)

　　　(2) $-2x < 3$　　$\therefore x > -\dfrac{3}{2}$ (부등호 변화)

정답 (1) $x > \dfrac{3}{2}$　　(2) $x > -\dfrac{3}{2}$

유제 03-1 다음 부등식을 푸시오.

(1) $3x-2 < 5x+4$　　　　　　(2) $\dfrac{x}{2}+\dfrac{1}{3} \geq \dfrac{x}{3}-\dfrac{1}{2}$

유제 03-2 부등식 $2(x-3) \leq 0.5(2x-1)$을 푸시오.

01 문자계수를 포함한 일차부등식

1 문자계수를 포함한 일차부등식의 해법

첫째, 미지항은 좌측에, 상수항은 우측에 모은다.

둘째, 문자계수를 세 가지 경우로 분리한다.

[1] $ax > b$의 해법

(1) $a > 0$일 때, $x > \dfrac{b}{a}$ (부등호 방향 불변) (2) $a < 0$일 때, $x < \dfrac{b}{a}$ (부등호 방향 변화)

(3) $a = 0$일 때, $b \geq 0$: 해는 없다.

$\qquad\qquad\quad b < 0$: x는 모든 실수

[2] $ax < b$의 해법

(1) $a > 0$일 때, $x < \dfrac{b}{a}$ (부등호 방향 불변) (2) $a < 0$일 때, $x > \dfrac{b}{a}$ (부등호 방향 변화)

(3) $a = 0$일 때, $b > 0$: x는 모든 실수

$\qquad\qquad\quad b \leq 0$: 해는 없다.

강의 문자계수 1차부등식은 3가지의 경우로 분리한다!

→ 경우분리
- $a > 0$: 부등호 불변
- $a < 0$: 부등호 변화
- $a = 0$

기 | 본 | 예 | 제 01

부등식 $ax - 2 > 2x - a$를 푸시오. (단, a는 상수)

탐구 부등식에 문자계수가 있으면 세 가지 경우로 나누어 푼다.

풀이 주어진 부등식을 정리하면

$$ax - 2x > -a + 2$$

$$(a-2)x > -(a-2)$$

ⅰ) $a - 2 > 0$일 때, $x > -1$

ⅱ) $a - 2 < 0$일 때, $x < -1$

ⅲ) $a - 2 = 0$일 때, $0x > 0$이므로 해가 없다.

정답 ⅰ) $a > 2$일 때, $x > -1$ ⅱ) $a < 2$일 때, $x < -1$ ⅲ) $a = 2$일 때, 해가 없다.

부등식 $ax+2>3x+2a$의 해가 $x<\dfrac{2a-2}{a-3}$일 때, 상수 a의 범위를 구하시오.

$a+b<0$이고 $a=2b$일 때, 부등식 $(a-b)x+2a-b>0$을 푸시오.

기 | 본 | 예 | 제 02

부등식 $(a+2b)x+a-b<0$의 해가 $x>1$일 때, 부등식 $(a-b)x+a-4b<0$을 푸시오.

탐구 주어진 부등식의 부등호와 해의 부등호의 방향을 비교하여 x의 계수의 부호를 결정하고 부등식을 푼다.

풀이 $(a+2b)x<b-a$의 해가 $x>1$이므로

$$a+2b<0 \quad \cdots ①$$

부등식을 풀면 $x>\dfrac{b-a}{a+2b}$

$$\therefore \ \dfrac{b-a}{a+2b}=1 \qquad \cdots ②$$

②의 식을 정리하면

$$b-a=a+2b \qquad \therefore \ b=-2a \qquad \cdots ③$$

③을 ①에 대입하면 $a>0$

③을 구하는 부등식에 대입하여 풀면

$$(a+2a)x+a+8a<0 \qquad 3ax<-9a$$

$a>0$이므로 $x<-3$

정답 $x<-3$

부등식 $(a+b)x+2a-b>0$의 해가 $x>\dfrac{1}{2}$일 때, 부등식 $(a-b)x-3a+b<0$의 해를 구하시오.

부등식 $(a+b)x+2a-3b<0$의 해가 $x>-\dfrac{1}{3}$일 때, $(a-3b)x+b-2a>0$을 푸시오.

02 연립일차부등식

1 연립일차부등식

[1] 연립부등식의 기본해법

첫째, 각 부등식의 해를 구한다.

둘째, 구한 해를 수직선 위에 나타낸다.

셋째, 동시에 만족하는 x의 범위를 구한다.

[2] 부등식 $A < B < C$의 의미

→ $A < B$이고 $B < C$

[3] 등식과 부등식의 연립

→ 등식을 한 문자에 대하여 정리한 후 부등식에 대입하여 범위를 구한다.

> **강의** **연립일차부등식의 해법은 수직선 위에 도시하여 공통범위를 구한다!**
>
> 첫째, 각 부등식의 해를 구한다.
>
> 둘째, 수직선 위에 도시한다.
>
> 셋째, 공통범위가 답이다.

기|본|예|제 03

다음 연립부등식을 푸시오.

$$\begin{cases} 2x+3 \geq 1 \\ 3x-2 \geq 4x-5 \end{cases}$$

탐구 부등식 풀기 → 수직선에 도시 → 공통범위

풀이
$$\begin{cases} 2x+3 \geq 1 & 2x \geq -2 & x \geq -1 & \cdots ① \\ 3x-2 \geq 4x-5 & -x \geq -3 & x \leq 3 & \cdots ② \end{cases}$$

①, ②를 수직선에 나타내면

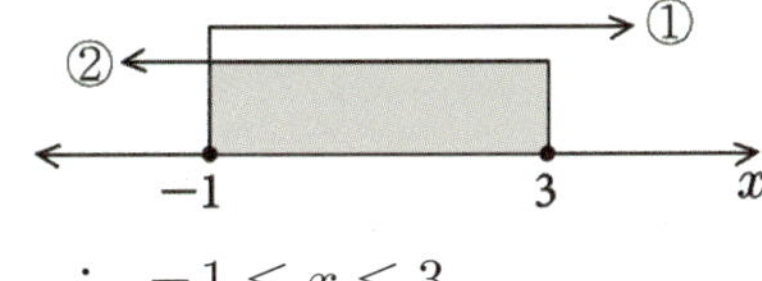

$$\therefore\ -1 \leq x \leq 3$$

정답 $-1 \leq x \leq 3$

 다음 연립부등식을 푸시오.

$$\begin{cases} 2x - 3(x-2) > 4(x-1) \\ 2(x-1) - 5x \leq -(x-2) \end{cases}$$

 다음 연립부등식을 푸시오.

$$\begin{cases} 0.1x + 0.5 \geq -0.2x - 0.4 \\ x + \dfrac{1}{2} \geq 2x - \dfrac{1}{5} \end{cases}$$

기|본|예|제 04

다음 부등식을 푸시오.

$$x - 2 < -2x + 1 \leq 2x + 5$$

탐구 $A < B \leq C \rightarrow A < B$와 $B \leq C$로 분리하여 푼다.

풀이
$$\begin{cases} x - 2 < -2x + 1 & 3x < 3 & x < 1 & \cdots ① \\ -2x + 1 \leq 2x + 5 & -4x \leq 4 & x \geq -1 & \cdots ② \end{cases}$$

①, ②를 수직선에 나타내면

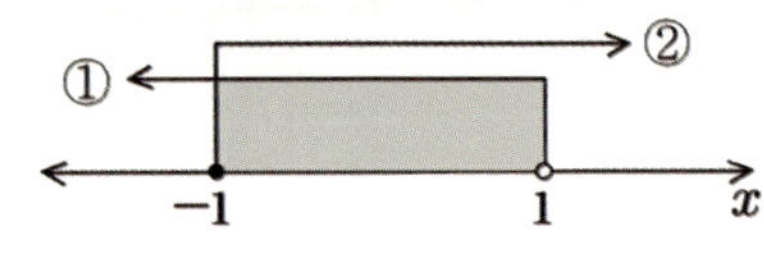

$$\therefore \ -1 \leq x < 1$$

정답 $-1 \leq x < 1$

 다음 부등식을 푸시오.

$$2x - 3 < 4x + 5 < 6x - 7$$

 다음 부등식을 푸시오.

$$\dfrac{1}{2}x - 1 < \dfrac{2}{5}x + 1 \leq 0.3x$$

기 | 본 | 예 | 제 05

다음 연립부등식을 푸시오.

(1) $\begin{cases} 3x - 4 \le x \\ 2x - 3 \le 3x - 5 \end{cases}$

(2) $\begin{cases} 4 - 2(x+1) > x - 13 \\ 2x - 3 \ge x + 2 \end{cases}$

탐구 각각의 부등식을 풀어 수직선에 나타내고 해를 구한다.

풀이 (1) 각 부등식을 풀면

$$\begin{cases} 3x - 4 \le x & 2x \le 4 & \therefore\ x \le 2 & \cdots ① \\ 2x - 3 \le 3x - 5 & -x \le -2 & \therefore\ x \ge 2 & \cdots ② \end{cases}$$

①, ②를 수직선에 나타내면

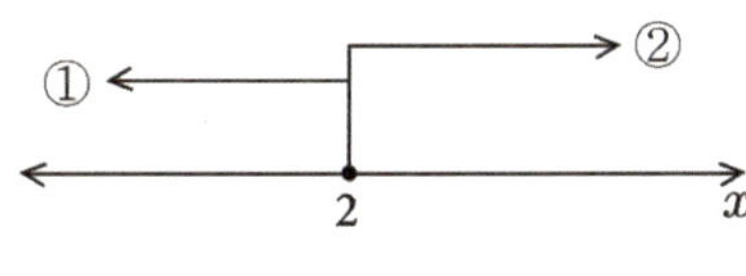

$$\therefore\ x = 2$$

(2) 각 부등식을 풀면

$$\begin{cases} 4 - 2(x+1) > x - 13 & \therefore\ x < 5 & \cdots ① \\ 2x - 3 \ge x + 2 & \therefore\ x \ge 5 & \cdots ② \end{cases}$$

①, ②를 수직선에 나타내면

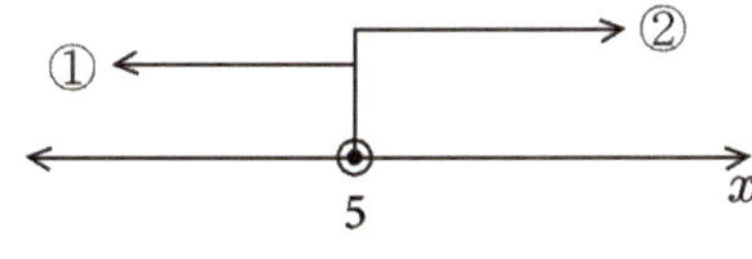

$$\therefore\ \text{해는 없다.}$$

정답 (1) $x = 2$　　(2) 해는 없다.

유제 **05-1** $2x - 1 < x - 5 \le 3x + 3$을 푸시오.

유제 **05-2** 연립부등식 $\begin{cases} 0.1x + 0.4 \ge 0.3x - 0.2 \\ \dfrac{1}{5}x + \dfrac{1}{2} \le \dfrac{2}{5}x - \dfrac{1}{10} \end{cases}$ 을 푸시오.

기 | 본 | 예 | 제 06

연립부등식 $\begin{cases} 2x+3 > 3x+a \\ 3x-2 < 4x-b \end{cases}$ 의 해가 $-3 < x < 2$일 때, 상수 a, b에 대하여 $a+b$의 값을 구하시오.

탐구 각 부등식의 해와 주어진 해를 비교하고 미지수의 값을 구한다.

풀이 각 부등식의 해를 구하면

$$\begin{cases} 2x+3 > 3x+a \quad -x > a-3 \qquad \therefore \ x < -a+3 \qquad \cdots ① \\ 3x-2 < 4x-b \quad -x < 2-b \qquad \therefore \ x > b-2 \qquad \cdots ② \end{cases}$$

연립부등식의 해가 $-3 < x < 2$가 되도록 ①, ②를 수직선에 나타내면

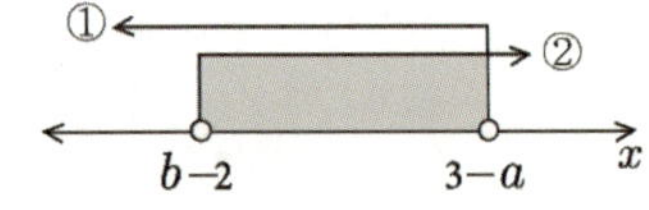

$b-2 = -3$이므로 $\quad b = -1$

$3-a = 2$이므로 $\quad a = 1$

$\therefore \ a+b = 0$

정답 0

유제 06-1 연립부등식 $\begin{cases} 2(x+1) \geq x-a \\ x < \dfrac{1}{3}x+b \end{cases}$ 의 해가 $-\dfrac{5}{2} \leq x < 6$일 때, 상수 a, b에 대하여 ab의 값을 구하시오.

유제 06-2 연립부등식 $\begin{cases} 0.1x-0.3 > 0.2x+a \\ 0.02x+0.1 < 0.3x+0.03 \end{cases}$ 의 해가 $b < x < 7$일 때, 상수 a, b의 값을 구하시오.

기 | 본 | 예 | 제 07

연립부등식 $\begin{cases} 4x+1 \leq 3x-2 \\ x+a > 2 \end{cases}$ 가 해를 갖지 않도록 하는 실수 a의 최댓값을 구하시오.

탐구 각 부등식을 푼 후 공통부분이 없도록 하는 a의 범위를 구한다.

풀이 각 부등식을 풀면

$$4x+1 \leq 3x-2 \qquad \therefore \ x \leq -3 \qquad \cdots ①$$

$$x+a > 2 \qquad \therefore \ x > 2-a \qquad \cdots ②$$

공통부분이 없도록 ①, ②를 수직선에 나타내면

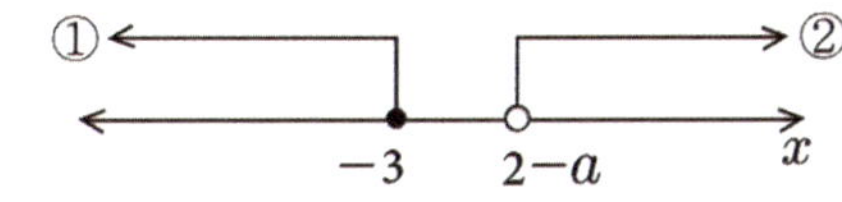

$$-3 \leq 2-a \qquad \therefore \ a \leq 5$$

따라서 실수 a의 최댓값은 5이다.

정답 5

유제 07-1

연립부등식 $\begin{cases} 2x-3 \leq 3(x+1) \\ \dfrac{x+1}{2} \leq \dfrac{x}{3} - a \end{cases}$ 가 해를 갖도록 하는 실수 a의 값의 범위를 구하시오.

유제 07-2

연립부등식 $\begin{cases} 2(x-1)+2 \geq 3x-2 \\ 0.2(x-5) \geq k - \dfrac{1}{10}x \end{cases}$ 가 해를 갖지 않도록 하는 정수 k의 최솟값을 구하시오.

연립부등식 $\begin{cases} 5(x-3) > 2x-3 \\ 3x-7 \leq x-k \end{cases}$ 를 만족하는 정수 x가 1개일 때, 실수 k의 값의 범위를 구하시오.

탐구   각 부등식을 푼 후 공통부분에 정수가 1개 존재하도록 k의 범위를 구한다.

풀이   각 부등식을 풀면

$$\begin{cases} 5(x-3) > 2x-3 & 3x > 12 & \therefore \ x > 4 & \cdots ① \\ 3x-7 \leq x-k & 2x \leq 7-k & \therefore \ x \leq \dfrac{7-k}{2} & \cdots ② \end{cases}$$

연립부등식을 만족하는 정수가 1개 존재하도록 ①, ②를 수직선에 나타내면

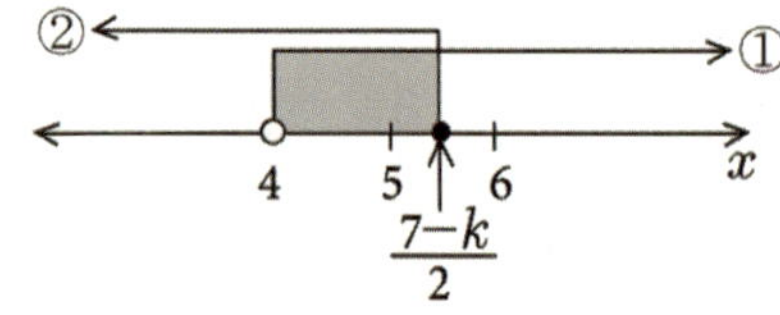

$$5 \leq \frac{7-k}{2} < 6 \quad\quad 10 \leq 7-k < 12 \quad\quad 3 \leq -k < 5$$

$$\therefore \ -5 < k \leq -3$$

정답 $-5 < k \leq -3$

유제 08-1   부등식 $2x-1 \leq 5x+1 < x+a$를 만족하는 정수 x가 2개일 때, 상수 a의 값의 범위를 구하시오.

유제 08-2   부등식 $-x+3 \leq 2x-3 < x+k$가 해가 없을 때, 실수 k의 최댓값을 구하시오.

유제 08-3   부등식 $-6x-5k \leq 4x-5 \leq -2x+3$을 만족하는 모든 정수 x의 값의 합이 0이 되도록 상수 k의 값의 범위를 구하시오.

첫째, (절댓값 안)$=0$이 되는 값을 구한다.

둘째, 위에서 구한 x를 경계로 하여 구간을 나눈다.

셋째, 위에서 정한 구간에서 절댓값 기호를 없애고 해를 구한다.

강의 절댓값 부등식(Ⅰ)은 공식을 이용할 수 있는 경우이다!

① $|x| < a \Leftrightarrow -a < x < a$

② $|x| > a \Leftrightarrow x < -a$ or $x > a$

③ $a < |x| < b \Leftrightarrow a < x < b, \ -a > x > -b$

주의 다음 부등식의 해는 자주 사용되는 것이므로 음미해두자.

(1) $|x| \geq 0 \ \rightarrow \ x$는 모든 실수

$|x| > 0 \ \rightarrow \ x \neq 0$인 모든 실수

(2) $|x| \leq 0 \ \rightarrow \ x = 0$

$|x| < 0 \ \rightarrow$ 해는 없다.

(3) $|x| > -3 \ \rightarrow \ x$는 모든 실수

$|x| < -3 \ \rightarrow$ 해는 없다.

기│본│예│제 09

다음 부등식을 푸시오.

(1) $|x-2| < 3$ (2) $|x-2| > 3$ (3) $3 < |x-2| < 4$

탐구

① $|x| < a \ \rightarrow \ -a < x < a$

② $|x| > a \ \rightarrow \ x < -a, \ x > a$

③ $a < |x| < b \ \rightarrow \ a < x < b, \ -a > x > -b$

풀이

(1) $|x-2| < 3$

$-3 < x-2 < 3 \qquad \therefore \ -1 < x < 5$

(2) $|x-2| > 3$

$x-2 < -3, \ x-2 > 3 \qquad \therefore \ x < -1, \ x > 5$

(3) $3 < |x-2| < 4$

$3 < x-2 < 4, \ -3 > x-2 > -4 \qquad \therefore \ 5 < x < 6, \ -2 < x < -1$

정답 (1) $-1 < x < 5$ (2) $x < -1, \ x > 5$ (3) $5 < x < 6, \ -2 < x < -1$

 다음 부등식을 푸시오.

(1) $|x| < 1$　　　　　　(2) $|-x| > 1$　　　　　　(3) $1 < |-x+2| < 2$

유제 09-2　$|x+a| \leq b$의 해가 $-3 \leq x \leq 1$일 때, 상수 a, b에 대하여 ab의 값을 구하시오. (단, $b > 0$)

> **강의** 절댓값 부등식(II)는 공식을 이용할 수 없는 경우로 구간을 분리하여 푼다!
> → $|\ \ | = 0(n$개$) \rightarrow$ 구간$(n+1$개$)$
> → 구간 풀이의 공통범위들의 합범위가 답이다.

기|본|예|제 10

부등식 $|x-1| < 2x-5$를 푸시오.

탐구　(절댓값 안)$=0$이 되는 x값을 경계로 구간을 나누어 해를 구한다.

풀이　(절댓값 안)$=0$인 x의 값을 구하면

$$x-1=0 \quad \therefore \ x=1$$

$x=1$을 경계로 구간을 나누어 부등식을 풀면

ⅰ) $x \geq 1$일 때

$$x-1 < 2x-5 \qquad -x < -4 \qquad \therefore \ x > 4$$

ⅱ) $x < 1$일 때

$$-x+1 < 2x-5 \qquad -3x < -6 \qquad \therefore \ x > 2$$

$x < 1$이므로 해가 없다.

ⅰ), ⅱ)의 합범위를 구하면

$$x > 4$$

정답　$x > 4$

유제 10-1　부등식 $|x+2| < 2x+1$을 푸시오.

유제 10-2　부등식 $|2x+1| > 4x-1$을 푸시오.

부등식 $|x-7|+|x-9|<20$을 만족시키는 정수 x의 최댓값과 최솟값의 차를 구하시오.

탐구　(절댓값 안)$=0$이 되는 x값을 경계로 구간을 나누어 해를 구한다.

풀이　(절댓값 안)$=0$이 되는 x의 값을 구하면

$$x-7=0,\ x-9=0 \qquad \therefore\ x=7,\ x=9$$

$x=7,\ x=9$를 경계로 구간을 나누어 부등식을 풀면

ⅰ) $x<7$일 때

$$-(x-7)-(x-9)<20$$
$$-x+7-x+9<20 \qquad -2x<4$$
$$\therefore\ x>-2$$

$x<7$ 이므로 $-2<x<7$

ⅱ) $7\le x<9$일 때

$$x-7-(x-9)<20$$
$$x-7-x+9<20 \qquad 0x<22$$
$$\therefore\ x는 모든 실수$$
$$\therefore\ 7\le x<9$$

ⅲ) $x\ge 9$일 때

$$x-7+x-9<20 \qquad 2x<36$$
$$\therefore\ x<18$$

$x\ge 9$이므로 $9\le x<18$

ⅰ), ⅱ), ⅲ)의 합범위를 구하면

$$-2<x<18$$

따라서 부등식을 만족하는 정수 x의 최댓값은 17, 최솟값은 -1이므로 구하는 값은

$$17-(-1)=18$$

정답　18

유제 11-1　부등식 $2|x-1|+3|x+1|<6$을 푸시오.

유제 11-2　부등식 $|2x-1|+|x+1|<4$를 푸시오.

첫째, 구하는 것을 미지수로 설정한다.
둘째, 주어진 조건을 활용하여 식을 세운다.
셋째, 연립부등식을 풀어 원하는 미지수의 범위를 구한다.

강의 연립부등식의 응용문제는 조건에 맞도록 미지수를 설정하여 연립방정식을 세운다!
  첫째 - 미지수 설정
  둘째 - 조건 이용 부등식 작성
  셋째 - 부등식 풀이 검산

기|본|예|제 **12**

한 자루에 200원인 연필과 한 자루에 1000원인 볼펜을 섞어서 10자루를 사려고 한다. 전체 금액이 5200원 이상 6800원 이하가 되도록 할 때, 살 수 있는 연필의 최대 개수를 구하시오.

탐구 구하려고 하는 연필의 수를 x로 놓고 식을 세워 계산한다.

풀이 연필의 개수를 x라 하면 볼펜의 개수는 $10-x$이다.
주어진 조건에 맞게 식을 세우면
$$5200 \le 200x+1000(10-x) \le 6800 \qquad 26 \le x+5(10-x) \le 34$$
각 부등식을 풀면
$$26 \le x+5(10-x) \text{에서 } 4x \le 24 \qquad \therefore\ x \le 6 \qquad \cdots ①$$
$$x+5(10-x) \le 34 \text{에서 } -4x \le -16 \qquad \therefore\ x \ge 4 \qquad \cdots ②$$
①, ②를 수직선에 나타내면

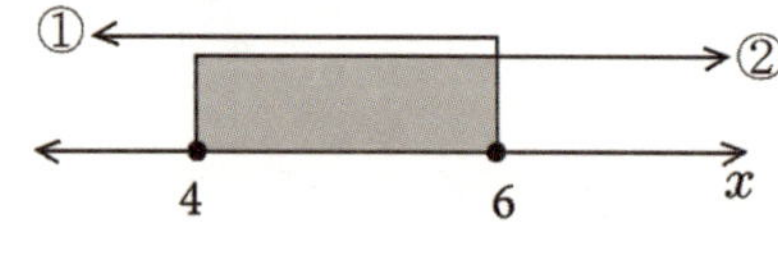

$$4 \le x \le 6$$
따라서 살 수 있는 연필의 최대 개수는 6자루이다.

정답 6자루

유제 12-1 삼각형의 세 변의 길이가 $x-1$, $x+1$, $x+4$일 때, 실수 x의 값의 범위를 구하시오.

유제 12-2 강당에서 학생들에게 좌석을 배정하려고 한다. 한 의자에 5명씩 앉으면 9명의 좌석이 부족하고, 6명씩 앉으면 의자가 5개가 남는다고 할 때, 학생 수의 범위를 구하시오.

반복학습 기록란.

가장 좋은 학습방법은 학교에서나 학원에서나 선생님의 강의를 열심히 듣고 여러 번 반복학습하는 것입니다.
지금부터 당장 선생님의 강의를 열심히 듣고 반복! 반복하십시오. 그러면 곧 모든 과목에 자신이 생길 것입니다.

회수	시작이 반!			끝을 봐야!			확인
제1회	년	월	일 부터	년	월	일 까지	
제2회	년	월	일 부터	년	월	일 까지	
제3회	년	월	일 부터	년	월	일 까지	
제4회	년	월	일 부터	년	월	일 까지	
제5회	년	월	일 부터	년	월	일 까지	
제6회	년	월	일 부터	년	월	일 까지	
제7회	년	월	일 부터	년	월	일 까지	
제8회	년	월	일 부터	년	월	일 까지	
제9회	년	월	일 부터	년	월	일 까지	
제10회	년	월	일 부터	년	월	일 까지	

A Step 연습 문제

▶ 연습문제 A는 앞에서 배운 기초 단계의 문제이므로 선생님의 도움 없이
스스로 풀어 자신의 실력을 점검해 보도록 하자.

01 $-3 \leq x \leq -2$일 때, $\dfrac{1}{4-x}$의 값의 범위를 구하시오.

02 $-2 < P < 6,\ 3 < Q < 4$일 때, 다음을 구하시오.

(1) $P+Q$ 　　　　(2) $P-Q$ 　　　　(3) $P \times Q$ 　　　　(4) $P \div Q$

03 다음 부등식을 푸시오.

(1) $3x-2 < 5x+4$ 　　　　　　(2) $\dfrac{x}{2}+\dfrac{1}{3} \geq \dfrac{x}{3}-\dfrac{1}{2}$

04 부등식 $ax-2 > 2x-a$를 푸시오. (단, a는 상수)

05 부등식 $(a+b)x+2a-b > 0$의 해가 $x > \dfrac{1}{2}$일 때, 부등식 $(a-b)x-3a+b < 0$의 해를 구하시오.

06 다음 연립부등식을 푸시오.

$$\begin{cases} 2x+3 \geq 1 \\ 3x-2 \geq 4x-5 \end{cases}$$

07 다음 부등식을 푸시오.

$$x-2 < -2x+1 \leq 2x+5$$

08 다음 연립부등식을 푸시오.

(1) $\begin{cases} 3x-4 \le x \\ 2x-3 \le 3x-5 \end{cases}$ (2) $\begin{cases} 4-2(x+1) > x-13 \\ 2x-3 \ge x+2 \end{cases}$

09 연립부등식 $\begin{cases} 2x+3 > 3x+a \\ 3x-2 < 4x-b \end{cases}$ 의 해가 $-3 < x < 2$일 때, 상수 a, b에 대하여 $a+b$의 값을 구하시오.

10 연립부등식 $\begin{cases} 4x+1 \le 3x-2 \\ x+a > 2 \end{cases}$ 가 해를 갖지 않도록 하는 실수 a의 최댓값을 구하시오.

11 연립부등식 $\begin{cases} 5(x-3) > 2x-3 \\ 3x-7 \le x-k \end{cases}$ 를 만족하는 정수 x가 1개일 때, 실수 k의 값의 범위를 구하시오.

12 다음 부등식을 푸시오.

(1) $|x-2| < 3$ (2) $|x-2| > 3$ (3) $3 < |x-2| < 4$

13 부등식 $|x-1| < 2x-5$를 푸시오.

14 한 자루에 200원인 연필과 한 자루에 1000원인 볼펜을 섞어서 10자루를 사려고 한다. 전체 금액이 5200원 이상 6800원 이하가 되도록 할 때, 살 수 있는 연필의 최대 개수를 구하시오.

B ^{Step} 연습 문제

▶ 연습문제 B는 앞에서 배운 문제 중 응용단계의 문제이므로 연습장에
스스로 풀어보고 잘 풀리지 않으면 처음부터 다시 공부한 후 자신이
있을 때 다시 풀어 보도록 하자.

01 $2 \leq 4 - 2x \leq 8$일 때, $x + \dfrac{1}{3}$의 값의 최댓값과 최솟값의 차를 구하시오.

02 $-1 < a < 3$, $-3 < b < 2$일 때, $ab + 2b$의 값의 범위를 구하시오.

03 부등식 $2(x-3) \leq 0.5(2x-1)$을 푸시오.

04 $a + b < 0$이고 $a = 2b$일 때, 부등식 $(a-b)x + 2a - b > 0$을 푸시오.

05 부등식 $(a+2b)x + a - b < 0$의 해가 $x > 1$일 때, 부등식 $(a-b)x + a - 4b < 0$을 푸시오.

06 다음 연립부등식을 푸시오.
$$\begin{cases} 0.1x + 0.5 \geq -0.2x - 0.4 \\ x + \dfrac{1}{2} \geq 2x - \dfrac{1}{5} \end{cases}$$

07 다음 부등식을 푸시오.
$$\frac{1}{2}x - 1 < \frac{2}{5}x + 1 \leq 0.3x$$

08 연립부등식 $\begin{cases} 0.1x+0.4 \geq 0.3x-0.2 \\ \dfrac{1}{5}x+\dfrac{1}{2} \leq \dfrac{2}{5}x-\dfrac{1}{10} \end{cases}$ 을 푸시오.

09 연립부등식 $\begin{cases} 2(x+1) \geq x-a \\ x < \dfrac{1}{3}x+b \end{cases}$ 의 해가 $-\dfrac{5}{2} \leq x < 6$일 때, 상수 a, b에 대하여 ab의 값을 구하시오.

10 연립부등식 $\begin{cases} 2x-3 \leq 3(x+1) \\ \dfrac{x+1}{2} \leq \dfrac{x}{3}-a \end{cases}$ 가 해를 갖도록 하는 실수 a의 값의 범위를 구하시오.

11 부등식 $-x+3 \leq 2x-3 < x+k$가 해가 없을 때, 실수 k의 최댓값을 구하시오.

12 $|x+a| \leq b$의 해가 $-3 \leq x \leq 1$일 때, 상수 a, b에 대하여 $a+b$의 값을 구하시오.

$$\text{(단, } b > 0)$$

13 부등식 $|x-7|+|x-9| < 20$을 만족시키는 정수 x의 최댓값과 최솟값의 차를 구하시오.

14 강당에서 학생들에게 좌석을 배정하려고 한다. 한 의자에 5명씩 앉으면 9명의 좌석이 부족하고, 6명씩 앉으면 의자가 5개가 남는다고 할 때, 학생 수의 범위를 구하시오.

P A R T

02

이차부등식

명언

내가 헛되이 보낸 오늘은 어제 죽어간 이들이 그토록 바라던 하루이다.
- 소포클레스 -

〈이차방정식과 이차함수와 이차부등식의 비교 분석〉

□ 그래프는 편의상 $a > 0$인 경우만 인용하기로 한다.
□ 부등식은 편의상 $ax^2 + bx + c > 0$인 경우만 인용하기로 한다.

이차방정식	이차함수	이차부등식
$ax^2 + bx + c = 0$	$y = ax^2 + bx + c$	$ax^2 + bx + c \gtrless 0$
① 서로 다른 두 실근 $a(x-\alpha)(x-\beta) = 0$ 실근 $x = \alpha,\ \beta$	① x축과 두 점에서 만난다. $y = a(x-\alpha)(x-\beta)$ 교점 $(\alpha,\ 0),\ (\beta,\ 0)$	① $D = b^2 - 4ac > 0$ $a(x-\alpha)(x-\beta) > 0$ 범위(해) $x < \alpha$ 또는 $x > \beta$
② 중근 $a(x-\alpha)^2 = 0$ 중근 $x = \alpha$	② x축과 접한다. $y = a(x-\alpha)^2$ 접점 $(\alpha,\ 0)$	② $D = b^2 - 4ac = 0$ $a(x-\alpha)^2 > 0$ 범위(해) $x \neq \alpha$인 모든 실수
③ 허근 $ax^2 + bx + c = 0$ 허근 $x = \dfrac{-b \pm \sqrt{b^2 - 4ac}}{2a}$	③ x축과 만나지 않는다. $y = ax^2 + bx + c$ 교점 없음	③ $D = b^2 - 4ac < 0$ $ax^2 + bx + c > 0$ 범위(해) x는 모든 실수

1 이차부등식의 기본해법

첫째, 인수분해한다.

둘째, 인수분해가 불가능하면 판별식 D의 부호를 조사한다.

[1] 판별식 $D > 0$일 때 ($a > 0$, $\alpha < \beta$)

(1) $a(x-\alpha)(x-\beta) > 0$의 해

→ x는 작은 것보다 작거나 큰 것보다 크다.

→ $x < \alpha$, $x > \beta$

(2) $a(x-\alpha)(x-\beta) < 0$의 해

→ x는 작은 것보다 크고 큰 것보다 작다.

→ $\alpha < x < \beta$

[2] 판별식 $D = 0$일 때 ($a > 0$)

(1) $a(x-\alpha)^2 > 0$의 해 → $x \neq \alpha$인 모든 실수

(2) $a(x-\alpha)^2 \geq 0$의 해 → x는 모든 실수

(3) $a(x-\alpha)^2 < 0$의 해 → 해는 없다.

(4) $a(x-\alpha)^2 \leq 0$의 해 → $x = \alpha$

[3] 판별식 $D < 0$일 때 ($a > 0$)

(1) $a(x-m)^2 + n \geq 0$의 해 → x는 모든 실수

(2) $a(x-m)^2 + n \leq 0$의 해 → 해는 없다.

강의 **이차부등식의 해법(Ⅰ)은 우선 인수분해부터 해봐라!**

① 인수분해

② 판별식 $\begin{cases} D > 0 \rightarrow \text{근의 공식 이용} \\ D < 0 \rightarrow \text{완전제곱 이용} \end{cases}$

→ 이차항의 계수를 양수로 하고 실수의 계수 범위에서 인수분해하여 푼다.

(1) $a(x-\alpha)(x-\beta) > 0$ ($a > 0$)

→ x는 작은 놈보다 작거나 큰 놈보다 크다.

→ 해 $x < \alpha$ 또는 $x > \beta$

(2) $a(x-\alpha)(x-\beta) < 0$ ($a > 0$)

→ x는 작은 놈보다 크고 큰 놈보다 작다.

→ x는 작은 놈과 큰 놈 사이다.

→ 해 $\alpha < x < \beta$

다음 이차부등식을 푸시오.

(1) $x^2 - 2x - 3 > 0$ (2) $2x^2 - 3x - 2 \leq 0$

탐구 이차항의 계수를 양수로 하고 먼저 실수의 계수 범위에서 인수분해되는지 살펴보자.

풀이 (1) $(x-3)(x+1) > 0$

$$\therefore\ x < -1 \text{ 또는 } x > 3$$

(2) $(2x+1)(x-2) \leq 0$

$$\therefore\ -\frac{1}{2} \leq x \leq 2$$

정답 (1) $x < -1$ 또는 $x > 3$ (2) $-\frac{1}{2} \leq x \leq 2$

유제 01-1 다음 이차부등식을 푸시오.

(1) $x^2 - x - 6 > 0$ (2) $x^2 - 4x - 5 \leq 0$

유제 01-2 $2x^2 + 3(2-x) > x^2 + 2x + 2$ 를 푸시오.

강의 **이차부등식의 해법(Ⅱ)는 완전제곱으로 인수분해되는 경우이다!**

① 인수분해

② 판별식 $\begin{cases} D > 0 \rightarrow \text{근의 공식 이용} \\ D < 0 \rightarrow \text{완전제곱 이용} \end{cases}$

→ 완전제곱꼴로 인수분해되는 경우에는 $(\text{모든 실수})^2 \geq 0$ 임을 이용한다.

이차식 $f(x) = x^2 - 2\sqrt{3}\,x + 3$일 때 다음 부등식을 푸시오.

(1) $f(x) \geq 0$　　　　(2) $f(x) > 0$　　　　(3) $f(x) \leq 0$　　　　(4) $f(x) < 0$

탐구　완전제곱꼴로 인수분해되는 경우에는 $(모든\ 실수)^2 \geq 0$임을 이용한다.

풀이　$f(x) = (x - \sqrt{3})^2$으로 인수분해되므로

　　(1) $f(x) = (x - \sqrt{3})^2 \geq 0$　　　$\therefore\ x$는 모든 실수

　　(2) $f(x) = (x - \sqrt{3})^2 > 0$　　　$\therefore\ x \neq \sqrt{3}$인 모든 실수

　　(3) $f(x) = (x - \sqrt{3})^2 \leq 0$　　　$\therefore\ x = \sqrt{3}$

　　(4) $f(x) = (x - \sqrt{3})^2 < 0$　　　$\therefore\ $해는 없다.

정답　(1) x는 모든 실수　(2) $x \neq \sqrt{3}$인 모든 실수　(3) $x = \sqrt{3}$　(4) 해는 없다.

유제 02-1　부등식 $x^2 - 4x + 4 \leq 0$을 푸시오.

유제 02-2　부등식 $0.2x^2 - x + 0.8 \geq \dfrac{1}{5}x - 1$을 푸시오.

강의　**인수분해가 되지 않고 $D > 0$인 이차부등식은 근의 공식을 이용하여 두 근을 구한다!**

① 인수분해

② 판별식　$\begin{cases} D > 0\ \rightarrow\ 근의\ 공식\ 이용 \\ D < 0\ \rightarrow\ 완전제곱\ 이용 \end{cases}$

→ 인수분해가 되지 않고 $D > 0$일 때는 근의 공식을 이용하여 두 근 $\alpha,\ \beta$을 구한다.

① $x = \dfrac{-b \pm \sqrt{b^2 - 4ac}}{2a}$ (홀수 공식)

② $x = \dfrac{-b' \pm \sqrt{b'^2 - ac}}{a}$ (짝수 공식)

다음 이차부등식을 푸시오.

(1) $x^2 - 6x + 7 \geq 0$ (2) $2x^2 - 3x - 1 < 0$

탐구   인수분해가 안되고 $D > 0$일 때는 근의 공식을 이용하여 두 근을 구한다.

풀이   (1) $D/4 = 3^2 - 1 \times 7 = 2 > 0$

따라서 근의 공식을 이용하여 근을 구하면

$$x = 3 \pm \sqrt{9-7} = 3 \pm \sqrt{2}$$

$$\therefore \alpha = 3 - \sqrt{2},\ \beta = 3 + \sqrt{2}$$

두 근을 이용하여 부등식을 풀면

$$x \leq 3 - \sqrt{2} \ \text{또는} \ x \geq 3 + \sqrt{2}$$

(2) $D = 9 - 4 \times 2 \times (-1) = 17 > 0$

따라서 근의 공식을 이용하여 근을 구하면

$$x = \frac{3 \pm \sqrt{9+8}}{4} = \frac{3 \pm \sqrt{17}}{4}$$

$$\therefore \alpha = \frac{3 - \sqrt{17}}{4},\ \beta = \frac{3 + \sqrt{17}}{4}$$

두 근을 이용하여 부등식을 풀면

$$\frac{3 - \sqrt{17}}{4} < x < \frac{3 + \sqrt{17}}{4}$$

정답   (1) $x \leq 3 - \sqrt{2}$ 또는 $x \geq 3 + \sqrt{2}$ (2) $\dfrac{3 - \sqrt{17}}{4} < x < \dfrac{3 + \sqrt{17}}{4}$

유제 03-1   부등식 $x^2 - 4x + 1 \leq 0$을 푸시오.

유제 03-2   부등식 $-2x^2 + 3(x+2) \leq -x + 2$를 푸시오.

 인수분해가 되지 않고 $D<0$인 이차부등식은 완전제곱꼴로 변형하여 판단한다!

① 인수분해

② 판별식 $\begin{cases} D>0 \rightarrow \text{근의 공식 이용} \\ D<0 \rightarrow \text{완전제곱 이용} \end{cases}$

→ 인수분해가 되지 않고 $D<0$일 때는 완전제곱꼴로 변형하여 $(\text{모든 실수})^2 \geq 0$임을 이용하여 판단한다.

기 | 본 | 예 | 제 04

$f(x)=x^2+6x+12$일 때, 다음 부등식을 푸시오.

(1) $f(x) \geq 0$ (2) $f(x) > 0$ (3) $f(x) \leq 0$ (4) $f(x) < 0$

탐구 $(\text{모든 실수})^2 \geq 0 \Rightarrow (\text{모든 실수})^2 + k \geq k$

풀이 $D/4 = 9 - 12 = -3 < 0$이므로 완전제곱꼴로 변형하면

$$f(x) = (x+3)^2 + 3 \geq 3$$

(1) $f(x) = (x+3)^2 + 3 \geq 0$ (당연) $\therefore$ x는 모든 실수

(2) $f(x) = (x+3)^2 + 3 > 0$ (당연) $\therefore$ x는 모든 실수

(3) $f(x) = (x+3)^2 + 3 \leq 0$ (전혀) $\therefore$ 해는 없다.

(4) $f(x) = (x+3)^2 + 3 < 0$ (전혀) $\therefore$ 해는 없다.

정답   (1) x는 모든 실수   (2) x는 모든 실수   (3) 해는 없다.   (4) 해는 없다.

유제 04-1   부등식 $x^2 - 4x + 7 < 0$을 푸시오.

유제 04-2   부등식 $\dfrac{x-1}{3} + \dfrac{x^2+1}{5} \geq \dfrac{2x^2+7x-4}{15}$ 를 푸시오.

기 | 본 | 예 | 제 05

오른쪽 그림과 같이 가로 $15\,\mathrm{m}$, 세로 $10\,\mathrm{m}$인 직사각형 모양의 잔디밭에 일정한 폭의 길을 만들었다. 길을 제외한 잔디밭의 넓이가 $50\,\mathrm{m}^2$ 이상이 되도록 할 때, 길의 최대폭을 구하시오.

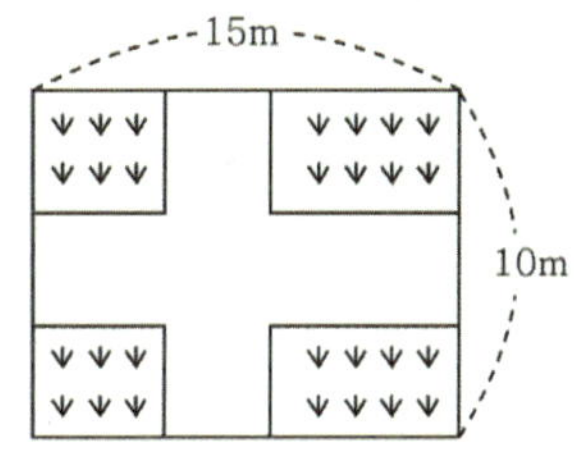

탐구   구하려고 하는 길의 폭을 x라 놓고 식을 세워 계산한다.

풀이   길의 폭을 x라 하면 길을 제외하고 남은 잔디밭의 가로의 길이가 $(15-x)\,\mathrm{m}$, 세로의 길이가 $(10-x)\,\mathrm{m}$이다. 따라서 길을 제외한 잔디밭의 넓이는 $(15-x)(10-x)\,\mathrm{m}^2$이다.

주어진 조건을 식으로 나타내면

$$(15-x)(10-x) \geq 50 \text{에서} \qquad x^2 - 25x + 100 \geq 0$$
$$(x-20)(x-5) \geq 0$$
$$\therefore\ x \leq 5 \text{ 또는 } x \geq 20 \qquad \cdots ①$$

x는 길의 폭이므로 $0 < x < 10$ $\cdots ②$

①, ②의 공통범위를 구하면 $0 < x \leq 5$

따라서 길의 최대 폭은 $5\,\mathrm{m}$이다.

정답 $5\,\mathrm{m}$

유제 05-1   지면에서 초속 $25\,\mathrm{m}$로 똑바로 위로 쏘아 올린 공의 t초 후의 지면에서의 높이를 $h\,\mathrm{m}$라 하면 $h = 25t - 5t^2$인 관계가 성립한다. 이때 이 공의 높이가 $20\,\mathrm{m}$ 이상인 t의 값의 범위를 구하시오.

유제 05-2   가로가 $20\,\mathrm{cm}$, 세로가 $30\,\mathrm{cm}$인 직사각형의 가로는 $2x\,\mathrm{cm}$, 세로는 $x\,\mathrm{cm}$만큼 늘려서 새로운 직사각형을 만들었더니 넓이가 $1600\,\mathrm{cm}^2$ 이하가 되었다. 이때 x의 최댓값을 구하시오.

→ 가능한 모든 경우로 분리하여 푼다.

[1] 양·음으로 분리하는 방법

(1) $a > 0$　　　　　(2) $a < 0$　　　　　(3) $a = 0$

[2] 대·소로 분리하는 방법

(1) $\alpha > \beta$　　　　　(2) $\alpha < \beta$　　　　　(3) $\alpha = \beta$

강의 문자계수를 포함한 이차부등식은 가능한 모든 경우로 분리하여 푼다!

(1) 양·음으로 분리하는 방법

① $a > 0$　　　　　② $a < 0$　　　　　③ $a = 0$

주의 음수를 곱하거나 나눌 때, 부등호 방향이 바뀐다.

(2) 대·소로 분리하는 방법

① $\alpha > \beta$　　　　　② $\alpha < \beta$　　　　　③ $\alpha = \beta$

기|본|예|제 **06**

$a > 0$일 때, 부등식 $ax^2 - (a+1)x + 1 < 0$을 푸시오.

탐구　문자계수를 포함하고 있을 때는 가능한 모든 경우로 분리하여 푼다.

풀이　좌변을 인수분해하면

$$(x-1)(ax-1) < 0$$

각 경우로 나누어 해를 구하면

i) $0 < a < 1$일 때, $\dfrac{1}{a} > 1$이므로 $1 < x < \dfrac{1}{a}$

ii) $a = 1$일 때, $(x-1)^2 < 0$이므로 해가 없다.

iii) $a > 1$일 때, $\dfrac{1}{a} < 1$이므로 $\dfrac{1}{a} < x < 1$

정답　i) $0 < a < 1$일 때, $1 < x < \dfrac{1}{a}$　　　ii) $a = 1$일 때, 해는 없다.

iii) $a > 1$일 때, $\dfrac{1}{a} < x < 1$

유제 06-1　부등식 $x^2 + (a-2)x - 2a > 0$을 푸시오.

유제 06-2　부등식 $ax^2 - a^2 x < 0$을 푸시오.

첫째, (절댓값 안)$=0$이 되는 x의 값을 구한다.

둘째, 위에서 구한 x값을 경계로 하여 구간을 나눈다.

셋째, 위에서 정한 구간에서 절댓값 기호를 없애고 해를 구한다.

강의 **절댓값 이차부등식은 먼저 공식을 이용하고 안되면 구간을 분리하여 푼다!**

① 공식 이용

② 구간 분리

주의 모든 부등식의 선행조치

$$\to \ 정리 \ \begin{cases} ① \ 항상 \ +인 \ 것 \ 제거 \to 부등호 \ 불변 \\ ② \ 항상 \ -인 \ 것 \ 제거 \to 부등호 \ 변화 \end{cases} \Big\rangle 0에 \ 주의!$$

보기 $-(x-2)^2|x-3|(x-4)(x+2) > 0$의 해

$\to$ 항상 $\oplus$, $\ominus$인 놈 제거 $\to$ 0일 때 주의!

$-(x-2)^2$, $|x-3|$을 제거하면

$(x-4)(x+2) < 0, \ x \neq 2, \ x \neq 3$

$-2 < x < 4, \ x \neq 2, \ x \neq 3$

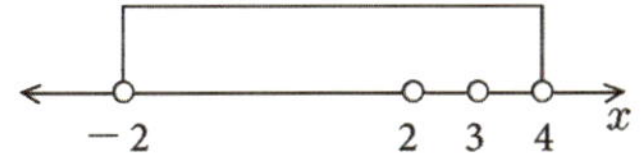

$\therefore \ -2 < x < 2, \ 2 < x < 3, \ 3 < x < 4$

기 | 본 | 예 | 제 07

이차부등식 $x^2 + |x| - 2 < 0$을 푸시오.

탐구 $x^2 = |x|^2$이므로 $|x|$에 대한 식으로 바꾸어 푼다.

풀이 $x^2 = |x|^2$이므로 주어진 부등식을 $|x|$에 대한 식으로 변경하면

$$|x|^2 + |x| - 2 < 0 \qquad (|x|+2)(|x|-1) < 0$$

$|x|+2 > 0$이 항상 성립하므로

$$|x|-1 < 0 \qquad |x| < 1 \qquad \therefore \ -1 < x < 1$$

정답 $-1 < x < 1$

유제 07-1 이차부등식 $x^2+3|x|-10 \geq 0$을 푸시오.

유제 07-2 이차부등식 $6x^2-35|x|+39 < 0$을 푸시오.

기│본│예│제 **08**

이차부등식 $x^2-2x-3 > 3|x-1|$을 푸시오.

탐구 (절댓값 안)$=0$이 되는 x의 값을 경계로 하여 구간을 나누고 해를 구한다.
① 구간의 해는 구간과 풀이의 공통범위이다.
② 전체의 해는 각 구간들의 해의 합범위이다.

풀이 (절댓값 안)$=0$이 되는 x의 값을 구하면

$$x-1=0 \qquad \therefore \ x=1$$

$x=1$을 경계로 구간을 나누어 부등식을 풀면

 i) $x \geq 1$일 때

$$x^2-2x-3 > 3x-3 \qquad x^2-5x > 0 \qquad x(x-5) > 0$$

$$\therefore \ x < 0 \ \text{또는} \ x > 5$$

$x \geq 1$이므로 $x > 5$

ii) $x < 1$일 때

$$x^2-2x-3 > -3x+3 \qquad x^2+x-6 > 0 \qquad (x+3)(x-2) > 0$$

$$\therefore \ x < -3 \ \text{또는} \ x > 2$$

$x < 1$이므로 $x < -3$

 i), ii)의 합범위를 구하면 $x < -3$ 또는 $x > 5$

정답 $x < -3$ 또는 $x > 5$

유제 08-1 이차부등식 $2x^2-5x+1 > |x+1|$을 푸시오.

유제 08-2 이차부등식 $x^2-4x+2 < |x+2|$를 푸시오.

[1] $\alpha < x < \beta$가 주어지는 경우
- $\rightarrow$ $(x-\alpha)(x-\beta) < 0$
- $\rightarrow$ $x^2 - (\alpha+\beta)x + \alpha\beta < 0$

[2] $x < \alpha,\ x > \beta$가 주어지는 경우
- $\rightarrow$ $(x-\alpha)(x-\beta) > 0$
- $\rightarrow$ $x^2 - (\alpha+\beta)x + \alpha\beta > 0$

강의 **이차부등식의 작성은 주어진 해를 보고 결정한다!**

① $\alpha < x < \beta \iff (x-\alpha)(x-\beta) < 0$

② $x < \alpha,\ x > \beta \iff (x-\alpha)(x-\beta) > 0$

기|본|예|제 09

이차부등식 $ax^2 + bx + 5 > 0$의 해집합이 $-2 < x < 5$일 때, 상수 a, b의 값을 구하시오.

탐구 해집합이 $\alpha < x < \beta$이면 부등식은 $a(x-\alpha)(x-\beta) < 0$ (단, $a > 0$)이다.

풀이 최고차항의 계수를 1로 놓고 $-2 < x < 5$의 해를 갖는 부등식을 구하면

$$(x+2)(x-5) < 0 \qquad x^2 - 3x - 10 < 0$$

주어진 부등식과 부등호의 방향을 일치시키면

$$-x^2 + 3x + 10 > 0$$

주어진 부등식과 상수항을 일치시키면

$$-\frac{1}{2}x^2 + \frac{3}{2}x + 5 > 0 \qquad \therefore\ a = -\frac{1}{2},\ b = \frac{3}{2}$$

정답 $a = -\frac{1}{2},\ b = \frac{3}{2}$

유제 09-1 이차부등식 $x^2 + ax + b < 0$의 해가 $-2 < x < a$일 때, 상수 a, b의 값을 구하시오.

유제 09-2 이차부등식 $x^2 - ax - 2a^2 \geq 0$의 해가 $|x-2| \geq b$일 때, 상수 a, b에 대하여 $a+b$의 값을 구하시오. (단, $a > 0$)

이차부등식과 이차함수의 그래프

1 이차함수의 그래프와 이차부등식의 관계

[1] 부등식 $ax^2 + bx + c > 0\,(a \neq 0)$의 해

➡ $y = ax^2 + bx + c\,(a \neq 0)$의 그래프가 x축의 위쪽에 있는 x의 범위이다.

(1) $a > 0$일 때

$D > 0$	$D = 0$	$D < 0$
$x < \alpha$ 또는 $x > \beta$	$-\dfrac{b}{2a}$ 이외의 모든 실수	모든 실수

(2) $a < 0$일 때

$D > 0$	$D = 0$	$D < 0$
$\alpha < x < \beta$	해는 없다.	해는 없다.

[2] 부등식 $ax^2 + bx + c < 0\,(a \neq 0)$의 해

➡ $y = ax^2 + bx + c\,(a \neq 0)$의 그래프가 x축의 아래쪽에 있는 x의 범위이다.

(1) $a > 0$일 때

$D > 0$	$D = 0$	$D < 0$
$\alpha < x < \beta$	해는 없다.	해는 없다.

(2) $a < 0$일 때

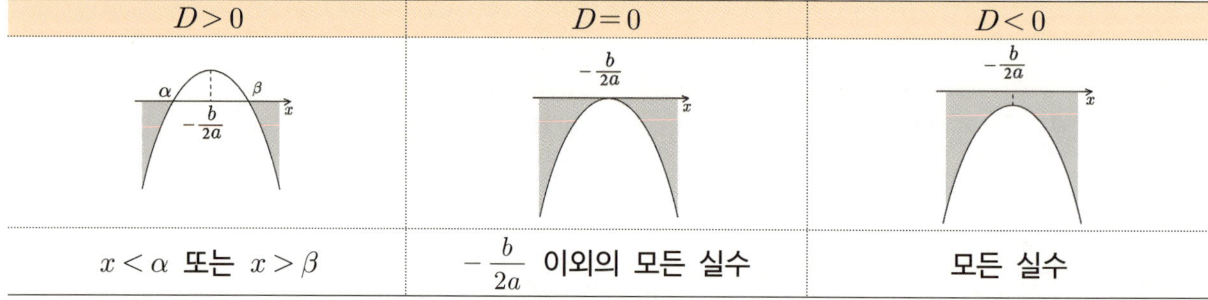

$D > 0$	$D = 0$	$D < 0$
$x < \alpha$ 또는 $x > \beta$	$-\dfrac{b}{2a}$ 이외의 모든 실수	모든 실수

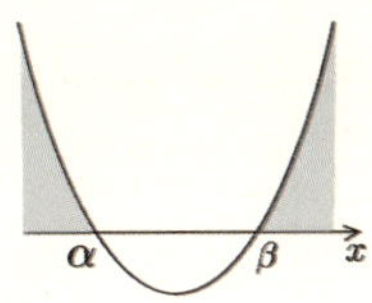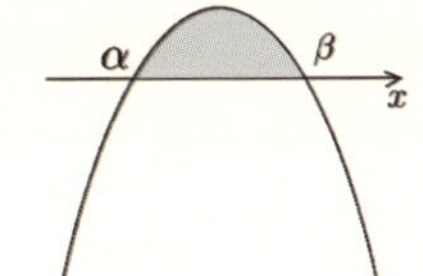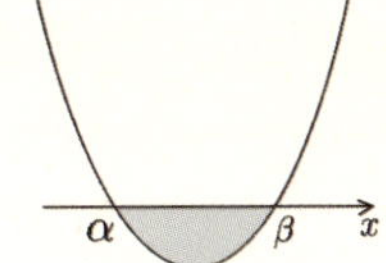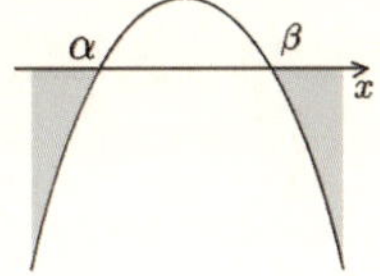

기 | 본 | 예 | 제 10

이차함수 $y = f(x)$의 그래프가 오른쪽 그림과 같을 때,
$f(x) > 0$의 해를 구하시오.

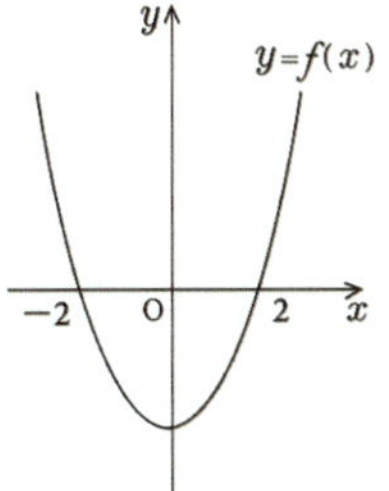

탐구 $f(x) > 0$의 해는 $y = f(x)$의 그래프가 x축 위쪽에 있는 x의 값의
범위이다.

풀이 $f(x) > 0$의 해를 그래프를
이용하여 구하면
$$\therefore \ x < -2 \ \text{또는} \ x > 2$$

정답 $x < -2$ 또는 $x > 2$

유제 10-1   이차함수 $y = f(x)$의 그래프가 오른쪽 그림과 같을 때,
부등식 $f(x) < 0$의 해를 구하시오.

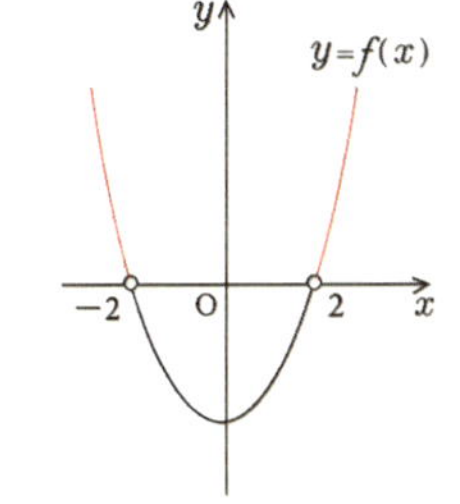

유제 10-2   이차함수 $y = f(x)$의 그래프가 오른쪽 그림과 같을 때,
부등식 $f(x) \geq 0$의 해를 구하시오.

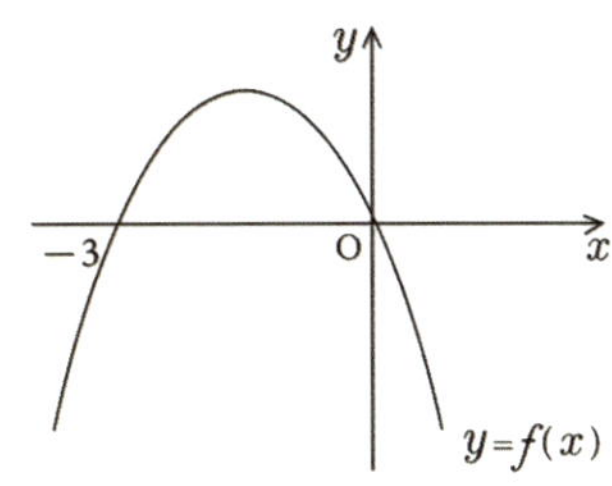
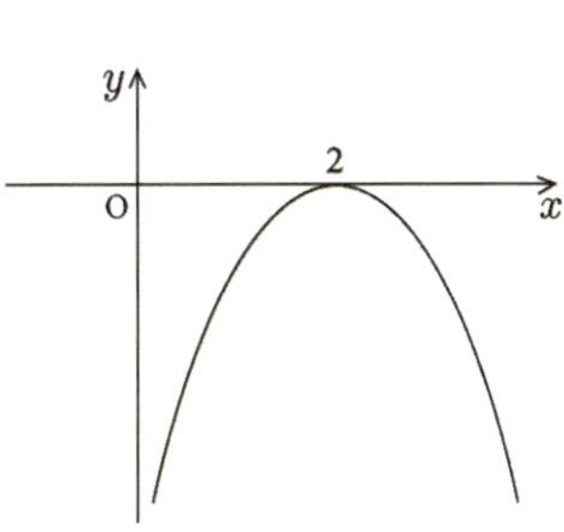

이차함수 $y=f(x)$의 그래프와 직선 $y=g(x)$가 오른쪽
그림과 같을 때, $f(x)g(x)<0$의 해를 구하시오.

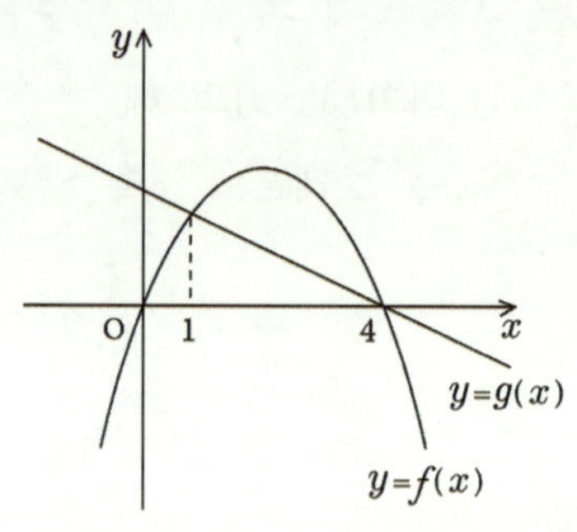

탐구 $f(x)g(x)<0$의 해는 $f(x)>0$, $g(x)<0$이거나 $f(x)<0$, $g(x)>0$인 x의 범위이다.

풀이 $f(x)g(x)<0$의 해를 그래프를 이용하여 구하면

ⅰ) $f(x)>0$, $g(x)<0$인 경우   ⅱ) $f(x)<0$, $g(x)>0$인 경우

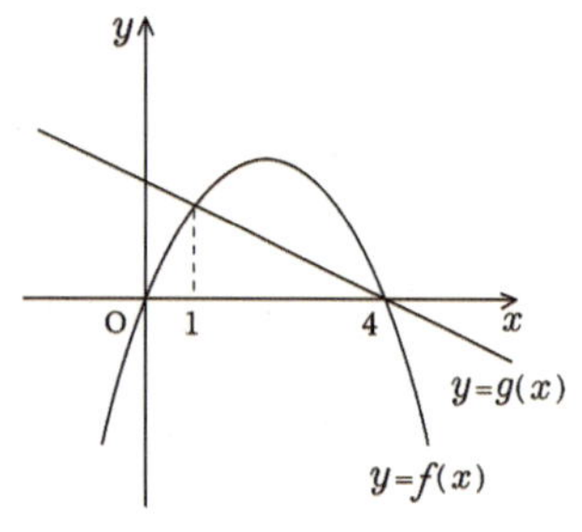   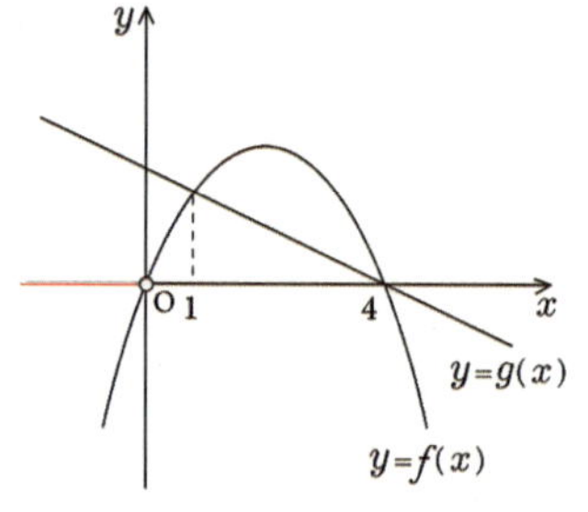

∴ 해가 없다.   ∴ $x<0$

ⅰ), ⅱ)에 의해 $x<0$이다.

정답 $x<0$

유제 11-1 이차함수 $y=f(x)$의 그래프와 직선 $y=g(x)$가 오른쪽 그림과 같을 때, 부등식 $f(x) \leq g(x)$의 해를 구하시오.

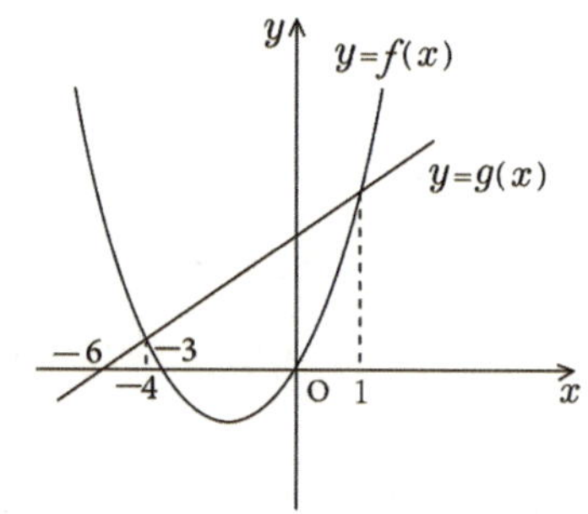

유제 11-2 두 이차함수 $y=f(x)$, $y=g(x)$의 그래프가 오른쪽 그림과 같을 때, 부등식 $f(x)g(x)>0$의 해를 구하시오.

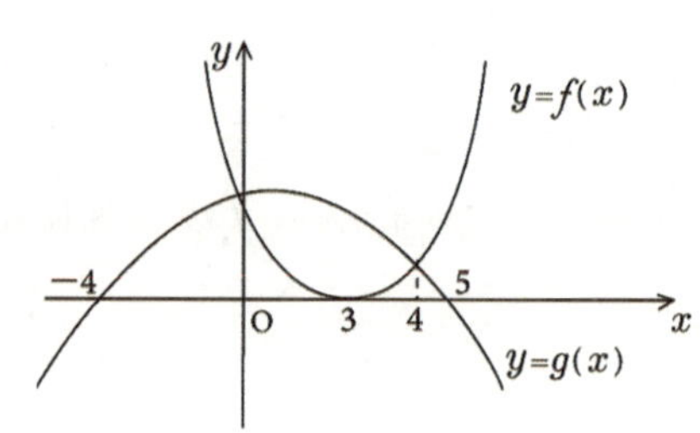

 이차부등식이 항상 성립할 조건

→ 계수가 $a>0$, $a<0$, $a=0$일 때로 분리한다.

[1] $y=ax^2+bx+c$가 항상 양일 조건

→ $\forall x,\ ax^2+bx+c>0$

(1) $a>0,\ D<0$

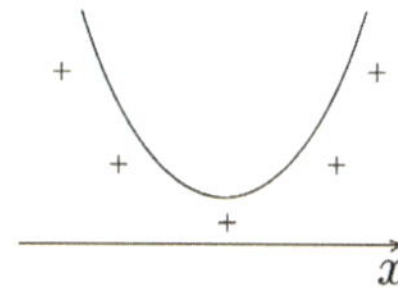

(2) $a=0,\ b=0,\ c>0$

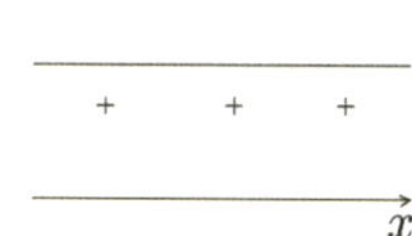

[2] $y=ax^2+bx+c$가 항상 음일 조건

→ $\forall x,\ ax^2+bx+c<0$

(1) $a<0,\ D<0$

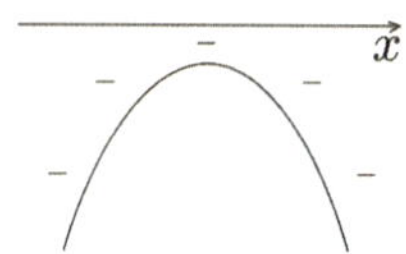

(2) $a=0,\ b=0,\ c<0$

체크 모든 실수 x에 대하여 $ax^2+bx+c \geq 0$가 항상 성립할 조건

① $a>0,\ D\leq 0$　　　② $a=0,\ b=0,\ c\geq 0$

강의 부등식이 항상 성립할 조건은 꼭짓점 a와 판별식 D의 조건을 이용한다!

(1) $\forall x,\ ax^2+bx+c>0$ (항상 성립)

① $a>0,\ D<0$

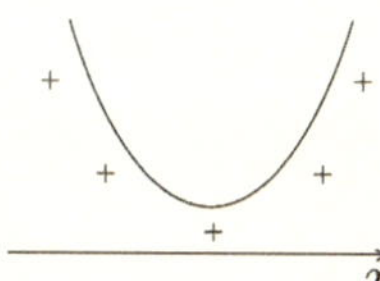

② $a=0,\ b=0,\ c>0$

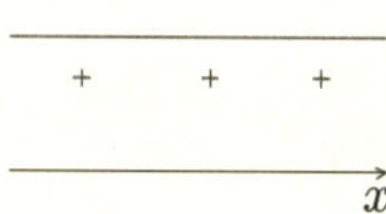

(2) $\forall x,\ ax^2+bx+c<0$ (항상 성립)

① $a<0,\ D<0$

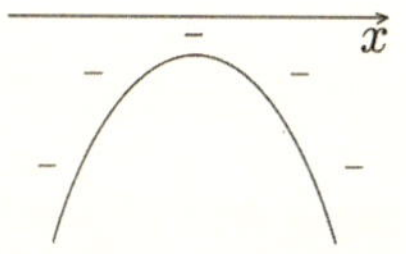

② $a=0,\ b=0,\ c<0$

주의 모든 x에 대하여 $ax^2+bx+c \geq 0$ → 등호주의!

① $a>0,\ D\leq 0$　　　② $a=0,\ b=0,\ c\geq 0$

모든 실수 x에 대하여 이차식 $x^2+ax-2a$가 -5보다 크기 위한 상수 a의 값의 범위를 구하시오.

탐구 이차식 > 0(항상 성립) $\rightarrow$ $D<0$ $(a>0)$

풀이 $x^2+ax-2a>-5$에서 $x^2+ax-2a+5>0$이 모든 실수 x에 대하여 성립하려면
$D<0$이어야 한다.
$$D=a^2-4(-2a+5)=a^2+8a-20=(a-2)(a+10)<0 \quad \therefore \ -10<a<2$$

정답 $-10<a<2$

유제 12-1 이차부등식 $x^2+(a-4)x+16 \geq 0$이 모든 실수 x에 대하여 성립할 때, 상수 a의
값의 범위를 구하시오.

유제 12-2 모든 실수 x에 대하여 이차부등식 $-x^2-2kx+k^2-4 \leq 0$이 성립할 때, 상수 k의
값의 범위를 구하시오.

모든 실수 x에 대하여 부등식 $(m-1)x^2+4(m-1)x+4>0$이 성립하도록 하는 상수 m의 값의
범위를 구하시오.

탐구 모든 실수 x에 대하여 $ax^2+bx+c>0$이 성립할 조건
① $a>0$, $D<0$ ② $a=0$, $b=0$, $c>0$

풀이 ⅰ) $m=1$일 때, $4>0$은 항상 성립
$$\therefore \ m=1$$
ⅱ) $m \neq 1$일 때, $m-1>0$ $\therefore \ m>1$ $\cdots$ ①
$$D/4=4(m-1)^2-4(m-1)=4(m-1)(m-2)<0$$
$$\therefore \ 1<m<2 \qquad \cdots ②$$
①, ②의 공통범위는 $1<m<2$
ⅰ), ⅱ)의 합범위를 구하면 $1 \leq m<2$

정답 $1 \leq m<2$

유제 13-1 모든 실수 x에 대하여 부등식 $(m+1)x^2-2(m+1)x-4<0$이 성립하도록 하는 상수 m의 값의 범위를 구하시오.

유제 13-2 이차식 $mx^2-2mx-1$의 값이 모든 실수 x에 대하여 양수가 아닐 때, 상수 m의 값의 범위를 구하시오.

기 | 본 | 예 | 제 **14**

이차부등식 $ax^2+6x+a>0$이 해를 가지게 하는 상수 a의 값의 범위를 구하시오.

탐구 $a>0$와 $a<0$로 구분하여 조건에 맞게 a의 범위를 구한다.

풀이 이차부등식이므로 $a\neq0$이다.

i) $a>0$일 때, 이차부등식이 항상 해를 가진다.

ii) $a<0$일 때, 이차부등식이 해를 가지려면

$ax^2+6x+a=0$이 서로 다른 두 실근을 가져야 하므로

$$D/4=9-a^2>0 \qquad a^2-9<0 \qquad (a+3)(a-3)<0$$

$$\therefore \ -3<a<3$$

$a<0$이므로 $-3<a<0$

i), ii)의 합범위를 구하면 $-3<a<0$ 또는 $a>0$

정답 $-3<a<0$ 또는 $a>0$

유제 14-1 이차부등식 $ax^2-3ax+2\leq0$이 해를 가지게 하는 상수 a의 값의 범위를 구하시오.

유제 14-2 이차부등식 $(k+1)x^2-(k+1)x+1<0$이 해를 가지지 않을 때, 상수 k의 값을 구하시오.

기 | 본 | 예 | 제 15

이차부등식 $x^2 - 4x + a^2 - 1 < 0$이 $0 \leq x \leq 3$에서 항상 성립하도록 하는 상수 a의 값의 범위를 구하시오.

탐구 주어진 범위에서 (최댓값) < 0이 되도록 a의 값의 범위를 구한다.

풀이
$$f(x) = x^2 - 4x + a^2 - 1$$
$$= (x^2 - 4x + 4) + a^2 - 5$$
$$= (x - 2)^2 + a^2 - 5$$

$0 \leq x \leq 3$에서 부등식을 만족하도록 그래프를 그리면 오른쪽 그림과 같다.

주어진 범위에서 $x = 0$일 때 최댓값 $a^2 - 1$을 가지므로 a의 값의 범위를 구하면

$$a^2 - 1 < 0 \qquad (a-1)(a+1) < 0 \qquad \therefore \ -1 < a < 1$$

정답 $-1 < a < 1$

유제 15-1 $-1 \leq x \leq 1$에서 이차부등식 $x^2 + (a-2)x - 2a \leq 0$이 항상 성립하도록 하는 상수 a의 값의 범위를 구하시오.

유제 15-2 $-2 \leq x \leq 0$에서 이차부등식 $x^2 + 3x + 2k + 2 \geq 0$이 항상 성립하도록 하는 상수 k의 최솟값을 구하시오.

03 연립이차부등식

1 연립이차부등식

[1] 연립부등식의 기본해법

첫째, 각 부등식을 푼다.

둘째, 해를 수직선에 나타낸다.

셋째, x의 공통범위를 구한다.

[2] 부등식 $A < B < C$의 해법

첫째, $A < B$, $B < C$의 해를 구한다.

둘째, 구한 해를 수직선 위에 나타낸다.

셋째, 동시에 만족한 x의 범위를 구한다.

[3] 등식과 부등식의 연립

첫째, 등식을 한 문자에 대하여 정리한다.

둘째, 정리한 문자의 식을 부등식에 대입한다.

셋째, 원하는 문자의 범위를 구한다.

강의 등식을 부등식에 대입하여 범위를 구한다.

$$\begin{cases} 등식 \\ 부등식 \end{cases} \rightarrow \ 등식을\ 한\ 문자에\ 관하여\ 정리 \rightarrow 부등식에\ 대입$$

보기 $2x+y=1$과 $-1 \leq x-y \leq 1$을 동시에 만족시키는 x의 값의 범위 구하기

$\rightarrow y=1-2x$를 부등식에 대입

$\rightarrow -1 \leq x-(1-2x) \leq 1$

$\rightarrow -1 \leq 3x-1 \leq 1$

$\therefore 0 \leq x \leq \dfrac{2}{3}$

강의 부등식과 부등식의 연립은 두 부등식의 공통범위를 구한다.

$\rightarrow$ 연립성, 동시성 $\rightarrow$ and $\rightarrow$ 공통범위

$\rightarrow$ 각 부등식을 푼 후 수직선 위에 도시하여 공통범위를 구한다.

다음 연립부등식을 푸시오.

$$\begin{cases} 2x^2 - 5x + 2 \geq 0 \\ 2x^2 - 3x - 5 \leq 0 \end{cases}$$

탐구   부등식 풀기 → 수직선에 도시 → 공통범위

풀이 $2x^2 - 5x + 2 \geq 0$ $(2x-1)(x-2) \geq 0$

$$\therefore \ x \geq 2, \ x \leq \frac{1}{2} \quad \cdots ①$$

$2x^2 - 3x - 5 \leq 0$ $(2x-5)(x+1) \leq 0$

$$\therefore \ -1 \leq x \leq \frac{5}{2} \quad \cdots ②$$

①, ②를 수직선에 나타내면

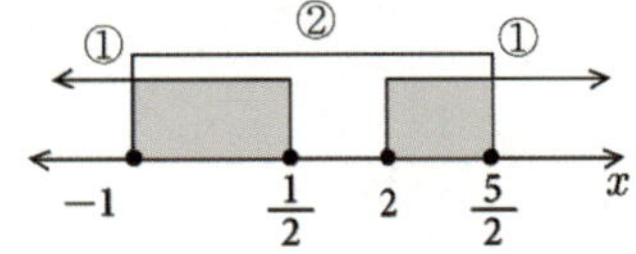

$$\therefore \ -1 \leq x \leq \frac{1}{2}, \ 2 \leq x \leq \frac{5}{2}$$

정답 $-1 \leq x \leq \dfrac{1}{2}$ 또는 $2 \leq x \leq \dfrac{5}{2}$

유제 16-1   연립부등식 $\begin{cases} 2x - 1 > 0 \\ x^2 - 3x - 4 < 0 \end{cases}$ 을 푸시오.

유제 16-2   연립부등식 $\begin{cases} x^2 + 3x - 4 > 0 \\ x^2 + 6x + 5 < 0 \end{cases}$ 을 푸시오.

다음 부등식을 푸시오.

$$x^2 - 3x + 2 < 2x^2 - x - 1 \le 3x^2 - 2x - 3$$

탐구 $A < B < C$의 해법 → 연립부등식 $\begin{cases} A < B \\ B < C \end{cases}$ 로 바꾸어 연립부등식을 푼다.

풀이 주어진 부등식을 연립부등식으로 바꾸어 풀면

i) $x^2 - 3x + 2 < 2x^2 - x - 1$

$-x^2 - 2x + 3 < 0$

$x^2 + 2x - 3 > 0$

$(x+3)(x-1) > 0 \qquad \therefore x < -3$ 또는 $x > 1 \ \cdots ①$

ii) $2x^2 - x - 1 \le 3x^2 - 2x - 3$

$-x^2 + x + 2 \le 0$

$x^2 - x - 2 \ge 0$

$(x-2)(x+1) \ge 0 \qquad \therefore x \le -1$ 또는 $x \ge 2 \ \cdots ②$

①, ②를 수직선에 나타내어 공통범위를 구하면

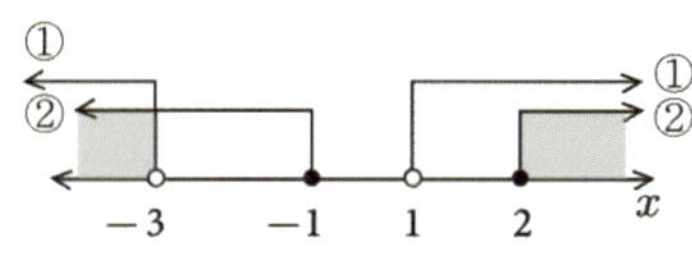

$$\therefore x < -3 \ \text{또는} \ x \ge 2$$

정답 $x < -3$ 또는 $x \ge 2$

유제 17-1 다음 부등식을 푸시오.

$$2x^2 - 5x - 3 \le x^2 - 2x + 1 < 2x^2 - 5x + 3$$

유제 17-2 부등식 $|x^2 + 2x - 4| < 4$를 푸시오.

연립부등식 $\begin{cases} x^2 + x - 6 > 0 \\ x^2 - 3x - ax + 3a \le 0 \end{cases}$ 의 해가 $2 < x \le 3$일 때, 상수 a의 값의 범위를 구하시오.

탐구 각 부등식을 풀고 주어진 해와 공통부분이 같아지도록 수직선 위에 나타낸다.

풀이 각 부등식을 풀면

$$x^2 + x - 6 > 0 \quad (x+3)(x-2) > 0$$

$$\therefore \ x < -3 \ \text{또는} \ x > 2 \qquad \cdots \text{①}$$

$$x^2 - 3x - ax + 3a \le 0$$

$$x(x-3) - a(x-3) \le 0$$

$$(x-a)(x-3) \le 0$$

$$\left. \begin{array}{l} \text{i) } a > 3 \text{일 때, } 3 \le x \le a \\ \text{ii) } a = 3 \text{일 때, } x = 3 \\ \text{iii) } a < 3 \text{일 때, } a \le x \le 3 \end{array} \right\} \cdots \text{②}$$

①, ②의 공통범위가 $2 < x \le 3$이 되려면 ②의 범위 중 iii)이 적당하므로 수직선에 나타내면

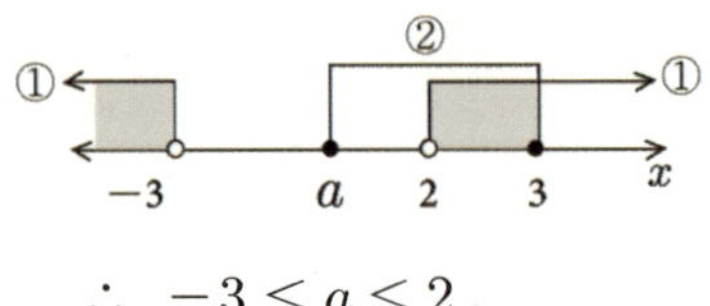

$$\therefore \ -3 \le a \le 2$$

정답 $-3 \le a \le 2$

유제 18-1 연립부등식 $\begin{cases} 2x^2 - 5x - 3 > 0 \\ x^2 + (1-a)x - a \le 0 \end{cases}$ 의 해가 $-1 \le x < -\dfrac{1}{2}$일 때, 상수 a의 값의 범위를 구하시오.

유제 18-2 연립부등식 $\begin{cases} x^2 - 4 \le 0 \\ x^2 + (3+2k)x + 6k > 0 \end{cases}$ 을 만족하는 정수 x가 2개일 때, 상수 k의 값의 범위를 구하시오.

 연립이차부등식의 응용

첫째, 구하는 것을 미지수로 설정한다.

둘째, 주어진 조건을 활용하여 식을 세운다.

셋째, 연립부등식을 풀어 원하는 미지수의 범위를 구한다.

강의 **연립부등식의 응용문제는 조건에 맞도록 미지수를 정한 후 연립방정식을 세운다!**

첫째 - 미지수 설정

둘째 - 조건 이용 부등식 작성

셋째 - 부등식 풀이 검산

기|본|예|제 **19**

둘레의 길이가 $32\,cm$인 직사각형 모양의 명함의 넓이가 $63\,cm^2$ 이상이 되도록 할 때, 짧은 변의 길이의 범위를 구하시오.

탐구 미지수 설정 $\rightarrow$ 부등식 작성 $\rightarrow$ 범위 구하기

풀이 짧은 변의 길이를 x라 하면 긴 변의 길이는 $16-x$이다.

$$x < 16-x \text{에서 } x < 8 \qquad \cdots ①$$

명함의 넓이를 구하면

$$63 \leq x(16-x) \qquad x^2 - 16x + 63 \leq 0 \qquad (x-7)(x-9) \leq 0$$

$$\therefore 7 \leq x \leq 9 \qquad \cdots ②$$

①과 ②의 공통범위는 $7 \leq x < 8$이다.

따라서 짧은 변의 길이는 $7\,cm$이상 $8\,cm$미만이다.

정답 $7\,cm$이상 $8\,cm$미만

유제 19-1 둘레의 길이가 $24\,cm$인 직사각형의 넓이가 $35\,cm^2$ 이상이 되도록 하는 짧은 변의 길이의 범위를 구하시오.

유제 19-2 세 변의 길이가 x, $x+2$, $x+4$인 삼각형이 예각삼각형이 되도록 하는 x의 값의 범위를 구하시오.

04 이차방정식의 실근의 조건

→ 실계수 이차방정식 $ax^2+bx+c=0\,(a\neq0)$의 두 근을 α, β라 하면

[1] 두 근 모두 양(+)일 조건

(1) $\alpha+\beta>0$

(2) $\alpha\beta>0$

(3) $D\geq0$

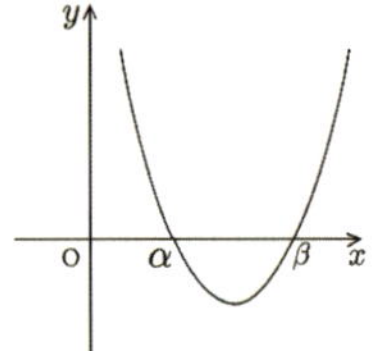 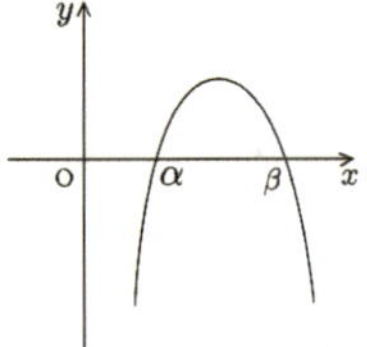

[2] 두 근 모두 음(−)일 조건

(1) $\alpha+\beta<0$

(2) $\alpha\beta>0$

(3) $D\geq0$

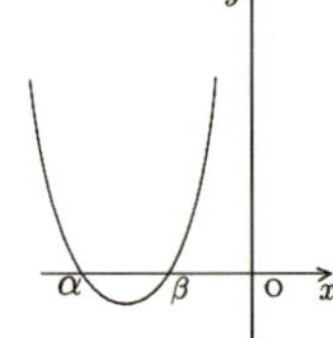 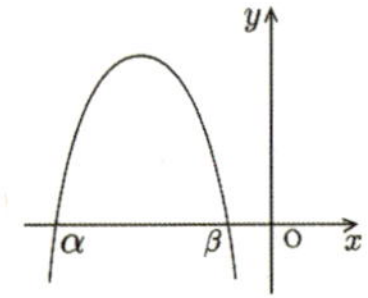

[3] 한 근 양(+), 한 근 영(0)일 조건

(1) $\alpha+\beta>0$

(2) $\alpha\beta=0$

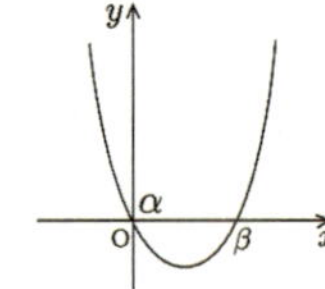 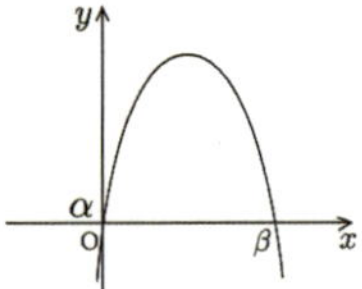

[4] 한 근 음(−), 한 근 영(0)일 조건

(1) $\alpha+\beta<0$

(2) $\alpha\beta=0$

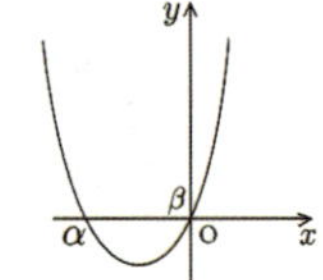 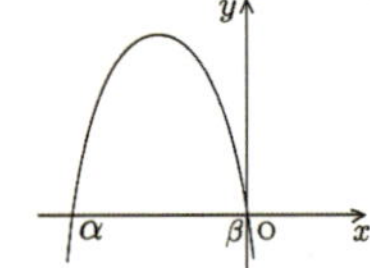

[5] 한 근 양(+), 한 근 음(−)일 조건

(1) $\alpha\beta<0$

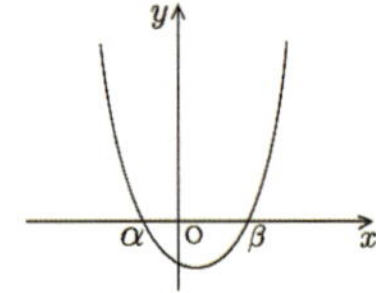 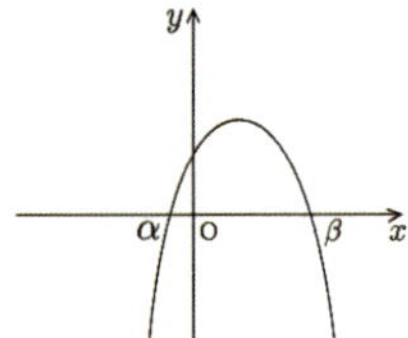

[6] 양근과 음근의 절댓값이 같을 조건

(1) $\alpha+\beta=0$

(2) $\alpha\beta<0$

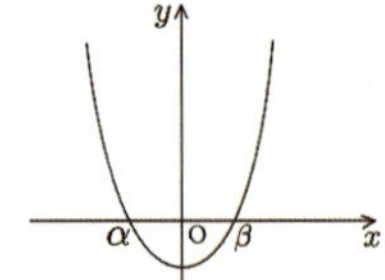 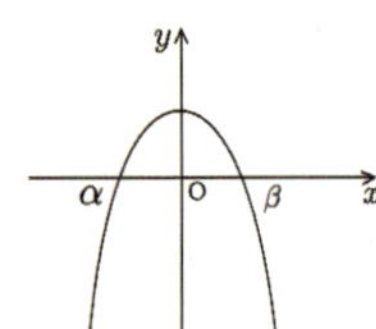

[7] 음근의 절댓값이 양근보다 클 조건

(1) $\alpha+\beta<0$

(2) $\alpha\beta<0$

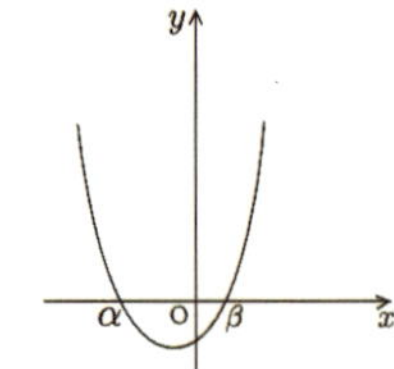 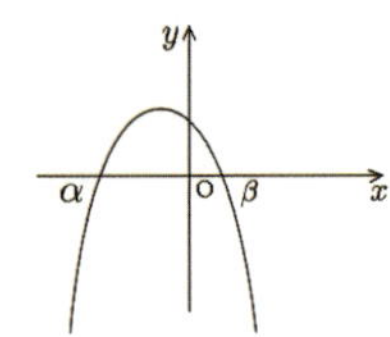

[8] 음근의 절댓값이 양근보다 작을 조건

(1) $\alpha+\beta>0$

(2) $\alpha\beta<0$

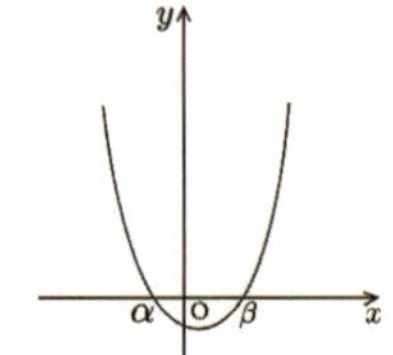 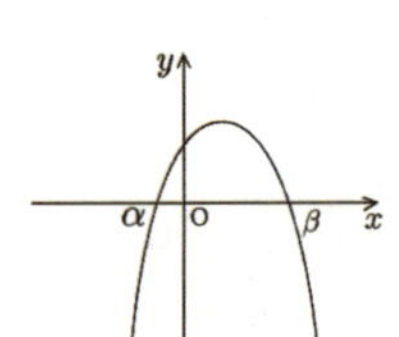

기 | 본 | 예 | 제 20

이차방정식 $x^2+2(k+1)x+3+2k-k^2=0$이 서로 다른 부호의 실근을 갖고, 양의 근이 음의 근의 절댓값보다 클 때, 실수 k의 값의 범위를 구하시오.

탐구 두 근 α, β의 부호가 다르고, 양의 근이 음의 근의 절댓값보다 클 경우

① $\alpha+\beta>0$ ② $\alpha\beta<0 \rightarrow D>0$ (자동성립)

풀이 $\alpha+\beta=-2(k+1)>0$에서 $k<-1$ $\cdots$ ①

$\alpha\beta=3+2k-k^2<0$에서 $k^2-2k-3>0$ $(k-3)(k+1)>0$

$k>3$ 또는 $k<-1$ $\cdots$ ②

①, ②를 동시에 만족하는 범위를 구하면

$\therefore k<-1$

정답 $k<-1$

유제 20-1 이차방정식 $x^2-2(k-2)x-k+8=0$의 서로 다른 두 실근이 모두 양수일 때, 실수 k의 값의 범위를 구하시오.

유제 20-2 이차방정식 $x^2+2(k-1)x-k+3=0$의 두 근이 모두 음수가 되기 위한 실수 k의 값의 범위를 구하시오.

첫째, 조건에 맞는 그래프를 그린다.

둘째, 판별식, 경계값에서의 y의 부호, 대칭축의 위치를 조사한다.

→ 이차방정식 $ax^2+bx+c=0\,(a>0)$에서 두 근을 α, β라고 할 때

[1] 두 근이 모두 m보다 클 조건

(1) $D \geq 0$

(2) $f(m) > 0$

(3) $-\dfrac{b}{2a} > m$

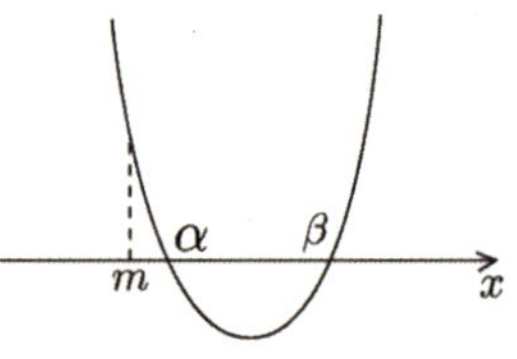

[2] 두 근이 모두 m보다 작을 조건

(1) $D \geq 0$

(2) $f(m) > 0$

(3) $-\dfrac{b}{2a} < m$

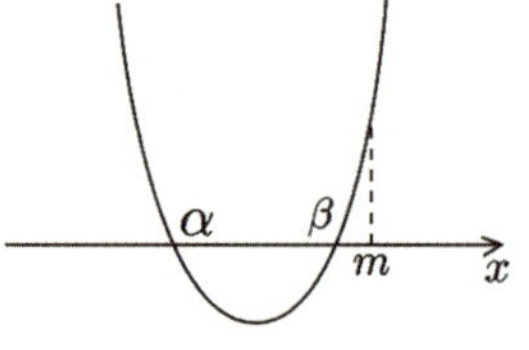

[3] 두 근이 m, n사이에 있을 조건

(1) $D \geq 0$

(2) $f(m) > 0$, $f(n) > 0$

(3) $m < -\dfrac{b}{2a} < n$

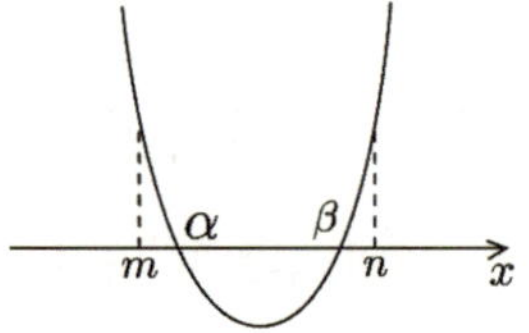

[4] 두 근 사이에 m이 있을 조건

(1) $f(m) < 0$

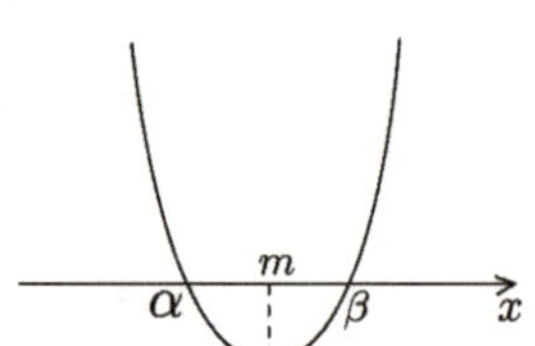

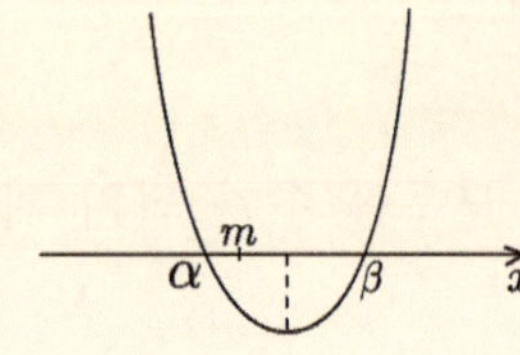

이차방정식 $x^2 - 2(p-4)x + 16 = 0$의 두 근이 모두 2보다 클 때, 실수 p의 값의 범위를 구하시오.

탐구 ① 판별식 ② 대칭축 ③ 경계값을 조사한다.

풀이 $f(x) = x^2 - 2(p-4)x + 16$이라 하고

$f(x) = 0$의 근이 모두 2보다 크게 그래프를 그리면

오른쪽 그림과 같다.

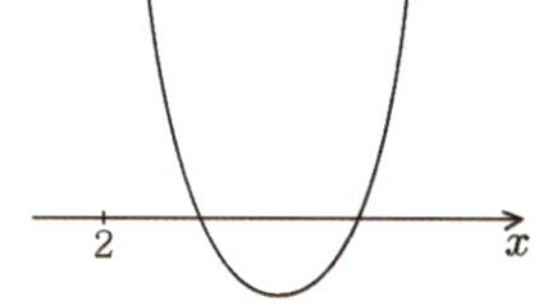

ⅰ) $D/4 = (p-4)^2 - 16 = p^2 - 8p = p(p-8) \geq 0$

$\therefore\ p \leq 0$ 또는 $p \geq 8$ $\cdots$ ①

ⅱ) 대칭축 $p - 4 > 2$

$\therefore\ p > 6$ $\cdots$ ②

ⅲ) 경계값 $f(2) = 4 - 4(p-4) + 16 = -4p + 36 > 0$

$\therefore\ p < 9$ $\cdots$ ③

①, ②, ③의 공통범위를 구하면

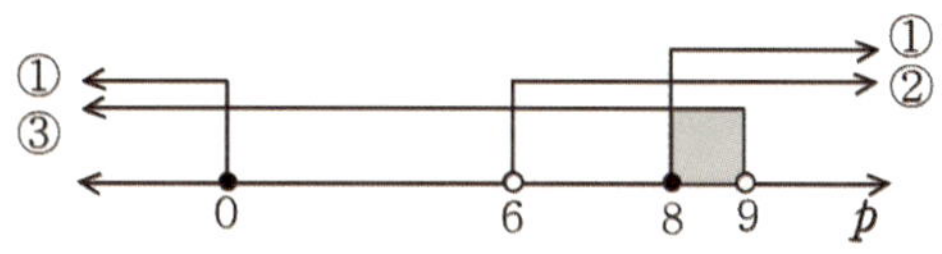

$\therefore\ 8 \leq p < 9$

정답 $8 \leq p < 9$

유제 21-1 이차방정식 $x^2 - 2(p+2)x + p^2 + 3 = 0$의 두 근이 모두 3보다 작을 때, 실수 p의 값의 범위를 구하시오.

유제 21-2 이차방정식 $x^2 + 2(k+1)x + k^2 - 2 = 0$의 두 근 사이에 -1이 있을 때, 실수 k의 값의 범위를 구하시오.

유제 21-3 이차방정식 $x^2 - 2(k-1)x + k - 1 = 0$의 한 근이 2와 3 사이에 있을 때, 실수 k의 값의 범위를 구하시오.

반복학습 기록란.

가장 좋은 학습방법은 학교에서나 학원에서나 선생님의 강의를 열심히 듣고 여러 번 반복학습하는 것입니다.
지금부터 당장 선생님의 강의를 열심히 듣고 반복! 반복하십시오. 그러면 곧 모든 과목에 자신이 생길 것입니다.

회수	시작이 반!			끝을 봐야!			확인
제1회	년	월	일 부터	년	월	일 까지	
제2회	년	월	일 부터	년	월	일 까지	
제3회	년	월	일 부터	년	월	일 까지	
제4회	년	월	일 부터	년	월	일 까지	
제5회	년	월	일 부터	년	월	일 까지	
제6회	년	월	일 부터	년	월	일 까지	
제7회	년	월	일 부터	년	월	일 까지	
제8회	년	월	일 부터	년	월	일 까지	
제9회	년	월	일 부터	년	월	일 까지	
제10회	년	월	일 부터	년	월	일 까지	

▶ 연습문제 A는 앞에서 배운 기초 단계의 문제이므로 선생님의 도움 없이 스스로 풀어 자신의 실력을 점검해 보도록 하자.

01 다음 이차부등식을 푸시오.

(1) $x^2 - 2x - 3 > 0$ (2) $2x^2 - 3x - 2 \leq 0$

02 이차식 $f(x) = x^2 - 2\sqrt{3}\,x + 3$일 때 다음 부등식을 푸시오.

(1) $f(x) \geq 0$ (2) $f(x) > 0$ (3) $f(x) \leq 0$ (4) $f(x) < 0$

03 다음 이차부등식을 푸시오.

(1) $x^2 - 6x + 7 \geq 0$ (2) $2x^2 - 3x - 1 < 0$

04 $f(x) = x^2 + 6x + 12$일 때, 다음 부등식을 푸시오.

(1) $f(x) \geq 0$ (2) $f(x) > 0$ (3) $f(x) \leq 0$ (4) $f(x) < 0$

05 지면에서 초속 $25\,\text{m}$로 똑바로 위로 쏘아 올린 공의 t초 후의 지면에서의 높이를 $h\,\text{m}$라 하면 $h = 25t - 5t^2$인 관계가 성립한다. 이때 이 공의 높이가 $20\,\text{m}$ 이상인 t의 값의 범위를 구하시오.

06 $a > 0$일 때, 부등식 $ax^2 - (a+1)x + 1 < 0$을 푸시오.

07 이차부등식 $x^2 + |x| - 2 < 0$을 푸시오.

08 이차부등식 $x^2 - 2x - 3 > 3|x-1|$을 푸시오.

09 이차부등식 $ax^2 + bx + 5 > 0$의 해집합이 $-2 < x < 5$일 때, 상수 a, b의 값을 구하시오.

10 이차함수 $y = f(x)$의 그래프가 오른쪽 그림과 같을 때, $f(x) > 0$의 해를 구하시오.

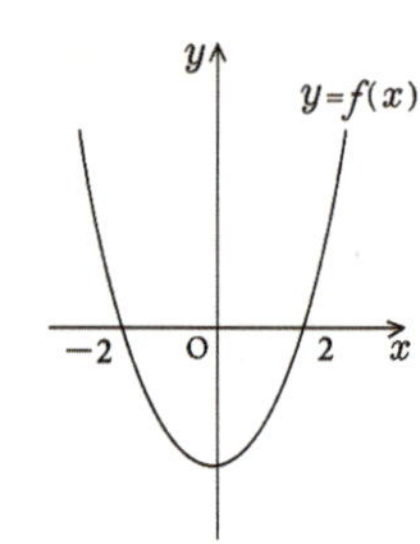

11 이차함수 $y = f(x)$의 그래프와 직선 $y = g(x)$가 오른쪽 그림과 같을 때, 부등식 $f(x) \leq g(x)$의 해를 구하시오.

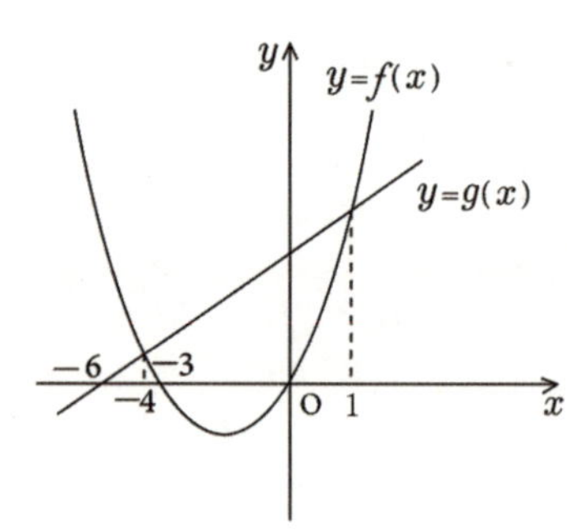

12 모든 실수 x에 대하여 이차식 $x^2+ax-2a$가 -5보다 크기 위한 상수 a의 값의 범위를 구하시오.

13 모든 실수 x에 대하여 부등식 $(m-1)x^2+4(m-1)x+4>0$이 성립하도록 하는 상수 m의 값의 범위를 구하시오.

14 이차부등식 $ax^2+6x+a>0$이 해를 가지게 하는 상수 a의 값의 범위를 구하시오.

15 이차부등식 $x^2-4x+a^2-1<0$이 $0 \leq x \leq 3$에서 항상 성립하도록 하는 상수 a의 값의 범위를 구하시오.

16 다음 연립부등식을 푸시오.
$$\begin{cases} 2x^2-5x+2 \geq 0 \\ 2x^2-3x-5 \leq 0 \end{cases}$$

17 다음 부등식을 푸시오.
$$x^2-3x+2 < 2x^2-x-1 \leq 3x^2-2x-3$$

18 연립부등식 $\begin{cases} x^2+x-6 > 0 \\ x^2-3x-ax+3a \leq 0 \end{cases}$ 의 해가 $2 < x \leq 3$일 때, 상수 a의 값의 범위를 구하시오.

19 둘레의 길이가 $32\,\text{cm}$인 직사각형 모양의 명함의 넓이가 $63\,\text{cm}^2$ 이상이 되도록 할 때, 짧은 변의 길이의 범위를 구하시오.

20 이차방정식 $x^2+2(k+1)x+3+2k-k^2=0$이 서로 다른 부호의 실근을 갖고, 양의 근이 음의 근의 절댓값보다 클 때, 실수 k의 값의 범위를 구하시오.

21 이차방정식 $x^2-2(p-4)x+16=0$의 두 근이 모두 2보다 클 때, 실수 p의 값의 범위를 구하시오.

▶ 연습문제 B는 앞에서 배운 문제 중 응용단계의 문제이므로 연습장에 스스로 풀어보고 잘 풀리지 않으면 처음부터 다시 공부한 후 자신이 있을 때 다시 풀어 보도록 하자.

01 $2x^2 + 3(2-x) > x^2 + 2x + 2$를 푸시오.

02 부등식 $0.2x^2 - x + 0.8 \geq \dfrac{1}{5}x - 1$을 푸시오.

03 부등식 $-2x^2 + 3(x+2) \leq -x + 2$를 푸시오.

04 부등식 $\dfrac{x-1}{3} + \dfrac{x^2+1}{5} \geq \dfrac{2x^2 + 7x - 4}{15}$를 푸시오.

05 오른쪽 그림과 같이 가로 $15\,\mathrm{m}$, 세로 $10\,\mathrm{m}$인 직사각형 모양의 잔디밭에 일정한 폭의 길을 만들었다. 길을 제외한 잔디밭의 넓이가 $50\,\mathrm{m}^2$ 이상이 되도록 할 때, 길의 최대폭을 구하시오.

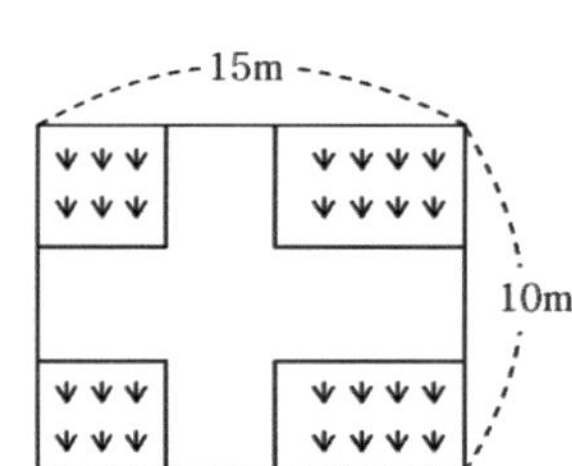

06 부등식 $x^2+(a-2)x-2a>0$을 푸시오.

07 이차부등식 $x^2+3|x|-10\geq 0$을 푸시오.

08 이차부등식 $x^2-4x+2<|x+2|$를 푸시오.

09 이차부등식 $x^2-ax-2a^2\geq 0$의 해가 $|x-2|\geq b$일 때, 상수 a, b에 대하여 $a+b$의 값을 구하시오. (단, $a>0$)

10 이차함수 $y=f(x)$의 그래프가 오른쪽 그림과 같을 때, 부등식 $f(x)\geq 0$의 해를 구하시오.

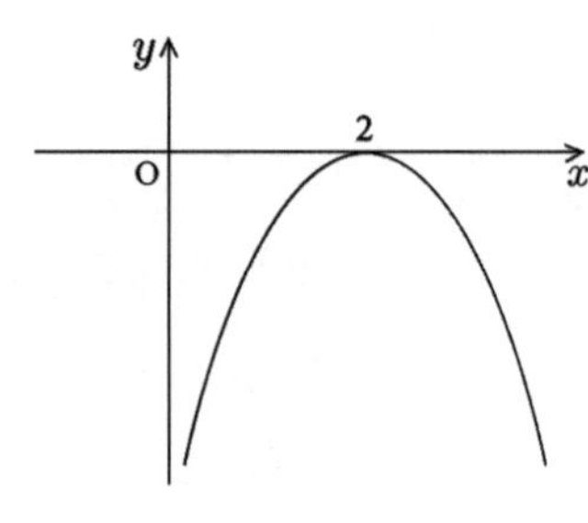

11 이차함수 $y=f(x)$의 그래프와 직선 $y=g(x)$가 오른쪽 그림과 같을 때, $f(x)g(x)<0$의 해를 구하시오.

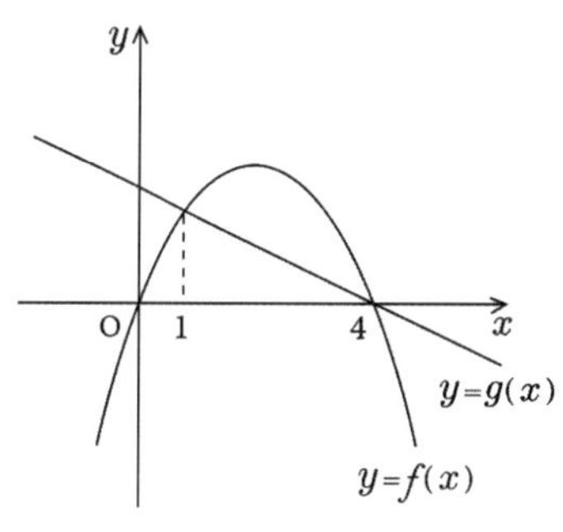

12 모든 실수 x에 대하여 이차부등식 $-x^2-2kx+k^2-4 \leq 0$이 성립할 때, 상수 k의 값의 범위를 구하시오.

13 이차식 $mx^2-2mx-1$의 값이 모든 실수 x에 대하여 양수가 아닐 때, 상수 m의 값의 범위를 구하시오.

14 이차부등식 $(k+1)x^2-(k+1)x+1<0$이 해를 가지지 않을 때, 상수 k의 값을 구하시오.

15 $-2 \leq x \leq 0$에서 이차부등식 $x^2+3x+2k+2 \geq 0$이 항상 성립하도록 하는 상수 k의 최솟값을 구하시오.

16 연립부등식 $\begin{cases} x^2+3x-4>0 \\ x^2+6x+5<0 \end{cases}$ 을 푸시오.

17 부등식 $|x^2+2x-4|<4$를 푸시오.

18 연립부등식 $\begin{cases} x^2-4 \le 0 \\ x^2+(3+2k)x+6k > 0 \end{cases}$ 을 만족하는 정수 x가 2개일 때, 상수 k의 값의 범위를 구하시오.

19 세 변의 길이가 x, $x+2$, $x+4$인 삼각형이 예각삼각형이 되도록 하는 x의 값의 범위를 구하시오.

20 이차방정식 $x^2+2(k-1)x-k+3=0$의 두 근이 모두 음수가 되기 위한 실수 k의 값의 범위를 구하시오.

21 이차방정식 $x^2+2(k+1)x+k^2-2=0$의 두 근 사이에 -1이 있을 때, 실수 k의 값의 범위를 구하시오.

22 이차방정식 $x^2-2(k-1)x+k-1=0$의 한 근이 2와 3 사이에 있을 때, 실수 k의 값의 범위를 구하시오.

VI 경우의 수

**VI.
경우의 수**

PART 01

경우의 수

명언

준비에 실패하는 것은 실패를 준비하는 것이다.

- 데일 카네기 -

1 시행, 사건, 경우의 수

[1] 시행과 사건

➜ 같은 조건 아래에서 몇 번이고 반복할 수 있으며 그 결과가 우연에 의하여 결정되는 실험이나 관찰을 **시행**이라 하고, 이 시행의 결과를 **사건**이라 한다.

[2] 경우의 수

➜ 어떤 사건이 일어날 수 있는 모든 경우의 가짓수를 **경우의 수**라 하고, 어떤 사건의 경우의 수를 구할 때에는 빠짐없이 또 중복되지 않게 구해야 한다.

> **체크** 경우의 수를 직접 세어야 하는 경우에는 사전식 배열법, 수형도 등을 이용한다.

강의 경우의 수를 찾는 방법을 잘 숙지해두어야 한다!

(1) 시행과 사건과 경우의 수의 의미

➜ 실험 또는 관찰 → 시행

➜ 시행의 결과 → 사건

➜ 사건의 가짓수 → 경우의 수

(2) 경우의 수를 찾는 방법

① 표를 만들어 구한다 → 사전식 배열

② 수형도를 그려서 구한다.

주의 경우의 수를 구할 때는 빠짐없이, 중복되지 않게 구해야 한다.

기|본|예|제 01

한 개의 주사위를 던질 때, 다음 사건의 경우의 수를 구하시오.

(1) 짝수의 눈이 나온다.　　　　　(2) 6의 약수의 눈이 나온다.

탐구 경우의 수를 구할 때는 빠짐없이, 중복되지 않게 구한다.

풀이 (1) 짝수의 눈은 2, 4, 6이므로 경우의 수는 3이다.

(2) 6의 약수의 눈은 1, 2, 3, 6이므로 경우의 수는 4이다.

정답 (1) 3　　(2) 4

유제 **01-1** 1부터 20까지의 자연수가 적힌 구슬 20개 중 하나의 구슬을 임의로 선택했을 때, 3의 배수가 적힌 구슬을 뽑는 경우의 수를 구하시오.

유제 **01-2** 1부터 50까지의 숫자가 적힌 수카드에서 한 장의 카드를 뽑을 때, 72의 약수가 적힌 카드를 뽑는 경우의 수를 구하시오.

기│본│예│제 **02**

빨간 구슬 1개, 흰 구슬 2개, 검은 구슬 3개가 들어있는 주머니에서 3개의 구슬을 꺼내는 경우의 수를 구하시오.

탐구 ① 빠짐없이 중복되지 않게 세기 위해서는 개수가 가장 많은 검은 구슬을 기준으로 삼아야 한다.

풀이 i) 검 검 검 → 1가지 (검은 구슬 3개)

ii) 검 검 흰 → 2가지 (검은 구슬 2개)
검 검 빨

iii) 검 흰 흰 → 2가지 (검은 구슬 1개)
검 흰 빨

iv) 흰 흰 빨 → 1가지 (검은 구슬 0개)

$\therefore 1+2+2+1=6$

탐구 ② 표를 만들어 구한다. → 큰 수부터 사전식 배열

풀이

검은 구슬	3	2	2	1	1	0
흰 구슬	0	1	0	2	1	2
빨간 구슬	0	0	1	0	1	1

$\therefore$ 6가지

정답 6

유제 **02-1** 주머니 안에 흰 바둑돌 5개, 검은 바둑돌 3개가 들어있다. 이 주머니에서 4개의 바둑돌을 꺼내는 경우의 수를 구하시오.

유제 **02-2** 동전을 세 번 던져서 앞면이 두 번 나오는 경우의 수를 구하시오.

2 경우의 수 구하는 법

→ 사건 A가 일어날 경우의 수는 m, 사건 B가 일어날 경우의 수는 n일 때

[1] 사건 A 또는 사건 B가 일어나는 경우의 수

→ 사건 A와 사건 B가 동시에 일어나지 않으면 $m+n$

[2] 사건 A와 사건 B가 동시에 일어나는 경우의 수

→ $m \times n$

강의 경우의 수 구하는 방법은 'or', 'and' 중 어느 것으로 연결되었는가를 잘 파악해야 한다.

① A 또는 B가 일어나는 경우의 수

→ or 연결 ; $m+n$

② A와 B가 동시에 일어나는 경우의 수

→ and 연결 ; $m \times n$

주의 동시에 일어나는 경우와 연속적으로 일어나는 경우의 수는 같다. → $m \times n$

기|본|예|제 03

주사위를 두 번 던져서 나온 눈의 수의 합이 3 또는 7이 되는 경우의 수를 구하시오.

탐구 「또는」이 나오는 사건의 경우의 수는 각각의 경우의 수의 합으로 구한다.

풀이 주사위 눈의 수의 합이 3이 되는 경우의 수는

$(1,\ 2),\ (2,\ 1) : 2$

주사위 눈의 수의 합이 7이 되는 경우의 수는

$(1,\ 6),\ (2,\ 5),\ (3,\ 4),\ (4,\ 3),\ (5,\ 2),\ (6,\ 1) : 6$

따라서 구하는 경우의 수는 $2+6=8$이다.

정답 8

유제 03-1 서울에서 대전까지 가는 교통편은 버스를 이용하는 방법 3가지, 기차를 이용하는 방법 4가지가 있다. 서울에서 대전까지 버스 또는 기차를 이용하여 가는 경우의 수를 구하시오.

유제 03-2 어떤 분식집 메뉴에 김밥이 5종류, 라면이 3종류가 있다. 김밥 또는 라면을 한 가지만 주문하는 경우의 수를 구하시오.

기|본|예|제 04

동전 두 개와 주사위 한 개를 동시에 던질 때, 나올 수 있는 경우의 수를 구하시오.

탐구 「동시에」가 나오는 사건의 경우의 수는 각각의 경우의 수의 곱으로 계산한다.

풀이 동전 두 개를 던질 때 경우의 수는

$$2 \times 2 = 4$$

주사위 한 개를 던질 때 경우의 수는

$$6$$

따라서 구하는 경우의 수는 $4 \times 6 = 24$이다.

정답 24

유제 04-1 주사위를 세 번 던질 때, 나올 수 있는 경우의 수를 구하시오.

유제 04-2 남학생 5명과 여학생 4명 중 남녀 대표 한 명씩 뽑는 경우의 수를 구하시오.

유제 04-3 동전 세 개와 주사위 한 개를 동시에 던졌을 때, 다음을 구하시오.
(1) 동전은 모두 앞면이 나오고 주사위는 홀수의 눈이 나오는 경우의 수
(2) 동전은 앞면이 1개 나오고, 주사위는 3의 배수의 눈이 나오는 경우의 수

유제 04-4 깃발 올리고 내리기로 신호를 만들려고 합니다. 3개의 깃발로 만들 수 있는 신호는 몇 가지인지 구하시오.

기 | 본 | 예 | 제 05

오른쪽 그림과 같이 나누어진 5개의 영역에 서로 다른 5가지 색을 칠하려고 한다. 이때 같은 색을 중복해도 되지만 이웃하는 영역에는 서로 다른 색을 칠하는 경우의 수를 구하시오. (단, 각 영역에는 한 가지 색만 칠한다.)

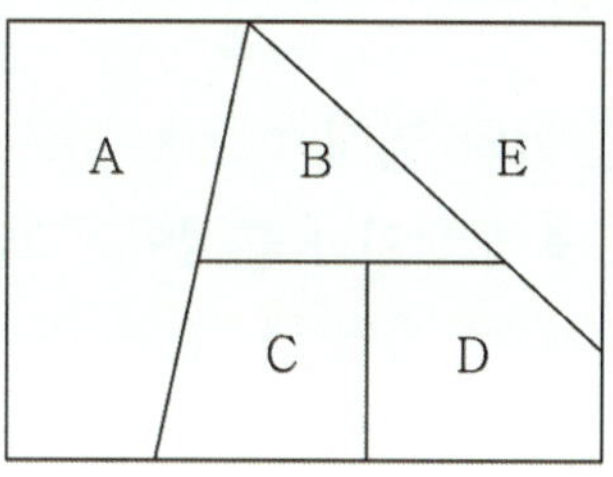

탐구 가장 많은 영역과 이웃하고 있는 B를 기준으로 색을 정한다.

풀이 5개의 영역 중 가장 많은 영역과 이웃하고 있는 B를 기준으로 색을 칠하면

B에 칠할 수 있는 색은 5가지

A에 칠할 수 있는 색은 B에 칠한 색을 제외한 4가지

C에 칠할 수 있는 색은 A, B에 칠한 색을 제외한 3가지

D에 칠할 수 있는 색은 B, C에 칠한 색을 제외한 3가지

E에 칠할 수 있는 색은 B, D에 칠한 색을 제외한 3가지

따라서 구하는 경우의 수는 $5 \times 4 \times 3 \times 3 \times 3 = 540$이다.

정답 540

유제 05-1 오른쪽 그림과 같이 나누어진 4개의 영역에 서로 다른 4가지 색을 칠하려고 한다. 이때 같은 색을 중복해도 되지만 이웃하는 영역에는 서로 다른 색을 칠하는 경우의 수를 구하시오. (단, 각 영역에는 한 가지 색만 칠한다.)

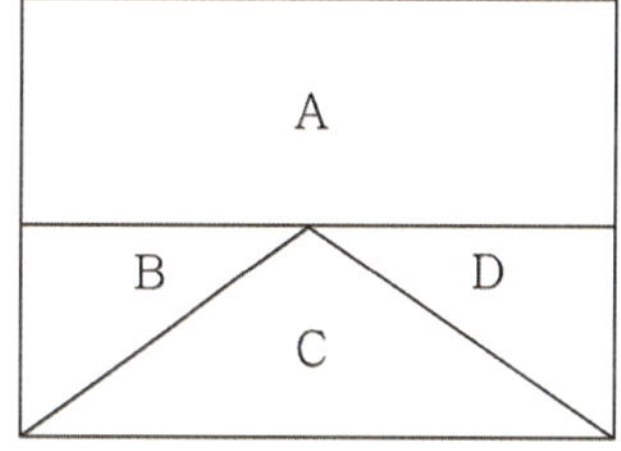

유제 05-2 오른쪽 그림과 같이 나누어진 5개의 영역에 서로 다른 4가지 색을 칠하려고 한다. 이때 같은 색을 중복해도 되지만 이웃하는 영역에는 서로 다른 색을 칠하는 경우의 수를 구하시오. (단, 각 영역에는 한 가지 색만 칠한다.)

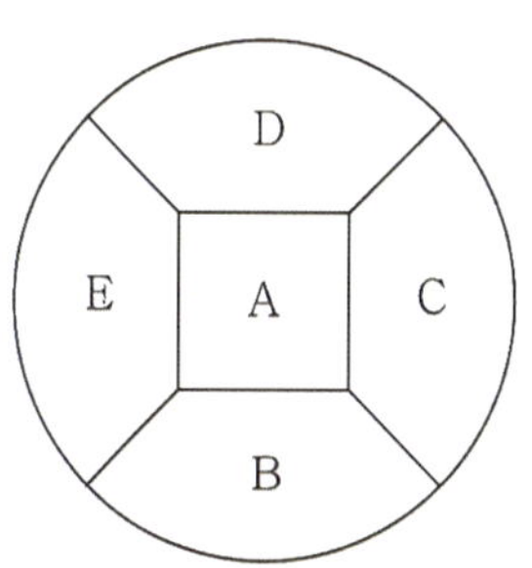

01 경우의 수

1 합의 법칙과 곱의 법칙

[1] 합의 법칙

→ 문장이나 수식이 「또는(or)」으로 연결될 때는 합의 법칙을 이용한다.

→ 두 사건 A, B가 일어나는 경우의 수가 각각 a, b일 때 A 또는 B가 일어나는 경우의 수는

(1) 두 사건이 동시에 일어나지 않을 때

→ $a+b$

(2) 두 사건이 동시에 일어나는 경우의 수가 c일 때

→ $a+b-c$

[2] 곱의 법칙

→ 문장이나 수식이 「그리고(and)」로 연결될 때는 곱의 법칙을 이용한다.

→ 두 사건 A, B가 일어나는 경우의 수가 각각 a, b일 때, A와 B가 동시에 일어나는 경우의 수는

$a \times b$

강의 **합 사건의 경우의 수는 'and'의 유무를 꼭 확인해야 한다!**

→ or 연결 → 합사건

→ A의 경우의 수 : m, B의 경우의 수 : n, A, B 동시의 경우의 수 : k

① and 有 → A 또는 B의 경우의 수 $= m+n-k$

② and 無 → A 또는 B의 경우의 수 $= m+n$

주의 배수문제

→ and 有 → 최소공배수의 배수

有(있을 유)　無(없을 무)

기|본|예|제 01

n을 200 이하의 자연수라 할 때, 18 또는 24로 나누어떨어지는 n의 개수를 구하시오.

탐구 and 有 → $m+n-k$

풀이 18로 나누어떨어지는 수는 18의 배수이므로 11개이고, 24로 나누어떨어지는 수는 24의 배수이므로 8개이다. 18과 24로 동시에 나누어떨어지는 수는 두 수의 공배수이므로 72의 배수의 개수인 2개이다.

따라서 구하는 n의 개수는

$$11+8-2=17$$

정답 17

 두 개의 주사위를 동시에 던질 때, 나오는 눈의 수의 합이 5 또는 8이 되는 경우의
수를 구하시오.

 100 이하의 자연수 중 2의 배수 또는 5의 배수의 개수를 구하시오.

강의 경우의 수의 계산 방법은 'or'로 연결되면 더하고 'and'로 연결되면 곱한다!

① or 법칙 → 단독성, 개별성

   → 문장, 式 : or 연결 → +(더한다)

② and 법칙 → 동시성, 연속성

   → 문장, 式 : and 연결 → ×(곱한다)

式(법 식)

기|본|예|제 02

오른쪽 그림을 보고 갑, 을 두 사람이 A에서 B까지 가는 경우의 수를 구하
시오. (단, 한 사람이 통과한 중간 지점을 다른 사람이 통과할 수 없다.)

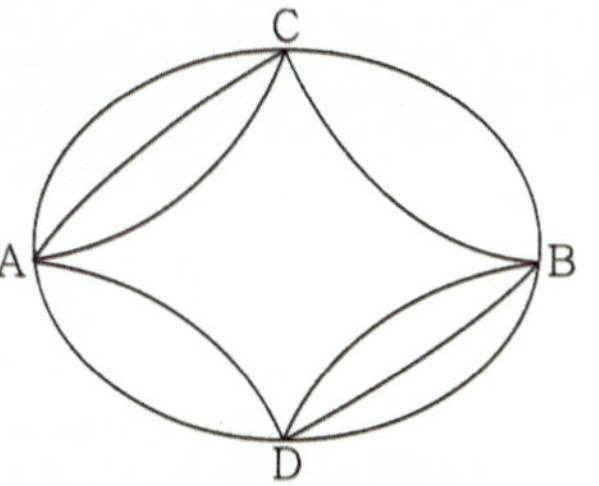

탐구 'or'는 단독성, 개별성을 지니고 'and'는 동시성, 연속성을 지니고 있다는 점에 주의!

풀이 갑$(A \to C \to B)$ & 을$(A \to D \to B)$ or 갑$(A \to D \to B)$ & 을$(A \to C \to B)$

$(3 \times 2) \times (2 \times 3) + (2 \times 3) \times (3 \times 2) = 72$

정답 72

 오른쪽 그림과 같은 도로에서 A에서 C까지 가는 경우의
수를 구하시오. (단, 같은 지점을 두 번 이상 지나지 않는
다.)

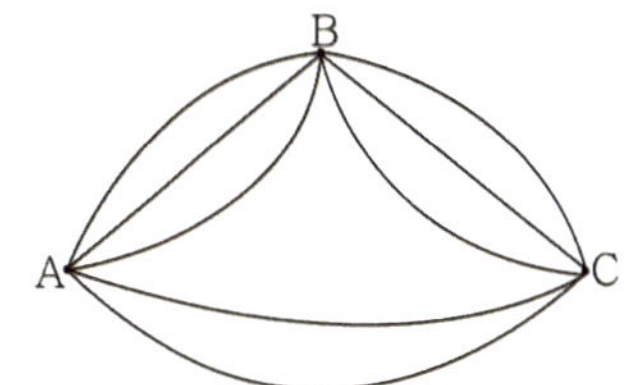

 오른쪽 그림과 같은 도로에서 A에서 C까지 갔다가 돌아
오는 경우의 수를 구하시오. (단, 갈 때 통과한 지점은 올
때 통과할 수 없다.)

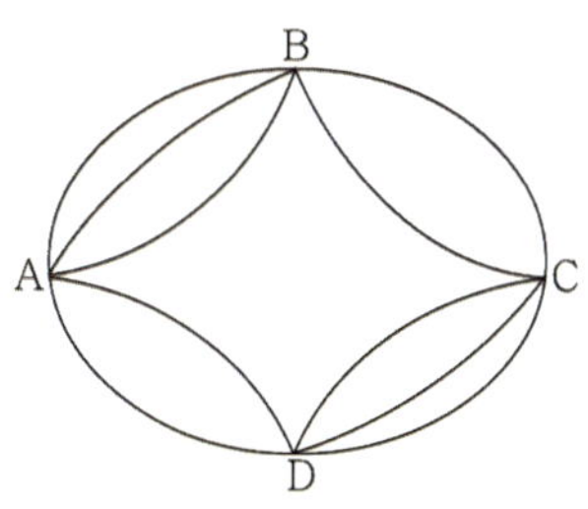

기 | 본 | 예 | 제 03

1000원, 5000원, 10000원짜리의 지폐를 모두 사용하여 42000원을 지불하는 경우의 수를 구하시오.
(단, 지폐는 총 15장 이하를 사용한다.)

탐구 $ax+by+cz=k$를 만족하는 양의 정수 $(x,\ y,\ z)$의 개수는 계수가 가장 큰 항을 기준으로 삼아 분류한다.

풀이 10000원짜리 x장, 5000원짜리 y장, 1000원짜리 z장을 사용한다고 하자.

각각의 지폐를 한 장 이상씩 사용해야 하고 총 15장이 넘지 않아야 하므로

$$3 \le x+y+z \le 15 \quad \cdots ①$$

주어진 지폐로 42000원을 지불해야 하므로

$$10000x+5000y+1000z = 42000$$

$$10x+5y+z = 42 \ (단,\ x \ge 1,\ y \ge 1,\ z \ge 1) \quad \cdots ②$$

①, ②를 이용하여 표를 작성하면

x	1	1	2	2	3	3
y	5	6	3	4	1	2
z	7	2	7	2	7	2
$x+y+z$	13	9	12	8	11	7

따라서 구하는 경우의 수는 6가지이다.

정답 6

유제 03-1 $3x+2y=15$를 만족하는 양의 정수 x, y에 대하여 순서쌍 $(x,\ y)$의 개수를 구하시오.

유제 03-2 10원, 50원, 100원짜리 동전을 모두 사용하여 360원을 지불하는 경우의 수를 구하시오. (단, 동전은 20개 이하를 사용한다.)

기 | 본 | 예 | 제 04

54의 양의 약수의 개수를 구하시오.

탐구 $x^a y^b z^c$의 양의 약수의 개수 → $(a+1)(b+1)(c+1)$

풀이 54를 소인수분해하면

$$54 = 2 \times 3^3$$

2의 약수는 1, 2의 2개이고 3^3의 약수는 1, 3, 3^2, 3^3의 4개이므로

54의 약수의 개수는 $2 \times 4 = 8$이다.

정답 8

유제 04-1 675의 양의 약수의 개수를 구하시오.

유제 04-2 250과 400의 양의 공약수의 개수를 구하시오.

기 | 본 | 예 | 제 05

다항식 $(x+y)(a+b+c)$를 전개하면 생기는 항의 개수를 구하시오.

탐구 $(a+b)(c+d+e)$의 전개식의 항의 개수 : $2 \times 3 = 6$

풀이 준식을 전개하면 x, y와 a, b, c 중 하나씩 선택하여 곱하게 되므로 항의 개수는

$2 \times 3 = 6$이다.

정답 6

유제 05-1 다항식 $(x+2)(a+b)+(y-1)(c+d)$를 전개하면 생기는 항의 개수를 구하시오.

유제 05-2 다항식 $(a+b+c)(p+q+r)-(a+b)(s+t)$를 전개하면 생기는 항의 개수를 구하시오.

[1] 저액권 몇 장의 합이 고액권과 일치하지 않는 경우
→ 지불 방법의 수와 지불 금액의 수는 일치한다.

[2] 저액권 몇 장의 합이 고액권과 일치하는 경우
→ 지불 방법의 수와 지불 금액의 수는 일치하지 않는다.

강의 지불 방법의 수와 지불 금액의 수는 저액권의 합이 고액권이 되는지를 꼭 확인해야 한다!

→ 지불 방법의 가짓수 ≥ 지불 금액의 가짓수

Case 1 저액권(+) ≠ 고액권

→ 지불 방법의 가짓수 = 지불 금액의 가짓수

Case 2 저액권(+) = 고액권

→ 지불 방법의 가짓수 > 지불 금액의 가짓수

주의 저액권의 합이 고액권이 될 때에는 지불 금액의 가짓수는 고액권을 저액권으로 환산하여 구한다.

기│본│예│제 06

500원짜리 동전 4개와 100원짜리 동전 4개가 있을 때, 지불할 수 있는 방법의 수와 지불할 수 있는 금액의 수를 구하시오. (단, 0원을 지불하는 경우는 제외한다.)

탐구 동전 4개를 지불하는 방법은 0, 1, 2, 3, 4개를 지불하는 경우의 5가지이다.

풀이 i) 각각의 지불할 수 있는 방법의 수를 구하면

500원짜리 동전 4개 → 5가지

100원짜리 동전 4개 → 5가지

따라서 지불할 수 있는 방법의 수는 $5 \times 5 - 1 = 24$

ii) 저액권을 이용하여 고액권을 만들 수 없으므로 지불할 수 있는 금액의 수는 지불할 수 있는 방법의 수와 같다. 따라서 지불할 수 있는 금액의 수는 24이다.

정답 지불할 수 있는 방법의 수 : 24, 지불할 수 있는 금액의 수 : 24

유제 06-1 10원짜리 동전 5개, 100원짜리 동전 4개, 500원짜리 동전 2개가 있을 때, 이들을 이용하여 지불할 수 있는 방법의 수와 지불할 수 있는 금액의 수를 구하시오. (단, 0원을 지불하는 경우는 제외한다.)

유제 06-2 10000원짜리 지폐 3장, 1000원짜리 지폐 2장, 100원짜리 동전 5개가 있을 때, 이들을 이용하여 지불할 수 있는 방법의 수와 지불할 수 있는 금액의 수를 구하시오. (단, 0원을 지불하는 경우는 제외한다.)

1000원짜리 지폐 1장, 500원짜리 동전 4개, 100원짜리 동전 3개, 10원짜리 동전 2개가 있을 때, 지불할 수 있는 방법의 수와 지불할 수 있는 금액의 수를 구하시오. (단, 0원을 지불하는 경우는 제외한다.)

탐구　① 1000원권 1장을 지불하는 방법은 1장을 지불하는 경우와 지불하지 않는 경우의 2가지이다.
　　　② 저액권의 합이 고액권이 될 때는 고액권을 저액권으로 환산하여 지불 방법의 수를 구한다.

풀이　i) 각각의 지불할 수 있는 방법의 수를 구하면

　　　　1000원 지폐 1장　→ 2가지
　　　　500원 동전 4개　→ 5가지
　　　　100원 동전 3개　→ 4가지
　　　　10원 동전 2개　→ 3가지

　　　따라서 지불할 수 있는 방법의 수는 $2 \times 5 \times 4 \times 3 - 1 = 119$

　　ii) 500원 4개는 고액권 1000원이 될 수 있으므로 1000원을 500원 동전 2개로 환산하여 지불할 수 있는 금액의 수를 구하면

　　　　500원 동전 6개　→ 7가지
　　　　100원 동전 3개　→ 4가지
　　　　10원 동전 2개　→ 3가지

　　　따라서 지불할 수 있는 금액의 수는 $7 \times 4 \times 3 - 1 = 83$

정답　지불할 수 있는 방법의 수 : 119, 지불할 수 있는 금액의 수 : 83

유제 07-1　10000원짜리 지폐 1장, 5000원짜리 지폐 1장, 1000원짜리 지폐 9장이 있을 때, 다음을 구하시오. (단, 0원을 지불하는 경우는 제외한다.)
(1) 지불할 수 있는 방법의 수
(2) 지불할 수 있는 금액의 수

유제 07-2　5000원짜리 지폐 1장, 1000원짜리 지폐 5장과 100원짜리 동전 1개, 50원짜리 동전 5개가 있을 때, 다음을 구하시오. (단, 0원을 지불하는 경우는 제외한다.)
(1) 지불할 수 있는 방법의 수
(2) 지불할 수 있는 금액의 수

반복학습 기록란.

가장 좋은 학습방법은 학교에서나 학원에서나 선생님의 강의를 열심히 듣고 여러 번 반복학습하는 것입니다.
지금부터 당장 선생님의 강의를 열심히 듣고 반복! 반복하십시오. 그러면 곧 모든 과목에 자신이 생길 것입니다.

회수	시작이 반!			끝을 봐야!			확인
제1회	년	월	일 부터	년	월	일 까지	
제2회	년	월	일 부터	년	월	일 까지	
제3회	년	월	일 부터	년	월	일 까지	
제4회	년	월	일 부터	년	월	일 까지	
제5회	년	월	일 부터	년	월	일 까지	
제6회	년	월	일 부터	년	월	일 까지	
제7회	년	월	일 부터	년	월	일 까지	
제8회	년	월	일 부터	년	월	일 까지	
제9회	년	월	일 부터	년	월	일 까지	
제10회	년	월	일 부터	년	월	일 까지	

▶ 연습문제 A는 앞에서 배운 기초 단계의 문제이므로 선생님의 도움 없이 스스로 풀어 자신의 실력을 점검해 보도록 하자.

01 한 개의 주사위를 던질 때, 다음 사건의 경우의 수를 구하시오.
(1) 짝수의 눈이 나온다.　　　　　　　　(2) 6의 약수의 눈이 나온다.

02 빨간 구슬 1개, 흰 구슬 2개, 검은 구슬 3개가 들어있는 주머니에서 3개의 구슬을 꺼내는 경우의 수를 구하시오.

03 서울에서 대전까지 가는 교통편은 버스를 이용하는 방법 3가지, 기차를 이용하는 방법 4가지가 있다. 서울에서 대전까지 버스 또는 기차를 이용하여 가는 경우의 수를 구하시오.

04 동전 두 개와 주사위 한 개를 동시에 던질 때, 나올 수 있는 경우의 수를 구하시오.

05 오른쪽 그림과 같이 나누어진 5개의 영역에 서로 다른 5가지 색을 칠하려고 한다. 이때 같은 색을 중복해도 되지만 이웃하는 영역에는 서로 다른 색을 칠하는 경우의 수를 구하시오. (단, 각 영역에는 한 가지 색만 칠한다.)

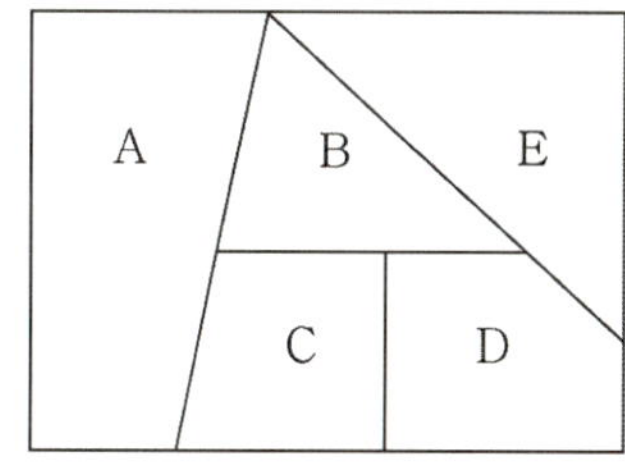

06 두 개의 주사위를 동시에 던질 때, 나오는 눈의 수의 합이 5 또는 8이 되는 경우의 수를 구하시오.

07 오른쪽 그림을 보고 갑, 을 두 사람이 A에서 B까지 가는 경우의
수를 구하시오. (단, 한 사람이 통과한 중간 지점을 다른 사람이
통과할 수 없다.)

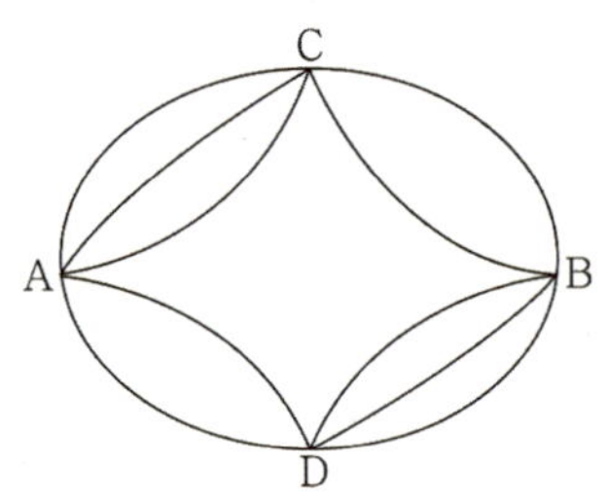

08 $3x + 2y = 15$를 만족하는 양의 정수 x, y에 대하여 순서쌍 (x, y)의 개수를 구하시오.

09 54의 양의 약수의 개수를 구하시오.

10 다항식 $(x+y)(a+b+c)$를 전개하면 생기는 항의 개수를 구하시오.

11 500원짜리 동전 4개와 100원짜리 동전 4개가 있을 때, 지불할 수 있는 방법의 수와 지불할
수 있는 금액의 수를 구하시오. (단, 0원을 지불하는 경우는 제외한다.)

12 1000원짜리 지폐 1장, 500원짜리 동전 4개, 100원짜리 동전 3개, 10원짜리 동전 2개가
있을 때, 지불할 수 있는 방법의 수와 지불할 수 있는 금액의 수를 구하시오. (단, 0원을
지불하는 경우는 제외한다.)

▶ 연습문제 B는 앞에서 배운 문제 중 응용단계의 문제이므로 연습장에 스스로 풀어보고 잘 풀리지 않으면 처음부터 다시 공부한 후 자신이 있을 때 다시 풀어 보도록 하자.

01 주사위를 두 번 던져서 나온 눈의 수의 합이 3 또는 7이 되는 경우의 수를 구하시오.

02 동전 세 개와 주사위 한 개를 동시에 던졌을 때, 다음을 구하시오.
(1) 동전은 모두 앞면이 나오고 주사위는 홀수의 눈이 나오는 경우의 수
(2) 동전은 앞면이 1개 나오고, 주사위는 3의 배수의 눈이 나오는 경우의 수

03 깃발 올리고 내리기로 신호를 만들려고 합니다. 3개의 깃발로 만들 수 있는 신호는 몇 가지인지 구하시오.

04 오른쪽 그림과 같이 나누어진 5개의 영역에 서로 다른 4가지 색을 칠하려고 한다. 이때 같은 색을 중복해도 되지만 이웃하는 영역에는 서로 다른 색을 칠하는 경우의 수를 구하시오. (단, 각 영역에는 한 가지 색만 칠한다.)

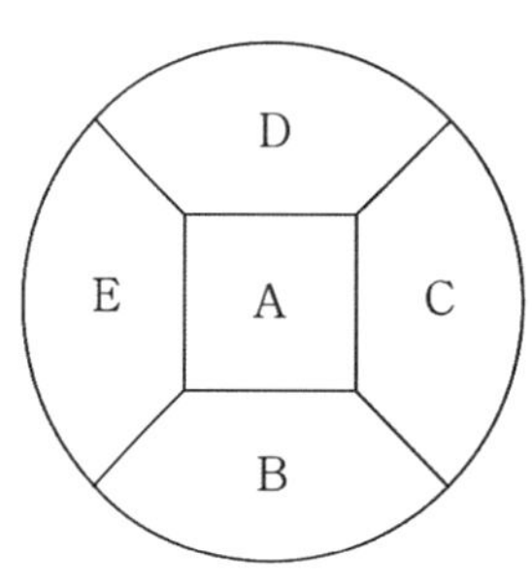

05 n을 200 이하의 자연수라 할 때, 18 또는 24로 나누어떨어지는 n의 개수를 구하시오.

06 오른쪽 그림과 같은 도로에서 A에서 C까지 갔다가 돌아오는 경우의 수를 구하시오. (단, 갈 때 통과한 지점은 올 때 통과할 수 없다.)

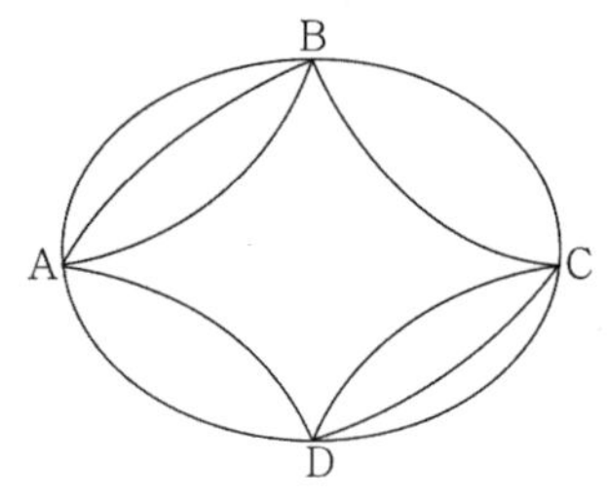

07 1000원, 5000원, 10000원짜리의 지폐를 모두 사용하여 42000원을 지불하는 경우의 수를 구하시오. (단, 지폐는 총 15장 이하를 사용한다.)

08 250과 400의 양의 공약수의 개수를 구하시오.

09 다항식 $(a+b+c)(p+q+r)-(a+b)(s+t)$를 전개하면 생기는 항의 개수를 구하시오.

10 10000원짜리 지폐 3장, 1000원짜리 지폐 2장, 100원짜리 동전 5개가 있을 때, 이들을 이용하여 지불할 수 있는 방법의 수와 지불할 수 있는 금액의 수를 구하시오. (단, 0원을 지불하는 경우는 제외한다.)

11 5000원짜리 지폐 1장, 1000원짜리 지폐 5장과 100원짜리 동전 1개, 50원짜리 동전 5개가 있을 때, 다음을 구하시오. (단, 0원을 지불하는 경우는 제외한다.)
(1) 지불할 수 있는 방법의 수
(2) 지불할 수 있는 금액의 수

VI.
경우의 수

P A R T

02

순열과 조합

◈ 중·고교 연결과정 선수학습
1 순열
2 조합
◈ 반복학습 기록란
◈ 연습문제 (A)(B)

명언

피할 수 없으면 즐겨라.
- 로버트 엘리엇 -

1 한 줄로 세우는 경우의 수

[1] n명을 한 줄로 세우는 경우의 수

→ $n(n-1)(n-2)\times \cdots \times 3\times 2\times 1$

[2] n명 중 두 명을 뽑아 한 줄로 세우는 경우의 수

→ $n(n-1)$

[3] n명 중 세 명을 뽑아 한 줄로 세우는 경우의 수

→ $n(n-1)(n-2)$

강의 **한 줄로 세우는 경우의 수를 고등학교에서 순열의 수라고 한다!**

① n명 한 줄로 세우는 경우

→ $n(n-1)(n-2)\times \cdots \times 3\times 2\times 1$

② n명 중 2명 한 줄로 세우는 경우

→ $n(n-1)$

③ n명 중 3명 한 줄로 세우는 경우

→ $n(n-1)(n-2)$

기|본|예|제 01

A, B, C, D, E 다섯 문자를 한 줄로 세우는 경우의 수를 구하시오.

탐구
① n개를 한 줄로 세우는 경우 → $n \cdot (n-1) \cdot (n-2)\times \cdots \times 3\times 2\times 1$
② n개 중 두 개를 뽑아 한 줄로 세우는 경우 → $n \cdot (n-1)$
③ n개 중 세 개를 뽑아 한 줄로 세우는 경우 → $n \cdot (n-1) \cdot (n-2)$

풀이 다섯 문자를 한 줄로 세우는 경우이므로
$$5\times 4\times 3\times 2\times 1 = 120$$

정답 120

유제 01-1 서로 다른 7개의 색 중 두 가지 색을 골라 한 줄로 늘어놓는 경우의 수를 구하시오.

유제 01-2 수학 참고서 2권, 영어 참고서 3권이 있다. 책꽂이에 꽂을 때, 수학 참고서가 양 끝에 오게 꽂는 경우의 수를 구하시오.

2 한 줄로 세울 때 이웃하는 경우의 수

첫째, 이웃하는 것을 하나로 묶는다.
둘째, 한 줄로 세우는 경우의 수를 구한다.
셋째, 묶음 안에서 줄 세우는 경우의 수를 구해 곱한다.

강의 이웃하여 줄 세우는 경우의 수는 보따리 ( )로 묶고 생각한다!

→ 이웃하는 것 묶음 → 한 줄로 세우기 → 묶음 속 줄 세우기

기 | 본 | 예 | 제 02

부모님과 자녀 2명이 가족 사진을 찍으려고 한다. 부모님은 이웃하게 서고 가족 모두 한 줄로 서서 찍는 경우의 수를 구하시오.

탐구 부모님을 한 묶음으로 보고 줄을 세운 후 부모님이 서로 자리를 바꾸는 경우의 수를 곱한다.

풀이 부모님이 이웃하므로 부모님을 한 묶음으로 보고 한 줄로 서는 경우의 수를 구하면

$$3 \times 2 \times 1 = 6$$

묶음 속 부모님이 자리를 바꾸는 경우의 수가 2이므로 구하는 경우의 수는

$$6 \times 2 = 12$$

정답 12

유제 02-1 수학 참고서 2권, 영어 참고서 3권을 책꽂이에 꽂을 때, 수학 참고서를 이웃하게 꽂는 경우의 수를 구하시오.

유제 02-2 a, b, c, d, e 다섯 문자를 한 줄로 늘어놓을 때, 자음이 서로 이웃하게 되는 경우의 수를 구하시오.

3 대표 뽑는 경우의 수

[1] 자격이 다른 대표 뽑는 경우의 수

→ 한 줄로 세우는 경우의 수와 같다.

[2] 자격이 같은 대표 뽑는 경우의 수

(1) n명 중 자격이 같은 대표 두 명을 뽑는 경우 → $\dfrac{n(n-1)}{2}$

(2) n명 중 자격이 같은 대표 세 명을 뽑는 경우 → $\dfrac{n(n-1)(n-2)}{6}$

강의 **대표 뽑기는 서열이나 자격이 다른지, 같은지를 꼭 확인해야 한다!**

① 자격이 다른 경우 → 한 줄로 세우는 경우의 수와 같다.

② 자격이 같은 경우 → n명 중 2명 → $\dfrac{n(n-1)}{2\times1}$

→ n명 중 3명 → $\dfrac{n(n-1)(n-2)}{3\times2\times1}$

기|본|예|제 03

5명의 후보 중 다음을 뽑는 경우의 수를 구하시오.
(1) 회장 1명과 부회장 1명   (2) 대표 2명

탐구 자격이 같은지 다른지 판단하여 경우의 수를 구한다.

풀이 (1) 자격이 다른 경우이므로 5명 중 2명을 뽑아 줄 세우는 경우의 수와 같다.

$$5\times4=20$$

(2) 자격이 같은 경우이므로

$$\frac{5\times4}{2}=10$$

정답 (1) 20 (2) 10

유제 03-1 어느 고등학교 1학년 7개 반이 축구 경기를 하려고 한다. 모든 반이 서로 빠짐없이 경기를 한 번씩 하려면 몇 번의 경기를 해야 하는지 구하시오.

유제 03-2 다섯 개의 수학여행 후보지가 있다. A, B 두 반이 서로 다른 곳을 골라 수학여행을 가게 되는 경우의 수를 구하시오.

01 순열

[1] 순열의 정의

→ 서로 다른 n개 중에서 중복되지 않게 r개를 택하여 일렬로 배열하는 것을 n개에서 r개를 뽑는 **순열**이라 하고, 이 순열의 수를 기호로 $_n\mathrm{P}_r$로 나타낸다.

서로 다른 것의 개수 → $_n\mathrm{P}_r$ ← 택하는 것의 개수

[2] 순열의 수

→ 서로 다른 n개에서 r개를 택하는 순열의 수 $_n\mathrm{P}_r$는

$$_n\mathrm{P}_r = \underbrace{n(n-1)(n-2)\cdots(n-r+1)}_{r\text{개}} \ (0 < r \le n)$$

(1) $_n\mathrm{P}_n = n! = n(n-1)(n-2)(n-3)\cdots 3\times 2\times 1$

(2) $_n\mathrm{P}_r = \dfrac{n!}{(n-r)!}$ (단, $0 \le r \le n$)

(3) $_n\mathrm{P}_0 = 1,\ 0! = 1,\ 1! = 1$

(4) $_n\mathrm{P}_r = n \cdot {}_{n-1}\mathrm{P}_{r-1}$

(5) $_n\mathrm{P}_r = (n-r+1)\,{}_n\mathrm{P}_{r-1}$

(6) $_n\mathrm{P}_r = r \cdot {}_{n-1}\mathrm{P}_{r-1} + {}_{n-1}\mathrm{P}_r$

강의 **순열의 수는 순서가 구별되고 중복은 불허하는 경우의 수이다!**

순서구별(○), 중복허락(×) → 순열의 수

① $_n\mathrm{P}_r = n(n-1)(n-2)(n-3)\cdots(n-r+1)$ (단, $n \ge r$) $\begin{cases} n : \text{시작} \\ r : \text{개수} \end{cases}$

보기 $_5\mathrm{P}_3$은 5부터 거꾸로 3개의 숫자를 곱하는 것

→ $_5\mathrm{P}_3 = 5\times 4\times 3$

$_n\mathrm{P}_3$은 n부터 거꾸로 3개의 숫자를 곱하는 것

→ $_n\mathrm{P}_3 = n(n-1)(n-2)$

② $_n\mathrm{P}_n = n! = n(n-1)(n-2)(n-3)\cdots 3\times 2\times 1$

주의 $_n\mathrm{P}_0 = 1,\ 0! = 1,\ 1! = 1,\ 5! = 120$은 꼭 기억해두어라!

다음 등식을 만족하는 자연수 n 또는 r의 값을 구하시오.

(1) $_n\mathrm{P}_2 = 20$ (2) $_{2n}\mathrm{P}_3 = 14 \times {}_n\mathrm{P}_3$ (3) $_7\mathrm{P}_r = 210$

탐구 서로 다른 n개에서 r개를 선택하는 순열의 수 $_n\mathrm{P}_r$은

$$_n\mathrm{P}_r = n(n-1)(n-2)\cdots(n-r+1) \ (0 < r \le n)$$

풀이 (1) $_n\mathrm{P}_2 = n(n-1) = 20$

$$n(n-1) = 5 \times 4 \quad \therefore \ n = 5$$

(2) (좌변) $= 2n(2n-1)(2n-2)$

$$= 4n(2n-1)(n-1) \qquad \cdots ①$$

(우변) $= 14n(n-1)(n-2) \qquad \cdots ②$

$① = ②$이므로

$$4n(2n-1)(n-1) = 14n(n-1)(n-2)$$

$n \ge 3$이므로 양변을 $n(n-1)$로 나누면

$$2(2n-1) = 7(n-2) \quad \therefore \ n = 4$$

(3) $210 = 7 \times 6 \times 5 \quad \therefore \ r = 3$

정답 (1) $n = 5$ (2) $n = 4$ (3) $r = 3$

유제 01-1 다음 등식을 만족하는 자연수 n 또는 r의 값을 구하시오.

(1) $_n\mathrm{P}_3 = 120$ (2) $_{10}\mathrm{P}_r = 720$

유제 01-2 $_5\mathrm{P}_r \times 4! = 1440$을 만족하는 자연수 r의 값을 구하시오.

유제 01-3 $_{2n}\mathrm{P}_4 = 70 \times {}_n\mathrm{P}_3$을 만족하는 자연수 n의 값을 구하시오. (단, $n \ge 3$)

 순열의 수의 성질은 $_n\mathrm{P}_r = n(n-1)(n-2)\cdots(n-r+1)$을 이용한다!

① $_n\mathrm{P}_r = \dfrac{n!}{(n-r)!}$ ← 공식 증명에 활용

② $_n\mathrm{P}_r = n \times {}_{n-1}\mathrm{P}_{r-1}$

③ $_n\mathrm{P}_r = (n-r+1) \times {}_n\mathrm{P}_{r-1}$

④ $_n\mathrm{P}_r = r \times {}_{n-1}\mathrm{P}_{r-1} + {}_{n-1}\mathrm{P}_r$

증명 $\quad r \times {}_{n-1}\mathrm{P}_{r-1} + {}_{n-1}\mathrm{P}_r = r \times {}_{n-1}\mathrm{P}_{r-1} + {}_{n-1}\mathrm{P}_{r-1} \times (n-r)$

$\qquad\qquad = (r+n-r) \times {}_{n-1}\mathrm{P}_{r-1} = n \times {}_{n-1}\mathrm{P}_{r-1} = {}_n\mathrm{P}_r$

기|본|예|제 02

다음 중에서 $_n\mathrm{P}_r$의 성질에 맞지 않는 것을 고르시오.

① $_n\mathrm{P}_r = \dfrac{n!}{(n-r)!}$

② $_n\mathrm{P}_r = n \times {}_{n-1}\mathrm{P}_{r-1}$

③ $_n\mathrm{P}_r = (n-r+1) \times {}_n\mathrm{P}_{r-1}$

④ $_n\mathrm{P}_r = r \times {}_{n-1}\mathrm{P}_{r-1} + {}_{n-1}\mathrm{P}_r$

⑤ $_n\mathrm{P}_r = {}_{n-1}\mathrm{P}_{r-1} + {}_{n-1}\mathrm{P}_r$

탐구

i) $_n\mathrm{P}_r = \dfrac{n!}{(n-r)!}$ 을 이용하여 검증한다.

ii) $_n\mathrm{P}_r = n(n-1)(n-2)\cdots(n-r+1)$을 이용하여 검증한다.

풀이 $\quad$ ⑤ (우변) $= {}_{n-1}\mathrm{P}_{r-1} + {}_{n-1}\mathrm{P}_r$

$\qquad\qquad = {}_{n-1}\mathrm{P}_{r-1} + {}_{n-1}\mathrm{P}_{r-1} \times (n-r)$

$\qquad\qquad = (n-r+1) \times {}_{n-1}\mathrm{P}_{r-1}$

$\qquad$ (좌변) $= n \times {}_{n-1}\mathrm{P}_{r-1}$

$\qquad$ (우변) $\neq$ (좌변)

$\qquad$ 따라서 $_n\mathrm{P}_r$의 성질에 맞지 않는 것은 ⑤이다.

정답 $\quad$ ⑤

유제 02-1 $\quad 1 < r \leq n$일 때, $_n\mathrm{P}_r = n\,{}_{n-1}\mathrm{P}_{r-1}$임을 증명하시오.

유제 02-2 $\quad 1 < r \leq n$일 때, $_n\mathrm{P}_r = (n-r+1) \times {}_n\mathrm{P}_{r-1}$임을 증명하시오.

기 | 본 | 예 | 제 03

7명의 학생이 있을 때, 다음을 구하시오.

(1) 7명의 학생을 일렬로 배열하는 경우의 수

(2) 7명 중 3명을 뽑아 일렬로 배열하는 경우의 수

탐구   ① n명을 일렬로 배열 $\rightarrow n!$ ② n명 중 r명을 뽑아서 일렬로 배열 $\rightarrow {}_n\mathrm{P}_r$

풀이   (1) 7명을 일렬로 배열하는 경우의 수는

$$7! = 7 \times 6 \times 5! = 42 \times 120 = 5040$$

(2) 7명 중 3명을 뽑아서 일렬로 배열하는 경우의 수는

$$_7\mathrm{P}_3 = 7 \times 6 \times 5 = 210$$

정답   (1) 5040   (2) 210

유제 03-1   서로 다른 5장의 카드 중 3장을 뽑아 일렬로 배열하는 방법의 수를 구하시오.

유제 03-2 a, b, c, d, e, f의 6개의 문자 중 4개를 뽑아 일렬로 배열하여 만들 수 있는 문자열의 수를 구하시오.

유제 03-3   1부터 5까지의 자연수를 일렬로 배열할 때, 양 끝에 짝수가 놓이도록 배열하는 방법의 수를 구하시오.

① 적어도 ② not ③ 사건복잡 → 여사건 이용

(구하는 경우의 수) = (모든 경우의 수) − (구하지 않는 경우의 수)

기 | 본 | 예 | 제 04

여학생 3명, 남학생 5명이 일렬로 줄을 설 때, 적어도 한쪽 끝에 남학생이 오는 경우의 수를 구하시오.

탐구 「적어도 ~」가 나오는 경우에는 여사건을 이용한다.

풀이 8명의 학생이 일렬로 서는 경우의 수는

$$8! = 8 \times 7 \times 6 \times 5! = 8 \times 7 \times 6 \times 120 = 40320 \quad \cdots ①$$

적어도 한쪽 끝에 남학생이 오는 경우의 여사건은 양쪽 끝에 모두 여학생이 오는 경우이고 이때 양쪽 끝에 모두 여학생이 오는 경우의 수는

$$_3\mathrm{P}_2 \times 6! = (3 \times 2) \times (6 \times 5!) = 36 \times 120 = 4320 \quad \cdots ②$$

따라서 적어도 한쪽 끝에 남학생이 오는 경우의 수는 ① − ②이므로 36000이다.

정답 36000

유제 04-1 a, b, c, d, e의 5개의 문자를 일렬로 배열할 때, 적어도 한쪽 끝에 자음이 오는 경우의 수를 구하시오.

유제 04-2 A, B, C, D의 4개의 문자와 a, b, c, d의 4개의 문자를 각각 일렬로 배열하여 같은 위치에 있는 문자끼리 대응시켰을 때, A와 a가 서로 대응되지 않는 경우의 수를 구하시오.

유제 04-3 1부터 7까지의 자연수 중 4개의 자연수를 뽑아 일렬로 배열할 때, 적어도 짝수가 1개 포함되는 경우의 수를 구하시오.

기|본|예|제 05

남학생 5명, 여학생 3명을 여학생 3명이 이웃하게 일렬로 배열하는 경우의 수를 구하시오.

탐구 이웃한다. → (보따리)로 묶어 1개 취급 배열 → 괄호 속 배열
　　　　　남 남 남 남 남 (여 여 여)

풀이 이웃하는 여학생 3명을 묶어 한 명 취급하여 일렬로 배열하고 묶음 속 이웃한 여학생들이 일렬로 배열하는 경우의 수를 구한다.

$$6! \times 3! = 6 \times 5! \times 3! = 6 \times 120 \times 6 = 4320$$

정답 4320

유제 05-1 a, b, c, d, e, f의 6개의 문자 중 a, b, c를 서로 이웃하게 일렬로 배열하는 경우의 수를 구하시오.

유제 05-2 a, b, c, d, e, f의 6개의 문자를 일렬로 배열할 때, a와 b 사이에 2개의 문자가 들어가게 배열하는 경우의 수를 구하시오.

유제 05-3 할머니, 아버지, 어머니, 자녀 2명을 일렬로 줄을 세울 때, 할머니의 양 옆에 아버지와 어머니가 서게 되는 경우의 수를 구하시오.

유제 05-4 1, 2, 3학년 학생이 각각 3명씩 있다. 9명의 학생을 일렬로 세울 때, 같은 학년끼리 이웃하게 되는 경우의 수를 구하시오.

기|본|예|제 06

남학생 5명, 여학생 3명을 여학생 3명이 이웃하지 않게 일렬로 세우는 경우의 수를 구하시오.

탐구 이웃 가능한 남학생 5명 배열 × 양 끝과 사이에 여학생 배열할 자리 3개 뽑아서 배열
  ∨ 남 ∨ 남 ∨ 남 ∨ 남 ∨ 남 ∨

풀이 이웃 가능한 남학생 5명을 먼저 일렬로 세운 후 여학생을 양 끝과 남학생 사이에 세우는 경우의 수를 구한다.

$$5! \times {}_6\mathrm{P}_3 = 120 \times 6 \times 5 \times 4 = 14400$$

정답 14400

유제 06-1 어른 4명, 어린이 2명이 일렬로 줄을 설 때, 어린이 2명이 이웃하지 않을 경우의 수를 구하시오.

유제 06-2 남학생 3명과 여학생 3명을 일렬로 세울 때, 남학생과 여학생이 서로 교대로 서게 되는 경우의 수를 구하시오.

a, b, c, d, e를 모두 사용하여 만든 120개의 순열을 사전식으로 $abcde$에서 $edcba$까지 나열할 때,

(1) 순열 $cdeab$는 몇 번째에 오는지 구하시오.

(2) 40번째에 오는 순열은 무엇인지 구하시오.

탐구 순차적으로 모양을 만들어 경우의 수를 구해본다.

풀이 (1) $cdeab$보다 앞에 있는 순열의 수를 구하면

a	○	○	○	○	꼴 : $4! = 24$
b	○	○	○	○	꼴 : $4! = 24$
c	a	○	○	○	꼴 : $3! = 6$
c	b	○	○	○	꼴 : $3! = 6$
c	d	a	○	○	꼴 : $2! = 2$
c	d	b	○	○	꼴 : $2! = 2$
c	d	e	a	b	(주어진 순열) : 1

합의 법칙에 의하여 65가지

따라서 $cdeab$는 65번째에 오는 순열이다.

(2) 40번째 순열은 어떤 문자로 시작하는가를 찾으면

a로 시작하는 것 : $4! = 24$

b로 시작하는 것 : $4! = 24$

합의 법칙에 의하여 48가지

따라서 40번째의 순열은 b로 시작하는 순열이다.

같은 방법으로 차례로 순열의 수를 구해 나가면

a	○	○	○	○	꼴의 순열의 수 $4! = 24$
b	a	○	○	○	꼴의 순열의 수 $3! = 6$
b	c	○	○	○	꼴의 순열의 수 $3! = 6$
b	d	a	○	○	꼴의 순열의 수 $2! = 2$
b	d	c	○	○	꼴의 순열의 수 $2! = 2$

따라서 40번째의 순열은 b d c ○   ○ 꼴의 마지막 순열 $bdcea$이다.

정답 (1) 65번째 (2) $bdcea$

유제 07-1 a, b, c, d의 4개의 문자를 사전식으로 배열할 때, $cbea$는 몇 번째 나타나는 문자열인지 구하시오.

유제 07-2 1, 2, 3, 4, 5의 5개의 숫자를 한 번씩만 써서 만든 다섯 자리의 수 중에서 34000보다 큰 수의 개수를 구하시오.

→ 맨 앞에 0이 오는 경우를 경계하여라.

[1] 순열 공식의 유도 과정을 이용하는 방법

[2] 순열 공식을 직접 이용하는 방법

Case 1 **순열을 이용하는 경우**

서로 다른 n개의 숫자 중에서 중복을 허락하지 않고 r개를 택하여 정수를 만들 때는 순열을 이용한다.

Case 2 **제한 조건이 있는 정수의 개수**

① 홀수인 정수 → 일의 자리의 숫자가 홀수이어야 한다.

② 짝수인 정수 → 일의 자리의 숫자가 0 또는 짝수이어야 한다.

③ 3의 배수인 정수 → 각 자리의 숫자의 합이 3의 배수이어야 한다.

④ 4의 배수인 정수 → 끝의 두 자리가 00 또는 4의 배수이어야 한다.

강의 **숫자를 만드는 방법은 순열의 수를 이용한다.**

→ n개의 숫자로 n자리 수 만드는 경우의 수 → $n!$

→ n개의 숫자 중 r개를 골라 r자리 수 만드는 경우의 수 → $_nP_r$

주의 맨 앞자리에 0이 와서는 안된다.

기 | 본 | 예 | 제 08

0, 1, 2, 3, 4를 모두 사용하여 만들 수 있는 다섯 자리의 자연수의 개수를 구하시오.

탐구 맨 앞자리에 0이 오면 안된다.

풀이 0은 맨 앞자리에 쓸 수 없으므로 맨 앞자리에 쓸 수 있는 숫자의 개수는 4이고, 남은 네 자리에는 맨 앞자리에 쓴 수를 제외한 나머지 수를 놓으면 되므로 4!이다. 따라서 구하는 자연수의 개수는

$$4 \times 4! = 96$$

정답 96

유제 08-1 5개의 숫자 1, 2, 3, 4, 5로 만들 수 있는 세 자리 자연수의 개수를 구하시오.

유제 08-2 1부터 9까지의 숫자 중 4개의 숫자를 골라 만들 수 있는 네 자리 자연수 중 5000보다 작은 자연수의 개수를 구하시오.

기 | 본 | 예 | 제 09

0, 1, 2, 3, 4, 5, 6의 7개의 숫자 중에서 서로 다른 4개의 숫자를 뽑아 만들 수 있는 네 자리 짝수의 개수를 구하시오.

탐구 짝수인 정수는 일의 자리 숫자가 0 또는 짝수인 수이다.

풀이 네 자리 수이므로 □ □ □ □로 놓고 각각의 개수를 구하면

ⅰ) 일의 자리에 0이 오는 경우

$$\square\square\square\boxed{0} \Rightarrow {}_6\mathrm{P}_3 \times 1 = 6 \times 5 \times 4 = 120$$

$$\underset{{}_6\mathrm{P}_3}{\uparrow} \quad \underset{1}{\uparrow}$$

ⅱ) 일의 자리에 0이 아닌 짝수가 오는 경우

$$\square\square\square\square$$

$$\underset{5}{\uparrow} \quad \underset{{}_5\mathrm{P}_2}{\uparrow} \quad \underset{3}{\uparrow} \Rightarrow 5 \times {}_5\mathrm{P}_2 \times 3 = 5 \times 5 \times 4 \times 3 = 300$$

ⅰ), ⅱ)에 의해 만들 수 있는 네 자리 짝수의 개수는

$$120 + 300 = 420$$

정답 420

유제 09-1 1, 2, 3, 4, 5, 6의 6개의 숫자 중 서로 다른 4개의 숫자를 뽑아 만들 수 있는 네 자리 홀수의 개수를 구하시오.

유제 09-2 0, 1, 2, 3, 4, 5의 6개의 숫자 중 서로 다른 4개의 숫자를 뽑아 만들 수 있는 네 자리 홀수의 개수를 구하시오.

기|본|예|제 10

1, 2, 3, 4, 5의 5개의 숫자 중에서 서로 다른 3개의 숫자를 뽑아 만들 수 있는 세 자리 정수 중 3의 배수의 개수를 구하시오.

탐구   3의 배수는 각 자리의 숫자의 합이 3의 배수인 수이다.

풀이   1, 2, 3, 4, 5의 5개의 숫자 중 합이 3의 배수가 되는 세 수를 묶으면
(1, 2, 3), (1, 3, 5), (2, 3, 4), (3, 4, 5)이고 각각의 경우의 수가 모두 3!이므로
구하는 3의 배수의 개수는
$$4 \times 3! = 24$$

정답   24

유제 10-1   1부터 9까지의 9개의 숫자 중 서로 다른 2개의 숫자를 뽑아 만들 수 있는 두 자리 정수 중 9의 배수의 개수를 구하시오.

유제 10-2   0, 1, 2, 3, 4, 5의 6개의 숫자 중에서 서로 다른 4개의 숫자를 뽑아 만들 수 있는 네 자리 정수 중 5의 배수의 개수를 구하시오.

유제 10-3   0, 1, 2, 3, 4, 5의 6개의 숫자 중에서 서로 다른 3개의 숫자를 뽑아 만들 수 있는 세 자리 정수 중 4의 배수의 개수를 구하시오.

1 조합의 정의와 조합의 수

[1] 조합의 정의

→ 서로 다른 n개에서 순서를 생각하지 않고 r개를 택하는 것을 n개에서 r개를 뽑는 **조합**이라 하고 이 조합의 수를 기호 $_n\mathrm{C}_r$로 나타낸다.

서로 다른 것의 개수 $\rightarrow _n\mathrm{C}_r \leftarrow$ 택하는 것의 개수

[2] 조합의 수

→ 서로 다른 n개에서 r개를 택하는 조합의 수 $_n\mathrm{C}_r$은

$$_n\mathrm{C}_r = \frac{_n\mathrm{P}_r}{r!} = \frac{n(n-1)\cdots\cdots(n-r+1)}{r!} = \frac{n!}{r!(n-r)!} \ (\text{단},\ 0 \le r \le n)$$

(1) $_n\mathrm{C}_r = {_n\mathrm{C}_{r'}}$이면 $r' = r$ 또는 $r' = n-r$이다. → $_n\mathrm{C}_r = {_n\mathrm{C}_{n-r}}$

(2) $_n\mathrm{C}_r = {_{n-1}\mathrm{C}_{r-1}} + {_{n-1}\mathrm{C}_r}$

(3) $_n\mathrm{C}_r = \dfrac{n \cdot {_{n-1}\mathrm{P}_{r-1}}}{r!}$

강의 조합의 수는 순서 구별도 안 되고 중복 허락도 안 되는 경우의 수이다!

(1) 의미

$\begin{cases} \text{조합(1단계)} \rightarrow \text{뽑는다.} \rightarrow {_n\mathrm{C}_r} \\ \text{순열(2단계)} \rightarrow \text{뽑고 배열한다.} \rightarrow {_n\mathrm{P}_r} \end{cases}$

→ $_n\mathrm{P}_r = {_n\mathrm{C}_r} \times r!$ ∴ $_n\mathrm{C}_r = \dfrac{_n\mathrm{P}_r}{r!}$

(2) 성질

① $_n\mathrm{C}_r = {_n\mathrm{C}_{n-r}}$ → $_n\mathrm{C}_r = {_n\mathrm{C}_{r'}} \Leftrightarrow r' = r,\ r' = n-r$

② $_n\mathrm{C}_r = \dfrac{_n\mathrm{P}_r}{r!} = \dfrac{n!}{r!(n-r)!}$ ← 공식 증명에 활용

③ $_n\mathrm{C}_r = \dfrac{n}{r}\left({_{n-1}\mathrm{C}_{r-1}}\right)$

주의 이항분리 공식

① $_n\mathrm{P}_r = r\left({_{n-1}\mathrm{P}_{r-1}}\right) + {_{n-1}\mathrm{P}_r}$

② $_n\mathrm{C}_r = {_{n-1}\mathrm{C}_{r-1}} + {_{n-1}\mathrm{C}_r}$

다음 등식을 만족하는 n 또는 r의 값을 구하시오.

(1) $_{n}C_{3} = {}_{n}C_{4}$ (2) $_{10}C_{r+2} = {}_{10}C_{2r+2}$

탐구 $_{n}C_{r} = {}_{n}C_{r'}$이면 $r' = r$ 또는 $r' = n - r$ 이다.

풀이   (1) $_{n}C_{r} = {}_{n}C_{n-r}$이므로

$r = 3$이라 할 때, $n - 3 = 4$ $\therefore\ n = 7$

(2) $_{10}C_{r+2} = {}_{10}C_{2r+2}$이므로

$r + 2 = 2r + 2$ 또는 $10 - (r+2) = 2r + 2$ $\therefore\ r = 0,\ 2$

정답   (1) $n = 7$ (2) $r = 0$ 또는 2

유제 11-1   다음 등식을 만족하는 n 또는 r의 값을 구하시오.

(1) $_{12}C_{r} = {}_{12}C_{r-4}$ (2) $_{2n+1}C_{3} = 84$

유제 11-2   다음 등식이 성립함을 증명하시오.

$$_{n}C_{r} = {}_{n-1}C_{r-1} + {}_{n-1}C_{r} \quad (단,\ 1 \le r < n)$$

강의   **순열과 조합의 구별법은 순서와 서열과 기분에 따라 나누어진다!**

순열 → 순서(有), 서열(有), 기분(異)

조합 → 순서(無), 서열(無), 기분(同)

有(있을 유)   異(다를 이)   無(없을 무)   同(같을 동)

7명의 학생 중에서 다음 조건에 맞는 선출 방법의 수를 구하시오.

(1) 회장, 부회장, 서기를 뽑는 방법의 수

(2) 위원 세 명을 뽑는 방법의 수

탐구   ① 서열이 있으면 순열이다.   ② 서열이 없으면 조합이다.

풀이   (1) $_{7}P_{3} = 7 \times 6 \times 5 = 210$

(2) $_{7}C_{3} = \dfrac{7 \times 6 \times 5}{3 \times 2 \times 1} = 35$

정답   (1) 210 (2) 35

 1부터 10까지의 수 중 3개의 수를 선택할 때, 홀수 2개와 짝수 1개를 선택하는 경우의 수를 구하시오.

유제 **12-2** 남학생 7명과 여학생 6명이 있다. 이 중에서 4명의 위원을 뽑을 때, 남학생 2명, 여학생 2명을 뽑는 방법의 수를 구하시오.

강의 **적어도~, ~가 아닌 사건이 복잡할 때 여사건을 이용한다!**

→ 「적어도~」가 있는 경우의 수

(구하는 경우의 수)=(모든 경우의 수)−(구하지 않는 경우의 수)

기|본|예|제 **13**

남학생 5명과 여학생 4명 중 3명의 학생을 뽑을 때, 여학생을 적어도 한 명 뽑는 경우의 수를 구하시오.

탐구 「적어도~」가 있는 경우의 수=(모든 경우의 수)−(구하지 않는 경우의 수)

풀이 9명의 학생 중 3명의 학생을 뽑는 경우의 수는

$$_9C_3 = \frac{9 \times 8 \times 7}{3 \times 2 \times 1} = 84$$

여학생을 적어도 한 명 뽑는 사건의 여사건은 남학생 중 3명을 뽑는 사건이므로

$$_5C_3 = {}_5C_2 = \frac{5 \times 4}{2 \times 1} = 10$$

따라서 구하는 경우의 수는

$$84 - 10 = 74$$

정답 74

유제 **13-1** 남자 5명, 여자 4명 중에서 3명을 뽑을 때, 남녀가 각각 적어도 1명씩 포함되는 경우의 수를 구하시오.

유제 **13-2** 남녀 합해서 12명의 학생이 있다. 이 중에서 2명의 대표를 뽑는데 남학생이 적어도 한 명 포함하는 방법이 30가지일 때, 여학생의 수를 구하시오.

기|본|예|제 **14**

상자 속에 서로 색이 다른 공이 12개 들어있다. 이 중에서 5개를 꺼낼 때, 정해 놓은 색의 공 2개가 항상 포함되는 경우의 수를 구하시오.

탐구 '반드시 포함된다'의 처리방법 → 제외하고 생각한다.

풀이 정해 놓은 색의 공 2개를 미리 뽑은 후 나머지 10개에서 3개를 뽑는 경우의 수를 생각한다.

$$_{10}C_3 = 120$$

정답 120

유제 14-1 남자 4명과 여자 6명에서 4명을 선출할 때, 특별한 남자 1명과 특별한 여자 1명이 반드시 선출되는 경우의 수를 구하시오.

유제 14-2 20명 중에서 4명의 위원을 선출할 때, 특별한 2명이 선출되지 않는 경우의 수를 구하시오.

유제 14-3 1부터 9까지의 숫자 중에서 서로 다른 3개의 숫자를 선택할 때, 3의 배수인 숫자는 포함되지 않는 경우의 수를 구하시오.

유제 14-4 6개의 문자 A, B, C, D, E, F 중에서 3개의 문자를 뽑을 때, A는 포함하고 B는 포함하지 않는 경우의 수를 구하시오.

기 | 본 | 예 | 제 15

남녀 각각 5명씩 10명의 사람이 있다. 이때 그 중에서 남자 3명, 여자 2명을 뽑아 일렬로 세우는 방법의 수를 구하시오.

탐구 순열과 조합이 섞인 문제의 해법 → 우선 뽑고, 나중에 배열한다.

풀이 남자 3, 여자 2명을 뽑는 방법의 수는 $_5C_3 \times {}_5C_2$이고 5명을 일렬로 세우는 방법의 수는 $5!$이므로 구하는 방법의 수는

$$_5C_3 \times {}_5C_2 \times 5! = 10 \times 10 \times 120 = 12000$$

정답 12000

유제 15-1 남자 5명, 여자 3명의 선수 중 4명을 뽑아 순서대로 번호를 정할 때, 여자가 2명 뽑히는 방법의 수를 구하시오.

유제 15-2 A, B, C, D, E, F의 6개의 문자 중 4개의 문자를 뽑아 일렬로 배열할 때, 모음이 모두 포함되는 경우의 수를 구하시오.

그림과 같이 평면상에 16개의 점이 존재할 때, 주어진 점을 이어서 만들 수 있는
  (1) 직선의 개수   (2) 삼각형의 개수
를 구하시오.

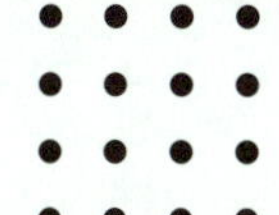

탐구   ① $_nC_2 \rightarrow$ 직선 결정   ② $_nC_3 \rightarrow$ 삼각형 결정

풀이   (1) 16개의 점에서 2개의 점을 이어서 만든 직선의 개수를 구하면

$$_{16}C_2 = 120$$

일직선 위에 있는 4개의 점에서 2개의 점을 이어서 만든 직선의 개수를 구하면

$$10 \times {}_4C_2 = 60$$

일직선 위에 있는 3개의 점에서 2개의 점을 이어서 만든 직선의 개수를 구하면

$$4 \times {}_3C_2 = 12$$

일직선 위에 있는 4개의 점과 3개의 점을 이어서 만들 수 있는 직선의 개수를 구하면

$$10 + 4 = 14$$

따라서 만들 수 있는 직선의 개수는

$$120 - 60 - 12 + 14 = 62$$

(2) 16개의 점에서 3개의 점을 택하는 경우의 수는

$$_{16}C_3 = 560$$

일직선 위에 있는 4개의 점에서 3개의 점을 택하는 경우의 수는

$$10 \times {}_4C_3 = 40$$

일직선 위에 있는 3개의 점에서 3개의 점을 택하는 경우의 수는

$$4 \times {}_3C_3 = 4$$

따라서 만들 수 있는 삼각형의 개수는

$$560 - 40 - 4 = 516$$

정답   (1) 62   (2) 516

유제 16-1   오른쪽 그림과 같이 정사각형의 둘레에 일정한 간격으로
배열된 16개의 점으로 만들 수 있는 서로 다른 직선의
개수를 구하시오.

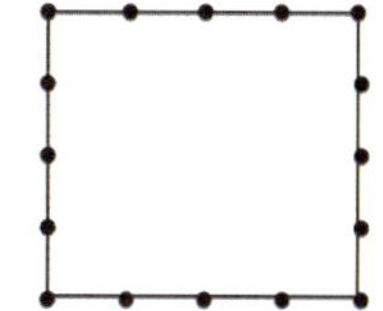

유제 16-2   오른쪽 그림과 같이 반원 위에 배열된 7개의 점 중 3개의 점을 이
어 만들 수 있는 삼각형의 개수를 구하시오.

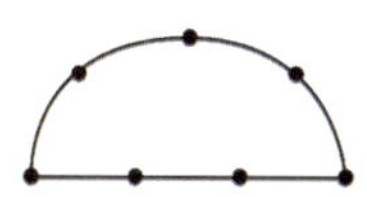

→ 가로선 2개 취하고 세로선 2개 취한다.

→ ${}_mC_2 \times {}_nC_2$

주의 정사각형의 개수

→ n등분 : $1^2 + 2^2 + 3^2 + \cdots + n^2$

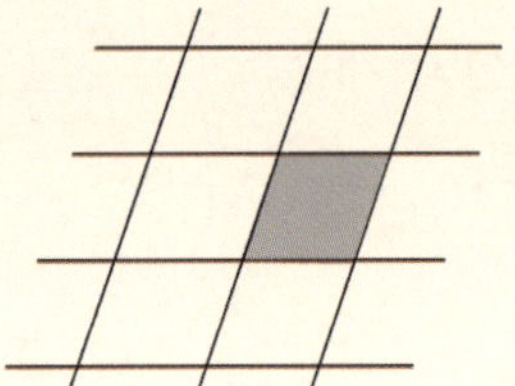

기|본|예|제 17

오른쪽 그림과 같이 평행한 직선이 만날 때, 이 직선으로 만들 수 있는 평행사변형의 개수를 구하시오.

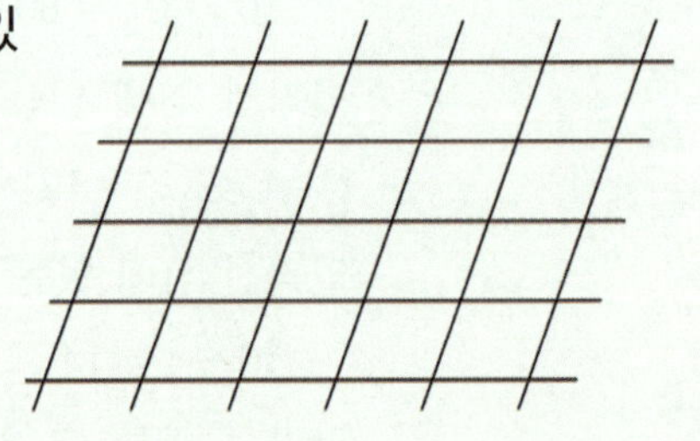

탐구 가로선 중 2개, 세로선 중 2개 → 평행사변형

풀이 가로선 5개 중 2개를 뽑고 세로선 6개 중 2개를 뽑으면 평행사변형이 된다.

$$_5C_2 \times {}_6C_2 = 150$$

정답 150

유제 17-1 오른쪽 그림과 같이 수직으로 만나는 가로선과 세로선이 일정한 간격으로 배열되어 있다. 이 도형에서 만들 수 있는 사각형 중 다음을 구하시오.

(1) 직사각형의 개수　　(2) 정사각형의 개수

유제 17-2 오른쪽 그림과 같이 수직으로 만나는 가로선과 세로선이 일정한 간격으로 배열되어 있다. 이 도형에서 만들 수 있는 사각형 중 정사각형이 아닌 직사각형의 개수를 구하시오.

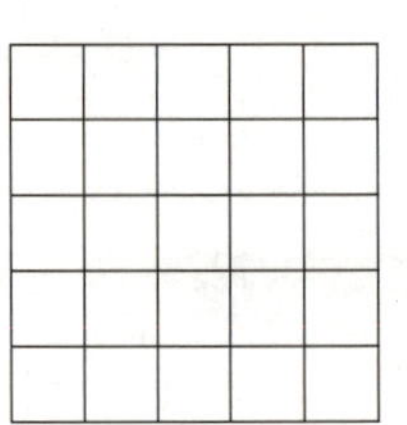

[1] 분할은 나누는 것이고, 분배는 나누어 주는 것이다.

[2] 반드시 분할한 다음에 분배해야 한다.

　＊ 1개, 2개, 3개로 분할, 분배하는 경우

　➡ 분할 : $_6C_1 \times _5C_2 \times _3C_3$

　➡ 분배 : $_6C_1 \times _5C_2 \times _3C_3 \times 3!$

강의 분할과 분배의 차이점을 잘 파악해두어라!

　➡ 분할(1단계) : 나누는 것

　➡ 분배(2단계) : 나누어 주는 것

기│본│예│제 18

색이 다른 6개의 구슬을 1개, 2개, 3개로 나누는 경우의 수와 나눈 구슬을 모양이 다른 3개의 접시에 나누어 담는 경우의 수를 각각 구하시오.

탐구　분할 → 나누는 것, 분배 → 나누어 주는 것

풀이　(1개) (2개) (3개)

　　ⅰ) 나누는 경우의 수 : $_6C_1 \times _5C_2 \times _3C_3 = 60$

　　ⅱ) 나누어 담는 경우의 수 : $_6C_1 \times _5C_2 \times _3C_3 \times 3! = 360$

정답　나누는 경우의 수 : 60, 나누어 담는 경우의 수 : 360

유제 18-1　6명의 승객이 3대의 택시에 나누어 타는 경우의 수를 구하시오.

　　　　　　　　　　(단, 택시는 구별하지 않고 한 차에 적어도 한 명은 탄다.)

유제 18-2　서로 다른 6개의 공을 두 바구니 A, B에 나누어 담는 경우의 수를 구하시오.

　　　　　　　　　　(단, 한 바구니에 적어도 한 개의 공을 담는다.)

반복학습 기록란.

가장 좋은 학습방법은 학교에서나 학원에서나 선생님의 강의를 열심히 듣고 여러 번 반복학습하는 것입니다.
지금부터 당장 선생님의 강의를 열심히 듣고 반복! 반복하십시오. 그러면 곧 모든 과목에 자신이 생길 것입니다.

회수	시작이 반!			끝을 봐야!			확인
제1회	년	월	일 부터	년	월	일 까지	
제2회	년	월	일 부터	년	월	일 까지	
제3회	년	월	일 부터	년	월	일 까지	
제4회	년	월	일 부터	년	월	일 까지	
제5회	년	월	일 부터	년	월	일 까지	
제6회	년	월	일 부터	년	월	일 까지	
제7회	년	월	일 부터	년	월	일 까지	
제8회	년	월	일 부터	년	월	일 까지	
제9회	년	월	일 부터	년	월	일 까지	
제10회	년	월	일 부터	년	월	일 까지	

A Step 연습 문제

▶ 연습문제 A는 앞에서 배운 기초 단계의 문제이므로 선생님의 도움 없이 스스로 풀어 자신의 실력을 점검해 보도록 하자.

01 A, B, C, D, E 다섯 문자를 한 줄로 세우는 경우의 수를 구하시오.

02 부모님과 자녀 2명이 가족 사진을 찍으려고 한다. 부모님은 이웃하게 서고 가족 모두 한 줄로 서서 찍는 경우의 수를 구하시오.

03 5명의 후보 중 다음을 뽑는 경우의 수를 구하시오.
(1) 회장 1명과 부회장 1명 (2) 대표 2명

04 다음 등식을 만족하는 자연수 n 또는 r의 값을 구하시오.
(1) $_n\mathrm{P}_3 = 120$ (2) $_{10}\mathrm{P}_r = 720$

05 7명의 학생이 있을 때, 다음을 구하시오.
(1) 7명의 학생을 일렬로 배열하는 경우의 수
(2) 7명 중 3명을 뽑아 일렬로 배열하는 경우의 수

06 여학생 3명, 남학생 5명이 일렬로 줄을 설 때, 적어도 한쪽 끝에 남학생이 오는 경우의 수를 구하시오.

07 남학생 5명, 여학생 3명을 여학생 3명이 이웃하게 일렬로 배열하는 경우의 수를 구하시오.

08 남학생 5명, 여학생 3명을 여학생 3명이 이웃하지 않게 일렬로 세우는 경우의 수를 구하시오.

09 a, b, c, d의 4개의 문자를 사전식으로 배열할 때, $cbea$는 몇 번째 나타나는 문자열인지 구하시오.

10 5개의 숫자 1, 2, 3, 4, 5로 만들 수 있는 세 자리 자연수의 개수를 구하시오.

11 1, 2, 3, 4, 5, 6의 6개의 숫자 중 서로 다른 4개의 숫자를 뽑아 만들 수 있는 네 자리 홀수의 개수를 구하시오.

12 0, 1, 2, 3, 4, 5의 6개의 숫자 중에서 서로 다른 4개의 숫자를 뽑아 만들 수 있는 네 자리 정수 중 5의 배수의 개수를 구하시오.

13 다음 등식을 만족하는 n 또는 r의 값을 구하시오.
(1) $_nC_3 = {}_nC_4$ (2) $_{10}C_{r+2} = {}_{10}C_{2r+2}$

14 7명의 학생 중에서 다음 조건에 맞는 선출 방법의 수를 구하시오.
(1) 회장, 부회장, 서기를 뽑는 방법의 수
(2) 위원 세 명을 뽑는 방법의 수

15 남학생 5명과 여학생 4명 중 3명의 학생을 뽑을 때, 여학생을 적어도 한 명 뽑는 경우의
수를 구하시오.

16 상자 속에 서로 색이 다른 공이 12개 들어있다. 이 중에서 5개를 꺼낼 때, 정해 놓은 색의
공 2개가 항상 포함되는 경우의 수를 구하시오.

17 남녀 각각 5명씩 10명의 사람이 있다. 이때 그 중에서 남자 3명, 여자 2명을 뽑아 일렬로
세우는 방법의 수를 구하시오.

18 오른쪽 그림과 같이 정사각형의 둘레에 일정한 간격으로 배열된 16개의 점으
로 만들 수 있는 서로 다른 직선의 개수를 구하시오.

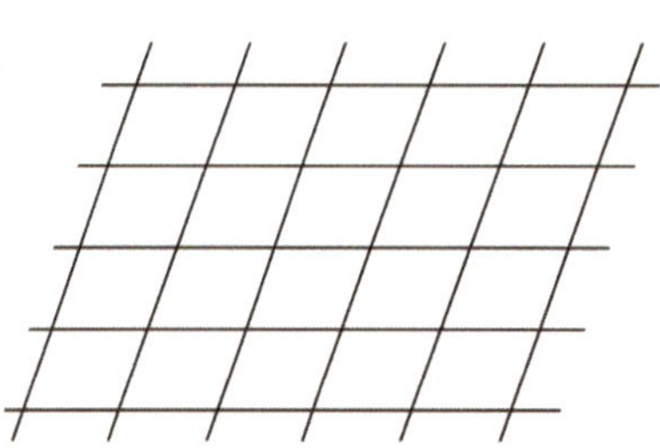

19 오른쪽 그림과 같이 평행한 직선이 만날 때, 이 직선으로
만들 수 있는 평행사변형의 개수를 구하시오.

20 6명의 승객이 3대의 택시에 나누어 타는 경우의 수를 구하시오. (단, 택시는 구별하지 않고
한 차에 적어도 한 명은 탄다.)

▶ 연습문제 B는 앞에서 배운 문제 중 응용단계의 문제이므로 연습장에 스스로 풀어보고 잘 풀리지 않으면 처음부터 다시 공부한 후 자신이 있을 때 다시 풀어 보도록 하자.

01 수학 참고서 2권, 영어 참고서 3권이 있다. 책꽂이에 꽂을 때, 수학 참고서가 양 끝에 오게 꽂는 경우의 수를 구하시오.

02 a, b, c, d, e 다섯 문자를 한 줄로 늘어놓을 때, 자음이 서로 이웃하게 되는 경우의 수를 구하시오.

03 어느 고등학교 1학년 7개 반이 축구 경기를 하려고 한다. 모든 반이 서로 빠짐없이 경기를 한 번씩 하려면 몇 번의 경기를 해야 하는지 구하시오.

04 $_{2n}P_4 = 70 \times {}_nP_3$을 만족하는 자연수 n의 값을 구하시오. (단, $n \geq 3$)

05 A, B, C, D의 4개의 문자와 a, b, c, d의 4개의 문자를 각각 일렬로 배열하여 같은 위치에 있는 문자끼리 대응시켰을 때, A와 a가 서로 대응되지 않는 경우의 수를 구하시오.

06 1부터 7까지의 자연수 중 4개의 자연수를 뽑아 일렬로 배열할 때, 적어도 짝수가 1개 포함되는 경우의 수를 구하시오.

07 a, b, c, d, e, f의 6개의 문자를 일렬로 배열할 때, a와 b 사이에 2개의 문자가 들어가게 배열하는 경우의 수를 구하시오.

08 남학생 3명과 여학생 3명을 일렬로 세울 때, 남학생과 여학생이 서로 교대로 서게 되는 경우의 수를 구하시오.

09 a, b, c, d, e를 모두 사용하여 만든 120개의 순열을 사전식으로 $abcde$에서 $edcba$까지 나열할 때,
(1) 순열 $cdeab$는 몇 번째에 오는지 구하시오.
(2) 40번째에 오는 순열은 무엇인지 구하시오.

10 1부터 9까지의 숫자 중 4개의 숫자를 골라 만들 수 있는 네 자리 자연수 중 5000보다 작은 자연수의 개수를 구하시오.

11 0, 1, 2, 3, 4, 5, 6의 7개의 숫자 중에서 서로 다른 4개의 숫자를 뽑아 만들 수 있는 네 자리 짝수의 개수를 구하시오.

12 1, 2, 3, 4, 5의 5개의 숫자 중에서 서로 다른 3개의 숫자를 뽑아 만들 수 있는 세 자리 정수 중 3의 배수의 개수를 구하시오.

13 다음 등식을 만족하는 n 또는 r의 값을 구하시오.
(1) $_{12}C_r = {}_{12}C_{r-4}$
(2) $_{2n+1}C_3 = 84$

14 남학생 7명과 여학생 6명이 있다. 이 중에서 4명의 위원을 뽑을 때, 남학생 2명, 여학생 2명을 뽑는 방법의 수를 구하시오.

15 남녀 합해서 12명의 학생이 있다. 이 중에서 2명의 대표를 뽑는데 남학생이 적어도 한 명 포함하는 방법이 30가지일 때, 여학생의 수를 구하시오.

16 6개의 문자 A, B, C, D, E, F중에서 3개의 문자를 뽑을 때, A는 포함하고 B는 포함하지 않는 경우의 수를 구하시오.

17 A, B, C, D, E, F의 6개의 문자 중 4개의 문자를 뽑아 일렬로 배열할 때, 모음이 모두 포함되는 경우의 수를 구하시오.

18 그림과 같이 평면상에 16개의 점이 존재할 때, 주어진 점을 이어서 만들 수 있는 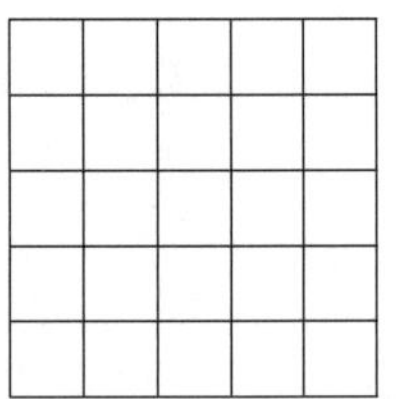

    (1) 직선의 개수   (2) 삼각형의 개수

를 구하시오.

19 오른쪽 그림과 같이 수직으로 만나는 가로선과 세로선이 일정한 간격으로 배열되어 있다. 이 도형에서 만들 수 있는 사각형 중 정사각형이 아닌 직사각형의 개수를 구하시오.

20 색이 다른 6개의 구슬을 1개, 2개, 3개로 나누는 경우의 수와 나눈 구슬을 모양이 다른 3개의 접시에 나누어 담는 경우의 수를 각각 구하시오.

VII 행렬

P A R T

01

행렬과 그 연산

명언

말이 만든 상처는 칼로 입은 상처보다 깊고 심하다.

- 모로코속담 -

〈다항식과 행렬의 곱셈의 차이점〉

다항식의 곱셈	행렬의 곱셈
$AB = BA$	$AB \neq BA$
$(A+B)^2 = A^2 + 2AB + B^2$	$(A+B)^2 \neq A^2 + 2AB + B^2$
$(A-B)^2 = A^2 - 2AB + B^2$	$(A-B)^2 \neq A^2 - 2AB + B^2$
$(A+B)(A-B) = A^2 - B^2$	$(A+B)(A-B) \neq A^2 - B^2$
$(A+B)^3 = A^3 + 3A^2B + 3AB^2 + B^3$	$(A+B)^3 \neq A^3 + 3A^2B + 3AB^2 + B^3$
$(A-B)^3 = A^3 - 3A^2B + 3AB^2 - B^3$	$(A-B)^3 \neq A^3 - 3A^2B + 3AB^2 - B^3$
$(A+B)(A^2 - AB + B^2) = A^3 + B^3$	$(A+B)(A^2 - AB + B^2) \neq A^3 + B^3$
$(A-B)(A^2 + AB + B^2) = A^3 - B^3$	$(A-B)(A^2 + AB + B^2) \neq A^3 - B^3$

〈행렬이라는 단어의 유래〉

'행렬(Matrix)'이라는 단어는 사실 아주 오래된 라틴어에서 유래됐어.

라틴어로 '행렬(Matrix)'는 '어머니' 또는 '모체'라는 뜻이야.

왜 이런 이름이 붙었을까?

수학자들은 행렬이 다양한 수와 계산을 포함하면서도 새로운 답이나 결과를 만들어내는 기본 틀이 된다고 생각했어. 마치 아기가 어머니 뱃속에서 태어나는 것처럼, 행렬이 새로운 아이디어와 답을 만들어내는 모체가 된다고 여긴 거지.

그래서 19세기 영국 수학자인 제임스 조지프 실베스터라는 사람이 'Matrix'라는 단어를 숫자가 배열된 모체로 정의한 후 처음 사용하면서 지금까지도 이렇게 부르고 있단다.

1 행렬의 뜻과 표시법

[1] 행렬과 그 성분

→ 수 또는 문자를 직사각형의 모양으로 배열하여 괄호로 묶은 것을 **행렬**이라 하고, 행렬을 이루고 있는 각각의 수 또는 문자를 그 행렬의 **성분**이라 한다.

[2] 행과 열

(1) 행렬에서 성분의 가로의 배열을 **행**이라 하고, 위에서부터 차례로 제1행, 제2행, …이라 한다.

(2) 행렬에서 성분의 세로의 배열을 **열**이라 하고, 왼쪽에서부터 차례로 제1열, 제2열, …이라 한다.

$$A = \begin{pmatrix} a & b & c \\ 10 & 20 & 30 \end{pmatrix} \begin{matrix} \leftarrow \text{제1행} \\ \leftarrow \text{제2행} \end{matrix}$$

$$\begin{matrix} \downarrow & \downarrow & \downarrow \\ \text{제} & \text{제} & \text{제} \\ 1 & 2 & 3 \\ \text{열} & \text{열} & \text{열} \end{matrix}$$

[3] $m \times n$ 행렬

→ m개의 행과 n개의 열로 이루어진 행렬을 $m \times n$ **행렬** 또는 m**행** n**열의 행렬**이라 한다. 특히, 행의 개수와 열의 개수가 모두 n개인 $n \times n$ 행렬을 n**차 정사각행렬**이라 하고, n을 이 행렬의 **차수**라 한다.

[4] 행렬의 표시법

→ 행렬을 한 문자로 나타낼 때는 보통 알파벳의 대문자 A, B, C, …를 사용하고, 그 성분은 소문자 a, b, c, …를 사용하여 나타낸다.

(1) $(i,\ j)$ 성분

→ 행렬에서 제i행과 제j열이 만나는 위치에 있는 성분을 $(i,\ j)$ **성분** 또는 i**행** j**열의 성분**이라 하고, a_{ij}로 나타낸다.

(2) 행렬 $A = (a_{ij})$

→ $m \times n$ 행렬 A를 간단히 $A = (a_{ij})$; $i = 1,\ 2,\ \cdots,\ m$, $j = 1,\ 2,\ \cdots,\ n$으로 나타내기도 한다.

→ $A = \begin{pmatrix} a_{11} & a_{12} & a_{13} \\ a_{21} & a_{22} & a_{23} \end{pmatrix} \rightarrow A = (a_{ij})$; $i = 1,\ 2,\ j = 1,\ 2,\ 3$

$$\rightarrow (\boxed{수 \text{ or } 문자}) \rightarrow \begin{cases} 가로의\ 배열 \rightarrow 행 \\ 세로의\ 배열 \rightarrow 열 \end{cases} \rightarrow \begin{pmatrix} 1 & 2 & 3 \\ a & b & c \end{pmatrix} \begin{matrix} \leftarrow 제\,1\,행 \\ \leftarrow 제\,2\,행 \end{matrix}$$

$$\begin{matrix} \downarrow & \downarrow & \downarrow \\ 제 & 제 & 제 \\ 1 & 2 & 3 \\ 열 & 열 & 열 \end{matrix}$$

기 | 본 | 예 | 제 01

행렬을 보고 다음을 구하시오.

$$A = \begin{pmatrix} 1 & 2 & 3 \\ a & b & c \end{pmatrix}$$

(1) 행의 개수   (2) 열의 개수   (3) 제2행과 제3열이 교차하는 점의 성분

탐구   행렬 A는 2행 3열로 구성된 2×3 행렬이다.

풀이   (1) 행의 개수 → 가로 배열 두 줄

$$\therefore\ 2개$$

(2) 열의 개수 → 세로 배열 세 줄

$$\therefore\ 3개$$

(3) 제2행과 제3열이 교차하는 점의 성분

$$\rightarrow A = \begin{pmatrix} 1 & 2 & 3 \\ a & b & c \end{pmatrix} \quad \therefore\ c$$

정답   (1) 2   (2) 3   (3) c

유제 01-1   행렬 $\begin{pmatrix} 2 & a+1 \\ 4 & 3 \end{pmatrix}$에서 제1행의 성분의 합이 5일 때, 상수 a의 값을 구하시오.

유제 01-2   행렬 $\begin{pmatrix} 2 & a+1 \\ a & a-2 \end{pmatrix}$에서 제2열의 성분의 곱이 4일 때, 양수 a의 값을 구하시오.

 $m \times n$ 행렬은 m 행과 n 열로 구성된 행렬이다!

→ $\begin{bmatrix} m\text{개의 행} \\ n\text{개의 열} \end{bmatrix}$ 구성 → $\begin{pmatrix} 1 & 2 & 3 \\ a & b & c \end{pmatrix}$ → 2×3 행렬

주의 정사각행렬

→ $\left(\boxed{\begin{matrix}\text{정사}\\\text{각형}\end{matrix}}\right)$ → $\begin{bmatrix}\text{행의 개수} \\ \text{열의 개수}\end{bmatrix}$ 同

→ $\begin{pmatrix} 1 & 2 & 3 \\ a & b & c \\ x & y & z \end{pmatrix}$ → 3×3 행렬 → 3차의 정사각행렬

同 (같을 동)

기|본|예|제 **02**

다음 행렬 A, B, C, D의 꼴을 말하시오.

(1) $A = (-1 \quad 3 \quad 5)$

(2) $B = \begin{pmatrix} -5 \\ 7 \end{pmatrix}$

(3) $C = \begin{pmatrix} 1 & 2 \\ 3 & 4 \end{pmatrix}$

(4) $D = \begin{pmatrix} -2 & 10 & 7 \\ 21 & -7 & 1 \end{pmatrix}$

탐구 행의 개수가 m, 열의 개수가 n → $m \times n$ 행렬

풀이 (1) 행 : 1개, 열 : 3개 → 1×3 행렬

(2) 행 : 2개, 열 : 1개 → 2×1 행렬

(3) 행 : 2개, 열 : 2개 → 2×2 행렬

(4) 행 : 2개, 열 : 3개 → 2×3 행렬

정답 (1) 1×3 행렬 (2) 2×1 행렬 (3) 2×2 행렬 (4) 2×3 행렬

유제 02-1 다음 행렬의 꼴을 말하시오.

(1) $\begin{pmatrix} 2 & 0 \\ 1 & 3 \end{pmatrix}$

(2) $\begin{pmatrix} -1 & 0 & 3 \\ 1 & 2 & 5 \end{pmatrix}$

(3) $\begin{pmatrix} 4 & 5 & 7 \\ 0 & -1 & 5 \\ 3 & 4 & 0 \end{pmatrix}$

유제 02-2 다음 중 정사각행렬을 모두 고르시오.

① $\begin{pmatrix} 1 & 2 \\ 3 & 4 \\ 5 & 6 \end{pmatrix}$

② $\begin{pmatrix} 1 \\ 0 \\ -1 \end{pmatrix}$

③ $\begin{pmatrix} 1 & 0 & 1 \\ 0 & 1 & 0 \\ 1 & 0 & 1 \end{pmatrix}$

④ $\begin{pmatrix} 2 & 11 \\ -7 & 3 \end{pmatrix}$

⑤ $\begin{pmatrix} 6 \\ -8 \end{pmatrix}$

 행렬 $A = (a_{ij})$는 i행과 j열의 교차점의 성분을 의미한다!

→ $A = (a_{ij})$; $i = 1,\ 2,\ j = 1,\ 2,\ 3 \rightarrow A = \begin{pmatrix} a_{11} & a_{12} & a_{13} \\ a_{21} & a_{22} & a_{23} \end{pmatrix}$

주의 $(i,\ j)$성분

→ $a_{ij} \rightarrow i$행과 j열의 교차점의 성분

→ $a_{23} \rightarrow 2$행과 3열의 교차점의 성분

기│본│예│제 03

$i = 1,\ 2,\ 3,\ j = 1,\ 2$라 할 때, $a_{ij} = 2i + j^2 - 1$로 나타내어지는 행렬 A를 구하시오.

탐구 행렬 $A = (a_{ij})$는 3×2 행렬

풀이 행렬 $A = (a_{ij}) = \begin{pmatrix} a_{11} & a_{12} \\ a_{21} & a_{22} \\ a_{31} & a_{32} \end{pmatrix}$

$$a_{11} = 2 \times 1 + 1^2 - 1 = 2 \qquad a_{12} = 2 \times 1 + 2^2 - 1 = 5$$
$$a_{21} = 2 \times 2 + 1^2 - 1 = 4 \qquad a_{22} = 2 \times 2 + 2^2 - 1 = 7$$
$$a_{31} = 2 \times 3 + 1^2 - 1 = 6 \qquad a_{32} = 2 \times 3 + 2^2 - 1 = 9$$

$$\therefore A = \begin{pmatrix} 2 & 5 \\ 4 & 7 \\ 6 & 9 \end{pmatrix}$$

정답 $A = \begin{pmatrix} 2 & 5 \\ 4 & 7 \\ 6 & 9 \end{pmatrix}$

유제 03-1 2×2 행렬 A의 $(i,\ j)$성분 a_{ij}를 $a_{ij} = \begin{cases} 3j & (i \le j) \\ 2i + j & (i > j) \end{cases}$ 로 정의할 때, 행렬 A의 모든 성분의 합을 구하시오.

유제 03-2 $(i,\ j)$성분 a_{ij}가 $a_{ij} = (-2)^{i+j} + ki$ (k는 실수)로 주어지는 이차정사각행렬 A의 모든 성분의 합이 22일 때, 상수 k의 값을 구하시오.

[1] 같은 꼴의 행렬

→ 두 행렬 A, B에 있어서 이들의 행의 수와 열의 수가 서로 같을 때, A와 B는 **같은 꼴의 행렬**이라
한다.

[2] 서로 같은 행렬

→ 두 행렬 A, B가 같은 꼴이고, 대응하는 성분이 각각 같을 때, A, B는 **서로 같다**고 하며, $A = B$
로 나타낸다.

강의 **행렬이 서로 같을 조건은 대응하는 성분이 서로 같다!**

→ ① 조건 : 同형(같은 꼴)

② 의미 : 대응원소 同

→ $A = \begin{pmatrix} a_1 & a_2 \\ a_3 & a_4 \end{pmatrix}$, $B = \begin{pmatrix} b_1 & b_2 \\ b_3 & b_4 \end{pmatrix}$일 때,

$$A = B \rightleftarrows \begin{array}{l} a_1 = b_1, \ a_2 = b_2 \\ a_3 = b_3, \ a_4 = b_4 \end{array}$$

同(같을 동)

기 | 본 | 예 | 제 04

$\begin{pmatrix} 2 & -a \\ 2b & -5 \end{pmatrix} = \begin{pmatrix} 2 & a+4 \\ a-4 & a+b \end{pmatrix}$가 성립할 때, 실수 a, b의 값을 구하시오.

탐구 행렬 A, B에 대하여 $A = B$ → 대응하는 성분이 서로 같다.

풀이 $-a = a+4$, $a-4 = 2b$, $a+b = -5$

식을 연립하여 a, b의 값을 구하면

$a = -2$, $b = -3$

정답 $a = -2$, $b = -3$

유제 04-1 $\begin{pmatrix} x+y & 2 \\ 3 & xy \end{pmatrix} = \begin{pmatrix} 1 & 2 \\ 3 & -4 \end{pmatrix}$일 때, 실수 x, y에 대하여 $x^2 + y^2$의 값을 구하시오.

유제 04-2 다음 등식이 성립하도록 하는 실수 x의 값을 구하시오. (단, a, b는 실수)

$$\begin{pmatrix} ax-3b & -1 \\ 2ax+9b & 1 \end{pmatrix} = \begin{pmatrix} -7 & 2a-5b \\ 1 & -a+3b \end{pmatrix}$$

02 행렬의 덧셈과 뺄셈과 실수배

1 행렬의 덧셈

→ 두 행렬 A, B가 같은 꼴일 때, A와 B의 대응하는 성분의 합을 성분으로 하는 행렬을 A와 B의 **합**이라 하고, $A+B$로 나타낸다.

→ $A=\begin{pmatrix} a_{11} & a_{12} \\ a_{21} & a_{22} \end{pmatrix}$, $B=\begin{pmatrix} b_{11} & b_{12} \\ b_{21} & b_{22} \end{pmatrix}$일 때, $A+B=\begin{pmatrix} a_{11}+b_{11} & a_{12}+b_{12} \\ a_{21}+b_{21} & a_{22}+b_{22} \end{pmatrix}$

강의 행렬의 덧셈은 대응하는 성분끼리 더하는 것이다!

→ ① 조건 : 同형(같은 꼴)

② 계산 : 대응하는 성분 $\oplus$

→ $A=\begin{pmatrix} a_{11} & a_{12} \\ a_{21} & a_{22} \end{pmatrix}$, $B=\begin{pmatrix} b_{11} & b_{12} \\ b_{21} & b_{22} \end{pmatrix}$일 때,

→ $A+B=\begin{pmatrix} a_{11}+b_{11} & a_{12}+b_{12} \\ a_{21}+b_{21} & a_{22}+b_{22} \end{pmatrix}$

同(같을 동)

기|본|예|제 05

다음을 계산하시오.

$$\begin{pmatrix} -4 & 1 \\ 2 & -3 \end{pmatrix} + \begin{pmatrix} -3 & 1 \\ 4 & 1 \end{pmatrix}$$

탐구 행렬의 덧셈 → 대응하는 성분의 합

풀이 $(준식)=\begin{pmatrix} -4-3 & 1+1 \\ 2+4 & -3+1 \end{pmatrix}=\begin{pmatrix} -7 & 2 \\ 6 & -2 \end{pmatrix}$

정답 $\begin{pmatrix} -7 & 2 \\ 6 & -2 \end{pmatrix}$

유제 05-1 다음을 계산하시오.

$$\begin{pmatrix} 5 & 8 & -4 \\ 6 & 0 & 15 \end{pmatrix} + \begin{pmatrix} -6 & 5 & 0 \\ 7 & 1 & 4 \end{pmatrix}$$

유제 05-2 다음을 만족하는 실수 a, b, x, y의 값을 구하시오.

$$\begin{pmatrix} x & 5 \\ 3 & a \end{pmatrix} + \begin{pmatrix} y & 2 \\ 1 & b \end{pmatrix} = \begin{pmatrix} -2 & x-2y \\ -4b & -1 \end{pmatrix}$$

→ 두 행렬 A, B가 같은 꼴일 때, A의 성분에서 이에 대응하는 B의 성분을 뺀 값을 성분으로 하는 행렬을 A에서 B를 뺀 **차**라 하고, $A-B$로 나타낸다.

$$\rightarrow A=\begin{pmatrix} a_{11} & a_{12} \\ a_{21} & a_{22} \end{pmatrix},\ B=\begin{pmatrix} b_{11} & b_{12} \\ b_{21} & b_{22} \end{pmatrix} \text{일 때, } A-B=\begin{pmatrix} a_{11}-b_{11} & a_{12}-b_{12} \\ a_{21}-b_{21} & a_{22}-b_{22} \end{pmatrix}$$

강의 행렬의 뺄셈은 대응하는 성분끼리 빼는 것이다!

→ ① 조건 : 同형(같은 꼴)

② 계산 : 대응하는 성분 $\ominus$

→ $A=\begin{pmatrix} a_{11} & a_{12} \\ a_{21} & a_{22} \end{pmatrix},\ B=\begin{pmatrix} b_{11} & b_{12} \\ b_{21} & b_{22} \end{pmatrix}$ 일 때,

$$\rightarrow A-B=\begin{pmatrix} a_{11}-b_{11} & a_{12}-b_{12} \\ a_{21}-b_{21} & a_{22}-b_{22} \end{pmatrix}$$

同(같을 동)

기 | 본 | 예 | 제 06

등식 $\begin{pmatrix} 2 & 1 & -3 \\ 3 & 2 & 0 \end{pmatrix}+P=\begin{pmatrix} 1 & 3 & 0 \\ 1 & -1 & 3 \end{pmatrix}$ 을 만족하는 행렬 P를 구하시오.

탐구 $\quad A+X=B \rightarrow X=B-A$

풀이 $\quad P=\begin{pmatrix} 1 & 3 & 0 \\ 1 & -1 & 3 \end{pmatrix}-\begin{pmatrix} 2 & 1 & -3 \\ 3 & 2 & 0 \end{pmatrix}$

$\qquad\quad =\begin{pmatrix} 1-2 & 3-1 & 0-(-3) \\ 1-3 & -1-2 & 3-0 \end{pmatrix}=\begin{pmatrix} -1 & 2 & 3 \\ -2 & -3 & 3 \end{pmatrix}$

정답 $\quad \begin{pmatrix} -1 & 2 & 3 \\ -2 & -3 & 3 \end{pmatrix}$

유제 06-1 등식 $\begin{pmatrix} 1 & 2 \\ -3 & 4 \end{pmatrix}+P=\begin{pmatrix} 3 & -2 \\ 1 & 1 \end{pmatrix}$ 을 만족시키는 행렬 P를 구하시오.

유제 06-2 세 행렬 A, B, C가 $A=\begin{pmatrix} -1 & 0 \\ 2 & 1 \end{pmatrix}$, $B=\begin{pmatrix} 2 & 1 \\ -1 & 3 \end{pmatrix}$, $C=\begin{pmatrix} 3 & 1 \\ 2 & -3 \end{pmatrix}$ 일 때, $A-B+C$ 를 구하시오.

[1] 영행렬

(1) 성분이 모두 0인 행렬을 **영행렬**이라 하고, O로 나타낸다. 예를 들면 $(0 \ \ 0)$, $\begin{pmatrix} 0 \\ 0 \end{pmatrix}$, $\begin{pmatrix} 0 & 0 \\ 0 & 0 \end{pmatrix}$,

$\begin{pmatrix} 0 & 0 & 0 \\ 0 & 0 & 0 \end{pmatrix}$ 등은 영행렬이고, 이들은 행렬로는 같지 않으나, 혼동할 염려가 없을 때에는 모두 O로 나타낸다.

(2) 임의의 행렬 A와 영행렬 O가 같은 꼴일 때,
$$A + O = O + A = A$$

[2] 행렬의 실수배

→ k를 임의의 실수라 할 때, 행렬 A의 각 성분에 k를 곱한 것을 성분으로 하는 행렬을 **A의 k배**라 하고, kA로 나타낸다.

→ $A = \begin{pmatrix} a_{11} & a_{12} \\ a_{21} & a_{22} \end{pmatrix}$ 일 때, $kA = \begin{pmatrix} ka_{11} & ka_{12} \\ ka_{21} & ka_{22} \end{pmatrix}$

강의 **영행렬 O는 모든 성분이 0이고 A는 A의 모든 원소에 k를 곱한 것이다!**

① 영행렬

→ 성분이 모두 0인 행렬 → $(0 \ \ 0)$, $\begin{pmatrix} 0 \\ 0 \end{pmatrix}$, $\begin{pmatrix} 0 & 0 \\ 0 & 0 \end{pmatrix}$

② 행렬의 실수배

→ 실수 $\times$ (모든 성분)

→ $A = \begin{pmatrix} a_{11} & a_{12} \\ a_{21} & a_{22} \end{pmatrix}$ 일 때, $kA = \begin{pmatrix} ka_{11} & ka_{12} \\ ka_{21} & ka_{22} \end{pmatrix}$

기|본|예|제 **07**

행렬 $A = \begin{pmatrix} 3 & -1 \\ 2 & 5 \end{pmatrix}$ 일 때, $A + X = O$을 만족하는 행렬 X를 구하시오. (단, O는 영행렬)

탐구 $A + X = O \rightarrow X = O - A = -A$

풀이 $A + X = O$에서 $X = O - A$

$$X = -A = -\begin{pmatrix} 3 & -1 \\ 2 & 5 \end{pmatrix} = \begin{pmatrix} -3 & 1 \\ -2 & -5 \end{pmatrix}$$

정답 $\begin{pmatrix} -3 & 1 \\ -2 & -5 \end{pmatrix}$

유제 07-1 행렬 $A = \begin{pmatrix} 1 & -1 \\ 2 & 0 \end{pmatrix}$일 때, $X + A = O$을 만족하는 행렬 X를 구하시오.

(단, O는 영행렬)

유제 07-2 행렬 $A = \begin{pmatrix} 0 & -2 \\ 3 & 4 \end{pmatrix}$, $B = \begin{pmatrix} 2 & 6 \\ 1 & 8 \end{pmatrix}$일 때, $X + A - B = O$을 만족하는 행렬 X를 구하시오. (단, O는 영행렬)

기|본|예|제 **08**

다음 등식을 만족시키는 실수 a, b, c에 대하여 $a+b+c$의 값을 구하시오.

$$2\begin{pmatrix} a & 1 \\ 2 & -1 \end{pmatrix} - \begin{pmatrix} 3 & b \\ 1 & 2 \end{pmatrix} = \begin{pmatrix} 1 & -1 \\ c & -4 \end{pmatrix}$$

탐구 $kA \rightarrow k\times$(모든 성분)

풀이
$$\begin{pmatrix} 2a & 2 \\ 4 & -2 \end{pmatrix} - \begin{pmatrix} 3 & b \\ 1 & 2 \end{pmatrix} = \begin{pmatrix} 1 & -1 \\ c & -4 \end{pmatrix}$$

$$\begin{pmatrix} 2a-3 & 2-b \\ 3 & -4 \end{pmatrix} = \begin{pmatrix} 1 & -1 \\ c & -4 \end{pmatrix}$$

$2a-3=1$에서 $a=2$

$2-b=-1$에서 $b=3$

$c=3$

따라서 $a+b+c = 2+3+3 = 8$이다.

정답 8

유제 08-1 행렬 $A = \begin{pmatrix} -1 & 2 \\ 1 & 0 \end{pmatrix}$, $B = \begin{pmatrix} 0 & -3 \\ -2 & 1 \end{pmatrix}$에 대하여 $2A + X = B$를 만족시키는 행렬 X의 모든 성분의 합을 구하시오.

유제 08-2 세 행렬 A, B, C가 $A = \begin{pmatrix} -1 & 2 \\ 3 & 1 \end{pmatrix}$, $B = \begin{pmatrix} 1 & 0 \\ -2 & 3 \end{pmatrix}$, $C = \begin{pmatrix} 2 & 4 \\ -1 & 3 \end{pmatrix}$일 때, 행렬 $3A - 2B + C$의 성분 중 최댓값을 구하시오.

→ A, B, C가 같은 꼴의 행렬이고 k, l이 실수일 때

[1] 행렬의 덧셈에 대한 기본 법칙

(1) $A+B=B+A$ ← 교환법칙 성립

(2) $(A+B)+C=A+(B+C)$ ← 결합법칙 성립

[2] 행렬의 실수배에 대한 기본법칙

(1) $k(lA)=(kl)A$ ← 결합법칙 성립

(2) $(k+l)A=kA+lA$, $k(A+B)=kA+kB$ ← 분배법칙 성립

강의 **행렬의 덧셈, 실수배에 대한 기본 법칙은 실수의 계산 법칙과 동일하다!**

(1) 행렬의 덧셈에 대한 기본 법칙

→ A, B, C가 같은 꼴의 행렬일 때

① 교환법칙의 성립

→ $A+B=B+A$

② 결합법칙의 성립

→ $(A+B)+C=A+(B+C)$

(2) 행렬의 실수배에 대한 기본 법칙

→ A, B, O가 같은 꼴의 행렬이고 k, l이 실수일 때

① 결합법칙의 성립

→ $k(lA)=(kl)A$

→ $3(2A)=(3\times2)A=6A$

② 분배법칙의 성립

→ $(k+l)A=kA+lA$, $k(A+B)=kA+kB$

→ $2A+3A=(2+3)A=5A$

→ $2(A+B)=2A+2B$

③ 실수배의 기본 성질

→ $(-1)A=-A$, $kO=O$, $0A=O$

→ $k\begin{pmatrix} 0 & 0 \\ 0 & 0 \end{pmatrix}=\begin{pmatrix} k\cdot0 & k\cdot0 \\ k\cdot0 & k\cdot0 \end{pmatrix}=\begin{pmatrix} 0 & 0 \\ 0 & 0 \end{pmatrix}=O$

→ $0\begin{pmatrix} a & b \\ c & d \end{pmatrix}=\begin{pmatrix} 0\cdot a & 0\cdot b \\ 0\cdot c & 0\cdot d \end{pmatrix}=\begin{pmatrix} 0 & 0 \\ 0 & 0 \end{pmatrix}=O$

두 이차정사각행렬 A, B에 대하여 $A+B=\begin{pmatrix} 4 & -1 \\ 0 & 2 \end{pmatrix}$, $2A-B=\begin{pmatrix} -1 & -2 \\ 6 & -2 \end{pmatrix}$일 때, 행렬 A, B를 각각 구하시오.

탐구 두 행렬 A, B에 대한 연립방정식을 푼다.

풀이 $A+B=\begin{pmatrix} 4 & -1 \\ 0 & 2 \end{pmatrix}$ ⋯ ①, $2A-B=\begin{pmatrix} -1 & -2 \\ 6 & -2 \end{pmatrix}$ ⋯ ②라 하면

①+② ; $3A=\begin{pmatrix} 3 & -3 \\ 6 & 0 \end{pmatrix}$ ∴ $A=\begin{pmatrix} 1 & -1 \\ 2 & 0 \end{pmatrix}$

①$-A$; $B=\begin{pmatrix} 4 & -1 \\ 0 & 2 \end{pmatrix}-\begin{pmatrix} 1 & -1 \\ 2 & 0 \end{pmatrix}=\begin{pmatrix} 3 & 0 \\ -2 & 2 \end{pmatrix}$

정답 $A=\begin{pmatrix} 1 & -1 \\ 2 & 0 \end{pmatrix}$, $B=\begin{pmatrix} 3 & 0 \\ -2 & 2 \end{pmatrix}$

유제 09-1 두 이차정사각행렬 X, Y에 대하여 $X+Y=\begin{pmatrix} 1 & 2 \\ 2 & -1 \end{pmatrix}$, $X-Y=\begin{pmatrix} 0 & 2 \\ -1 & 3 \end{pmatrix}$일 때, 행렬 X, Y를 각각 구하시오.

유제 09-2 두 이차정사각행렬 X, Y에 대하여 $2X+5Y=\begin{pmatrix} 3 & 7 \\ -6 & 7 \end{pmatrix}$, $X-Y=\begin{pmatrix} 5 & -7 \\ 4 & 0 \end{pmatrix}$일 때, 행렬 X, Y를 각각 구하시오.

유제 09-3 두 이차정사각행렬 X, Y에 대하여 $A+3B=\begin{pmatrix} -2 & 9 \\ 3 & 5 \end{pmatrix}$, $2A+B=\begin{pmatrix} 1 & 8 \\ 6 & 5 \end{pmatrix}$일 때, 행렬 $A-B$를 구하시오.

두 행렬 $A=\begin{pmatrix} 1 & -8 \\ -6 & 3 \end{pmatrix}$, $B=\begin{pmatrix} 7 & 4 \\ -2 & 1 \end{pmatrix}$ 일 때, 다음 두 식을 동시에 성립시키는 행렬 X, Y를 각각 구하시오.

$$\begin{cases} X-2Y=A \\ 2X+Y=B \end{cases}$$

탐구　연립방정식을 풀어 X, Y를 구하고 계산한다.

풀이　$\begin{cases} X-2Y=A & \cdots ① \\ 2X+Y=B & \cdots ② \end{cases}$

　　①$+2\times$② ; $5X=A+2B$

　　$\therefore\ X=\dfrac{1}{5}A+\dfrac{2}{5}B$

　　$X=\dfrac{1}{5}\begin{pmatrix} 1 & -8 \\ -6 & 3 \end{pmatrix}+\dfrac{2}{5}\begin{pmatrix} 7 & 4 \\ -2 & 1 \end{pmatrix}=\begin{pmatrix} 3 & 0 \\ -2 & 1 \end{pmatrix}$

　　X를 ②에 대입하여 Y를 구하면

　　$Y=B-2X=\begin{pmatrix} 7 & 4 \\ -2 & 1 \end{pmatrix}-2\begin{pmatrix} 3 & 0 \\ -2 & 1 \end{pmatrix}=\begin{pmatrix} 1 & 4 \\ 2 & -1 \end{pmatrix}$

정답　$X=\begin{pmatrix} 3 & 0 \\ -2 & 1 \end{pmatrix}$, $Y=\begin{pmatrix} 1 & 4 \\ 2 & -1 \end{pmatrix}$

유제 10-1　두 행렬 $A=\begin{pmatrix} -1 & 2 \\ 0 & -3 \end{pmatrix}$, $B=\begin{pmatrix} 1 & 4 \\ -3 & 0 \end{pmatrix}$ 일 때, 다음 등식을 만족하는 행렬 X를 구하시오.

$$A+3X=B-A$$

유제 10-2　두 행렬 $A=\begin{pmatrix} 1 & 3 \\ 5 & 7 \end{pmatrix}$, $B=\begin{pmatrix} 0 & -2 \\ 1 & -5 \end{pmatrix}$ 일 때, 등식 $A-2(B+Y)=3A+2B$를 만족하는 행렬 Y를 구하시오.

03 행렬의 곱셈

1 행렬의 곱셈

[1] 행렬의 곱의 정의

→ 두 행렬 A, B에 대하여 A의 열의 수와 B의 행의 수가 같을 때 AB를 정하고, A의 제i행과 B의 제j열의 성분을 차례로 곱해 더한 것을 $(i,\ j)$ 성분으로 하는 행렬을 A와 B의 **곱**이라 한다.

→ $(m \times n$행렬$)(n \times l$행렬$) = (m \times l$행렬$)$

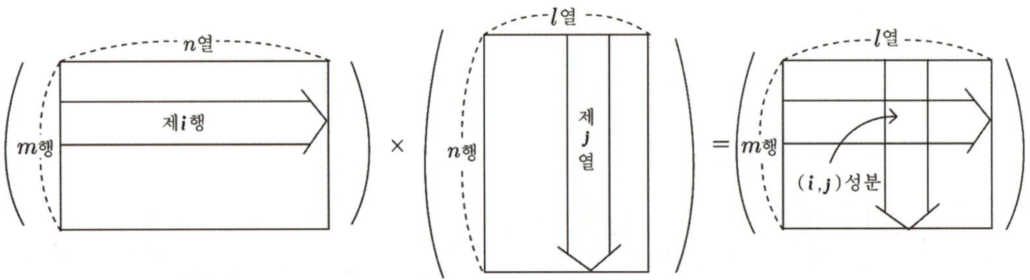

[2] 행렬의 곱의 계산방법

→ A의 제i행과 B의 제j열의 성분을 차례로 곱해서 더한다.

(1) $(1 \times 2$ 행렬$)(2 \times 1$ 행렬$) = (1 \times 1$ 행렬$)$

$$(a_1 \quad a_2)\begin{pmatrix} b_1 \\ b_2 \end{pmatrix} = (a_1 b_1 + a_2 b_2)$$

(2) $(1 \times 2$ 행렬$)(2 \times 2$ 행렬$) = (1 \times 2$ 행렬$)$

$$(a_1 \quad a_2)\begin{pmatrix} b_1 & b_2 \\ c_1 & c_2 \end{pmatrix} = (a_1 b_1 + a_2 c_1 \quad a_1 b_2 + a_2 c_2)$$

(3) $(2 \times 2$ 행렬$)(2 \times 2$ 행렬$) = (2 \times 2$ 행렬$)$

$$\begin{pmatrix} a_1 & a_2 \\ b_1 & b_2 \end{pmatrix}\begin{pmatrix} c_1 & c_2 \\ d_1 & d_2 \end{pmatrix} = \begin{pmatrix} a_1 c_1 + a_2 d_1 & a_1 c_2 + a_2 d_2 \\ b_1 c_1 + b_2 d_1 & b_1 c_2 + b_2 d_2 \end{pmatrix}$$

(4) $(2 \times 1$ 행렬$)(1 \times 2$ 행렬$) = (2 \times 2$ 행렬$)$

$$\begin{pmatrix} a_1 \\ b_1 \end{pmatrix}(c_1 \quad c_2) = \begin{pmatrix} a_1 c_1 & a_1 c_2 \\ b_1 c_1 & b_1 c_2 \end{pmatrix}$$

(5) $(2 \times 2$ 행렬$)(2 \times 3$ 행렬$) = (2 \times 3$ 행렬$)$

$$\begin{pmatrix} a_1 & a_2 \\ b_1 & b_2 \end{pmatrix}\begin{pmatrix} c_1 & c_2 & c_3 \\ d_1 & d_2 & d_3 \end{pmatrix} = \begin{pmatrix} a_1 c_1 + a_2 d_1 & a_1 c_2 + a_2 d_2 & a_1 c_3 + a_2 d_3 \\ b_1 c_1 + b_2 d_1 & b_1 c_2 + b_2 d_2 & b_1 c_3 + b_2 d_3 \end{pmatrix}$$

(6) $(3 \times 2$ 행렬$)(2 \times 2$ 행렬$) = (3 \times 2$ 행렬$)$

$$\begin{pmatrix} a_1 & a_2 \\ b_1 & b_2 \\ c_1 & c_2 \end{pmatrix}\begin{pmatrix} d_1 & d_2 \\ e_1 & e_2 \end{pmatrix} = \begin{pmatrix} a_1 d_1 + a_2 e_1 & a_1 d_2 + a_2 e_2 \\ b_1 d_1 + b_2 e_1 & b_1 d_2 + b_2 e_2 \\ c_1 d_1 + c_2 e_1 & c_1 d_2 + c_2 e_2 \end{pmatrix}$$

행렬의 곱셈은 AB에서 A의 행에 B의 열을 곱하여 더하는 것이다!

① 조건 : $AB \begin{bmatrix} A\text{의 열의 개수} \\ B\text{의 행의 개수} \end{bmatrix} \Big\rangle$ 同

② 계산 : $AB \rightarrow (\rightarrow)(\downarrow) = \overset{\rightleftarrows}{} \otimes$ and $\oplus$

③ 결과 : $AB \rightarrow \overparen{(m \times n)(n \times l)} = (m \times l)$

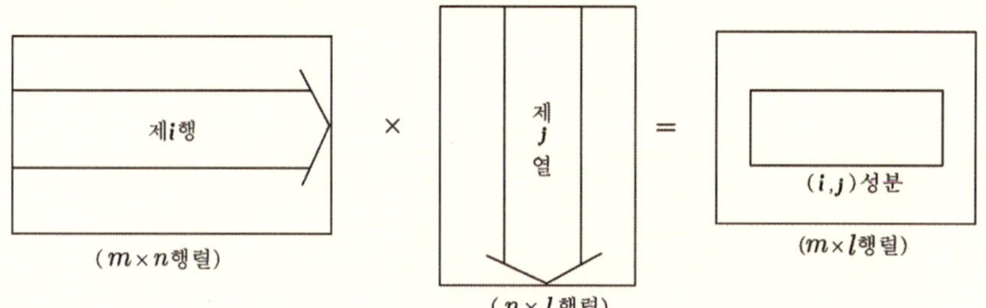

$$\begin{pmatrix} 1 & 2 \\ 3 & 4 \\ 5 & 6 \end{pmatrix}\begin{pmatrix} a & b & c \\ x & y & z \end{pmatrix} = \begin{pmatrix} 1a+2x & 1b+2y & 1c+2z \\ 3a+4x & 3b+4y & 3c+4z \\ 5a+6x & 5b+6y & 5c+6z \end{pmatrix}$$

同 (같을 동)

기 | 본 | 예 | 제 11

다음을 각각 계산하시오.

(1) $(3 \quad -1)\begin{pmatrix} 2 \\ 1 \end{pmatrix}$

(2) $\begin{pmatrix} 3 \\ 2 \end{pmatrix}(1 \quad 4)$

(3) $(3 \quad 0)\begin{pmatrix} 2 & 1 \\ -1 & 2 \end{pmatrix}$

(4) $\begin{pmatrix} -2 & 2 \\ 4 & 5 \end{pmatrix}\begin{pmatrix} 3 \\ -1 \end{pmatrix}$

(5) $\begin{pmatrix} 8 & -1 \\ 3 & 5 \end{pmatrix}\begin{pmatrix} 2 & 1 \\ 4 & 3 \end{pmatrix}$

탐구 행렬의 곱 $AB \rightarrow (A$의 열의 개수$)=(B$의 행의 개수$)$

$\rightarrow (m \times k$ 행렬$) \times (k \times l$ 행렬$)=(m \times l$ 행렬$)$

풀이 (1) (준식)$=(3 \times 2 - 1 \times 1)=(5)$

(2) (준식)$=\begin{pmatrix} 3 \times 1 & 3 \times 4 \\ 2 \times 1 & 2 \times 4 \end{pmatrix}=\begin{pmatrix} 3 & 12 \\ 2 & 8 \end{pmatrix}$

(3) (준식)$=(3 \times 2 + 0 \times (-1) \quad 3 \times 1 + 0 \times 2)=(6 \quad 3)$

(4) (준식)$=\begin{pmatrix} -2 \times 3 + 2 \times (-1) \\ 4 \times 3 + 5 \times (-1) \end{pmatrix}=\begin{pmatrix} -8 \\ 7 \end{pmatrix}$

(5) (준식)$=\begin{pmatrix} 8 \times 2 - 1 \times 4 & 8 \times 1 - 1 \times 3 \\ 3 \times 2 + 5 \times 4 & 3 \times 1 + 5 \times 3 \end{pmatrix}=\begin{pmatrix} 12 & 5 \\ 26 & 18 \end{pmatrix}$

정답 (1) (5) (2) $\begin{pmatrix} 3 & 12 \\ 2 & 8 \end{pmatrix}$ (3) $(6 \quad 3)$ (4) $\begin{pmatrix} -8 \\ 7 \end{pmatrix}$ (5) $\begin{pmatrix} 12 & 5 \\ 26 & 18 \end{pmatrix}$

유제 11-1 다음을 각각 계산하시오.

(1) $(1 \ \ 4)\begin{pmatrix} 3 \\ 2 \end{pmatrix}$

(2) $\begin{pmatrix} 3 \\ 2 \end{pmatrix}(1 \ \ 4)$

(3) $(1 \ \ 2)\begin{pmatrix} 3 & 5 \\ 4 & -1 \end{pmatrix}$

(4) $\begin{pmatrix} 2 & 1 \\ 3 & -2 \end{pmatrix}\begin{pmatrix} 1 & 4 \\ 2 & 3 \end{pmatrix}$

유제 11-2 두 행렬 $A=\begin{pmatrix} 1 & 3 \\ 3 & -1 \end{pmatrix}$, $B=\begin{pmatrix} 2 & 1 \\ -1 & 0 \end{pmatrix}$에 대하여 행렬 $(A+B)(A-B)$의 모든 성분의 합을 구하시오.

기│본│예│제 **12**

두 행렬 $A=\begin{pmatrix} 2 & -1 \\ 1 & 2 \end{pmatrix}$, $B=\begin{pmatrix} 0 & 3 \\ -2 & 1 \end{pmatrix}$에 대하여 다음을 구하시오.

(1) $A(A+2B)$

(2) $AB+BA$

탐구
$$\begin{pmatrix} a & b \\ c & d \end{pmatrix}\begin{pmatrix} e & f \\ g & h \end{pmatrix}=\begin{pmatrix} ae+bg & af+bh \\ ce+dg & cf+dh \end{pmatrix}$$

풀이

(1) $A+2B=\begin{pmatrix} 2 & -1 \\ 1 & 2 \end{pmatrix}+2\begin{pmatrix} 0 & 3 \\ -2 & 1 \end{pmatrix}=\begin{pmatrix} 2 & -1 \\ 1 & 2 \end{pmatrix}+\begin{pmatrix} 0 & 6 \\ -4 & 2 \end{pmatrix}=\begin{pmatrix} 2 & 5 \\ -3 & 4 \end{pmatrix}$

(준식)$=\begin{pmatrix} 2 & -1 \\ 1 & 2 \end{pmatrix}\begin{pmatrix} 2 & 5 \\ -3 & 4 \end{pmatrix}=\begin{pmatrix} 4+3 & 10-4 \\ 2-6 & 5+8 \end{pmatrix}=\begin{pmatrix} 7 & 6 \\ -4 & 13 \end{pmatrix}$

(2) $AB=\begin{pmatrix} 2 & -1 \\ 1 & 2 \end{pmatrix}\begin{pmatrix} 0 & 3 \\ -2 & 1 \end{pmatrix}=\begin{pmatrix} 0+2 & 6-1 \\ 0-4 & 3+2 \end{pmatrix}=\begin{pmatrix} 2 & 5 \\ -4 & 5 \end{pmatrix}$

$BA=\begin{pmatrix} 0 & 3 \\ -2 & 1 \end{pmatrix}\begin{pmatrix} 2 & -1 \\ 1 & 2 \end{pmatrix}=\begin{pmatrix} 0+3 & 0+6 \\ -4+1 & 2+2 \end{pmatrix}=\begin{pmatrix} 3 & 6 \\ -3 & 4 \end{pmatrix}$

(준식)$=\begin{pmatrix} 2 & 5 \\ -4 & 5 \end{pmatrix}+\begin{pmatrix} 3 & 6 \\ -3 & 4 \end{pmatrix}=\begin{pmatrix} 5 & 11 \\ -7 & 9 \end{pmatrix}$

정답 (1) $\begin{pmatrix} 7 & 6 \\ -4 & 13 \end{pmatrix}$ (2) $\begin{pmatrix} 5 & 11 \\ -7 & 9 \end{pmatrix}$

유제 12-1 두 행렬 A, B가 $A=\begin{pmatrix} 0 & 1 \\ 1 & 0 \end{pmatrix}$, $B=\begin{pmatrix} 1 & 0 \\ 0 & -1 \end{pmatrix}$일 때, 행렬 $(A+B)^2$을 구하시오.

유제 12-2 두 행렬 $A=\begin{pmatrix} 1 & -1 \\ -2 & 3 \end{pmatrix}$, $B=\begin{pmatrix} 2 & 3 \\ -1 & 2 \end{pmatrix}$에 대하여 행렬 $AB-BA$를 구하시오.

→ 교환법칙은 성립하지 않고 결합법칙과 분배법칙은 성립한다.

[1] $AB \neq BA$

[2] $(AB)C = A(BC)$

[3] $A(B+C) = AB + AC,\ (A+B)C = AC + BC$

[4] $(kA)B = A(kB) = k(AB)$ **(단, k는 실수)**

> **체크** $AO = OA = O \leftarrow$ O의 경우에는 곱셈에 대한 교환법칙이 성립한다.

강의 **행렬의 곱셈은 교환법칙이 성립하지 않으므로 $AB \neq BA$ 이다!**

→ 교환법칙은 성립하지 않고 결합법칙과 분배법칙은 성립한다.

① $AB \neq BA$

② $(AB)C = A(BC)$

③ $A(B+C) = AB + AC,\ (A+B)C = AC + BC$

④ $(kA)B = A(kB) = k(AB)$ **(단, k는 실수)**

주의 A, B가 정사각행렬이고, a, b가 상수일 때

① $(A+B)^2 = A^2 + AB + BA + B^2 \neq A^2 + 2AB + B^2$

② $(A+B)(A-B) = A^2 - AB + BA - B^2 \neq A^2 - B^2$

③ $(aA+bB)^2 = a^2A^2 + abAB + abBA + b^2B^2$

기|본|예|제 13

행렬 $A = \begin{pmatrix} 1 & 3 \\ 3 & 7 \end{pmatrix}$, $BC = \begin{pmatrix} 5 & 3 \\ 3 & 4 \end{pmatrix}$에 대하여 행렬 $(AB)C$를 구하시오.

탐구 $(AB)C = A(BC) \rightarrow$ 결합법칙 성립

풀이 $(AB)C = A(BC)$

$$= \begin{pmatrix} 1 & 3 \\ 3 & 7 \end{pmatrix}\begin{pmatrix} 5 & 3 \\ 3 & 4 \end{pmatrix} = \begin{pmatrix} 14 & 15 \\ 36 & 37 \end{pmatrix}$$

정답 $\begin{pmatrix} 14 & 15 \\ 36 & 37 \end{pmatrix}$

유제 13-1 행렬 $A = \begin{pmatrix} 0 & 2 \\ -1 & 3 \end{pmatrix}$, $B + C = \begin{pmatrix} 3 & 2 \\ -2 & 1 \end{pmatrix}$에 대하여 행렬 $AB + AC$를 구하시오.

유제 13-2 두 행렬 $A = \begin{pmatrix} 3 & 1 \\ 2 & -1 \end{pmatrix}$, $B = \begin{pmatrix} \dfrac{1}{2} & -\dfrac{1}{6} \\ 0 & \dfrac{1}{3} \end{pmatrix}$에 대하여 행렬 $6AB$를 구하시오.

기 | 본 | 예 | 제 14

두 행렬 $A = \begin{pmatrix} 1 & 1 \\ -1 & 0 \end{pmatrix}$, $B = \begin{pmatrix} 2 & x \\ y & 0 \end{pmatrix}$이 $(A-B)^2 = A^2 - 2AB + B^2$을 만족할 때 실수 x, y에 대하여 $x+y$의 값을 구하시오.

탐구 $(A-B)^2 = A^2 - 2AB + B^2 \rightarrow AB = BA$

풀이 $(A-B)^2 = (A-B)(A-B) = A^2 - AB - BA + B^2 = A^2 - 2AB + B^2$이려면

$AB = BA$이다.

$$AB = \begin{pmatrix} 1 & 1 \\ -1 & 0 \end{pmatrix}\begin{pmatrix} 2 & x \\ y & 0 \end{pmatrix} = \begin{pmatrix} 2+y & x \\ -2 & -x \end{pmatrix}$$

$$BA = \begin{pmatrix} 2 & x \\ y & 0 \end{pmatrix}\begin{pmatrix} 1 & 1 \\ -1 & 0 \end{pmatrix} = \begin{pmatrix} 2-x & 2 \\ y & y \end{pmatrix}$$

$AB = BA$이므로

$$\begin{pmatrix} 2+y & x \\ -2 & -x \end{pmatrix} = \begin{pmatrix} 2-x & 2 \\ y & y \end{pmatrix}$$

$$\therefore \ x = 2, \ y = -2$$

따라서 $x + y = 0$

정답 0

유제 14-1 두 행렬 $A = \begin{pmatrix} 1 & x \\ 3 & -1 \end{pmatrix}$, $B = \begin{pmatrix} 1 & 2 \\ y & 3 \end{pmatrix}$이 $(A+B)(A-B) = A^2 - B^2$을 만족할 때, 실수 x, y의 값을 구하시오.

유제 14-2 두 행렬 $A = \begin{pmatrix} x & -1 \\ 1 & 1 \end{pmatrix}$, $B = \begin{pmatrix} x & 1 \\ y & 1 \end{pmatrix}$이 $(A+B)^2 = A^2 + 2AB + B^2$을 만족할 때, 실수 x, y에 대하여 $x-y$의 값을 구하시오.

(1) $AB = O$ ⇏ $A = O$ 또는 $B = O$

(2) $AB = AC,\ A \neq O$ ⇏ $B = C$

(3) $A^2 = O$ ⇏ $A = O$

> **체크** 영인자
>
> → $A \neq O,\ B \neq O$이고, $AB = O$일 때, A, B를 영인자라 한다.

강의 **$AB = O$일 때, $A = O$ 또는 $B = O$인 것은 아니다!**

① $AB = O$ ⇏ $A = O$ or $B = O$

② $AB = AC$ (단, $A \neq O$) ⇏ $B = C$

③ $A^2 = O$ ⇏ $A = O$

주의 영인자(零因子) → $AB = O\,(A \neq O,\ B \neq O)$

① A → 좌측 영인자

② B → 우측 영인자

零(떨어질 영)　因(인할 인)　子(아들 자)

기|본|예|제 15

행렬 $A = \begin{pmatrix} 1 & 1 \\ -1 & x \end{pmatrix}$일 때, $A^2 = O$이 되도록 하는 실수 x의 값을 구하시오.

탐구　$A^2 = O$ ⇸ $A = O$

풀이　$A^2 = O$　$AA = O$

$$\begin{pmatrix} 1 & 1 \\ -1 & x \end{pmatrix}\begin{pmatrix} 1 & 1 \\ -1 & x \end{pmatrix} = \begin{pmatrix} 0 & 1+x \\ -1-x & -1+x^2 \end{pmatrix} = \begin{pmatrix} 0 & 0 \\ 0 & 0 \end{pmatrix}$$

$$1 + x = 0,\ -1 + x^2 = 0 \ \rightarrow\ x = -1$$

정답　-1

유제 15-1　두 행렬 $A = \begin{pmatrix} a & 1 \\ 1 & 2 \end{pmatrix}$, $B = \begin{pmatrix} b & 1 \\ 1 & c \end{pmatrix}$가 $AB = O$을 만족할 때, 실수 a, b, c의 값을 구하시오.

유제 15-2　임의의 2차 정사각행렬 A, X가 $X^2 - AX - XA + A^2 = O$을 만족할 때, 다음 <보기> 중 옳은 것을 모두 고르시오. (단, O는 영행렬)

> ── **<보기>** ──
>
> Ⅰ. $X^2 - 2AX + A^2 = O$　　Ⅱ. $(X-A)^2 = O$　　Ⅲ. $X = A$

1 단위행렬과 그 성질

[1] 단위행렬

→ 정사각행렬 중에서 $\begin{pmatrix} 1 & 0 \\ 0 & 1 \end{pmatrix}$, $\begin{pmatrix} 1 & 0 & 0 \\ 0 & 1 & 0 \\ 0 & 0 & 1 \end{pmatrix}$과 같이 왼쪽 위에서 오른쪽 아래로 대각선 위의 성분이 모두

1이고, 나머지 성분은 모두 0인 행렬을 **단위행렬**이라 하고, E로 나타낸다.

예를 들어, 2차, 3차의 단위행렬은 다음과 같다.

$$\begin{pmatrix} 1 & 0 \\ 0 & 1 \end{pmatrix}, \begin{pmatrix} 1 & 0 & 0 \\ 0 & 1 & 0 \\ 0 & 0 & 1 \end{pmatrix}$$

(1) A, E가 같은 꼴의 정사각행렬일 때

→ $AE = EA = A$

(2) $E^2 = E$, $E^3 = E$, $\cdots$, $E^n = E$

[2] 행렬의 곱셈

→ $AB \neq BA$이므로

(1) $(AB)^2 = ABAB \neq A^2B^2$

(2) $(A+B)(A-B) = A^2 - AB + BA - B^2 \neq A^2 - B^2$

(3) $(A \pm B)^2 = A^2 \pm AB \pm BA + B^2 \neq A^2 + 2AB + B^2$

(4) $(A \pm B)^3 \neq A^3 \pm 3A^2B + 3AB^2 \pm B^3$

[3] 단위행렬의 곱셈

→ $AE = EA$이므로

(1) $(AE)^2 = A^2E^2$

(2) $(A+E)(A-E) = A^2 - E^2$

(3) $(A \pm E)^2 = A^2 + 2AE + E^2$

(4) $(A \pm E)^3 = A^3 + 3A^2E + 3AE^2 \pm E^3$

> **체크** 임의의 2차 정사각행렬 A에 대하여 $AX = XA$가 성립하면
> 2차 정사각행렬 X는 $X = kE$ (k는 실수, E는 단위행렬)이다.

 단위행렬은 교환법칙이 성립하므로 $AE = EA = A$ 이다!

→ E

→ $\begin{cases} \text{대각선 성분 } 1 \\ \text{나머지 성분 } 0 \end{cases}$

→ $E = \begin{pmatrix} 1 & 0 & 0 \\ 0 & 1 & 0 \\ 0 & 0 & 1 \end{pmatrix}$ → 3차의 단위행렬

① $AE = EA = A$

② $E^2 = E,\ E^3 = E,\ \cdots\cdots,\ E^n = E$

주의 행렬의 곱셈과 단위행렬의 곱셈

$$AB \neq BA \ \rightarrow\ AE = EA$$

① $(AB)^2 \neq A^2 B^2 \ \rightarrow\ (AE)^2 = A^2 E^2$

② $(A+B)(A-B) \neq A^2 - B^2 \ \rightarrow\ (A+E)(A-E) = A^2 - E^2$

③ $(A \pm B)^2 \neq A^2 \pm 2AB + B^2 \ \rightarrow\ (A \pm E)^2 = A^2 \pm 2AE + E^2$

④ $(A \pm B)^3 \neq A^3 \pm 3A^2 B + 3AB^2 \pm B^3 \rightarrow (A \pm E)^3 = A^3 \pm 3A^2 E + 3AE^2 \pm E^3$

기 | 본 | 예 | 제 16

A가 정사각행렬일 때, $A^2 - E = (A+E)(A-E)$임을 증명하시오.

탐구 $\quad AE = EA = A,\ E^2 = E$

풀이 $\quad$ (우변) $= (A+E)(A-E)$

$$= A^2 - AE + EA - E^2$$
$$= A^2 - AE + AE - E$$
$$= A^2 - E = (좌변)$$

정답 $\quad$ 풀이참조

유제 16-1 행렬 $A = \begin{pmatrix} 1 & -1 \\ 2 & 1 \end{pmatrix}$에 대하여 $(A-E)(A^2 + A + E)$를 구하시오.

유제 16-2 두 이차정사각행렬 $A,\ B$에 대하여 $A + B = 2E,\ AB = E$일 때, $A^2 + B^2 = kE$를 만족하는 실수 k의 값을 구하시오.

→ 행렬 A가 정사각행렬이고 m, n이 자연수일 때

[1] $A^1 = A$, $A^2 = AA$, $A^3 = A^2 A$, $\cdots$, $A^m = A^{m-1} A$

[2] $A^m A^n = A^{m+n}$

[3] $(A^m)^n = A^{mn}$

강의 A^n은 A^2, A^3, $\cdots$을 구하여 E or 규칙이 탄생될 때까지 실행한다!

Type 1 A^2, A^3, $\cdots\cdots$ 구한다. $\rightarrow E$ 탄생

$$\rightarrow A^3 = E \rightarrow A^{100} = (A^3)^{33} \cdot A = A$$

Type 2 A^2, A^3, $\cdots\cdots$ 구한다. $\rightarrow$ 규칙 탄생

규칙 ① $\begin{pmatrix} a & 0 \\ 0 & d \end{pmatrix}^n = \begin{pmatrix} a^n & 0 \\ 0 & d^n \end{pmatrix}$ 규칙 ② $\begin{pmatrix} 0 & b \\ 0 & 0 \end{pmatrix}^n = \begin{pmatrix} 0 & 0 \\ 0 & 0 \end{pmatrix}$ $(n \geq 2)$

규칙 ③ $\begin{pmatrix} 1 & b \\ 0 & 1 \end{pmatrix}^n = \begin{pmatrix} 1 & nb \\ 0 & 1 \end{pmatrix}$ 규칙 ④ $\begin{pmatrix} 1 & 0 \\ a & 1 \end{pmatrix}^n = \begin{pmatrix} 1 & 0 \\ na & 1 \end{pmatrix}$

규칙 ⑤ $\begin{pmatrix} a & b \\ 0 & a \end{pmatrix}^n = \begin{pmatrix} a^n & na^{n-1}b \\ 0 & a^n \end{pmatrix}$

주의   행렬의 거듭제곱

→ A : 정사각행렬, m, n : 자연수

① $A^m = A^{m-1} A$ ② $A^m A^n = A^{m+n}$ ③ $(A^m)^n = A^{mn}$

기|본|예|제 17

행렬 $A = \begin{pmatrix} 2 & -1 \\ 3 & -1 \end{pmatrix}$에 대하여 행렬 A^{99}를 구하시오.

탐구 $E^n = E$

풀이 $A^2 = \begin{pmatrix} 2 & -1 \\ 3 & -1 \end{pmatrix}\begin{pmatrix} 2 & -1 \\ 3 & -1 \end{pmatrix} = \begin{pmatrix} 1 & -1 \\ 3 & -2 \end{pmatrix}$, $A^3 = A^2 A = \begin{pmatrix} -1 & 0 \\ 0 & -1 \end{pmatrix} = -E$

$A^6 = (A^3)^2 = (-E)^2 = E^2 = E$

$\therefore A^{99} = (A^6)^{16} A^3 = E \cdot (-E) = -E^2 = -E = \begin{pmatrix} -1 & 0 \\ 0 & -1 \end{pmatrix}$

정답 $\begin{pmatrix} -1 & 0 \\ 0 & -1 \end{pmatrix}$

유제 17-1 행렬 $A = \begin{pmatrix} -1 & 1 \\ 2 & 1 \end{pmatrix}$에 대하여 행렬 A^{10}을 구하시오.

유제 17-2 행렬 $A = \begin{pmatrix} 2 & -3 \\ 1 & -1 \end{pmatrix}$에 대하여 $A^n = E$를 만족시키는 최소의 자연수 n의 값을 구하시오.

기 | 본 | 예 | 제 18

행렬 $A = \begin{pmatrix} 1 & 1 \\ 0 & 1 \end{pmatrix}$에 대하여 행렬 A^{25}를 구하시오.

탐구 A^2, A^3, $\cdots$ 등을 구하여 A^n을 추정한다.

풀이 $A^2 = AA = \begin{pmatrix} 1 & 1 \\ 0 & 1 \end{pmatrix}\begin{pmatrix} 1 & 1 \\ 0 & 1 \end{pmatrix} = \begin{pmatrix} 1 & 2 \\ 0 & 1 \end{pmatrix}$

$A^3 = A^2 A = \begin{pmatrix} 1 & 2 \\ 0 & 1 \end{pmatrix}\begin{pmatrix} 1 & 1 \\ 0 & 1 \end{pmatrix} = \begin{pmatrix} 1 & 3 \\ 0 & 1 \end{pmatrix}$

$$\vdots$$

$A^n = \begin{pmatrix} 1 & n \\ 0 & 1 \end{pmatrix}$

$\therefore A^{25} = \begin{pmatrix} 1 & 25 \\ 0 & 1 \end{pmatrix}$

정답 $\begin{pmatrix} 1 & 25 \\ 0 & 1 \end{pmatrix}$

유제 18-1 행렬 $A = \begin{pmatrix} 1 & 2 \\ 0 & 1 \end{pmatrix}$에 대하여 행렬 A^{10}을 구하시오.

유제 18-2 행렬 $A = \begin{pmatrix} 1 & 0 \\ -1 & 1 \end{pmatrix}$에 대하여 $A^n = \begin{pmatrix} 1 & 0 \\ -10 & 1 \end{pmatrix}$을 만족하는 자연수 n의 값을 구하시오.

→ $A = \begin{pmatrix} a & b \\ c & d \end{pmatrix}$일 때, $A^2 - (a+d)A + (ad-bc)E = O$

체크 고유방정식

행렬 $A = \begin{pmatrix} a & b \\ c & d \end{pmatrix}$에 대하여 $(a-x)(d-x) - bc = 0$, 즉 $x^2 - (a+d)x + (ad-bc) \cdot 1 = 0$

을 행렬 A의 고유방정식이라 하고, 고유방정식에 x 대신에 A, 1 대신에 E, 0 대신에 O를 대입한 것이 바로 케일리-해밀턴의 정리이다.

$$x^2 - (a+d)x + (ad-bc) \cdot 1 = 0$$
$$\updownarrow \qquad\qquad \updownarrow \qquad\qquad \updownarrow \quad \updownarrow$$
$$A^2 - (a+d)A + (ad-bc)E = O$$

강의 **Cauley-Hamilton의 정리는 행렬의 고차식을 간단히 하는데 이용한다!**

$$A = \begin{pmatrix} a & b \\ c & d \end{pmatrix} \rightarrow A^2 - (a+d)A + (ad-bc)E = O$$

① 2차식 → 미정계수 결정 　　② 고차식 → 저차화 → 나머지(답)

기|본|예|제 19

행렬 $A = \begin{pmatrix} 2 & 1 \\ -1 & 0 \end{pmatrix}$에 대하여 $A^5 - 2A^4 + 3A^2 - 3A + E$를 구하시오.

탐구　　$A = \begin{pmatrix} a & b \\ c & d \end{pmatrix} \rightarrow A^2 - (a+d)A + (ad-bc)E = O$

풀이　　$A = \begin{pmatrix} 2 & 1 \\ -1 & 0 \end{pmatrix} \rightarrow A^2 - (2+0)A + (0+1)E = O \quad \therefore\ A^2 - 2A = -E$

(준식) $= A^3(A^2 - 2A) + 3A^2 - 3A + E = -A^3 + 3A^2 - 3A + E$

$= -A(A^2 - 2A) + A^2 - 3A + E = A + A^2 - 3A + E = A^2 - 2A + E = O$

정답　　O

유제 19-1　행렬 $A = \begin{pmatrix} 1 & 4 \\ 2 & 6 \end{pmatrix}$에 대하여 $A^2 + kA + lE = O$를 만족하는 실수 k, l의 값을 구하시오. (단, E는 단위행렬, O는 영행렬)

유제 19-2　행렬 $A = \begin{pmatrix} -1 & -3 \\ 1 & a \end{pmatrix}$에 대하여 $A^2 - A + E = O$일 때, 실수 a의 값을 구하고, $A^5 - A^4 + A^2 + 3A - E$를 구하시오.

가장 좋은 학습방법은 학교에서나 학원에서나 선생님의 강의를 열심히 듣고 여러 번 반복학습하는 것입니다.
지금부터 당장 선생님의 강의를 열심히 듣고 반복! 반복하십시오. 그러면 곧 모든 과목에 자신이 생길 것입니다.

회수	시작이 반!			끝을 봐야!			확인
제1회	년	월	일 부터	년	월	일 까지	
제2회	년	월	일 부터	년	월	일 까지	
제3회	년	월	일 부터	년	월	일 까지	
제4회	년	월	일 부터	년	월	일 까지	
제5회	년	월	일 부터	년	월	일 까지	
제6회	년	월	일 부터	년	월	일 까지	
제7회	년	월	일 부터	년	월	일 까지	
제8회	년	월	일 부터	년	월	일 까지	
제9회	년	월	일 부터	년	월	일 까지	
제10회	년	월	일 부터	년	월	일 까지	

▶ 연습문제 A는 앞에서 배운 기초 단계의 문제이므로 선생님의 도움 없이 스스로 풀어 자신의 실력을 점검해 보도록 하자.

01 행렬을 보고 다음을 구하시오.

$$A = \begin{pmatrix} 1 & 2 & 3 \\ a & b & c \end{pmatrix}$$

(1) 행의 개수 (2) 열의 개수 (3) 제2행과 제3열이 교차하는 점의 성분

02 다음 행렬 A, B, C, D의 꼴을 말하시오.

(1) $A = (-1 \quad 3 \quad 5)$ (2) $B = \begin{pmatrix} -5 \\ 7 \end{pmatrix}$

(3) $C = \begin{pmatrix} 1 & 2 \\ 3 & 4 \end{pmatrix}$ (4) $D = \begin{pmatrix} -2 & 10 & 7 \\ 21 & -7 & 1 \end{pmatrix}$

03 2×2 행렬 A의 (i, j)성분 a_{ij}를 $a_{ij} = \begin{cases} 3j & (i \leq j) \\ 2i + j & (i > j) \end{cases}$ 로 정의할 때, 행렬 A의 모든 성분의 합을 구하시오.

04 $\begin{pmatrix} 2 & -a \\ 2b & -5 \end{pmatrix} = \begin{pmatrix} 2 & a+4 \\ a-4 & a+b \end{pmatrix}$가 성립할 때, 실수 a, b의 값을 구하시오.

05 다음을 계산하시오.
$$\begin{pmatrix} -4 & 1 \\ 2 & -3 \end{pmatrix} + \begin{pmatrix} -3 & 1 \\ 4 & 1 \end{pmatrix}$$

06 등식 $\begin{pmatrix} 2 & 1 & -3 \\ 3 & 2 & 0 \end{pmatrix} + P = \begin{pmatrix} 1 & 3 & 0 \\ 1 & -1 & 3 \end{pmatrix}$ 을 만족하는 행렬 P를 구하시오.

07 행렬 $A = \begin{pmatrix} 3 & -1 \\ 2 & 5 \end{pmatrix}$ 일 때, $A + X = O$을 만족하는 행렬 X를 구하시오. (단, O는 영행렬)

08 다음 등식을 만족시키는 실수 a, b, c에 대하여 $a + b + c$의 값을 구하시오.
$$2\begin{pmatrix} a & 1 \\ 2 & -1 \end{pmatrix} - \begin{pmatrix} 3 & b \\ 1 & 2 \end{pmatrix} = \begin{pmatrix} 1 & -1 \\ c & -4 \end{pmatrix}$$

09 두 이차정사각행렬 X, Y에 대하여 $X + Y = \begin{pmatrix} 1 & 2 \\ 2 & -1 \end{pmatrix}$, $X - Y = \begin{pmatrix} 0 & 2 \\ -1 & 3 \end{pmatrix}$ 일 때, 행렬 X, Y를 각각 구하시오.

10 두 행렬 $A = \begin{pmatrix} -1 & 2 \\ 0 & -3 \end{pmatrix}$, $B = \begin{pmatrix} 1 & 4 \\ -3 & 0 \end{pmatrix}$ 일 때, 다음 등식을 만족하는 행렬 X를 구하시오.

$$A + 3X = B - A$$

11 다음을 각각 계산하시오.

(1) $(3 \quad -1)\begin{pmatrix} 2 \\ 1 \end{pmatrix}$ (2) $\begin{pmatrix} 3 \\ 2 \end{pmatrix}(1 \quad 4)$ (3) $(3 \quad 0)\begin{pmatrix} 2 & 1 \\ -1 & 2 \end{pmatrix}$

(4) $\begin{pmatrix} -2 & 2 \\ 4 & 5 \end{pmatrix}\begin{pmatrix} 3 \\ -1 \end{pmatrix}$ (5) $\begin{pmatrix} 8 & -1 \\ 3 & 5 \end{pmatrix}\begin{pmatrix} 2 & 1 \\ 4 & 3 \end{pmatrix}$

12 두 행렬 A, B가 $A = \begin{pmatrix} 0 & 1 \\ 1 & 0 \end{pmatrix}$, $B = \begin{pmatrix} 1 & 0 \\ 0 & -1 \end{pmatrix}$ 일 때, 행렬 $(A+B)^2$을 구하시오.

13 행렬 $A = \begin{pmatrix} 1 & 3 \\ 3 & 7 \end{pmatrix}$, $BC = \begin{pmatrix} 5 & 3 \\ 3 & 4 \end{pmatrix}$에 대하여 행렬 $(AB)C$를 구하시오.

14 두 행렬 $A = \begin{pmatrix} 1 & 1 \\ -1 & 0 \end{pmatrix}$, $B = \begin{pmatrix} 2 & x \\ y & 0 \end{pmatrix}$이 $(A-B)^2 = A^2 - 2AB + B^2$을 만족할 때, 실수 x, y에 대하여 $x + y$의 값을 구하시오.

15 행렬 $A = \begin{pmatrix} 1 & 1 \\ -1 & x \end{pmatrix}$일 때, $A^2 = O$이 되도록 하는 실수 x의 값을 구하시오.

16 행렬 $A = \begin{pmatrix} 1 & -1 \\ 2 & 1 \end{pmatrix}$에 대하여 $(A-E)(A^2+A+E)$를 구하시오.

17 행렬 $A = \begin{pmatrix} 2 & -1 \\ 3 & -1 \end{pmatrix}$에 대하여 행렬 A^{99}를 구하시오.

18 행렬 $A = \begin{pmatrix} 1 & 1 \\ 0 & 1 \end{pmatrix}$에 대하여 행렬 A^{25}를 구하시오.

19 행렬 $A = \begin{pmatrix} 1 & 4 \\ 2 & 6 \end{pmatrix}$에 대하여 $A^2+kA+lE=O$를 만족하는 실수 k, l의 값을 구하시오.
(단, E는 단위행렬, O는 영행렬)

▶ 연습문제 B는 앞에서 배운 문제 중 응용단계의 문제이므로 연습장에
스스로 풀어보고 잘 풀리지 않으면 처음부터 다시 공부한 후 자신이
있을 때 다시 풀어 보도록 하자.

01 행렬 $\begin{pmatrix} 2 & a+1 \\ a & a-2 \end{pmatrix}$ 에서 제2열의 성분의 곱이 4일 때, 양수 a의 값을 구하시오.

02 다음 중 정사각행렬을 모두 고르시오.

① $\begin{pmatrix} 1 & 2 \\ 3 & 4 \\ 5 & 6 \end{pmatrix}$ 　　　② $\begin{pmatrix} 1 \\ 0 \\ -1 \end{pmatrix}$ 　　　③ $\begin{pmatrix} 1 & 0 & 1 \\ 0 & 1 & 0 \\ 1 & 0 & 1 \end{pmatrix}$

④ $\begin{pmatrix} 2 & 11 \\ -7 & 3 \end{pmatrix}$ 　　　⑤ $\begin{pmatrix} 6 \\ -8 \end{pmatrix}$

03 $(i,\ j)$ 성분 a_{ij}가 $a_{ij} = (-2)^{i+j} + ki$ (k는 실수)로 주어지는 이차정사각행렬 A의 모든 성분
의 합이 22일 때, 상수 k의 값을 구하시오.

04 다음 등식이 성립하도록 하는 실수 x의 값을 구하시오. (단, a, b는 실수)
$$\begin{pmatrix} ax-3b & -1 \\ 2ax+9b & 1 \end{pmatrix} = \begin{pmatrix} -7 & 2a-5b \\ 1 & -a+3b \end{pmatrix}$$

05 다음을 만족하는 실수 a, b, x, y의 값을 구하시오.
$$\begin{pmatrix} x & 5 \\ 3 & a \end{pmatrix} + \begin{pmatrix} y & 2 \\ 1 & b \end{pmatrix} = \begin{pmatrix} -2 & x-2y \\ -4b & -1 \end{pmatrix}$$

06 세 행렬 A, B, C가 $A = \begin{pmatrix} -1 & 0 \\ 2 & 1 \end{pmatrix}$, $B = \begin{pmatrix} 2 & 1 \\ -1 & 3 \end{pmatrix}$, $C = \begin{pmatrix} 3 & 1 \\ 2 & -3 \end{pmatrix}$ 일 때, $A - B + C$를 구하
시오.

07 행렬 $A=\begin{pmatrix} 0 & -2 \\ 3 & 4 \end{pmatrix}$, $B=\begin{pmatrix} 2 & 6 \\ 1 & 8 \end{pmatrix}$일 때, $X+A-B=O$을 만족하는 행렬 X를 구하시오.
(단, O는 영행렬)

08 세 행렬 A, B, C가 $A=\begin{pmatrix} -1 & 2 \\ 3 & 1 \end{pmatrix}$, $B=\begin{pmatrix} 1 & 0 \\ -2 & 3 \end{pmatrix}$, $C=\begin{pmatrix} 2 & 4 \\ -1 & 3 \end{pmatrix}$일 때, 행렬 $3A-2B+C$의 성분 중 최댓값을 구하시오.

09 두 이차정사각행렬 X, Y에 대하여 $A+3B=\begin{pmatrix} -2 & 9 \\ 3 & 5 \end{pmatrix}$, $2A+B=\begin{pmatrix} 1 & 8 \\ 6 & 5 \end{pmatrix}$일 때, 행렬 $A-B$를 구하시오.

10 두 행렬 $A=\begin{pmatrix} 1 & -8 \\ -6 & 3 \end{pmatrix}$, $B=\begin{pmatrix} 7 & 4 \\ -2 & 1 \end{pmatrix}$일 때, 다음 두 식을 동시에 성립시키는 행렬 X, Y를 각각 구하시오.
$$\begin{cases} X-2Y=A \\ 2X+Y=B \end{cases}$$

11 두 행렬 $A=\begin{pmatrix} 1 & 3 \\ 3 & -1 \end{pmatrix}$, $B=\begin{pmatrix} 2 & 1 \\ -1 & 0 \end{pmatrix}$에 대하여 행렬 $(A+B)(A-B)$의 모든 성분의 합을 구하시오.

12 두 행렬 $A=\begin{pmatrix} 2 & -1 \\ 1 & 2 \end{pmatrix}$, $B=\begin{pmatrix} 0 & 3 \\ -2 & 1 \end{pmatrix}$에 대하여 다음을 구하시오.
(1) $A(A+2B)$　　　　　　　　　　(2) $AB+BA$

13 행렬 $A = \begin{pmatrix} 0 & 2 \\ -1 & 3 \end{pmatrix}$, $B + C = \begin{pmatrix} 3 & 2 \\ -2 & 1 \end{pmatrix}$에 대하여 행렬 $AB + AC$를 구하시오.

14 두 행렬 $A = \begin{pmatrix} x & -1 \\ 1 & 1 \end{pmatrix}$, $B = \begin{pmatrix} x & 1 \\ y & 1 \end{pmatrix}$이 $(A+B)^2 = A^2 + 2AB + B^2$을 만족할 때, 실수 x, y에 대하여 $x - y$의 값을 구하시오.

15 임의의 2차 정사각행렬 A, X가 $X^2 - AX - XA + A^2 = O$을 만족할 때, 다음 〈보기〉 중 옳은 것을 모두 고르시오. (단, O는 영행렬)

— 〈보기〉 —

Ⅰ. $X^2 - 2AX + A^2 = O$　　　　Ⅱ. $(X-A)^2 = O$　　　　Ⅲ. $X = A$

16 두 이차정사각행렬 A, B에 대하여 $A + B = 2E$, $AB = E$일 때, $A^2 + B^2 = kE$를 만족하는 실수 k의 값을 구하시오.

17 행렬 $A = \begin{pmatrix} 2 & -3 \\ 1 & -1 \end{pmatrix}$에 대하여 $A^n = E$를 만족시키는 최소의 자연수 n의 값을 구하시오.

18 행렬 $A = \begin{pmatrix} 1 & 0 \\ -1 & 1 \end{pmatrix}$에 대하여 $A^n = \begin{pmatrix} 1 & 0 \\ -10 & 1 \end{pmatrix}$을 만족하는 자연수 n의 값을 구하시오.

19 행렬 $A = \begin{pmatrix} 2 & 1 \\ -1 & 0 \end{pmatrix}$에 대하여 $A^5 - 2A^4 + 3A^2 - 3A + E$를 구하시오.

왜! 수학 때문에 고민하십니까?

고차원 수학에서 펴내는 교재와
고차원 수학에서 가르치는 선생님과 함께하면
수학에 대한 고민은 깨끗이 사라질 것입니다.

고차원선생의 수학 강의 노트

서울 한샘 학원 일타강사 고차원 선생의
현장 강의로 암기과목처럼 읽으면서
느끼는 초스피드 수학 교재

중·고교 연결수학 시리즈

중학교 수학의 기초가 없어도 어려운
고등학교 수학을 쉽게 공부할 수 있는
유일한 수학 교재

초·중등 연결수학 시리즈

무학년 단계별 교재로 기초부터
응용·심화까지 빠른 시간 안에 완성
할 수 있는 초·중등 연결수학 교재

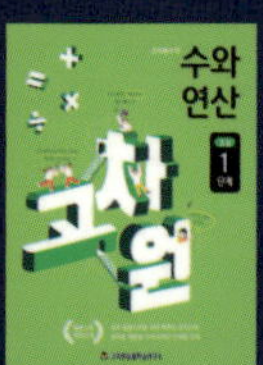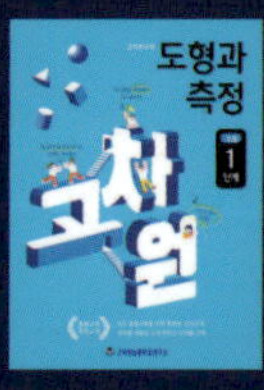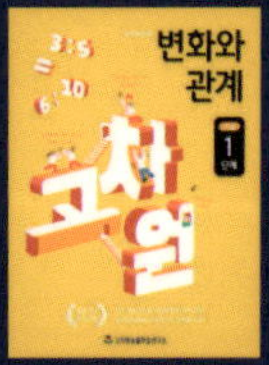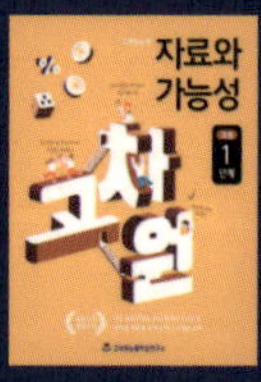

값 : 13,000원

ISBN 979-11-991237-4-8

중·고교 연결수학

중학교 수학의 기초가 없어도 어려운 고등학교 수학을
쉽게 공부할 수 있는 유일한 수학 교재

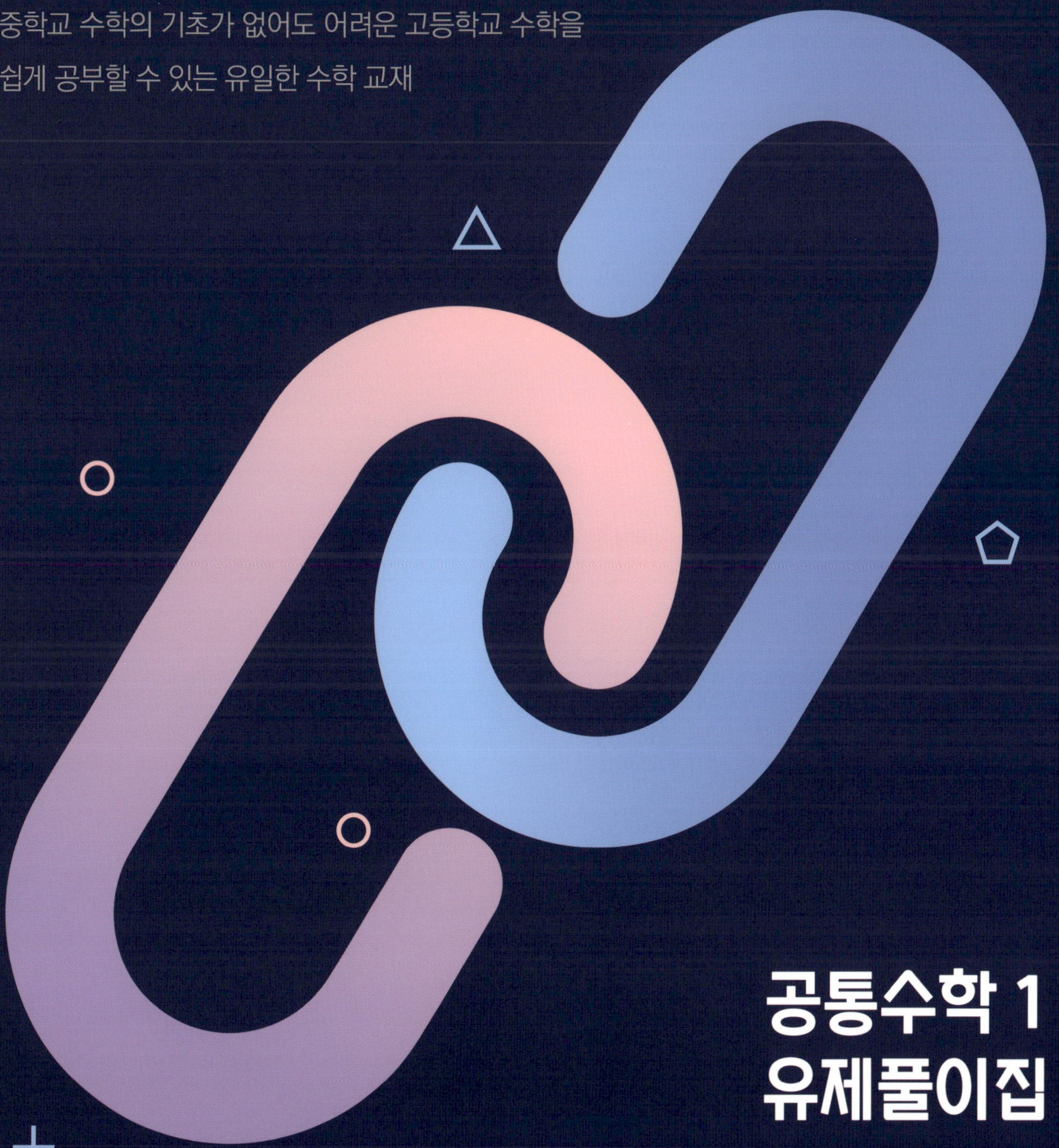

공통수학 1
유제풀이집

강진웅 문수나
유해균 함우식
편저

고차원능률학습연구소

중·고교 연결수학

중학교 수학의 기초가 없어도 어려운 고등학교 수학을
쉽게 공부할 수 있는 유일한 수학 교재

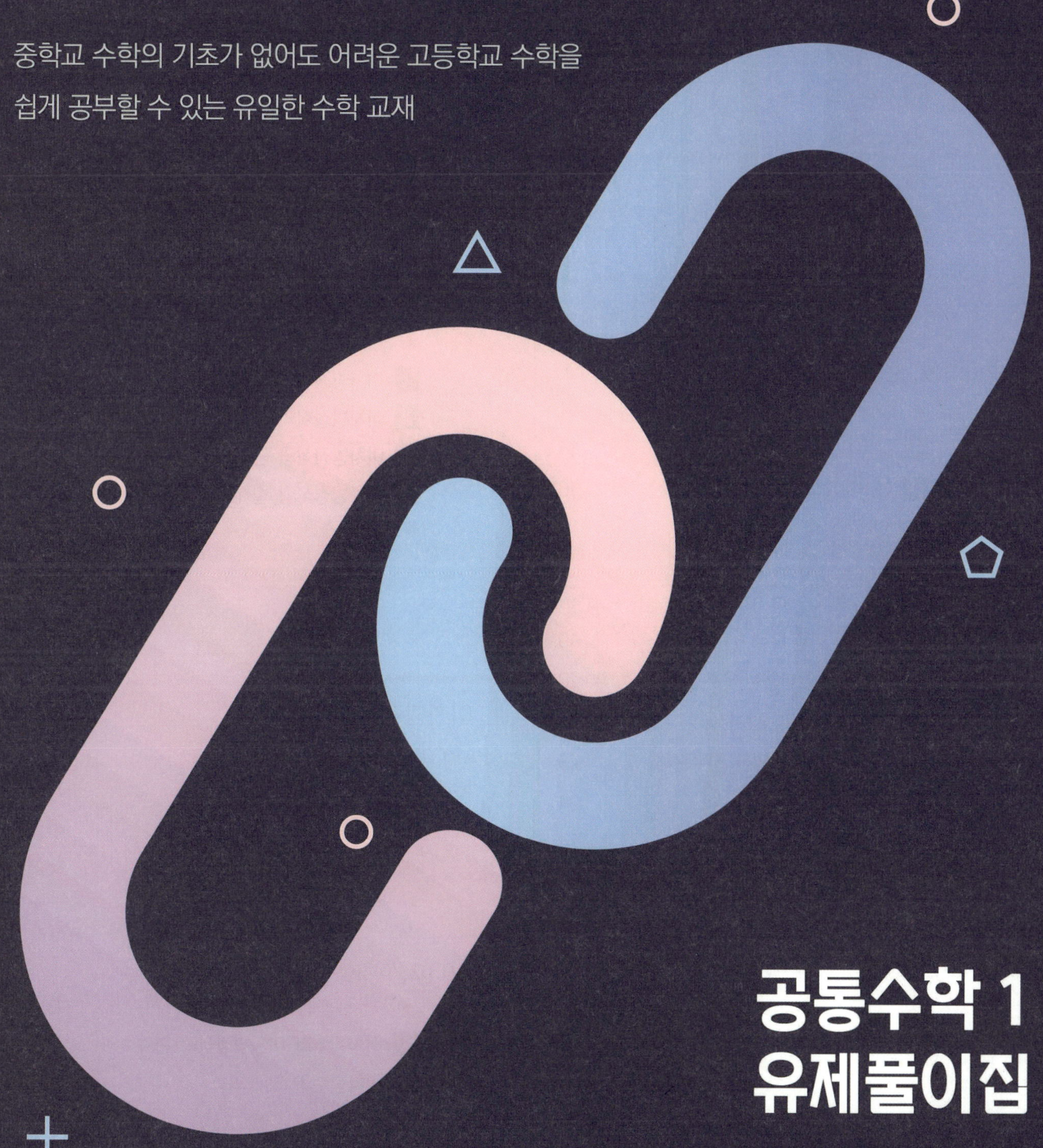

공통수학 1
유제풀이집

목차

Ⅰ. 다항식

〈중·고교 연결과정 선수학습〉

01-1

$$\begin{cases} x - 2y = 7 & \cdots ① \\ 2x + y = -1 & \cdots ② \end{cases}$$

$① \times 2 - ② : 2x - 4y = 14$

$$\underline{\quad -)\ 2x + \ y = -1 \quad}$$
$$-5y = 15 \qquad \therefore\ y = -3$$

$y = -3 \rightarrow ①\ ;\ x + 6 = 7 \qquad \therefore\ x = 1$

답 $x = 1,\ y = -3$

01-2

$$\begin{cases} 3x + 2y = 1 & \cdots ① \\ 2x - 3y = -8 & \cdots ② \end{cases}$$

$① \times 3 + ② \times 2\ ;\quad 9x + 6y = 3$

$$\underline{\quad -)\ 4x - 6y = -16 \quad}$$
$$13x \qquad = -13 \qquad \therefore\ x = -1$$

$x = -1 \rightarrow ①\ ;\ -3 + 2y = 1 \qquad \therefore\ y = 2$

답 $x = -1,\ y = 2$

02-1

$$\begin{cases} x = 7 - 2y & \cdots ① \\ 2x - 3y = 0 & \cdots ② \end{cases}$$

$① \rightarrow ②\ ;\ 2(7 - 2y) - 3y = 0$

$$14 - 4y - 3y = 0$$
$$-7y = -14 \qquad \therefore\ y = 2$$

$y = 2 \rightarrow ①\ ;\ x = 7 - 4 = 3$

답 $x = 3,\ y = 2$

02-2

$$\begin{cases} x - y = 2 & \cdots ① \\ 2x + 3y = -1 & \cdots ② \end{cases}$$

①에서 $x = 2 + y$

$x = 2 + y \rightarrow ②\ ;\ 2(2 + y) + 3y = -1$

$$4 + 2y + 3y = -1$$
$$5y = -5 \qquad \therefore\ y = -1$$

$y = -1 \rightarrow x = 2 + y\ ;\ x = 1$

답 $x = 1,\ y = -1$

02-3

$$\begin{cases} x = 2 - 3y & \cdots ① \\ x = y + 4 & \cdots ② \end{cases}$$

$① \rightarrow ②\ ;\ 2 - 3y = y + 4 \qquad \therefore\ y = -\dfrac{1}{2}$

$y = -\dfrac{1}{2}$ 을 ①에 대입하여 x를 구하면

$$x = 2 - 3 \times \left(-\dfrac{1}{2} \right) \qquad \therefore\ x = \dfrac{7}{2}$$

답 $x = \dfrac{7}{2},\ y = -\dfrac{1}{2}$

02-4

$$\begin{cases} 2y = 2x - 4 & \cdots ① \\ 5x - 2y = -8 & \cdots ② \end{cases}$$

$① \rightarrow ②\ ;\ 5x - (2x - 4) = -8 \quad 5x - 2x + 4 = -8$

$$3x = -12 \qquad \therefore\ x = -4$$

$x = -4$를 ①에 대입하여 y를 구하면

$$2y = 2 \times (-4) - 4 \quad 2y = -8 - 4 \quad \therefore\ y = -6$$

답 $x = -4,\ y = -6$

03-1

$(준식) = (-3) \times x + (-3) \times (-3y) + (-3) \times 1$

$$= -3x + 9y - 3$$

답 $-3x + 9y - 3$

03-2

$(준식) = (-2a) \times 3a + (-2a) \times (-4b) + (-2a) \times 5c$

$$= -6a^2 + 8ab - 10ca$$

답 $-6a^2 + 8ab - 10ca$

04-1

$(준식) = (\sqrt{a})^2 + 2\sqrt{a}\,\sqrt{b} + (\sqrt{b})^2$

$$= a + 2\sqrt{ab} + b$$

답 $a + 2\sqrt{ab} + b$

04-2

$(준식) = -(a - b)^2$

$$= -(a^2 - 2ab + b^2)$$
$$= -a^2 + 2ab - b^2$$

답 $-a^2 + 2ab - b^2$

04-3

$$(\text{준식}) = y^2 - 8y + 16 - (y^2 + 4y + 4)$$
$$= y^2 - 8y + 16 - y^2 - 4y - 4$$
$$= -12y + 12$$

답 $-12y + 12$

05-1

(1) $(\text{준식}) = (2a)^2 - 3^2 = 4a^2 - 9$

(2) $(\text{준식}) = (b-2)(b+2) = b^2 - 2^2 = b^2 - 4$

답   (1) $4a^2 - 9$ (2) $b^2 - 4$

05-2

$$(\text{준식}) = 1^2 - x^2 + (-3x)^2 - 2^2$$
$$= 1 - x^2 + 9x^2 - 4$$
$$= 8x^2 - 3$$

답 $8x^2 - 3$

06-1

(1) $(\text{준식}) = y^2 + (-3-5)y + (-3) \times (-5) = y^2 - 8y + 15$

(2) $(\text{준식}) = y^2 + (5+2)y + 5 \times 2 = y^2 + 7y + 10$

(3) $(\text{준식}) = y^2 + (-10+4)y + (-10) \times 4 = y^2 - 6y - 40$

(4) $(\text{준식}) = y^2 + (7-6)y + 7 \times (-6) = y^2 + y - 42$

답   (1) $y^2 - 8y + 15$ (2) $y^2 + 7y + 10$
(3) $y^2 - 6y - 40$ (4) $y^2 + y - 42$

06-2

$$(\text{준식}) = a^2 + (2-3)a + 2 \times (-3)$$
$$- \{a^2 + (-1-2)a + (-1) \times (-2)\}$$
$$= a^2 - a - 6 - (a^2 - 3a + 2)$$
$$= a^2 - a - 6 - a^2 + 3a - 2$$
$$= 2a - 8$$

답 $2a - 8$

① 다항식의 정의

01-1

① 항이 두 개이므로 단항식이 아니다.

③ x가 $\sqrt{}$ 안에 있으므로 단항식이 아니다.

⑤ x가 분모에 있으므로 단항식이 아니다.

따라서 단항식이 아닌 것은 ①, ③, ⑤이다.

답   ①, ③, ⑤

01-2

② x가 $\sqrt{}$ 안에 있으므로 다항식이 아니다.

③ z가 분모에 있으므로 다항식이 아니다.

④ y가 분모에 있으므로 다항식이 아니다.

따라서 다항식인 것은 ①, ⑤이다.

답   ①, ⑤

01-3

단항식은 다항식 중 항의 개수가 1개인 것이므로 보기 중 단항식인 것은 ③이다.

답   ③

02-1

보기의 식을 x, y, z의 순으로 정리하면

  ① $-3xy^2 z$ ② $5x^2 yz$ ③ $\sqrt{2}\, xy^2$

  ④ $-\sqrt{3}\, x^2 y$ ⑤ $\sqrt{5}\, xy^2$

따라서 준식과 동류항은 ③, ⑤이다.

답   ③, ⑤

02-2

보기의 식을 x, y, z의 순으로 정리하면

$$5xy^2 z^3 \quad 2xy^3 z^2 \quad -4xy^3 z^2 \quad -xy^2 z^3 \quad -3xy^2 z^3$$

따라서 준식과 동류항은 $5xy^2 z^3$, $-xy^2 z^3$, $-3xy^2 z^3$이므로 합을 구하면

$$5xy^2 z^3 - xy^2 z^3 - 3xy^2 z^3 = xy^2 z^3$$

답 $xy^2 z^3$

03-1

준식을 전개하면

$$x^2 - 6xy + 9y^2$$

이 식을 y에 대하여 내림차순으로 정리하면

$$9y^2 - 6xy + x^2$$

답 $9y^2 - 6xy + x^2$

03-2

준식을 z에 대하여 내림차순으로 정리하면

$$-(3x^3 + y)z^2 + (3x^2 + 2x - y^2)z + 5x^3 y - x^2 y + 4xy^2$$

준식을 z에 대하여 오름차순으로 정리하면

$$5x^3 y - x^2 y + 4xy^2 + (3x^2 + 2x - y^2)z - (3x^3 + y)z^2$$

답   내림차순 : $-(3x^3 + y)z^2 + (3x^2 + 2x - y^2)z$
$+ 5x^3 y - x^2 y + 4xy^2$

오름차순 : $5x^3 y - x^2 y + 4xy^2 + (3x^2 + 2x - y^2)z$
$- (3x^3 + y)z^2$

04-1

윤환식이므로 몽땅 더하고 빼면

$$①+②+③ \; ; \; 2(x+y+z)=12$$
$$\therefore \; x+y+z=6 \; \cdots ④$$

$$④-① \; ; \; z=3, \quad ④-② \; ; \; x=2, \quad ④-③ \; ; \; y=1$$

답 $x=2, \; y=1, \; z=3$

04-2

윤환식이므로 몽땅 곱하고 나누면

$$①×②×③ \; ; \; x^2y^2z^2=100$$
$$\therefore \; xyz=\pm 10 \; \cdots ④$$

$$④÷① \; ; \; z=\pm 5$$
$$④÷② \; ; \; x=\pm 1$$
$$④÷③ \; ; \; y=\pm 2$$

답 $(x, \; y, \; z)=(\pm 1, \; \pm 2, \; \pm 5)$ (단, 복호동순)

② 다항식의 사칙연산

05-1

$$3(A-B)+2(B-C)$$
$$=3A-3B+2B-2C = 3A-B-2C$$
$$=3(y^3+2xy^2-3x^3)-(y^3-x^2y+2x^3)$$
$$\qquad\qquad\qquad\qquad -2(2x^3-x^2y-4xy^2)$$
$$=3y^3+6xy^2-9x^3-y^3+x^2y-2x^3-4x^3+2x^2y+8xy^2$$
$$=-15x^3+3x^2y+14xy^2+2y^3$$

답 $-15x^3+3x^2y+14xy^2+2y^3$

05-2

$$2A-(B+X)=B-C \qquad 2A-B-X=B-C$$
$$X=2A-2B+C$$
$$=2(x^2+xy-3y^2)-2(x^2-y^2)+(-2xy+5y^2)$$
$$=2x^2+2xy-6y^2-2x^2+2y^2-2xy+5y^2$$
$$=y^2$$

답 y^2

06-1

$$A+B=6x^4-3x^2+1 \; \cdots ①$$
$$+) \; \underline{A-B=4x^4+5x^2-3 \; \cdots ②}$$
$$2A=10x^4+2x^2-2$$
$$\therefore \; A=5x^4+x^2-1$$

$$A \to ① \; ; \; B=6x^4-3x^2+1-(5x^4+x^2-1)$$
$$=6x^4-3x^2+1-5x^4-x^2+1$$

$$=x^4-4x^2+2$$
$$2A-3B=2(5x^4+x^2-1)-3(x^4-4x^2+2)$$
$$=10x^4+2x^2-2-3x^4+12x^2-6$$
$$=7x^4+14x^2-8$$

답 $7x^4+14x^2-8$

06-2

$$2A+B=9x^4-2x^3+x^2-3x+2 \qquad \cdots ①$$
$$A+2B=6x^4+8x^3+2x^2+1 \qquad \cdots ②$$

$$①×2-② \; ; \; 4A+2B=18x^4-4x^3+2x^2-6x+4$$
$$-) \; \underline{A+2B=6x^4+8x^3+2x^2+1}$$
$$3A=12x^4-12x^3-6x+3$$
$$\therefore \; A=4x^4-4x^3-2x+1$$

$$A \to ① \; ;$$
$$B=9x^4-2x^3+x^2-3x+2-2(4x^4-4x^3-2x+1)$$
$$=x^4+6x^3+x^2+x$$

답 $A=4x^4-4x^3-2x+1, \; B=x^4+6x^3+x^2+x$

07-1

$$(1) \; (준식)=(-x^{15})^4 × x^{12} × (-x^9)$$
$$=x^{60} × x^{12} × (-x^9)$$
$$=-x^{60+12+9}$$
$$=-x^{81}$$

$$(2) \; (준식)=\frac{1}{8}x^3y^6 × x^2y^6 × \left(-\frac{8}{27}y^6\right)$$
$$=\frac{1}{8} × \left(-\frac{8}{27}\right) × x^{3+2} × y^{6+6+6}$$
$$=-\frac{1}{27}x^5y^{18}$$

답 $(1) \; -x^{81}$ $(2) \; -\dfrac{1}{27}x^5y^{18}$

07-2

$$(준식)=\frac{4}{3}a^2bx × \frac{4}{9}a^2b^2y^2 × \frac{27}{64}b^3x^3y^3$$
$$=\frac{4}{3} × \frac{4}{9} × \frac{27}{64} × a^{2+2} × b^{1+2+3} × x^{1+3} × y^{2+3}$$
$$=\frac{1}{4}a^4b^6x^4y^5$$

답 $\dfrac{1}{4}a^4b^6x^4y^5$

08-1

$$(준식)=4a-2-8a^2+4a+8a^3-4a^2$$
$$=8a^3-12a^2+8a-2$$

답 $8a^3-12a^2+8a-2$

08-2

$(준식) = 6ab + 8 + 3 + \dfrac{4}{ab} = 6ab + \dfrac{4}{ab} + 11$

준식에 $ab = 2$를 대입하여 계산하면

$$6 \times 2 + \dfrac{4}{2} + 11 = 12 + 2 + 11 = 25$$

답 25

09-1

곱하여 이차항이 되는 동류항을 간단히 하면

$$(-3x^2) \times (-1) + 5x \times (-3x) + 7 \times 2x^2$$
$$= 3x^2 - 15x^2 + 14x^2 = 2x^2$$
$$\therefore \ a = 2$$

곱하여 사차항이 되는 동류항을 간단히 하면

$$x^3 \times (-3x) + (-3x^2) \times 2x^2 = -3x^4 - 6x^4 = -9x^4$$
$$\therefore \ b = -9$$

따라서 $2a - b$의 값을 구하면

$$2a - b = 2 \times 2 - (-9) = 4 + 9 = 13$$

답 13

09-2

모든 계수의 총합은 주어진 식에 $x = 1$을 대입하여 계산한 값과 같으므로

$$(2+1)(2-k+3k) = -24 \quad 3(2+2k) = -24$$
$$6 + 6k = -24 \quad 6k = -30 \quad \therefore \ k = -5$$

답 -5

10-1

④ $\dfrac{a^m}{a^n} = a^{m-n}$ ⑤ $\dfrac{a^m}{a^m} = a^{m-m} = a^0 = 1$

따라서 옳지 않은 것은 ④, ⑤이다.

답 ④, ⑤

10-2

③ $\left(\dfrac{x}{y}\right)^0 = 1$ ⑤ $\left(-\dfrac{x}{y}\right)^{-2} = \left(-\dfrac{y}{x}\right)^2 = \dfrac{y^2}{x^2}$

따라서 옳지 않은 것은 ③, ⑤이다.

답 ③, ⑤

11-1

$(준식) = 9x^6y^4z^2 \times 4x^2y^3z \div (-2xy^3z^2) \div (xyz)$

$\qquad = \dfrac{9 \times 4}{-2} \times x^{6+2-1-1} \times y^{4+3-3-1} \times z^{2+1-2-1}$

$\qquad = -18x^6y^3$

답 $-18x^6y^3$

11-2

$(준식) = \dfrac{1}{2}a^2bx \times \dfrac{4}{9}a^2b^2y^2 \div \left(\dfrac{16}{9}b^2x^2y^2\right)$

$\qquad = \dfrac{1}{2} \times \dfrac{4}{9} \times \dfrac{9}{16} \times a^{2+2} \times b^{1+2-2} \times x^{1-2} \times y^{2-2}$

$\qquad = \dfrac{1}{8}a^4bx^{-1}y^0 = \dfrac{a^4b}{8x}$

답 $\dfrac{a^4b}{8x}$

12-1

$$3^{x-1} = A \qquad \dfrac{3^x}{3} = A \qquad \therefore \ 3^x = 3A$$

$$9^{x+1} = 9 \times 9^x = 9 \times (3^2)^x = 9 \times (3^x)^2 = 9 \times (3A)^2 = 81A^2$$

답 $81A^2$

12-2

$$4^{x-1} = 4A^2 \qquad \dfrac{4^x}{4} = 4A^2 \qquad 4^x = 16A^2 \qquad (2^x)^2 = 16A^2$$

$$\therefore \ 2^x = 4A \ (2^x > 0)$$

$$2^{x-2} = \dfrac{2^x}{2^2} = \dfrac{4A}{4} = A$$

답 A

13-1

나누는 식이 단항식이므로 직접 나눗셈을 하면

$$\begin{array}{r} x^2 - 2x + 2 \\ 3x^2 \overline{)\,3x^4 - 6x^3 + 6x^2 - 2x} \\ \underline{3x^4 - 6x^3 + 6x^2 } \\ -2x \end{array}$$

$\therefore$ 몫 : $x^2 - 2x + 2$, 나머지 : $-2x$

답 몫 : $x^2 - 2x + 2$, **나머지** : $-2x$

13-2

나누는 식이 단항식이므로 직접 나눗셈을 하면

$$\begin{array}{r} \dfrac{1}{2}x^2 - x + 2 \\ 2x^3 \overline{)\,x^5 - 2x^4 + 4x^3 - 3x^2 + x - 1} \\ \underline{x^5 - 2x^4 + 4x^3 } \\ -3x^2 + x - 1 \end{array}$$

몫 : $\dfrac{1}{2}x^2 - x + 2$, 나머지 : $-3x^2 + x - 1$

답 몫 : $\dfrac{1}{2}x^2 - x + 2$, **나머지** : $-3x^2 + x - 1$

14-1

나누는 식이 2차의 다항식이므로 계수를 분리하여 나눗셈을
하면

$$
\begin{array}{r}
2 \quad 1 \quad -1 \\
1 \quad 0 \quad -2 \,\overline{)\, 2 \quad 1 \quad -5 \quad -5 \quad -9} \\
\underline{2 \quad 0 \quad -4} \\
1 \quad -1 \quad -5 \\
\underline{1 \quad 0 \quad -2} \\
-1 \quad -3 \quad -9 \\
\underline{-1 \quad 0 \quad 2} \\
-3 \quad -11
\end{array}
$$

다항식의 나눗셈에서 몫은 $2x^2+x-1$이고 나머지는
$-3x-11$이다.

답 몫 : $2x^2+x-1$, 나머지 : $-3x-11$

14-2

$x^4-2x^3+2x^2-6x-3=A(x^2-2x-1)$이므로
$A=(x^4-2x^3+2x^2-6x-3)\div(x^2-2x-1)$이다.
나누는 식이 2차의 다항식이므로 계수를 분리하여 나눗셈을
하면

$$
\begin{array}{r}
1 \quad 0 \quad 3 \\
1 \quad -2 \quad -1 \,\overline{)\, 1 \quad -2 \quad 2 \quad -6 \quad -3} \\
\underline{1 \quad -2 \quad -1} \\
3 \quad -6 \quad -3 \\
\underline{3 \quad -6 \quad -3} \\
0
\end{array}
$$

따라서 다항식 $A=x^2+3$이다.

답 x^2+3

15-1

나누는 식이 일차식이므로 (나누는 식)$=0$이 되는 x의 값을
구하면
$$x-1=0 \qquad \therefore\ x=1$$
조립제법을 이용하면

$$
\begin{array}{r}
1 \,\big|\ 3 \quad -2 \quad 0 \quad -5 \\
\quad\ \ 3 \quad 1 \quad 1 \\
\hline
3 \quad 1 \quad 1 \ \big|\ -4
\end{array}
$$

$\therefore\ $ 몫 : $3x^2+x+1$, 나머지 : -4

답 몫 : $3x^2+x+1$, 나머지 : -4

15-2

나누는 식이 일차식이므로 (나누는 식)$=0$이 되는 x의 값을
구하면
$$x+2=0 \qquad \therefore\ x=-2$$

조립제법을 이용하면

$$
\begin{array}{r}
-2 \,\big|\ 1 \quad -1 \quad -3 \quad -1 \quad 3 \\
\quad\ \ -2 \quad 6 \quad -6 \quad 14 \\
\hline
1 \quad -3 \quad 3 \quad -7 \ \big|\ 17
\end{array}
$$

따라서 $a=-2$, $b=-3$, $c=6$, $d=-7$이고
$a+b+c+d=-6$이다.

답 -6

16-1

나누는 식이 일차식이므로 (나누는 식)$=0$이 되는 x의 값을
구하면 $2x-1=0 \qquad \therefore\ x=\dfrac{1}{2}$

조립제법을 이용하면

$$
\begin{array}{r}
\dfrac{1}{2} \,\big|\ 2 \quad -1 \quad -2 \quad 3 \\
\quad\ \ 1 \quad 0 \quad -1 \\
\hline
2 \quad 0 \quad -2 \ \big|\ 2
\end{array}
$$

몫만 나누는 식의 1차항의 계수로 나누면
$$\dfrac{1}{2}(2x^2-2)=x^2-1$$

$\therefore\ $ 몫 : x^2-1, 나머지 : 2

답 몫 : x^2-1, 나머지 : 2

16-2

나누는 식이 일차식이므로 (나누는 식)$=0$이 되는 x의 값을
구하면 $3x-2=0 \qquad \therefore\ x=\dfrac{2}{3}$

조립제법을 이용하면

$$
\begin{array}{r}
\dfrac{2}{3} \,\big|\ 3 \quad 1 \quad -5 \quad 5 \quad 1 \\
\quad\ \ 2 \quad 2 \quad -2 \quad 2 \\
\hline
3 \quad 3 \quad -3 \quad 3 \ \big|\ 3
\end{array}
$$

몫만 나누는 식의 1차항의 계수로 나누면
$$\dfrac{1}{3}(3x^3+3x^2-3x+3)=x^3+x^2-x+1$$

$\therefore\ $ 몫 : x^3+x^2-x+1, 나머지 : 3

답 몫 : x^3+x^2-x+1, 나머지 : 3

③ 곱셈공식

17-1

(1) (준식)$=(4a)^2-2\times 4a\times b+b^2=16a^2-8ab+b^2$

(2) (준식)$=(2a)^2+2\times 2a\times 5b+(5b)^2$
$\qquad\qquad =4a^2+20ab+25b^2$

답 (1) $16a^2-8ab+b^2$ (2) $4a^2+20ab+25b^2$

17-2

$$(\text{준식}) = \{x^2 - 2 \times x \times 2y + (2y)^2\}$$
$$\qquad\qquad\qquad - \{(2x)^2 - 2 \times 2x \times y + y^2\}$$
$$= x^2 - 4xy + 4y^2 - (4x^2 - 4xy + y^2)$$
$$= x^2 - 4xy + 4y^2 - 4x^2 + 4xy - y^2$$
$$= -3x^2 + 3y^2$$

답 $-3x^2 + 3y^2$

18-1

(1) $(\text{준식}) = (\sqrt{a})^2 + (\sqrt{b})^2 + (\sqrt{c})^2 + 2\sqrt{a}\,\sqrt{b}$
$$\qquad\qquad\qquad + 2\sqrt{b}\,\sqrt{c} + 2\sqrt{c}\,\sqrt{a}$$
$$= a + b + c + 2\sqrt{ab} + 2\sqrt{bc} + 2\sqrt{ca}$$

(2) $(\text{준식}) = \{\sqrt{a} + (-\sqrt{b}) + \sqrt{c}\}^2$
$$= (\sqrt{a})^2 + (-\sqrt{b})^2 + (\sqrt{c})^2 + 2\sqrt{a} \times (-\sqrt{b})$$
$$\qquad + 2 \times (-\sqrt{b}) \times \sqrt{c} + 2 \times \sqrt{c} \times \sqrt{a}$$
$$= a + b + c - 2\sqrt{ab} - 2\sqrt{bc} + 2\sqrt{ca}$$

답   (1) $a + b + c + 2\sqrt{ab} + 2\sqrt{bc} + 2\sqrt{ca}$
(2) $a + b + c - 2\sqrt{ab} - 2\sqrt{bc} + 2\sqrt{ca}$

18-2

(1) $(\text{준식}) = x^2 + (2y)^2 + (3z)^2$
$$\qquad\qquad + 2x \times 2y + 2 \times 2y \times 3z + 2 \times 3z \times x$$
$$= x^2 + 4y^2 + 9z^2 + 4xy + 12yz + 6zx$$

(2) $(\text{준식}) = \{x + (-2y) + 3z\}^2$
$$= x^2 + (-2y)^2 + (3z)^2$$
$$\qquad + 2x \times (-2y) + 2 \times (-2y) \times 3z + 2 \times 3z \times x$$
$$= x^2 + 4y^2 + 9z^2 - 4xy - 12yz + 6zx$$

답   (1) $x^2 + 4y^2 + 9z^2 + 4xy + 12yz + 6zx$
(2) $x^2 + 4y^2 + 9z^2 - 4xy - 12yz + 6zx$

18-3

$$(\text{준식}) = \{2x + (-4y) + (-1)\}^2$$
$$= (2x)^2 + (-4y)^2 + (-1)^2 + 2 \times 2x \times (-4y)$$
$$\qquad + 2 \times (-4y) \times (-1) + 2 \times (-1) \times 2x$$
$$= 4x^2 + 16y^2 - 16xy - 4x + 8y + 1$$

답 $4x^2 + 16y^2 - 16xy - 4x + 8y + 1$

19-1

(1) $(\text{준식}) = (4a)^2 - (3b)^2 = 16a^2 - 9b^2$

(2) $(\text{준식}) = \left(-\dfrac{1}{3}a\right)^2 - \left(\dfrac{1}{4}b\right)^2 = \dfrac{1}{9}a^2 - \dfrac{1}{16}b^2$

답   (1) $16a^2 - 9b^2$ (2) $\dfrac{1}{9}a^2 - \dfrac{1}{16}b^2$

19-2

$$(\text{준식}) = (2x)^2 - y^2 - \{(-2y)^2 - x^2\}$$
$$= 4x^2 - y^2 - (4y^2 - x^2)$$
$$= 4x^2 - y^2 - 4y^2 + x^2$$
$$= 5x^2 - 5y^2$$

답 $5x^2 - 5y^2$

20-1

$$(\text{준식}) = \{(x-1)(x+1)\}(x^2+1)(x^4+1)(x^8+1)(x^{16}+1)$$
$$= \{(x^2-1)(x^2+1)\}(x^4+1)(x^8+1)(x^{16}+1)$$
$$= \{(x^4-1)(x^4+1)\}(x^8+1)(x^{16}+1)$$
$$= \{(x^8-1)(x^8+1)\}(x^{16}+1)$$
$$= (x^{16}-1)(x^{16}+1)$$
$$= x^{32} - 1$$

답 $x^{32} - 1$

20-2

$$(\text{준식}) = \{(3-1)(3+1)\}(3^2+1)(3^4+1)$$
$$= \{(3^2-1)(3^2+1)\}(3^4+1)$$
$$= (3^4-1)(3^4+1)$$
$$= 3^8 - 1$$

따라서 □ 안에 알맞은 수는 -1이다.

답 -1

21-1

(1) $(\text{준식}) = (30+4)(30-4) = 30^2 - 4^2 = 900 - 16 = 884$

(2) $(\text{준식}) = (10+0.5)(10-0.5) = 10^2 - 0.5^2 = 100 - 0.25$
$$= 99.75$$

답   (1) 884 (2) 99.75

21-2

$$(\text{준식}) = \dfrac{(2025-1)(2025+1)+1}{2025} = \dfrac{2025^2 - 1 + 1}{2025}$$
$$= \dfrac{2025^2}{2025} = 2025$$

답 2025

22-1

(1) $(\text{준식}) = x^2 + (7-3)xy + 7 \times (-3)y^2$
$$= x^2 + 4xy - 21y^2$$

(2) $(\text{준식}) = 6 \times 4x^2 + \{6 \times (-3) + 5 \times 4\}xy + 5 \times (-3)y^2$
$$= 24x^2 + 2xy - 15y^2$$

답   (1) $x^2 + 4xy - 21y^2$ (2) $24x^2 + 2xy - 15y^2$

22-2

$(준식) = \{15a^2 + (10+12)ab + 8b^2\}$
$\qquad\qquad - \{3a^2 + (-2+15)ab - 10b^2\}$
$\quad = 15a^2 + 22ab + 8b^2 - (3a^2 + 13ab - 10b^2)$
$\quad = 15a^2 + 22ab + 8b^2 - 3a^2 - 13ab + 10b^2$
$\quad = 12a^2 + 9ab + 18b^2$

답 $\ 12a^2 + 9ab + 18b^2$

23-1

(1) $(준식) = (2x)^3 + 3 \times (2x)^2 \times 3 + 3 \times 2x \times 3^2 + 3^3$
$\qquad\quad = 8x^3 + 36x^2 + 54x + 27$
(2) $(준식) = x^3 - 3 \times x^2 \times 2y + 3 \times x \times (2y)^2 - (2y)^3$
$\qquad\quad = x^3 - 6x^2y + 12xy^2 - 8y^3$

답 **(1)** $8x^3 + 36x^2 + 54x + 27$
(2) $x^3 - 6x^2y + 12xy^2 - 8y^3$

23-2

$(준식) = a^3 + 3a^2b + 3ab^2 + b^3 - (a^3 - 3a^2b + 3ab^2 - b^3)$
$\quad = 6a^2b + 2b^3$

답 $\ 6a^2b + 2b^3$

24-1

(1) $(준식) = x^3 + (1-2+3)x^2$
$\qquad\qquad\quad + \{1 \times (-2) + (-2) \times 3 + 3 \times 1\}x$
$\qquad\qquad\qquad\quad + 1 \times (-2) \times 3$
$\qquad\quad = x^3 + 2x^2 - 5x - 6$
(2) $(준식) = x^3 + (-1+2-3)x^2$
$\qquad\qquad\quad + \{(-1) \times 2 + 2 \times (-3) + (-3) \times (-1)\}x$
$\qquad\qquad\qquad\quad + (-1) \times 2 \times (-3)$
$\qquad\quad = x^3 - 2x^2 - 5x + 6$

답 **(1)** $x^3 + 2x^2 - 5x - 6$ **(2)** $x^3 - 2x^2 - 5x + 6$

24-2

$x + y + z = 3$에서
$\quad x + y = 3 - z,\ y + z = 3 - x,\ z + x = 3 - y$
$(준식) = (3-z)(3-x)(3-y)$
$\qquad = 3^3 - (x+y+z) \times 3^2 + (xy+yz+zx) \times 3 - xyz$
주어진 값을 준식에 대입하여 식의 값을 구하면
$\quad (준식) = 27 - 3 \times 9 + 2 \times 3 - 1 = 5$

답 $\ 5$

25-1

(1) $(준식) = (2a+3b)\{(2a)^2 - (2a) \times (3b) + (3b)^2\}$

$\qquad\quad = (2a)^3 + (3b)^3 = 8a^3 + 27b^3$
(2) $(준식) = x^3 + y^3 + (-2)^3 - 3xy \times (-2)$
$\qquad\quad = x^3 + y^3 - 8 + 6xy$
$\qquad\quad = x^3 + y^3 + 6xy - 8$

답 **(1)** $8a^3 + 27b^3$ **(2)** $x^3 + y^3 + 6xy - 8$

25-2

(1) $(준식) = \{(x-2)(x^2+2x+4)\}\{(x+2)(x^2-2x+4)\}$
$\qquad\quad = (x^3 - 8)(x^3 + 8)$
$\qquad\quad = x^6 - 64$
(2) $(준식) = x^3 + (2y)^3 + (3z)^3 - 3x \times 2y \times 3z$
$\qquad\quad = x^3 + 8y^3 + 27z^3 - 18xyz$

답 **(1)** $x^6 - 64$ **(2)** $x^3 + 8y^3 + 27z^3 - 18xyz$

26-1

주어진 조건식의 양변에 $x+1$을 곱하여 정리하면
$\quad (x+1)(x^2-x+1) = 0 \qquad x^3 + 1 = 0$
$\quad \therefore\ x^3 = -1$
$(준식) = (x^3)^{33} \times x^2 - (x^3)^{33} \times x$
$\qquad = -x^2 + x = 1$

답 $\ 1$

26-2

주어진 조건식의 양변에 $x-1$을 곱하여 정리하면
$\quad (x-1)(x^2+x+1) = 0 \qquad x^3 - 1 = 0$
$\quad \therefore\ x^3 = 1$
$(준식) = (x^3)^{333} \times x^2 + (x^3)^{332} \times x - 1$
$\qquad = x^2 + x - 1$
$\qquad = -2$

답 $\ -2$

27-1

(1) $(준식) = (x^2)^2 + (2x)^2 + 4^2$
$\qquad\quad = x^4 + 4x^2 + 16$
(2) $(준식) = (4x^2)^2 + (6xy)^2 + (9y^2)^2$
$\qquad\quad = 16x^4 + 36x^2y^2 + 81y^4$

답 **(1)** $x^4 + 4x^2 + 16$ **(2)** $16x^4 + 36x^2y^2 + 81y^4$

27-2

(1) $(준식) = (4a^2)^2 + (2a)^2 + 1^2$
$\qquad\quad = 16a^4 + 4a^2 + 1$
(2) $(준식) = (9a^2)^2 + (12ab)^2 + (16b^2)^2$
$\qquad\quad = 81a^4 + 144a^2b^2 + 256b^4$

답 **(1)** $16a^4 + 4a^2 + 1$ **(2)** $81a^4 + 144a^2b^2 + 256b^4$

28-1

치환할 것을 고려하여 두 개씩 짝지어 전개하면

$(준식) = \{(x-2)(x-1)\}\{(x+2)(x-5)\}$

$\qquad = (x^2-3x+2)(x^2-3x-10)$

$x^2-3x = X$로 치환하고 전개하면

$\qquad (X+2)(X-10) = X^2-8X-20$

$X = x^2-3x$로 환원하고 전개하면

$\qquad (x^2-3x)^2-8(x^2-3x)-20$

$\qquad = x^4-6x^3+9x^2-8x^2+24x-20$

$\qquad = x^4-6x^3+x^2+24x-20$

답 $x^4-6x^3+x^2+24x-20$

28-2

직관에 의해 전개할 수 있으면 동일부분을 꼭 치환하고 전개할 필요는 없다.

$(준식) = \{x-(y-z)\}\{x+(y-z)\} = x^2-(y-z)^2$

$\qquad = x^2-y^2+2yz-z^2 = x^2-y^2-z^2+2yz$

답 $x^2-y^2-z^2+2yz$

④ 곱셈공식의 변형

29-1

$x^2+y^2 = (x-y)^2+2xy = 1+4 = 5$

답 5

29-2

$(x+y)^2 = x^2+2xy+y^2$에서

$\qquad 2xy = (x+y)^2-(x^2+y^2) = 9-5 = 4 \qquad \therefore xy = 2$

답 2

30-1

$a^2+b^2 = (a+b)^2-2ab = 2^2-2\times(-3) = 10$

$(준식) = \dfrac{a^2+b^2}{ab} = \dfrac{10}{-3} = -\dfrac{10}{3}$

답 $-\dfrac{10}{3}$

30-2

$x^2+y^2 = (x-y)^2+2xy \qquad 13 = 1^2+2xy \qquad \therefore xy = 6$

(1) $(준식) = (x^2)^2+(y^2)^2 = (x^2+y^2)^2-2x^2y^2$

$\qquad\qquad = (x^2+y^2)^2-2(xy)^2$

$\qquad\qquad = 13^2-2\times6^2 = 169-72 = 97$

(2) $(준식) = \dfrac{x^2+y^2}{xy} = \dfrac{13}{6}$

답 (1) 97 (2) $\dfrac{13}{6}$

31-1

$\dfrac{1}{a}+\dfrac{1}{b}+\dfrac{1}{c} = \dfrac{ab+bc+ca}{abc} \qquad \cdots ①$

$(a+b+c)^2 = a^2+b^2+c^2+2(ab+bc+ca)$에서

$\qquad 2(ab+bc+ca) = (a+b+c)^2-(a^2+b^2+c^2)$

$\qquad\qquad = 25-7 = 18$

$\qquad \therefore ab+bc+ca = 9 \qquad \cdots ②$

②와 주어진 값을 ①에 대입하여 값을 구하면

$\qquad (준식) = 3$

답 3

31-2

직육면체의 가로, 세로, 높이를 각각 a, b, c라 하고 주어진 조건을 식으로 나타내면

$\qquad 4(a+b+c) = 40 \qquad \therefore a+b+c = 10$

$\qquad \sqrt{a^2+b^2+c^2} = \sqrt{24} \qquad \therefore a^2+b^2+c^2 = 24$

$(a+b+c)^2 = a^2+b^2+c^2+2(ab+bc+ca)$에서

$\qquad 2(ab+bc+ca) = (a+b+c)^2-(a^2+b^2+c^2)$

$\qquad\qquad = 100-24 = 76$

직육면체의 겉넓이를 식으로 나타내고 값을 구하면

$\qquad 2(ab+bc+ca) = 76$

답 76

32-1

$(x+y)^2 = (x-y)^2+4xy = (\sqrt{17})^2+4\times2 = 17+8 = 25$

$\qquad \therefore x+y = \pm5$

답 ±5

32-2

(1) $(x-y)^2 = x^2-2xy+y^2$에서

$\qquad 2xy = (x^2+y^2)-(x-y)^2 = 5-1 = 4$

$\qquad \therefore xy = 2$

(2) $(x+y)^2 = (x-y)^2+4xy = 1+8 = 9$

$\qquad \therefore x+y = \pm3$

x, y가 양수이므로 $x+y = 3$이다.

(3) $\dfrac{y}{x}+\dfrac{x}{y} = \dfrac{x^2+y^2}{xy} = \dfrac{5}{2}$

답 (1) 2 (2) 3 (3) $\dfrac{5}{2}$

33-1

(1) $(a-b)^2 = a^2 + b^2 - 2ab$ 에서 $2ab = a^2 + b^2 - (a-b)^2$

$\qquad 2ab = 8 - 2^2 = 4 \qquad \therefore \ ab = 2$

(2) $(a+b)^2 = (a-b)^2 + 4ab = 2^2 + 4 \times 2 = 12$

$\qquad \therefore \ a+b = \pm 2\sqrt{3}$

(3) $a^3 - b^3 = (a-b)^3 + 3ab(a-b)$

$\qquad = 2^3 + 3 \times 2 \times 2 = 20$

답 (1) 2   (2) $\pm 2\sqrt{3}$ (3) 20

33-2

(1) $x^3 + y^3 = (x+y)^3 - 3xy(x+y)$ 에서

$\qquad 9 = 3^3 - 3xy \times 3 \qquad 9 = 27 - 9xy$

$\qquad \therefore \ xy = 2$

(2) $(x-y)^2 = (x+y)^2 - 4xy = 3^2 - 4 \times 2 = 1$

$\qquad \therefore \ x - y = \pm 1$

(3) $x^2 + y^2 = (x+y)^2 - 2xy = 3^2 - 2 \times 2 = 5$

답 (1) 2   (2) ± 1 (3) 5

34-1

$(준식) = \dfrac{1}{2} \times 2(x^2 + y^2 + z^2 + xy + yz + zx)$

$\qquad = \dfrac{1}{2}(2x^2 + 2y^2 + 2z^2 + 2xy + 2yz + 2zx)$

$\qquad = \dfrac{1}{2}\{(x^2 + 2xy + y^2) + (y^2 + 2yz + z^2)$

$\qquad\qquad\qquad\qquad\qquad + (z^2 + 2zx + x^2)\}$

$\qquad = \dfrac{1}{2}\{(x+y)^2 + (y+z)^2 + (z+x)^2\}$

답 풀이참조

34-2

$(준식) = \dfrac{1}{2} \times 2(a^2 + b^2 + 4c^2 - ab - 2bc - 2ca)$

$\qquad = \dfrac{1}{2}(2a^2 + 2b^2 + 8c^2 - 2ab - 4bc - 4ca)$

$\qquad = \dfrac{1}{2}\{(a^2 - 2ab + b^2) + (b^2 - 4bc + 4c^2)$

$\qquad\qquad\qquad\qquad\qquad + (4c^2 - 4ca + a^2)\}$

$\qquad = \dfrac{1}{2}\{(a-b)^2 + (b-2c)^2 + (2c-a)^2\} = 0$

$a - b = 0$ 이고 $b - 2c = 0$ 이고 $2c - a = 0$ 이므로

$\qquad a = b = 2c$

따라서 주어진 삼각형은 $a = b$ 인 이등변삼각형이다.

답 $a = b$ 인 이등변삼각형

35-1

(1) $\left(x + \dfrac{1}{x}\right)^2 = \left(x - \dfrac{1}{x}\right)^2 + 2 = 9 + 2 = 11$

$\qquad \therefore \ x + \dfrac{1}{x} = \pm\sqrt{11}$

(2) $x^3 + \dfrac{1}{x^3} = \left(x + \dfrac{1}{x}\right)^3 - 3\left(x + \dfrac{1}{x}\right)$

$\qquad = \pm 11\sqrt{11} \mp 3\sqrt{11}$

$\qquad = \pm 8\sqrt{11}$

답 (1) $\pm\sqrt{11}$ (2) $\pm 8\sqrt{11}$

35-2

$x^2 + \dfrac{1}{x^2} = \left(x + \dfrac{1}{x}\right)^2 - 2 = 9 - 2 = 7$

$x^3 + \dfrac{1}{x^3} = \left(x + \dfrac{1}{x}\right)^3 - 3\left(x + \dfrac{1}{x}\right) = 27 - 9 = 18$

$(준식) = \left(x^2 + \dfrac{1}{x^2}\right)\left(x^3 + \dfrac{1}{x^3}\right) - \left(x + \dfrac{1}{x}\right) = 7 \times 18 - 3 = 123$

답 123

36-1

$(준식) = \left(x^3 + \dfrac{1}{x^3}\right) + 2\left(x^2 + \dfrac{1}{x^2}\right) - 3\left(x + \dfrac{1}{x}\right) + 1$

$\qquad = \left\{\left(x + \dfrac{1}{x}\right)^3 - 3\left(x + \dfrac{1}{x}\right)\right\} + 2\left\{\left(x + \dfrac{1}{x}\right)^2 - 2\right\}$

$\qquad\qquad\qquad\qquad\qquad\qquad - 3\left(x + \dfrac{1}{x}\right) + 1$

$\qquad = (2^3 - 3 \times 2) + 2(2^2 - 2) - 3 \times 2 + 1 = 1$

답 1

36-2

$\left(x - \dfrac{1}{x}\right)^2 = \left(x + \dfrac{1}{x}\right)^2 - 4 = 4^2 - 4 = 12 \qquad \therefore \ x - \dfrac{1}{x} = 2\sqrt{3}$

$(준식) = 2\left(x^3 - \dfrac{1}{x^3}\right) - \left(x^2 + \dfrac{1}{x^2}\right) + \left(x - \dfrac{1}{x}\right)$

$\qquad = 2\left\{\left(x - \dfrac{1}{x}\right)^3 + 3\left(x - \dfrac{1}{x}\right)\right\}$

$\qquad\qquad\qquad - \left\{\left(x + \dfrac{1}{x}\right)^2 - 2\right\} + \left(x - \dfrac{1}{x}\right)$

$\qquad = 2\{(2\sqrt{3})^3 + 3 \times 2\sqrt{3}\} - (4^2 - 2) + 2\sqrt{3}$

$\qquad = 62\sqrt{3} - 14$

답 $62\sqrt{3} - 14$

37-1

$(x+y)^2 = x^2 + 2xy + y^2$ 에서

$\qquad 2xy = (x+y)^2 - (x^2 + y^2) = 9 - 5 = 4 \qquad \therefore \ xy = 2$

(준식)$=(x^2+y^2)^2-2x^2y^2$
$$=25-8=17$$

답 17

37-2

$\dfrac{1}{x}+\dfrac{1}{y}=2$에서 $\dfrac{x+y}{xy}=2$ $\dfrac{2}{xy}=2$ $\therefore$ $xy=1$

$x^2+y^2=(x+y)^2-2xy=4-2=2$

$x^3+y^3=(x+y)^3-3xy(x+y)=8-6=2$

$x^5+y^5=(x^2+y^2)(x^3+y^3)-x^2y^2(x+y)=2\times2-2=2$

답 2

〈연습문제A〉

01. $-a^2+2ab-b^2$

02. (1) $a-b$ (2) $4-x^2$ (3) x^2-3 (4) $16-y^2$ **03.** ③, ⑤

04. $9y^2-6xy+x^2$ **05.** $-15x^3+3x^2y+14xy^2+2y^3$

06. $7x^4+14x^2-8$ **07.** (1) $-x^{81}$ (2) $-\dfrac{1}{27}x^5y^{18}$

08. 25   **09.** 13   **10.** ④, ⑤   **11.** $-18x^6y^3$ **12.** $\dfrac{A^3}{32}$

13. 몫 : x^2-2x+2, 나머지 : $-2x$

14. 몫 : $2x^2+x-1$, 나머지 : $-3x-11$

15. 몫 : $3x^2+x+1$, 나머지 : -4

16. (1) $a+b+c+2\sqrt{ab}+2\sqrt{bc}+2\sqrt{ca}$

   (2) $a+b+c-2\sqrt{ab}-2\sqrt{bc}+2\sqrt{ca}$

17. $x^{32}-1$

18. (1) $8x^3+36x^2+54x+27$ (2) $x^3-6x^2y+12xy^2-8y^3$

19. (1) x^3+2x^2-5x-6 (2) x^3-2x^2-5x+6

20. (1) $8a^3+27b^3$ (2) $x^3+y^3+6xy-8$ **21.** 1

22. (1) x^4+4x^2+16 (2) $16x^4+36x^2y^2+81y^4$

23. $x^2-y^2-z^2+2yz$ **24.** 5 **25.** 26 **26.** ±1

27. (1) 5 (2) ±3 (3) 7 **28.** 30 **29.** 17

〈연습문제B〉

01. $2a-8$ **02.** xy^2z^3

03. 내림차순 : $-(3x^3+y)z^2+(3x^2+2x-y^2)z$
$$+5x^3y-x^2y+4xy^2$$

   오름차순 : $5x^3y-x^2y+4xy^2+(3x^2+2x-y^2)z$
$$-(3x^3+y)z^2$$

04. y^2 **05.** $A=4x^4-4x^3-2x+1$, $B=x^4+6x^3+x^2+x$

06. $\dfrac{1}{4}a^4b^6x^4y^5$ **07.** -5 **08.** ③, ⑤ **09.** $\dfrac{a^4b}{8x}$ **10.** A

11. x^2+3 **12.** -6 **13.** 몫 : x^2-2x-3, 나머지 : 0

14. (1) $x^2+4y^2+9z^2+4xy+12yz+6zx$

(2) $x^2+4y^2+9z^2-4xy-12yz+6zx$

15. -1 **16.** $6a^2b+2b^3$ **17.** 5

18. (1) x^6-64 (2) $x^3+8y^3+27z^3-18xyz$

19. -2 **20.** $x^4-6x^3+x^2+24x-20$ **21.** 2 **22.** 76

23. (1) 2 (2) 3 (3) $\dfrac{5}{2}$ **24.** (1) 2 (2) ±1 (3) 5

25. $a=b$인 이등변삼각형 **26.** 123 **27.** 2

〈중·고교 연결과정 선수학습〉

01-1

(1) 모든 x의 값에 대하여 성립하므로 항등식이다.
(2) $x=3$일 때만 성립하므로 방정식이다.

답 (1) 항등식 (2) 방정식

01-2

(1) 모든 x의 값에 대하여 성립하므로 항등식이다.
(2) $x=-2$, $x=3$일 때만 성립하므로 방정식이다.

답 (1) 항등식 (2) 방정식

02-1

주어진 등식이 x에 대한 항등식이므로
$$a-2=0,\ 3-b=0$$
$$\therefore\ a=2,\ b=3$$

답 $a=2,\ b=3$

02-2

주어진 등식이 x에 대한 항등식이므로
$$a+1=-2,\ 1=-2+b$$
$$\therefore\ a=-3,\ b=3$$
따라서 $ab=(-3)\times 3=-9$이다.

답 -9

① 항등식

01-1

주어진 등식이 x에 대한 항등식이므로
$$4=b-1\text{에서 } b=5$$
$$a-2=3\text{에서 } a=5$$
$$c=0$$

답 $a=5,\ b=5,\ c=0$

01-2

주어진 등식이 x에 대한 항등식이므로
$$a+b=3,\ a-2b=0$$
두 식을 연립하여 a, b의 값을 구하면
$$a=2,\ b=1$$

답 $a=2,\ b=1$

02-1

일차식 $ax+b=0$이 성립하는 두 x의 값을 α, $\beta\ (\alpha\neq\beta)$라 하면

$$
\begin{array}{r}
a\alpha+b=0\\
-)\ \underline{a\beta+b=0}\\
a(\alpha-\beta)=0
\end{array}
$$

$\alpha\neq\beta$이므로 $a=0$
$a=0$을 $a\alpha+b=0$에 대입하면 $b=0$
따라서 일차식 $ax+b=0$이 서로 다른 두 x의 값에 대하여 성립하면 $a=b=0$이다.

답 풀이참조

02-2

일차식이 서로 다른 두 x의 값에 대하여 성립하면 항등식이므로
$$3-a=5,\ 2=b+2$$
$$\therefore\ a=-2,\ b=0$$
따라서 $a+b=-2$이다.

답 -2

03-1

임의의 k의 값에 대하여 성립하므로 주어진 등식은 k에 대한 항등식이다. 주어진 등식을 k에 대하여 정리하면
$$xk-2x+2yk+y-4k+3=0$$
$$(x+2y-4)k-2x+y+3=0$$
$$\therefore x+2y-4=0,\ -2x+y+3=0$$
두 식을 연립하여 풀면

$$
\begin{array}{r}
2x+4y-8=0\\
+)\ \underline{-2x+y+3=0}\\
5y-5=0\qquad \therefore\ y=1,\ x=2
\end{array}
$$

따라서 $x+y=2+1=3$이다.

답 3

03-2

k의 값에 관계없이 항상 성립하므로 주어진 등식은 k에 대한 항등식이다. 주어진 등식을 k에 대하여 정리하면
$$xk-x+4yk+y-k=0$$
$$(x+4y-1)k-x+y=0$$
$$\therefore x+4y-1=0,\ -x+y=0$$
두 식을 연립하여 풀면

$$
\begin{array}{r}
x+4y-1=0\\
+)\ \underline{-x+y\ \ \ =0}\\
5y-1=0\qquad \therefore\ y=\frac{1}{5},\ x=\frac{1}{5}
\end{array}
$$

따라서 $xy=\frac{1}{5}\times\frac{1}{5}=\frac{1}{25}$이다.

답 $\frac{1}{25}$

04-1

$\dfrac{4x+ay+b}{x+2y+2}=k$ (k는 상수)로 놓고

양변에 $x+2y+2$를 곱하면

$$4x+ay+b=k(x+2y+2)$$
$$4x+ay+b=kx+2ky+2k$$

이 등식은 x, y에 대한 항등식이므로 계수비교법을 이용하면

$$4=k,\ a=2k,\ b=2k$$
$$\therefore\ a=8,\ b=8$$

따라서 $a-b=8-8=0$이다.

답 0

04-2

$\dfrac{6x^2+2x+p}{3x^2+qx+2}=k$ (k는 상수)로 놓고 양변에 $3x^2+qx+2$를 곱하면

$$6x^2+2x+p=k(3x^2+qx+2)$$
$$6x^2+2x+p=3kx^2+kqx+2k$$

이 등식은 x에 대한 항등식이므로 계수비교법을 이용하면

$$6=3k,\ 2=kq,\ p=2k$$
$$\therefore\ k=2,\ q=1,\ p=4$$

따라서 $pq=4\times1=4$이다.

답 4

05-1

좌변을 전개하여 x에 대한 내림차순으로 정리하면

$$\begin{aligned}(\text{좌변})&=8x^3-4bx^2+2ax^2-abx+2x-b+cx-2\\&=8x^3+(2a-4b)x^2+(-ab+c+2)x-b-2\\&=8x^3+6x-3\end{aligned}$$

이 등식이 x에 대한 항등식이므로 계수비교법을 이용하면

$$2a-4b=0,\ -ab+c+2=6,\ -b-2=-3$$
$$\therefore\ a=2,\ b=1,\ c=6$$

따라서 $a+b+c=2+1+6=9$이다.

답 9

05-2

우변을 통분하여 정리하면

$$\dfrac{1}{x^2-1}=\dfrac{A(x+1)+B(x-1)}{(x-1)(x+1)}=\dfrac{(A+B)x+(A-B)}{x^2-1}$$

이 등식이 x에 대한 항등식이므로 계수비교법을 이용하면

$$A+B=0,\ A-B=1$$
$$\therefore\ A=\dfrac{1}{2},\ B=-\dfrac{1}{2}$$

따라서 $A\div B=\dfrac{1}{2}\div\left(-\dfrac{1}{2}\right)=-1$이다.

답 -1

05-3

$$f(x)=2^x(ax^2+bx+c)\ \cdots ①$$
$$f(x+1)=2^{x+1}\{a(x+1)^2+b(x+1)+c\}\ \cdots ②$$

①, ②를 $f(x+1)-f(x)=2^xx^2$에 대입하면

$$2^{x+1}\{a(x+1)^2+b(x+1)+c\}-2^x(ax^2+bx+c)=2^xx^2$$

$2^x>0$이므로 식의 양변을 2^x로 나누고 정리하면

$$2(ax^2+2ax+a+bx+b+c)-(ax^2+bx+c)=x^2$$
$$ax^2+(4a+b)x+(2a+2b+c)=x^2$$

이 등식은 x에 대한 항등식이므로 양변의 계수를 비교하면

$$a=1,\ 4a+b=0,\ 2a+2b+c=0$$
$$\therefore\ a=1,\ b=-4,\ c=6$$

답 $a=1,\ b=-4,\ c=6$

06-1

$x+1=0,\ x-5=0$이 되는 값 $x=-1,\ x=5$를 주어진 등식에 대입하여 $a,\ b$의 값을 구하면

ⅰ) $x=-1$일 때, $b=2$

ⅱ) $x=5$일 때, $a=4$

따라서 $a^2+b^2=16+4=20$이다.

답 20

06-2

$x^3+ax^2+bx+c=x(x+1)(x-2)$이므로 $x=0,\ x=-1,\ x=2$를 대입하여 $a,\ b,\ c$의 값을 구하면

ⅰ) $x=0$일 때, $c=0$

ⅱ) $x=-1$일 때

$$-1+a-b+c=0\quad\therefore\ a-b=1\ \cdots ①$$

ⅲ) $x=2$일 때

$$8+4a+2b+c=0\quad\therefore\ 2a+b=-4\ \cdots ②$$

①, ②를 연립하여 풀면

$$a=-1,\ b=-2$$

따라서 $a+2b+3c=-1-4+0=-5$이다.

답 -5

06-3

$(x^2+3)(x+1)=0$이 되는 값 $x^2=-3,\ x=-1$을 주어진 등식에 대입하여 $a,\ b$의 값을 구하면

ⅰ) $x^2=-3$일 때

$$0=-27-3a+b\quad\therefore\ 3a-b=-27\qquad\cdots ①$$

ⅱ) $x=-1$일 때

$$0=1+a+b\quad\therefore\ a+b=-1\qquad\cdots ②$$

①과 ②를 연립하여 풀면 $a=-7,\ b=6$

따라서 $a-b=-7-6=-13$이다.

답 -13

07-1

$x+1$에 대한 내림차순이므로 조립제법을 연속으로 이용하면

$$
\begin{array}{r|rrrr}
-1 & 3 & 0 & -2 & 3 \\
   &   & -3 & 3 & -1 \\
\hline
-1 & 3 & -3 & 1 & \boxed{2}\ \leftarrow d \\
   &   & -3 & 6 & \\
\hline
-1 & 3 & -6 & \boxed{7}\ \leftarrow c & \\
   &   & -3 & & \\
\hline
   & 3 & \boxed{-9}\ \leftarrow b & & \\
   & \uparrow & & & \\
   & a & & &
\end{array}
$$

$\therefore\ a=3,\ b=-9,\ c=7,\ d=2$

답 $a=3,\ b=-9,\ c=7,\ d=2$

07-2

$x-2$에 대한 내림차순이므로 조립제법을 연속으로 이용하면

$$
\begin{array}{r|rrrr}
2 & 1 & -3 & 0 & 1 \\
  &   & 2 & -2 & -4 \\
\hline
2 & 1 & -1 & -2 & \boxed{-3}\ \leftarrow d \\
  &   & 2 & 2 & \\
\hline
2 & 1 & 1 & \boxed{0}\ \leftarrow c & \\
  &   & 2 & & \\
\hline
  & 1 & \boxed{3}\ \leftarrow b & & \\
  & \uparrow & & & \\
  & a & & &
\end{array}
$$

$\therefore\ a=1,\ b=3,\ c=0,\ d=-3$

따라서 $a+b+c+d=1+3+0-3=1$이다.

답 1

08-1

다항식 x^3+ax^2+b를 x^2-2x-3으로 나누었을 때의 몫을 $Q(x)$라 하고 나눗셈 관계식으로 나타내면

$$x^3+ax^2+b=(x^2-2x-3)Q(x)-x-2$$
$$=(x-3)(x+1)Q(x)-x-2$$

이 등식은 x에 대한 항등식이므로 수치대입법을 이용하면

  ⅰ) $x=3$일 때

    $27+9a+b=-5\quad \therefore\ 9a+b=-32\qquad \cdots$ ①

  ⅱ) $x=-1$일 때

    $-1+a+b=-1\quad \therefore\ a+b=0\quad \cdots$ ②

①, ②를 연립하여 풀면 $a=-4,\ b=4$

답 $a=-4,\ b=4$

08-2

다항식 $x^3+x^2-ax+a+2$를 x^2+2x-8로 나누었을 때의 몫을 $Q(x)$라 하고 나눗셈 관계식으로 나타내면

$$x^3+x^2-ax+a+2=(x^2+2x-8)Q(x)+x+b$$
$$=(x+4)(x-2)Q(x)+x+b$$

이 등식은 x에 대한 항등식이므로 수치대입법을 이용하면

  ⅰ) $x=-4$일 때

    $-64+16+4a+a+2=-4+b$

    $\therefore\ 5a-b=42\ \cdots$ ①

  ⅱ) $x=2$일 때

    $8+4-2a+a+2=2+b$

    $\therefore\ a+b=12\ \cdots$ ②

①, ②를 연립하여 풀면

  $a=9,\ b=3$

따라서 $a-3b=9-3\times3=0$이다.

답 0

09-1

$x^3+ax^2+bx-2=(x^2-x+1)(x-2)$라 놓고 우변을 전개하여 계수를 비교하면

$$x^3+ax^2+bx-2=x^3-2x^2-x^2+2x+x-2$$
$$=x^3-3x^2+3x-2$$

$\therefore\ a=-3,\ b=3$

답 $a=-3,\ b=3$

09-2

$x^3+4x^2+ax+b=(x^2+2x-1)(x-b)$라 놓고 우변을 전개하여 계수를 비교하면

$$x^3+4x^2+ax+b=x^3-bx^2+2x^2-2bx-x+b$$
$$=x^3+(2-b)x^2+(-2b-1)x+b$$

  $4=2-b,\ a=-2b-1$에서 $b=-2,\ a=3$

따라서 $a-b=3-(-2)=5$이다.

답 5

② 나머지 정리

10-1

$f(x)=x^3+2x^2+ax-2$라 하면 $f(-2)=2$이므로

$$f(-2)=(-2)^3+2\times(-2)^2-2a-2=2$$에서 $a=-2$

  $\therefore\ f(x)=x^3+2x^2-2x-2$

따라서 이 식을 $x-2$로 나눈 나머지 $f(2)$를 구하면

$$f(2)=2^3+2\times2^2-2\times2-2=10$$

답 10

10-2

$f(x)=x^3+ax^2+bx+2$라 놓으면

  $f(-1)=-1+a-b+2=-3\quad \therefore\ a-b=-4\ \cdots$ ①

  $f(1)=1+a+b+2=3\quad \therefore\ a+b=0\ \cdots$ ②

①, ②를 연립하여 풀면 $a=-2,\ b=2$

답 $a=-2,\ b=2$

10-3

$2f(-1)+5g(-1)=2 \ \cdots$ ①
$3f(-1)+g(-1)=3 \ \cdots$ ②
①, ②를 연립하여 풀면 $f(-1)=1$, $g(-1)=0$
따라서 $f(x)g(x)$를 $x+1$로 나누었을 때의 나머지는
$$f(-1)g(-1)=1\times 0=0$$

답 0

11-1

다항식 $f(x)$를 x^2-3x+2로 나누었을 때의 몫을 $Q(x)$, 나머지를 $ax+b$라 하고 나눗셈 관계식으로 나타내면
$$\begin{aligned} f(x) &= (x^2-3x+2)Q(x)+ax+b \\ &= (x-2)(x-1)Q(x)+ax+b \quad \cdots ① \end{aligned}$$
$f(x)$를 $x-1$로 나누었을 때의 나머지가 -1이므로
$$f(1)=-1$$
$f(x)$를 $x-2$로 나누었을 때의 나머지가 2이므로
$$f(2)=2$$
①은 x에 대한 항등식이므로 수치대입법을 이용하면
　ⅰ) $x=1$일 때, $f(1)=a+b$　∴ $a+b=-1 \ \cdots$ ②
　ⅱ) $x=2$일 때, $f(2)=2a+b$　∴ $2a+b=2 \ \cdots$ ③
②, ③을 연립하여 풀면
$$a=3, \ b=-4$$
따라서 $f(x)$를 x^2-3x+2로 나누었을 때의 나머지는 $3x-4$ 이다.

답 $3x-4$

11-2

다항식 $(x^2+1)f(x)$를 x^2+3x+2로 나누었을 때의 몫을 $Q(x)$, 나머지 $R(x)=ax+b$라 하고 나눗셈 관계식으로 나타내면
$$\begin{aligned} (x^2+1)f(x) &= (x^2+3x+2)Q(x)+ax+b \\ &= (x+2)(x+1)Q(x)+ax+b \quad \cdots ① \end{aligned}$$
$f(x)$를 $x+1$로 나누었을 때의 나머지가 -1이므로
$$f(-1)=-1$$
$f(x)$를 $x+2$로 나누었을 때의 나머지가 -2이므로
$$f(-2)=-2$$
①은 x에 대한 항등식이므로 수치대입법을 이용하면
　ⅰ) $x=-1$일 때
　　$2f(-1)=-a+b$　　∴ $a-b=2 \ \cdots$ ②
　ⅱ) $x=-2$일 때
　　$5f(-2)=-2a+b$　　∴ $2a-b=10 \ \cdots$ ③
②, ③을 연립하여 풀면
$$a=8, \ b=6$$
따라서 $(x^2+1)f(x)$를 x^2+3x+2로 나누었을 때의 나머지 $R(x)=8x+6$이고 $R(1)=14$이다.

답 14

12-1

$f(x)$를 $(x+1)(x^2+4)$로 나누었을 때의 몫을 $Q(x)$, 나머지를 ax^2+bx+c라 하고 나눗셈 관계식으로 나타내면
$$f(x)=(x+1)(x^2+4)Q(x)+ax^2+bx+c$$
$f(x)$를 x^2+4로 나누었을 때의 나머지가 $3x+1$이므로 ax^2+bx+c를 x^2+4로 나누었을 때의 나머지가 $3x+1$이어야 한다.
$$\therefore \ f(x)=(x+1)(x^2+4)Q(x)+a(x^2+4)+3x+1$$
$$\cdots ①$$
$f(x)$를 $x+1$로 나누었을 때의 나머지가 3이므로 ①에서
$$f(-1)=5a-2=3 \qquad \therefore \ a=1$$
따라서 나머지는 $(x^2+4)+3x+1=x^2+3x+5$이다.

답 x^2+3x+5

12-2

$f(x)$를 $(x^2+1)(x-1)$로 나누었을 때의 몫을 $Q(x)$, 나머지를 ax^2+bx+c라 하고 나눗셈 관계식으로 나타내면
$$f(x)=(x^2+1)(x-1)Q(x)+ax^2+bx+c$$
$f(x)$를 x^2+1로 나누었을 때의 나머지가 $x+1$이므로 ax^2+bx+c를 x^2+1로 나누었을 때의 나머지가 $x+1$이어야 한다.
$$\therefore \ f(x)=(x^2+1)(x-1)Q(x)+a(x^2+1)+x+1$$
$$\cdots ①$$
$f(x)$를 $x-1$로 나누었을 때의 나머지가 4이므로 ①에서
$$f(1)=2a+2=4 \qquad \therefore \ a=1$$
따라서 구하는 나머지는 $(x^2+1)+x+1=x^2+x+2$이므로 나머지의 상수항은 2이다.

답 2

13-1

$f(x)$를 $(x-1)(x-2)$로 나누었을 때의 몫을 $Q(x)$라 하고 나눗셈 관계식으로 나타내면
$$f(x)=(x-1)(x-2)Q(x)+4x-1$$
$f(2x)$를 $x-1$로 나누었을 때의 나머지는 나머지 정리에 의해 $f(2\times 1)=f(2)$이므로 $f(2)=4\times 2-1=7$이다.

답 7

13-2

$f(x)$를 $(x-1)(x+2)$로 나누었을 때의 몫을 $Q(x)$라 하고 나눗셈 관계식으로 나타내면
$$f(x)=(x-1)(x+2)Q(x)+2x-1$$
$xf(3x+1)$을 $x+1$로 나누었을 때의 나머지는 나머지 정리에 의해 $(-1)\times f(3\times(-1)+1)=-f(-2)$이므로
$$-f(-2)=-\{2\times(-2)-1\}=5$$

답 5

14-1

$f(x)$를 $x-1$로 나누었을 때의 몫이 $Q(x)$, 나머지 $f(1)=2$
이므로
$$f(x)=(x-1)Q(x)+2 \quad \cdots ①$$
①에서 $f(x)$를 $x-2$로 나누었을 때의 나머지는
$$f(2)=Q(2)+2=3+2=5$$

답 5

14-2

$f(x)$를 $x+1$로 나누었을 때의 몫이 $Q(x)$, 나머지가 2이므로
$$f(x)=(x+1)Q(x)+2 \quad \cdots ①$$
$Q(x)$를 $x-1$로 나누었을 때의 나머지가 3이므로
$$Q(1)=3$$
$(x+2)f(x)$를 $x-1$로 나누었을 때의 나머지는 $3f(1)$이므
로 ①에서
$$f(1)=2Q(1)+2=2\times3+2=8$$
$$\therefore\ 3f(1)=3\times8=24$$

답 24

14-3

다항식 $x^4-2x^3-8x^2$을 나눗셈 관계식으로 나타내면
$$x^4-2x^3-8x^2=P(x)(x^2-4x+4)+3x-11 \cdots ①$$
$P(x)$를 $x+1$로 나누었을 때의 나머지 $P(-1)$을 구하므로
①에 $x=-1$을 대입하면
$$1+2-8=P(-1)\times(1+4+4)-3-11$$
$$-5=9P(-1)-14$$
$$\therefore\ P(-1)=1$$
따라서 $P(x)$를 $x+1$로 나누었을 때의 나머지는 1이다.

답 1

15-1

$f(x)$를 $x+\dfrac{1}{2}$로 나누었을 때의 나눗셈 관계식으로 나타내면
$$f(x)=\left(x+\frac{1}{2}\right)Q(x)+R \quad \cdots ①$$
①을 변형하여 $f(x)$를 $2x+1$로 나누었을 때의 나눗셈 관계식
으로 나타내면
$$f(x)=\frac{1}{2}\times2\left(x+\frac{1}{2}\right)Q(x)+R$$
$$=\frac{1}{2}(2x+1)Q(x)+R$$
$$=(2x+1)\times\frac{1}{2}Q(x)+R \quad \cdots ②$$
②에서 몫은 $\dfrac{1}{2}Q(x)$이고 나머지는 그대로 R이다.

답 몫 : $\dfrac{1}{2}Q(x)$, 나머지 : R

15-2

$f(x)$를 $3x+3$으로 나누었을 때의 나눗셈 관계식으로 나타내면
$$f(x)=(3x+3)Q(x)+R \quad \cdots ①$$
①을 변형하여 $f(x)$를 $x+1$로 나누었을 때의 나눗셈 관계식
으로 나타내면
$$f(x)=3(x+1)Q(x)+R$$
$$=(x+1)\times3Q(x)+R \cdots ②$$
②에서 몫은 $3Q(x)$이고 나머지는 그대로 R이다.

답 몫 : $3Q(x)$, 나머지 : R

16-1

$f(x)$가 $x-1$로 나누어떨어지므로 $f(1)=0$
$x=1$을 $f(x)$에 대입하여 정리하면
$$f(1)=1+a+7=0$$
$$\therefore\ a=-8$$

답 -8

16-2

$f(x)$가 $x-1$, $x-2$를 인수로 가지므로
$$f(1)=0,\ f(2)=0$$
$x=1$, $x=2$를 $f(x)$에 대입하여 정리하면
$$f(1)=1+a+11+b=0$$
$$\therefore\ a+b=-12 \cdots ①$$
$$f(2)=8+4a+22+b=0$$
$$\therefore\ 4a+b=-30 \cdots ②$$
①, ②를 연립하여 풀면
$$a=-6,\ b=-6$$
따라서 $a-b=-6-(-6)=0$이다.

답 0

16-3

$f(x)$가 $x-1$로 나누어떨어지므로 $f(1)=0$
$x=1$을 $f(x)$에 대입하여 a의 값을 구하면
$$f(1)=1+2+a=0 \quad \therefore\ a=-3$$
$$\therefore\ f(x)=x^3+2x^2-3$$
$(x+1)f(x)$를 $x-2$로 나누었을 때의 나머지는
$(2+1)f(2)=3f(2)$이므로
$$3f(2)=3(2^3+2\times2^2-3)=39$$

답 39

17-1

$f(x)$를 x^2-3x+2로 나누었을 때의 몫을 $Q(x)$라 하고 나눗
셈 관계식으로 나타내면
$$f(x)=x^4+ax^3-x+b$$
$$=(x^2-3x+2)Q(x)=(x-2)(x-1)Q(x) \cdots ①$$

$f(x)$가 $(x-2)(x-1)$로 나누어떨어지면 $f(x)$는 $x-2$, $x-1$로 각각 나누어떨어지므로
$$f(2)=0, \ f(1)=0$$
①에서
  i) $f(2)=16+8a-2+b=0$ $\therefore \ 8a+b=-14 \ \cdots$ ②
  ii) $f(1)=1+a-1+b=0$ $\therefore \ a+b=0 \ \cdots$ ③
②, ③을 연립하여 풀면
$$a=-2, \ b=2$$
따라서 $a^2+b^2=4+4=8$이다.

답   8

17-2

$f(x)$를 x^2+x-2로 나누었을 때의 몫을 $Q(x)$라 하고 나눗셈 관계식으로 나타내면
$$\begin{aligned}
f(x)&=x^4+ax^3+bx^2-(a+1)x-2\\
&=(x^2+x-2)Q(x)\\
&=(x+2)(x-1)Q(x) \ \cdots ①
\end{aligned}$$
$f(x)$가 $(x+2)(x-1)$로 나누어떨어지면 $f(x)$는 $x+2$, $x-1$로 각각 나누어떨어지므로
$$f(-2)=0, \ f(1)=0$$
①에서
  i) $f(-2)=16-8a+4b+2(a+1)-2=0$
      $\therefore \ 3a-2b=8$ $\cdots$ ②
  ii) $f(1)=1+a+b-(a+1)-2=0$
      $\therefore \ b=2$ $\cdots$ ③
③ → ② ; $a=4$
      $\therefore \ f(x)=x^4+4x^3+2x^2-5x-2$
따라서 $f(-1)=1-4+2+5-2=2$이다.

답   2

〈연습문제A〉

01. 1   **02.** $a=5, \ b=5, \ c=0$ **03.** 3   **04.** 2   **05.** 4

06. 20   **07.** 1   **08.** $a=-1, \ b=-3$ **09.** -3 **10.** -7

11. $x-1$ **12.** $-\dfrac{5}{4}x^2+\dfrac{9}{2}x-\dfrac{1}{4}$ **13.** 9   **14.** 9

15. 몫 : $\dfrac{1}{2}Q(x)$, 나머지 : R **16.** -8 **17.** 8

〈연습문제B〉

01. $a=2, \ b=1$ **02.** 6   **03.** 0   **04.** $a=1, \ b=-4, \ c=6$

05. 1   **06.** 0   **07.** $a=-3, \ b=3$ **08.** 0   **09.** 14

10. 2   **11.** 5   **12.** 24   **13.** 몫 : $3Q(x)$, 나머지 : R

14. 39   **15.** 10

〈중·고교 연결과정 선수학습〉

01-1

준식의 공통인수가 $3xy$이므로 공통인수로 묶어내면
$$(준식)=3xy(x^2-2xy-2y^2)$$

답 $3xy(x^2-2xy-2y^2)$

01-2

준식의 공통인수가 ab이므로 공통인수로 묶어내면
$$(준식)=ab(a+3b+4)$$

답 $ab(a+3b+4)$

02-1

(1) $(준식)=(3x)^2-2^2$
      $=(3x+2)(3x-2)$
(2) $(준식)=(2x)^2-5^2$
      $=(2x+5)(2x-5)$

답   (1) $(3x+2)(3x-2)$ (2) $(2x+5)(2x-5)$

02-2

$$\begin{aligned}
(준식)&=2b(16a^2-9)\\
&=2b\{(4a)^2-3^2\}\\
&=2b(4a+3)(4a-3)
\end{aligned}$$

답 $2b(4a+3)(4a-3)$

02-3

$$\begin{aligned}
(준식)&=(45+5)(45-5)\\
&=50\times40=2000
\end{aligned}$$

답   2000

03-1

(1) $(준식)=x^2+2\times x\times6+6^2=(x+6)^2$
(2) $(준식)=x^2-2\times x\times8+8^2=(x-8)^2$

답   (1) $(x+6)^2$ (2) $(x-8)^2$

03-2

$a^2+2a+\square=a^2+2\times a\times1+\square$
이 식이 완전제곱식이 되므로 $\square=1^2=1$이다.
$a^2-8a+\square=a^2-2\times a\times4+\square$
이 식이 완전제곱식이 되므로 $\square=4^2=16$이다.
따라서 $\square$ 안에 들어갈 수의 합을 구하면
$$1+16=17$$

답   17

03-3

$$(준식) = \frac{1}{4}y(x^2 + 4x + 4)$$
$$= \frac{1}{4}y(x+2)^2$$

답 $\dfrac{1}{4}y(x+2)^2$

04-1

(1) 합이 3이고 곱이 2인 두 수 a, b를 구하여 인수분해하면
$$a=1,\ b=2$$
$$\therefore\ (준식) = (x+1)(x+2)$$

(2) 합이 4이고 곱이 -5인 두 수 a, b를 구하여 인수분해하면
$$a=-1,\ b=5$$
$$\therefore\ (준식) = (x-1)(x+5)$$

답 **(1)** $(x+1)(x+2)$　**(2)** $(x-1)(x+5)$

04-2

$$(준식) = x^2(y^2 + 2y - 8) = x^2(y+4)(y-2)$$

답 $x^2(y+4)(y-2)$

04-3

$b+c=a$, $bc=-12$에서 $a<0$이므로 음수 b의 절댓값이 양수 c보다 커야 한다. 따라서 조건에 맞는 $(b,\ c)$를 구하면 $(-12,\ 1)$, $(-6,\ 2)$, $(-4,\ 3)$이다. 이때 각각의 경우 a의 값을 구하고 $a+b+c$의 값을 계산하면

ⅰ) $b=-12$, $c=1$일 때, $a=-11$　$\therefore\ a+b+c=-22$

ⅱ) $b=-6$, $c=2$일 때, $a=-4$　$\therefore\ a+b+c=-8$

ⅲ) $b=-4$, $c=3$일 때, $a=-1$　$\therefore\ a+b+c=-2$

ⅰ), ⅱ), ⅲ)에서 $a+b+c$의 최댓값을 구하면 -2이다.

답 -2

① 곱셈공식을 이용한 인수분해

01-1

공통인수로 묶고 인수분해하면
$$(준식) = (a-b)x^2 - (a-b)xy = x(a-b)(x-y)$$

답 $x(a-b)(x-y)$

01-2

$$(준식) = m(x+y+z) + n(x+y+z)$$
$$= (x+y+z)(m+n)$$
$$= 7 \times 5 = 35$$

답 35

02-1

$$(준식) = (x^2)^2 - (y^2)^2 = (x^2+y^2)(x^2-y^2)$$
$$= (x^2+y^2)(x+y)(x-y)$$

답 $(x^2+y^2)(x+y)(x-y)$

02-2

큰 직육면체의 부피에서 작은 직육면체의 부피를 빼면
$$(a+b)^2(a+b+c) - a^2(a+b+c)$$
$$= (a+b+c)\{(a+b)^2 - a^2\}$$
$$= (a+b+c)(a+b+a)(a+b-a)$$
$$= b(2a+b)(a+b+c)$$

답 $b(2a+b)(a+b+c)$

03-1

(1) 준식을 전개한 후 인수분해하면
$$(준식) = 16x^2 - 24xy + 9y^2$$
$$= (4x)^2 - 2 \times 4x \times 3y + (3y)^2 = (4x-3y)^2$$

(2) $(준식) = (3x)^2 + (-2y)^2 + z^2 + 2 \times 3x \times (-2y)$
$$+ 2 \times (-2y) \times z + 2z \times 3x$$
$$= (3x-2y+z)^2$$

답 **(1)** $(4x-3y)^2$　**(2)** $(3x-2y+z)^2$

03-2

(1) $(준식) = x^2 + 2 \times x \times \dfrac{1}{x} + \left(\dfrac{1}{x}\right)^2 = \left(x + \dfrac{1}{x}\right)^2$

(2) $(준식) = x^2 + y^2 + (-2z)^2 + 2xy + 2y \times (-2z)$
$$+ 2 \times (-2z) \times x$$
$$= (x+y-2z)^2$$

답 **(1)** $\left(x+\dfrac{1}{x}\right)^2$　**(2)** $(x+y-2z)^2$

04-1

(1) 머리 $3a^2 = a \times 3a$이고 꼬리 $-2b^2$은 $b \times (-2b)$ 또는 $(-b) \times 2b$로 분해한 후 맞는 짝을 찾아 인수분해하면

$$(a \searrow -2b) \quad (3a \nearrow b) \rightarrow (-6+1)ab = -5ab$$

$$\therefore\ (준식) = (a-2b)(3a+b)$$

(2) 머리 $2a^2 = a \times 2a$이고, 꼬리 $2b^2$은 $b \times 2b$ 또는 $(-b) \times (-2b)$로 분해한 후 맞는 짝을 찾아 인수분해하면

$$(a \searrow -2b) \quad (2a \nearrow -b) \rightarrow (-4-1)ab = -5ab$$

$$\therefore\ (준식) = (a-2b)(2a-b)$$

답 **(1)** $(a-2b)(3a+b)$　**(2)** $(a-2b)(2a-b)$

04-2

머리와 꼬리를 적당히 분해한 후 맞는 짝을 찾아 인수분해하면

$$
\begin{matrix}
(3x & \searrow & -4y) \\
(5x & \nearrow & +6y)
\end{matrix} \to (-20+18)xy = -2xy
$$

$\therefore$ (준식)$= (3x-4y)(5x+6y)$

따라서 $a+b+c+d = 3+(-4)+5+6 = 10$이다.

답   10

05-1

(1) 머리는 $(4x)^3$, 꼬리는 $(y)^3$으로 놓고 묶어주면

$$(준식) = (4x+y)^3$$

중앙항을 검산하면

$$+3\times(4x)^2\times y + 3\times 4x \times y^2 = 48x^2y + 12xy^2$$

(2) 머리는 $(2x)^3$, 꼬리는 5^3으로 놓고 묶어주면

$$(준식) = (2x-5)^3$$

중앙항을 검산하면

$$-3\times(2x)^2\times 5 + 3\times 2x \times 5^2 = -60x^2 + 150x$$

답   (1) $(4x+y)^3$ (2) $(2x-5)^3$

05-2

머리는 $(3x)^3$, 꼬리는 $(2y)^3$으로 놓고 묶어주면

$$(준식) = (3x-2y)^3$$

중앙항을 검산하면

$$-3\times(3x)^2\times 2y + 3\times 3x \times (2y)^2 = -54x^2y + 36xy^2$$

따라서 $a=3$, $b=-2$이다.

$\therefore a+b = 3-2 = 1$

답   1

06-1

(1) $(준식) = 2(x^3-27) = 2(x^3-3^3)$

$\qquad = 2(x-3)(x^2+3x+9)$

(2) $(준식) = 2a(8a^3+125b^3)$

$\qquad = 2a\{(2a)^3+(5b)^3\}$

$\qquad = 2a(2a+5b)(4a^2-10ab+25b^2)$

답   (1) $2(x-3)(x^2+3x+9)$
(2) $2a(2a+5b)(4a^2-10ab+25b^2)$

06-2

$(준식) = (x^3)^2 - (y^3)^2$

$\qquad = (x^3+y^3)(x^3-y^3)$

$\qquad = (x+y)(x^2-xy+y^2)(x-y)(x^2+xy+y^2)$

$\qquad = (x+y)(x-y)(x^2-xy+y^2)(x^2+xy+y^2)$

답 $(x+y)(x-y)(x^2-xy+y^2)(x^2+xy+y^2)$

07-1

$(준식) = (2x)^3 + (3y)^3 + (-z)^3 - 3\times 2x \times 3y \times (-z)$

$\qquad = (2x+3y-z)\{(2x)^2+(3y)^2+(-z)^2$

$\qquad\qquad\qquad -2x\times 3y - 3y\times(-z) - (-z)\times 2x\}$

$\qquad = (2x+3y-z)(4x^2+9y^2+z^2-6xy+3yz+2zx)$

답 $(2x+3y-z)(4x^2+9y^2+z^2-6xy+3yz+2zx)$

07-2

$(준식) = a^3 + (2b)^3 + (3c)^3 - 3\times a \times 2b \times 3c$

$\qquad = (a+2b+3c)\{a^2+(2b)^2+(3c)^2$

$\qquad\qquad\qquad -a\times 2b - 2b\times 3c - 3c\times a\}$

$\qquad = (a+2b+3c)(a^2+4b^2+9c^2-2ab-6bc-3ca)$

답 $(a+2b+3c)(a^2+4b^2+9c^2-2ab-6bc-3ca)$

07-3

$(준식) = (-a)^3 + (2b)^3 + 5^3 - 3\times(-a)\times 2b \times 5$

$\qquad = (-a+2b+5)\{(-a)^2+(2b)^2+5^2$

$\qquad\qquad\qquad -(-a)\times 2b - 2b\times 5 - 5\times(-a)\}$

$\qquad = (-a+2b+5)(a^2+4b^2+25+2ab-10b+5a)$

$\qquad = -(a-2b-5)(a^2+4b^2+2ab+5a-10b+25)$

답 $-(a-2b-5)(a^2+4b^2+2ab+5a-10b+25)$

08-1

(1) $(준식) = x^4 + 3^2\times x^2 + 3^4$

$\qquad = (x^2+3x+9)(x^2-3x+9)$

(2) $(준식) = (3x)^4 + (3x)^2\times(2y)^2 + (2y)^4$

$\qquad = \{(3x)^2+3x\times 2y + (2y)^2\}$

$\qquad\qquad\qquad \{(3x)^2-3x\times 2y + (2y)^2\}$

$\qquad = (9x^2+6xy+4y^2)(9x^2-6xy+4y^2)$

답   (1) $(x^2+3x+9)(x^2-3x+9)$
(2) $(9x^2+6xy+4y^2)(9x^2-6xy+4y^2)$

08-2

$x+y = \sqrt{7}$, $xy = 1$

$(준식) = (x^2+xy+y^2)(x^2-xy+y^2)$

$\qquad = \{(x+y)^2-xy\}\{(x+y)^2-3xy\}$

$\qquad = \{(\sqrt{7})^2-1\}\{(\sqrt{7})^2-3\}$

$\qquad = 6\times 4$

$\qquad = 24$

답   24

2 특별한 경우의 인수분해

09-1

치환할 것을 고려하여 짝을 맞추어 전개하면

$$\begin{aligned}
(준식) &= \{(x+1)(x-4)\}\{(x+2)(x-5)\}-16 \\
&= (x^2-3x-4)(x^2-3x-18)-16
\end{aligned}$$

$x^2-3x=X$로 치환하고 인수분해하면

$$\begin{aligned}
(X-4)(X-10)-16 &= X^2-14X+40-16 \\
&= X^2-14X+24 \\
&= (X-2)(X-12)
\end{aligned}$$

$X=x^2-3x$로 환원하면

$$(준식) = (x^2-3x-2)(x^2-3x-12)$$

답 $(x^2-3x-2)(x^2-3x-12)$

09-2

치환할 것을 고려하여 짝을 맞추어 전개하면

$$\begin{aligned}
(준식) &= (x-1)^2\{(x-3)(x+1)\}-12 \\
&= (x^2-2x+1)(x^2-2x-3)-12
\end{aligned}$$

$x^2-2x=X$로 치환하고 인수분해하면

$$\begin{aligned}
(X+1)(X-3)-12 &= X^2-2X-3-12 \\
&= X^2-2X-15 \\
&= (X-5)(X+3)
\end{aligned}$$

$X=x^2-2x$로 환원하면

$$(준식) = (x^2-2x-5)(x^2-2x+3)$$

답 $(x^2-2x-5)(x^2-2x+3)$

10-1

(1) x^2을 한 덩어리로 생각하고 인수분해하면

$$(준식) = (x^2+9)(x^2+4)$$

(2)
$$\begin{aligned}
(준식) &= (x^4-6x^2+9)-9x^2 \\
&= (x^2-3)^2-(3x)^2 \\
&= (x^2-3+3x)(x^2-3-3x) \\
&= (x^2+3x-3)(x^2-3x-3)
\end{aligned}$$

답 **(1)** $(x^2+9)(x^2+4)$　**(2)** $(x^2+3x-3)(x^2-3x-3)$

10-2

(1) x^2, y^2을 한 덩어리로 생각하고 인수분해하면

$$(준식) = (x^2-2y^2)^2$$

(2)
$$\begin{aligned}
(준식) &= (x^4+2x^2y^2+y^4)-25x^2y^2 \\
&= (x^2+y^2)^2-(5xy)^2 \\
&= (x^2+y^2+5xy)(x^2+y^2-5xy) \\
&= (x^2+5xy+y^2)(x^2-5xy+y^2)
\end{aligned}$$

답 **(1)** $(x^2-2y^2)^2$　**(2)** $(x^2+5xy+y^2)(x^2-5xy+y^2)$

11-1

(1)
$$\begin{aligned}
(준식) &= (a^2+2ab+b^2)-c^2 \\
&= (a+b)^2-c^2 \\
&= (a+b+c)(a+b-c)
\end{aligned}$$

(2)
$$\begin{aligned}
(준식) &= a^2(a-b)+b^2(a-b) \\
&= (a-b)(a^2+b^2)
\end{aligned}$$

답 **(1)** $(a+b+c)(a+b-c)$　**(2)** $(a-b)(a^2+b^2)$

11-2

(1)
$$\begin{aligned}
(준식) &= x^2-(y^2+2yz+z^2) \\
&= x^2-(y+z)^2 \\
&= (x+y+z)(x-y-z)
\end{aligned}$$

(2)
$$\begin{aligned}
(준식) &= x(x^2-y^2)-2y(x^2-y^2) \\
&= (x^2-y^2)(x-2y) \\
&= (x+y)(x-y)(x-2y)
\end{aligned}$$

답 **(1)** $(x+y+z)(x-y-z)$　**(2)** $(x+y)(x-y)(x-2y)$

12-1

(1) 준식을 z에 대하여 내림차순으로 정리하면

$$\begin{aligned}
(준식) &= (x+y)z^2-(x^2+2xy+y^2)z+x^3+y^3 \\
&= (x+y)z^2-(x+y)^2z+(x+y)(x^2-xy+y^2) \\
&= (x+y)\{z^2-(x+y)z+x^2-xy+y^2\} \\
&= (x+y)(x^2+y^2+z^2-xy-yz-zx)
\end{aligned}$$

(2) 준식을 x에 대하여 내림차순으로 정리하면

$$\begin{aligned}
(준식) &= x^2+(3y-1)x+2y^2-3y-2 \\
&= x^2+(3y-1)x+(2y+1)(y-2) \\
&= (x+2y+1)(x+y-2)
\end{aligned}$$

답 **(1)** $(x+y)(x^2+y^2+z^2-xy-yz-zx)$
　　　(2) $(x+2y+1)(x+y-2)$

12-2

(1) 준식을 z에 대하여 내림차순으로 정리하면

$$\begin{aligned}
(준식) &= (x^3-y^3)z^2-(x^2-y^2)z-(x-y) \\
&= (x-y)(x^2+xy+y^2)z^2 \\
&\qquad\quad -(x-y)(x+y)z-(x-y) \\
&= (x-y)\{(x^2+xy+y^2)z^2-(x+y)z-1\} \\
&= (x-y)(z^2x^2+xyz^2+y^2z^2-zx-yz-1)
\end{aligned}$$

(2) 준식을 x에 대하여 내림차순으로 정리하면

$$\begin{aligned}
(준식) &= 2x^2-3yx+(y+2)(y-1) \\
&= \{2x-(y+2)\}\{x-(y-1)\} \\
&= (2x-y-2)(x-y+1)
\end{aligned}$$

답 **(1)** $(x-y)(z^2x^2+xyz^2+y^2z^2-zx-yz-1)$
　　　(2) $(2x-y-2)(x-y+1)$

13-1

$(준식) = a^2b + ab^2 + b^2c + bc^2 + c^2a + ca^2 + 2abc$

$\quad = (b+c)a^2 + (b^2 + 2bc + c^2)a + bc(b+c)$

$\quad = (b+c)a^2 + (b+c)^2 a + bc(b+c)$

$\quad = (b+c)\{a^2 + (b+c)a + bc\}$

$\quad = (b+c)(a+b)(a+c)$

$\quad = (a+b)(b+c)(c+a)$

$$\textbf{답} \quad (a+b)(b+c)(c+a)$$

13-2

$(준식) = ab^2 - c^2a + bc^2 - a^2b + ca^2 - b^2c$

$\quad = -(b-c)a^2 + (b^2 - c^2)a - bc(b-c)$

$\quad = -(b-c)a^2 + (b-c)(b+c)a - bc(b-c)$

$\quad = -(b-c)\{a^2 - (b+c)a + bc\}$

$\quad = -(b-c)(a-b)(a-c)$

$\quad = (a-b)(b-c)(c-a)$

$$\textbf{답} \quad (a-b)(b-c)(c-a)$$

13-3

$(준식) = a^3b + a^2b^2 + a^2bc + ab^2c + abc^2 + ca^3 + a^2bc + c^2a^2$

$\quad = a^3b + a^2b^2 + 2a^2bc + ab^2c + abc^2 + ca^3 + c^2a^2$

$\quad = a(a^2b + ab^2 + 2abc + b^2c + bc^2 + ca^2 + c^2a)$

$\quad = a\{(b+c)a^2 + (b^2 + 2bc + c^2)a + bc(b+c)\}$

$\quad = a\{(b+c)a^2 + (b+c)^2 a + bc(b+c)\}$

$\quad = a(b+c)\{a^2 + (b+c)a + bc\}$

$\quad = a(b+c)(a+b)(a+c)$

$\quad = a(a+b)(b+c)(c+a)$

$$\textbf{답} \quad a(a+b)(b+c)(c+a)$$

③ 특별한 방법에 의한 인수분해

14-1

$f(x) = x^4 + x^3 - 7x^2 - x + 6$이라 하고 최고차항의 계수가 1이므로 $\pm(6의 약수)$를 대입하여 $f(\alpha) = 0$인 α를 구하면

$\quad f(1) = 0, \ f(-1) = 0$

조립제법을 이용하면

$$
\begin{array}{r|rrrrr}
1 & 1 & 1 & -7 & -1 & 6 \\
  &   & 1 & 2 & -5 & -6 \\
\hline
-1 & 1 & 2 & -5 & -6 & \;\;0 \\
   &   & -1 & -1 & 6 & \\
\hline
   & 1 & 1 & -6 & \;\;0 &
\end{array}
$$

$\therefore \ (x-1)(x+1)(x^2 + x - 6)$

$\quad = (x-1)(x+1)(x-2)(x+3)$

$$\textbf{답} \quad (x-1)(x+1)(x-2)(x+3)$$

14-2

$f(x) = x^4 + 10x^3 + 35x^2 + 50x + 24$라 하고 최고차항의 계수가 1이므로 $\pm(24의 약수)$를 대입하여 $f(\alpha) = 0$인 α를 구하면

$\quad f(-1) = 0, \ f(-2) = 0$

조립제법을 이용하면

$$
\begin{array}{r|rrrrr}
-1 & 1 & 10 & 35 & 50 & 24 \\
   &   & -1 & -9 & -26 & -24 \\
\hline
-2 & 1 & 9 & 26 & 24 & \;\;0 \\
   &   & -2 & -14 & -24 & \\
\hline
   & 1 & 7 & 12 & \;\;0 &
\end{array}
$$

$\therefore \ (x+1)(x+2)(x^2 + 7x + 12)$

$\quad = (x+1)(x+2)(x+3)(x+4)$

$$\textbf{답} \quad (x+1)(x+2)(x+3)(x+4)$$

15-1

$(준식) = (x^2 + ax + 5)(x^2 + bx - 1)$

$\quad = x^4 + bx^3 - x^2 + ax^3 + abx^2 - ax + 5x^2 + 5bx - 5$

$\quad = x^4 + (a+b)x^3 + (ab+4)x^2 - (a-5b)x - 5$

계수비교법을 이용하면

$\quad a+b = 4, \ ab + 4 = 7, \ a - 5b = -14$

이 식을 연립하여 풀면

$\quad a = 1, \ b = 3$

따라서 준식을 인수분해하면

$\quad (준식) = (x^2 + x + 5)(x^2 + 3x - 1)$

$$\textbf{답} \quad (x^2 + x + 5)(x^2 + 3x - 1)$$

15-2

$(준식) = (x^2 + ax + 7)(x^2 + bx - 1)$

$\quad = x^4 + bx^3 - x^2 + ax^3 + abx^2 - ax + 7x^2 + 7bx - 7$

$\quad = x^4 + (a+b)x^3 + (ab+6)x^2 - (a-7b)x - 7$

계수비교법을 이용하면

$\quad a+b = 5, \ ab + 6 = 10, \ a - 7b = -27$

이 식을 연립하면

$\quad a = 1, \ b = 4$

따라서 준식을 인수분해하면

$\quad (준식) = (x^2 + x + 7)(x^2 + 4x - 1)$

$$\textbf{답} \quad (x^2 + x + 7)(x^2 + 4x - 1)$$

16-1

$x+y=1,\ xy=-\dfrac{1}{2}$

$$\begin{aligned}
(준식) &= (x^3+y^3)-3(x+y)\\
&= (x+y)(x^2-xy+y^2)-3(x+y)\\
&= (x+y)(x^2-xy+y^2-3)\\
&= (x+y)\{(x+y)^2-3xy-3\}\\
&= 1\times\left\{1-3\times\left(-\dfrac{1}{2}\right)-3\right\}\\
&= -\dfrac{1}{2}
\end{aligned}$$

답 $-\dfrac{1}{2}$

16-2

$x+y=4,\ x-y=2\sqrt{5}$

$$\begin{aligned}
(준식) &= (x^3-y^3)+xy(x-y)\\
&= (x-y)(x^2+xy+y^2)+xy(x-y)\\
&= (x-y)(x^2+2xy+y^2)\\
&= (x-y)(x+y)^2\\
&= 2\sqrt{5}\times 4^2\\
&= 32\sqrt{5}
\end{aligned}$$

답 $32\sqrt{5}$

17-1

$$\begin{aligned}
(1)\ (준식) &= \dfrac{400}{(56+44)(56-44)}\\
&= \dfrac{400}{100\times 12}=\dfrac{1}{3}
\end{aligned}$$

$$\begin{aligned}
(2)\ (준식) &= (10+9)(10-9)+(8+7)(8-7)\\
&\qquad\qquad\qquad\qquad +(6+5)(6-5)\\
&= 19+15+11=45
\end{aligned}$$

답 (1) $\dfrac{1}{3}$ (2) 45

17-2

준식에서 $2025=x$로 놓고 식을 정리하면

$$\begin{aligned}
(준식) &= \dfrac{x^3-1}{x(x+1)+1}\\
&= \dfrac{(x-1)(x^2+x+1)}{x^2+x+1}\\
&= x-1
\end{aligned}$$

$x=2025$로 환원하면

$$(준식)=2025-1=2024$$

답 2024

18-1

등식을 전개하여 인수분해하면

$$\begin{aligned}
&-ab^2+c^2a+a^2b-bc^2+ca^2-b^2c\\
&= (b+c)a^2-(b^2-c^2)a-bc(b+c)\\
&= (b+c)a^2-(b+c)(b-c)a-bc(b+c)\\
&= (b+c)\{a^2-(b-c)a-bc\}\\
&= (b+c)(a-b)(a+c)\\
&= (a-b)(b+c)(c+a)=0
\end{aligned}$$

$a,\ b,\ c$는 삼각형의 세 변의 길이이므로

$$b+c\neq 0,\ c+a\neq 0$$
$$\therefore\ a-b=0$$

따라서 이 삼각형은 $a=b$인 이등변삼각형이다.

답 $a=b$인 **이등변삼각형**

18-2

등식을 인수분해하면

$$\begin{aligned}
&-(a-b)c^2+(a^3-b^3)-ab(a-b)\\
&= -(a-b)c^2+(a-b)(a^2+ab+b^2)-ab(a-b)\\
&= -(a-b)\{c^2-(a^2+ab+b^2)+ab\}\\
&= -(a-b)(c^2-a^2-b^2)=0
\end{aligned}$$

$$\therefore\ a-b=0\ 또는\ c^2-a^2-b^2=0$$

따라서 이 삼각형은 $a=b$인 이등변삼각형 또는 c가 빗변인 직각삼각형이다.

답 $a=b$인 **이등변삼각형 또는** c가 **빗변인 직각삼각형**

〈연습문제A〉

01. $6x^2y^2(2x-3y)$

02. (1) $(3x+2)(3x-2)$ (2) $(2x+5)(2x-5)$

03. (1) $(x+6)^2$ (2) $(x-8)^2$

04. (1) $(x+1)(x+2)$ (2) $(x-1)(x+5)$

05. $x(a-b)(x-y)$

06. (1) $(2x+3y)(2x-3y)$ (2) $(x+y-2)(x-y-4)$

07. (1) $(2x+3y)^2$ (2) $(a-b-c)^2$ **08.** $(x+y)(3x-4y)$

09. $(x+y)(3x-4y)$

10. (1) $(x+2)(x^2-2x+4)$
(2) $(2x-3y)(4x^2+6xy+9y^2)$

11. $(a+2b+3c)(a^2+4b^2+9c^2-2ab-6bc-3ca)$

12. (1) $(x^2+2x+4)(x^2-2x+4)$
(2) $(4x^2+2xy+y^2)(4x^2-2xy+y^2)$

13. $x(x-5)(x^2-5x+10)$

14. (1) $(x^2-3)(x-2)(x+2)$
(2) $(x^2+3x+1)(x^2-3x+1)$

15. (1) $(x^2+2x+4)(x^2-2x-4)$

$\quad$ (2) $(x+y)(x-y)(x+2)$

16. (1) $(x-y)(x^2+y^2+z^2+xy+yz+zx)$

$\quad$ (2) $(2x-y-1)(x+3y+2)$

17. $-(a-b)(b-c)(c-a)$

18. $(x-1)(x+1)(x-2)(x+3)$

19. $(x^2-3x+1)(x^2-x-1)$ $\quad$ **20.** $-\dfrac{1}{2}$

21. (1) $\dfrac{1}{3}$ (2) 45 $\quad$ **22.** 정삼각형

〈연습문제 B〉

01. $2b(4a+3)(4a-3)$ $\quad$ **02.** 17 $\quad$ **03.** -2

04. $(x^3+2)(x-3)$ $\quad$ **05.** $b(2a+b)(a+b+c)$

06. (1) $\left(x+\dfrac{1}{x}\right)^2$ (2) $(x+y-2z)^2$

07. (1) $(a-2b)(3a+b)$ $\quad$ (2) $(a-2b)(2a-b)$

08. (1) $(4x+y)^3$ $\quad$ (2) $(2x-5)^3$

09. $(x+y)(x-y)(x^2-xy+y^2)(x^2+xy+y^2)$

10. $-(a-2b-5)(a^2+4b^2+2ab+5a-10b+25)$

11. 24 $\quad$ **12.** $(x^2-2x-5)(x^2-2x+3)$

13. (1) $(x^2+9)(x^2+4)$ $\quad$ (2) $(x^2+3x-3)(x^2-3x-3)$

14. (1) $(x+y+z)(x-y-z)$ $\quad$ (2) $(x+y)(x-y)(x-2y)$

15. (1) $(x+y)(x^2+y^2+z^2-xy-yz-zx)$

$\quad$ (2) $(x+2y+1)(x+y-2)$

16. $a(a+b)(b+c)(c+a)$

17. $(x+1)(x-2)(x+3)(x-4)$

18. $(x^2+x+5)(x^2+3x-1)$ $\quad$ **19.** $12\sqrt{2}$

20. (1) 2026 $\quad$ (2) -72 $\quad$ **21.** $a=b$인 이등변삼각형

Ⅱ. 이차방정식

〈중·고교 연결과정 선수학습〉

01-1

Q가 실수가 아니면 $\sqrt{\ }$안<0이므로
$$a^2-2a-15<0 \quad (a-5)(a+3)<0$$
$$\therefore\ -3<a<5$$

답 $-3<a<5$

01-2

A가 실수이면 $\sqrt{\ }$안≥0이므로
$$a^2-3a-10\geq0 \quad (a-5)(a+2)\geq0$$
$$\therefore\ a\leq-2,\ a\geq5$$
따라서 자연수 a의 최솟값은 5이다.

답 5

02-1

(1) $\sqrt{16}=4$이므로
  4의 제곱근 $x\ \to\ x^2=4\quad\therefore\ x=\pm2$
(2) 25의 제곱근 $x\ \to\ x^2=25\quad\therefore\ x=\pm5$
(3) $\dfrac{9}{4}$의 제곱근 $x\ \to\ x^2=\dfrac{9}{4}\quad\therefore\ x=\pm\dfrac{3}{2}$
(4) $3^2=9$이므로
  9의 제곱근 $x\ \to\ x^2=9\quad\therefore\ x=\pm3$

답 (1) ±2 (2) ±5 (3) $\pm\dfrac{3}{2}$ (4) ±3

02-2

$\sqrt{36}=6$이므로
6의 제곱근 $x\ \to\ x^2=6\quad\therefore\ x=\pm\sqrt{6}$
따라서 $\sqrt{36}$의 양의 제곱근 $a=\sqrt{6}$이다.
$\dfrac{25}{9}$의 제곱근 $y\ \to\ y^2=\dfrac{25}{9}\quad\therefore\ y=\pm\dfrac{5}{3}$

따라서 $\dfrac{25}{9}$의 음의 제곱근 $b=-\dfrac{5}{3}$이다.

$$\therefore\ ab=\sqrt{6}\times\left(-\dfrac{5}{3}\right)=-\dfrac{5\sqrt{6}}{3}$$

답 $-\dfrac{5\sqrt{6}}{3}$

03-1

$$(준식)=\dfrac{2\sqrt{3}}{\sqrt{7}}\times\dfrac{\sqrt{14}}{\sqrt{6}}\times\dfrac{1}{\sqrt{2}}-6\sqrt{2}$$
$$=\dfrac{2}{\sqrt{2}}-6\sqrt{2}=\sqrt{2}-6\sqrt{2}$$
$$=-5\sqrt{2}$$

답 $-5\sqrt{2}$

03-2

$$(준식)=5+5\sqrt{3}\times\dfrac{1}{\sqrt{3}}-4\sqrt{16}+1$$
$$=5+5-16+1$$
$$=-5$$

답 -5

① 복소수의 정의

01-1

$3i=0+3i$이므로 실수부분은 0, 허수부분은 3이다.

답 **실수부분 :** 0, **허수부분 :** 3

01-2

$-7=-7+0i$이므로 실수부분은 -7, 허수부분은 0이다.

답 **실수부분 :** -7, **허수부분 :** 0

02-1

보기의 복소수를 실수부분과 허수부분으로 정리하면
  ① $0+3i$ ② $3-i$ ③ $1+0i$
  ④ $1+0i$ ⑤ $0+2i$
순허수는 실수부분은 0이고 허수부분은 0이 아닌 복소수이므로 보기 중 순허수인 것은 ①, ⑤이다.

답 ①, ⑤

02-2

$-2i^2+2=2+2=4$, $\sqrt{2}i^2=-\sqrt{2}$이므로 허수인 것을 고르면 $6i$, $1-2i$, $5-i$로 3개이다.

답 3개

03-1

주어진 복소수를 실수부분과 허수부분으로 정리하면
$$x^2i-x^2+2xi=-x^2+(x^2+2x)i$$
이 복소수가 0이 아닌 실수이려면
(실수부분) $\neq 0$, (허수부분) $=0$이므로
$$-x^2\neq 0 \quad \therefore x\neq 0 \cdots ①$$
$$x^2+2x=0 \quad x(x+2)=0$$
$$\therefore x=0 \text{ 또는 } x=-2 \cdots ②$$
①, ②에 의하여 $x=-2$

답 -2

03-2

주어진 복소수를 실수부분과 허수부분으로 정리하면
$$x^2+x^2i-3x+2xi+2-3i$$
$$=(x^2-3x+2)+(x^2+2x-3)i$$
이 복소수가 실수이려면 (허수부분) $=0$이므로
$$x^2+2x-3=(x+3)(x-1)=0 \quad \therefore x=-3 \text{ 또는 } x=1$$

답 -3 또는 1

04-1

주어진 복소수를 실수부분과 허수부분으로 정리하면
$$x^2+x^2i-3x+2-4i=(x^2-3x+2)+(x^2-4)i$$
이 복소수가 순허수이면
(실수부분) $=0$, (허수부분) $\neq 0$이므로
$$x^2-3x+2=0 \quad (x-1)(x-2)=0$$
$$\therefore x=1 \text{ 또는 } x=2 \cdots ①$$
$$x^2-4\neq 0 \quad (x-2)(x+2)\neq 0$$
$$\therefore x\neq 2 \text{ 그리고 } x\neq -2 \cdots ②$$
①, ②에 의해 $x=1$

답 1

04-2

z를 실수부분과 허수부분으로 정리하면
$$z=x^2+x^2i-x-i=(x^2-x)+(x^2-1)i$$
z^2이 실수가 되게 하려면 z가 실수 또는 순허수이어야 한다.
　ⅰ) z가 실수일 때, (허수부분) $=0$이므로
$$x^2-1=0 \quad (x-1)(x+1)=0 \quad \therefore x=\pm 1$$
　ⅱ) z가 순허수일 때
　　(실수부분) $=0$, (허수부분) $\neq 0$이므로
$$x^2-x=0 \quad x(x-1)=0$$
$$\therefore x=0 \text{ 또는 } x=1 \cdots ①$$
$$x^2-1\neq 0 \quad (x-1)(x+1)\neq 0$$
$$\therefore x\neq 1 \text{ 그리고 } x\neq -1 \cdots ②$$
　①, ②에 의해 $x=0$

답 ± 1 또는 0

05-1

(1) $\overline{\sqrt{2}-5i}=\sqrt{2}+5i$이므로
　$\overline{\sqrt{2}-5i}$의 켤레복소수는 $\sqrt{2}-5i$이다.
(2) $0+i$의 켤레복소수는 $-i$이다.
(3) $-\sqrt{3}+0i$의 켤레복소수는 $-\sqrt{3}$이다.
(4) $-3+\sqrt{5}i$의 켤레복소수는 $-3-\sqrt{5}i$이다.

답 (1) $\sqrt{2}-5i$　(2) $-i$　(3) $-\sqrt{3}$　(4) $-3-\sqrt{5}i$

05-2

(1) $-\sqrt{2}+3i$의 켤레복소수는 $-\sqrt{2}-3i$이다.
(2) $0-\sqrt{5}i$의 켤레복소수는 $\sqrt{5}i$이다.
(3) $\overline{-\sqrt{5}-\sqrt{3}i}=-\sqrt{5}+\sqrt{3}i$이므로
　$\overline{-\sqrt{5}-\sqrt{3}i}$의 켤레복소수는 $-\sqrt{5}-\sqrt{3}i$이다.
(4) $-6+0i$의 켤레복소수는 -6이다.

답 (1) $-\sqrt{2}-3i$　(2) $\sqrt{5}i$　(3) $-\sqrt{5}-\sqrt{3}i$　(4) -6

② 복소수의 연산

06-1

(1) (준식) $=(3+1)+(-1+2)i=4+i$
(2) (준식) $=\{3-(-1)\}+\{2-(-1)\}i=4+3i$
(3) (준식) $=6-9i+2i-3i^2=(6+3)+(-9+2)i=9-7i$

답 (1) $4+i$　(2) $4+3i$　(3) $9-7i$

06-2

(준식) $=2^2-(3i)^2-3^2+i^2=4+9-9-1=3$

답 3

07-1

(준식) $=(-1)^2+(\sqrt{3}i)^2+2\times(-1)\times\sqrt{3}i$
$$=1-3-2\sqrt{3}i=-2-2\sqrt{3}i$$

답 $-2-2\sqrt{3}i$

07-2

(준식) $=(1-4-4i)+(1-4+4i)=-6$

답 -6

08-1

$x=-1+\sqrt{3}i$에서 $x+1=\sqrt{3}i$
양변을 제곱하여 정리하면
$$x^2+2x+1=-3 \quad \therefore x^2+2x+4=0$$

준식을 변형하여 값을 구하면
$$(준식) = 2x(x^2+2x+4)+3 = 3$$

답 3

08-2

$x = \dfrac{3-i}{2}$ 에서 $2x-3 = -i$

양변을 제곱하여 정리하면
$$4x^2 - 12x + 9 = -1 \qquad 4x^2 - 12x + 10 = 0$$
$$\therefore\ 2x^2 - 6x + 5 = 0$$

준식을 변형하여 값을 구하면
$$\begin{aligned}
(준식) &= (2x^2-6x+5)(x^2-6)-28x+32 \\
&= 0 \times (x^2-6) - 28x + 32 \\
&= -28x + 32 = -28 \times \frac{3-i}{2} + 32 \\
&= -14(3-i)+32 = -42+14i+32 \\
&= -10+14i
\end{aligned}$$

답 $-10+14i$

09-1

$z = 1-\sqrt{2}\,i,\ \bar{z} = 1+\sqrt{2}\,i$

$\therefore\ z+\bar{z} = 2,\ z\bar{z} = 3$

$$\begin{aligned}
(준식) &= \frac{z^3+\bar{z}^3}{(z\bar{z})^2} = \frac{(z+\bar{z})^3 - 3z\bar{z}(z+\bar{z})}{(z\bar{z})^2} \\
&= \frac{2^3 - 3\times 3 \times 2}{3^2} = -\frac{10}{9}
\end{aligned}$$

답 $-\dfrac{10}{9}$

09-2

$z = 2-\sqrt{3}\,i,\ \bar{z} = 2+\sqrt{3}\,i$

$\therefore\ z+\bar{z} = 4,\ z\bar{z} = 7$

$$\begin{aligned}
(준식) &= \frac{\bar{z}(\bar{z}-1)+z(z-1)}{z\bar{z}} = \frac{z^2+\bar{z}^2-(z+\bar{z})}{z\bar{z}} \\
&= \frac{(z+\bar{z})^2 - 2z\bar{z} - (z+\bar{z})}{z\bar{z}} = \frac{4^2 - 2\times 7 - 4}{7} = -\frac{2}{7}
\end{aligned}$$

답 $-\dfrac{2}{7}$

09-3

$z = 1-2i,\ \bar{z} = 1+2i \qquad \therefore\ z+\bar{z} = 2,\ z\bar{z} = 5$

$$\begin{aligned}
(준식) &= z^3+\bar{z}^3 - 2(z^2+\bar{z}^2) \\
&= (z+\bar{z})^3 - 3z\bar{z}(z+\bar{z}) - 2\{(z+\bar{z})^2 - 2z\bar{z}\} \\
&= 2^3 - 3\times 5 \times 2 - 2(2^2 - 2\times 5) \\
&= 8 - 30 + 12 = -10
\end{aligned}$$

답 -10

10-1

$\alpha+\beta = 3-i$이므로 $\overline{\alpha+\beta} = 3+i$

$$\begin{aligned}
(준식) &= \bar{\alpha}^2 + 2\bar{\alpha}\bar{\beta} + \bar{\beta}^2 = (\bar{\alpha}+\bar{\beta})^2 = (\overline{\alpha+\beta})^2 \\
&= (3+i)^2 = 9-1+6i = 8+6i
\end{aligned}$$

답 $8+6i$

10-2

$\alpha+\beta = 3-2i$이므로 $\overline{\alpha+\beta} = 3+2i$

$\alpha\beta = 5+2i$이므로 $\overline{\alpha\beta} = 5-2i$

$$\begin{aligned}
(준식) &= (\bar{\alpha}+\bar{\beta})^2 - 2\bar{\alpha}\bar{\beta} = (\overline{\alpha+\beta})^2 - 2\overline{\alpha\beta} \\
&= (3+2i)^2 - 2(5-2i) \\
&= 9-4+12i-10+4i = -5+16i
\end{aligned}$$

답 $-5+16i$

10-3

$\alpha+\beta = -1+i$이므로 $\overline{\alpha+\beta} = -1-i$

$\alpha\beta = (1+2i)(-2-i) = -5i$이므로 $\overline{\alpha\beta} = 5i$

$$\begin{aligned}
(준식) &= (\bar{\alpha}+\bar{\beta})^3 - 3\bar{\alpha}\bar{\beta}(\bar{\alpha}+\bar{\beta}) \\
&= (\overline{\alpha+\beta})^3 - 3\overline{\alpha\beta}(\overline{\alpha+\beta}) \\
&= (-1-i)^3 - 3\times 5i \times (-1-i) \\
&= 2-2i+15i-15 = -13+13i
\end{aligned}$$

답 $-13+13i$

11-1

주어진 조건에 의해 $\alpha+\beta = 4,\ \alpha\beta = 5$

$$(준식) = \frac{\alpha+\beta}{\alpha\beta} = \frac{4}{5}$$

답 $\dfrac{4}{5}$

11-2

주어진 조건에 의해 $x+y = 4,\ xy = 8$

$$(준식) = \frac{x^2+xy+y^2}{x^2y^2} = \frac{(x+y)^2-xy}{(xy)^2} = \frac{4^2-8}{8^2} = \frac{1}{8}$$

답 $\dfrac{1}{8}$

12-1

(1) $\dfrac{1}{1-2i} = \dfrac{1+2i}{(1-2i)(1+2i)} = \dfrac{1+2i}{1+4} = \dfrac{1}{5} + \dfrac{2}{5}i$

(2) $\dfrac{3+2i}{2-i} = \dfrac{(3+2i)(2+i)}{(2-i)(2+i)} = \dfrac{6-2+(3+4)i}{4+1} = \dfrac{4}{5} + \dfrac{7}{5}i$

답 (1) $\dfrac{1}{5}+\dfrac{2}{5}i$ (2) $\dfrac{4}{5}+\dfrac{7}{5}i$

12-2

(1) $\dfrac{5}{\sqrt{2}+\sqrt{3}\,i}=\dfrac{5(\sqrt{2}-\sqrt{3}\,i)}{(\sqrt{2}+\sqrt{3}\,i)(\sqrt{2}-\sqrt{3}\,i)}$

$\qquad =\dfrac{5(\sqrt{2}-\sqrt{3}\,i)}{2+3}=\sqrt{2}-\sqrt{3}\,i$

(2) $\dfrac{3+4i}{1+2i}=\dfrac{(3+4i)(1-2i)}{(1+2i)(1-2i)}=\dfrac{(3+8)+(4-6)i}{1+4}$

$\qquad =\dfrac{11}{5}-\dfrac{2}{5}i$

$$\textbf{답}\quad (1)\ \ \sqrt{2}-\sqrt{3}\,i\qquad(2)\ \ \dfrac{11}{5}-\dfrac{2}{5}i$$

13-1

(1) $\dfrac{3+2i}{3-2i}=\dfrac{(3+2i)^2}{(3-2i)(3+2i)}=\dfrac{9-4+12i}{9+4}$

$\qquad =\dfrac{5}{13}+\dfrac{12}{13}i$

(2) $\dfrac{\sqrt{2}+\sqrt{3}\,i}{\sqrt{2}-\sqrt{3}\,i}=\dfrac{(\sqrt{2}+\sqrt{3}\,i)^2}{(\sqrt{2}-\sqrt{3}\,i)(\sqrt{2}+\sqrt{3}\,i)}$

$\qquad =\dfrac{2-3+2\sqrt{6}\,i}{2+3}=-\dfrac{1}{5}+\dfrac{2\sqrt{6}}{5}i$

$$\textbf{답}\quad (1)\ \ \dfrac{5}{13}+\dfrac{12}{13}i\qquad(2)\ \ -\dfrac{1}{5}+\dfrac{2\sqrt{6}}{5}i$$

13-2

$(준식)=\dfrac{(1+2i)^2}{(1-2i)(1+2i)}+\dfrac{(2-i)^2}{(2+i)(2-i)}$

$\qquad =\dfrac{1-4+4i}{1+4}+\dfrac{4-1-4i}{4+1}=\dfrac{-3+4i}{5}+\dfrac{3-4i}{5}=0$

$$\textbf{답}\quad 0$$

14-1

주어진 등식의 좌변을 전개하여 실수부분과 허수부분으로 정리하면

$\qquad 3a-8+(4a+6)i+5-5bi=0$

$\qquad (3a-3)+(4a-5b+6)i=0$

복소수가 서로 같을 조건을 이용하면

$\qquad 3a-3=0,\ 4a-5b+6=0$

$\qquad \therefore\ a=1,\ b=2$

따라서 $ab=1\times2=2$이다.

$$\textbf{답}\quad 2$$

14-2

주어진 등식의 좌변을 통분하여 실수부분과 허수부분으로 정리하면

$$\dfrac{x(1-i)+y(1+i)}{(1+i)(1-i)}=\dfrac{x+y}{2}-\dfrac{x-y}{2}i=2-i$$

$(x+y)-(x-y)i=4-2i$

복소수가 서로 같을 조건을 이용하면

$\qquad x+y=4,\ x-y=2$

$\qquad \therefore\ x=3,\ y=1$

따라서 $2x+y=2\times3+1=7$이다.

$$\textbf{답}\quad 7$$

15-1

$z=a+bi,\ \overline{z}=a-bi$라 놓고 등식에 대입하면

$\qquad z+\overline{z}=a+bi+a-bi=2a=2$

$\qquad\quad \therefore\ a=1$

$\qquad z\overline{z}=(a+bi)(a-bi)=a^2+b^2=10$

$\qquad\quad \therefore\ b=\pm3$

$\qquad \therefore\ z=1+3i$ 또는 $z=1-3i$

$$\textbf{답}\quad 1+3i\ \textbf{또는}\ 1-3i$$

15-2

$z=a+bi,\ \overline{z}=a-bi$라 놓고 등식에 대입하면

$\qquad z+\overline{z}=a+bi+a-bi=2a=4$

$\qquad\ \therefore\ a=2$

$\qquad iz-i\overline{z}=i(a+bi)-i(a-bi)$

$\qquad\qquad =ai-b-ai-b=-2b=6$

$\qquad\ \therefore\ b=-3$

따라서 $z=2-3i$이다.

$$\textbf{답}\quad 2-3i$$

15-3

$z=a+bi,\ \overline{z}=a-bi$라 놓고 등식에 대입하면

$\qquad i(a-bi)+(1+i)(a+bi)=2+5i$

$\qquad ai+b+a-b+(a+b)i=2+5i$

$\qquad a+(2a+b)i=2+5i$

복소수가 서로 같을 조건을 이용하면

$\qquad a=2,\ 2a+b=5\quad \therefore\ b=1$

따라서 $z=2+i,\ \overline{z}=2-i$이므로

$\qquad z\overline{z}=(2+i)(2-i)=4+1=5$

$$\textbf{답}\quad 5$$

③ 제곱근의 계산

16-1

허수단위 i의 4주기 변화에 의해 연속된 4개의 거듭제곱의 합은 0이므로

$\qquad (준식)=i^{2023}+0=(i^4)^{505}\times i^3=-i$

$$\textbf{답}\quad -i$$

16-2

허수단위 i의 4주기 변화를 이용하면

$$\frac{1}{i}+\frac{1}{i^2}+\frac{1}{i^3}+\frac{1}{i^4}=\frac{1}{i}-1-\frac{1}{i}+1=0$$

$$(준식)=\frac{1}{i}+\frac{1}{i^2}+\frac{1}{i^3}+\frac{1}{i^4}+\frac{1}{i^4}\left(\frac{1}{i}+\frac{1}{i^2}+\frac{1}{i^3}+\frac{1}{i^4}\right)$$
$$+\cdots+\frac{1}{i^{96}}\left(\frac{1}{i}+\frac{1}{i^2}+\frac{1}{i^3}\right)$$
$$=\frac{1}{i}-1-\frac{1}{i}=-1$$

답 -1

17-1

$$\frac{1-i}{1+i}=\frac{(1-i)^2}{(1+i)(1-i)}=\frac{1-1-2i}{1+1}=-i$$
$$(준식)=(-i)^{2025}=-i^{2025}=-(i^4)^{506}\times i=-i$$

답 $-i$

17-2

$$\frac{1-i}{1+i}=-i,\ \frac{1+i}{1-i}=i$$
$$(준식)=(-i)^{98}+i^{100}=i^{98}+i^{100}$$
$$=(i^4)^{24}\times i^2+(i^4)^{25}$$
$$=i^2+1=-1+1=0$$

답 0

18-1

지수를 모르므로 밑을 제곱하여 간단히 하면

$$\left(\frac{1-i}{\sqrt{2}}\right)^2=\frac{1-1-2i}{2}=-i$$
$$\left(\frac{1-i}{\sqrt{2}}\right)^4=(-i)^2=-1$$
$$\left(\frac{1-i}{\sqrt{2}}\right)^8=(-1)^2=1$$

따라서 조건식을 만족하는 자연수 n의 최솟값은 8이다.

답 8

18-2

지수를 모르므로 밑을 제곱하여 간단히 하면

$$\left(\frac{\sqrt{2}}{1-i}\right)^2=\frac{2}{1-1-2i}=-\frac{1}{i}=i$$
$$\left(\frac{\sqrt{2}}{1-i}\right)^4=i^2=-1 \qquad \left(\frac{\sqrt{2}}{1-i}\right)^8=(-1)^2=1$$

따라서 조건식을 만족하는 n은 8의 배수이다. 이때 10 이상의 자연수 n의 최솟값은 16이다.

답 16

19-1

$$-4의 \ 제곱근\ x \ \rightarrow\ x^2=-4 \quad \therefore\ x=\pm\sqrt{-4}$$
-4의 제곱근을 허수단위 i를 사용하여 나타내면 $\pm 2i$이다.

답 $\pm 2i$

19-2

$$x=\sqrt{-8}=2\sqrt{2}\,i$$
$$y=-\sqrt{-32}=-4\sqrt{2}\,i$$
$$\therefore\ x+y=2\sqrt{2}\,i-4\sqrt{2}\,i=-2\sqrt{2}\,i$$

답 $-2\sqrt{2}\,i$

20-1

준식을 허수단위 i를 사용하여 나타내고 계산하면

$$(준식)=2i\times 3i+\frac{2\sqrt{3}}{\sqrt{2}\,i}+\sqrt{2}\,\sqrt{3}\,i$$
$$=-6-\sqrt{6}\,i+\sqrt{6}\,i=-6$$

답 -6

20-2

준식을 허수단위 i를 사용하여 나타내고 계산하면

$$(준식)=\sqrt{3}\,i\times 3+\sqrt{2}\,i\times\sqrt{3}\,i-\sqrt{6}\times 2\sqrt{2}\,i+\frac{3\sqrt{2}\,i}{\sqrt{3}\,i}$$
$$=3\sqrt{3}\,i-\sqrt{6}-4\sqrt{3}\,i+\sqrt{6}$$
$$=-\sqrt{3}\,i$$

답 $-\sqrt{3}\,i$

21-1

조건식에서 부호를 결정하면
$$\sqrt{a}\,\sqrt{b}=-\sqrt{ab}\,이므로\ a\leq 0,\ b\leq 0이다.$$
$$(준식)=\sqrt{2}\times\sqrt{a^2}-|b|=\sqrt{2}\,|a|-|b|$$
$$=-\sqrt{2}\,a+b$$

답 $-\sqrt{2}\,a+b$

21-2

조건식에서 x의 범위를 구하면
$$\frac{\sqrt{x+2}}{\sqrt{x}}=-\sqrt{\frac{x+2}{x}}\,이므로\ x+2\geq 0,\ x<0$$
$$\therefore\ -2\leq x<0$$
$$(준식)=|x|+|x+2|=-x+x+2=2$$

답 2

<연습문제A>

01. $-3 \leq a \leq 1$ **02.** (1) ± 2 (2) ± 5 (3) $\pm \dfrac{3}{2}$ (4) ± 3

03. $6\sqrt{2}-1$

04. (1) 실수부분 : 2, 허수부분 : -5

(2) 실수부분 : 1, 허수부분 : $2\sqrt{3}$

05. ①, ④ **06.** -1 **07.** 1

08. (1) $4+2i$ (2) $1-5i$ (3) $7i$ (4) 3

09. (1) $4+2i$ (2) $2-i$ (3) $4-3i$

10. (1) $-5+12i$ (2) $-5-12i$ **11.** -1 **12.** -2

13. $8+6i$ **14.** $\dfrac{4}{5}$ **15.** $\dfrac{23+2i}{41}$

16. (1) $\dfrac{-5-12i}{13}$ (2) $\dfrac{-5+12i}{13}$ **17.** 14 **18.** $3-2i$

19. (1) 0 (2) i **20.** (1) i (2) i **21.** 8 **22.** $\pm 2i$

23. (1) $-2+2i$ (2) $2+8i$ (3) $-12+3i$ **24.** $-\sqrt{2}\,a+b$

<연습문제B>

01. $-3 < a < 5$ **02.** $-\dfrac{5\sqrt{6}}{3}$ **03.** -5 **04.** 3개

05. -2 **06.** ± 1 또는 0

07. (1) $-\sqrt{2}-3i$ (2) $\sqrt{5}\,i$ (3) $-\sqrt{5}-\sqrt{3}\,i$ (4) -6

08. 3 **09.** $-2-2\sqrt{3}\,i$ **10.** $-10+14i$ **11.** $-\dfrac{10}{9}$

12. 2 **13.** 0 **14.** (1) $\sqrt{2}-\sqrt{3}\,i$ (2) $\dfrac{11}{5}-\dfrac{2}{5}i$ **15.** 0

16. 7 **17.** 5 **18.** -1 **19.** 0 **20.** 16 **21.** $-2\sqrt{2}\,i$

22. $-\sqrt{3}\,i$ **23.** $2a$

PART 02 이차방정식

<중·고교 연결과정 선수학습>

01-1

$2(x-3)=2x-6$

$2x-6=2x-6$

$2x-2x=-6+6$

$0x=0$

$\therefore$ 부정 (해가 무수히 많다)

답 부정 (해가 무수히 많다)

01-2

$(a^2+3)x-1=a(4x-1)$

$(a^2+3)x-1=4ax-a$

$(a^2-4a+3)x=-(a-1)$

$(a-1)(a-3)x=-(a-1)$

이 방정식이 불능이려면 $0x=(0$이 아닌 상수$)$꼴이어야 하므로 $a=3$이다.

답 3

02-1

계수를 간단히 정리하고 방정식을 풀면

$3x+4=4x-15$

$3x-4x=-15-4$

$-x=-19$

$\therefore\ x=19$

답 $x=19$

02-2

$\sqrt{2}\,x+\sqrt{3}=\sqrt{3}\,x-\sqrt{2}$

$(\sqrt{2}-\sqrt{3})x=-\sqrt{2}-\sqrt{3}$

$x=\dfrac{-\sqrt{2}-\sqrt{3}}{\sqrt{2}-\sqrt{3}}=\dfrac{\sqrt{2}+\sqrt{3}}{\sqrt{3}-\sqrt{2}}$

분모를 유리화하고 x의 값을 구하면

$x=5+2\sqrt{6}$

답 $x=5+2\sqrt{6}$

02-3

$2x-6-3x=5x+10-4$

$2x-3x-5x=10-4+6$

$-6x=12$

$x=-2$

답 $x=-2$

03-1

주어진 방정식을 x에 대하여 정리하면

$$(a^2-a)x=a-1 \qquad a(a-1)x=a-1$$

방정식의 근이 무수히 많은 경우는 $0x=0$꼴이므로

$$a(a-1)=0 \text{이고} \ a-1=0$$

$$a=0, \ a=1 \text{이고} \ a=1$$

$$\therefore \ a=1$$

답 1

03-2

주어진 방정식을 x에 대하여 정리하면

$$(a^2+2a-15)x=2a-6$$

$$(a+5)(a-3)x=2(a-3)$$

방정식의 근이 존재하지 않는 경우는 $0x=(0$이 아닌 상수$)$꼴이므로

$$(a+5)(a-3)=0 \text{이고} \ a-3\neq0$$

$$a=-5, \ a=3 \text{이고} \ a\neq3$$

$$\therefore \ a=-5$$

답 -5

04-1

(1) $|x+3|=5 \qquad x+3=\pm5$

     i) $x+3=5 \quad \therefore \ x=2$

     ii) $x+3=-5 \quad \therefore \ x=-8$

(2) $|x+3|=2x-9 \qquad x+3=\pm(2x-9)$

     i) $x+3=2x-9 \quad -x=-12 \quad \therefore \ x=12$

     ii) $x+3=-2x+9 \quad 3x=6 \quad \therefore \ x=2$

답 (1) $x=2, \ x=-8$ (2) $x=12, \ x=2$

04-2

(1) $|2x-6|=4 \qquad 2x-6=\pm4$

     i) $2x-6=4 \quad 2x=10 \quad \therefore \ x=5$

     ii) $2x-6=-4 \quad 2x=2 \quad \therefore \ x=1$

(2) $|2x-6|=3x+4 \qquad 2x-6=\pm(3x+4)$

     i) $2x-6=3x+4 \quad -x=10 \quad \therefore \ x=-10$

     ii) $2x-6=-3x-4 \quad 5x=2 \quad \therefore \ x=\dfrac{2}{5}$

답 (1) $x=5, \ x=1$ (2) $x=-10, \ x=\dfrac{2}{5}$

05-1

절댓값 안이 0이 되는 x의 값을 구하면 $\dfrac{1}{2}$, 2이다.

구간을 나누어 x의 값을 구하면

     i) $x<\dfrac{1}{2}$일 때, $-(x-2)-(2x-1)=2$

$$-x+2-2x+1=2$$

$$-3x=-1$$

$$\therefore \ x=\dfrac{1}{3} : \text{조건에 맞으므로 해가 된다.}$$

     ii) $\dfrac{1}{2}\leq x<2$일 때, $-(x-2)+(2x-1)=2$

$$-x+2+2x-1=2$$

$$\therefore \ x=1 : \text{조건에 맞으므로 해가 된다.}$$

     iii) $x\geq2$일 때, $x-2+2x-1=2$

$$3x=5$$

$$\therefore \ x=\dfrac{5}{3} : \text{조건에 맞지 않으므로 해가 아니다.}$$

i), ii), iii)에서 해를 구하면 $x=\dfrac{1}{3}$, $x=1$이다.

답 $x=\dfrac{1}{3}$, $x=1$

05-2

절댓값 안이 0이 되는 x의 값을 구하면 -1, 2이다.

구간을 나누어 x의 값을 구하면

     i) $x<-1$일 때, $-(x+1)-(x-2)=3x+2$

$$-x-1-x+2=3x+2$$

$$-5x=1$$

$$\therefore \ x=-\dfrac{1}{5} : \text{조건에 맞지 않으므로 해가 아니다.}$$

     ii) $-1\leq x<2$일 때, $x+1-(x-2)=3x+2$

$$x+1-x+2=3x+2$$

$$-3x=-1$$

$$\therefore \ x=\dfrac{1}{3} : \text{조건에 맞으므로 해가 된다.}$$

     iii) $x\geq2$일 때, $x+1+x-2=3x+2$

$$-x=3$$

$$\therefore \ x=-3 : \text{조건에 맞지 않으므로 해가 아니다.}$$

i), ii), iii)에서 해를 구하면 $x=\dfrac{1}{3}$이다.

답 $x=\dfrac{1}{3}$

06-1

$AB=0$은 $A=0$ 또는 $=0$이므로

$$(x-a)(x-b)=0 \qquad x-a=0 \text{ 또는 } x-b=0$$

$$\therefore \ x=a \text{ 또는 } x=b$$

따라서 근을 바르게 구한 것은 ②, ⑤이다.

답 ②, ⑤

06-2

④ $x=\pm\sqrt{5}$는 $x=\sqrt{5}$ 또는 $x=-\sqrt{5}$를 의미한다.

따라서 옳지 않은 것은 ④이다.

답 ④

$\boxed{1}$ 이차방정식의 해법

01-1

(1) 인수분해에 의한 해법을 이용하면
$$3x^2 + x - 2 = 0$$
$$(3x-2)(x+1) = 0$$
$$\therefore\ x = \frac{2}{3} \ \text{또는}\ x = -1$$

(2) 인수분해가 되지 않고 x의 계수가 짝수이므로 완전제곱에 의한 해법을 이용하면
$$x^2 - 2x + 2 = 0 \quad (x-1)^2 + 1 = 0$$
$$(x-1)^2 = -1 \quad x-1 = \pm\sqrt{-1}$$
$$\therefore\ x = 1 \pm i$$

(3) 인수분해가 되지 않으므로 근의 공식에 의한 해법을 이용하면
$$x^2 - 3x + 1 = 0 \quad \therefore\ x = \frac{3 \pm \sqrt{5}}{2}$$

답 (1) $x = \dfrac{2}{3}$ **또는** $x = -1$ (2) $x = 1 \pm i$

(3) $x = \dfrac{3 \pm \sqrt{5}}{2}$

01-2

인수분해가 가능하므로 인수분해에 의한 해법을 이용하면
$$3x^2 - 2ax - a^2 = 0 \quad (3x+a)(x-a) = 0$$
$$\therefore\ x = -\frac{a}{3} \ \text{또는}\ x = a$$

답 $x = -\dfrac{a}{3}$ **또는** $x = a$

02-1

$a = 0$일 때와 $a \neq 0$일 때로 분리하면
  ⅰ) $a = 0$일 때, $x + 2 = 0 \quad \therefore\ x = -2$
  ⅱ) $a \neq 0$일 때, $ax(x+2) + (x+2) = 0$
$$(x+2)(ax+1) = 0$$
$$\therefore\ x = -2 \ \text{또는}\ x = -\frac{1}{a}$$

답 $a = 0$**일 때,** $x = -2$, $a \neq 0$**일 때,** $x = -2$ **또는** $x = -\dfrac{1}{a}$

02-2

이차방정식이므로 $k \neq 0$
인수분해하여 근을 구하면
$$kx^2 + x - kx - 1 = 0 \quad kx(x-1) + (x-1) = 0$$
$$(kx+1)(x-1) = 0 \quad \therefore\ x = -\frac{1}{k} \ \text{또는}\ x = 1$$

답 $x = -\dfrac{1}{k}$ **또는** $x = 1$

03-1

x에 대한 이차방정식이므로 $k-1 \neq 0 \quad \therefore\ k \neq 1$
한 근이 1이므로 준식에 대입하여 k의 값을 구하면
$$k - 1 + 2k^2 - 2 = 0 \quad 2k^2 + k - 3 = 0$$
$$(2k+3)(k-1) = 0 \quad \therefore\ k = -\frac{3}{2} \ \text{또는}\ k = 1$$

$k \neq 1$이므로 구하는 k의 값은 $-\dfrac{3}{2}$이다.

답 $-\dfrac{3}{2}$

03-2

이차방정식의 한 근이 -2이므로 방정식에 대입하여 a의 값을 구하면
$$4 - 2a + 4 + 5a + 1 = 0 \quad \therefore\ a = -3$$
$a = -3$을 $x^2 + ax - a^2 - 1 = 0$에 대입하여 해를 구하면
$$x^2 - 3x - 10 = 0 \quad (x-5)(x+2) = 0$$
$$\therefore\ x = 5,\ x = -2$$

답 $x = 5,\ x = -2$

03-3

이차방정식의 한 근이 2이므로 방정식에 대입하여 a의 값을 구하면
$$4 - 2a + 3a - 2 = 0 \quad \therefore\ a = -2$$
$a = -2$를 방정식에 대입하여 다른 한 근 b를 구하면
$$x^2 + 2x - 8 = 0 \quad (x+4)(x-2) = 0$$
$$\therefore\ x = -4,\ x = 2$$
$$\therefore\ b = -4$$
따라서 $2a - b = 2 \times (-2) - (-4) = 0$이다.

답 0

04-1

(1) $x^2 = |x|^2$이므로 $|x|^2 + 3|x| - 10 = 0$
$$(|x|-2)(|x|+5) = 0$$
$$\therefore\ |x| = 2 \ \text{또는}\ |x| = -5\,(\text{모순}) \quad \therefore\ x = \pm 2$$
(2) 절댓값 안이 0이 되는 x의 값을 구하면 $x = -1$이다.
  ⅰ) $x \geq -1$일 때, $x^2 - 2(x+1) = 1$
$$x^2 - 2x - 3 = 0 \quad (x-3)(x+1) = 0$$
$$\therefore\ x = 3,\ x = -1$$
  $x \geq -1$이므로 $x = 3,\ x = -1$
  ⅱ) $x < -1$일 때, $x^2 + 2(x+1) = 1$
$$x^2 + 2x + 1 = 0 \quad (x+1)^2 = 0$$
$$\therefore\ x = -1$$
  $x < -1$이므로 해가 없다.
  따라서 ⅰ), ⅱ)에서 해를 구하면 $x = 3,\ x = -1$

답 (1) $x = \pm 2$ (2) $x = 3,\ x = -1$

04-2

준식을 다시 정리하면

$$x^2+|x|=|x+1|+3$$

절댓값 안이 0이 되는 x의 값을 구하면 $x=-1$, $x=0$이다.

구간을 나누어 방정식을 풀면

　ⅰ) $x<-1$일 때, $x^2-x=-(x+1)+3$

　　　　$x^2=2$　　$\therefore\ x=\pm\sqrt{2}$

　　　$x<-1$이므로 $x=-\sqrt{2}$

　ⅱ) $-1\le x<0$일 때, $x^2-x=x+1+3$

　　　$x^2-2x-4=0$　　$\therefore\ x=1\pm\sqrt{5}$

　　　$-1\le x<0$이므로 해가 없다.

　ⅲ) $x\ge0$일 때, $x^2+x=x+1+3$

　　　　$x^2=4$　　$\therefore\ x=\pm2$

　　　$x\ge0$이므로 $x=2$

따라서 ⅰ), ⅱ), ⅲ)에서 해를 구하면

$$x=-\sqrt{2}\ \text{또는}\ x=2$$

답　$x=-\sqrt{2}$ **또는** $x=2$

05-1

주어진 방정식이 유리근을 가지므로 유리수 부분과 무리수 부분으로 나누어 정리하면

$$x^2+2\sqrt{2}\,x^2+x+3\sqrt{2}\,x-2-2\sqrt{2}=0$$
$$(x^2+x-2)+(2x^2+3x-2)\sqrt{2}=0$$

무리수가 서로 같을 조건에 의하여

$$x^2+x-2=0\text{이고 }2x^2+3x-2=0$$
$$(x+2)(x-1)=0\text{이고 }(2x-1)(x+2)=0$$
$$x=-2,\ x=1\text{이고 }x=\frac{1}{2},\ x=-2$$
$$\therefore\ x=-2$$

답　$x=-2$

05-2

주어진 방정식이 유리근을 가지므로 유리수 부분과 무리수 부분으로 나누어 정리하면

$$x^2+2\sqrt{5}\,x^2-x+\sqrt{5}\,x-2-\sqrt{5}=0$$
$$(x^2-x-2)+(2x^2+x-1)\sqrt{5}=0$$

무리수가 서로 같을 조건에 의하여

$$x^2-x-2=0\text{이고 }2x^2+x-1=0$$
$$(x-2)(x+1)=0\text{이고 }(2x-1)(x+1)=0$$
$$x=2,\ x=-1\text{이고 }x=\frac{1}{2},\ x=-1$$
$$\therefore\ x=-1$$

답　$x=-1$

06-1

식의 양변에 $\sqrt{2}+1$을 곱하여 x^2의 계수를 유리화하면

$$(\sqrt{2}+1)(\sqrt{2}-1)x^2+(\sqrt{2}+1)x$$
$$+(\sqrt{2}+1)(2-\sqrt{2})=0$$
$$x^2+(\sqrt{2}+1)x+\sqrt{2}=0$$

이차방정식을 인수분해하여 x의 값을 구하면

$$(x+\sqrt{2})(x+1)=0$$
$$\therefore\ x=-\sqrt{2},\ x=-1$$

$\alpha=-\sqrt{2},\ \beta=-1$이라 하면

$$\alpha^2+\beta^2=(-\sqrt{2})^2+(-1)^2=3$$

답　3

06-2

식의 양변에 $\sqrt{2}-1$을 곱하여 x^2의 계수를 유리화하면

$$(\sqrt{2}-1)(\sqrt{2}+1)x^2-(\sqrt{2}-1)(2\sqrt{2}+1)x$$
$$-2(\sqrt{2}-1)=0$$
$$x^2+(\sqrt{2}-3)x-2(\sqrt{2}-1)=0$$

이차방정식을 인수분해하여 x의 값을 구하면

$$(x-2)(x+\sqrt{2}-1)=0$$
$$\therefore\ x=2,\ x=-\sqrt{2}+1$$

$\alpha>\beta$이므로 $\alpha=2,\ \beta=-\sqrt{2}+1$이라 하면

$$\alpha-\beta=2-(-\sqrt{2}+1)=2+\sqrt{2}-1=1+\sqrt{2}$$

답　$1+\sqrt{2}$

06-3

식의 양변에 $\sqrt{3}-1$을 곱하여 x^2의 계수를 유리화하면

$$(\sqrt{3}-1)(\sqrt{3}+1)x^2+(\sqrt{3}-1)(8+2\sqrt{3})x$$
$$+(\sqrt{3}-1)(5\sqrt{3}+3)=0$$
$$2x^2+(6\sqrt{3}-2)x+12-2\sqrt{3}=0$$
$$x^2+(3\sqrt{3}-1)x+6-\sqrt{3}=0$$

이차방정식을 인수분해하여 x의 값을 구하면

$$x^2+(3\sqrt{3}-1)x+\sqrt{3}(2\sqrt{3}-1)=0$$
$$(x+\sqrt{3})(x+2\sqrt{3}-1)=0$$
$$\therefore\ x=-\sqrt{3},\ x=-2\sqrt{3}+1$$

$\alpha>\beta$이므로 $\alpha=-\sqrt{3},\ \beta=-2\sqrt{3}+1$이라 하면

$$2\alpha-\beta=-2\sqrt{3}-(-2\sqrt{3}+1)=-1$$

답　1

07-1

주어진 방정식이 실근을 가지므로 실수부분과 허수부분으로 나누어 정리하면

$$2x^2+x^2i-5x+4xi+2-12i=0$$
$$(2x^2-5x+2)+(x^2+4x-12)i=0$$

복소수가 서로 같을 조건에 의해
$$2x^2-5x+2=0 \text{이고 } x^2+4x-12=0$$
$$(x-2)(2x-1)=0 \text{이고 } (x+6)(x-2)=0$$
$$x=2, \ x=\frac{1}{2} \text{이고 } x=-6, \ x=2$$
$$\therefore \ x=2$$

답 $x=2$

07-2

주어진 방정식이 실근을 가지므로 실수부분과 허수부분으로 나누어 정리하면
$$x^2+x^2i-2x+2xi+1-3i=0$$
$$(x^2-2x+1)+(x^2+2x-3)i=0$$
복소수가 서로 같을 조건에 의해
$$x^2-2x+1=0 \text{이고 } x^2+2x-3=0$$
$$(x-1)^2=0 \text{이고 } (x+3)(x-1)=0$$
$$x=1 \text{이고 } x=-3, \ x=1$$
$$\therefore \ x=1$$

답 $x=1$

08-1

양변에 i를 곱하여 x^2의 계수를 실수화하면
$$i^2x^2-ix+2i^2=0$$
$$-x^2-ix-2=0$$
$$x^2+ix+2=0$$
이차방정식을 인수분해하여 x의 값을 구하면
$$x^2+ix+2i\times(-i)=0$$
$$(x+2i)(x-i)=0$$
$$\therefore \ x=-2i, \ x=i$$
$\alpha=-2i, \ \beta=i$라 하면
$$\alpha^2+\beta^2=(-2i)^2+i^2=-4-1=-5$$

답 -5

08-2

양변에 $1-i$를 곱하여 x^2의 계수를 실수화하면
$$(1+i)(1-i)x^2+2(1-i)x+(1-i)^2=0$$
$$2x^2+2(1-i)x-2i=0$$
$$x^2+(1-i)x-i=0$$
$$(x+1)(x-i)=0$$
$$\therefore \ x=-1 \text{ 또는 } x=i$$
$\alpha=-1, \ \beta=i$라 하면
$$\frac{1}{\alpha}+\frac{1}{\beta}=\frac{1}{-1}+\frac{1}{i}=-1-i$$

답 $-1-i$

08-3

양변에 $2+3i$를 곱하여 x^2의 계수를 실수화하면
$$(2+3i)(2-3i)x^2-2(2+3i)(2+i)x+i(2+3i)=0$$
$$13x^2-2(1+8i)x+i(2+3i)=0$$
이차방정식을 인수분해하여 x의 값을 구하면
$$(x-i)\{13x-(2+3i)\}=0$$
$$\therefore \ x=i, \ x=\frac{2+3i}{13}$$

답 $x=i$ 또는 $x=\dfrac{2+3i}{13}$

② 이차방정식의 근의 판별

09-1

이차방정식을 x에 대하여 내림차순으로 정리하면
$$x^2-kx^2+6x+3=0$$
$$(1-k)x^2+6x+3=0$$
이차방정식이므로 $k\neq1$
주어진 이차방정식이 허근을 가지므로
$$D/4=9-3(1-k)=9-3+3k$$
$$=3k+6<0$$
$$\therefore \ k<-2$$
따라서 조건에 맞는 정수 k의 최댓값은 -3이다.

답 -3

09-2

이차방정식이므로 $a\neq0 \ \cdots$ ①
주어진 이차방정식이 실근을 가지므로
$$D/4=4+2a\geq0$$
$$\therefore \ a\geq-2 \ \cdots ②$$
①, ②에서 a의 범위를 구하면
$$-2\leq a<0 \text{ 또는 } a>0$$

답 $-2\leq a<0$ 또는 $a>0$

10-1

주어진 이차방정식이 중근을 가지므로
$$D/4=(k+2a)^2-(k^2+b-3)=0$$
k에 대한 항등식이므로 k에 대하여 정리하면
$$D/4=k^2+4ak+4a^2-k^2-b+3$$
$$=4ak+(4a^2-b+3)=0$$
$$\therefore \ 4a=0, \ 4a^2-b+3=0$$
$$\therefore \ a=0, \ b=3$$
따라서 $a+b=0+3=3$이다.

답 3

10-2

주어진 이차방정식이 중근을 가지므로
$$D=(2k+a)^2-4(k^2+2k+b)=0$$
k에 대한 항등식이므로 k에 대하여 정리하면
$$D=4k^2+4ak+a^2-4k^2-8k-4b$$
$$=(4a-8)k+a^2-4b=0$$
$$\therefore\ 4a-8=0,\ a^2-4b=0$$
$$\therefore\ a=2,\ b=1$$
따라서 $a-b=2-1=1$이다.

답 1

11-1

주어진 이차식이 완전제곱식이 되려면
이차방정식 $x^2-ax+a-1=0$의 판별식이 0이어야 하므로
$$D=a^2-4(a-1)=a^2-4a+4$$
$$=(a-2)^2=0$$
$$\therefore\ a=2$$

답 2

11-2

주어진 이차식이 완전제곱식이 되려면 이차방정식
$x^2-2(k-1)x+3k+5=0$의 판별식이 0이어야 하므로
$$D/4=(k-1)^2-(3k+5)$$
$$=k^2-2k+1-3k-5$$
$$=k^2-5k-4=0$$
$$\therefore\ k=\frac{5\pm\sqrt{25+16}}{2}=\frac{5\pm\sqrt{41}}{2}$$
따라서 k의 값의 합을 구하면
$$\frac{5+\sqrt{41}}{2}+\frac{5-\sqrt{41}}{2}=5$$

답 5

12-1

중근을 가지므로
$$D=(a+2i)^2-4(b+4i)$$
$$=a^2-4+4ai-4b-16i$$
$$=(a^2-4b-4)+4(a-4)i=0$$
실계수이므로 복소수가 서로 같을 조건을 이용하면
$$a^2-4b-4=0 \text{이고}\ a-4=0$$
$$\therefore\ a=4,\ b=3$$
따라서 $a+b=4+3=7$이다.

답 7

12-2

중근을 가지므로
$$D=(a-2i)^2-4(b+i)=a^2-4-4ai-4b-4i$$
$$=(a^2-4b-4)-4(a+1)i=0$$
실계수이므로 복소수가 서로 같을 조건을 이용하면
$$a^2-4b-4=0 \text{이고}\ a+1=0$$
$$\therefore\ a=-1,\ b=-\frac{3}{4}$$
따라서 $ab=(-1)\times\left(-\frac{3}{4}\right)=\frac{3}{4}$이다.

답 $\dfrac{3}{4}$

$\boxed{3}$ 이차방정식의 근과 계수

13-1

근과 계수의 관계에 의해 두 근의 합과 곱을 구하면
$$\alpha+\beta=\frac{4b}{a},\ \alpha\beta=\frac{b}{a}$$
$$(준식)=\frac{\alpha+\beta}{\alpha\beta}=\frac{4b}{a}\div\frac{b}{a}=\frac{4b}{a}\times\frac{a}{b}=4$$

답 4

13-2

근과 계수의 관계에 의해 두 근의 합과 곱을 구하면
$$\alpha+\beta=2,\ \alpha\beta=2$$
$$(준식)=\alpha\beta-3\alpha^2+\alpha-3\beta^2+9\alpha\beta-3\beta+\beta-3\alpha+1$$
$$=-3(\alpha^2+\beta^2)-2(\alpha+\beta)+10\alpha\beta+1$$
$$=-3\{(\alpha+\beta)^2-2\alpha\beta\}-2(\alpha+\beta)+10\alpha\beta+1$$
$$=-3(\alpha+\beta)^2-2(\alpha+\beta)+16\alpha\beta+1$$
$$=-3\times2^2-2\times2+16\times2+1$$
$$=17$$

답 17

14-1

근과 계수의 관계를 이용하여 a, b의 값을 구하면
$$두\ 근의\ 합 : 1+\left(-\frac{1}{2}\right)=-\frac{1}{a}\quad\therefore\ a=-2$$
$$두\ 근의\ 곱 : 1\times\left(-\frac{1}{2}\right)=\frac{2b}{a}\quad\therefore\ b=\frac{1}{2}$$
$(a+b)x^2+ax-b=0$의 두 근의 곱은
$$\frac{-b}{a+b}=\frac{-\dfrac{1}{2}}{-2+\dfrac{1}{2}}=\frac{-\dfrac{1}{2}}{-\dfrac{3}{2}}=\left(-\frac{1}{2}\right)\times\left(-\frac{2}{3}\right)=\frac{1}{3}$$

답 $\dfrac{1}{3}$

14-2

근과 계수의 관계를 이용하여 a, b의 값을 구하면

두 근의 합 : $1+b=-a$ $\therefore$ $a+b=-1$ $\cdots$ ①

두 근의 곱 : $1\times b=4$ $\therefore$ $b=4$ $\cdots$ ②

②$\rightarrow$① ; $a=-5$

$(a+1)x^2+bx+1=0$의 두 근의 합은

$$-\frac{b}{a+1}=-\frac{4}{-5+1}=1$$

답 1

15-1

$x^2-3x+b=0$의 두 근이 α, β이므로

$\alpha+\beta=3$, $\alpha\beta=b$ $\cdots$ ①

$x^2-(3a+1)x+3=0$의 두 근이 $\alpha+\beta$, $\alpha\beta$이므로

$\alpha+\beta+\alpha\beta=3a+1$, $\alpha\beta(\alpha+\beta)=3$ $\cdots$ ②

①$\rightarrow$② ; $3+b=3a+1$ $\therefore$ $3a-b=2$ $\cdots$ ③

$3b=3$ $\therefore$ $b=1$

$b=1$ $\rightarrow$ ③ ; $a=1$

따라서 $a^2+b^2=1^2+1^2=2$이다.

답 2

15-2

근과 계수의 관계를 이용하면

$\alpha+\beta=a-3$, $\alpha\beta=3$ $\cdots$ ①

$\alpha^2+\beta^2=\alpha\beta$

$(\alpha+\beta)^2-2\alpha\beta=\alpha\beta$

$(\alpha+\beta)^2-3\alpha\beta=0$ $\cdots$ ②

①$\rightarrow$② ; $(a-3)^2-9=0$ $a^2-6a=0$

$a(a-6)=0$

$\therefore$ $a=0$ 또는 $a=6$

따라서 양수 a의 값은 6이다.

답 6

16-1

두 근의 비가 $3:2$이므로 두 근을 3α, 2α라 하면

두 근의 합 : $3\alpha+2\alpha=m-1$ $\therefore$ $5\alpha-m=-1$ $\cdots$ ①

두 근의 곱 : $3\alpha\times 2\alpha=6$ $\alpha^2=1$ $\therefore$ $\alpha=\pm 1$

①에서 i) $\alpha=1$일 때, $5-m=-1$ $\therefore$ $m=6$

ii) $\alpha=-1$일 때, $-5-m=-1$ $\therefore$ $m=-4$

각각의 경우에 m^2+3m의 값을 구하면

$m=6$일 때, $m^2+3m=36+18=54$

$m=-4$일 때, $m^2+3m=16-12=4$

답 54 또는 4

16-2

두 근의 곱이 -12이므로 α, β는 서로 다른 부호이고 두 근의
절댓값의 비가 $3:1$이므로 두 근을 3α, $-\alpha$라 하면

두 근의 합 : $3\alpha+(-\alpha)=-m+6$

$\therefore$ $2\alpha+m=6$ $\cdots$ ①

두 근의 곱 : $3\alpha\times(-\alpha)=-12$ $\alpha^2=4$ $\therefore$ $\alpha=\pm 2$

①에서 i) $\alpha=2$일 때, $4+m=6$ $\therefore$ $m=2$

ii) $\alpha=-2$일 때, $-4+m=6$ $\therefore$ $m=10$

답 2 또는 10

17-1

두 근의 차가 2이므로 두 근을 α, $\alpha+2$라 하면

두 근의 합 : $\alpha+(\alpha+2)=-2k$ $\therefore$ $\alpha+k=-1$ $\cdots$ ①

두 근의 곱 : $\alpha(\alpha+2)=15$ $(\alpha+5)(\alpha-3)=0$

$\therefore$ $\alpha=-5$ 또는 $\alpha=3$

①에서 i) $\alpha=-5$일 때, $-5+k=-1$ $\therefore$ $k=4$

ii) $\alpha=3$일 때, $3+k=-1$ $\therefore$ $k=-4$

각각의 k의 값에 대한 두 근을 구하면

$k=4$일 때, 두 근은 -5 또는 -3

$k=-4$일 때, 두 근은 3 또는 5

답 $k=4$일 때, 두 근은 -5 또는 -3,
$k=-4$일 때, 두 근은 3 또는 5

17-2

두 근의 차가 1이므로 두 근을 α, $\alpha+1$이라 하면

두 근의 합 : $\alpha+(\alpha+1)=m-1$

$\therefore$ $2\alpha-m=-2$ $\cdots$ ①

두 근의 곱 : $\alpha(\alpha+1)=m$ $\therefore$ $\alpha^2+\alpha=m$ $\cdots$ ②

①에서 $\alpha=\dfrac{-2+m}{2}$ 을 ②에 대입하여 m의 값을 구하면

$$\left(\frac{-2+m}{2}\right)^2+\frac{-2+m}{2}=m$$

$$\frac{4-4m+m^2}{4}+\frac{-2+m}{2}=m$$

$4-4m+m^2-4+2m=4m$

$m^2-6m=0$ $m(m-6)=0$

$\therefore$ $m=0$ 또는 $m=6$

따라서 양수 m의 값은 6이다.

답 6

18-1

$f(x)=0$의 두 근을 α, β 에 대하여

$\alpha+\beta=5$, $\alpha\beta=-3$

$f(3x+2)=0$에서 두 근을 구하면

$\alpha=3x+2$에서 $x=\dfrac{\alpha-2}{3}$

$$\beta = 3x + 2 \text{에서} \quad x = \frac{\beta - 2}{3}$$

따라서 $f(3x+2)=0$의 두 근의 곱을 구하면

$$\frac{\alpha - 2}{3} \times \frac{\beta - 2}{3} = \frac{\alpha\beta - 2(\alpha + \beta) + 4}{9}$$

$$= \frac{-3 - 10 + 4}{9} = -1$$

답 -1

18-2

$f(x)=0$의 두 근을 α, β라 하면

$$\alpha + \beta = 3, \quad \alpha\beta = 4$$

$f(2x-1)=0$에서 두 근을 구하면

$$\alpha = 2x - 1 \text{에서} \quad x = \frac{\alpha + 1}{2}$$

$$\beta = 2x - 1 \text{에서} \quad x = \frac{\beta + 1}{2}$$

따라서 $f(2x-1)=0$의 두 근의 곱을 구하면

$$\frac{\alpha + 1}{2} \times \frac{\beta + 1}{2} = \frac{\alpha\beta + (\alpha + \beta) + 1}{4} = \frac{4 + 3 + 1}{4} = 2$$

답 2

19-1

근과 계수의 관계에 의해

$$\alpha + \beta = \frac{1}{2}, \quad \alpha\beta = \frac{1}{2}$$

구하는 이차방정식의 두 근의 합과 곱을 구하면

$$\text{두 근의 합} : \frac{1}{\alpha} + \frac{1}{\beta} = \frac{\alpha + \beta}{\alpha\beta} = \frac{1}{2} \div \frac{1}{2} = 1$$

$$\text{두 근의 곱} : \frac{1}{\alpha} \times \frac{1}{\beta} = \frac{1}{\alpha\beta} = 2$$

두 근의 합과 곱을 이용하여 이차방정식을 구하면

$$x^2 - x + 2 = 0$$

답 $x^2 - x + 2 = 0$

19-2

근과 계수의 관계를 이용하면

$$\alpha + \beta = -3, \quad \alpha\beta = 1$$

구하는 이차방정식의 두 근의 합과 곱을 구하면

$$\text{두 근의 합} : \alpha^2 + \frac{1}{\beta} + \beta^2 + \frac{1}{\alpha}$$

$$= (\alpha^2 + \beta^2) + \left(\frac{1}{\alpha} + \frac{1}{\beta} \right)$$

$$= (\alpha + \beta)^2 - 2\alpha\beta + \frac{\alpha + \beta}{\alpha\beta}$$

$$= 9 - 2 - 3 = 4$$

$$\text{두 근의 곱} : \left(\alpha^2 + \frac{1}{\beta} \right)\left(\beta^2 + \frac{1}{\alpha} \right)$$

$$= \alpha^2\beta^2 + \alpha + \beta + \frac{1}{\alpha\beta}$$

$$= 1 - 3 + 1 = -1$$

두 근의 합과 곱을 이용하여 이차방정식을 구하면

$$x^2 - 4x - 1 = 0$$

답 $x^2 - 4x - 1 = 0$

20-1

정아가 바르게 본 것은 b이므로

$$b = 1 \times (-8) = -8$$

은지가 바르게 본 것은 a이므로

$$-a = 1 + 2i + 1 - 2i = 2 \quad \therefore \ a = -2$$

따라서 처음 이차방정식은

$$x^2 - 2x - 8 = 0$$

답 $x^2 - 2x - 8 = 0$

20-2

A가 바르게 본 것은 b이므로

$$b = (-1) \times (-3) = 3 = \alpha\beta$$

B가 바르게 본 것은 a이므로

$$-a = (2 + 2\sqrt{2}) + (2 - 2\sqrt{2}) = 4 = \alpha + \beta$$

$$\alpha^2 + \beta^2 = (\alpha + \beta)^2 - 2\alpha\beta = 4^2 - 2 \times 3 = 10$$

답 10

21-1

이차방정식 $3x^2 - 2x - 4 = 0$의 두 근을 근의 공식을 이용하여 구하면

$$x = \frac{1 \pm \sqrt{1 + 12}}{3} = \frac{1 \pm \sqrt{13}}{3}$$

두 근을 이용하여 인수분해하면

$$3\left(x - \frac{1 + \sqrt{13}}{3} \right)\left(x - \frac{1 - \sqrt{13}}{3} \right)$$

답 $3\left(x - \dfrac{1 + \sqrt{13}}{3} \right)\left(x - \dfrac{1 - \sqrt{13}}{3} \right)$

21-2

이차방정식 $2x^2 - x + 1 = 0$의 두 근을 근의 공식을 이용하여 구하면

$$x = \frac{1 \pm \sqrt{1 - 8}}{4} = \frac{1 \pm \sqrt{7}i}{4}$$

두 근을 이용하여 인수분해하면

$$2\left(x - \frac{1 + \sqrt{7}i}{4} \right)\left(x - \frac{1 - \sqrt{7}i}{4} \right)$$

답 $2\left(x - \dfrac{1 + \sqrt{7}i}{4} \right)\left(x - \dfrac{1 - \sqrt{7}i}{4} \right)$

④ 이차방정식의 켤레근과 공통근

22-1

유리계수 이차방정식의 한 근이 $2+\sqrt{3}$ 이므로 다른 한 근은 $2-\sqrt{3}$ 이다. 근과 계수의 관계에 의해

두 근의 합 : $2+\sqrt{3}+2-\sqrt{3}=\dfrac{a}{2}$ $\therefore$ $a=8$

두 근의 곱 : $(2+\sqrt{3})(2-\sqrt{3})=-\dfrac{b}{2}$ $\therefore$ $b=-2$

답 $a=8,\ b=-2$

22-2

유리계수 이차방정식의 한 근이 $b-\sqrt{2}$ 이므로 다른 한 근은 $b+\sqrt{2}$ 이다. 근과 계수의 관계에 의해

두 근의 합 : $(b-\sqrt{2})+(b+\sqrt{2})=-a$

$\therefore$ $a+2b=0$ $\cdots$ ①

두 근의 곱 : $(b-\sqrt{2})(b+\sqrt{2})=2$ $b^2-2=2$

$b^2=4$ $\therefore$ $b=\pm2$

ⅰ) $b=2$일 때, ①에서 $a+4=0$ $\therefore$ $a=-4$

ⅱ) $b=-2$일 때, ①에서 $a-4=0$ $\therefore$ $a=4$

따라서 $ab=-8$이다.

답 -8

23-1

다른 한 근을 α라 하면 근과 계수의 관계에 의해

두 근의 합 : $(1-\sqrt{2})+\alpha=-a$ $\cdots$ ①

두 근의 곱 : $(1-\sqrt{2})\times\alpha=3$

$\therefore$ $\alpha=\dfrac{3}{1-\sqrt{2}}=-3-3\sqrt{2}$

α의 값을 ①에 대입하여 a를 구하면

$1-\sqrt{2}-3-3\sqrt{2}=-a$ $-2-4\sqrt{2}=-a$

$\therefore$ $a=2+4\sqrt{2}$

답 $2+4\sqrt{2}$

23-2

다른 한 근을 α라 하면 근과 계수의 관계에 의해

두 근의 합 : $\sqrt{2}-1+\alpha=-3m$ $\cdots$ ①

두 근의 곱 : $(\sqrt{2}-1)\alpha=1$

$\therefore$ $\alpha=\dfrac{1}{\sqrt{2}-1}=\sqrt{2}+1$

α의 값을 ①에 대입하여 m을 구하면

$\sqrt{2}-1+\sqrt{2}+1=-3m$

$2\sqrt{2}=-3m$ $\therefore$ $m=-\dfrac{2\sqrt{2}}{3}$

답 $-\dfrac{2\sqrt{2}}{3}$

24-1

실계수 이차방정식의 한 근이 $3-i$이므로 다른 한 근은 $3+i$ 이다. 근과 계수의 관계에 의해

두 근의 합 : $(3-i)+(3+i)=-p$ $\therefore$ $p=-6$

두 근의 곱 : $(3-i)(3+i)=q$ $\therefore$ $q=10$

따라서 $p+q=-6+10=4$이다.

답 4

24-2

실계수 이차방정식의 한 근이 $1-\sqrt{2}i$이므로 다른 한 근은 $1+\sqrt{2}i$이다. 근과 계수의 관계에 의해

두 근의 합 : $1-\sqrt{2}i+1+\sqrt{2}i=a$ $\therefore$ $a=2$

두 근의 곱 : $(1-\sqrt{2}i)(1+\sqrt{2}i)=b$ $\therefore$ $b=3$

따라서 $a^2+b^2=2^2+3^2=13$이다.

답 13

25-1

다른 한 근을 α라 하면 근과 계수의 관계에 의해

두 근의 합 : $(2-i)+\alpha=-a$ $\cdots$ ①

두 근의 곱 : $(2-i)\alpha=-5$

$\therefore$ $\alpha=\dfrac{-5}{2-i}=-2-i$

α의 값을 ①에 대입하여 a를 구하면

$2-i-2-i=-a$

$\therefore$ $a=2i$

답 $2i$

25-2

다른 한 근을 α라 하면 근과 계수의 관계에 의해

두 근의 합 : $-1+i+\alpha=-1$ $\therefore$ $\alpha=-i$

두 근의 곱 : $(-1+i)\alpha=p$ $\cdots$ ①

α의 값을 ①에 대입하여 p를 구하면

$(-1+i)\times(-i)=p$

$\therefore$ $p=1+i$

답 $1+i$

26-1

공통근을 α라 하면

$\alpha^2+(k-3)\alpha+2=0$ $\cdots$ ①

$\alpha^2+k\alpha-1=0$ $\cdots$ ②

①$-$② ; $-3\alpha+3=0$ $\therefore$ $\alpha=1$

$\alpha=1 \to$ ② ; $1+k-1=0$ $\therefore$ $k=0$

답 0

26-2

공통근을 α라 하면
$$\alpha^2 + p\alpha + 2 = 0 \quad \cdots ①$$
$$\alpha^2 + 2\alpha + p = 0 \quad \cdots ②$$
①$-$② ; $(p-2)\alpha - (p-2) = 0$
$$(p-2)(\alpha - 1) = 0$$
$$\therefore \ p = 2 \ \text{또는} \ \alpha = 1$$
$p=2$이면 두 식은 두 개의 공통근을 갖게 되므로 $p \neq 2$
$\alpha = 1 \ \rightarrow \ ① ; \ 1 + p + 2 = 0$
$$\therefore \ p = -3$$

답 $p = -3$, **공통근** 1

27-1

두 개의 공통근을 가지려면
$\dfrac{a}{1} = \dfrac{b}{-2} = \dfrac{c}{2}$가 성립해야 한다.
이때 비의 값을 k라 놓으면
$a = k, \ b = -2k, \ c = 2k$가 된다.
$$\therefore \ a : b : c = k : -2k : 2k = 1 : -2 : 2$$

답 $1 : -2 : 2$

27-2

두 이차방정식을 x에 대하여 정리하면
$$kx^2 + 2x - 2 - k = 0, \ 2x^2 + (3k+1)x - 6 = 0$$
두 개의 공통근을 가지려면
$$\frac{k}{2} = \frac{2}{3k+1} = \frac{2+k}{6} \left(k \neq -\frac{1}{3} \right)$$
ⅰ) $\dfrac{k}{2} = \dfrac{2}{3k+1}$ 에서 $k(3k+1) = 4 \quad 3k^2 + k - 4 = 0$
$$(k-1)(3k+4) = 0$$
$$\therefore \ k = 1 \ \text{또는} \ k = -\frac{4}{3}$$
ⅱ) $\dfrac{k}{2} = \dfrac{2+k}{6}$ 에서 $6k = 4 + 2k \quad 4k = 4 \quad \therefore \ k = 1$
ⅰ), ⅱ)에서 공통인 k의 값을 구하면 $k=1$이다.

답 1

〈연습문제A〉

01. 부정 (해가 무수히 많다) **02.** $x = 5 + 2\sqrt{6}$ **03.** $m \neq 2$

04. (1) $x = 5, \ x = -1$ (2) $x = \dfrac{5}{2}$

05. $x = \dfrac{1}{3}, \ x = 1$ **06.** ②, ⑤

07. (1) $x = 3, \ x = -1$ (2) $x = 1 \pm \sqrt{2}\,i$

   (3) $x = \dfrac{-3 \pm \sqrt{17}}{2}$

08. $m \neq 0$일 때, $x = -1, \ x = -\dfrac{1}{m}$, $m = 0$일 때, $x = -1$

09. $a = 1$, 다른 한 근 : 3

10. (1) $x = \pm 3$ (2) $x = 1, \ x = \pm 4$ **11.** $x = 2$ **12.** 1

13. $x = 1$ **14.** $x = -2i$ 또는 $x = 1 + i$

15. $k < -1$ 또는 $k > 4$ **16.** $a = 0, \ b = 1$

17. 2 **18.** $a = 3, \ b = \dfrac{3}{2}$ 또는 $a = -3, \ b = -\dfrac{3}{2}$

19. (1) 7 (2) -18 (3) $\pm \sqrt{5}$ **20.** $\dfrac{1}{2}$

21. $p = -1, \ q = 0$ **22.** $\sqrt{2}$ **23.** 2 **24.** 1

25. $x^2 - x + 2 = 0$ **26.** $x^2 - 2x - 8 = 0$

27. $a = 8, \ b = -2$ **28.** $\sqrt{3}$ **29.** 4 **30.** $1 - i$

31. $\alpha = 0$일 때, $p = 0$, $\alpha = -3$일 때, $p = 1$ **32.** ± 1

〈연습문제B〉

01. 3 **02.** 1 **03.** (1) $x = 5, \ x = 1$ (2) $x = -10, \ x = \dfrac{2}{5}$

04. $x = \dfrac{1}{3}$ **05.** ④ **06.** $x = -\dfrac{a}{3}$ 또는 $x = a$

07. $x = -\dfrac{1}{k}$ 또는 $x = 1$ **08.** 0

09. $x = -\sqrt{2}$ 또는 $x = 2$ **10.** $x = -2$ **11.** 1 **12.** $x = 2$

13. $x = i$ 또는 $x = \dfrac{2+3i}{13}$ **14.** $-2 \leq a < 0$ 또는 $a > 0$

15. 1 **16.** $k = -5$일 때, $x = 3$, $k = -1$일 때, $x = 1$

17. 7 **18.** 17 **19.** $\dfrac{1}{3}$ **20.** 6 **21.** 2 또는 10

22. $k = 4$일 때, 근 $-5, \ -3$, $k = -4$일 때, 근 $3, \ 5$

23. -1 **24.** $x^2 - 4x - 1 = 0$ **25.** $x = 2, \ x = 3$

26. $6\left(x - \dfrac{5 + \sqrt{23}\,i}{12} \right)\left(x - \dfrac{5 - \sqrt{23}\,i}{12} \right)$

27. $a = -1, \ b = -\dfrac{1}{2}$ **28.** $2 + 4\sqrt{2}$ **29.** $a = -4, \ b = 9$

30. $2i$ **31.** $p = -3$, 공통근 1 **32.** 1

Ⅲ. 이차함수

〈중·고교 연결과정 선수학습〉

01-1

$y=-\dfrac{2}{a}x-\dfrac{b}{a}$ 로 변형하면

기울기 $-\dfrac{2}{a}=\dfrac{-1}{2}$ $\qquad \therefore a=4$

y절편 $-\dfrac{b}{a}=1$ $\quad \therefore b=-4$

답 $a=4,\ b=-4$

01-2

두 점 $(-2,\ 0),\ (1,\ 2)$를 직선에 대입하여 $m,\ n$의 값을 구하면

$$-2m+1=0 \quad \therefore m=\dfrac{1}{2}$$

$$m+2n+1=0 \quad \dfrac{1}{2}+2n+1=0 \quad \therefore n=-\dfrac{3}{4}$$

구한 $m,\ n$을 직선에 대입하면

$$\dfrac{1}{2}x-\dfrac{3}{4}y+1=0 \quad 2x-3y+4=0 \quad \cdots ①$$

①에 $x=0$을 대입하여 y절편을 구하면

$$-3y+4=0 \qquad \therefore y\text{절편}: \dfrac{4}{3}$$

답 $\dfrac{4}{3}$

02-1

(1) 점 $(2,\ -7)$을 지나고 x축에 평행한 직선이므로
$$y=-7$$
(2) 직선 $y=2x+5$와 평행하므로 구하는 직선의 기울기는 2이다.
$$\therefore y=2x+b$$
점 $(-2,\ 0)$을 지나므로 직선의 식에 대입하면
$$0=-4+b \quad \therefore b=4$$
따라서 구하는 직선의 방정식은 $y=2x+4$이다.
답 (1) $y=-7$ (2) $y=2x+4$

02-2

(1) 점 $(3,\ 4)$를 지나고 y축에 수직인 직선이므로 $y=4$이다.

(2) x절편이 1, y절편이 2이므로 $\dfrac{x}{1}+\dfrac{y}{2}=1$ $\therefore 2x+y=2$
답 (1) $y=4$ (2) $2x+y=2$

03-1

직선의 식을 변형하여 기울기와 y절편을 구하면

$$by=-ax-c \qquad \therefore y=-\dfrac{a}{b}x-\dfrac{c}{b}$$

(1) $ab>0$이므로 기울기 $-\dfrac{a}{b}<0$

$c=0$이므로 y절편 $-\dfrac{c}{b}=0$

따라서 이 직선은 제 2, 4 사분면을 지난다.

(2) $ab<0$이므로 기울기 $-\dfrac{a}{b}>0$

$bc<0$이므로 y절편 $-\dfrac{c}{b}>0$

따라서 이 직선은 제 1, 2, 3 사분면을 지난다.

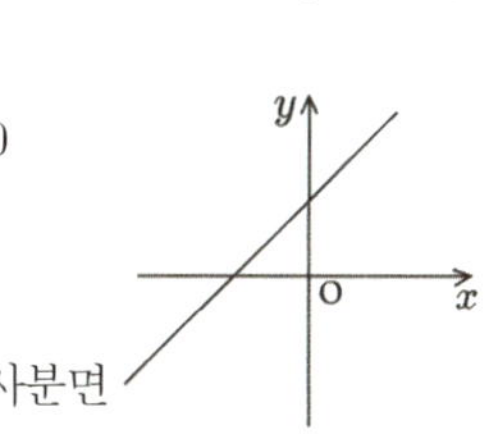

답 (1) 제 2, 4 사분면 (2) 제 1, 2, 3 사분면

03-2

$b=0$이므로 $ax+c=0$ $\quad \therefore x=-\dfrac{c}{a}$

$ac<0$이므로 $-\dfrac{c}{a}>0$

따라서 직선은 제 1, 4 사분면을 지난다.
답 제 1, 4 사분면

① 이차함수의 그래프

01-1

(1) $y=-(x+2)^2$
꼭짓점 $(-2,\ 0)$, 대칭축 $x=-2$
(2) $y=2(x^2-4x+4)+4=2(x-2)^2+4$
꼭짓점 $(2,4)$, 대칭축 $x=2$
답 (1) 꼭짓점 $(-2,\ 0)$, 대칭축 $x=-2$
(2) 꼭짓점 $(2,4)$, 대칭축 $x=2$

01-2

$$y=3\left\{x^2+3x+\left(\dfrac{3}{2}\right)^2-\left(\dfrac{3}{2}\right)^2\right\}+7=3\left(x+\dfrac{3}{2}\right)^2+\dfrac{1}{4}$$

꼭짓점 $\left(-\dfrac{3}{2},\ \dfrac{1}{4}\right)$, 대칭축 $x=-\dfrac{3}{2}$, y절편 : 7

답 꼭짓점 $\left(-\dfrac{3}{2},\ \dfrac{1}{4}\right)$, 대칭축 $x=-\dfrac{3}{2}$, y절편 : 7

02-1

주어진 이차함수의 그래프에서

  ⅰ) 아래로 볼록이므로 $a > 0$

  ⅱ) 대칭축> 0이므로 $ab < 0$ $\therefore \ b < 0$

  ⅲ) y절편$= 0$이므로 $c = 0$이다.

이때 구하는 함수는 $y = -bx + a$이고 기울기 $-b > 0$, y절편 $a > 0$인 직선이다. 따라서 함수의 개형으로 맞는 것은 ①이다.

답 ①

02-2

주어진 이차함수의 그래프에서

  ⅰ) 위로 볼록이므로 $a < 0$

  ⅱ) 대칭축> 0이므로 $ab < 0$ $\therefore \ b > 0$

  ⅲ) y절편< 0이므로 $c < 0$

이때 구하려는 함수는 $y = cx^2 + bx + a$이고 $c < 0$이므로 위로 볼록, $bc < 0$이므로 대칭축> 0, $a < 0$이므로 y절편< 0이다. 이 그래프의 개형을 그리면 다음과 같다.

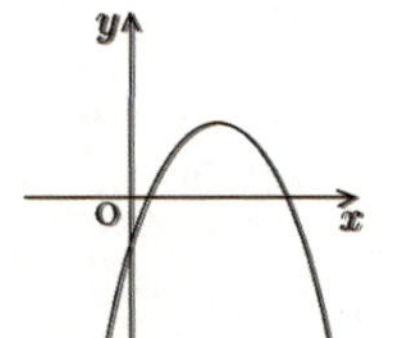 또는 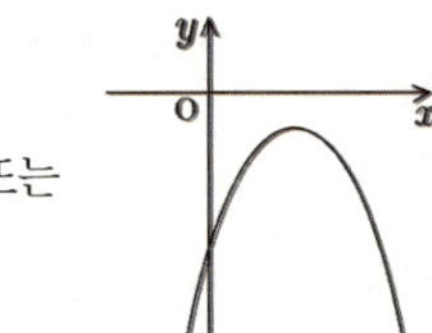

따라서 이차함수의 그래프가 지날 수 없는 사분면은 제 2 사분면이다.

답 제 2 사분면

03-1

꼭짓점이 $(-1, 3)$이므로 $y = a(x+1)^2 + 3 \ \cdots$ ①

①에 점 $(1, -5)$를 대입하여 a의 값을 구하면

  $-5 = a \times 2^2 + 3 \quad \therefore \ a = -2$

  $\therefore \ y = -2(x+1)^2 + 3$

답 $y = -2(x+1)^2 + 3$

03-2

꼭짓점이 $(2, 1)$이므로 $y = a(x-2)^2 + 1 \ \cdots$ ①

①에 점 $(0, -1)$을 대입하여 a의 값을 구하면

  $-1 = a \times (-2)^2 + 1 \quad \therefore \ a = -\dfrac{1}{2}$

  $\therefore \ y = -\dfrac{1}{2}(x-2)^2 + 1 = -\dfrac{1}{2}(x^2 - 4x + 4) + 1$

        $= -\dfrac{1}{2}x^2 + 2x - 1 \quad \cdots$ ②

②에 $y = 0$을 대입하여 x절편을 구하면

  $-\dfrac{1}{2}x^2 + 2x - 1 = 0 \quad x^2 - 4x + 2 = 0 \ \therefore \ x = 2 \pm \sqrt{2}$

답 $2 + \sqrt{2}$ 또는 $2 - \sqrt{2}$

04-1

x절편이 1, 4이므로 $y = a(x-1)(x-4) \ \cdots$ ①

①에 $(2, 2)$를 대입하여 a의 값을 구하면

  $2 = a \times 1 \times (-2) \quad \therefore \ a = -1$

  $\therefore \ y = -(x-1)(x-4)$

답 $y = -(x-1)(x-4)$

04-2

x절편이 1, 2이므로 $y = a(x-1)(x-2) \ \cdots$ ①

①에 $(0, 2)$를 대입하여 a의 값을 구하면

  $2 = a \times (-1) \times (-2) \quad \therefore \ a = 1$

  $\therefore \ y = (x-1)(x-2)$

       $= x^2 - 3x + 2$

       $= \left\{ x^2 - 3x + \left(\dfrac{3}{2}\right)^2 - \left(\dfrac{3}{2}\right)^2 \right\} + 2$

       $= \left(x - \dfrac{3}{2} \right)^2 - \dfrac{1}{4}$

따라서 이차함수의 꼭짓점의 좌표는 $\left(\dfrac{3}{2}, \ -\dfrac{1}{4} \right)$이다.

답 $\left(\dfrac{3}{2}, \ -\dfrac{1}{4} \right)$

05-1

$y = ax^2 + bx + c$에 세 점을 대입하면

  $-6 = a - b + c \quad \cdots$ ①

  $-2 = a + b + c \quad \cdots$ ②

  $-3 = c$

$c = -3$을 ①, ②에 대입하고 a, b의 값을 구하면

  $a = -1, \ b = 2$

답 $a = -1, \ b = 2, \ c = -3$

05-2

$y = ax^2 + bx + c$에 세 점을 대입하면

  $3 = c$

  $2 = a + b + c \quad \cdots$ ①

  $3 = 4a + 2b + c \quad \cdots$ ②

$c = 3$을 ①, ②에 대입하고 a, b의 값을 구하면

  $a = 1, \ b = -2$

  $\therefore \ y = x^2 - 2x + 3$

       $= (x^2 - 2x + 1) + 2$

       $= (x-1)^2 + 2$

따라서 이차함수의 꼭짓점의 좌표는 $(1, 2)$이다.

답 $(1, 2)$

05-3

그림에서 이차함수의 그래프가 두 점 $(-1, 0)$, $(0, -3)$을 지나고 한 점 $(4, 5)$를 지나므로 이차함수 $y = ax^2 + bx + c$에 대입하면

$$0 = a - b + c \quad \cdots ①$$
$$-3 = c \quad \cdots ②$$
$$5 = 16a + 4b + c \quad \cdots ③$$

②를 ①, ③에 대입하고 a, b의 값을 구하면

$$a = 1,\ b = -2$$
$$\therefore\ y = x^2 - 2x - 3$$
$$= (x^2 - 2x + 1) - 4$$
$$= (x - 1)^2 - 4$$

따라서 이차함수의 축의 방정식은 $x = 1$입니다.

답 $x = 1$

〈연습문제A〉

01. $a = 4,\ b = -1$　**02.** $\dfrac{4}{3}$　**03.** (1) $x = 2$ (2) $y = -x - 3$

04. (1) 제 1, 2 사분면 (2) 제 1, 2, 4 사분면

05. (1) $(0, 0)$, $x = 0$ (2) $(0, -3)$, $x = 0$ (3) $(3, 5)$, $x = 3$

06. (1) 꼭짓점 $(-2, 0)$, 대칭축 $x = -2$

　　 (2) 꼭짓점 $(2, 4)$, 대칭축 $x = 2$

07. $a < 0,\ b < 0,\ c < 0$　**08.** $y = (x - 1)^2 - 2$

09. $y = x^2 - 4x + 3$　**10.** $y = x^2 - 3x + 4$

〈연습문제B〉

01. $a = 4,\ b = -4$　**02.** (1) $y = -7$ (2) $y = 2x + 4$

03. (1) $y = 4$ (2) $2x + y = 2$　**04.** 제 1, 4 사분면

05. 꼭짓점 $\left(-\dfrac{3}{2}, \dfrac{1}{4}\right)$, 대칭축 $x = -\dfrac{3}{2}$, y절편 : 7

06. ①　**07.** 제 2 사분면　**08.** $2 + \sqrt{2}$ 또는 $2 - \sqrt{2}$

09. $y = -(x - 1)(x - 4)$　**10.** $(1, 2)$

〈중·고교 연결과정 선수학습〉

01-1

판별식 $D/4 = 1 - (7 - a) = a - 6$

해가 2개이므로　$a - 6 > 0$　　$\therefore\ a > 6$

정수 a의 최솟값은 7이다.

답 7

01-2

판별식 $D = k^2 - 4(k + 3) = k^2 - 4k - 12$

해가 1개이므로 $k^2 - 4k - 12 = 0$ $(k - 6)(k + 2) = 0$

$$\therefore\ k = 6,\ k = -2$$

따라서 양수 k의 값은 6이다.

답 6

1 이차함수와 이차방정식의 관계

01-1

$y = -x^2 + ax + b$의 그래프와 x축이 두 점 $(1, 0)$, $(3, 0)$에서 만나므로 $-x^2 + ax + b = 0$의 두 근이 1, 3이다.

이차방정식의 근과 계수의 관계를 이용하면

　두 근의 합 : $1 + 3 = a$　　$\therefore\ a = 4$

　두 근의 곱 : $1 \times 3 = -b$　　$\therefore\ b = -3$

$$\therefore\ a + b = 4 - 3 = 1$$

답 1

01-2

$y = 2x^2 + ax + 3$의 그래프와 x축이 만나는 두 점의 x좌표가 3, b이므로 $2x^2 + ax + 3 = 0$의 두 근이 3, b이다.

이차방정식의 근과 계수의 관계를 이용하면

　두 근의 합 : $3 + b = -\dfrac{a}{2}$　$\therefore\ a = -2b - 6\ \cdots ①$

　두 근의 곱 : $3b = -\dfrac{3}{2}$　　$\therefore\ b = -\dfrac{1}{2}$

b의 값을 ①에 대입하면 $a = -5$

$$\therefore\ 2ab = 2 \times (-5) \times \left(-\dfrac{1}{2}\right) = 5$$

답 5

01-3

α, β가 $x^2 + kx - 2 = 0$의 두 근이므로

$$\alpha + \beta = -k,\ \alpha\beta = -2$$

$$(\alpha-\beta)^2=(\alpha+\beta)^2-4\alpha\beta=(-k)^2+8=9$$
$$k^2=1 \quad \therefore \ k=\pm1$$
따라서 양수 k의 값은 1이다.

답 1

02-1

$y=x^2-3x+4a$의 그래프가 x축과 만나지 않으려면 $x^2-3x+4a=0$의 판별식 $D<0$이어야 한다.
$$D=9-16a<0 \quad \therefore \ a>\frac{9}{16}$$
따라서 자연수 a의 최솟값은 1이다.

답 1

02-2

$y=2x^2+5x+3k$의 그래프가 x축과 만나려면 $2x^2+5x+3k=0$의 판별식 $D\geq0$이어야 한다.
$$D=25-24k\geq0 \quad \therefore \ k\leq\frac{25}{24}$$
따라서 정수 k의 최댓값은 1이다.

답 1

03-1

이차함수의 그래프와 x축과의 교점의 x좌표는 이차방정식 $x^2+6x+2k=0$의 실근이므로 두 근을 α, β라 하면
$$|\alpha-\beta|=2\sqrt{5}$$
$$|\alpha-\beta|=\frac{\sqrt{D}}{|a|}=\sqrt{36-8k}=2\sqrt{5}$$
$$36-8k=20 \quad -8k=-16 \quad \therefore \ k=2$$

답 2

03-2

이차함수의 그래프와 x축과의 교점의 x좌표는 이차방정식 $x^2+(k-1)x-k=0$의 실근이므로 두 근을 α, β라 하면
$$|\alpha-\beta|=3$$
$$|\alpha-\beta|=\frac{\sqrt{D}}{|a|}=\sqrt{(k-1)^2+4k}=3$$
$$(k-1)^2+4k=9 \quad k^2-2k+1+4k=9$$
$$k^2+2k-8=0 \quad (k+4)(k-2)=0$$
$$\therefore \ k=-4, \ k=2$$
따라서 양수 k의 값은 2이다.

답 2

04-1

이차함수의 그래프와 직선의 교점의 x좌표는 $x^2+4x+a=bx-1$의 실근과 같다.
식을 정리하여 근과 계수의 관계를 이용하면

$$x^2+(4-b)x+a+1=0$$
두 근의 합 : $(-3)+1=-4+b \quad \therefore \ b=2$
두 근의 곱 : $(-3)\times1=a+1 \quad \therefore \ a=-4$
따라서 $a+b$의 값을 구하면
$$a+b=-4+2=-2$$

답 -2

04-2

이차함수의 그래프와 직선의 교점의 x좌표는 $x^2+ax+b=2x+1$의 실근과 같다. 이때 한 교점의 x좌표가 $1-\sqrt{3}$이므로 다른 교점의 x좌표는 $1+\sqrt{3}$이다.
식을 정리하여 근과 계수의 관계를 이용하면
$$x^2+(a-2)x+b-1=0$$
두 근의 합 : $1-\sqrt{3}+1+\sqrt{3}=-a+2 \quad \therefore \ a=0$
두 근의 곱 : $(1-\sqrt{3})(1+\sqrt{3})=b-1 \quad \therefore \ b=-1$
따라서 ab의 값을 구하면
$$a\times b=0\times(-1)=0$$

답 0

04-3

이차함수의 그래프와 직선의 교점의 x좌표는 $4x^2+2px+4q=-2x+4$의 실근과 같다. 이때 한 교점의 x좌표가 $-1-\sqrt{5}$이므로 다른 교점의 x좌표는 $-1+\sqrt{5}$이다. 식을 정리하여 근과 계수의 관계를 이용하면
$$4x^2+(2p+2)x+4q-4=0$$
$$2x^2+(p+1)x+2q-2=0$$
두 근의 합 : $(-1-\sqrt{5})+(-1+\sqrt{5})=-\dfrac{p+1}{2}$
$$\therefore \ p=3$$
두 근의 곱 : $(-1-\sqrt{5})(-1+\sqrt{5})=q-1 \quad \therefore \ q=-3$
$$\therefore \ p+q=3-3=0$$

답 0

05-1

이차함수의 그래프와 직선이 만나지 않으려면 이차방정식 $x^2-2mx+m^2-1=2x$, 즉 $x^2-2(m+1)x+m^2-1=0$의 판별식 $D<0$이어야 하므로
$$D/4=(m+1)^2-(m^2-1)=m^2+2m+1-m^2+1$$
$$=2m+2<0$$
$$\therefore \ m<-1$$

답 $m<-1$

05-2

이차함수의 그래프와 직선이 접하려면 이차방정식 $x^2+ax+2=x+1$, 즉 $x^2+(a-1)x+1=0$의 판별식 $D=0$이어야 하므로

$$D=(a-1)^2-4=a^2-2a-3=(a-3)(a+1)=0$$
$$\therefore \ a=3 \ \text{또는} \ a=-1$$
따라서 양수 a의 값은 3이다.

답   3

05-3

직선 $y=mx$와 이차함수 $y=x^2-x+1$의 그래프가 서로 다른 두 점에서 만나므로
$$mx=x^2-x+1\text{에서} \ x^2-(1+m)x+1=0$$
$$D=(1+m)^2-4=m^2+2m-3$$
$$\quad=(m+3)(m-1)>0$$
$$\therefore \ m<-3 \ \text{또는} \ m>1 \quad \cdots ①$$
직선 $y=mx$와 이차함수 $y=x^2+x+1$의 그래프가 만나지 않으므로
$$mx=x^2+x+1\text{에서} \ x^2+(1-m)x+1=0$$
$$D=(1-m)^2-4=m^2-2m-3$$
$$\quad=(m-3)(m+1)<0$$
$$\therefore \ -1<m<3 \quad \cdots ②$$
①, ②의 공통범위를 구하면

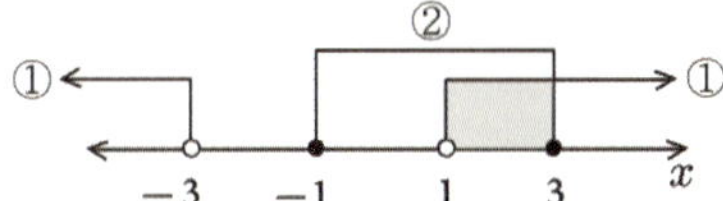

$1<m<3$이므로 정수 m의 값은 2이다.

답   2

06-1

$y=|x^2-1|$의 그래프는 $y=x^2-1$의 x축 아랫부분을 꺾어 올린 것이므로 그래프를 그리면 다음과 같다.

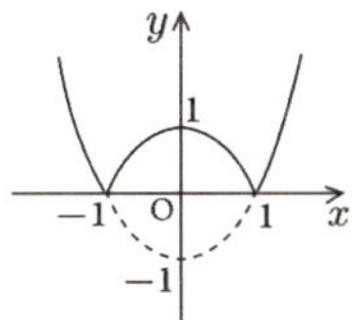

따라서 $y=|x^2-1|$의 그래프는 ④이다.

답   ④

06-2

$y=f(|x|)$의 그래프는 $y=f(x)$의 $x \geq 0$인 부분을 y축 대칭시킨 것이므로 그래프를 그리면 다음과 같다.

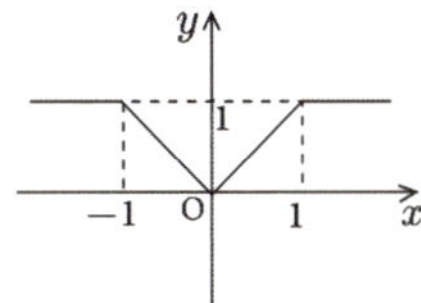

따라서 $y=f(|x|)$의 그래프는 ②이다.

답   ②

07-1

$2x^2+8x+k=0$의 실근의 개수는 $y=2x^2+8x$와 $y=-k$의 교점의 개수와 같다.

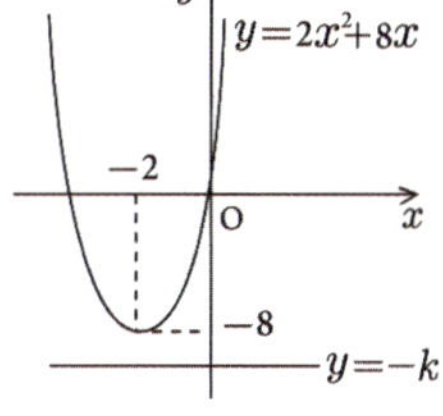

$$y=2x^2+8x$$
$$\quad=2(x^2+4x+4)-8$$
$$\quad=2(x+2)^2-8$$
$$\therefore \ \text{꼭짓점} \ (-2,\ -8),\ y\text{절편} \ 0$$
주어진 값을 이용하여 그래프를 그리면 오른쪽 그림과 같다.
$y=-k$를 이동시키며 교점이 없는 k의 값의 범위를 구하면
$$-k<-8 \quad \therefore \ k>8$$

답 $k>8$

07-2

$|x^2-2|=k$의 실근의 개수는 $y=|x^2-2|$와 $y=k$의 교점의 개수와 같다.

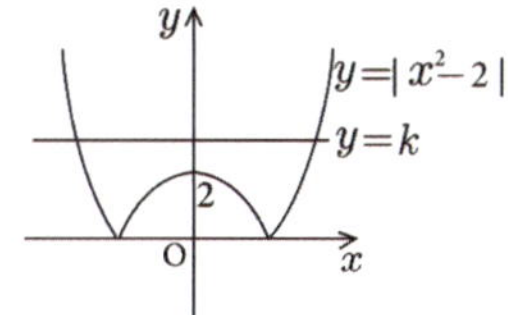

$y=|x^2-2|$의 그래프는 오른쪽 그림과 같고 $y=k$를 이동시키며 교점이 두 개인 k의 값의 범위를 구하면
$$k>2$$
따라서 정수 k의 최솟값은 3이다.

답   3

---

② **이차함수의 최대·최소**

08-1

(1) $a=-2<0$인 이차함수이므로 $x=-\dfrac{1}{2}$ 에서 최댓값 -1을 갖고 최솟값은 없다.

(2) $y=\dfrac{1}{3}(x^2+2x+1)+3=\dfrac{1}{3}(x+1)^2+3$

$a=\dfrac{1}{3}>0$인 이차함수이므로 $x=-1$에서 최솟값 3을 갖고 최댓값은 없다.

답 (1) 최댓값 : -1, 최솟값은 없다.
(1) 최솟값 : 3, 최댓값은 없다.

08-2

$$y=-2(x^2-3x)-7$$
$$\quad=-2\left(x^2-3x+\frac{9}{4}-\frac{9}{4}\right)-7$$
$$\quad=-2\left(x-\frac{3}{2}\right)^2-\frac{5}{2}$$

$a=-2<0$인 이차함수이므로 $x=\dfrac{3}{2}$에서 최댓값 $-\dfrac{5}{2}$를 갖고 최솟값은 없다.

답 최댓값 : $-\dfrac{5}{2}$, 최솟값은 없다.

09-1

이차함수가 $x=1$에서 최솟값 -2를 가지므로
$$y=2(x-1)^2-2=2(x^2-2x+1)-2$$
$$=2x^2-4x$$
이 식이 $y=2x^2+ax+b$와 같으므로
$$a=-4,\ b=0$$
따라서 ab의 값을 구하면
$$ab=(-4)\times 0=0$$

답 0

09-2

$$y=3\left(x^2-\dfrac{2}{3}x\right)+k=3\left(x^2-\dfrac{2}{3}x+\dfrac{1}{9}-\dfrac{1}{9}\right)+k$$
$$=3\left(x-\dfrac{1}{3}\right)^2-\dfrac{1}{3}+k$$
이차함수의 최솟값이 $\dfrac{4}{3}$이므로
$$-\dfrac{1}{3}+k=\dfrac{4}{3}\qquad \therefore\ k=\dfrac{5}{3}$$
최솟값을 가질 때의 x의 값은 $\dfrac{1}{3}$이므로
$$\dfrac{5}{3}+\dfrac{1}{3}=2$$

답 2

10-1

$$y=\left\{x^2-3x+\left(\dfrac{3}{2}\right)^2-\left(\dfrac{3}{2}\right)^2\right\}+2\ =\left(x-\dfrac{3}{2}\right)^2-\dfrac{1}{4}$$
꼭짓점 $\left(\dfrac{3}{2},\ -\dfrac{1}{4}\right)$이 범위 안에 있으므로 꼭짓점 $x=\dfrac{3}{2}$에서 최솟값 $-\dfrac{1}{4}$을 갖고 꼭짓점에서 먼 $x=4$에서 최댓값 6을 갖는다.

답 최솟값 : $-\dfrac{1}{4}$, 최댓값 : 6

10-2

$$y=-2(x^2-4x+4)+14=-2(x-2)^2+14$$
꼭짓점 $(2,\ 14)$가 범위 밖에 있으므로 꼭짓점에서 먼 $x=-1$에서 최솟값 -4를 갖고 꼭짓점에서 가까운 $x=1$에서 최댓값 12을 갖는다.

답 최솟값 : -4, 최댓값 : 12

11-1

$$y=2x^2-4x+k=2(x^2-2x+1-1)+k$$
$$=2(x-1)^2-2+k\ (-2\le x\le 0)$$
꼭짓점 $(1,\ -2+k)$가 범위 밖에 있으므로 최솟값은 꼭짓점에서 가까운 $x=0$에서 갖는다.
$$\therefore\ k=5$$
$$\therefore\ y=2x^2-4x+5$$
이 함수의 최댓값은 $x=-2$에서 가지므로
$$2\times(-2)^2-4\times(-2)+5=8+8+5=21$$

답 21

11-2

$$y=\dfrac{1}{3}x^2-\dfrac{2}{3}x+a=\dfrac{1}{3}(x^2-2x+1-1)+a$$
$$=\dfrac{1}{3}(x-1)^2-\dfrac{1}{3}+a\ (0\le x\le 3)$$
꼭짓점 $\left(1,\ -\dfrac{1}{3}+a\right)$가 범위 안에 있으므로 최댓값은 꼭짓점에서 먼 $x=3$에서 갖는다.
$$\dfrac{1}{3}\times 9-\dfrac{2}{3}\times 3+a=0\qquad \therefore\ a=-1$$
이 함수의 최솟값은 꼭짓점에서 가지므로 최솟값을 구하면
$$b=-\dfrac{1}{3}+a=-\dfrac{1}{3}-1=-\dfrac{4}{3}$$
따라서 $a+b$의 값을 구하면
$$a+b=-1-\dfrac{4}{3}=-\dfrac{7}{3}$$

답 $-\dfrac{7}{3}$

11-3

$$y=-2x^2-4x+1=-2(x^2+2x+1-1)+1$$
$$=-2(x+1)^2+3$$
꼭짓점의 x좌표가 -1이고 $a<-1$이므로 주어진 이차함수 그래프는 $x=-1$에서 최댓값 3을 갖는다.
$$\therefore\ b=3$$
$x=0$일 때, $y=1$이므로 최솟값은 $x=a$에서 갖는다.
$$-5=-2a^2-4a+1\qquad 2a^2+4a-6=0$$
$$a^2+2a-3=0\quad (a+3)(a-1)=0$$
$$\therefore\ a=-3\ 또는\ a=1$$
$a<-1$이므로 $a=-3$이다.

답 $a=-3,\ b=3$

11-4

$$y=2x^2-4x+3=2(x^2-2x+1-1)+3=2(x-1)^2+1$$
꼭짓점의 x좌표가 1이므로

ⅰ) $a \geq 1$일 때,

$x = 1$에서 최솟값 1을 갖는다.

ⅱ) $a < 1$일 때,

$x = a$에서 최솟값

$2a^2 - 4a + 3$을 갖는다.

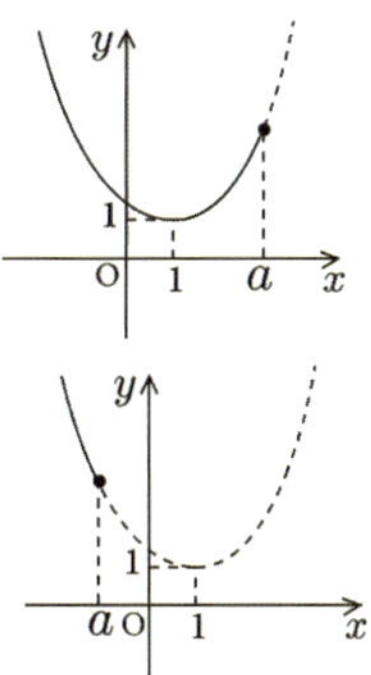

답 $a \geq 1$**일 때,** 1

$a < 1$**일 때,** $2a^2 - 4a + 3$

12-1

주어진 함수에서 $x^2 - 4x = t$로 치환하면

$$t = x^2 - 4x + 4 - 4 = (x-2)^2 - 4 \quad \therefore \ t \geq -4$$

$$y = (t+2)(t-1) - 2t - 4 = t^2 + t - 2 - 2t - 4 = t^2 - t - 6$$

$$= \left(t^2 - t + \frac{1}{4}\right) - \frac{1}{4} - 6 = \left(t - \frac{1}{2}\right)^2 - \frac{25}{4} \ (t \geq -4)$$

꼭짓점이 범위 안에 있으므로 최솟값은 꼭짓점 $t = \frac{1}{2}$에서 갖

는다. 따라서 최솟값은 $-\dfrac{25}{4}$이다.

답 $-\dfrac{25}{4}$

12-2

주어진 함수에서 $x^2 - 2x = X$로 치환하면

$$X = x^2 - 2x + 1 - 1 = (x-1)^2 - 1 \ (0 \leq x \leq 2)$$

$x = 1$이 범위 안에 있으므로 X는 $x = 1$에서 최솟값 -1을

갖고 $x = 0$ 또는 $x = 2$에서 최댓값 0을 갖는다.

$$\therefore \ -1 \leq X \leq 0$$

$$y = X^2 + 2X + 5 = (X^2 + 2X + 1 - 1) + 5$$

$$= (X+1)^2 + 4 \ (-1 \leq X \leq 0)$$

따라서 y는 $X = -1$에서 최솟값 4를 갖고 $X = 0$에서 최댓값

5를 갖는다.

답 **최댓값** : 5, **최솟값** : 4

13-1

주어진 조건식이 일차식이므로 x에 대하여 정리하면

$$x = 2 - y \quad \cdots ①$$

①을 준식에 대입하여 정리하면

$$(2-y)^2 - 2y^2 = 4 - 4y + y^2 - 2y^2 = -y^2 - 4y + 4$$

$$= -(y^2 + 4y + 4) + 8 = -(y+2)^2 + 8$$

주어진 범위가 없으므로 준식은 $y = -2$에서 최댓값 8을

갖고 최솟값은 없다.

답 **최댓값** : 8, **최솟값은 없다.**

13-2

주어진 조건식이 일차식이므로 x에 대하여 정리하면

$$x = k - 2y \quad \cdots ①$$

①을 준식에 대입하여 정리하면

$$(k-2y)^2 + y^2 = k^2 - 4ky + 4y^2 + y^2 = 5y^2 - 4ky + k^2$$

$$= 5\left\{y^2 - \frac{4}{5}ky + \left(\frac{2}{5}k\right)^2 - \left(\frac{2}{5}k\right)^2\right\} + k^2$$

$$= 5\left(y - \frac{2}{5}k\right)^2 - \frac{4}{5}k^2 + k^2$$

$$= 5\left(y - \frac{2}{5}k\right)^2 + \frac{1}{5}k^2$$

주어진 범위가 없으므로 준식은 $y = \dfrac{2}{5}k$에서 최솟값 $\dfrac{1}{5}k^2$을

갖는다.

$$\frac{1}{5}k^2 = 1 \quad k^2 = 5 \quad \therefore \ k = \pm\sqrt{5}$$

답 $\pm\sqrt{5}$

14-1

$x - y = 1$에서 $y = x - 1 \quad \cdots ①$

①을 이차식에 대입하여 정리하면

$$2x^2 + (x-1)^2 = 2x^2 + x^2 - 2x + 1 = 3x^2 - 2x + 1$$

$$= 3\left(x - \frac{1}{3}\right)^2 + \frac{2}{3}$$

주어진 범위 $0 \leq x \leq 2$에서 최댓값과 최솟값을 구하면

$x = \dfrac{1}{3}$에서 최솟값 $\dfrac{2}{3}$를 갖고 $x = 2$에서 최댓값 9를

갖는다.

답 **최솟값** : $\dfrac{2}{3}$, **최댓값** : 9

14-2

$x + 2y = 3$에서 $x = 3 - 2y \cdots ①$

①을 이차식에 대입하여 정리하면

$$(3-2y)^2 - 2y^2 = 9 - 12y + 4y^2 - 2y^2 = 2y^2 - 12y + 9$$

$$= 2(y^2 - 6y + 9) - 9 = 2(y-3)^2 - 9$$

주어진 범위 $-2 \leq y \leq 1$에서 최댓값과 최솟값을 구하면

$y = -2$에서 최댓값 41을 갖고 $y = 1$에서 최솟값 -1을 갖는

다.

답 **최솟값** : -1, **최댓값** : 41

14-3

$x + y = 1$에서 $y = 1 - x \cdots ①$

①을 이차식에 대입하여 정리하면

$$x^2 + (1-x)^2 = x^2 + 1 - 2x + x^2 = 2x^2 - 2x + 1$$

$$= 2\left(x^2 - x + \frac{1}{4} - \frac{1}{4}\right) + 1$$

$$= 2\left(x - \frac{1}{2}\right)^2 + \frac{1}{2}$$

주어진 범위 $1 \leq x \leq a$에서 최댓값을 구하면 $x = a$에서

최댓값 5를 갖는다.

따라서 $2a^2 - 2a + 1 = 5$에서 $(a-2)(a+1) = 0$

$$\therefore \ a=2 \ \text{또는} \ a=-1$$

$a \geq 1$이므로 $a=2$이다.

답 2

15-1

$x+y=k$에서 $y=k-x$ $\cdots$ ①

①을 조건식에 대입하면
$$x^2+(k-x)^2=3 \quad x^2+k^2-2kx+x^2=3$$
$$\therefore \ 2x^2-2kx+k^2-3=0 \quad \cdots ②$$

②에서 x는 실수이므로
$$D/4=k^2-2(k^2-3)=k^2-2k^2+6=-k^2+6 \geq 0$$
$$k^2-6 \leq 0 \quad (k-\sqrt{6})(k+\sqrt{6}) \leq 0$$
$$\therefore \ -\sqrt{6} \leq k \leq \sqrt{6}$$

따라서 $x+y$의 최댓값은 $\sqrt{6}$, 최솟값은 $-\sqrt{6}$이다.

답 최댓값 $\sqrt{6}$, 최솟값 $-\sqrt{6}$

15-2

$x+2y=k$에서 $x=k-2y$ $\cdots$ ①

①을 조건식에 대입하면
$$(k-2y)^2+2y^2=a \quad k^2-4ky+4y^2+2y^2=a$$
$$\therefore \ 6y^2-4ky+k^2-a=0 \quad \cdots ②$$

②에서 y는 실수이므로
$$D/4=(2k)^2-6(k^2-a)=-2k^2+6a \geq 0$$
$$k^2-3a \leq 0 \quad (k+\sqrt{3a})(k-\sqrt{3a}) \leq 0$$
$$\therefore \ -\sqrt{3a} \leq k \leq \sqrt{3a}$$

$x+2y$의 최댓값이 $3\sqrt{3}$이므로
$$3\sqrt{3}=\sqrt{3a} \quad 27=3a \quad \therefore \ a=9$$

답 9

16-1

조건식에서 숨겨진 범위를 찾으면
$$y^2=-1-x \geq 0 \text{에서} \ x \leq -1$$

$y^2=-1-x$를 준식에 대입하여 정리하면
$$(준식)=2x^2-1-x=2x^2-x-1$$
$$=2\left(x^2-\frac{1}{2}x+\frac{1}{16}-\frac{1}{16}\right)-1=2\left(x-\frac{1}{4}\right)^2-\frac{9}{8}$$

$x \leq -1$에서 준식의 최솟값을 구하면 $x=-1$에서 최솟값 2를 갖는다.

답 2

16-2

조건식에서 숨겨진 범위를 찾으면
$$x^2=2-2y \geq 0 \text{에서} \ y \leq 1$$

$x^2=2-2y$를 준식에 대입하여 정리하면
$$(준식)=3(2-2y)-3y^2+1=6-6y-3y^2+1$$
$$=-3y^2-6y+7=-3(y+1)^2+10$$

$y \leq 1$에서 준식의 최댓값을 구하면 $y=-1$에서 최댓값 10을 갖는다.

답 10

17-1

주어진 함수를 완전제곱의 합의 꼴로 변형하면
$$z=-(x^2-4x+4)-(y^2-6y+9)+1$$
$$=-(x-2)^2-(y-3)^2+1$$

x, y가 실수이므로 z는 $x=2$, $y=3$일 때, 최댓값 1을 갖는다.

답 1

17-2

주어진 함수를 완전제곱의 합의 꼴로 변형하면
$$z=(x^2-2x+1)+(y^2-4y+4)+k-5$$
$$=(x-1)^2+(y-2)^2+k-5$$

x, y가 실수이므로 z는 $x=1$, $y=2$에서 최솟값을 갖는다.
$$k-5=-7 \quad \therefore \ k=-2$$

답 -2

〈연습문제 A〉

01. (1) 2개 (2) 1개 (3) 0개 　**02.** $a=-1$, $b=-2$

03. ± 2 　**04.** -4 　**05.** 2 　**06.** $m>-\dfrac{5}{4}$ 　**07.** ④

08. $a>-4$

09. (1) 최솟값 : 2, 최댓값 없다.

(2) 최댓값 : -1, 최솟값 없다.

10. $a=6$, $b=-7$ 　**11.** 최솟값 : 1, 최댓값 : 10 　**12.** 1

13. -9 　**14.** 최솟값 : 3, 최댓값은 없다.

15. 최댓값 10, 최솟값 2 　**16.** 최댓값 $\sqrt{15}$, 최솟값 $-\sqrt{15}$

17. $\dfrac{23}{3}$ 　**18.** $x=\dfrac{1}{2}$, $y=-\dfrac{1}{2}$일 때 최솟값 : 4

〈연습문제 B〉

01. 6 　**02.** 5 　**03.** 1 　**04.** 2 　**05.** 0 　**06.** 2 　**07.** ②

08. 3 　**09.** 최댓값 : $-\dfrac{5}{2}$, 최솟값은 없다. 　**10.** 2

11. 최솟값 : -4, 최댓값 : 12 　**12.** $-\dfrac{7}{3}$

13. 최댓값 : 5, 최솟값 : 4 　**14.** $\pm\sqrt{5}$

15. 최솟값 : -1, 최댓값 : 41 　**16.** 9 　**17.** 10 　**18.** -2

Ⅳ. 여러 가지 방정식

〈중·고교 연결과정 선수학습〉

01-1

$f(x) = x^3 + 5x^2 + 7x + 2$라 하고 $f(\alpha) = 0$인 α를 찾으면
$$f(-2) = 0$$
조립제법을 이용하여 $f(x)$를 인수분해하면

$$\begin{array}{r|rrrr} -2 & 1 & 5 & 7 & 2 \\ & & -2 & -6 & -2 \\ \hline & 1 & 3 & 1 & 0 \end{array}$$

$$\therefore \ (x+2)(x^2+3x+1)$$

답 $(x+2)(x^2+3x+1)$

01-2

$f(x) = x^4 - x^3 - 2x^2 + x + 1$이라 하고 $f(\alpha) = 0$인 α를 찾으면 $f(1) = 0$, $f(-1) = 0$
조립제법을 이용하여 $f(x)$를 인수분해하면

$$\begin{array}{r|rrrrr} 1 & 1 & -1 & -2 & 1 & 1 \\ & & 1 & 0 & -2 & -1 \\ \hline -1 & 1 & 0 & -2 & -1 & 0 \\ & & -1 & 1 & 1 & \\ \hline & 1 & -1 & -1 & 0 & \end{array}$$

$$\therefore \ (x-1)(x+1)(x^2-x-1)$$

답 $(x-1)(x+1)(x^2-x-1)$

02-1

$$(준식) = \{(x-1)(x-2)\}\{(x+1)(x-4)\} - 7$$
$$= (x^2-3x+2)(x^2-3x-4) - 7$$

$x^2 - 3x = X$로 치환하여 전개한 후 인수분해하면
$$(X+2)(X-4) - 7 = X^2 - 2X - 15$$
$$= (X-5)(X+3)$$

$X = x^2 - 3x$로 환원하면
$$(x^2-3x-5)(x^2-3x+3)$$

답 $(x^2-3x-5)(x^2-3x+3)$

02-2

$$(준식) = (x^2-x)^2 - 3(x^2-x) - 18$$
$x^2 - x = X$로 치환하여 인수분해하면
$$X^2 - 3X - 18 = (X-6)(X+3)$$

$X = x^2 - x$로 환원하면
$$(x^2-x-6)(x^2-x+3) = (x-3)(x+2)(x^2-x+3)$$

답 $(x-3)(x+2)(x^2-x+3)$

03-1

$x^2 = X$로 치환하고 인수분해하면
$$(준식) = X^2 - 5X - 6$$
$$= (X-6)(X+1)$$
$X = x^2$으로 환원하면
$$(준식) = (x^2-6)(x^2+1)$$

답 $(x^2-6)(x^2+1)$

03-2

$x^2 = X$로 치환하면 인수분해가 되지 않으므로
$(\ \ )^2 - (\ \ )^2$으로 변형하면
$$(준식) = (x^4 - 2x^2 + 1) - 9x^2$$
$$= (x^2-1)^2 - (3x)^2$$
$$= (x^2+3x-1)(x^2-3x-1)$$

답 $(x^2+3x-1)(x^2-3x-1)$

① 삼차 · 사차방정식의 해법

01-1

(1) $x^3 - 8 = 0$ $(x-2)(x^2+2x+4) = 0$
$$\therefore \ x = 2 \ \text{또는} \ x = -1 \pm \sqrt{3}i$$
(2) $2x^4 - 162 = 0$ $x^4 - 81 = 0$ $(x^2-9)(x^2+9) = 0$
$$(x+3)(x-3)(x^2+9) = 0$$
$$\therefore \ x = \pm 3 \ \text{또는} \ x = \pm 3i$$

답 (1) $x = 2$ **또는** $x = -1 \pm \sqrt{3}i$
(2) $x = \pm 3$ **또는** $x = \pm 3i$

01-2

(1) $2x^3 - 54 = 0$ $x^3 - 27 = 0$ $(x-3)(x^2+3x+9) = 0$
$$\therefore \ x = 3 \ \text{또는} \ x = \dfrac{-3 \pm 3\sqrt{3}i}{2}$$
(2) $x^4 - 64 = 0$ $(x^2+8)(x^2-8) = 0$
$$(x^2+8)(x+2\sqrt{2})(x-2\sqrt{2}) = 0$$
$$\therefore \ x = \pm 2\sqrt{2}i \ \text{또는} \ x = \pm 2\sqrt{2}$$

답 (1) $x = 3$ **또는** $x = \dfrac{-3 \pm 3\sqrt{3}i}{2}$
(2) $x = \pm 2\sqrt{2}i$ **또는** $x = \pm 2\sqrt{2}$

02-1

(1) $f(x)=x^3-6x^2+11x-6$이라 하고 $f(\alpha)=0$인 α를 찾으면 $f(1)=0$이다.

조립제법을 이용하여 $f(x)$를 인수분해하면

1	1	-6	11	-6
		1	-5	6
	1	-5	6	0

$$\therefore\ (x-1)(x^2-5x+6)=0$$
$$(x-1)(x-2)(x-3)=0$$
$$\therefore\ x=1\ \text{또는}\ x=2\ \text{또는}\ x=3$$

(2) $f(x)=x^4+2x^3-7x^2-8x+12$라 하고 $f(\alpha)=0$인 α를 찾으면 $f(1)=0$, $f(2)=0$이다.

조립제법을 이용하여 $f(x)$를 인수분해하면

1	1	2	-7	-8	12
		1	3	-4	-12
2	1	3	-4	-12	0
		2	10	12	
	1	5	6	0	

$$\therefore\ (x-1)(x-2)(x^2+5x+6)=0$$
$$(x-1)(x-2)(x+2)(x+3)=0$$
$$\therefore\ x=1\ \text{또는}\ x=\pm2\ \text{또는}\ x=-3$$

답 (1) $x=1$ **또는** $x=2$ **또는** $x=3$

(2) $x=1$ **또는** $x=\pm2$ **또는** $x=-3$

02-2

(1) $f(x)=x^3-2x^2-9$라 하고 $f(\alpha)=0$인 α를 찾으면 $f(3)=0$이다.

조립제법을 이용하여 $f(x)$를 인수분해하면

3	1	-2	0	-9
		3	3	9
	1	1	3	0

$$\therefore\ (x-3)(x^2+x+3)=0$$
$$\therefore\ x=3\ \text{또는}\ x=\frac{-1\pm\sqrt{11}\,i}{2}$$

(2) $f(x)=x^4+2x^3-2x^2-2x+1$이라 하고 $f(\alpha)=0$인 α를 찾으면 $f(1)=0$, $f(-1)=0$이다.

조립제법을 이용하여 $f(x)$를 인수분해하면

1	1	2	-2	-2	1
		1	3	1	-1
-1	1	3	1	-1	0
		-1	-2	1	
	1	2	-1	0	

$$\therefore\ (x-1)(x+1)(x^2+2x-1)=0$$

$$\therefore\ x=\pm1\ \text{또는}\ x=-1\pm\sqrt{2}$$

답 (1) $x=3$ **또는** $x=\dfrac{-1\pm\sqrt{11}\,i}{2}$

(2) $x=\pm1$ **또는** $x=-1\pm\sqrt{2}$

03-1

(1) $x^2-2x=X$로 치환하여 인수분해하면
$$X^2-11X+24=0,\ (X-8)(X-3)=0$$
$$\therefore\ X=8\ \text{또는}\ X=3$$

ⅰ) $X=8$일 때, $x^2-2x=8$　$x^2-2x-8=0$
$$(x+2)(x-4)=0\quad\therefore\ x=-2\ \text{또는}\ x=4$$

ⅱ) $X=3$일 때, $x^2-2x=3$　$x^2-2x-3=0$
$$(x-3)(x+1)=0\quad\therefore\ x=3\ \text{또는}\ x=-1$$

$$\therefore\ x=-2\ \text{또는}\ x=4\ \text{또는}\ x=3\ \text{또는}\ x=-1$$

(2) 치환한 것을 고려하여 짝을 맞추어 전개하면
$$\{(x-1)(x+2)\}\{(x-3)(x+4)\}+24=0$$
$$(x^2+x-2)(x^2+x-12)+24=0$$

$x^2+x=X$로 치환하여 인수분해하면
$$(X-2)(X-12)+24=0$$
$$X^2-14X+48=0\quad(X-6)(X-8)=0$$
$$\therefore\ X=6\ \text{또는}\ X=8$$

ⅰ) $X=6$일 때, $x^2+x=6$　$x^2+x-6=0$
$$(x+3)(x-2)=0\quad\therefore\ x=-3\ \text{또는}\ x=2$$

ⅱ) $X=8$일 때, $x^2+x=8$　$x^2+x-8=0$
$$\therefore\ x=\frac{-1\pm\sqrt{33}}{2}$$

$$\therefore\ x=-3\ \text{또는}\ x=2\ \text{또는}\ x=\frac{-1\pm\sqrt{33}}{2}$$

답 (1) $x=-2$ **또는** $x=4$ **또는** $x=3$ **또는** $x=-1$

(2) $x=-3$ **또는** $x=2$ **또는** $x=\dfrac{-1\pm\sqrt{33}}{2}$

03-2

(1) $x^2+2x=X$로 치환하여 인수분해하면
$$X^2-2X-3=0\quad(X-3)(X+1)=0$$
$$\therefore\ X=3\ \text{또는}\ X=-1$$

ⅰ) $X=3$일 때, $x^2+2x=3$　$x^2+2x-3=0$
$$(x+3)(x-1)=0\quad\therefore\ x=-3\ \text{또는}\ x=1$$

ⅱ) $X=-1$일 때, $x^2+2x=-1$　$x^2+2x+1=0$
$$(x+1)^2=0\quad\therefore\ x=-1$$

$$\therefore\ x=-3\ \text{또는}\ x=1\ \text{또는}\ x=-1(\text{중근})$$

(2) 치환할 것을 고려하여 짝을 맞추어 전개하면
$$\{(x+1)(x-5)\}\{(x+3)(x-7)\}+15=0$$
$$(x^2-4x-5)(x^2-4x-21)+15=0$$

$x^2-4x=X$로 치환하여 인수분해하면
$$(X-5)(X-21)+15=0$$

$$X^2 - 26X + 120 = 0 \qquad (X-20)(X-6) = 0$$
$$\therefore \ X = 20 \ \text{또는} \ X = 6$$

ⅰ) $X = 20$일 때, $x^2 - 4x = 20$ $\qquad$ $x^2 - 4x - 20 = 0$
$$\therefore \ x = 2 \pm 2\sqrt{6}$$

ⅱ) $X = 6$일 때, $x^2 - 4x = 6$ $\qquad$ $x^2 - 4x - 6 = 0$
$$\therefore \ x = 2 \pm \sqrt{10}$$

$$\therefore \ x = 2 \pm 2\sqrt{6} \ \text{또는} \ x = 2 \pm \sqrt{10}$$

답 **(1)** $x = -3$ **또는** $x = 1$ **또는** $x = -1$ **(중근)**
(2) $x = 2 \pm 2\sqrt{6}$ **또는** $x = 2 \pm \sqrt{10}$

04-1

(1) $x^2 = t$로 치환하여 인수분해하면
$$t^2 - 3t + 2 = 0 \qquad (t-2)(t-1) = 0$$
$$\therefore \ t = 2 \ \text{또는} \ t = 1$$
$t = x^2$이므로
$$x^2 = 2 \ \text{또는} \ x^2 = 1$$
$$\therefore \ x = \pm\sqrt{2} \ \text{또는} \ x = \pm 1$$

(2) 치환하여 인수분해가 되지 않으므로 식을 변형하면
$$(x^4 + 4x^2 + 4) - 4x^2 = 0$$
$$(x^2 + 2)^2 - (2x)^2 = 0$$
$$(x^2 - 2x + 2)(x^2 + 2x + 2) = 0$$
$$\therefore \ x = 1 \pm i \ \text{또는} \ x = -1 \pm i$$

답 **(1)** $x = \pm\sqrt{2}$ **또는** $x = \pm 1$
(2) $x = 1 \pm i$ **또는** $x = -1 \pm i$

04-2

(1) 치환하여 인수분해가 되지 않으므로 식을 변형하면
$$(x^4 + 16x^2 + 64) - 16x^2 = 0$$
$$(x^2 + 8)^2 - (4x)^2 = 0$$
$$(x^2 + 4x + 8)(x^2 - 4x + 8) = 0$$
$$\therefore \ x = -2 \pm 2i \ \text{또는} \ x = 2 \pm 2i$$

(2) 치환하여 인수분해가 되지 않으므로 식을 변형하면
$$(x^4 - 4x^2 + 4) - 9x^2 = 0$$
$$(x^2 - 2)^2 - (3x)^2 = 0$$
$$(x^2 - 3x - 2)(x^2 + 3x - 2) = 0$$
$$\therefore \ x = \frac{3 \pm \sqrt{17}}{2} \ \text{또는} \ x = \frac{-3 \pm \sqrt{17}}{2}$$

답 **(1)** $x = -2 \pm 2i$ **또는** $x = 2 \pm 2i$
(2) $x = \dfrac{3 \pm \sqrt{17}}{2}$ **또는** $x = \dfrac{-3 \pm \sqrt{17}}{2}$

05-1

준식의 양변을 x^2으로 나누고 정리하면
$$x^2 + 3x - 2 + \frac{3}{x} + \frac{1}{x^2} = 0$$

$$x^2 + \frac{1}{x^2} + 3\left(x + \frac{1}{x}\right) - 2 = 0$$
$$\left(x + \frac{1}{x}\right)^2 - 2 + 3\left(x + \frac{1}{x}\right) - 2 = 0$$
$$\left(x + \frac{1}{x}\right)^2 + 3\left(x + \frac{1}{x}\right) - 4 = 0$$

$x + \dfrac{1}{x} = t$로 치환하고 인수분해하면
$$t^2 + 3t - 4 = 0 \qquad (t+4)(t-1) = 0$$
$$\therefore \ t = -4 \ \text{또는} \ t = 1$$

$t = x + \dfrac{1}{x}$로 환원하면

ⅰ) $x + \dfrac{1}{x} = -4$ $\quad$ $x^2 + 4x + 1 = 0$ $\quad \therefore \ x = -2 \pm \sqrt{3}$

ⅱ) $x + \dfrac{1}{x} = 1$ $\quad$ $x^2 - x + 1 = 0$ $\quad \therefore \ x = \dfrac{1 \pm \sqrt{3}\,i}{2}$

$$\therefore \ x = -2 \pm \sqrt{3} \ \text{또는} \ x = \frac{1 \pm \sqrt{3}\,i}{2}$$

답 $x = -2 \pm \sqrt{3}$ **또는** $x = \dfrac{1 \pm \sqrt{3}\,i}{2}$

05-2

준식의 양변을 x^2으로 나누고 정리하면
$$x^2 + 7x + 14 + \frac{7}{x} + \frac{1}{x^2} = 0$$
$$x^2 + \frac{1}{x^2} + 7\left(x + \frac{1}{x}\right) + 14 = 0$$
$$\left(x + \frac{1}{x}\right)^2 - 2 + 7\left(x + \frac{1}{x}\right) + 14 = 0$$
$$\left(x + \frac{1}{x}\right)^2 + 7\left(x + \frac{1}{x}\right) + 12 = 0$$

$x + \dfrac{1}{x} = t$로 치환하고 인수분해하면
$$t^2 + 7t + 12 = 0 \qquad (t+3)(t+4) = 0$$
$$\therefore \ t = -3 \ \text{또는} \ t = -4$$

$t = x + \dfrac{1}{x}$로 환원하면

ⅰ) $x + \dfrac{1}{x} = -3$ $\quad$ $x^2 + 3x + 1 = 0$ $\quad \therefore \ x = \dfrac{-3 \pm \sqrt{5}}{2}$

ⅱ) $x + \dfrac{1}{x} = -4$ $\quad$ $x^2 + 4x + 1 = 0$ $\quad \therefore \ x = -2 \pm \sqrt{3}$

$$\therefore \ x = \frac{-3 \pm \sqrt{5}}{2} \ \text{또는} \ x = -2 \pm \sqrt{3}$$

답 $x = \dfrac{-3 \pm \sqrt{5}}{2}$ **또는** $x = -2 \pm \sqrt{3}$

06-1

삼차방정식의 두 근이 2, 3이므로 식에 대입하면
ⅰ) $x = 2$일 때 $8 - 8a + 6b + 4 - 2b = 0$ $\quad$ $-8a + 4b = -12$
$$\therefore \ 2a - b = 3 \qquad \cdots ①$$

$\text{ii}) x = 3$일 때, $27 - 18a + 9b + 6 - 2b = 0$
$$-18a + 7b = -33 \quad \therefore \ 18a - 7b = 33 \ \cdots ②$$
①, ②를 연립하여 a, b를 구하면
$$a = 3, \ b = 3$$
따라서 주어진 삼차방정식은
$$x^3 - 6x^2 + 11x - 6 = 0$$
$f(x) = x^3 - 6x^2 + 11x - 6$이라 하면 $f(2) = 0$, $f(3) = 0$이
므로

$$
\begin{array}{r|rrrr}
2 & 1 & -6 & 11 & -6 \\
  &   & 2 & -8 & 6 \\
\hline
3 & 1 & -4 & 3 & \ 0 \\
  &   & 3 & -3 & \\
\hline
  & 1 & -1 & \ 0 &
\end{array}
$$

$$\therefore \ (x-2)(x-3)(x-1) = 0$$
따라서 나머지 한 근은 $x = 1$이다.

$$\textbf{답} \quad x = 1$$

06-2

사차방정식의 두 근이 -1, 2이므로 식에 대입하면
$$\text{i}) \ x = -1$$일 때, $1 - a - 2 - 3b - 4 = 0$
$$\therefore \ a + 3b = -5 \quad \cdots ①$$
$$\text{ii}) \ x = 2$$일 때, $16 + 8a - 8 + 6b - 4 = 0 \quad 8a + 6b = -4$
$$\therefore \ 4a + 3b = -2 \quad \cdots ②$$
①, ②를 연립하여 a, b를 구하면
$$a = 1, \ b = -2$$
따라서 주어진 사차방정식은
$$x^4 + x^3 - 2x^2 - 6x - 4 = 0$$
$f(x) = x^4 + x^3 - 2x^2 - 6x - 4$라 하면 $f(-1) = 0$, $f(2) = 0$
이므로

$$
\begin{array}{r|rrrrr}
-1 & 1 & 1 & -2 & -6 & -4 \\
   &   & -1 & 0 & 2 & 4 \\
\hline
2 & 1 & 0 & -2 & -4 & \ 0 \\
   &   & 2 & 4 & 4 & \\
\hline
   & 1 & 2 & 2 & \ 0 &
\end{array}
$$

$$\therefore \ (x+1)(x-2)(x^2 + 2x + 2) = 0$$
따라서 주어진 두 근 -1, 2 이외의 나머지 두 근은
$x^2 + 2x + 2 = 0$의 두 근이므로 근과 계수의 관계에 의해 나머
지 두 근의 합은 -2이다.

$$\textbf{답} \quad -2$$

07-1

$f(x) = x^3 - 2x^2 + kx + k + 3$이라 하면
$$f(-1) = -1 - 2 - k + k + 3 = 0$$
따라서 조립제법을 이용하여 $f(x)$를 인수분해하면

$$
\begin{array}{r|rrrr}
-1 & 1 & -2 & k & k+3 \\
   &   & -1 & 3 & -k-3 \\
\hline
   & 1 & -3 & k+3 & \ 0
\end{array}
$$

$$\therefore \ f(x) = (x+1)(x^2 - 3x + k + 3)$$
$f(x) = 0$이 모두 실근을 가지려면 $x^2 - 3x + k + 3 = 0$이 실근
을 가져야 하므로
$$D = 9 - 4(k+3) \geq 0$$
$$-4k - 3 \geq 0$$
$$\therefore \ k \leq -\frac{3}{4}$$
따라서 실수 k의 최댓값은 $-\dfrac{3}{4}$이다.

$$\textbf{답} \quad -\frac{3}{4}$$

07-2

$f(x) = x^3 - kx^2 + (2k+1)x - 10$이라 하면
$$f(2) = 8 - 4k + 4k + 2 - 10 = 0$$
따라서 조립제법을 이용하여 $f(x)$를 인수분해하면

$$
\begin{array}{r|rrrr}
2 & 1 & -k & 2k+1 & -10 \\
  &   & 2 & -2k+4 & 10 \\
\hline
  & 1 & -k+2 & 5 & \ 0
\end{array}
$$

$$\therefore \ f(x) = (x-2)\{x^2 + (-k+2)x + 5\}$$
$f(x) = 0$이 허근을 가지려면 $x^2 + (-k+2)x + 5 = 0$이 허근
을 가져야 하므로
$$D = (-k+2)^2 - 20 < 0$$
$$k^2 - 4k - 16 < 0$$
$k^2 - 4k - 16 = 0$의 두 근을 구하면 $k = 2 \pm 2\sqrt{5}$이므로 부등
식의 해를 구하면
$$\therefore \ 2 - 2\sqrt{5} < k < 2 + 2\sqrt{5}$$

$$\textbf{답} \quad 2 - 2\sqrt{5} < k < 2 + 2\sqrt{5}$$

08-1

한 변이 $x\,\text{cm}$인 정사각형을 잘라내고 접어 만든 직육면체 모
양의 그릇의 부피를 구하는 식을 세우면
$$x(15 - 2x)^2 = 243 \quad 4x^3 - 60x^2 + 225x - 243 = 0$$
$$(x-3)(4x^2 - 48x + 81) = 0$$
$4x^2 - 48x + 81 = 0$의 두 근은 자연수가 아니므로
$$x = 3$$
따라서 잘라낸 정사각형의 한 변의 길이는 $3\,\text{cm}$이다.

$$\textbf{답} \quad 3$$

08-2

남은 직육면체의 부피를 구하는 식을 세우면
$$x^3 - (x-2)^2 = 60 \quad x^3 - x^2 + 4x - 64 = 0$$

$$(x-4)(x^2+3x+16)=0$$

$x^2+3x+16=0$의 판별식 $D=9-64=-55<0$이므로 실근이 존재하지 않는다.

$$\therefore\ x=4$$

답   4

08-3

그릇의 밑면의 반지름의 길이를 $x\,\mathrm{cm}$라 놓고 물의 부피를 구하는 식을 세우면

$$\pi x^2(2x-3)=175\pi \qquad 2x^3-3x^2-175=0$$
$$(x-5)(2x^2+7x+35)=0$$

$2x^2+7x+35=0$의 판별식 $D=49-280=-231<0$이므로 실근이 존재하지 않는다.

$$\therefore\ x=5$$

따라서 그릇의 밑면의 반지름의 길이는 $5\,\mathrm{cm}$이다.

답   5 cm

② 삼차방정식의 근과 계수

09-1

근과 계수의 관계에 의해

$$\alpha+\beta+\gamma=4,\ \alpha\beta+\beta\gamma+\gamma\alpha=1,\ \alpha\beta\gamma=-6$$

(1) (준식) $=\dfrac{\alpha\beta+\beta\gamma+\gamma\alpha}{\alpha\beta\gamma}=-\dfrac{1}{6}$

(2) (준식) $=\dfrac{\alpha+\beta+\gamma}{\alpha\beta\gamma}=-\dfrac{4}{6}=-\dfrac{2}{3}$

답 (1) $-\dfrac{1}{6}$ (2) $-\dfrac{2}{3}$

09-2

근과 계수의 관계에 의해

$$\alpha+\beta+\gamma=0,\ \alpha\beta+\beta\gamma+\gamma\alpha=-2,\ \alpha\beta\gamma=-1$$

$$\begin{aligned}
(준식) &=(\alpha\beta)^2+(\beta\gamma)^2+(\gamma\beta)^2\\
&=(\alpha\beta+\beta\gamma+\gamma\alpha)^2\\
&\qquad -2(\alpha\beta\times\beta\gamma+\beta\gamma\times\gamma\alpha+\gamma\alpha\times\alpha\beta)\\
&=(\alpha\beta+\beta\gamma+\gamma\alpha)^2-2(\alpha\beta^2\gamma+\alpha\beta\gamma^2+\alpha^2\beta\gamma)\\
&=(\alpha\beta+\beta\gamma+\gamma\alpha)^2-2\alpha\beta\gamma(\alpha+\beta+\gamma)\\
&=(-2)^2-2\times(-1)\times 0\\
&=4
\end{aligned}$$

답   4

10-1

계수가 실수이고 한 근이 $1+\sqrt{2}\,i$이므로 $1-\sqrt{2}\,i$도 이 방정식의 근이다. 따라서 세 근을 $1+\sqrt{2}\,i,\ 1-\sqrt{2}\,i,\ \alpha$라 놓고 근과 계수의 관계를 이용하면

ⅰ) $1+\sqrt{2}\,i+1-\sqrt{2}\,i+\alpha=-a$

$$\therefore\ 2+\alpha=-a \qquad \cdots ①$$

ⅱ) $(1+\sqrt{2}\,i)(1-\sqrt{2}\,i)+\alpha(1+\sqrt{2}\,i)+\alpha(1-\sqrt{2}\,i)$
$$=b$$
$$\therefore\ 3+2\alpha=b \qquad \cdots ②$$

ⅲ) $(1+\sqrt{2}\,i)(1-\sqrt{2}\,i)\alpha=3 \quad \therefore\ \alpha=1$

$\alpha=1$을 ①, ②에 대입하여 $a,\ b$의 값을 구하면

$$a=-3,\ b=5$$

따라서 ab의 값을 구하면

$$ab=(-3)\times 5=-15$$

답 -15

10-2

계수가 유리수이고 한 근이 $\sqrt{3}-1$이므로 $-\sqrt{3}-1$도 이 방정식의 근이다. 따라서 세 근을 $\sqrt{3}-1,\ -\sqrt{3}-1,\ \alpha$라 놓고 근과 계수의 관계를 이용하면

ⅰ) $\sqrt{3}-1-\sqrt{3}-1+\alpha=0 \quad \therefore\ \alpha=2$

ⅱ) $(\sqrt{3}-1)(-\sqrt{3}-1)+\alpha(\sqrt{3}-1)+\alpha(-\sqrt{3}-1)$
$$=p$$
$$-2\alpha-2=p \text{에서 } \alpha=2\text{이므로 } p=-6$$

ⅲ) $(\sqrt{3}-1)(-\sqrt{3}-1)\alpha=-q$
$$-2\alpha=-q\text{에서 } \alpha=2\text{이므로 } q=4$$

따라서 $p+q$의 값을 구하면

$$p+q=-6+4=-2$$

답 -2

11-1

근과 계수의 관계에 의해

$$\alpha+\beta+\gamma=-2,\ \alpha\beta+\beta\gamma+\gamma\alpha=0,\ \alpha\beta\gamma=1$$

$\alpha\beta,\ \beta\gamma,\ \gamma\alpha$를 세 근으로 하는 삼차방정식을 $x^3+ax^2+bx+c=0$이라 하고 근과 계수의 관계를 이용하면

ⅰ) $\alpha\beta+\beta\gamma+\gamma\alpha=0=-a \quad \therefore\ a=0$

ⅱ) $\alpha\beta^2\gamma+\beta\gamma^2\alpha+\gamma\alpha^2\beta=\alpha\beta\gamma(\alpha+\beta+\gamma)=-2=b$
$$\therefore\ b=-2$$

ⅲ) $\alpha\beta\times\beta\gamma\times\gamma\alpha=(\alpha\beta\gamma)^2=1=-c$
$$\therefore\ c=-1$$

따라서 구하는 삼차방정식은

$$x^3+0x^2-2x-1=0$$
$$\therefore\ x^3-2x-1=0$$

답 $x^3-2x-1=0$

11-2

근과 계수의 관계에 의해

$$\alpha+\beta+\gamma=-3,\ \alpha\beta+\beta\gamma+\gamma\alpha=2,\ \alpha\beta\gamma=-1$$

$\dfrac{1}{\alpha},\ \dfrac{1}{\beta},\ \dfrac{1}{\gamma}$을 세 근으로 하는 삼차방정식

$x^3+ax^2+bx+c=0$이라 하고 근과 계수의 관계를 이용하면

i) $\dfrac{1}{\alpha}+\dfrac{1}{\beta}+\dfrac{1}{\gamma}=\dfrac{\alpha\beta+\beta\gamma+\gamma\alpha}{\alpha\beta\gamma}=-2=-a$

$\therefore\ a=2$

ii) $\dfrac{1}{\alpha}\times\dfrac{1}{\beta}+\dfrac{1}{\beta}\times\dfrac{1}{\gamma}+\dfrac{1}{\gamma}\times\dfrac{1}{\alpha}=\dfrac{1}{\alpha\beta}+\dfrac{1}{\beta\gamma}+\dfrac{1}{\gamma\alpha}$

$=\dfrac{\alpha+\beta+\gamma}{\alpha\beta\gamma}=3=b$

$\therefore\ b=3$

iii) $\dfrac{1}{\alpha}\times\dfrac{1}{\beta}\times\dfrac{1}{\gamma}=\dfrac{1}{\alpha\beta\gamma}=-1=-c\quad\therefore\ c=1$

따라서 구하는 삼차방정식은

$x^3+2x^2+3x+1=0$

답 $x^3+2x^2+3x+1=0$

③ 1의 세제곱근과 -1의 세제곱근

12-1

$x^3-4^3=0$의 근을 구하면

$(x-4)(x^2+4x+16)=0$

$\therefore\ x=4$ 또는 $x=\dfrac{-4\pm4\sqrt{3}\,i}{2}=4\times\left(\dfrac{-1\pm\sqrt{3}\,i}{2}\right)$

$\omega=\dfrac{-1-\sqrt{3}\,i}{2}$이면 $\dfrac{-1+\sqrt{3}\,i}{2}=\omega^2$이므로 세 근을 ω를 이용하여 나타내면 $x=4$ 또는 $x=4\omega$ 또는 $x=4\omega^2$

답 $x=4$ **또는** $x=4\omega$ **또는** $x=4\omega^2$

12-2

$x^3-5^3=0$의 근을 구하면

$(x-5)(x^2+5x+25)=0$

$\therefore\ x=5$ 또는 $x=\dfrac{-5\pm5\sqrt{3}\,i}{2}=5\times\dfrac{-1\pm\sqrt{3}\,i}{2}$

$\omega=\dfrac{-1+\sqrt{3}\,i}{2}$이면 $\dfrac{-1-\sqrt{3}\,i}{2}=\omega^2$이므로 세 근을 ω를 이용하여 나타내면 $x=5$ 또는 $x=5\omega$ 또는 $x=5\omega^2$

답 $x=5$ **또는** $x=5\omega$ **또는** $x=5\omega^2$

13-1

$x^2+x+1=0$의 한 근이 ω이므로 $\omega^2+\omega+1=0$, $\omega^3=1$이다.

(준식)

$=\omega+\omega^2+1+\omega^3\times\omega+\cdots+(\omega^3)^{16}\times\omega+(\omega^3)^{16}\times\omega^2$

$=(\omega+\omega^2+1)+(\omega+\omega^2+1)+\cdots+\omega+\omega^2$

$=\omega+\omega^2=-1$

답 -1

13-2

$x^2+x+1=0$의 한 근이 ω이므로 $\omega^2+\omega+1=0$, $\omega^3=1$이다.

$(준식)=\dfrac{(\omega^3)^8\times\omega^2}{1+(\omega^3)^8\times\omega}+\dfrac{(\omega^3)^8\times\omega}{-1-(\omega^3)^8\times\omega^2}$

$=\dfrac{\omega^2}{1+\omega}+\dfrac{\omega}{-1-\omega^2}$

$=\dfrac{-1-\omega}{1+\omega}+\dfrac{\omega}{\omega}=-1+1=0$

답 0

14-1

$\dfrac{-1-\sqrt{3}\,i}{2}$는 $x^3=1$의 한 허근이므로 $\dfrac{-1-\sqrt{3}\,i}{2}=\omega$라 하면 $\omega^3=1$, $\omega^2+\omega+1=0$이다.

$(준식)=\omega^{14}+\omega^{16}=(\omega^3)^4\times\omega^2+(\omega^3)^5\times\omega$

$=\omega^2+\omega=-1$

답 -1

14-2

$\dfrac{-1+\sqrt{3}\,i}{2}$는 $x^3=1$의 한 허근이므로 $\omega^3=1$, $\omega^2+\omega+1=0$이다.

$(준식)=(\omega^3)^{33}\times\omega^2+(\omega^3)^3\times\omega+1$

$=\omega^2+\omega+1=0$

답 0

15-1

$x^2+x+1=0$의 한 근을 ω라 하면 다른 한 근은 $\overline{\omega}$이다.

$\therefore\ \omega+\overline{\omega}=-1,\ \omega\overline{\omega}=1$

$z=\dfrac{\omega-1}{\omega+1}$이므로 $\overline{z}=\dfrac{\overline{\omega}-1}{\overline{\omega}+1}$

$(준식)=\dfrac{\omega+1}{\omega-1}+\dfrac{\overline{\omega}+1}{\overline{\omega}-1}=\dfrac{2\omega\overline{\omega}-2}{\omega\overline{\omega}-(\omega+\overline{\omega})+1}$

$=\dfrac{2\times1-2}{1-(-1)+1}=0$

답 0

15-2

$x^3=1$의 한 허근을 ω라 하면 다른 한 허근은 $\overline{\omega}$이다.

$\therefore\ \omega+\overline{\omega}=-1,\ \omega\overline{\omega}=1$

$z=\dfrac{\omega}{1-2\omega}$가 주어진 이차방정식의 한 근이므로 다른 한 근은

$\overline{z}=\dfrac{\overline{\omega}}{1-2\overline{\omega}}$이다.

$x^2+px+q=0$에서 근과 계수의 관계를 이용하면

$$\text{두 근의 합} : \frac{\omega}{1-2\omega}+\frac{\overline{\omega}}{1-2\overline{\omega}}=\frac{\omega+\overline{\omega}-4\omega\overline{\omega}}{1-2(\omega+\overline{\omega})+4\omega\overline{\omega}}$$

$$=-\frac{5}{7}=-p \qquad \therefore\ p=\frac{5}{7}$$

$$\text{두 근의 곱} : \frac{\omega}{1-2\omega}\times\frac{\overline{\omega}}{1-2\overline{\omega}}=\frac{\omega\overline{\omega}}{1-2(\omega+\overline{\omega})+4\omega\overline{\omega}}$$

$$=\frac{1}{7}=q$$

따라서 $p+2q$의 값을 구하면

$$p+2q=\frac{5}{7}+\frac{2}{7}=1$$

답   1

16-1

$x^2+x+1=0$의 한 근이 ω이므로

$$\omega^2+\omega+1=0,\ \omega^3=1$$

$\omega^2+\omega+1=0$의 양변을 ω로 나누고 $\omega+\dfrac{1}{\omega}$의 값을 구하면

$$\omega+1+\frac{1}{\omega}=0 \qquad \therefore\ \omega+\frac{1}{\omega}=-1$$

구한 값을 이용하여 준식의 값을 구하면

(1) $(준식)=(\omega^3)^2\times\omega+\dfrac{1}{(\omega^3)^2\times\omega}=\omega+\dfrac{1}{\omega}=-1$

(2) $(준식)=(\omega^3)^{66}\times\omega^2+\dfrac{1}{(\omega^3)^{66}\times\omega^2}$

$$=\omega^2+\frac{1}{\omega^2}=\left(\omega+\frac{1}{\omega}\right)^2-2=-1$$

답   (1) -1 (2) -1

16-2

$x^3-1=0$의 한 허근이 ω이므로 $\omega^3=1$, $\omega^2+\omega+1=0$이다.

$\omega^2+\omega+1=0$의 양변을 ω로 나누고 $\omega+\dfrac{1}{\omega}$의 값을 구하면

$$\omega+1+\frac{1}{\omega}=0 \qquad \therefore\ \omega+\frac{1}{\omega}=-1$$

$$(준식)=\left\{(\omega^3)^6\times\omega-\frac{1}{(\omega^3)^6\times\omega}\right\}^2=\left(\omega-\frac{1}{\omega}\right)^2$$

$$=\left(\omega+\frac{1}{\omega}\right)^2-4=(-1)^2-4=-3$$

답 -3

17-1

$x^3=-1$의 한 허근을 ω라 하면 다른 한 허근은 $\overline{\omega}$이므로

$$\omega^3=-1,\ \overline{\omega}^3=-1,\ \omega^2-\omega+1=0,\ \omega+\overline{\omega}=1$$

구한 값을 이용하여 준식의 값을 구하면

$$(준식)=\omega^2-\overline{\omega}^4=\omega^2-\overline{\omega}^3\times\overline{\omega}=\omega^2+\overline{\omega}=\omega^2+1-\omega=0$$

답   0

17-2

$x^2-x+1=0$의 한 근이 ω이므로

$$\omega^2-\omega+1=0,\ \omega^3=-1$$

$$(준식)=\frac{(\omega^3)^7\times\omega}{1+(\omega^3)^6\times\omega^2}+\frac{(\omega^3)^5\times\omega^2}{(\omega^3)^7\times\omega+1}$$

$$=\frac{-\omega}{1+\omega^2}+\frac{-\omega^2}{-\omega+1}=-1+1=0$$

답   0

〈연습문제A〉

01. (1) $x=-1,\ x=\dfrac{1\pm\sqrt{3}\,i}{2}$ (2) $x=\pm2i,\ x=\pm2$

02. (1) $x=1$ 또는 $x=-1$ 또는 $x=-4$

     (2) $x=-1$ 또는 $x=2$ 또는 $x=-1\pm\sqrt{2}\,i$

03. (1) $x=1,\ x=-3,\ x=\pm2$

     (2) $x=0,\ x=-5,\ x=\dfrac{-5\pm\sqrt{15}\,i}{2}$

04. (1) $x=\pm\sqrt{3}$ 또는 $x=\pm i$

     (2) $x=\dfrac{-5\pm\sqrt{21}}{2}$ 또는 $x=\dfrac{5\pm\sqrt{21}}{2}$

05. 1 **06.** $-\dfrac{3}{4}$ **07.** $5\,\text{cm}$

08. (1) 10 (2) $-\dfrac{3}{5}$ (3) -11 **09.** -3

10. $x^3+3x-2=0$ **11.** $x=3$ 또는 $x=3\omega$ 또는 $x=3\omega^2$

12. -1 **13.** 0 **14.** $\dfrac{1}{3}$ **15.** (1)-1 (2)-1 **16.** 1

〈연습문제B〉

01. (1) $x=3$ 또는 $x=\dfrac{-3\pm3\sqrt{3}\,i}{2}$

     (2) $x=\pm2\sqrt{2}\,i$ 또는 $x=\pm2\sqrt{2}$

02. (1) $x=-2\pm2i$ 또는 $x=2\pm2i$

     (2) $x=\dfrac{3\pm\sqrt{17}}{2}$ 또는 $x=\dfrac{-3\pm\sqrt{17}}{2}$

03. $x=\dfrac{-5\pm\sqrt{21}}{2}$ 또는 $x=\dfrac{3\pm\sqrt{5}}{2}$ **04.** -2 **05.** 3

06. 3 **07.** 4 **08.** -15 **09.** $x^3+2x^2+3x+1=0$

10. $x=5$ 또는 $x=5\omega$ 또는 $x=5\omega^2$ **11.** $\dfrac{-1\mp\sqrt{3}\,i}{2}$

12. -1 **13.** 1 **14.** -3 **15.** 0

〈중·고교 연결과정 선수학습〉

01-1

해가 무수히 많으므로

$$\frac{2}{b}=-\frac{a}{1}=\frac{1}{2}\text{에서 } a=-\frac{1}{2},\ b=4$$

따라서 ab의 값을 구하면

$$ab=\left(-\frac{1}{2}\right)\times 4=-2$$

답 -2

01-2

$$a(x-y)+2(x+2y)=1 \quad ax-ay+2x+4y=1$$
$$(a+2)x+(-a+4)y=1 \quad \cdots ①$$
$$bx-4y=2 \quad \cdots ②$$

연립방정식 ①, ②의 해가 무수히 많으므로

$$\frac{a+2}{b}=\frac{-a+4}{-4}=\frac{1}{2}$$

$$\frac{-a+4}{-4}=\frac{1}{2}\text{에서} \quad a=6$$

$$\frac{a+2}{b}=\frac{1}{2}\text{에서} \quad b=2(a+2)=16$$

$$\therefore\ a=6,\ b=16$$

답 $a=6,\ b=16$

02-1

해가 없으므로

$$\frac{k}{2}=\frac{2}{k}\neq\frac{3}{-3}$$

$$k^2=4 \quad \therefore\ k=\pm 2$$

$k=-2$이면 $\dfrac{-2}{2}=\dfrac{3}{-3}$이 되므로 $k=2$이다.

답 2

02-2

$$\begin{cases}(a+2)x+5y=1 \\ x+(a-2)y=-1\end{cases}\text{이 해가 없으므로}$$

$$\frac{a+2}{1}=\frac{5}{a-2}\neq\frac{1}{-1}$$

$$(a+2)(a-2)=5 \quad a^2-4=5 \quad a^2=9$$

$$\therefore\ a=\pm 3$$

$a=-3$이면 $\dfrac{-1}{1}=\dfrac{1}{-1}$이 되므로 $a=3$이다.

답 3

---

1 미지수가 2개인 연립이차방정식

01-1

$x=7-2y$를 이차식에 대입하여 정리하면

$$(7-2y)^2-y^2=-15 \quad 3y^2-28y+64=0$$
$$(y-4)(3y-16)=0$$

$$\therefore\ y=4 \text{ 또는 } y=\frac{16}{3}$$

i) $y=4$일 때, $x=7-2\times 4=-1$

ii) $y=\dfrac{16}{3}$일 때, $x=7-2\times\dfrac{16}{3}=-\dfrac{11}{3}$

$$\therefore\ x=-1,\ y=4 \text{ 또는 } x=-\frac{11}{3},\ y=\frac{16}{3}$$

답 $\begin{cases}x=-1 \\ y=4\end{cases}$ 또는 $\begin{cases}x=-\dfrac{11}{3} \\ y=\dfrac{16}{3}\end{cases}$

01-2

$y=2-x$를 이차식에 대입하여 정리하면

$$x^2+x(2-x)+2(2-x)^2=8$$
$$2x^2-6x=0 \quad 2x(x-3)=0$$
$$\therefore\ x=0 \text{ 또는 } x=3$$

i) $x=0$일 때, $y=2-0=2$

$$\therefore\ x^2+y^2=4$$

ii) $x=3$일 때, $y=2-3=-1$

$$\therefore\ x^2+y^2=10$$

따라서 x^2+y^2의 값은 4 또는 10이다.

답   4 또는 10

02-1

$$\begin{cases}x^2-xy-2y^2=0 \quad \cdots ① \\ x^2+xy+y^2=21 \quad \cdots ②\end{cases}$$

①에서 $(x-2y)(x+y)=0$

$$\therefore\ x=2y,\ x=-y$$

i) $x=2y \rightarrow ②$; $4y^2+2y^2+y^2=21 \quad y^2=3$

$$\therefore\ y=\pm\sqrt{3},\ x=\pm 2\sqrt{3}$$

ii) $x=-y \rightarrow ②$; $y^2-y^2+y^2=21 \quad y^2=21$

$$\therefore\ y=\pm\sqrt{21},\ x=\mp\sqrt{21}$$

$$\therefore\ \begin{cases}x=2\sqrt{3} \\ y=\sqrt{3}\end{cases}\text{또는}\begin{cases}x=-2\sqrt{3} \\ y=-\sqrt{3}\end{cases}$$

$$\text{또는}\begin{cases}x=\sqrt{21} \\ y=-\sqrt{21}\end{cases}\text{또는}\begin{cases}x=-\sqrt{21} \\ y=\sqrt{21}\end{cases}$$

답 $\begin{cases}x=2\sqrt{3} \\ y=\sqrt{3}\end{cases}$ 또는 $\begin{cases}x=-2\sqrt{3} \\ y=-\sqrt{3}\end{cases}$ 또는

$\begin{cases}x=\sqrt{21} \\ y=-\sqrt{21}\end{cases}$ 또는 $\begin{cases}x=-\sqrt{21} \\ y=\sqrt{21}\end{cases}$

02-2

$$\begin{cases} x^2+3xy-4y^2=0 & \cdots ① \\ x^2+2xy+y^2=1 & \cdots ② \end{cases}$$

①에서 $(x+4y)(x-y)=0$

$$\therefore\ x=-4y,\ x=y$$

i) $x=-4y\ \rightarrow\ ②\ ;\ 16y^2-8y^2+y^2=1\qquad y^2=\dfrac{1}{9}$

$$\therefore\ y=\pm\dfrac{1}{3},\ x=\mp\dfrac{4}{3}$$

ii) $x=y\ \rightarrow\ ②\ ;\ y^2+2y^2+y^2=1\qquad y^2=\dfrac{1}{4}$

$$\therefore\ y=\pm\dfrac{1}{2},\ x=\pm\dfrac{1}{2}$$

$$\therefore\ \begin{cases}x=\dfrac{4}{3}\\ y=-\dfrac{1}{3}\end{cases}\text{또는}\ \begin{cases}x=-\dfrac{4}{3}\\ y=\dfrac{1}{3}\end{cases}\text{또는}\ \begin{cases}x=\dfrac{1}{2}\\ y=\dfrac{1}{2}\end{cases}\text{또는}\ \begin{cases}x=-\dfrac{1}{2}\\ y=-\dfrac{1}{2}\end{cases}$$

답 $\begin{cases}x=\dfrac{4}{3}\\ y=-\dfrac{1}{3}\end{cases}\text{또는}\ \begin{cases}x=-\dfrac{4}{3}\\ y=\dfrac{1}{3}\end{cases}\text{또는}\ \begin{cases}x=\dfrac{1}{2}\\ y=\dfrac{1}{2}\end{cases}\text{또는}\ \begin{cases}x=-\dfrac{1}{2}\\ y=-\dfrac{1}{2}\end{cases}$

03-1

$$\begin{cases} x^2=6x+2y & \cdots ① \\ y^2=2x+6y & \cdots ② \end{cases}$$

①$-$② ; $x^2-y^2=4x-4y\qquad x^2-y^2-4x+4y=0$

$$(x-y)(x+y)-4(x-y)=0$$
$$(x-y)(x+y-4)=0$$
$$\therefore\ x=y\ \text{또는}\ x=4-y$$

i) $x=y\ \rightarrow\ ①\ ;\ y^2=6y+2y\qquad y^2-8y=0$

$$y(y-8)=0\quad \therefore\ y=0\ \text{또는}\ y=8$$

$$\therefore\ \begin{cases}x=0\\ y=0\end{cases}\text{또는}\ \begin{cases}x=8\\ y=8\end{cases}$$

ii) $x=4-y\ \rightarrow\ ①\ ;\ (4-y)^2=6(4-y)+2y$

$$16-8y+y^2=24-6y+2y$$
$$y^2-4y-8=0$$
$$\therefore\ y=2\pm2\sqrt{3}$$

$$\therefore\ \begin{cases}x=2+2\sqrt{3}\\ y=2-2\sqrt{3}\end{cases}\text{또는}\ \begin{cases}x=2-2\sqrt{3}\\ y=2+2\sqrt{3}\end{cases}$$

$$\therefore\ \begin{cases}x=0\\ y=0\end{cases}\text{또는}\ \begin{cases}x=8\\ y=8\end{cases}\text{또는}\ \begin{cases}x=2+2\sqrt{3}\\ y=2-2\sqrt{3}\end{cases}$$

$$\text{또는}\ \begin{cases}x=2-2\sqrt{3}\\ y=2+2\sqrt{3}\end{cases}$$

답 $\begin{cases}x=0\\ y=0\end{cases}\text{또는}\ \begin{cases}x=8\\ y=8\end{cases}\text{또는}\ \begin{cases}x=2+2\sqrt{3}\\ y=2-2\sqrt{3}\end{cases}$

$$\text{또는}\ \begin{cases}x=2-2\sqrt{3}\\ y=2+2\sqrt{3}\end{cases}$$

03-2

$$\begin{cases} x^2-3x+2y=0 & \cdots ① \\ y^2+2x-3y=0 & \cdots ② \end{cases}$$

①$-$② ; $x^2-y^2-5x+5y=0$

$$(x-y)(x+y)-5(x-y)=0$$
$$(x-y)(x+y-5)=0$$
$$\therefore\ x=y\ \text{또는}\ x=5-y$$

i) $x=y\ \rightarrow\ ①\ ;\ y^2-3y+2y=0\qquad y^2-y=0$

$$y(y-1)=0$$
$$\therefore\ y=0\ \text{또는}\ y=1$$

$$\therefore\ \begin{cases}x=0\\ y=0\end{cases}\text{또는}\ \begin{cases}x=1\\ y=1\end{cases}$$

ii) $x=5-y\ \rightarrow\ ①\ ;\ (5-y)^2-3(5-y)+2y=0$

$$y^2-5y+10=0$$
$$\therefore\ y=\dfrac{5\pm\sqrt{15}\,i}{2}$$

$$\therefore\ \begin{cases}x=\dfrac{5+\sqrt{15}\,i}{2}\\ y=\dfrac{5-\sqrt{15}\,i}{2}\end{cases}\text{또는}\ \begin{cases}x=\dfrac{5-\sqrt{15}\,i}{2}\\ y=\dfrac{5+\sqrt{15}\,i}{2}\end{cases}$$

$$\therefore\ \begin{cases}x=0\\ y=0\end{cases}\text{또는}\ \begin{cases}x=1\\ y=1\end{cases}$$

$$\text{또는}\ \begin{cases}x=\dfrac{5+\sqrt{15}\,i}{2}\\ y=\dfrac{5-\sqrt{15}\,i}{2}\end{cases}\text{또는}\ \begin{cases}x=\dfrac{5-\sqrt{15}\,i}{2}\\ y=\dfrac{5+\sqrt{15}\,i}{2}\end{cases}$$

답 $\begin{cases}x=0\\ y=0\end{cases}\text{또는}\ \begin{cases}x=1\\ y=1\end{cases}\text{또는}\ \begin{cases}x=\dfrac{5+\sqrt{15}\,i}{2}\\ y=\dfrac{5-\sqrt{15}\,i}{2}\end{cases}$

$$\text{또는}\ \begin{cases}x=\dfrac{5-\sqrt{15}\,i}{2}\\ y=\dfrac{5+\sqrt{15}\,i}{2}\end{cases}$$

04-1

$$\begin{cases} 2x+y+z=8 & \cdots ① \\ x+2y+z=6 & \cdots ② \\ x+y+2z=2 & \cdots ③ \end{cases}$$

①$+$②$+$③ ; $4x+4y+4z=16\qquad \therefore\ x+y+z=4\ \cdots ④$

①$-$④ ; $x=4$

②$-$④ ; $y=2$

③$-$④ ; $z=-2$

답 $x=4,\ y=2,\ z=-2$

04-2

$$\begin{cases} xy=6 & \cdots ① \\ yz=2 & \cdots ② \\ zx=3 & \cdots ③ \end{cases}$$

①$\times$②$\times$③ ; $(xyz)^2=36$

x, y, z가 양수이므로 $xyz=6$ $\cdots$ ④
④$\div$① : $z=1$
④$\div$② : $x=3$
④$\div$③ : $y=2$

$$\textbf{답} \quad x=3, \ y=2, \ z=1$$

05-1

연립방정식에서 $x+y=u$, $xy=v$로 놓고 정리하면
$$\begin{cases} u-2v=8 & \cdots ① \\ 2u+v=1 & \cdots ② \end{cases}$$
①, ②를 연립하여 u, v를 구하면
$$u=2, \ v=-3$$
$x+y=2$, $xy=-3$이므로 x, y는 $t^2-2t-3=0$의 두 근이다.
$$(t-3)(t+1)=0 \quad \therefore \ t=3 \ \text{또는} \ t=-1$$
$$\therefore \ \begin{cases} x=3 \\ y=-1 \end{cases} \text{또는} \begin{cases} x=-1 \\ y=3 \end{cases}$$

$$\textbf{답} \quad \begin{cases} x=3 \\ y=-1 \end{cases} \textbf{또는} \begin{cases} x=-1 \\ y=3 \end{cases}$$

05-2

식을 변형하여 $x+y=u$, $xy=v$로 놓는다.
$$\begin{cases} u+v=5 & \cdots ① \\ u^2-v=7 & \cdots ② \end{cases}$$
①에서 $v=5-u$를 ②에 대입하면
$$u^2-(5-u)=7 \quad u^2+u-12=0 \quad (u+4)(u-3)=0$$
$$\therefore \ u=-4, \ v=9 \ \text{또는} \ u=3, \ v=2$$

 i) $u=-4$, $v=9$일 때
　$x+y=-4$, $xy=9$이므로 x, y는 $t^2+4t+9=0$의 두 근이다.
$$\therefore \ t=-2\pm\sqrt{5}i$$
$$\therefore \ \begin{cases} x=-2+\sqrt{5}i \\ y=-2-\sqrt{5}i \end{cases} \text{또는} \begin{cases} x=-2-\sqrt{5}i \\ y=-2+\sqrt{5}i \end{cases}$$

 ii) $u=3$, $v=2$일 때
　$x+y=3$, $xy=2$이므로 x, y는 $t^2-3t+2=0$의 두 근이다.
$$(t-1)(t-2)=0 \quad \therefore \ t=1 \ \text{또는} \ t=2$$
$$\therefore \ \begin{cases} x=1 \\ y=2 \end{cases} \text{또는} \begin{cases} x=2 \\ y=1 \end{cases}$$

$$\textbf{답} \quad \begin{cases} x=-2+\sqrt{5}i \\ y=-2-\sqrt{5}i \end{cases} \textbf{또는} \begin{cases} x=-2-\sqrt{5}i \\ y=-2+\sqrt{5}i \end{cases}$$
$$\textbf{또는} \begin{cases} x=1 \\ y=2 \end{cases} \textbf{또는} \begin{cases} x=2 \\ y=1 \end{cases}$$

06-1

주어진 일차방정식을 변형하면
$$y=x-2k$$
이 식을 이차방정식에 대입하여 정리하면
$$x(x-2k)=k-1 \quad \therefore \ x^2-2kx-k+1=0$$

연립방정식이 오직 한 쌍의 해를 가지므로
$$D/4=k^2+k-1=0$$
따라서 모든 실수 k의 값의 합은 근과 계수의 관계에 의해 -1이다.

$$\textbf{답} \quad -1$$

06-2

주어진 일차방정식을 변형하면
$$y=k-2x$$
이 식을 이차방정식에 대입하여 정리하면
$$x^2+(k-2x)^2=2 \quad 5x^2-4kx+k^2-2=0$$
연립방정식이 실근을 가지므로
$$D/4=(2k)^2-5(k^2-2)=-k^2+10\geq 0$$
$$k^2-10\leq 0 \quad \therefore \ -\sqrt{10}\leq k \leq \sqrt{10}$$
따라서 정수 k의 개수는 7개이다.

$$\textbf{답} \quad 7개$$

07-1

큰 원의 반지름을 x, 작은 원의 반지름을 y라 하고 주어진 조건을 식으로 나타내면
$$\begin{cases} 2\pi x=2\times 2\pi y & x=2y & \cdots ① \\ \pi x^2+\pi y^2=45\pi & x^2+y^2=45 & \cdots ② \end{cases}$$
①$\rightarrow$② ; $(2y)^2+y^2=45 \quad y^2=9 \quad \therefore \ y=\pm 3$
y는 원의 반지름이므로 3이고 ①에 의해 $x=6$이다.
따라서 두 원의 반지름의 길이의 합은 $3+6=9$이다.

$$\textbf{답} \quad 9$$

07-2

처음 두 자리 자연수의 십의 자리 숫자를 x, 일의 자리 숫자를 y라 하고 주어진 조건을 식으로 나타내면
$$\begin{cases} x^2+y^2=80 & x^2+y^2=80 & \cdots ① \\ 10y+x=10x+y+36 & x-y=-4 & \cdots ② \end{cases}$$
②를 변형하여 ①에 대입하면
$$x^2+(x+4)^2=80 \quad x^2+4x-32=0 \quad (x+8)(x-4)=0$$
$$\therefore \ x=-8 \ \text{또는} \ x=4$$
x는 십의 자리 숫자이므로 4이고 ②에 의해 $y=8$이다.
따라서 처음 수는 48이다.

$$\textbf{답} \quad 48$$

② 부정방정식

08-1

주어진 식을 정리하면 $7x+3y=20$에서 계수가 가장 큰 항인 x의 범위를 구하면 $0<7x\leq 17$에서 $0<x\leq\dfrac{17}{7}$인 양의 정수이므로 $x=1$, 2이다.

ⅰ) $x=1$일 때, $7+3y=20$에서 $y=\dfrac{13}{3}$이므로 조건에

　　맞지 않는다.

ⅱ) $x=2$일 때, $14+3y=20$에서 $y=2$이다.

　　$\therefore\ x=2,\ y=2$

답　$x=2,\ y=2$

08-2

계수가 가장 큰 항인 y의 범위를 구하면 $0<5y\le69$에서

$0<y\le\dfrac{69}{5}$인 양의 정수이므로 $y=1,\ 2,\ 3,\ \cdots,\ 13$이다.

주어진 식을 변형하면 $3x=72-5y$에서 $x=24-\dfrac{5}{3}y$

x가 양의 정수이려면 y는 3의 배수이어야 하므로 y가 될 수 있는 수는 3, 6, 9, 12이다.

y의 각각의 경우에 x의 값을 구하면

　ⅰ) $y=3$일 때, $x=19$　　ⅱ) $y=6$일 때, $x=14$

　ⅲ) $y=9$일 때, $x=9$　　ⅳ) $y=12$일 때, $x=4$

따라서 $(x,\ y)$는 $(19,\ 3),\ (14,\ 6),\ (9,\ 9),\ (4,\ 12)$이므로 4개이다.

답　4개

08-3

$$\begin{cases}4x-2y+z=7 &\cdots ①\\ 2x+3y-z=3 &\cdots ②\end{cases}$$

$①+②\ ;\ 6x+y=10\qquad\therefore\ y=10-6x\ \cdots ③$

$10-6x>0$이므로 $x<\dfrac{5}{3}\qquad\therefore\ x=1$

$x=1$을 ③에 대입하면 $y=4$

$x=1,\ y=4$를 ①에 대입하면 $z=11$

답　$x=1,\ y=4,\ z=11$

09-1

$a,\ b$가 자연수이므로 $a+b>0$이고

$(a+b)(a-b)=20$이므로 $a-b>0$이다.

$(a+b)(a-b)=20$이 성립하는 경우를 구하면

　ⅰ) $a+b=20,\ a-b=1$일 때, $a=\dfrac{21}{2},\ b=\dfrac{19}{2}$

　　　$\therefore$ 조건에 맞지 않는다.

　ⅱ) $a+b=10,\ a-b=2$일 때, $a=6,\ b=4$

　　　$\therefore\ \dfrac{a}{b}=\dfrac{6}{4}=\dfrac{3}{2}$

　ⅲ) $a+b=5,\ a-b=4$일 때, $a=\dfrac{9}{2},\ b=\dfrac{1}{2}$

　　　$\therefore$ 조건에 맞지 않는다.

따라서 구하는 $\dfrac{a}{b}$의 값은 $\dfrac{3}{2}$이다.

답　$\dfrac{3}{2}$

09-2

두 근을 $\alpha,\ \beta\ (\alpha\le\beta)$라 하면 근과 계수의 관계에 의해

　　$\alpha+\beta=2a,\ \alpha\beta=2a+4$

두 식에서 a를 소거하면

　　$\alpha\beta-\alpha-\beta=4$

상수항을 무시하고 인수분해하면

　　$(\alpha-1)(\beta-1)=5$

$\alpha,\ \beta$가 정수이므로 $\alpha-1,\ \beta-1$은 정수이고

$\alpha-1\le\beta-1$이므로

　ⅰ) $\alpha-1=1,\ \beta-1=5$일 때, $\alpha=2,\ \beta=6$

　ⅱ) $\alpha-1=-5,\ \beta-1=-1$일 때, $\alpha=-4,\ \beta=0$

$\alpha+\beta=2a$에서

　ⅰ) $\alpha=2,\ \beta=6$일 때, $a=4$

　ⅱ) $\alpha=-4,\ \beta=0$일 때, $a=-2$

답　4 또는 -2

10-1

주어진 식을 a에 대하여 내림차순으로 정리하면

　　$a^2+ba+b^2=0\quad\cdots ①$

a가 실수이므로

　　$D=b^2-4b^2=-3b^2\ge0\qquad b^2\le0\qquad\therefore\ b=0$

$b=0\ \to\ ①\ ;\ a=0$

따라서 ab의 값을 구하면

　　$ab=0\times0=0$

답　0

10-2

주어진 식을 x에 대하여 내림차순으로 정리하면

　　$x^2-2(y-2)x+2y^2-6y+5=0\quad\cdots ①$

x가 실수이므로

　　$D/4=(y-2)^2-(2y^2-6y+5)$

　　　　$=-y^2+2y-1=-(y-1)^2\ge0$

　　$(y-1)^2\le0\qquad\therefore\ y=1$

$y=1\ \to\ ①\ ;\ x^2+2x+1=0\quad (x+1)^2=0\quad\therefore\ x=-1$

　　$\therefore\ x-y=-1-1=-2$

답　-2

11-1

주어진 식을 $(\ \ )^2+(\ \ )^2=0$의 꼴로 고치면

　　$2(x^2-2x+1)+3(y^2-4y+4)=0$

　　$2(x-1)^2+3(y-2)^2=0$

$x,\ y$가 실수이므로　$x-1=0,\ y-2=0$

　　$\therefore\ x=1,\ y=2$

　　$\therefore\ xy=1\times2=2$

답　2

11-2

주어진 식을 $(\quad)^2+(\quad)^2=0$의 꼴로 고치면
$$(x^2+4x+4)+2(y^2-4y+4)=0$$
$$(x+2)^2+2(y-2)^2=0$$
$x,\ y$가 실수이므로 $x+2=0,\ y-2=0$
$$\therefore\ x=-2,\ y=2$$
$$\therefore\ x+y=-2+2=0$$

답   0

11-3

xy항이 있지만 $(\quad)^2+(\quad)^2=0$의 꼴이 가능하므로 주어진 식을 고치면
$$(x^2+6xy+9y^2)+(y^2+2y+1)=0$$
$$(x+3y)^2+(y+1)^2=0$$
$x,\ y$가 실수이므로 $\quad x+3y=0,\ y+1=0$
$$\therefore\ x=3,\ y=-1$$

답 $x=3,\ y=-1$

12-1

주어진 식을 유리수 부분과 무리수 부분으로 정리하면
$$a\sqrt{2}-a+b\sqrt{2}+b-2=0$$
$$(a+b)\sqrt{2}-a+b-2=0$$
무리수가 서로 같을 조건을 이용하면
$$a+b=0,\ -a+b-2=0$$
두 식을 연립하여 $a,\ b$를 구하면
$$a=-1,\ b=1$$
$$\therefore\ ab=(-1)\times 1=-1$$

답 -1

12-2

주어진 식을 유리수 부분과 무리수 부분으로 정리하면
$$a\sqrt{5}+2a-b\sqrt{5}-b+3\sqrt{5}+1=0$$
$$(a-b+3)\sqrt{5}+2a-b+1=0$$
무리수가 서로 같을 조건을 이용하면
$$a-b+3=0,\ 2a-b+1=0$$
두 식을 연립하여 $a,\ b$를 구하면
$$a=2,\ b=5$$

답 $a=2,\ b=5$

12-3

주어진 식을 유리수 부분과 무리수 부분으로 정리하면
$$x\sqrt{3}+x+y\sqrt{3}-y=\sqrt{3}+3$$
$$(x+y)\sqrt{3}+x-y=\sqrt{3}+3$$
무리수가 서로 같을 조건을 이용하면
$$x+y=1,\ x-y=3$$

두 식을 연립하여 $x,\ y$를 구하면
$$x=2,\ y=-1$$
$$\therefore\ x^2+y^2=4+1=5$$

답   5

13-1

주어진 식을 실수부분과 허수부분으로 정리하면
$$(x^2+y^2)+(x+y)i=13+5i$$
복소수가 서로 같을 조건을 이용하면
$$x^2+y^2=13,\ x+y=5$$
$(x+y)^2=x^2+2xy+y^2$에 구한 값을 대입하면
$$5^2=13+2xy\qquad \therefore\ xy=6$$

답   6

13-2

주어진 식을 실수부분과 허수부분으로 정리하면
$$2a+ai-b+bi=1+5i$$
$$(2a-b)+(a+b)i=1+5i$$
복소수가 서로 같을 조건을 이용하면
$$2a-b=1,\ a+b=5$$
두 식을 연립하여 $a,\ b$의 값을 구하면
$$a=2,\ b=3$$
$$\therefore\ a-b=2-3=-1$$

답 -1

13-3

주어진 식을 실수부분과 허수부분으로 정리하면
$$x^2+xy+xyi+y^2i=24+40i$$
$$(x^2+xy)+(xy+y^2)i=24+40i$$
복소수가 서로 같을 조건을 이용하면
$$x^2+xy=24\qquad \cdots ①$$
$$xy+y^2=40\qquad \cdots ②$$
상수항을 소거하여 정리하면

$①\times 5-②\times 3:$
$$\begin{array}{r}5x^2+5xy=120\\ -)\ \ \ 3xy+3y^2=120\\ \hline 5x^2+2xy-3y^2=0\end{array}$$
$$(x+y)(5x-3y)=0$$
$$\therefore\ x+y=0,\ 5x-3y=0$$

ⅰ) $x+y=0$일 때
$$y=-x\ \rightarrow\ ①\ ;\ x^2-x^2=24\qquad \therefore\ \text{불능}$$

ⅱ) $5x-3y=0$일 때
$$y=\frac{5}{3}x\ \rightarrow\ ①\ ;\ x^2+\frac{5}{3}x^2=24\qquad x^2=9$$
$$\therefore\ x=\pm 3,\ y=\pm 5$$

답 $\begin{cases}x=3\\y=5\end{cases}$ 또는 $\begin{cases}x=-3\\y=-5\end{cases}$

<연습문제A>

01. -3　**02.** $-\dfrac{3}{2}$　**03.** 0

04. $\begin{cases} x = 2\sqrt{3} \\ y = \sqrt{3} \end{cases}$ 또는 $\begin{cases} x = -2\sqrt{3} \\ y = -\sqrt{3} \end{cases}$ 또는 $\begin{cases} x = \sqrt{21} \\ y = -\sqrt{21} \end{cases}$

　　 또는 $\begin{cases} x = -\sqrt{21} \\ y = \sqrt{21} \end{cases}$

05. $\begin{cases} x = 3 \\ y = 4 \end{cases}$ 또는 $\begin{cases} x = -3 \\ y = -4 \end{cases}$　**06.** $x = 2,\ y = 1,\ z = 3$

07. $\begin{cases} x = 2 \\ y = -1 \end{cases}$ 또는 $\begin{cases} x = -1 \\ y = 2 \end{cases}$ 또는 $\begin{cases} x = -2 \\ y = 1 \end{cases}$ 또는 $\begin{cases} x = 1 \\ y = -2 \end{cases}$

08. $\sqrt{3}$　**09.** $28\,\mathrm{cm}$

10. $\begin{cases} x = 1 \\ y = 3 \\ z = 1 \end{cases}$ 또는 $\begin{cases} x = 2 \\ y = 1 \\ z = 2 \end{cases}$ 또는 $\begin{cases} x = 3 \\ y = 2 \\ z = 1 \end{cases}$ 또는 $\begin{cases} x = 5 \\ y = 1 \\ z = 1 \end{cases}$

11. $\begin{cases} x = 2 \\ y = 17 \end{cases}$ 또는 $\begin{cases} x = 4 \\ y = 9 \end{cases}$ 또는 $\begin{cases} x = 6 \\ y = 9 \end{cases}$ 또는 $\begin{cases} x = 16 \\ y = 17 \end{cases}$

12. 5　**13.** $x = \dfrac{1}{2},\ y = -\dfrac{1}{2}$　**14.** $a = 1,\ b = 2$

15. 복소수는 없다.

<연습문제B>

01. $a = 6,\ b = 16$　**02.** 3　**03.** 4 또는 10

04. $\begin{cases} x = 1 \\ y = 2\sqrt{3} \end{cases}$ 또는 $\begin{cases} x = 1 \\ y = -2\sqrt{3} \end{cases}$ 또는 $\begin{cases} x = -3 \\ y = -2 \end{cases}$

　　 또는 $\begin{cases} x = 2 \\ y = 3 \end{cases}$

05. $\begin{cases} x = 0 \\ y = 0 \end{cases}$ 또는 $\begin{cases} x = 1 \\ y = 1 \end{cases}$ 또는 $\begin{cases} x = \dfrac{5 + \sqrt{15}\,i}{2} \\ y = \dfrac{5 - \sqrt{15}\,i}{2} \end{cases}$

　　 또는 $\begin{cases} x = \dfrac{5 - \sqrt{15}\,i}{2} \\ y = \dfrac{5 + \sqrt{15}\,i}{2} \end{cases}$

06. $x = 3,\ y = 2,\ z = 1$

07. $\begin{cases} x = -2 + \sqrt{5}\,i \\ y = -2 - \sqrt{5}\,i \end{cases}$ 또는 $\begin{cases} x = -2 - \sqrt{5}\,i \\ y = -2 + \sqrt{5}\,i \end{cases}$

　　 또는 $\begin{cases} x = 1 \\ y = 2 \end{cases}$ 또는 $\begin{cases} x = 2 \\ y = 1 \end{cases}$

08. 7개　**09.** 48　**10.** $x = 1,\ y = 4,\ z = 11$

11. 4 또는 -2　**12.** -2　**13.** $x = 3,\ y = -1$

14. $a = 2,\ b = 5$　**15.** 6

V. 부등식

⟨중·고교 연결과정 선수학습⟩

01-1

$1 \leq x \leq 3$에서 $-9 \leq -3x \leq -3$ $\quad \therefore\ -7 \leq 2-3x \leq -1$

답 $-7 \leq 2-3x \leq -1$

01-2

$2 \leq 4-2x \leq 8$에서 $-2 \leq -2x \leq 4$ $\quad -2 \leq x \leq 1$

$\therefore\ -\dfrac{5}{3} \leq x+\dfrac{1}{3} \leq \dfrac{4}{3}$

따라서 $x+\dfrac{1}{3}$의 최솟값은 $-\dfrac{5}{3}$, 최댓값은 $\dfrac{4}{3}$이다.

최댓값과 최솟값의 차를 구하면

$\dfrac{4}{3}-\left(-\dfrac{5}{3}\right)=\dfrac{9}{3}=3$

답 3

02-1

$1 < x < 2$에서 $-4 < -2x < -2$

$$
\begin{array}{r}
-4 < -2x\ \ < -2 \\
+)\ \ \ 2 <\ \ \ \ \ \ y < 4 \\
\hline
-2 < -2x+y < 2
\end{array}
$$

답 $-2 < -2x+y < 2$

02-2

$-1 < a < 3$, $-3 < b < 2$에서 ab의 모든 경우를 조사하면

$(-1) \times (-3) = 3$, $(-1) \times 2 = -2$, $3 \times (-3) = -9$,

$3 \times 2 = 6$ $\quad \therefore\ -9 < ab < 6$

$-3 < b < 2$에서 $-6 < 2b < 4$이므로

$$
\begin{array}{r}
-9 < ab\ \ \ \ \ < 6 \\
+)\ \ -6 <\ \ \ \ 2b < 4 \\
\hline
-15 < ab+2b < 10
\end{array}
$$

답 $-15 < ab+2b < 10$

03-1

(1) $3x-5x < 4+2$ $\quad -2x < 6$ $\quad \therefore\ x > -3$

(2) $\dfrac{x}{2}+\dfrac{1}{3} \geq \dfrac{x}{3}-\dfrac{1}{2}$ $\quad 3x+2 \geq 2x-3$ $\quad \therefore\ x \geq -5$

답 (1) $x > -3$ (2) $x \geq -5$

03-2

$4(x-3) \leq 2x-1$ $\quad 4x-12 \leq 2x-1$

$4x-2x \leq -1+12$ $\quad 2x \leq 11$

$\therefore\ x \leq \dfrac{11}{2}$

답 $x \leq \dfrac{11}{2}$

① 문자계수를 포함한 일차부등식

01-1

주어진 부등식을 정리하면

$ax-3x > 2a-2$

$(a-3)x > 2a-2$

이 부등식의 해가 $x < \dfrac{2a-2}{a-3}$이므로 x의 계수 $a-3 < 0$이다.

$\therefore\ a < 3$

답 $a < 3$

01-2

$a=2b$를 $a+b < 0$에 대입하면 $b < 0$

$a=2b$를 구하는 부등식에 대입하여 풀면

$(2b-b)x+4b-b > 0$ $\quad bx > -3b$

$b < 0$이므로 $x < -3$

답 $x < -3$

02-1

주어진 부등식을 정리하면

$(a+b)x > -2a+b$

이 부등식의 해가 $x > \dfrac{1}{2}$이므로 $a+b > 0$

부등식을 풀면

$x > \dfrac{-2a+b}{a+b}$ $\quad \therefore\ \dfrac{-2a+b}{a+b} = \dfrac{1}{2}$ $\cdots$ ①

①을 정리하면 $b=5a$

$b=5a$를 $a+b > 0$에 대입하면 $a > 0$

$b=5a$를 구하는 부등식에 대입하여 풀면

$(a-5a)x-3a+5a < 0$ $\quad -4ax < -2a$

$a > 0$이므로 $x > \dfrac{1}{2}$

답 $x > \dfrac{1}{2}$

02-2

주어진 부등식을 정리하면

$$(a+b)x < -2a+3b$$

이 부등식의 해가 $x > -\dfrac{1}{3}$ 이므로 $a+b < 0$

부등식을 풀면 $x > \dfrac{-2a+3b}{a+b}$

$$\therefore \ \dfrac{-2a+3b}{a+b} = -\dfrac{1}{3} \qquad \cdots ①$$

①을 정리하면 $a = 2b \ \cdots ②$

$a+b < 0$에 ②를 대입하면 $b < 0$

②를 구하는 부등식에 대입하여 풀면

$$(2b-3b)x+b-4b > 0 \qquad -bx > 3b$$

$b < 0$이므로 $x > -3$

답 $x > -3$

② 연립일차부등식

03-1

i) $2x-3(x-2) > 4(x-1)$ $2x-3x+6 > 4x-4$

    $-5x > -10$ $\therefore \ x < 2 \cdots ①$

ii) $2(x-1)-5x \le -(x-2)$ $2x-2-5x \le -x+2$

    $-2x \le 4$ $\therefore \ x \ge -2$ $\cdots ②$

①, ②를 수직선에 나타내면

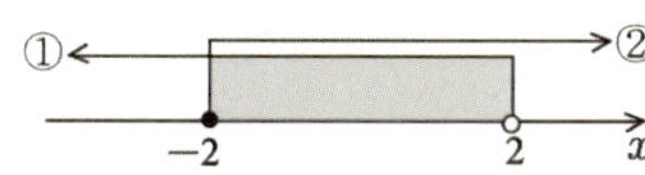

$$\therefore \ -2 \le x < 2$$

답 $-2 \le x < 2$

03-2

i) $0.1x+0.5 \ge -0.2x-0.4$ $x+5 \ge -2x-4$

    $3x \ge -9$ $\therefore \ x \ge -3 \cdots ①$

ii) $x+\dfrac{1}{2} \ge 2x-\dfrac{1}{5}$ $10x+5 \ge 20x-2$

    $-10x \ge -7$ $\therefore \ x \le \dfrac{7}{10} \cdots ②$

①, ②를 수직선에 나타내면

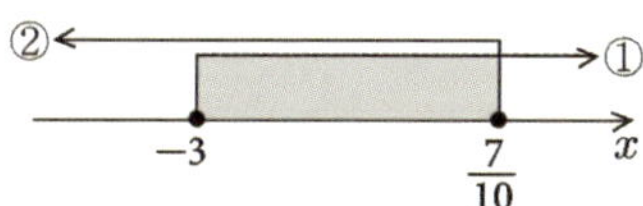

$$\therefore \ -3 \le x \le \dfrac{7}{10}$$

답 $-3 \le x \le \dfrac{7}{10}$

04-1

$$\begin{cases} 2x-3 < 4x+5 & -2x < 8 & x > -4 \ \cdots ① \\ 4x+5 < 6x-7 & -2x < -12 & x > 6 \ \cdots ② \end{cases}$$

①, ②를 수직선에 나타내면

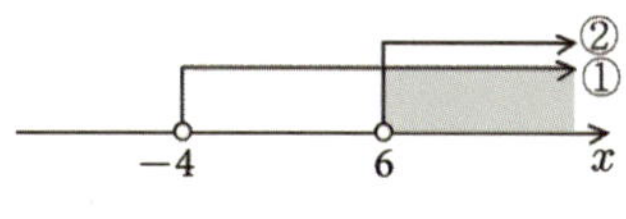

$$\therefore \ x > 6$$

답 $x > 6$

04-2

$$\begin{cases} \dfrac{1}{2}x-1 < \dfrac{2}{5}x+1 & 5x-10 < 4x+10 & x < 20 \ \cdots ① \\ \dfrac{2}{5}x+1 \le 0.3x & 4x+10 \le 3x & x \le -10 \ \cdots ② \end{cases}$$

①, ②를 수직선에 나타내면

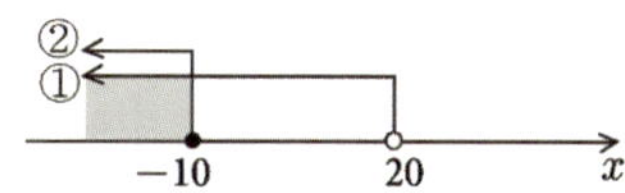

$$\therefore \ x \le -10$$

답 $x \le -10$

05-1

$$\begin{cases} 2x-1 < x-5 & x < -4 \ \cdots ① \\ x-5 \le 3x+3 & x \ge -4 \ \cdots ② \end{cases}$$

①, ②를 수직선에 나타내면

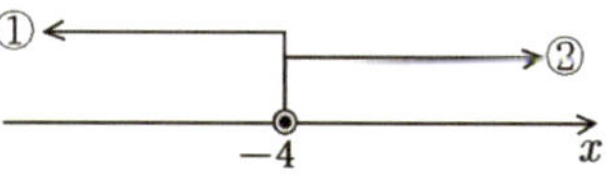

$$\therefore \ 해가 \ 없다.$$

답   해가 없다.

05-2

$$\begin{cases} 0.1x+0.4 \ge 0.3x-0.2 & -2x \ge -6 & \therefore \ x \le 3 \cdots ① \\ \dfrac{1}{5}x+\dfrac{1}{2} \le \dfrac{2}{5}x-\dfrac{1}{10} & -2x \le -6 & \therefore \ x \ge 3 \cdots ② \end{cases}$$

①, ②를 수직선에 나타내면

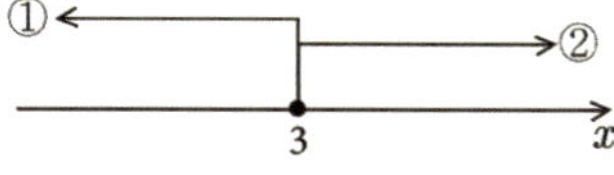

$$\therefore \ x = 3$$

답 $x = 3$

06-1

$$\begin{cases} 2(x+1) \ge x-a & 2x+2 \ge x-a & \therefore \ x \ge -a-2 \cdots ① \\ x < \dfrac{1}{3}x+b & 3x < x+3b & 2x < 3b & \therefore \ x < \dfrac{3}{2}b \cdots ② \end{cases}$$

연립부등식의 해가 $-\dfrac{5}{2} \leq x < 6$이 되도록 ①, ②를 수직선에 나타내면

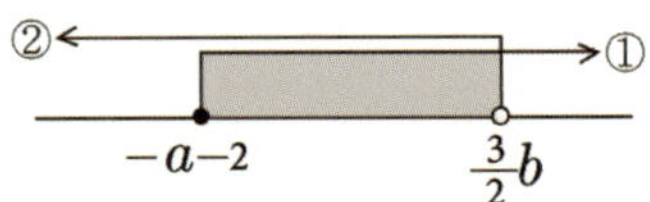

따라서 $-a-2=-\dfrac{5}{2}$에서 $a=\dfrac{1}{2}$, $\dfrac{3}{2}b=6$에서 $b=4$이다.

$$\therefore ab = \dfrac{1}{2} \times 4 = 2$$

답 2

06-2

i) $0.1x-0.3 > 0.2x+a \quad x-3 > 2x+10a$

   $-x > 10a+3 \quad \therefore x < -10a-3 \ \cdots \ ①$

ii) $0.02x+0.1 < 0.3x+0.03 \quad 2x+10 < 30x+3$

   $-28x < -7 \quad \therefore x > \dfrac{1}{4} \qquad \cdots \ ②$

연립부등식의 해가 $b < x < 7$이 되도록 ①, ②를 수직선에 나타내면

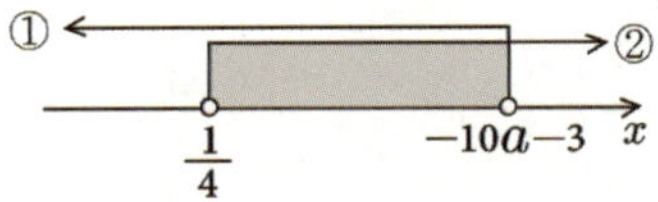

따라서 $b=\dfrac{1}{4}$, $-10a-3=7$이므로 $a=-1$이다.

답 $a=-1$, $b=\dfrac{1}{4}$

07-1

i) $2x-3 \leq 3(x+1) \quad 2x-3 \leq 3x+3 \quad -x \leq 6$

   $\therefore x \geq -6 \ \cdots \ ①$

ii) $\dfrac{x+1}{2} \leq \dfrac{x}{3}-a \quad 3(x+1) \leq 2x-6a \quad 3x+3 \leq 2x-6a$

   $\therefore x \leq -6a-3 \ \cdots \ ②$

연립부등식이 해를 갖도록 ①, ②를 수직선에 나타내면

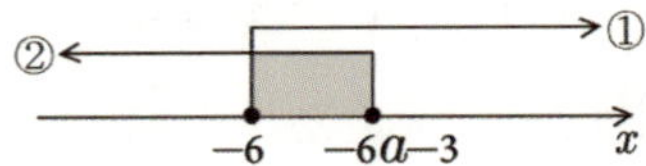

따라서 $-6 \leq -6a-3$이므로 $6a \leq 3 \quad \therefore a \leq \dfrac{1}{2}$

답 $a \leq \dfrac{1}{2}$

07-2

i) $2(x-1)+2 \geq 3x-2 \quad 2x-2+2 \geq 3x-2 \quad -x \geq -2$

   $\therefore x \leq 2 \ \cdots \ ①$

ii) $0.2(x-5) \geq k-\dfrac{1}{10}x \quad 2(x-5) \geq 10k-x$

$2x-10 \geq 10k-x \quad 3x \geq 10k+10$

$\therefore x \geq \dfrac{10k+10}{3} \ \cdots \ ②$

연립부등식이 해를 갖지 않도록 ①, ②를 수직선에 나타내면

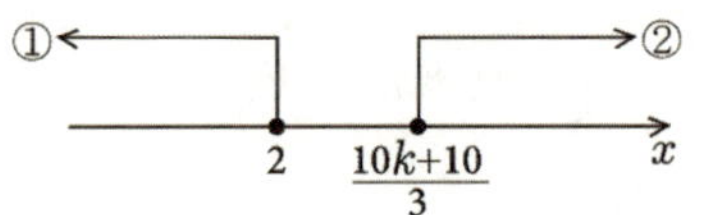

따라서 $2 < \dfrac{10k+10}{3}$이므로

$6 < 10k+10 \quad -10k < 4 \quad \therefore k > -\dfrac{2}{5}$

따라서 정수 k의 최솟값은 0이다.

답 0

08-1

$$\begin{cases} 2x-1 \leq 5x+1 \quad -3x \leq 2 \quad \therefore x \geq -\dfrac{2}{3} \ \cdots \ ① \\ 5x+1 < x+a \quad 4x < a-1 \quad \therefore x < \dfrac{a-1}{4} \ \cdots \ ② \end{cases}$$

연립부등식을 만족하는 정수가 2개 존재하도록 ①, ②를 수직선에 나타내면

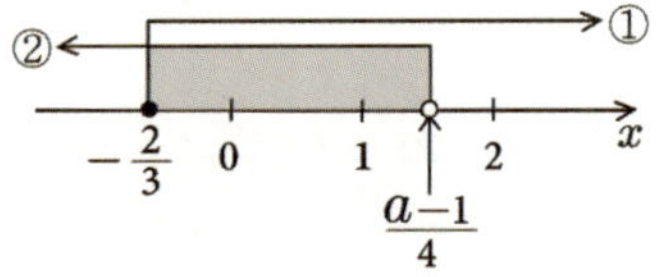

따라서 $1 < \dfrac{a-1}{4} \leq 2 \quad 4 < a-1 \leq 8 \quad \therefore 5 < a \leq 9$

답 $5 < a \leq 9$

08-2

$$\begin{cases} -x+3 \leq 2x-3 \quad -3x \leq -6 \quad \therefore x \geq 2 \ \cdots \ ① \\ 2x-3 < x+k \quad \therefore x < k+3 \ \cdots \ ② \end{cases}$$

연립부등식을 만족하는 해가 없도록 ①, ②를 수직선에 나타내면

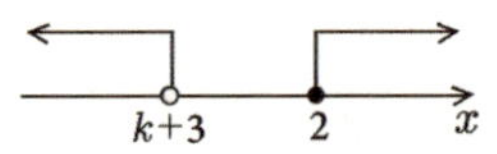

따라서 $k+3 \leq 2 \quad \therefore k \leq -1$

실수 k의 최댓값을 구하면 -1이다.

답 -1

08-3

$$\begin{cases} -6x-5k \leq 4x-5 \quad -10x \leq 5k-5 \\ \qquad\qquad\qquad \therefore x \geq -\dfrac{1}{2}k+\dfrac{1}{2} \ \cdots \ ① \\ 4x-5 \leq -2x+3 \quad 6x \leq 8 \quad \therefore x \leq \dfrac{4}{3} \ \cdots \ ② \end{cases}$$

연립부등식을 만족하는 모든 정수 x의 값의 합이 0이 되도록 ①, ②를 수직선에 나타내면

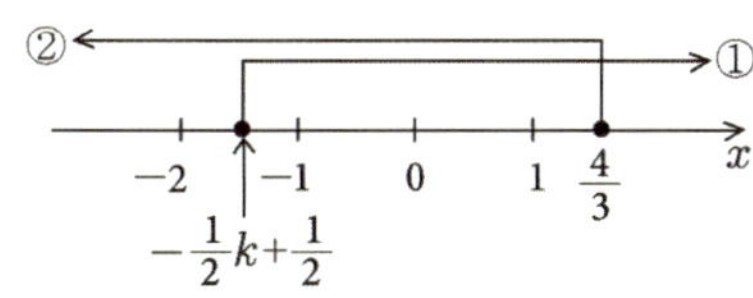

따라서 $-2 < -\dfrac{1}{2}k + \dfrac{1}{2} \leq -1$ $-4 < -k+1 \leq -2$

$-5 < -k \leq -3$ $\therefore 3 \leq k < 5$

답 $3 \leq k < 5$

09-1

(1) $|x| < 1$ $\therefore -1 < x < 1$

(2) $|-x| > 1$ $-x > 1$ 또는 $-x < -1$

    $\therefore x < -1$ 또는 $x > 1$

(3) $1 < |-x+2| < 2$

$1 < -x+2 < 2$ 또는 $-2 < -x+2 < -1$

$-1 < -x < 0$ 또는 $-4 < -x < -3$

    $\therefore 0 < x < 1$ 또는 $3 < x < 4$

답 **(1)** $-1 < x < 1$ **(2)** $x < -1$ **또는** $x > 1$
(3) $0 < x < 1$ **또는** $3 < x < 4$

09-2

$|x+a| \leq b$ $-b \leq x+a \leq b$ $\therefore -a-b \leq x \leq -a+b$

$-a-b = -3, \ -a+b = 1$

두 식을 연립하여 a, b를 구하면

    $a=1, \ b=2$

따라서 ab의 값을 구하면

    $ab = 1 \times 2 = 2$

답 2

10-1

(절댓값 안)$=0$인 x의 값을 구하면

    $x+2 = 0$ $\therefore x = -2$

$x = -2$를 경계로 구간을 나누어 부등식을 풀면

 ⅰ) $x \geq -2$일 때

    $x+2 < 2x+1$ $-x < -1$ $\therefore x > 1$

 ⅱ) $x < -2$일 때

    $-x-2 < 2x+1$ $-3x < 3$ $\therefore x > -1$

    $x < -2$이므로 해가 없다.

ⅰ), ⅱ)의 합범위를 구하면

    $x > 1$

답 $x > 1$

10-2

(절댓값 안)$=0$인 x의 값을 구하면

    $2x+1 = 0$ $\therefore x = -\dfrac{1}{2}$

$x = -\dfrac{1}{2}$을 경계로 구간을 나누어 부등식을 풀면

 ⅰ) $x \geq -\dfrac{1}{2}$일 때

    $2x+1 > 4x-1$ $-2x > -2$ $\therefore x < 1$

    $x \geq -\dfrac{1}{2}$이므로 $-\dfrac{1}{2} \leq x < 1$

 ⅱ) $x < -\dfrac{1}{2}$일 때

    $-2x-1 > 4x-1$ $-6x > 0$ $\therefore x < 0$

    $x < -\dfrac{1}{2}$이므로 $x < -\dfrac{1}{2}$

ⅰ), ⅱ)의 합범위를 구하면 $x < 1$

답 $x < 1$

11-1

(절댓값 안)$=0$이 되는 x의 값을 구하면

    $x-1 = 0, \ x+1 = 0$ $\therefore x = 1, \ x = -1$

$x = 1, \ x = -1$을 경계로 구간을 나누어 부등식을 풀면

 ⅰ) $x < -1$일 때

    $-2(x-1) - 3(x+1) < 6$ $\therefore x > -\dfrac{7}{5}$

    $x < -1$이므로 $-\dfrac{7}{5} < x < -1$

 ⅱ) $-1 \leq x < 1$일 때

    $-2(x-1) + 3(x+1) < 6$ $\therefore x < 1$

    $-1 \leq x < 1$이므로 $-1 \leq x < 1$

 ⅲ) $x \geq 1$일 때

    $2(x-1) + 3(x+1) < 6$ $\therefore x < 1$

    $x \geq 1$이므로 해가 없다.

ⅰ), ⅱ), ⅲ)의 합범위를 구하면 $-\dfrac{7}{5} < x < 1$

답 $-\dfrac{7}{5} < x < 1$

11-2

(절댓값 안)$=0$이 되는 x의 값을 구하면

    $2x-1 = 0, \ x+1 = 0$ $\therefore x = \dfrac{1}{2}, \ x = -1$

$x = \dfrac{1}{2}, \ x = -1$을 경계로 구간을 나누어 부등식을 풀면

 ⅰ) $x < -1$일 때

    $-(2x-1) - (x+1) < 4$ $\therefore x > -\dfrac{4}{3}$

    $x < -1$이므로 $-\dfrac{4}{3} < x < -1$

 ⅱ) $-1 \leq x < \dfrac{1}{2}$일 때

    $-(2x-1) + (x+1) < 4$ $\therefore x > -2$

$$-1 \leq x < \frac{1}{2}$$ 이므로 $-1 \leq x < \frac{1}{2}$

iii) $x \geq \frac{1}{2}$ 일 때

$$2x-1+x+1 < 4 \qquad \therefore \ x < \frac{4}{3}$$

$x \geq \frac{1}{2}$ 이므로 $\frac{1}{2} \leq x < \frac{4}{3}$

i), ii), iii)의 합범위를 구하면 $-\frac{4}{3} < x < \frac{4}{3}$

답 $-\dfrac{4}{3} < x < \dfrac{4}{3}$

12-1

삼각형의 세 변의 길이는 양수이고 가장 짧은 변이 $x-1$이므로

$$x-1 > 0 \qquad \therefore \ x > 1 \ \cdots ①$$

$x-1$, $x+1$, $x+4$가 삼각형을 이루려면

$$x-1+x+1 > x+4 \qquad \therefore \ x > 4 \ \cdots ②$$

①, ②의 공통범위를 구하면

$$x > 4$$

답 $x > 4$

12-2

의자의 수를 x라 하면 학생 수는 $5x+9$이고 주어진 조건에 맞게 부등식을 세우면

$$6(x-6) < 5x+9 \leq 6(x-5)$$

$$\begin{cases} 6(x-6) < 5x+9 \quad 6x-36 < 5x+9 \quad \therefore \ x < 45 \ \cdots ① \\ 5x+9 \leq 6(x-5) \quad 5x+9 \leq 6x-30 \quad \therefore \ x \geq 39 \ \cdots ② \end{cases}$$

①, ②의 공통범위를 구하면 $39 \leq x < 45$이므로 의자의 수는 39개 이상 44개 이하이다.

학생 수는 $5x+9$이므로 의자의 수를 대입하여 학생 수의 범위를 구하면 204명 이상 229명 이하이다.

답 204명 이상 229명 이하

〈연습문제A〉

01. $\dfrac{1}{7} \leq \dfrac{1}{4-x} \leq \dfrac{1}{6}$

02. (1) $1 < P+Q < 10$ (2) $-6 < P-Q < 3$

  (3) $-8 < P \times Q < 24$ (4) $-\dfrac{2}{3} < P \div Q < 2$

03. (1) $x > -3$ (2) $x \geq -5$

04. $a > 2$일 때, $x > -1$, $a < 2$일 때, $x < -1$,

  $a = 2$일 때, 해가 없다.

05. $x > \dfrac{1}{2}$ **06.** $-1 \leq x \leq 3$ **07.** $-1 \leq x < 1$

08. (1) $x = 2$ (2) 해는 없다. **09.** 0 **10.** 5

11. $-5 < k \leq -3$

12. (1) $-1 < x < 5$ (2) $x < -1$, $x > 5$

  (3) $5 < x < 6$, $-2 < x < -1$

13. $x > 4$ **14.** 6자루

〈연습문제B〉

01. 3 **02.** $-15 < ab+2b < 10$ **03.** $x \leq \dfrac{11}{2}$ **04.** $x < -3$

05. $x < -3$ **06.** $-3 \leq x \leq \dfrac{7}{10}$ **07.** $x \leq -10$

08. $x = 3$ **09.** 2 **10.** $a \leq \dfrac{1}{2}$ **11.** -1 **12.** 2

13. 18 **14.** 204명 이상 229명 이하

1 이차부등식의 해법

01-1

(1) $(x-3)(x+2)>0$ $\qquad \therefore\ x<-2$ 또는 $x>3$

(2) $(x-5)(x+1)\leq 0$ $\qquad \therefore\ -1\leq x\leq 5$

$\qquad\qquad$ **답** (1) $x<-2$ **또는** $x>3$ (2) $-1\leq x\leq 5$

01-2

주어진 부등식을 정리하면

$\qquad 2x^2+6-3x>x^2+2x+2$ $\quad x^2-5x+4>0$

$\qquad (x-4)(x-1)>0$

$\qquad \therefore\ x<1$ 또는 $x>4$

$\qquad\qquad$ **답** $x<1$ **또는** $x>4$

02-1

$(x-2)^2\leq 0$이므로 $x=2$

$\qquad\qquad$ **답** $x=2$

02-2

주어진 부등식을 정리하면

$\qquad 2x^2-10x+8\geq 2x-10$ $\quad 2x^2-12x+18\geq 0$

$\qquad x^2-6x+9\geq 0$ $\quad (x-3)^2\geq 0$

$\qquad \therefore\ x$는 모든 실수

$\qquad\qquad$ **답** x**는 모든 실수**

03-1

$D/4=4-1=3>0$

따라서 근의 공식을 이용하여 근을 구하면

$\qquad x=2\pm\sqrt{4-1}=2\pm\sqrt{3}$

$\qquad \therefore\ \alpha=2-\sqrt{3},\ \beta=2+\sqrt{3}$

두 근을 이용하여 부등식을 풀면

$\qquad 2-\sqrt{3}\leq x\leq 2+\sqrt{3}$

$\qquad\qquad$ **답** $2-\sqrt{3}\leq x\leq 2+\sqrt{3}$

03-2

주어진 부등식을 정리하면

$\qquad -2x^2+3x+6\leq -x+2$ $\quad x^2-2x-2\geq 0$

$D/4=1+2=3>0$

따라서 근의 공식을 이용하여 근을 구하면

$\qquad x=1\pm\sqrt{1+2}=1\pm\sqrt{3}$

$\qquad \therefore\ \alpha=1-\sqrt{3},\ \beta=1+\sqrt{3}$

두 근을 이용하여 부등식을 풀면

$\qquad x\leq 1-\sqrt{3}$ 또는 $x\geq 1+\sqrt{3}$

$\qquad\qquad$ **답** $x\leq 1-\sqrt{3}$ **또는** $x\geq 1+\sqrt{3}$

04-1

$D/4=4-7=-3<0$이므로 완전제곱꼴로 변형하면

$\qquad (x^2-4x+4)+3<0$ $\quad (x-2)^2+3<0$

$\qquad \therefore\ $ 해는 없다.

$\qquad\qquad$ **답 해는 없다.**

04-2

주어진 부등식을 정리하면

$\qquad 5(x-1)+3(x^2+1)\geq 2x^2+7x-4$

$\qquad 5x-5+3x^2+3\geq 2x^2+7x-4$

$\qquad x^2-2x+2\geq 0$

$D/4=1-2=-1<0$이므로 완전제곱꼴로 변형하면

$\qquad (x^2-2x+1)+1\geq 0$ $\quad (x-1)^2+1>0$

$\qquad \therefore\ x$는 모든 실수

$\qquad\qquad$ **답** x**는 모든 실수**

05-1

$25t-5t^2\geq 20$ $\quad 5t^2-25t+20\leq 0$ $\quad t^2-5t+4\leq 0$

$(t-1)(t-4)\leq 0$ $\quad \therefore\ 1\leq t\leq 4$

$\qquad\qquad$ **답** $1\leq t\leq 4$

05-2

새로운 직사각형의 넓이는 $(20+2x)(30+x)$이므로 주어진 조건을 식으로 나타내면

$\qquad (20+2x)(30+x)\leq 1600$ $\quad 600+80x+2x^2\leq 1600$

$\qquad 2x^2+80x-1000\leq 0$ $\quad x^2+40x-500\leq 0$

$\qquad (x+50)(x-10)\leq 0$ $\quad \therefore\ -50\leq x\leq 10$

$x>0$이므로 $0<x\leq 10$

따라서 x의 최댓값은 10이다.

$\qquad\qquad$ **답** 10

06-1

좌변을 인수분해하면

$\qquad (x-2)(x+a)>0$

각 경우로 나누어 해를 구하면

$\quad$ ⅰ) $-a<2$, 즉 $a>-2$일 때

$\qquad x<-a$ 또는 $x>2$

$\quad$ ⅱ) $-a=2$, 즉 $a=-2$일 때

$\qquad (x-2)^2>0$ $\quad \therefore\ x\neq 2$인 모든 실수

$\quad$ ⅲ) $-a>2$, 즉 $a<-2$일 때

$\qquad x<2$ 또는 $x>-a$

$\qquad$ **답** ⅰ) $a>-2$**일 때,** $x<-a$ **또는** $x>2$

$\qquad\qquad$ ⅱ) $a=-2$**일 때,** $x\neq 2$**인 모든 실수**

$\qquad\qquad$ ⅲ) $a<-2$**일 때,** $x<2$ **또는** $x>-a$

06-2

좌변을 인수분해하면
$$ax(x-a) < 0$$
각 경우로 나누어 해를 구하면

i) $a > 0$일 때, 양변을 a로 나누면
$$x(x-a) < 0 \qquad \therefore \ 0 < x < a$$
ii) $a = 0$일 때, $0 < 0$이므로 해가 없다.
iii) $a < 0$일 때, 양변을 a로 나누면
$$x(x-a) > 0 \qquad \therefore \ x < a \ \text{또는} \ x > 0$$

답 **i)** $a > 0$**일 때,** $0 < x < a$

ii) $a = 0$**일 때, 해가 없다.**

iii) $a < 0$**일 때,** $x < a$ **또는** $x > 0$

07-1

$x^2 = |x|^2$이므로 주어진 부등식을 $|x|$에 대한 식으로 변경하면
$$|x|^2 + 3|x| - 10 \geq 0 \qquad (|x|+5)(|x|-2) \geq 0$$
$|x|+5 > 0$이 항상 성립하므로
$$|x| - 2 \geq 0 \qquad |x| \geq 2$$
$$\therefore x \leq -2 \ \text{또는} \ x \geq 2$$

답 $x \leq -2$ **또는** $x \geq 2$

07-2

$x^2 = |x|^2$이므로 주어진 부등식을 $|x|$에 대한 식으로 변경하면
$$6|x|^2 - 35|x| + 39 < 0 \qquad (2|x|-3)(3|x|-13) < 0$$
$$\therefore \frac{3}{2} < |x| < \frac{13}{3}$$
$$\therefore -\frac{13}{3} < x < -\frac{3}{2} \ \text{또는} \ \frac{3}{2} < x < \frac{13}{3}$$

답 $-\dfrac{13}{3} < x < -\dfrac{3}{2}$ **또는** $\dfrac{3}{2} < x < \dfrac{13}{3}$

08-1

(절댓값 안)$= 0$이 되는 x의 값을 구하면
$$x + 1 = 0 \qquad \therefore \ x = -1$$
$x = -1$을 경계로 구간을 나누어 부등식을 풀면

i) $x < -1$일 때, $2x^2 - 5x + 1 > -x - 1$
$$2x^2 - 4x + 2 > 0 \qquad x^2 - 2x + 1 > 0$$
$$(x-1)^2 > 0$$
$$\therefore \ x \neq 1 \text{인 모든 실수}$$
$x < -1$이므로 $x < -1$

ii) $x \geq -1$일 때, $2x^2 - 5x + 1 > x + 1$
$$2x^2 - 6x > 0 \qquad 2x(x-3) > 0$$
$$\therefore \ x < 0 \ \text{또는} \ x > 3$$
$x \geq -1$이므로 $-1 \leq x < 0$ 또는 $x > 3$

i), ii)의 합범위를 구하면 $x < 0$ 또는 $x > 3$

답 $x < 0$ **또는** $x > 3$

08-2

(절댓값 안)$= 0$이 되는 x의 값을 구하면
$$x + 2 = 0 \qquad \therefore \ x = -2$$
$x = -2$를 경계로 구간을 나누어 부등식을 풀면

i) $x < -2$일 때, $x^2 - 4x + 2 < -x - 2$
$$x^2 - 3x + 4 < 0$$
$$\left(x^2 - 3x + \frac{9}{4}\right) - \frac{9}{4} + 4 < 0$$
$$\left(x - \frac{3}{2}\right)^2 + \frac{7}{4} < 0$$
$$\therefore \ \text{해가 없다.}$$

ii) $x \geq -2$일 때, $x^2 - 4x + 2 < x + 2$
$$x^2 - 5x < 0 \qquad x(x-5) < 0$$
$$\therefore \ 0 < x < 5$$
$x \geq -2$이므로 $0 < x < 5$

i), ii)의 합범위를 구하면 $0 < x < 5$

답 $0 < x < 5$

09-1

최고차항의 계수를 1로 놓고 $-2 < x < a$의 해를 갖는 부등식을 구하면
$$(x+2)(x-a) < 0$$
$$x^2 + (2-a)x - 2a < 0$$
이 식이 $x^2 + ax + b < 0$과 같으므로
$$2 - a = a \qquad \therefore \ a = 1$$
$$-2a = b \qquad \therefore \ b = -2$$

답 $a = 1, \ b = -2$

09-2

i) $|x-2| \geq b$에서 $x - 2 \leq -b$ 또는 $x - 2 \geq b$
$$\therefore \ x \leq -b + 2 \ \text{또는} \ x \geq b + 2 \qquad \cdots ①$$
ii) $x^2 - ax - 2a^2 \geq 0 \qquad (x-2a)(x+a) \geq 0$
$$\therefore \ x \leq -a \ \text{또는} \ x \geq 2a \qquad \cdots ②$$
① $=$ ②이므로
$$-a = -b + 2, \ 2a = b + 2$$
두 식을 연립하여 $a, \ b$를 구하면
$$a = 4, \ b = 6$$
따라서 $a + b$의 값을 구하면
$$a + b = 4 + 6 = 10$$

답 10

10-1

$f(x) < 0$의 해를 그래프를 이용하여 구하면

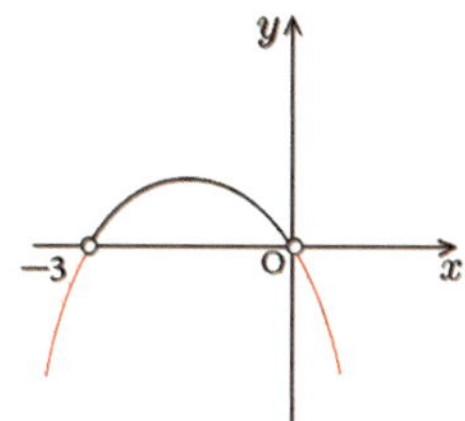

$\therefore\ x < -3$ 또는 $x > 0$

답 $x < -3$ **또는** $x > 0$

10-2

$f(x) \geq 0$의 해를 그래프를 이용하여 구하면

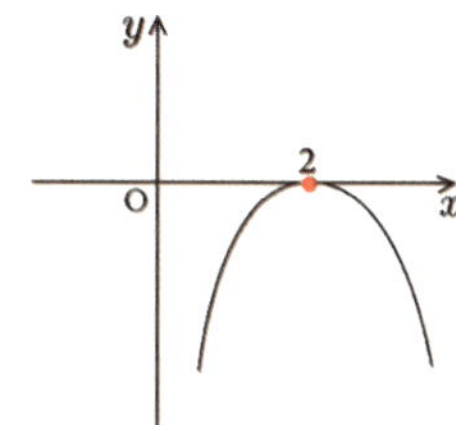

$\therefore\ x = 2$

답 $x = 2$

11-1

$f(x) \leq g(x)$의 해를 그래프를 이용하여 구하면

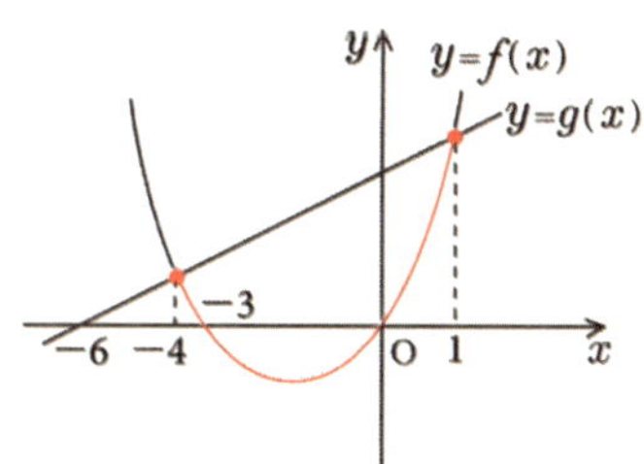

$\therefore\ -4 \leq x \leq 1$

답 $-4 \leq x \leq 1$

11-2

$f(x)g(x) > 0$의 해를 그래프를 이용하여 구하면

i) $f(x) > 0,\ g(x) > 0$인 경우

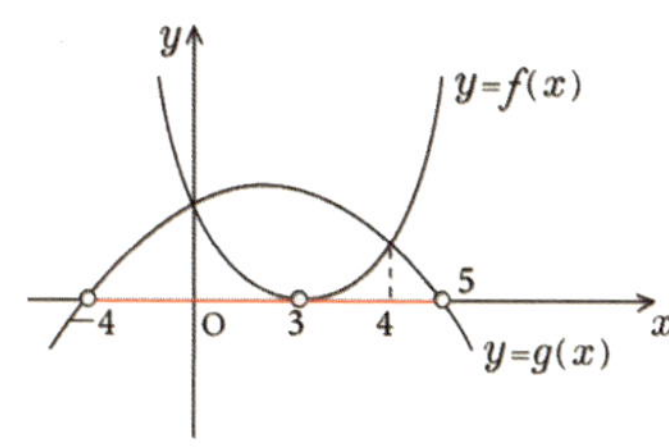

$\therefore\ -4 < x < 3$ 또는 $3 < x < 5$

ii) $f(x) < 0,\ g(x) < 0$인 경우

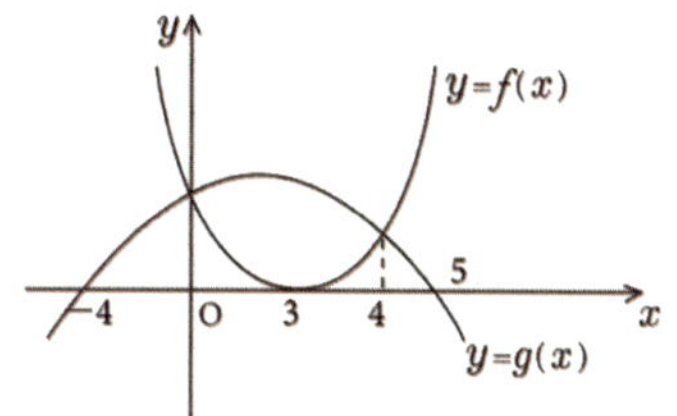

$\therefore\ $ 해가 없다.

i), ii)의 합범위를 구하면

$\quad -4 < x < 3$ 또는 $3 < x < 5$

답 $-4 < x < 3$ **또는** $3 < x < 5$

12-1

$x^2 + (a-4)x + 16 \geq 0$이 모든 실수 x에 대하여 성립하려면 $D \leq 0$이어야 한다.

$$D = (a-4)^2 - 4 \times 16 = (a+4)(a-12) \leq 0$$

$\quad \therefore\ -4 \leq a \leq 12$

답 $-4 \leq a \leq 12$

12-2

$-x^2 - 2kx + k^2 - 4 \leq 0$이 모든 실수 x에 대하여 성립하려면 $D \leq 0$이어야 한다.

$$D/4 = k^2 + k^2 - 4 = 2(k - \sqrt{2})(k + \sqrt{2}) \leq 0$$

$\quad \therefore\ -\sqrt{2} \leq k \leq \sqrt{2}$

답 $-\sqrt{2} \leq k \leq \sqrt{2}$

13-1

i) $m = -1$일 때, $-4 < 0$은 항상 성립

$\qquad \therefore\ m = -1$

ii) $m \neq -1$일 때, $m+1 < 0$ $\quad \therefore\ m < -1\ \cdots$ ①

$$D/4 = (m+1)^2 + 4(m+1)$$
$$= (m+1)(m+5) < 0$$

$\quad \therefore\ -5 < m < -1 \quad \cdots$ ②

①, ②의 공통범위를 구하면 $-5 < m < -1$

i), ii)의 합범위를 구하면 $-5 < m \leq -1$

답 $-5 < m \leq -1$

13-2

i) $m = 0$일 때, $-1 \leq 0$은 항상 성립 $\quad \therefore\ m = 0$

ii) $m \neq 0$일 때, $m < 0 \qquad \cdots$ ①

$$D/4 = m^2 + m = m(m+1) \leq 0$$

$\quad \therefore\ -1 \leq m \leq 0 \qquad \cdots$ ②

①, ②의 공통범위를 구하면

$\quad -1 \leq m < 0$

i), ii)의 합범위를 구하면 $-1 \leq m \leq 0$

답 $-1 \leq m \leq 0$

14-1

이차부등식이므로 $a \neq 0$이다.

   ⅰ) $a < 0$일 때, 이차부등식은 항상 해를 가진다.

   ⅱ) $a > 0$일 때, 이차부등식이 해를 가지려면

$ax^2 - 3ax + 2 = 0$이 실근을 가져야 하므로

$$D = 9a^2 - 8a = a(9a - 8) \geq 0$$
$$\therefore \ a \leq 0 \ \text{또는} \ a \geq \frac{8}{9}$$

$a > 0$이므로 $a \geq \dfrac{8}{9}$

ⅰ), ⅱ)의 합범위를 구하면 $a < 0$ 또는 $a \geq \dfrac{8}{9}$

답 $a < 0$ **또는** $a \geq \dfrac{8}{9}$

14-2

주어진 이차부등식이 해를 가지지 않으려면 $k + 1 > 0$,
즉 $k > -1$이고 $(k+1)x^2 - (k+1)x + 1 = 0$이 실근이 없거나 중근을 가지는 경우이므로

$$D = (k+1)^2 - 4(k+1) = (k+1)(k-3) \leq 0$$
$$\therefore \ -1 \leq k \leq 3$$

$k > -1$이므로 $-1 < k \leq 3$

답 $-1 < k \leq 3$

15-1

$f(x) = x^2 + (a-2)x - 2a$가 $-1 \leq x \leq 1$에서 항상
$f(x) \leq 0$이 성립하려면 $f(-1) \leq 0$이고 $f(1) \leq 0$이어야
한다.

$$f(-1) = 1 - a + 2 - 2a = -3a + 3 \leq 0 \ \therefore \ a \geq 1 \cdots ①$$
$$f(1) = 1 + a - 2 - 2a = -a - 1 \leq 0 \ \ \therefore \ a \geq -1 \cdots ②$$

①, ②의 공통범위를 구하면 $a \geq 1$

답 $a \geq 1$

15-2

$$f(x) = x^2 + 3x + 2k + 2 = \left(x^2 + 3x + \frac{9}{4}\right) - \frac{9}{4} + 2k + 2$$
$$= \left(x + \frac{3}{2}\right)^2 + 2k - \frac{1}{4}$$

$-2 \leq x \leq 0$에서 부등식을 만족하려면 최솟값 $2k - \dfrac{1}{4} \geq 0$
이어야 한다.

$$2k - \frac{1}{4} \geq 0 \qquad 2k \geq \frac{1}{4} \qquad \therefore \ k \geq \frac{1}{8}$$

따라서 k의 최솟값은 $\dfrac{1}{8}$이다.

답 $\dfrac{1}{8}$

---

③ 연립이차부등식

16-1

ⅰ) $2x - 1 > 0 \quad \therefore \ x > \dfrac{1}{2} \cdots ①$

ⅱ) $x^2 - 3x - 4 < 0 \quad (x-4)(x+1) < 0$
$$\therefore \ -1 < x < 4 \cdots ②$$

①, ②를 수직선에 나타내면

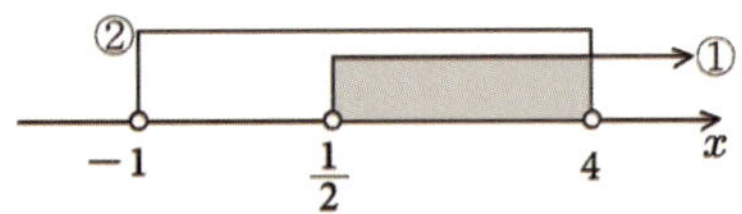

$$\therefore \ \frac{1}{2} < x < 4$$

답 $\dfrac{1}{2} < x < 4$

16-2

ⅰ) $x^2 + 3x - 4 > 0 \quad (x+4)(x-1) > 0$
$$\therefore \ x < -4 \ \text{또는} \ x > 1 \cdots ①$$

ⅱ) $x^2 + 6x + 5 < 0 \quad (x+5)(x+1) < 0$
$$\therefore \ -5 < x < -1 \cdots ②$$

①, ②를 수직선에 나타내면

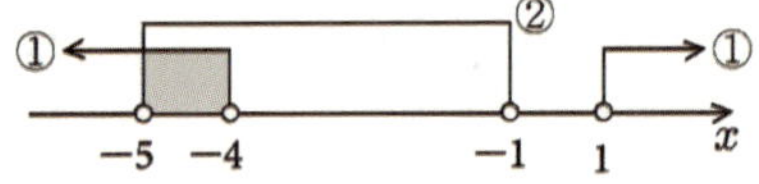

$$\therefore \ -5 < x < -4$$

답 $-5 < x < -4$

17-1

ⅰ) $2x^2 - 5x - 3 \leq x^2 - 2x + 1 \quad x^2 - 3x - 4 \leq 0$
$$(x-4)(x+1) \leq 0 \qquad \therefore \ -1 \leq x \leq 4 \cdots ①$$

ⅱ) $x^2 - 2x + 1 < 2x^2 - 5x + 3$
$$x^2 - 3x + 2 > 0 \quad (x-1)(x-2) > 0$$
$$\therefore \ x < 1 \ \text{또는} \ x > 2 \qquad \cdots ②$$

①, ②를 수직선에 나타내면

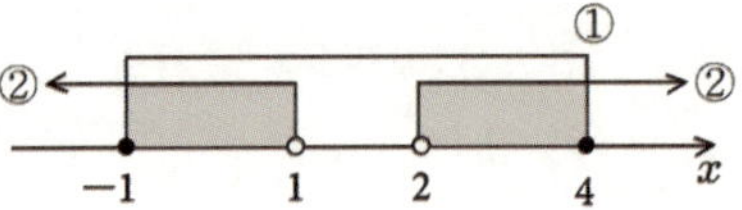

$$\therefore \ -1 \leq x < 1 \ \text{또는} \ 2 < x \leq 4$$

답 $-1 \leq x < 1$ **또는** $2 < x \leq 4$

17-2

$-4 < x^2 + 2x - 4 < 4$

ⅰ) $-4 < x^2 + 2x - 4 \quad x^2 + 2x > 0$

ii) $x^2+2x-4<4$ $x^2+2x-8<0$
$(x+4)(x-2)<0$ $\therefore -4<x<2$ $\cdots$ ②
①, ②를 수직선에 나타내면

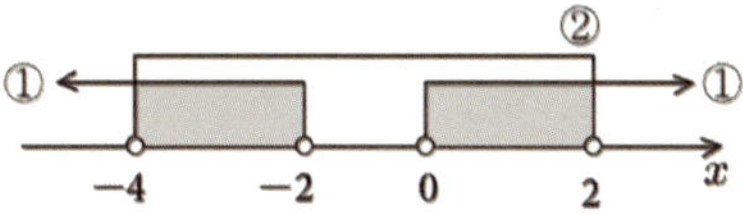

$\therefore -4<x<-2$ 또는 $0<x<2$

답 $-4<x<-2$ **또는** $0<x<2$

18-1

$2x^2-5x-3>0$ $(x-3)(2x+1)>0$

$\therefore x<-\dfrac{1}{2}$ 또는 $x>3$ $\cdots$ ①

$x^2+(1-a)x-a\leq 0$ $(x-a)(x+1)\leq 0$

i) $a>-1$일 때, $-1\leq x\leq a$
ii) $a=-1$일 때, $x=-1$ $\cdots$ ②
iii) $a<-1$일 때, $a\leq x\leq -1$

①, ②의 공통범위가 $-1\leq x<-\dfrac{1}{2}$이 되려면 ②의 범위 중

i)이 적당하므로 수직선에 나타내면

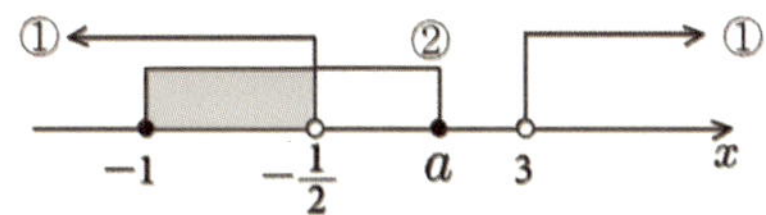

$\therefore -\dfrac{1}{2}\leq a\leq 3$

답 $-\dfrac{1}{2}\leq a\leq 3$

18-2

$x^2-4\leq 0$ $(x-2)(x+2)\leq 0$

$\therefore -2\leq x\leq 2$ $\cdots$ ①

$x^2+(3+2k)x+6k>0$ $(x+3)(x+2k)>0$

i) $-2k<-3$, 즉 $2k>3$일 때
$x<-2k$ 또는 $x>-3$
ii) $-2k=-3$, 즉 $2k=3$일 때
x는 모든 실수 $\cdots$ ②
iii) $-2k>-3$, 즉 $2k<3$일 때
$x<-3$ 또는 $x>-2k$

①, ②의 공통범위에 정수가 2개 존재하려면 ②의 범위 중
iii)이 적당하므로 수직선에 나타내면

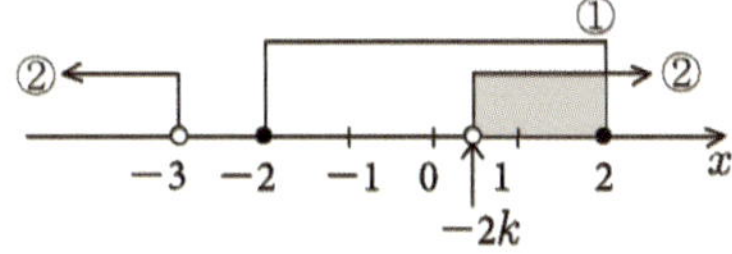

$0\leq -2k<1$이어야 하므로 $-\dfrac{1}{2}<k\leq 0$이다.

답 $-\dfrac{1}{2}<k\leq 0$

19-1

짧은 변의 길이를 x라 하면 긴 변의 길이는 $12-x$이다.

$x<12-x$에서 $x<6$ $\cdots$ ①

직사각형의 넓이를 구하면

$x(12-x)\geq 35$ $(x-5)(x-7)\leq 0$

$\therefore 5\leq x\leq 7$ $\cdots$ ②

①, ②의 공통범위는 $5\leq x<6$이다.

따라서 짧은 변의 길이는 $5\,\mathrm{cm}$이상 $6\,\mathrm{cm}$미만이다.

답 $5\,\mathrm{cm}$**이상** $6\,\mathrm{cm}$**미만**

19-2

삼각형의 세 변의 길이는 양수이고 가장 짧은 변이 x이므로

$x>0$ $\cdots$ ①

삼각형이 예각삼각형이 되려면

$x^2+(x+2)^2>(x+4)^2$에서

$x^2-4x-12>0$ $(x-6)(x+2)>0$

$\therefore x<-2$ 또는 $x>6$ $\cdots$ ②

①, ②의 공통범위는 $x>6$이다.

답 $x>6$

④ 이차방정식의 실근의 조건

20-1

서로 다른 두 실근을 가지므로

$D/4=(k-2)^2-(-k+8)=k^2-4k+4+k-8$
$=k^2-3k-4=(k-4)(k+1)>0$

$\therefore k<-1$ 또는 $k>4$ $\cdots$ ①

두 실근이 모두 양수이므로

두 근의 합 : $2(k-2)>0$ $\therefore k>2$ $\cdots$ ②
두 근의 곱 : $-k+8>0$ $\therefore k<8$ $\cdots$ ③

①, ②, ③의 공통범위를 구하면

$4<k<8$

답 $4<k<8$

20-2

두 근이 존재하므로

$D/4=(k-1)^2-(-k+3)=k^2-k-2$
$=(k-2)(k+1)\geq 0$

$\therefore k\leq -1$ 또는 $k\geq 2$ $\cdots$ ①

두 근이 모두 음수이므로

두 근의 합 : $-2(k-1)<0$ $\therefore k>1$ $\cdots$ ②

두 근의 곱 : $-k+3 > 0$ $\qquad \therefore\ k < 3\ \cdots$ ③

①, ②, ③의 공통범위를 구하면

$\qquad 2 \leq k < 3$

답 $2 \leq k < 3$

21-1

$f(x) = x^2 - 2(p+2)x + p^2 + 3$이라 하고 $f(x) = 0$의 근이 모두 3보다 작게 그래프를 그리면 오른쪽 그림과 같다.

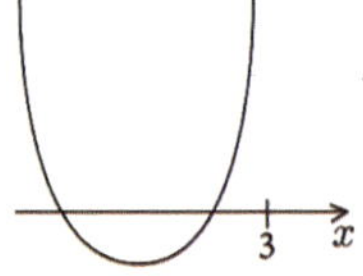

$\quad$ i) $D/4 = (p+2)^2 - (p^2+3) = 4p+1 \geq 0$

$\qquad \therefore\ p \geq -\dfrac{1}{4}\ \cdots$ ①

$\quad$ ii) 대칭축 $p+2 < 3$ $\quad \therefore\ p < 1\ \cdots$ ②

$\quad$ iii) 경계값 $f(3) = 9 - 6(p+2) + p^2 + 3$

$\qquad\qquad\qquad = p^2 - 6p = p(p-6) > 0$

$\qquad \therefore\ p < 0$ 또는 $p > 6\ \cdots$ ③

①, ②, ③의 공통범위를 구하면

$\qquad -\dfrac{1}{4} \leq p < 0$

답 $-\dfrac{1}{4} \leq p < 0$

21-2

$f(x) = x^2 + 2(k+1)x + k^2 - 2$라 할 때, 두 근 사이에 -1이 있으려면 $f(-1) < 0$이어야 한다.

$f(-1) = 1 - 2(k+1) + k^2 - 2$

$\qquad = k^2 - 2k - 3 = (k-3)(k+1) < 0$

$\quad \therefore\ -1 < k < 3$

답 $-1 < k < 3$

21-3

$f(x) = x^2 - 2(k-1)x + k - 1$이라 하고 $f(x) = 0$의 한 근이 2와 3 사이에 있도록 그래프를 그리면 오른쪽 그림과 같다.

따라서 $f(2)f(3) < 0$이다.

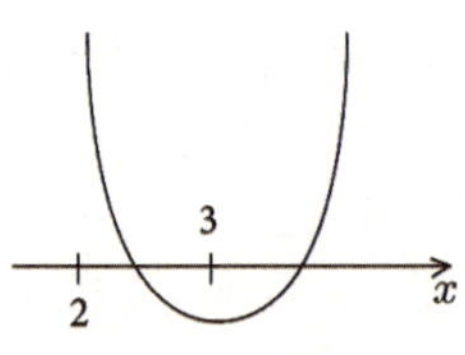

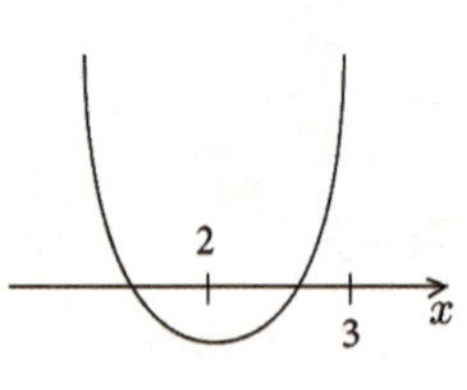

$\quad f(2) = 4 - 4(k-1) + k - 1$

$\qquad = -3k + 7$

$\quad f(3) = 9 - 6(k-1) + k - 1$

$\qquad = -5k + 14$

$\quad \therefore\ (-3k+7)(-5k+14) < 0$

$(3k-7)(5k-14) < 0$이므로

$\qquad \dfrac{7}{3} < k < \dfrac{14}{5}$

답 $\dfrac{7}{3} < k < \dfrac{14}{5}$

〈연습문제A〉

01. (1) $x < -1$ 또는 $x > 3$ $\quad$ (2) $-\dfrac{1}{2} \leq x \leq 2$

02. (1) x는 모든 실수 (2) $x \neq \sqrt{3}$인 모든 실수

$\qquad$ (3) $x = \sqrt{3}$ (4) 해는 없다.

03. (1) $x \leq 3 - \sqrt{2}$ 또는 $x \geq 3 + \sqrt{2}$

$\qquad$ (2) $\dfrac{3 - \sqrt{17}}{4} < x < \dfrac{3 + \sqrt{17}}{4}$

04. (1) x는 모든 실수 (2) x는 모든 실수 (3) 해는 없다.

$\qquad$ (4) 해는 없다.

05. $1 \leq t \leq 4$

06. i) $0 < a < 1$일 때, $1 < x < \dfrac{1}{a}$

$\qquad$ ii) $a = 1$일 때, 해는 없다.

$\qquad$ iii) $a > 1$일 때, $\dfrac{1}{a} < x < 1$

07. $-1 < x < 1$ $\quad$ **08.** $x < -3$ 또는 $x > 5$

09. $a = -\dfrac{1}{2}$, $b = \dfrac{3}{2}$ $\quad$ **10.** $x < -2$ 또는 $x > 2$

11. $-4 \leq x \leq 1$ $\quad$ **12.** $-10 < a < 2$ $\quad$ **13.** $1 \leq m < 2$

14. $-3 < a < 0$ 또는 $a > 0$ $\quad$ **15.** $-1 < a < 1$

16. $-1 \leq x \leq \dfrac{1}{2}$ 또는 $2 \leq x \leq \dfrac{5}{2}$

17. $x < -3$ 또는 $x \geq 2$ $\quad$ **18.** $-3 \leq a \leq 2$

19. 7cm이상 8cm미만 $\quad$ **20.** $k < -1$ $\quad$ **21.** $8 \leq p < 9$

〈연습문제B〉

01. $x < 1$ 또는 $x > 4$ $\quad$ **02.** x는 모든 실수

03. $x \leq 1 - \sqrt{3}$ 또는 $x \geq 1 + \sqrt{3}$

04. x는 모든 실수 $\quad$ **05.** 5m

06. i) $a > -2$일 때, $x < -a$ 또는 $x > 2$

$\qquad$ ii) $a = -2$일 때, $x \neq 2$인 모든 실수

$\qquad$ iii) $a < -2$일 때, $x < 2$ 또는 $x > -a$

07. $x \leq -2$ 또는 $x \geq 2$ $\quad$ **08.** $0 < x < 5$ $\quad$ **09.** 10

10. $x = 2$ $\quad$ **11.** $x < 0$ $\quad$ **12.** $-\sqrt{2} \leq k \leq \sqrt{2}$

13. $-1 \leq m \leq 0$ $\quad$ **14.** $-1 < k \leq 3$ $\quad$ **15.** $\dfrac{1}{8}$

16. $-5 < x < -4$ $\quad$ **17.** $-4 < x < -2$ 또는 $0 < x < 2$

18. $-\dfrac{1}{2} < k \leq 0$ $\quad$ **19.** $x > 6$ $\quad$ **20.** $2 \leq k < 3$

21. $-1 < k < 3$ $\quad$ **22.** $\dfrac{7}{3} < k < \dfrac{14}{5}$

〈중·고교 연결과정 선수학습〉

01-1

3의 배수가 적힌 구슬은 3, 6, 9, 12, 15, 18이 적힌 구슬이므로 경우의 수는 6이다.

답 6

01-2

72의 약수를 구하면
1, 2, 3, 4, 6, 8, 9, 12, 18, 24, 36, 72이다.
따라서 1부터 50까지의 수 카드 중 72의 약수가 적힌 카드를 뽑는 경우의 수는 12이다.

답 12

02-1

표를 만들어 구해보면

흰 바둑돌	4	3	2	1
검은 바둑돌	0	1	2	3

∴ 4가지

답 4

02-2

표를 만들어 구해보면

첫 번째	앞	앞	뒤
두 번째	앞	뒤	앞
세 번째	뒤	앞	앞

∴ 3가지

답 3

03-1

버스 또는 기차를 이용하는 경우의 수는
$$3+4=7$$

답 7

02-2

김밥 또는 라면을 한 가지만 주문하는 경우의 수는
$$5+3=8$$

답 8

04-1

주사위를 한 번 던질 때 나올 수 있는 경우의 수는 6이므로 세 번 던질 때 나올 수 있는 경우의 수는
$$6\times6\times6=216$$

답 216

04-2

남학생 대표 한 명과 여학생 대표 한 명을 뽑는 경우의 수는
$$5\times4=20$$

답 20

04-3

(1) 동전이 모두 앞면이 나오는 경우는 (앞, 앞, 앞)이므로 경우의 수는 1이고 주사위가 홀수의 눈이 나오는 경우는 1, 3, 5이므로 경우의 수는 3이다. 따라서 동전은 모두 앞면이 나오고 주사위는 홀수의 눈이 나오는 경우의 수는 $1\times3=3$이다.

(2) 동전의 앞면이 1개 나오는 경우는 (앞, 뒤, 뒤), (뒤, 앞, 뒤), (뒤, 뒤, 앞)이므로 경우의 수는 3이고 주사위가 3의 배수의 눈이 나오는 경우는 3, 6이므로 경우의 수는 2이다. 따라서 동전은 앞면이 1개 나오고 주사위는 3의 배수의 눈이 나오는 경우의 수는 $3\times2=6$이다.

답 (1) 3 (2) 6

04-4

깃발 한 개를 사용하여 나타낼 수 있는 신호는 2가지이므로 깃발 3개로 만들 수 있는 신호는 $2\times2\times2=8$(가지)이다.

답 8가지

05-1

A에 칠할 수 있는 색은 4가지
B에 칠할 수 있는 색은 A에 칠한 색을 제외한 3가지
C에 칠할 수 있는 색은 A, B에 칠한 색을 제외한 2가지
D에 칠할 수 있는 색은 A, C에 칠한 색을 제외한 2가지
따라서 구하는 경우의 수는
$$4\times3\times2\times2=48$$

답 48

05-2

A에 칠할 수 있는 색은 4가지
B에 칠할 수 있는 색은 A에 칠한 색을 제외한 3가지

C 에 칠할 수 있는 색은 A, B 에 칠한 색을 제외한 2가지
D 에 칠할 수 있는 색은 A, C 에 칠한 색을 제외한 2가지
E 에 칠할 수 있는 색은 ⅰ) B, D 가 같은 색일 경우 2가지
　　　　　　　　　　　　ⅱ) B, D 가 다른 색일 경우 1가지
　　　　　　　　　　　$2+1=3$가지
따라서 구하는 경우의 수는
$$4 \times 3 \times 2 \times 2 \times 3 = 144$$

답　144

① 경우의 수

01-1

두 개의 주사위를 동시에 던져서 나오는 눈의 수의 합이 5인 경우의 수를 구하면
$$(1,\ 4),\ (2,\ 3),\ (3,\ 2),\ (4,\ 1)\ :\ 4가지$$
눈의 수의 합이 8인 경우의 수를 구하면
$$(2,\ 6),\ (3,\ 5),\ (4,\ 4),\ (5,\ 3),\ (6,\ 2)\ :\ 5가지$$
따라서 구하는 경우의 수는
$$4+5=9$$

답　9

01-2

100 이하의 자연수 중 2의 배수는 50개, 5의 배수는 20개, 2와 5의 공배수인 10의 배수는 10개이므로 구하는 경우의 수는
$$50+20-10=60$$

답　60

02-1

ⅰ) A → C : 2가지
ⅱ) A → B → C : $3 \times 3 = 9$가지
따라서 A 에서 C 까지 가는 경우의 수는
$$2+9=11$$

답　11

02-2

ⅰ) A → B → C → D → A : $3 \times 2 \times 3 \times 2 = 36$가지
ⅱ) A → D → C → B → A : $2 \times 3 \times 2 \times 3 = 36$가지
따라서 A 에서 C 까지 갔다가 돌아오는 경우의 수는
$$36+36=72$$

답　72

03-1

$x,\ y$는 자연수이므로 $3 \leq 3x \leq 13$　$\therefore\ 1 \leq x \leq \dfrac{13}{3}$

따라서 x가 될 수 있는 자연수는 1, 2, 3, 4이다.
각각의 경우에 y의 값을 구하면
　ⅰ) $x=1$일 때, $3+2y=15$
　　　$\therefore\ y=6\ \rightarrow\ (1,\ 6)$
　ⅱ) $x=2$일 때, $6+2y=15$
　　　$\therefore\ y=\dfrac{9}{2}\ \rightarrow$ 조건에 맞지 않음
　ⅲ) $x=3$일 때, $9+2y=15$
　　　$\therefore\ y=3\ \rightarrow\ (3,\ 3)$
　ⅳ) $x=4$일 때, $12+2y=15$
　　　$\therefore\ y=\dfrac{3}{2}\ \rightarrow$ 조건에 맞지 않음
따라서 순서쌍 $(x,\ y)$의 개수는 2이다.

답　2

03-2

100 원짜리 x개, 50 원짜리 y개, 10 원짜리 z개를 사용한다고 하자. 각각의 동전을 1 개 이상씩 사용해야 하고 총 20개 이하를 사용하므로
$$3 \leq x+y+z \leq 20 \qquad \cdots ①$$
주어진 동전으로 360 원을 지불해야 하므로
$$100x+50y+10z=360$$
$$10x+5y+z=36\ (단,\ x \geq 1,\ y \geq 1,\ z \geq 1)\ \cdots ②$$
①, ②를 이용하여 표를 작성하면

x	1	1	1	1	2	2	2	3
y	2	3	4	5	1	2	3	1
z	16	11	6	1	11	6	1	1
$x+y+z$	19	15	11	7	14	10	6	5

따라서 구하는 경우의 수는 8이다.

답　8

04-1

675를 소인수분해하면
$$675=3^3 \times 5^2$$
3^3의 약수는 1, 3, 3^2, 3^3의 4개이고, 5^2의 약수는 1, 5, 5^2의 3개이므로 675의 약수의 개수는 $4 \times 3 = 12$이다.

답　12

04-2

250과 400의 공약수는 두 수의 최대공약수인 50의 약수이므로 50을 소인수분해하면
$$50=2 \times 5^2$$
2의 약수는 1, 2의 2개이고 5^2의 약수는 1, 5, 5^2의 3개이므로 250과 400의 공약수의 개수는 $2 \times 3 = 6$이다.

답　6

05-1

$(x+2)(a+b)$를 전개한 항의 개수는 $2 \times 2 = 4$이고
$(y-1)(c+d)$를 전개한 항의 개수는 $2 \times 2 = 4$이므로 주어진
다항식을 전개하면 생기는 항의 개수는

$$4+4=8$$

답 8

05-2

$(a+b+c)(p+q+r)$을 전개한 항의 개수는 $3 \times 3 = 9$이고
$(a+b)(s+t)$를 전개한 항의 개수는 $2 \times 2 = 4$이므로 주어진
다항식을 전개하면 생기는 항의 개수는

$$9+4=13$$

답 13

06-1

ⅰ) 각각의 지불 방법의 수를 구하면

$\quad$ 10원짜리 동전 5개 → 6가지

$\quad$ 100원짜리 동전 4개 → 5가지

$\quad$ 500원짜리 동전 2개 → 3가지

$\quad$ 따라서 지불할 수 있는 방법의 수는

$$6 \times 5 \times 3 - 1 = 89$$

ⅱ) 저액권을 이용하여 고액권을 만들 수 없으므로 지불할 수
있는 금액의 수는 지불할 수 있는 방법의 수와 같다. 따라
서 지불할 수 있는 금액의 수는 89이다.

답 지불할 수 있는 방법의 수 : 89
지불할 수 있는 금액의 수 : 89

06-2

ⅰ) 각각의 지불할 수 있는 방법의 수를 구하면

$\quad$ 10000원짜리 지폐 3장 → 4가지

$\quad$ 1000원짜리 지폐 2장 → 3가지

$\quad$ 100원짜리 동전 5개 → 6가지

$\quad$ 따라서 지불할 수 있는 방법의 수는

$$4 \times 3 \times 6 - 1 = 71$$

ⅱ) 저액권을 이용하여 고액권을 만들 수 없으므로 지불할 수
있는 금액의 수는 지불할 수 있는 방법의 수와 같다. 따라
서 지불할 수 있는 금액의 수는 71이다.

답 지불할 수 있는 방법의 수 : 71
지불할 수 있는 금액의 수 : 71

07-1

(1) 각각의 지불할 수 있는 방법의 수를 구하면

$\quad$ 10000원짜리 지폐 1장 → 2가지

$\quad$ 5000원짜리 지폐 1장 → 2가지

$\quad$ 1000원짜리 지폐 9장 → 10가지

$\quad$ 따라서 지불할 수 있는 방법의 수는

$$2 \times 2 \times 10 - 1 = 39$$

(2) 1000원짜리 지폐가 9장이므로 5000원을 만들 수 있다.
5000원짜리 지폐를 1000원짜리 지폐 5장으로 환산하여
지불할 수 있는 금액의 수를 구하면

$\quad$ 10000원짜리 지폐 1장 → 2가지

$\quad$ 1000원짜리 지폐 14장 → 15가지

$\quad$ ∴ $2 \times 15 - 1 = 29$

답 (1) 39 (2) 29

07-2

(1) 각각의 지불할 수 있는 방법의 수를 구하면

$\quad$ 5000원짜리 지폐 1장 → 2가지

$\quad$ 1000원짜리 지폐 5장 → 6가지

$\quad$ 100원짜리 동전 1개 → 2가지

$\quad$ 50원짜리 동전 5개 → 6가지

$\quad$ 따라서 지불할 수 있는 방법의 수를 구하면

$$2 \times 6 \times 2 \times 6 - 1 = 143$$

(2) 1000원짜리 지폐가 5장이므로 5000원을 만들 수 있고
50원짜리 동전이 5개이므로 100원을 만들 수 있다. 5000
원짜리 지폐를 1000원짜리 지폐 5장으로, 100원짜리 동
전을 50원짜리 2개로 환산하여 지불할 수 있는 금액의
수를 구하면

$\quad$ 1000원짜리 지폐 10장 → 11가지

$\quad$ 50원짜리 동전 7개 → 8가지

$\quad$ ∴ $11 \times 8 - 1 = 87$

답 (1) 143 (2) 87

〈연습문제A〉

01. (1) 3 (2) 4 **02.** 6 **03.** 7 **04.** 24 **05.** 540

06. 9 **07.** 72 **08.** 2 **09.** 8 **10.** 6

11. 지불할 수 있는 방법의 수 : 24

$\quad$ 지불할 수 있는 금액의 수 : 24

12. 지불할 수 있는 방법의 수 : 119

$\quad$ 지불할 수 있는 금액의 수 : 83

〈연습문제B〉

01. 8 **02.** (1) 3 (2) 6 **03.** 8가지 **04.** 144 **05.** 17

06. 72 **07.** 6 **08.** 6 **09.** 13

10. 지불할 수 있는 방법의 수 : 71

$\quad$ 지불할 수 있는 금액의 수 : 71

11. (1) 143 (2) 87

〈중·고교 연결과정 선수학습〉

01-1

7개의 색 중 두 가지 색을 골라 한 줄로 늘어놓는 경우의 수는
$7 \times 6 = 42$이다.

답 42

01-2

수학 참고서를 양 끝에 꽂는 경우의 수는 2가지, 영어 참고서
3권을 꽂는 경우의 수는 $3 \times 2 \times 1 = 6$이므로 구하는 경우의
수는 $2 \times 6 = 12$이다.

답 12

02-1

이웃하는 수학 참고서 두 권을 한 묶음으로 보고 한 줄로 꽂는
경우의 수를 구하면 $4 \times 3 \times 2 \times 1 = 24$이고 수학 참고서의 자
리를 바꾸는 경우의 수가 2이므로 구하는 경우의 수는
$$24 \times 2 = 48$$

답 48

02-2

자음 b, c, d를 한 묶음으로 보고 한 줄로 늘어놓는 경우의
수는 $3 \times 2 \times 1 = 6$이고 묶음 속의 자음을 자리 바꾸는 경우의
수가 $3 \times 2 \times 1 = 6$이므로 구하는 경우의 수는
$$6 \times 6 = 36$$

답 36

03-1

자격이 같은 두 반을 뽑는 경우이므로 구하는 경우의 수는
$$\frac{7 \times 6}{2} = 21$$

답 21

03-2

자격이 다른 두 후보지를 뽑는 경우이므로 구하는 경우의 수는
$$5 \times 4 = 20$$

답 20

1 순열

01-1

(1) $120 = 6 \times 5 \times 4$이므로 $n = 6$이다.
(2) $720 = 10 \times 9 \times 8$이므로 $r = 3$이다.

답 (1) 6 (2) 3

01-2

$4! = 4 \times 3 \times 2 \times 1 = 24$이므로 주어진 식의 양변을 24로 나누
면
$$_5 P_r = 60 = 5 \times 4 \times 3 \qquad \therefore \ r = 3$$

답 3

01-3

$$2n(2n-1)(2n-2)(2n-3) = 70 \times n(n-1)(n-2)$$
$$4n(2n-1)(n-1)(2n-3) = 70n(n-1)(n-2)$$
$n \geq 3$이므로 양변을 $2n(n-1)$로 나누면
$$2(2n-1)(2n-3) = 35(n-2)$$
$$2(4n^2 - 8n + 3) = 35n - 70$$
$$8n^2 - 51n + 76 = 0 \qquad (n-4)(8n-19) = 0$$
$$\therefore \ n = 4, \ n = \frac{19}{8}$$

n은 자연수이므로 주어진 등식을 만족하는 n의 값은 4이다.

답 4

02-1

$$(우변) = n \times \frac{(n-1)!}{(n-1-r+1)!} = \frac{n \times (n-1)!}{(n-r)!}$$
$$= \frac{n!}{(n-r)!} = {}_n P_r$$

답 풀이참조

02-2

$$(우변) = (n-r+1) \times \frac{n!}{(n-r+1)!}$$
$$= (n-r+1) \times \frac{n!}{(n-r+1) \times (n-r)!}$$
$$= \frac{n!}{(n-r)!} = {}_n P_r$$

답 풀이참조

03-1

5장 중 3장을 뽑아 일렬로 배열하는 경우의 수는
$$_5 P_3 = 5 \times 4 \times 3 = 60$$

답 60

03-2

6개의 문자 중 4개를 뽑아 일렬로 배열하여 만들 수 있는 문자
열의 수는
$$_6 P_4 = 6 \times 5 \times 4 \times 3 = 360$$

답 360

03-3

짝수가 2, 4 2개이므로 두 수를 양 끝에 놓는 방법의 수는
$2! = 2$이고, 남은 3개의 수를 일렬로 배열하는 방법의 수는
$3! = 6$이므로 구하는 경우의 수는 $2 \times 6 = 12$이다.

답 12

04-1

5개의 문자를 일렬로 배열하는 경우의 수는 $5! = 120$
양쪽 끝에 모음이 오는 경우의 수는 $2 \times 3! = 12$
따라서 적어도 한쪽 끝에 자음이 오는 경우의 수는

$$120 - 12 = 108$$

답 108

04-2

A, B, C, D를 일렬로 배열하는 경우의 수는 $4! = 24$
a, b, c, d를 일렬로 배열하는 경우의 수는 $4! = 24$
A, B, C, D 와 a, b, c, d를 대응시키는 경우의 수는

$$24 \times 24 = 576$$

A와 a를 대응시키고 나머지 문자들을 배열하는 경우의 수는

$$\underset{\substack{A와\ a를 \\ 같은\ 위치에 \\ 배치하는 \\ 경우의\ 수}}{4} \times \underset{\substack{B, C, D를 \\ 배열하는 \\ 경우의\ 수}}{3!} \times \underset{\substack{b, c, d를 \\ 배열하는 \\ 경우의\ 수}}{3!} = 144$$

따라서 A와 a가 대응되지 않는 경우의 수는

$$576 - 144 = 432$$

답 432

04-3

7개의 수 중 4개를 뽑아 일렬로 배열하는 경우의 수는

$${}_7\mathrm{P}_4 = 7 \times 6 \times 5 \times 4 = 840$$

홀수 4개만 뽑아 일렬로 배열하는 경우의 수는 $4! = 24$
따라서 구하는 경우의 수는 $840 - 24 = 816$이다.

답 816

05-1

이웃하는 문자 a, b, c를 묶어 한 문자 취급하여 일렬로 배열하
고 묶음 속 이웃한 문자들이 일렬로 배열하는 경우의 수를 구
하면 $4! \times 3! = 24 \times 6 = 144$이다.

답 144

05-2

두 문자를 뽑아 a, b 사이에 배열하는 경우의 수는
${}_4\mathrm{P}_2 = 4 \times 3 = 12$이고 a, b와 사이의 두 문자를 한 문자 취급
하여 일렬로 배열하는 경우의 수는 $3! = 6$이다. 이때 a, b가
서로 자리를 바꾸는 경우의 수는 2이므로 구하는 경우의 수는

$12 \times 6 \times 2 = 144$이다.

답 144

05-3

(아버지, 할머니, 어머니)를 한 묶음 취급하여 일렬로 줄을
세우는 경우의 수는 $3!$이고 묶음 속에서 할머니는 고정하고
아버지, 어머니가 자리를 바꾸는 경우의 수는 2이다.
따라서 구하는 경우의 수는 $3! \times 2 = 12$이다.

답 12

05-4

각 학년의 학생들을 한 묶음 취급하고 일렬로 줄을 세우는 경
우의 수는 $3!$이고 학년마다 묶음 속에서 줄을 서는 방법이 $3!$씩
이므로 구하는 경우의 수는 $3! \times 3! \times 3! \times 3! = 1296$이다.

답 1296

06-1

이웃 가능한 어른 4명을 먼저 일렬로 세운 후 양 끝과 어른
사이에 어린이를 세우는 경우의 수는 $4! \times {}_5\mathrm{P}_2 = 480$이다.

답 480

06-2

남학생과 여학생이 서로 교대로 서는 경우는 두 가지이다.
ⅰ) 남 여 남 여 남 여 $3! \times 3! = 36$
ⅱ) 여 남 여 남 여 남 $3! \times 3! = 36$
따라서 구하는 경우의 수는 $36 + 36 = 72$이다.

답 72

07-1

$cbea$보다 앞에 있는 문자열의 수를 구하면
    $a \bigcirc \bigcirc \bigcirc$ 꼴 : $3! = 6$
    $b \bigcirc \bigcirc \bigcirc$ 꼴 : $3! = 6$
    $c \ a \bigcirc \bigcirc$ 꼴 : $2! = 2$
    $c \ b \ a \bigcirc$ 꼴 : 1
    $c \ b \ e \ a$ (주어진 문자열) : 1
따라서 $cbea$는 합의 법칙에 의해 16번째에 오는 문자열이다.

답 16**번째**

07-2

34000보다 큰 수의 개수를 구하면
5 □ □ □ □ 꼴 : $4! = 24$
4 □ □ □ □ 꼴 : $4! = 24$
3 5 □ □ □ 꼴 : $3! = 6$
3 4 □ □ □ 꼴 : $3! = 6$
따라서 합의 법칙에 의해 34000보다 큰 수는 60개이다.

답 60

08-1

5개의 숫자 중 3개를 골라 일렬로 배열하는 경우이므로 구하는 자연수의 개수는 $_5P_3 = 5 \times 4 \times 3 = 60$이다.

답 60

08-2

5000보다 작은 자연수를 만들려면 천의 자리 숫자가 5보다 작은 숫자이어야 한다. 따라서 천의 자리에 올 수 있는 숫자는 4개이고 남은 8개의 숫자 중 3개를 골라 일렬로 나열하면 되므로 구하는 자연수의 개수는 $4 \times _8P_3 = 1344$이다.

답 1344

09-1

네 자리 수이므로 □□□□ 로 놓고 각각의 개수를 구하면

$$\Rightarrow \ _5P_3 \times 3 = 180$$

답 180

09-2

네 자리 수이므로 □□□□로 놓고 각각의 개수를 구하면

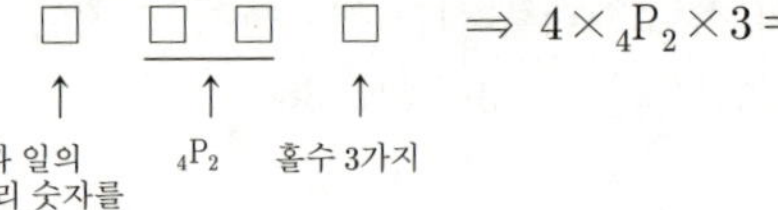

$$\Rightarrow 4 \times _4P_2 \times 3 = 144$$

답 144

10-1

9의 배수는 각 자리의 숫자의 합이 9의 배수이어야 하므로 합이 9의 배수인 두 수를 묶으면 $(1, 8), (2, 7), (3, 6), (4, 5)$이다. 각각의 경우에 두 수의 자리를 바꿔 쓸 수 있으므로 구하는 수의 개수는 $2 \times 4 = 8$이다.

답 8

10-2

네 자리 수이므로 □□□□로 놓고 각각의 개수를 구하면

ⅰ) 일의 자리에 0이 오는 경우

$$\Rightarrow \ _5P_3 \times 1 = 60$$

ⅱ) 일의 자리에 5가 오는 경우

$$\Rightarrow 4 \times _4P_2 = 48$$

따라서 구하는 수의 개수는 $60 + 48 = 108$이다.

답 108

10-3

4의 배수는 끝의 두 자리가 00 또는 4의 배수여야 하므로 04, 12, 20, 24, 32, 40, 52로 끝나야 한다.

이 중 0을 포함하는 경우와 포함하지 않는 경우로 구분하여 구하면

ⅰ) 0을 포함하는 경우 (04, 20, 40)

$$\Rightarrow 4 \times 3 = 12$$

ⅱ) 0을 포함하지 않는 경우 (12, 24, 32, 52)

$$\Rightarrow 3 \times 4 = 12$$

따라서 구하는 수의 개수는 $12 + 12 = 24$이다.

답 24

② 조합

11-1

(1) $_{12}C_r = _{12}C_{r-4}$에서 $r \neq r - 4$이므로

$$12 - r = r - 4 \qquad \therefore \ r = 8$$

(2) $_{2n+1}C_3 = \dfrac{(2n+1)2n(2n-1)}{3!} = 84$

$$(2n+1)2n(2n-1) = 504 = 9 \times 8 \times 7$$

$$2n + 1 = 9 \qquad \therefore \ n = 4$$

답 (1) $r = 8$　　(2) $n = 4$

11-2

$$(우변) = \frac{(n-1)!}{(r-1)!(n-1-r+1)!} + \frac{(n-1)!}{r!(n-1-r)!}$$

$$= \frac{(n-1)!}{(r-1)!(n-r)!} + \frac{(n-1)!}{r!(n-r-1)!}$$

$$= \frac{r(n-1)!}{r(r-1)!(n-r)!} + \frac{(n-1)!(n-r)}{r!(n-r-1)!(n-r)}$$

$$= \frac{(n-1)!(r+n-r)}{r!(n-r)!} = \frac{(n-1)!n}{r!(n-r)!}$$

$$= \frac{n!}{r!(n-r)!} = _nC_r$$

답 풀이참조

12-1

홀수 5개 중 2개를 뽑는 경우의 수는 $_5C_2 = \dfrac{5 \times 4}{2} = 10$,

짝수 5개 중 1개를 뽑는 경우의 수는 5이므로 구하는 경우의 수는 $10 \times 5 = 50$이다.

답 50

12-2

남학생 7명 중 2명의 위원을 뽑는 경우의 수는

$$_7C_2 = \frac{7 \times 6}{2} = 21$$

여학생 6명 중 2명의 위원을 뽑는 경우의 수는

$$_6C_2 = \frac{6 \times 5}{2} = 15$$

따라서 구하는 경우의 수는 $21 \times 15 = 315$이다.

답 315

13-1

전체 9명 중 3명을 뽑는 경우의 수는 $_9C_3 = \frac{9 \times 8 \times 7}{3 \times 2} = 84$,

남자 5명 중에서 3명 뽑는 경우의 수는

$$_5C_3 = {_5C_2} = \frac{5 \times 4}{2 \times 1} = 10$$

여자 4명 중에서 3명 뽑는 경우의 수는

$$_4C_3 = {_4C_1} = 4$$

따라서 구하는 경우의 수는 $84 - 10 - 4 = 70$이다.

답 70

13-2

여학생의 수를 x라 하면 남학생의 수는 $12 - x$이다.
전체 12명 중 2명을 뽑는 경우의 수는

$$_{12}C_2 = \frac{12 \times 11}{2} = 66$$

여학생 x명 중 2명을 뽑는 경우의 수는 $_xC_2$
따라서 구하는 경우의 수는

$$66 - {_xC_2} = 30 \qquad \therefore \ _xC_2 = 36$$

$$_xC_2 = \frac{x(x-1)}{2} = 36$$

$$x(x-1) = 72 = 9 \times 8 \quad \therefore \ x = 9$$

따라서 여학생의 수는 9명이다.

답 9명

14-1

반드시 선출되는 사람을 미리 뽑은 후 나머지 8명 중 2명을
선출하는 경우의 수를 구하면 $_8C_2 = \frac{8 \times 7}{2} = 28$이다.

답 28

14-2

반드시 선출되지 않는 사람 2명을 제외하고 나머지 18명 중에
서 4명의 위원을 선출하는 경우의 수를 구하면

$$_{18}C_4 = \frac{18 \times 17 \times 16 \times 15}{4 \times 3 \times 2 \times 1} = 3060$$

답 3060

14-3

포함되지 않는 3의 배수인 숫자 3개를 제외하고 나머지 6개
중에서 숫자 3개를 선택하는 경우의 수를 구하면

$$_6C_3 = \frac{6 \times 5 \times 4}{3 \times 2 \times 1} = 20$$

14-4

A는 포함하므로 미리 뽑은 후 B를 제외한 남은 4개의 문자
중 2개의 문자를 뽑으면 된다. 따라서 구하는 경우의 수는

$$_4C_2 = \frac{4 \times 3}{2 \times 1} = 6$$

답 6

15-1

남자 5명, 여자 3명의 선수 중 남자 2명, 여자 2명을 뽑는
경우의 수를 구하면

$$_5C_2 \times {_3C_2} = {_5C_2} \times {_3C_1} = \frac{5 \times 4}{2} \times 3 = 30$$

뽑힌 4명의 선수를 순서대로 번호를 정하는 경우의 수는

$$4! = 24$$

따라서 구하는 경우의 수는

$$30 \times 24 = 720$$

답 720

15-2

6개의 문자 중 모음 2개를 먼저 뽑은 후 나머지 4개 중 2개의
문자를 뽑는 경우의 수는

$$_4C_2 = \frac{4 \times 3}{2} = 6$$

뽑은 4개의 문자를 일렬로 배열하는 경우의 수는 $4! = 24$
따라서 구하는 경우의 수는

$$6 \times 24 = 144$$

답 144

16-1

16개의 점에서 2개의 점을 이어서 만든 직선의 개수를 구하면

$$_{16}C_2 = \frac{16 \times 15}{2} = 120$$

일직선 위에 있는 5개의 점 중에서 2개의 점을 이어서 만든
직선의 개수를 구하면

$$4 \times {_5C_2} = 4 \times \frac{5 \times 4}{2} = 40$$

일직선 위에 있는 5개의 점을 이어서 만든 직선의 개수를 구하
면 4이다. 따라서 구하는 직선의 개수는

$$120 - 40 + 4 = 84$$

답 84

16-2

7개의 점 중에서 3개의 점을 택하는 경우의 수는

$$_7C_3 = \frac{7 \times 6 \times 5}{3 \times 2} = 35$$

일직선 위에 있는 4개의 점 중에서 3개의 점을 택하는 경우의 수는 $_4C_3 = {}_4C_1 = 4$이다.

따라서 구하는 경우의 수는 $35 - 4 = 31$이다.

답 31

17-1

(1) 가로선 5개 중 2개를 뽑고 세로선 7개 중 2개를 뽑으면 직사각형이 된다.

$$_5C_2 \times {}_7C_2 = \frac{5 \times 4}{2} \times \frac{7 \times 6}{2} = 10 \times 21 = 210$$

(2) 한 변의 길이가 1칸인 정사각형의 개수 : $6 \times 4 = 24$
한 변의 길이가 2칸인 정사각형의 개수 : $5 \times 3 = 15$
한 변의 길이가 3칸인 정사각형의 개수 : $4 \times 2 = 8$
한 변의 길이가 4칸인 정사각형의 개수 : $3 \times 1 = 3$
따라서 만들 수 있는 정사각형의 개수는

$$24 + 15 + 8 + 3 = 50$$

답 **(1)** 210 **(2)** 50

17-2

만들 수 있는 직사각형의 개수는

$$_6C_2 \times {}_6C_2 = \frac{6 \times 5}{2} \times \frac{6 \times 5}{2} = 225$$

만들 수 있는 정사각형의 개수는

$$1^2 + 2^2 + 3^2 + 4^2 + 5^2 = 55$$

따라서 만들 수 있는 정사각형이 아닌 직사각형의 개수는

$$225 - 55 = 170$$

답 170

18-1

6명을 3조로 나누는 방법은
$(1, 1, 4), (1, 2, 3), (2, 2, 2)$이므로 경우의 수를 구하면

$$_6C_1 \times {}_5C_1 \times {}_4C_4 \times \frac{1}{2!} + {}_6C_1 \times {}_5C_2 \times {}_3C_3$$

$$+ {}_6C_2 \times {}_4C_2 \times {}_2C_2 \times \frac{1}{3!}$$

$$= 6 \times 5 \times \frac{1}{2} + 6 \times 10 + 15 \times 6 \times \frac{1}{6}$$

$$= 15 + 60 + 15 = 90$$

답 90

18-2

6개의 공을 2조로 나누는 방법은
$(1, 5), (2, 4), (3, 3)$이므로 경우의 수를 구하면

$$_6C_1 \times {}_5C_5 + {}_6C_2 \times {}_6C_4 + {}_6C_3 \times {}_3C_3 \times \frac{1}{2!}$$

$$= 6 + 15 \times 15 + 20 \times \frac{1}{2}$$

$$= 6 + 225 + 10 = 241$$

나눈 공을 두 바구니에 담는 경우의 수는 $2! = 2$이므로 구하는 경우의 수는 $241 \times 2 = 482$이다.

답 482

〈연습문제A〉

01. 120 **02.** 12 **03.** (1) 20 (2) 10 **04.** (1) 6 (2) 3
05. (1) 5040 (2) 210 **06.** 36000 **07.** 4320 **08.** 14400
09. 16번째 **10.** 60 **11.** 180 **12.** 108
13. (1) $n = 7$ (2) $r = 0$ 또는 2 **14.** (1) 210 (2) 35
15. 74 **16.** 120 **17.** 12000 **18.** 84 **19.** 150 **20.** 90

〈연습문제B〉

01. 12 **02.** 36 **03.** 21 **04.** 4 **05.** 432 **06.** 816 **07.** 144
08. 72 **09.** (1) 65번째 (2) $bdcea$ **10.** 1344 **11.** 420
12. 24 **13.** (1) $r = 8$ (2) $n = 4$ **14.** 315 **15.** 9명
16. 6 **17.** 144 **18.** (1) 62 (2) 516 **19.** 170
20. 나누는 경우의 수 : 60, 나누어 담는 경우의 수 : 360

Ⅶ. 행렬

① 행렬

01-1

주어진 행렬의 제1행의 성분은 2, $a+1$이므로
$$2+a+1=5 \qquad \therefore\ a=2$$

답 2

01-2

주어진 행렬의 제2열의 성분은 $a+1$, $a-2$이므로
$$(a+1)(a-2)=4 \quad a^2-a-2=4 \quad a^2-a-6=0$$
$$(a-3)(a+2)=0 \quad \therefore\ a=3,\ a=-2$$
따라서 양수 a의 값은 3이다.

답 3

02-1

(1) 행 : 2개, 열 : 2개 → 2×2 행렬
(2) 행 : 2개, 열 : 3개 → 2×3 행렬
(3) 행 : 3개, 열 : 3개 → 3×3 행렬

답 (1) 2×2 행렬 (2) 2×3 행렬 (3) 3×3 행렬

02-2

① 3×2 행렬 ② 3×1 행렬 ③ 3×3 행렬
④ 2×2 행렬 ⑤ 2×1 행렬
따라서 정사각행렬은 ③, ④이다.

답 ③, ④

03-1

$$a_{11}=3\times1=3 \qquad a_{12}=3\times2=6$$
$$a_{21}=2\times2+1=5 \qquad a_{22}=3\times2=6$$
따라서 행렬 A의 모든 성분의 합을 구하면
$$3+6+5+6=20$$

답 20

03-2

$$a_{11}=(-2)^2+k=4+k \qquad a_{12}=(-2)^3+k=-8+k$$
$$a_{21}=(-2)^3+2k=-8+2k \qquad a_{22}=(-2)^4+2k=16+2k$$
따라서 행렬 A의 모든 성분의 합을 구하면
$$4+k-8+k-8+2k+16+2k=22$$
$$6k+4=22 \qquad 6k=18 \qquad \therefore\ k=3$$

답 3

04-1

대응하는 성분이 같아야 하므로
$$x+y=1,\ xy=-4$$
$$x^2+y^2=(x+y)^2-2xy=1+8=9$$

답 9

04-2

대응하는 성분이 같아야 하므로
$$ax-3b=-7 \ \cdots ① \qquad 2a-5b=-1 \ \cdots ②$$
$$2ax+9b=1 \ \cdots ③ \qquad -a+3b=1 \ \cdots ④$$
②, ④를 연립하여 풀면
$$a=2,\ b=1$$
이 값을 ①에 대입하여 x의 값을 구하면
$$x=-2$$

답 -2

② 행렬의 덧셈과 뺄셈과 실수배

05-1

$$(준식)=\begin{pmatrix}5-6 & 8+5 & -4+0\\ 6+7 & 0+1 & 15+4\end{pmatrix}=\begin{pmatrix}-1 & 13 & -4\\ 13 & 1 & 19\end{pmatrix}$$

답 $\begin{pmatrix}-1 & 13 & -4\\ 13 & 1 & 19\end{pmatrix}$

05-2

$$(좌변)=\begin{pmatrix}x+y & 7\\ 4 & a+b\end{pmatrix}=\begin{pmatrix}-2 & x-2y\\ -4b & -1\end{pmatrix}$$
$$x+y=-2 \ \cdots ① \qquad x-2y=7 \ \cdots ②$$
$$4=-4b \ \cdots ③ \qquad a+b=-1 \ \cdots ④$$
①, ②를 연립하여 풀면
$$x=1,\ y=-3$$
③에서 구한 $b=-1$을 ④에 대입하면 $a=0$
$$\therefore\ a=0,\ b=-1,\ x=1,\ y=-3$$

답 $a=0,\ b=-1,\ x=1,\ y=-3$

06-1

$$P=\begin{pmatrix}3 & -2\\ 1 & 1\end{pmatrix}-\begin{pmatrix}1 & 2\\ -3 & 4\end{pmatrix}=\begin{pmatrix}3-1 & -2-2\\ 1-(-3) & 1-4\end{pmatrix}=\begin{pmatrix}2 & -4\\ 4 & -3\end{pmatrix}$$

답 $\begin{pmatrix}2 & -4\\ 4 & -3\end{pmatrix}$

06-2

$$A-B+C=\begin{pmatrix} -1 & 0 \\ 2 & 1 \end{pmatrix}-\begin{pmatrix} 2 & 1 \\ -1 & 3 \end{pmatrix}+\begin{pmatrix} 3 & 1 \\ 2 & -3 \end{pmatrix}$$

$$=\begin{pmatrix} -1-2+3 & 0-1+1 \\ 2-(-1)+2 & 1-3-3 \end{pmatrix}=\begin{pmatrix} 0 & 0 \\ 5 & -5 \end{pmatrix}$$

답 $\begin{pmatrix} 0 & 0 \\ 5 & -5 \end{pmatrix}$

07-1

$X=O-A=-A$이므로

$$X=\begin{pmatrix} -1 & 1 \\ -2 & 0 \end{pmatrix}$$

답 $\begin{pmatrix} -1 & 1 \\ -2 & 0 \end{pmatrix}$

07-2

$X=O+B-A=B-A$

$$=\begin{pmatrix} 2 & 6 \\ 1 & 8 \end{pmatrix}-\begin{pmatrix} 0 & -2 \\ 3 & 4 \end{pmatrix}=\begin{pmatrix} 2-0 & 6-(-2) \\ 1-3 & 8-4 \end{pmatrix}$$

$$=\begin{pmatrix} 2 & 8 \\ -2 & 4 \end{pmatrix}$$

답 $\begin{pmatrix} 2 & 8 \\ -2 & 4 \end{pmatrix}$

08-1

$X=B-2A$

$$=\begin{pmatrix} 0 & -3 \\ -2 & 1 \end{pmatrix}-2\begin{pmatrix} -1 & 2 \\ 1 & 0 \end{pmatrix}$$

$$=\begin{pmatrix} 0 & -3 \\ -2 & 1 \end{pmatrix}+\begin{pmatrix} 2 & -4 \\ -2 & 0 \end{pmatrix}=\begin{pmatrix} 2 & -7 \\ -4 & 1 \end{pmatrix}$$

답 $\begin{pmatrix} 2 & -7 \\ -4 & 1 \end{pmatrix}$

08-2

$$3A-2B+C=3\begin{pmatrix} -1 & 2 \\ 3 & 1 \end{pmatrix}-2\begin{pmatrix} 1 & 0 \\ -2 & 3 \end{pmatrix}+\begin{pmatrix} 2 & 4 \\ -1 & 3 \end{pmatrix}$$

$$=\begin{pmatrix} -3 & 6 \\ 9 & 3 \end{pmatrix}+\begin{pmatrix} -2 & 0 \\ 4 & -6 \end{pmatrix}+\begin{pmatrix} 2 & 4 \\ -1 & 3 \end{pmatrix}$$

$$=\begin{pmatrix} -3 & 10 \\ 12 & 0 \end{pmatrix}$$

따라서 행렬의 성분 중 최댓값은 12이다.

답 12

09-1

$$X+Y=\begin{pmatrix} 1 & 2 \\ 2 & -1 \end{pmatrix} \cdots ① \quad X-Y=\begin{pmatrix} 0 & 2 \\ -1 & 3 \end{pmatrix} \cdots ②$$

$①+②$; $2X=\begin{pmatrix} 1 & 4 \\ 1 & 2 \end{pmatrix}$ $\quad \therefore X=\begin{pmatrix} \dfrac{1}{2} & 2 \\ \dfrac{1}{2} & 1 \end{pmatrix}$

$①-②$; $2Y=\begin{pmatrix} 1 & 0 \\ 3 & -4 \end{pmatrix}$ $\quad \therefore Y=\begin{pmatrix} \dfrac{1}{2} & 0 \\ \dfrac{3}{2} & -2 \end{pmatrix}$

답 $X=\begin{pmatrix} \dfrac{1}{2} & 2 \\ \dfrac{1}{2} & 1 \end{pmatrix}$, $Y=\begin{pmatrix} \dfrac{1}{2} & 0 \\ \dfrac{3}{2} & -2 \end{pmatrix}$

09-2

$$2X+5Y=\begin{pmatrix} 3 & 7 \\ -6 & 7 \end{pmatrix} \cdots ① \quad X-Y=\begin{pmatrix} 5 & -7 \\ 4 & 0 \end{pmatrix} \cdots ②$$

$①-2\times②$; $7Y=\begin{pmatrix} 3 & 7 \\ -6 & 7 \end{pmatrix}-2\begin{pmatrix} 5 & -7 \\ 4 & 0 \end{pmatrix}$

$$=\begin{pmatrix} 3 & 7 \\ -6 & 7 \end{pmatrix}+\begin{pmatrix} -10 & 14 \\ -8 & 0 \end{pmatrix}=\begin{pmatrix} -7 & 21 \\ -14 & 7 \end{pmatrix}$$

$\therefore Y=\begin{pmatrix} -1 & 3 \\ -2 & 1 \end{pmatrix}$

$②$에서 $X=\begin{pmatrix} 5 & -7 \\ 4 & 0 \end{pmatrix}+Y=\begin{pmatrix} 5 & -7 \\ 4 & 0 \end{pmatrix}+\begin{pmatrix} -1 & 3 \\ -2 & 1 \end{pmatrix}$

$$=\begin{pmatrix} 4 & -4 \\ 2 & 1 \end{pmatrix}$$

답 $X=\begin{pmatrix} 4 & -4 \\ 2 & 1 \end{pmatrix}$, $Y=\begin{pmatrix} -1 & 3 \\ -2 & 1 \end{pmatrix}$

09-3

$$A+3B=\begin{pmatrix} -2 & 9 \\ 3 & 5 \end{pmatrix} \cdots ① \quad 2A+B=\begin{pmatrix} 1 & 8 \\ 6 & 5 \end{pmatrix} \cdots ②$$

$2\times①-②$; $5B=2\begin{pmatrix} -2 & 9 \\ 3 & 5 \end{pmatrix}-\begin{pmatrix} 1 & 8 \\ 6 & 5 \end{pmatrix}=\begin{pmatrix} -4-1 & 18-8 \\ 6-6 & 10-5 \end{pmatrix}$

$$=\begin{pmatrix} -5 & 10 \\ 0 & 5 \end{pmatrix}$$

$\therefore B=\begin{pmatrix} -1 & 2 \\ 0 & 1 \end{pmatrix}$

$①$에서 $A=\begin{pmatrix} -2 & 9 \\ 3 & 5 \end{pmatrix}-3B=\begin{pmatrix} -2 & 9 \\ 3 & 5 \end{pmatrix}-\begin{pmatrix} -3 & 6 \\ 0 & 3 \end{pmatrix}$

$$=\begin{pmatrix} -2+3 & 9-6 \\ 3-0 & 5-3 \end{pmatrix}=\begin{pmatrix} 1 & 3 \\ 3 & 2 \end{pmatrix}$$

$\therefore A-B=\begin{pmatrix} 1 & 3 \\ 3 & 2 \end{pmatrix}-\begin{pmatrix} -1 & 2 \\ 0 & 1 \end{pmatrix}=\begin{pmatrix} 1+1 & 3-2 \\ 3-0 & 2-1 \end{pmatrix}=\begin{pmatrix} 2 & 1 \\ 3 & 1 \end{pmatrix}$

답 $\begin{pmatrix} 2 & 1 \\ 3 & 1 \end{pmatrix}$

10-1

주어진 등식을 정리하여 X를 구하면

$$3X=B-A-A \qquad 3X=B-2A$$

$$X=\frac{1}{3}B-\frac{2}{3}A=\frac{1}{3}\begin{pmatrix} 1 & 4 \\ -3 & 0 \end{pmatrix}-\frac{2}{3}\begin{pmatrix} -1 & 2 \\ 0 & -3 \end{pmatrix}$$

$$=\begin{pmatrix} \dfrac{1}{3} & \dfrac{4}{3} \\ -1 & 0 \end{pmatrix}+\begin{pmatrix} \dfrac{2}{3} & -\dfrac{4}{3} \\ 0 & 2 \end{pmatrix}=\begin{pmatrix} 1 & 0 \\ -1 & 2 \end{pmatrix}$$

답 $\begin{pmatrix} 1 & 0 \\ -1 & 2 \end{pmatrix}$

10-2

주어진 등식을 정리하여 Y를 구하면

$$A-2B-2Y=3A+2B$$
$$-2Y=3A+2B-A+2B$$
$$-2Y=2A+4B$$

$$Y=-A-2B=-\begin{pmatrix} 1 & 3 \\ 5 & 7 \end{pmatrix}-2\begin{pmatrix} 0 & -2 \\ 1 & -5 \end{pmatrix}$$
$$=\begin{pmatrix} -1 & -3 \\ -5 & -7 \end{pmatrix}+\begin{pmatrix} 0 & 4 \\ -2 & 10 \end{pmatrix}=\begin{pmatrix} -1 & 1 \\ -7 & 3 \end{pmatrix}$$

$$\text{답} \quad \begin{pmatrix} -1 & 1 \\ -7 & 3 \end{pmatrix}$$

③ 행렬의 곱셈

11-1

(1) $(\text{준식})=(1\times 3+4\times 2)=(11)$

(2) $(\text{준식})=\begin{pmatrix} 3\times 1 & 3\times 4 \\ 2\times 1 & 2\times 4 \end{pmatrix}=\begin{pmatrix} 3 & 12 \\ 2 & 8 \end{pmatrix}$

(3) $(\text{준식})=\begin{pmatrix} 1\times 3+2\times 4 \\ 1\times 5+2\times(-1) \end{pmatrix}=\begin{pmatrix} 11 \\ 3 \end{pmatrix}$

(4) $(\text{준식})=\begin{pmatrix} 2\times 1+1\times 2 & 2\times 4+1\times 3 \\ 3\times 1+(-2)\times 2 & 3\times 4+(-2)\times 3 \end{pmatrix}$
$$=\begin{pmatrix} 4 & 11 \\ -1 & 6 \end{pmatrix}$$

$$\text{답} \quad (1)\ (11) \quad (2)\ \begin{pmatrix} 3 & 12 \\ 2 & 8 \end{pmatrix}$$
$$(3)\ \begin{pmatrix} 11 \\ 3 \end{pmatrix} \quad (4)\ \begin{pmatrix} 4 & 11 \\ -1 & 6 \end{pmatrix}$$

11-2

$$A+B=\begin{pmatrix} 3 & 4 \\ 2 & -1 \end{pmatrix},\ A-B=\begin{pmatrix} -1 & 2 \\ 4 & -1 \end{pmatrix}$$

$$(A+B)(A-B)=\begin{pmatrix} 3 & 4 \\ 2 & -1 \end{pmatrix}\begin{pmatrix} -1 & 2 \\ 4 & -1 \end{pmatrix}$$
$$=\begin{pmatrix} 3\times(-1)+4\times 4 & 3\times 2+4\times(-1) \\ 2\times(-1)+(-1)\times 4 & 2\times 2+(-1)\times(-1) \end{pmatrix}$$
$$=\begin{pmatrix} 13 & 2 \\ -6 & 5 \end{pmatrix}$$

따라서 모든 성분의 합은

$$13+2+(-6)+5=14$$

$$\text{답} \quad 14$$

12-1

$$A+B=\begin{pmatrix} 0 & 1 \\ 1 & 0 \end{pmatrix}+\begin{pmatrix} 1 & 0 \\ 0 & -1 \end{pmatrix}=\begin{pmatrix} 1 & 1 \\ 1 & -1 \end{pmatrix}$$

$$(\text{준식})=\begin{pmatrix} 1 & 1 \\ 1 & -1 \end{pmatrix}\begin{pmatrix} 1 & 1 \\ 1 & -1 \end{pmatrix}=\begin{pmatrix} 1+1 & 1-1 \\ 1-1 & 1+1 \end{pmatrix}=\begin{pmatrix} 2 & 0 \\ 0 & 2 \end{pmatrix}$$

$$\text{답} \quad \begin{pmatrix} 2 & 0 \\ 0 & 2 \end{pmatrix}$$

12-2

$$AB=\begin{pmatrix} 1 & -1 \\ -2 & 3 \end{pmatrix}\begin{pmatrix} 2 & 3 \\ -1 & 2 \end{pmatrix}=\begin{pmatrix} 2+1 & 3-2 \\ -4-3 & -6+6 \end{pmatrix}=\begin{pmatrix} 3 & 1 \\ -7 & 0 \end{pmatrix}$$

$$BA=\begin{pmatrix} 2 & 3 \\ -1 & 2 \end{pmatrix}\begin{pmatrix} 1 & -1 \\ -2 & 3 \end{pmatrix}=\begin{pmatrix} 2-6 & -2+9 \\ -1-4 & 1+6 \end{pmatrix}$$
$$=\begin{pmatrix} -4 & 7 \\ -5 & 7 \end{pmatrix}$$

$$(\text{준식})=\begin{pmatrix} 3 & 1 \\ -7 & 0 \end{pmatrix}-\begin{pmatrix} -4 & 7 \\ -5 & 7 \end{pmatrix}=\begin{pmatrix} 7 & -6 \\ -2 & -7 \end{pmatrix}$$

$$\text{답} \quad \begin{pmatrix} 7 & -6 \\ -2 & -7 \end{pmatrix}$$

13-1

$$AB+AC=A(B+C)$$
$$=\begin{pmatrix} 0 & 2 \\ -1 & 3 \end{pmatrix}\begin{pmatrix} 3 & 2 \\ -2 & 1 \end{pmatrix}=\begin{pmatrix} 0-4 & 0+2 \\ -3-6 & -2+3 \end{pmatrix}$$
$$=\begin{pmatrix} -4 & 2 \\ -9 & 1 \end{pmatrix}$$

$$\text{답} \quad \begin{pmatrix} -4 & 2 \\ -9 & 1 \end{pmatrix}$$

13-2

$$6AB=A\times 6B$$

$$=\begin{pmatrix} 3 & 1 \\ 2 & -1 \end{pmatrix}\times 6\begin{pmatrix} \dfrac{1}{2} & -\dfrac{1}{6} \\ 0 & \dfrac{1}{3} \end{pmatrix}=\begin{pmatrix} 3 & 1 \\ 2 & -1 \end{pmatrix}\begin{pmatrix} 3 & -1 \\ 0 & 2 \end{pmatrix}$$

$$=\begin{pmatrix} 9+0 & -3+2 \\ 6+0 & -2-2 \end{pmatrix}=\begin{pmatrix} 9 & -1 \\ 6 & -4 \end{pmatrix}$$

$$\text{답} \quad \begin{pmatrix} 9 & -1 \\ 6 & -4 \end{pmatrix}$$

14-1

$(A+B)(A-B)=A^2-AB+BA-B^2=A^2-B^2$이려면
$AB=BA$이다.

$$AB=\begin{pmatrix} 1 & x \\ 3 & -1 \end{pmatrix}\begin{pmatrix} 1 & 2 \\ y & 3 \end{pmatrix}$$
$$=\begin{pmatrix} 1+xy & 2+3x \\ 3-y & 3 \end{pmatrix}$$
$$BA=\begin{pmatrix} 1 & 2 \\ y & 3 \end{pmatrix}\begin{pmatrix} 1 & x \\ 3 & -1 \end{pmatrix}$$
$$=\begin{pmatrix} 7 & x-2 \\ y+9 & xy-3 \end{pmatrix}$$

$AB=BA$이므로

$$\begin{pmatrix} 1+xy & 2+3x \\ 3-y & 3 \end{pmatrix}=\begin{pmatrix} 7 & x-2 \\ y+9 & xy-3 \end{pmatrix}$$

$2+3x=x-2$에서 $2x=-4$ $\therefore x=-2$

$3-y=y+9$에서 $2y=-6$ $\therefore y=-3$

$$\text{답} \quad x=-2,\ y=-3$$

14-2

$$(A+B)^2=(A+B)(A+B)=A^2+AB+BA+B^2$$
$$=A^2+2AB+B^2$$

이려면 $AB=BA$이다.

$$AB=\begin{pmatrix}x & -1\\ 1 & 1\end{pmatrix}\begin{pmatrix}x & 1\\ y & 1\end{pmatrix}=\begin{pmatrix}x^2-y & x-1\\ x+y & 2\end{pmatrix}$$

$$BA=\begin{pmatrix}x & 1\\ y & 1\end{pmatrix}\begin{pmatrix}x & -1\\ 1 & 1\end{pmatrix}=\begin{pmatrix}x^2+1 & -x+1\\ xy+1 & -y+1\end{pmatrix}$$

$AB=BA$이므로

$$\begin{pmatrix}x^2-y & x-1\\ x+y & 2\end{pmatrix}=\begin{pmatrix}x^2+1 & -x+1\\ xy+1 & -y+1\end{pmatrix}$$

$x-1=-x+1$에서 $\quad 2x=2 \quad \therefore\ x=1$

$2=-y+1$에서 $\quad y=-1$

따라서 $x-y$의 값을 구하면

$$x-y=1-(-1)=2$$

답 2

15-1

$$AB=\begin{pmatrix}a & 1\\ 1 & 2\end{pmatrix}\begin{pmatrix}b & 1\\ 1 & c\end{pmatrix}$$

$$=\begin{pmatrix}ab+1 & a+c\\ b+2 & 1+2c\end{pmatrix}=\begin{pmatrix}0 & 0\\ 0 & 0\end{pmatrix}$$

$$ab+1=0,\ a+c=0,\ b+2=0,\ 1+2c=0$$

$b+2=0$에서 $b=-2$

$1+2c=0$에서 $c=-\dfrac{1}{2}$

$a+c=0$에서 $a=-c=\dfrac{1}{2}$

답 $a=\dfrac{1}{2},\ b=-2,\ c=-\dfrac{1}{2}$

15-2

Ⅰ. $AX\neq XA$이므로

$\quad X^2-AX-XA+A^2\neq X^2-2AX+A^2$ $\quad(\times)$

Ⅱ. $X^2-AX-XA+A^2=(X-A)X-(X-A)A$
$$=(X-A)(X-A)=(X-A)^2$$
$$\therefore\ (X-A)^2=O \qquad (\bigcirc)$$

Ⅲ. $(X-A)^2=O$이라 해서 반드시 $X-A=O$인 것은 아니다. $\quad(\times)$

예를 들면 $X-A=\begin{pmatrix}0 & 1\\ 0 & 0\end{pmatrix}$일 때, $(X-A)^2=O$이지만

$\quad X-A\neq O$이다.

따라서 옳은 것은 Ⅱ이다.

답 Ⅱ

---

④ 단위행렬

16-1

준식을 정리하면

$$(준식)=A^3+A^2+A-A^2-A-E=A^3-E$$

$$=\begin{pmatrix}1 & -1\\ 2 & 1\end{pmatrix}\begin{pmatrix}1 & -1\\ 2 & 1\end{pmatrix}\begin{pmatrix}1 & -1\\ 2 & 1\end{pmatrix}-\begin{pmatrix}1 & 0\\ 0 & 1\end{pmatrix}$$

$$=\begin{pmatrix}-1 & -2\\ 4 & -1\end{pmatrix}\begin{pmatrix}1 & -1\\ 2 & 1\end{pmatrix}-\begin{pmatrix}1 & 0\\ 0 & 1\end{pmatrix}$$

$$=\begin{pmatrix}-5 & -1\\ 2 & -5\end{pmatrix}-\begin{pmatrix}1 & 0\\ 0 & 1\end{pmatrix}=\begin{pmatrix}-6 & -1\\ 2 & -6\end{pmatrix}$$

답 $\begin{pmatrix}-6 & -1\\ 2 & -6\end{pmatrix}$

16-2

$A+B=2E$에서 $B=2E-A \quad\cdots ①$

$AB=E$에 ①을 대입하면

$\quad A(2E-A)=E \qquad 2A-A^2=E$

$\quad\quad \therefore\ A^2=2A-E \quad\cdots ②$

$A+B=2E$에서 $A=2E-B \quad\cdots ③$

$AB=E$에 ③을 대입하면

$\quad (2E-B)B=E \qquad 2B-B^2=E$

$\quad\quad \therefore\ B^2=2B-E \quad\cdots ④$

②, ④에 의해

$A^2+B^2=2A-E+2B-E=2A+2B-2E$
$$=2(A+B)-2E=4E-2E$$
$$=2E=kE$$
$$\therefore\ k=2$$

답 2

17-1

$$A^2=\begin{pmatrix}-1 & 1\\ 2 & 1\end{pmatrix}\begin{pmatrix}-1 & 1\\ 2 & 1\end{pmatrix}=\begin{pmatrix}3 & 0\\ 0 & 3\end{pmatrix}=3E$$

$$A^{10}=(A^2)^5=(3E)^5=243E=\begin{pmatrix}243 & 0\\ 0 & 243\end{pmatrix}$$

답 $\begin{pmatrix}243 & 0\\ 0 & 243\end{pmatrix}$

17-2

$$A^2=\begin{pmatrix}2 & -3\\ 1 & -1\end{pmatrix}\begin{pmatrix}2 & -3\\ 1 & -1\end{pmatrix}=\begin{pmatrix}1 & -3\\ 1 & -2\end{pmatrix}$$

$$A^3=A^2A=\begin{pmatrix}1 & -3\\ 1 & -2\end{pmatrix}\begin{pmatrix}2 & -3\\ 1 & -1\end{pmatrix}$$

$$=\begin{pmatrix}-1 & 0\\ 0 & -1\end{pmatrix}=-E$$

$$A^6=(A^3)^2=(-E)^2=E$$

$$\therefore\ n=6$$

답 6

18-1

$$A^2 = \begin{pmatrix} 1 & 2 \\ 0 & 1 \end{pmatrix}\begin{pmatrix} 1 & 2 \\ 0 & 1 \end{pmatrix} = \begin{pmatrix} 1 & 4 \\ 0 & 1 \end{pmatrix}$$

$$A^3 = A^2 A = \begin{pmatrix} 1 & 4 \\ 0 & 1 \end{pmatrix}\begin{pmatrix} 1 & 2 \\ 0 & 1 \end{pmatrix} = \begin{pmatrix} 1 & 6 \\ 0 & 1 \end{pmatrix}$$

$$A^4 = A^3 A = \begin{pmatrix} 1 & 6 \\ 0 & 1 \end{pmatrix}\begin{pmatrix} 1 & 2 \\ 0 & 1 \end{pmatrix} = \begin{pmatrix} 1 & 8 \\ 0 & 1 \end{pmatrix}$$

$$\vdots$$

$$A^n = \begin{pmatrix} 1 & 2n \\ 0 & 1 \end{pmatrix}$$

$$\therefore\ A^{10} = \begin{pmatrix} 1 & 20 \\ 1 & 1 \end{pmatrix}$$

답 $\begin{pmatrix} 1 & 20 \\ 1 & 1 \end{pmatrix}$

18-2

$$A^2 = \begin{pmatrix} 1 & 0 \\ -1 & 1 \end{pmatrix}\begin{pmatrix} 1 & 0 \\ -1 & 1 \end{pmatrix} = \begin{pmatrix} 1 & 0 \\ -2 & 1 \end{pmatrix}$$

$$A^3 = A^2 A = \begin{pmatrix} 1 & 0 \\ -2 & 1 \end{pmatrix}\begin{pmatrix} 1 & 0 \\ -1 & 1 \end{pmatrix} = \begin{pmatrix} 1 & 0 \\ -3 & 1 \end{pmatrix}$$

$$A^4 = A^3 A = \begin{pmatrix} 1 & 0 \\ -3 & 1 \end{pmatrix}\begin{pmatrix} 1 & 0 \\ -1 & 1 \end{pmatrix} = \begin{pmatrix} 1 & 0 \\ -4 & 1 \end{pmatrix}$$

$$\vdots$$

$$A^n = \begin{pmatrix} 1 & 0 \\ -n & 1 \end{pmatrix} = \begin{pmatrix} 1 & 0 \\ -10 & 1 \end{pmatrix} \qquad \therefore\ n = 10$$

답 10

19-1

$$A = \begin{pmatrix} 1 & 4 \\ 2 & 6 \end{pmatrix} \rightarrow A^2 - (1+6)A + (6-8)E = O$$

$$\therefore\ A^2 - 7A + 2E = O$$

$$\therefore\ k = -7,\ l = -2$$

답 $k = -7,\ l = -2$

19-2

$$A = \begin{pmatrix} -1 & -3 \\ 1 & a \end{pmatrix} \rightarrow A^2 - (-1+a)A + (-a+3)E = O$$

$A^2 - A + E = O$이므로 $-1+a = 1$ $\quad \therefore\ a = 2$

$$\therefore\ A = \begin{pmatrix} -1 & -3 \\ 1 & 2 \end{pmatrix}$$

$A^2 - A + E = O$에서 $A^2 - A = -E$를 준식에 대입하여 정리하면

$$(준식) = A^3(A^2 - A) + A^2 + 3A - E$$

$$= -A^3 + A^2 + 3A - E = -A(A^2 - A) + 3A - E$$

$$= A + 3A - E = 4A - E$$

$$= \begin{pmatrix} -4 & -12 \\ 4 & 8 \end{pmatrix} - \begin{pmatrix} 1 & 0 \\ 0 & 1 \end{pmatrix} = \begin{pmatrix} -5 & -12 \\ 4 & 7 \end{pmatrix}$$

답 $\begin{pmatrix} -5 & -12 \\ 4 & 7 \end{pmatrix}$

<연습문제A>

01. (1) 2 (2) 3 (3) c

02. (1) 1×3 행렬 (2) 2×1 행렬 (3) 2×2 행렬 (4) 2×3 행렬

03. 20 **04.** $a = -2,\ b = -3$ **05.** $\begin{pmatrix} -7 & 2 \\ 6 & -2 \end{pmatrix}$

06. $\begin{pmatrix} -1 & 2 & 3 \\ -2 & -3 & 3 \end{pmatrix}$ **07.** $\begin{pmatrix} -3 & 1 \\ -2 & -5 \end{pmatrix}$ **08.** 8

09. $X = \begin{pmatrix} \frac{1}{2} & 2 \\ \frac{1}{2} & 1 \end{pmatrix},\quad Y = \begin{pmatrix} \frac{1}{2} & 0 \\ \frac{3}{2} & -2 \end{pmatrix}$ **10.** $\begin{pmatrix} 1 & 0 \\ -1 & 2 \end{pmatrix}$

11. (1) (5) (2) $\begin{pmatrix} 3 & 12 \\ 2 & 8 \end{pmatrix}$ (3) (6 3) (4) $\begin{pmatrix} -8 \\ 7 \end{pmatrix}$ (5) $\begin{pmatrix} 12 & 5 \\ 26 & 18 \end{pmatrix}$

12. $\begin{pmatrix} 2 & 0 \\ 0 & 2 \end{pmatrix}$ **13.** $\begin{pmatrix} 14 & 15 \\ 36 & 37 \end{pmatrix}$ **14.** 0 **15.** -1 **16.** $\begin{pmatrix} -6 & -1 \\ 2 & -6 \end{pmatrix}$

17. $\begin{pmatrix} -1 & 0 \\ 0 & -1 \end{pmatrix}$ **18.** $\begin{pmatrix} 1 & 25 \\ 0 & 1 \end{pmatrix}$ **19.** $k = -7,\ l = -2$

<연습문제B>

01. 3 **02.** ③, ④ **03.** 3 **04.** -2

05. $a = 0,\ b = -1,\ x = 1,\ y = -3$ **06.** $\begin{pmatrix} 0 & 0 \\ 5 & -5 \end{pmatrix}$

07. $\begin{pmatrix} 2 & 8 \\ -2 & 4 \end{pmatrix}$ **08.** 12 **09.** $\begin{pmatrix} 2 & 1 \\ 3 & 1 \end{pmatrix}$

10. $X = \begin{pmatrix} 3 & 0 \\ -2 & 1 \end{pmatrix},\quad Y = \begin{pmatrix} 1 & 4 \\ 2 & -1 \end{pmatrix}$ **11.** 14

12. (1) $\begin{pmatrix} 7 & 6 \\ -4 & 13 \end{pmatrix}$ (2) $\begin{pmatrix} 5 & 11 \\ -7 & 9 \end{pmatrix}$ **13.** $\begin{pmatrix} -4 & 2 \\ -9 & 1 \end{pmatrix}$ **14.** 2

15. Ⅱ **16.** 2 **17.** 6 **18.** 10 **19.** O

MEMO

MEMO

MEMO

중·고교 연결수학
공통수학1 유제풀이집

펴 낸 날	2025년 2월3일
지 은 이	고차원
펴 낸 이	고혜영
개발기획	변창수
펴 낸 곳	고차원에듀비전
신고번호	제2024-000011호
주 소	서울특별시 양천구 은행정로5 에벤에셀 프라자 2층
전화번호	02-2648-4520

수학에 대한 고민은 깨끗이 사라질 것입니다.

고차원선생의
수학 강의 노트

서울 한샘 학원 일타강사 고차원 선생의
현장 강의로 암기과목처럼 읽으면서
느끼는 초스피드 수학 교재

중·고교 연결수학 시리즈

중학교 수학의 기초가 없어도 어려운
고등학교 수학을 쉽게 공부할 수 있는
유일한 수학 교재

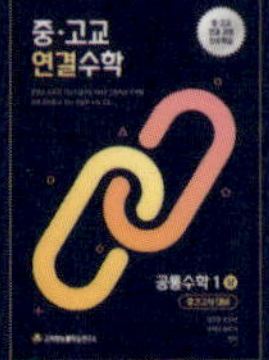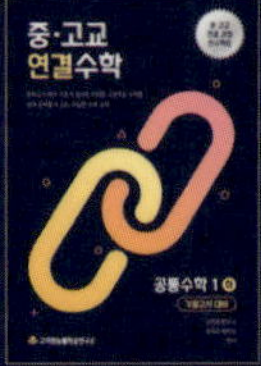

초·중등 연결수학 시리즈

무학년 단계별 교재로 기초부터
응용·심화까지 빠른 시간 안에 완성
할 수 있는 초·중등 연결수학 교재

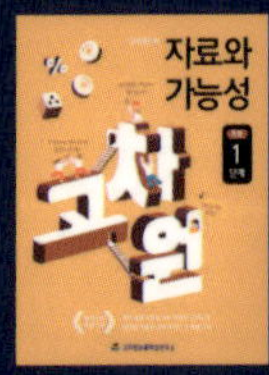

값 : 3,000원